개정판

폐기물처리

김인배 · 안진선 · 이현주 지음

도서출판 동화기술

Preface

제5공화국 헌법 33조, 대한민국 헌법 제35조에서는 "모든 국민은 건강하고 쾌적한 환경에서 생활할 권리를 가지며, 국가와 국민은 환경보전을 위하여 노력해야 한다"라고 모든 국민의 환경권에 대한 권리와 환경을 보전해야 한다는 국가와 국민의 의무를 명시하고 있다.

인간은 자연으로부터 필요한 물질을 얻어 생활하고 있으며, 생활과 소비과정을 통하여 최종적으로 어떠한 형태로든 자연으로 환원된다. 따라서 인간의 생활이나 사업활동에 더 이상 필요하지 아니하게 된 물질을 적절히 처리하고 가능한 한 쓰레기를 자원화하여 환경에 미치는 영향을 최소화하는 일이야말로 자연의 혜택을 누리며 생활하고 있는 인간이 해야 할 의무일 것이다.

오늘날을 pollution, population, poverty의 3p시대라 말한다. pollution은 폐기물, 수질오염, 대기오염, 소음진동, 경관문제 등 환경문제이며, 특히 폐기물의 문제는 수질오염, 대기오염, 경관오염의 주범으로 철저하고 계획적인 관리가 필요하다.

예전에는 배출되는 쓰레기 발생량이 많지 않아 동물의 사료, 퇴비, 연료 등으로 재사용하기에도 부족한 실정이었으나 오늘날은 산업화, 도시화, 인구증가 등에 따른 대량생산과 소비증가 등으로 인하여 자정작용에 의한 자연분해정화 능력 및 재활용의 한계를 벗어나 필연적으로 다양다종하게 발생되고 있어 쓰레기의 처리 처분 문제는 더 이상 소홀히 해서는 안 될 중요한 사회적 문제가 되고 있다.

또한 개발이라는 미명 하에 환경문제를 고려하지 않은 난개발을 초래함으로서 물리적, 화학적, 생물학적 상관관계의 복합적 체계인 자연 생태계의 균형이 깨질 위험에 처해 있으며, 지구 전체의 환경오염 문제를 초래하고 있다. 이에 따라 폐기물의 적정처리를 위해 전 세계가 다각적으로 최선의 방안들을 모색하고 있다.

따라서 산업이 발전할수록 폐기물은 다양다종하게 배출되므로 다양한 방법의 폐기물 적정처리 기술이 필요하며, 폐기물의 배출－수집－운반－중간처리－최종처리 단계에 이르기까지의 각 공정의 단위조작을 체계화함으로서 가장 적절한 폐기물 관리 시스템을 찾아내는 일이 중요하다.

본 교재에서는 폐기물처리에 관한 이론과 동향 및 자료를 각각의 장에 적절히 이용하여 폐기물을 공부하는 학도들에게 기초적이고 체계적인 자료가 될 수 있도록 하였다.

이 책은 모두 11개의 장으로 구성되어 있으며, 제1장에서는 폐기물처리의 전반에 대하여 고찰하였고, 제2장은 생활폐기물의 처리기술로서 수집, 운반, 전처리 및 압축, 파쇄 등에 대하여, 제3장은 폐기물의 소각 및 열분해 기술에 대하여, 제4장은 적절한 기술을 이용하여 폐기물로부터 자원물질을 회수하거나 에너지를 회수하는 자원화기술 시스템에 대하여, 제5장은 폐산, 폐알카리, 폐유, 폐농약, 폐석면, PCB화합물 등의 사업장폐기물 처리·처분 기술에 대하여, 제6장은 하수슬러지의 처리 처분기술에 대하여, 제7장은 분뇨처리기술에 대하여 기술하였으며, 제8장에서는 건설 및 도시계획, 재개발의 활성화 등에 수반되어 다량으로 발생되는 건설폐기물에 대하여, 제9장은 폐기물의 최종처분에 대하여, 제10장에서는 토양오염에 대하여, 제11장에서는 방사성폐기물의 처리처분에 대하여 정리하였다.

끝으로 본 교재가 폐기물을 공부하는 학도들에게 조금이나마 도움이 되었으면 하는 바람과 독자제위들의 조언과 질책으로 더욱더 알찬 내용이 될 수 있기를 기대하며, 본 폐기물처리 교재를 출판하여 주신 도서출판 동화기술 정우용 회장님께 감사드립니다.

Contents

1

폐기물 서론

CHAPTER 1
폐기물 서론

1.1 폐기물의 정의

우리나라는 1986년 폐기물관리법이 처음으로 제정되어 「"폐기물"이라 함은 쓰레기 · 연소재 · 오니 · 폐유 · 폐산 · 폐알칼리 · 동물의 사체 등으로서 사람의 생활이나 사업활동에 필요하지 아니하게 된 물질을 말한다」라고 정의하고 있으며, 생활과 쓰레기 배출 성상이 유사한 일본과 같이 일반폐기물과 산업폐기물로 구분되던 것을 1991년 2월 폐기물관리법을 개정하여 일반폐기물과 특정폐기물(21종류)로 분류하였다. 1995년 8월에 폐기물관리법을 전면 개정하였고, 1999년 2월에 부분 개정하여 그림 1-1에서 보는 바와 같이 생활폐기물과 사업장폐기물로 대별하고, 사업장폐기물은 유해성을 기준하여 사업장일반폐기물과 지정폐기물 및 건설폐기물로 분류하였으며, 폐기물 통계 작성상 사업장일반폐기물을 사업장생활계폐기물과 사업장배출시설계폐기물로 분류하고 생활폐기물과 사업장생활계폐기물을 합하여 생활계폐기물로 분류하여 통계처리하고 있다.

폐기물관리법의 기본 목적은 폐기물의 발생을 최대한 억제하고 발생된 폐기물을 적정하게 처리하여 환경보전과 국민 생활의 질적 향상에 이바지하는 것이다.

다음은 개정된 폐기물관리법 상의 용어이다.

"생활폐기물"이란 사업장폐기물 이외의 폐기물을 말한다. 즉, "생활폐기물"이라 함은 사업장폐기물 외의 폐기물로 주로 일상생활에서 배출되는 쓰레기 등을 말하며, 가정에서 일련의 개보수 공사 · 작업 등으로 인하여 5톤 미만으로 발생되는 폐기물을 말한다.

"사업장폐기물"이라 함은 대기환경보전법 · 수질환경보전법 또는 소음 · 진동규제법의 규정에 의하여 배출시설을 설치 · 운영하는 사업장 기타 대통령령이 정하는 사업장에서 발생하는 폐기물을 말하며 다음과 같은 사업장을 말한다.

1. 물환경보전법에 따른 공공폐수처리시설을 설치 · 운영하는 사업장
2. 하수도법에 따른 공공하수처리시설 및 분뇨처리시설을 설치 · 운영하는 사업장

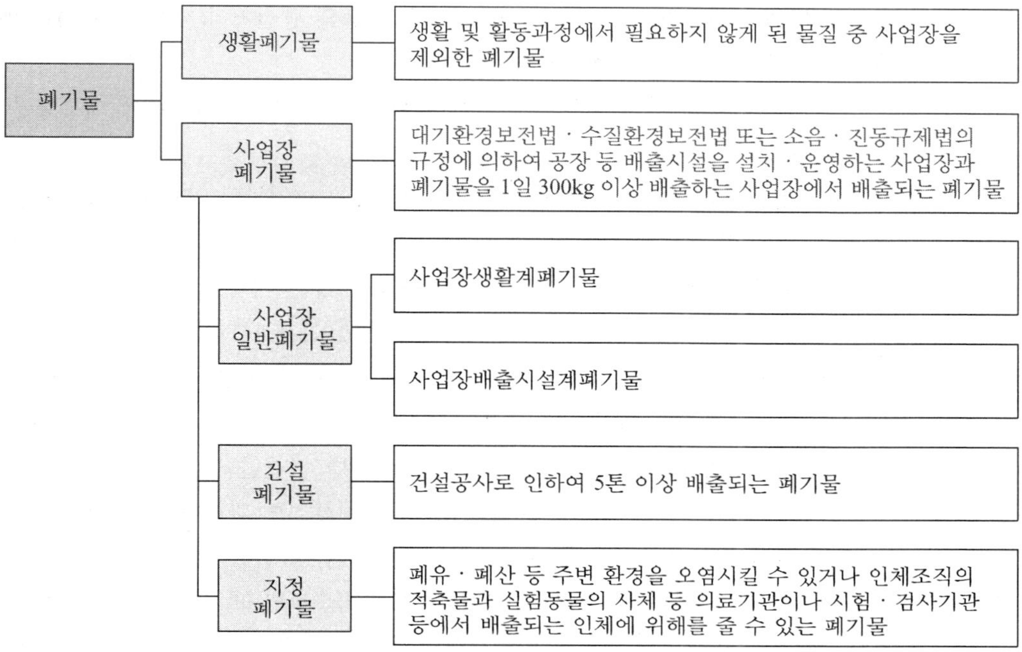

그림 1-1 폐기물 분류표

3. 가축분뇨의 관리 및 이용에 관한 법률에 따른 공공처리시설
4. 폐기물처리시설을 설치 · 운영하는 사업장
5. 지정폐기물을 배출하는 사업장
6. 폐기물을 1일 평균 300킬로그램 이상 배출하는 사업장
7. 건설산업기본법에 따른 건설공사로 폐기물을 5톤 이상 배출하는 사업장 및 일련의 공사 또는 작업으로 폐기물을 5톤 이상을 배출하는 사업장

"지정폐기물"이라 함은 사업장폐기물 중 폐유, 폐산 등 주변 환경을 오염시킬 수 있거나 의료폐기물 등 인체에 위해를 줄 수 있는 물질로서 대통령령이 정하는 폐기물을 말한다(2008년 시행).

"건설폐기물"이란 「건설산업기본법」에 해당하는 건설공사로 인하여 건설현장에서 발생하는 5톤 이상의 폐기물(공사를 시작할 때부터 완료할 때까지 발생하는 것만 해당)로서 대통령령으로 정하는 것을 말한다.

"의료폐기물"이란 보건 · 의료기관, 동물병원, 시험 · 검사기관, 등에서 배출되는 폐기물 중 인체에 감염 등 위해를 줄 우려가 있는 폐기물과 인체 조직 등 적출물, 실험동물의 사체 등 보건 · 환경보호상 특별한 관리가 필요하다고 인정되는 폐기물로서 대통령령이 정하는 폐기물을 말한다(2008년 시행).

“처리”란 폐기물의 소각, 중화, 파쇄, 고형화 등의 중간처리(재활용 포함)와 매립하거나 해역으로 배출하는 등의 최종처리를 말한다.

“폐기물처리시설”이란 폐기물의 중간처리시설과 최종처리시설로서 대통령령이 정하는 시설을 말한다.

“폐기물감량화시설”이란 생산 공정에서 발생하는 폐기물의 양을 줄이고 사업장 내 재활용을 통하여 폐기물 배출을 최소화하는 시설로서 대통령령이 정하는 시설을 말한다.

한편 2017년 개정된 폐기물관리법을 적용받지 않는 폐기물은 원자력법에 의한 방사성 물질 및 이에 의하여 오염된 물질, 용기에 들어 있지 아니한 기체상의 물질, 수질 및 수생태계 보전에 관한 법률에 따른 수질 오염 방지시설에 유입되거나 공공 수역으로 배출되는 폐수. 하수도법에 따른 오수・분뇨 및 「가축분뇨의 관리 및 이용에 관한 법률」에 따른 가축분뇨. 하수도법에 의한 하수, 가축전염병 예방법의 관련규정이 적용되는 가축의 사체, 오염물건, 수입금지물건 및 검역불합격품, 「수산동물질병 관리법」에 적용되는 수산동물의 사체, 오염된 시설 또는 물건, 수입금지 물건 및 검역 불합격 물품 등이다.

과거 ‘하수’와 ‘오수’는 동일한 물질임에도 「하수도법」과 「오수・분뇨 및 축산폐수의 처리에 관한 법률」로 이원화된 법률체계로 관리되어 왔으나 하수도의 보급률이 증가함에 따라 통합관리의 필요성이 제기되어 오수・분뇨 관련 규정을 2007년 「하수도법」으로 통합되었으며, 축산폐수는 「가축분뇨의 관리 및 이용에 관한 법률」로 분리되었다.

또한 폐기물의 처리책임은 생활폐기물에 대해서는 시장, 군수, 구청장이 해당 지방자치단체의 조례가 정하는 바에 의하고, 생활폐기물 배출자(폐기물을 배출하는 토지・건물의 소유자, 점유자 또는 관리자)는 그의 토지 또는 건물 내에서 발생하는 것 중에서 생활 환경보전상 지장이 없는 방법으로 용이하게 처리할 수 있는 것은 스스로 처리한다.

한편 사업장폐기물에 대해서는 폐기물 배출자가 그의 사업장에서 발생하는 것을 스스로 처리하거나, 관련 규정에 의하여 허가받은 자에게 위탁처리 하도록 한다. 이때 사업장 폐기물 배출자는 사업장일반폐기물과 지정폐기물을 분리, 보관하고 별도로 처리해야 하며, 지정폐기물을 위탁처리하는 경우에는 지정폐기물의 종류, 성상, 취급시의 주의사항, 처리방법 등 수집 운반 및 처리에 필요한 사항을 미리 수탁자에게 통보하여야 한다. 그리고 해당 폐기물을 적법하게 처리할 수 있는 자격과 능력을 가진 사람인지를 확인한 후 위탁하여야 한다. 지정폐기물 처리업자는 국가 또는 총리령이 정하는 규정에 의하여 환경부장관의 허가를 받아 지정폐기물 처리시설(공공처리시설)을 설치・운영하도록 한다.

폐기물처리업의 업종 구분은 폐기물수집・운반업, 폐기물중간처리업과 폐기물최종처리업으로 세분화・전문화하고 또 이들을 함께 하는 폐기물종합처리업으로 구분하였다.

고형폐기물의 일반적인 전공용어는 Solid Waste 또는 Refuse, Trash라고 하며, 쓰레기의 종류에 따라 Garbage, Rubbish라는 용어가 사용되기도 한다. Garbage는 음식물류쓰레기를 의미하며, Rubbish는 음식물류쓰레기 이외의 병, 깡통 등의 생활쓰레기를 의미한다.

또한 폐기물은 "폐기물공정시험법" 상 폐기물의 고형물 함량에 따라 액상폐기물, 반고상폐기물, 고상폐기물로 구분하고 다음과 같이 정의한다.

① 액상폐기물은 고형물의 함량이 5% 미만인 것
② 반고상폐기물은 고형물의 함량이 5% 이상 15% 미만인 것
③ 고상폐기물은 고형물의 함량이 15% 이상인 것

1.2 폐기물 발생량 및 조성변화

1.2.1 폐기물 발생량

우리나라 전국의 생활폐기물 관리구역에서의 연간 쓰레기 발생량은 1980년 32,329톤, 1985년 57,518톤, 1990년은 83,692톤으로서 연평균 10%의 증가율을 보이다가 1991년도에는 92,246톤으로 이전에는 쓰레기발생량 추산 방법을 밀도가 아닌 체적으로 계산함으로 인하여 우리나라 역사상 가장 높은 생활폐기물 발생량을 나타내고 있다. 1992년부터는 쓰레기 체적이 아닌 밀도를 사용하여 75,096톤으로 전년보다 상당히 낮은 값으로 측정되었으며, 2000년 46,438톤으로 점차 감소하는 추세를 나타내고 있다가 표 1-1, 표 1-2에서 보는 바와 같이 생활계폐기물 발생량은 2015년 51,247톤, 2018년 56,035톤, 2021년 62,178톤으로 점차 증가하는 추세를 나타내고 있다. 2021년도 전체 생활계폐기물 연간 발생량이 가장 많은 지역은 경기도로서 404만톤, 다음은 서울시 290만톤 순으로 발생량이 많으며, 인구가 많은 서울과 경기도의 배출량이 전국 배출량의 약 41.2%를 차지하고 있다.

또한 1991년까지는 수거대상인구 증가율에 비하여 폐기물 배출량은 급속한 증가추세를 보이면서 1인 1일 배출량이 1991년 2.40 kg까지 급증하였다가 점차 감소하여 1995년 이후부터 2017년까지 원단위 발생량은 1.0 내외를 나타내고 있으며, 2021년 현재까지 1.18로 다소 높아지는 경향을 나타내고 있다. 전국적으로 생활폐기물 원단위 발생량이 가장 높은 지역은 제주도 1.87이며, 강원도 1.46, 충청북도와 경상남도가 1.39, 광주시 1.34, 전라북도 1.30 순으로 높게 나타났다. 또한 생활폐기물 원단위 발생량이 가장 낮은 지역은 부산시 0.87로 나타났다. 이는 제주도와 강원도의 경우 유원지로의 유동 인구가 많아졌기 때문인 것으로 생각되며, 특히 생활폐기물 배출량이 가장 많은 서울과 경기도의 경우 전국 평균치 보다 낮은 1.11, 1.08을 나타내고 있다. 이것은 지역 특성상 엄격한 환경규제와 환경의식 및 분리수거, 재활용 등의 환경교육에 기인한 것으로 생각된다.

표 1-1 지역별 생활계폐기물의 발생량 및 원단위 발생량(2021)

지역	제주도	강원도	충청남도	충청북도	울산시	세종시
kg/인 · 일	1.87	1.46	1.29	1.39	1.05	1.03
발생량 (만톤/년), (%)	41 (2.45)	64 (3.82)	77 (4.59)	62 (3.70)	37 (2.21)	11 (0.66)
지역	대구시	경상북도	경상남도	전라북도	전라남도	대전시
kg/인 · 일	1.08	1.50	1.39	1.30	1.34	1.07
발생량 (만톤/년), (%)	80 (4.77)	97 (5.79)	122 (7.28)	63 (3.76)	66 (3.94)	50 (2.98)
지역	부산시	서울시	경기도	인천시	광주시	전국
kg/인 · 일	0.87	1.11	1.08	1.29	1.06	1.18
발생량 (만톤/년), (%)	79 (4.71)	290 (17.3)	404 (24.1)	84 (5.01)	49 (2.92)	1,676 (100)

우리나라는 1970년대부터 급속한 경제발전을 이룩하며 다량의 자원을 소비하였고 생활수준의 향상을 꾀하여 온 결과이며, 과거에는 생활수준이 높은 국가일수록 쓰레기 배출량이 많았기 때문에 쓰레기는 문명의 척도라고까지 일컬어져 왔다.

이러한 의미에서 쓰레기 배출량이 늘었다는 것은 생활수준이 향상되었다는 사실로 기쁜 일이라 하지 않을 수 없으나 배출된 쓰레기가 적절하게 처리 · 처분되지 않으면 도로, 하천, 산간 등에 버려져서 환경을 오염시키는 원인이 된다. 즉, 생산 · 가공 · 유통과정에서 다량 · 다종의 폐기물이 배출되고 부적절하게 처리 · 처분되면서 환경이 심각하게 오염되고 있다. 그리고 가정에서는 일상쓰레기 이외에도 고장 나거나 오래된 물건, 예를 들면 라디오, 텔레비전, 냉장고, 세탁기 등의 가전제품뿐만 아니라 자전거, 책상, 응접세트, 침대 나아가서는 자동차에 이르는 내구소비재도 많이 버리게 되었다. 이와 같이 다량 배출되는 쓰레기의 처리과정에서 많은 문제점이 발생하고 있으며, 자연환경의 보호와 자원 절약의 필요성이 대두되고 있다.

그러나 NIMBY현상, PIMFY현상, 4D (dirty, difficult, danger, distance)문제 등에 따른 환경의식 문제는 특히 우리나라 국민이 한 번 더 생각해 보아야 할 큰 과제일 것이다.

전술한 바와 같이 1991년까지 생활폐기물배출량이 많았던 이유는 경제발전에 따른 생활수준의 향상을 의미하지만 1992년부터 폐기물발생량이 급격히 감소한 것은 1992년부터 폐기물의 추산 방법이 체적에서 폐기물의 밀도를 이용한 중량으로 산정하였기 때문이며, 재활용률의 증가에 기인한 것이다.

또한 1995년 1월부터 전국적으로 쓰레기종량제의 실시 등으로 1995년부터 인 · 일당 폐기물 발생향이 1.0 kg 내외로 일본의 1.12 kg, 영국의 0.96 kg 등과 유사한 수준에 도달하였다. 그러나 높은 인구밀도와 서비스중심의 산업구조(서비스 73%, 광공업 19%, 농림어업 8%)로 인하여 단위면적당 생활폐기물발생량은 480 kg/km^2/일로 미국(63 kg/km^2/일)의 7.6배, 일본(372 kg/km^2/일)의 1.3배 높은 수준이다. 이는 인구의 80% 이상이 도시생활을 하고 있어 도시형 생활양식에서 발생하는 포장폐기물 등 유통·소비 관련 폐기물(생활폐기물 중 37%)이 많이 배출되기 때문이다.

사업장배출시설폐기물의 연간 배출량은 산업의 발전에 따라 2001년 95,908톤, 2005년 112,419톤, 2012년 146,390톤, 2018년 167,727톤, 2021년 232,603톤으로 점진적인 증가 추세를 보이고 있다.

1991년 "예치금제도" 실시 이후 1992년 12월 "자원의 절약과 재활용촉진에 관한 법률" 제정, 2002년 "자원의 절약과 재활용촉진에 관한 법률"을 전면 개정하여 폐기물 예치금제도를 폐지하는 대신 2003년 1월 생산자책임재활용(EPR, Extended Producer, Responsibility) 제도 시행, 2008년 "전기·전자제품 및 자동차의 자원순환에 관한 법률"이 시행되면서 사업장폐기물의 재활용이 높아졌기 때문이다.

지정폐기물도 연간 배출량이 2016년 481만톤, 2017년 522만톤, 2018년 538만톤, 2019년 544만톤, 2020년 541톤, 2021년 576만톤으로 지속적인 증가 추세를 보이고 있다. 이는 산업의 발전을 의미하는데, 지정폐기물의 증가율이 그다지 높지 않은 것은 지정폐기물의 철저한 관리·감독과 폐기물의 재활용 등 환경의식이 높아졌음을 의미한다.

건설폐기물 또한 연간 배출량이 2001년 108,520톤, 2006년 168,985톤, 2012년 186,629톤, 2018년 206,951톤, 2021년 229,618톤으로 지속적인 증가추세를 보이고 있으며, 이는 도시계획에 따른 신도시개발, 재개발, 재건축 등의 건설 경기가 활발하였음을 의미한다.

표 1-2에서 보는 바와 같이 우리나라의 지정폐기물을 제외한 2021년도 기준 총폐기물 발생량 중 생활폐기물은 연간 배출량이 62,178톤으로 전체 폐기물배출량의 약 12.0%를 구성하고 있다. 사업장배출시설계폐기물은 연간 배출량이 232,603톤으로 전체 폐기물배출량의 44.4%, 건설폐기물은 연간 배출량이 229,618톤으로 전체 폐기물배출량의 43.8%로서 총 폐기물 발생량 중 사업장배출시설계폐기물과 건설폐기물이 전체폐기물의 약 88%를 차지하고 있으며, 급속한 경제성장에 따른 국토건설 및 도시개발과 재개발의 활성화, 주거환경개선 등에 따라 사업장배출시설계폐기물과 건설폐기물량은 매년 지속적으로 증가하고 있다.

지정폐기물은 표 1-3에서 보는 바와 같이 매년 지속적으로 증가하고 있으나 의료폐기물은 증가와 감소가 반복적으로 나타고 있다. 의료폐기물은 업종별로 종합병원, 병원, 의원, 보건지소 및 보건진료소, 조산원, 동물병원, 노인요양시설, 시험기관 및 연구소, 장례시장, 교도소 등에서 배출되는 폐기물을 말한다.

표 1-2 우리나라 폐기물의 연도별 발생 현황(톤/년)

구분 \ 연도		2015	2016	2017	2018	2019	2020	2021
총계		374,812	415,345	414,626	430,713	481,682	518,731	524,399
생활폐기물+사업장생활계폐기물	발생량(톤/년)	51,247	53,772	53,490	56,035	57,961	61,597	62,178
	원단위발생량(kg/인・일)	0.97	1.01	1.01	1.06	1.09	1.16	1.18
사업장배출시설계폐기물	발생량(톤/년)	155,305	162,129	164,874	167,727	202,619	220,951	232,603
건설폐기물	발생량(톤/년)	198,260	199,444	196,262	206,951	221,102	236,183	229,618

자료) 환경부

* 생활폐기물은 가정생활폐기물, 사업장생활폐기물, 공사장생활폐기물 포함
* 사업장배출시설계폐기물은 지정폐기물을 제외

표 1-3 우리나라 지정폐기물의 연도별 발생 현황(만톤/년)

구분 \ 연도		2016	2017	2018	2019	2020	2021
총계		503	544	562	568	561	598
지정폐기물	발생량	481	522	538	544	541	576
의료폐기물	발생량	22	22	24	24	20	22

자료) 환경부

이러한 의미에서 쓰레기 배출량이 증가한다는 것은 생활수준이 그만큼 향상되었다는 사실로 기쁜 일이라 하지 않을 수 없으나 배출된 쓰레기가 적절하게 처리・처분되지 않으면 심각한 환경오염을 일으킬 수 있는 원인이 될 것이다. 즉, 생산・가공・유통과정에서 다량・다종의 폐기물이 배출되어 이것들이 부적절한 처리・처분이 환경을 심각하게 오염시키고 있다. 그리고 가정에서는 일상쓰레기 이외에도 고장 나거나 오래된 물건, 예를 들면 라디오, 텔레비전, 냉장고, 세탁기 등의 가전제품뿐만 아니라 자전거, 책상, 응접세트, 침대 나아가서는 자동차에 이르는 내구소비재도 많이 버려지게 된다.

이와 같이 다량 배출되는 쓰레기의 처리 과정에서 많은 문제점이 발생하고 있으며, 자연환경의 보호와 자원절약의 필요성이 대두되고 있다.

전술한 바와 같이 1991년까지 생활폐기물배출량이 많았던 이유는 경제발전에 따른 생활수준의 향상을 의미하지만 1992년 폐기물 발생량이 급격히 감소한 것은 1992년부터 폐기물의 추산 방법이 체적에서 폐기물의 밀도를 이용한 중량으로 산정하였기 때문이다.

또한 1995년 1월부터 전국적으로 쓰레기종량제가 실시되었고, 2017년 "쓰레기종량제

시행지침"을 개정하여 시행하고 있는 등의 이유로 인 · 일당 폐기물발생량(원단위발생량)은 1995년 1.01 kg, 2021년 1.18 kg으로 일본의 1.12 kg, 영국의 0.96 kg, 독일의 0.99 kg과 유사한 수준에 도달하였다. 그러나 높은 인구밀도와 서비스 중심의 산업구조(서비스 73%, 광공업 19%, 농림어업 8%)로 인하여 단위면적당 생활폐기물발생량은 480 kg/km^2/일로 미국(63kg/km^2/일)의 7.6배, 일본(372 kg/km^2/일)의 1.3배 높은 수준이다. 이는 인구의 80% 이상이 도시 생활을 하고 있어 도시형 생활양식에서 발생되는 포장폐기물 등 유통 · 소비 관련 폐기물이 많이 배출되기 때문이다.

현재 우리나라에서 사용되고 있는 분리수거용 종량제봉투의 재질과 성분별 종류는 다음과 같다.

1. PE (HDPE, LDPE)봉투 : PE (합성수지)를 주원료로 제조
2. 생붕괴성 봉투 : 전분을 혼합한 봉투
3. 탄산칼슘 봉투 : HDPE를 주원료로 하고 탄산칼슘을 첨가한 봉투
4. 생분해성 봉투 ; 합성수지를 주원료로 하여 가공 · 제조한 봉투

사업장배출시설폐기물의 1일당 배출량은 산업의 발전에 따라 2001년 95,908톤, 2005년 112,419톤, 2012년 146,390톤, 2018년 167,727톤, 2021년 232,603톤으로 점진적인 증가 추세를 보이고 있다.

이는 1991년 "예치금제도" 실시 이후 1992년 12월 "자원의 절약과 재활용촉진에 관한 법률"제정, 2002년 "자원의 절약과 재활용 촉진에 관한 법률"을 전면 개정하여 폐기물 예치금제도를 폐지하는 대신 2003년 1월 생산자책임재활용제도(EPR, Extended Producer Responsibility)제도 시행, 2008년 "전기 · 전자제품 및 자동차의 자원순환에 관한 법률" 등이 시행되면서 사업장폐기물의 재활용률이 높아졌기 때문이다.

표 1-3에서 보는 바와 같이 우리나라의 의료폐기물을 포함한 전체 지정폐기물 배출량도 2015년 배출량 503만톤/년, 2018년 배출량 562만톤/년, 2021년 배출량 598만톤/년으로 지속적인 증가 추세를 보이고 있다. 이것은 산업의 발전을 의미하고, 지정폐기물의 증가율이 그다지 높지 않은 것은 지정폐기물의 철저한 정부의 관리감독 등 우리 국민의 환경의식이 높아졌음을 의미한다.

2008년 8월 의료폐기물 중 병원균에 의해 제2차 감염의 우려가 있는 폐기물을 "의료법"이 아닌 "폐기물관리법"에서 관리하게 되었으며, 교도소, 구치소, 소년원, 사단급 이상 의무대, 노인요양시설 및 태반 재활용사업장을 의료폐기물 배출기관으로 지정하였다. 2006년 의료폐기물의 최종처리 단계까지의 과정을 폐기물관법을 개정하여 모니터링 하도록 의무화 하였다.

또한 2013년에는 의료폐기물 운반차량의 소독기준 및 장비에 관한 기준을 마련하였으

며, 2018년에는 의료폐기물의 안전처리를 위해 의료폐기물 저감 분리배출 시범사업을 실시하였다.

영농폐기물은 1980년 현재의 환경공단인 한국자원재생공사에서의 폐합성수지폐기물의 수거처리 및 재활용사업을 시작되었으며, 1986년부터 폐농약용기를 단위농협이나 농약회사에서 회수하였으나 농촌지역의 특성상 회수율이 낮았지만 환경공단에서 체계적으로 수거함으로서 수거효율이 높아지고 있다. 2020년 이후 폐농약용기 수거율이 100%를 상회하는 것은 2020년 이전에 수거되지 못한 폐농약용기가 포함된 것으로 생각된다. 또한 폐농약용기의 수거효율을 높이기 위해 2017년부터 수거 보상금을 현실화 하였다.

표 1-4 폐농약용기 및 봉지 수거 보상금

시행년도		2017년 이전	2017년 이후
보상금	폐농약용기	50	100
	폐농약봉지	60	80

표 1-5 영농폐비닐과 폐농약용기발생량 및 수거처리 현황

구분 \ 연도		2017	2018	2019	2020	2021
영농 폐비닐	발생량(톤/년)	314,475	318,775	310,153	307,159	314,475
	수거량	198,576	195,005	193,378	200,606	198,576
	수거율(%)	61.6	61.2	62.3	65.3	63.2
폐농약 용기	발생량(개/년)	73,511	70,437	71,218	70,392	74,314
	수거량	60,791	62,746	64,331	70,553	79,424
	수거율(%)	82.7	89.1	90.3	100.2	106.9

표 1-6에서 보는 바와 같이 2021년 전체 생활계폐기물 연간 배출량은 2,270만톤으로, 매년 지속적으로 증가하고 있다. 종량제 방식의 배출량은 882만톤으로 전체 생활계폐기물 배출량의 38.9%, 재활용 가능 자원 분리 배출량은 900만톤으로 전체 생활계폐기물 배출량의 39.6%, 음식물류 폐기물은 488만톤으로 전체 생활계폐기물 배출량의 21.5%를 나타내고 있으며, 폐합성수지류는 연간 배출량이 189만톤으로 전체 생활계폐기물 배출량의 8.3%를 나타내고 있다. 또한 음식물류폐기물은 점진적인 감소 추세를 나타내고 있다.

특히 플라스틱류는 석유화학공업의 발전과 함께 새로운 제품으로서 개발되었을 뿐만 아니라 유통과정에서 포장용으로, 쓰레기 분리수거용 포장용지 등으로 사용되며 크게 늘어나 쓰레기 처리에 큰 영향을 미치고 있다.

표 1-6 생활계폐기물의 연도별 성상변화(만톤/년)

구 분		2016	2017	2018	2019	2020	2021
총계		1,963	1,952	2,045	2,116	2,254	2,270
종량제 방식에 의한 혼합배출	소계	911	899	933	1,077	852	882
	종이류	206	190	189	182	186	207
	폐합성수지류	157	168	178	271	190	189
	폐유리류	20	22	27	23	23	26
	폐금속류	16	15	18	16	16	19
	기타	512	505	521	584	437	442
재활용 가능자원 분리배출	소계	526	527	583	516	886	900
	종이류	168	152	156	129	140	131
	폐합성수지류	108	130	145	131	251	279
	기타	250	246	283	256	495	490
음식물류 폐기물 분리배출	소계	525	526	528	522	516	488

자료) 환경부
* 플라스틱류는 종량제방식에 의한 혼합배출 및 재활용 가능자원 분리배출의 플라스틱류 합계임
* 음식물류폐기물 배출량 집계방식(2015년부터 기준) = 지자체 수거량 + 다량배출자 보고량 + 사업장생활계 보고량

따라서 환경부에서는 비닐류의 사용량을 줄이기 위하여 “자원재활용법 시행규칙”을 개정하여 2019년 1월 1일부터 전국 2,000여 곳의 대형마트 등과 165m^2 (약 50평) 이상의 슈퍼마켓에서는 1회용 비닐봉투 사용을 전면 금지시켰다.

과거 2017년도 사업장배출시설계폐기물의 성상을 보면 가연성폐기물은 164,874톤으로 전체 사업장배출시설계폐기물의 24.3%, 불연성폐기물은 124,737톤으로 전체 사업장배출시설계폐기물의 75.7%이며, 2018년도 사업장배출시설계폐기물의 성상은 가연성 24.2%, 불연성 75.8%로 거의 변화가 없다. 가연성폐기물은 폐합성고분자화합물과 유기성오니류가 전체 가연성폐기물의 71.7%를 차지하고 있으며, 불연성폐기물은 광재류와 연소재류의 구성비가 각각 27.5%와 23.5%로 이들 두 종류가 51.0%로서 불연성폐기물의 절반을 차지하고 있다. 또한 생활계폐기물과 같이 매년 지속적으로 증가하고 있다.

이는 경제발전과 산업의 발전, 인구증가 및 생활수준의 향상에 기인하는 것으로 쓰레기 배출량의 증가뿐만 아니라 쓰레기 질도 크게 변화시킨다.

표 1-7에서 보는 바와 같이 2020년도 사업장배출시설계폐기물의 성상은 가연성폐기물이 2,031만톤으로 전체 사업장배출시설계폐기물의 25.1%, 불연성폐기물은 6,056만톤으로

표 1-7 사업장배출시설계 폐기물의 성상변화(만톤/년)

구 분		2016	2017	2018	2019	2020	2021
총계		5,918	6,018	6,122	7,396	8,087	8,490
가연성	소계	1,420	1,465	1,484	1,725	2,031	2,189
	폐지, 폐목재	92	105	122	133	159	184
	폐합성고분자화합물	438	476	497	587	601	696
	유기성오니류	618	618	563	571	686	712
	기타	273	266	302	433	584	597
불연성	소계	4,497	4,553	4,638	5,671	6,056	6,301
	광재류	1,669	1,626	1,683	2,230	3,039	3,030
	연소재류	1,362	1,433	1,438	1,517	1,380	1,482
	폐금속류	88	94	76	96	116	158
	무기성오니류	648	699	691	909	858	840
	기타	731	701	750	919	663	791

* 가연성 기타 : 동식물성 폐잔재물, 폐식용유, 그 외 가연성 기타류
* 불연성 기타 : 폐주물사 모래류, 폐석재·폐콘크리트류, 폐석회 석고류, 폐촉매, 폐흡착재·흡수재, 유리·도자기편류, 그 외 불연성 기타류

전체 사업장배출시설계폐기물의 74.9%이며, 2021년도 사업장배출시설계폐기물의 성상은 가연성 25.8%, 불연성 74.1%로 거의 변화가 없다. 가연성폐기물은 폐합성고분자화합물과 유기성오니류가 전체 가연성폐기물의 64.3%를 차지하고 있으며, 불연성폐기물은 광재류와 연소재류의 구성비가 각각 48.1%와 24.6%로 이들 두 종류가 72.7%로서 불연성폐기물의 대부분을 차지하고 있다. 또한 사업장배출시설계폐기물은 생활계폐기물과 같이 매년 지속적으로 증가하고 있다.

과거 1978년도의 폐기물 발생량 중 약 80% 정도가 연탄재이었으며, 가연성분은의 고작 18%정도를 차지하였고, 과거 우리나라의 쓰레기는 다른 나라와 달리 연탄재를 많이 함유하고 있는 것이 특징인데 1980년대 후반에 들어와 연탄재의 비중이 대략 50% 범위로 줄어들고 90년대 이후에는 더욱 줄어들어 94년 이후에는 10% 미만으로 현저하게 줄어들었으며, 2000년도 중반에는 연탄재가 전체 생활폐기물(재활용을 위해 분리·배출한 양 제외) 중 2.5%에 불과하였다. 이는 생활수준의 향상과 더불어 가정용 연료가 연탄에서 도시가스, 석유 등으로 대체되었기 때문이다. 더욱이 음식물쓰레기, 종이 및 플라스틱류가 상당한 비율로 증가하고 있으며, 음식물·채소류의 구성비가 2000년 중반에는 약 40%로 높은 편이었으나 2021년 현재 전체 생활계폐기물 발생량의 21.5%로 낮아지고 있는 반면 음

식물류폐기물 총 발생량은 2018년도까지 지속적으로 증가하다가 2019년 이후 감소 추세를 나타내고 있다.

생활(가정)폐기물 중 음식물류폐기물 발생량은 2015년도부터 음식물류폐기물 발생량 집계방식이 바뀌었다. 즉, 음식물·채소류는 분리 배출된 양이 아닌 종량제 봉투 등에 혼합 배출된 양으로 전국폐기물통계조사의 물리적조성비(약 10%)를 차용한 지자체가 많아짐에 따라 2015년부터 비율이 증가한 것으로 나타나고 있다.

음식물류 폐기물의 원단위발생량은 2013년 0.24 kg/인·일, 2015년 약 0.27 kg/인·일, 2021년 0.31로 소폭 증가 추세를 보이고 있으며, 표 1-6에서 보는 바와 같이 생활(가정)폐기물 중 음식물류폐기물 발생량은 매년 지속적인 증가 추세를 보이다 2018년(528만톤/년), 2019년(522만톤/년), 2020년(516만톤/년), 2021년 488만(톤/년)으로 매년 점진적인 감소 추세를 나타내고 있다. 정부에서는 2005년 음식물쓰레기의 직매립을 금지시켰으며, 2013년부터 저탄소 녹색성장 정책의 일환으로 음식물류폐기물 종량제를 전국적으로 실시하고 있지만 근본적으로 음식물류폐기물을 줄이기 위해서는 생산단계부터 구매와 소비의 최소화, 배출 및 수거 단계의 국민적 합의 및 동의, 퇴비화, 사료화, 가스화 등으로의 자원화단계, 즉 사회적, 경제적, 환경적, 방재적 측면의 종합적이며, 체계적인 연구검토가 필요할 것으로 사료된다.

표 1-8 지역별 음식물류 폐기물 밀도 및 원단위 발생량(kg/L, kg/인·일, 2021년)

구분	평균	특별시	광역시	시지역	군지역
겉보기 밀도	0.71	0.73	0.73	0.68	0.71
원단위발생량	0.31	0.34	0.34	0.29	0.35
폐기물조성(%)	채소류	곡류	어육류	과일류	비음식물류
	28.1	25.8	16.3	12.4	5.5

지역별 음식물류 폐기물 겉보기 밀도는 시지역에서 0.68 kg/L로 가장 낮게 나타났으며, 원단위 발생량은 군지역에서 0.35로 가장 높게 나타났으며, 음식물류폐기물의 조성은 채소류와 곡류가 약 54%를 차지하고 있다.

또한 음식물류 폐기물은 2021년 기준 생활계폐기물의 약 21.5%를 차지하고 있으며, 정부의 2013년 "음식물류 폐기물 종량제" 실시로 인하여 음식물 배출의 감량화, 자원화 효과는 어느 정도 달성하였지만 음식물 종량제가 실시된 2013년에는 배출량이 약간 감소되었으나 그 이후 다시 증가 추세를 보이다가 2018년부터 점진적인 감소 추세를 보이고 있다. 더욱이 나무젓가락, 이쑤시개, 용기 등의 1회용품 및 비닐류 등의 혼입으로 사료화, 퇴비화 등으로의 자원화 효과를 반감시키고 있으며, 개, 고양이, 쥐 등의 종량제봉투 훼손으로 인한 악취와 침출수를 발생시킴으로 인하여 주변 환경을 불결하게 만들며, 미관을 훼손시키는 문제점이 있어 음식물류쓰레기 전용 용기를 따로 제작하여 수거하는 "전용용기배출방식"을 채택하고 있는 도시도 있다.

"음식물 폐기물 종량제"의 방식은 ① 전용봉투, ② 납부칩·스티커, ③ RFID (Radio Frequency IDentification)의 3가지 방식이 있으며, 환경부에서는 RFID 방식을 권장하고 있다.

한편 2005년부터 음식쓰레기의 직매립이 금지되었으나 2019년 관련법을 개정하여 음식물 발생량이 적은 산간, 오지 지역이나 "도서개발촉진법"에 따른 도서 전 지역은 직매립금지 예외지역으로 지정하였다. 즉, "직매립금지 예외지역"은 다음과 같다.

① 특별시·광역시 또는 시 지역 중 면지역을 제외한 가구수가 100호 미만인 마을로서 당해 지역을 관할하는 시장·군수·구청장이 지정하는 지역
② 광역시 또는 시에 속한 면 지역 중 「건축법」 제2조 제2항에서 규정한 공동주택(아파트에 한한다)을 제외한 마을로서 당해 지역을 관할하는 시장·군수가 지정하는 지역을 말한다.

또한 환경부고시 제2019년-134호에 의거하여 아프리카돼지열병(ASF)이 발생할 우려가 있는 경우에는 음식물류폐기물을 직접 생산하여 돼지먹이로의 사용을 금지시켰다. 그러나 폐기물관리법에 의한 폐기물처리시설 설치승인을 받거나 설치신고를 한 폐기물처리시설에서 생산하는 경우에는 사용할 수 있다.

2021년도 지역별 음식물류폐기물 발생량은 경기도와 서울에서의 발생량이 전국 음식물류폐기물 발생량의 약 44%를 차지하고 있으며, 도시규모별 분리배출된 음식물류폐기물의 물리적 조성을 보면 표 1-8에서 보는 바와 같이 채소류가 가장 높으며, 지역의 특성상 농어촌 지역에서 32.26%로 가장 높게 나타났다.

2021년 현재 생활계폐기물 매립률은 12.9%로 전년(11.8%) 대비 1.1%p 증가하였으나 2012년 이후 지속적인 감소추세를 보이고 있으며, 소각률은 24～25%를 유지하고 있다.

표 1-9 지역별 음식물류 폐기물 발생량(2018년, 톤/일)

지역	제주도	강원도	충청남도	충청북도	울산시	세종시
발생량	212.7	453.6	629.1	449.9	347.8	54.1
지역	대구시	경상북도	경상남도	전라북도	전라남도	대전시
발생량	685.6	745.4	913.5	660.0	536.5	462.4
지역	부산시	서울시	경기도	인천시	광주시	전국
발생량	752.6	2,818.8	3,511.6	734.9	509.1	14,477

생활계폐기물의 재활용률 또한 57～62%를 유지하고 있다.

표 1-11에서 보는 바와 같이 사업장배출시설계폐기물의 소각률과 매립률은 점진적인 감소 추세를 보이고 있는 반면 재활용률은 2016년 79.1%, 2021년 84.4%로 매년 지속적으로 증가하고 있는 것을 볼 수 있다.

표 1-10 생활계폐기물의 발생량 및 처리현황(만톤/년)

구분 \ 연도		2016	2017	2018	2019	2020	2021
총계		1,963	1,592	2,045	2,116	2,254	2,270
매립	발생량	289	264	275	268	265	292
	%	14.7	13.5	13.4	12.7	11.8	12.9
소각	발생량	497	486	502	545	575	564
	%	25.3	24.9	24.6	25.7	25.5	24.9
재활용	발생량	1,177	1,202	1,268	1,263	1,342	1,287
	%	60	61.6	62.0	59.7	59.5	56.7
기타	발생량	-	-	-	40	72	127
	%	-	-	-	1.9	3.2	5.6

기타 : 2019년부터 압축파쇄 등 기계적처분량, 고형화, 중화, 응집 등 화학적 처리량, 혐기성, 호기성 등 생물학적 처분량 등이 기타에 포함

표 1-11 사업장배출시설계폐기물의 발생량 및 처리현황(만톤/일)

구분 \ 연도		2016	2017	2018	2019	2020	2021
총계		5,918	6,018	6,122	7,396	8,087	8,490
매립	발생량	878	806	769	678	566	617
	%	14.8	13.4	12.6	9.2	7.0	7.3
소각	발생량	357	360	355	299	348	321
	%	6.0	6.0	5.8	4.0	4.3	3.8
재활용	발생량	4,679	4,850	4,997	6,106	6,821	7,166
	%	79.1	80.6	81.6	82.6	84.3	84.4
기타	발생량	3	2	2	312	352	386
	%	0.1	0.0	0.0	4.2	4.4	4.6

기타 : 2019년부터 압축파쇄 등 기계적처분량, 고형화, 중화, 응집 등 화학적 처리량, 혐기성, 호기성 등 생물학적 처분량 등이 기타에 포함

표 1-12 건설폐기물 발생량 및 처리현황(만톤/년)

구분 \ 연도		2016	2017	2018	2019	2020	2021
총계		7,280	7,164	7,554	8,070	8,644	8,381
매립	발생량	112	107	108	65	73	49
	%	1.5	1.5	1.4	0.8	0.8	0.6
소각	발생량	27	31	24	23	15	14
	%	0.4	0.4	0.3	0.3	0.2	0.2
재활용	발생량	7,141	7,025	7,422	7,983	8,556	8,318
	%	98.1	98.1	98.3	98.9	99.0	99.3

표 1-13 지정폐기물 발생량 및 처리현황(만톤/년)

구분 \ 연도		2016	2017	2018	2019	2020	2021
총계		503	544	562	568	561	598
매립	발생량	106	119	114	103	99	88
	%	21.1	21.8	20.2	18.2	17.6	14.7
소각	발생량	84	82	83	83	76	81
	%	16.8	15.1	14.8	14.5	13.6	13.5
재활용	발생량	282	306	337	355	357	390
	%	56.0	56.2	60.0	62.5	63.7	65.3
기타	발생량	31	37	28	27	29	39
	%	6.1	6.8	5.0	4.8	5.1	6.5

기타 : 2019년부터 압축파쇄 등 기계적처분량, 고형화, 중화, 응집 등 화학적 처리량, 혐기성, 호기성 등 생물학적 처분량 등이 기타에 포함

또한 표 1-12에서 보는 바와 같이 건설폐기물의 소각량과 매립량은 다소 감소하고 있는 반면 건설폐기물의 재활용률은 2016년 98.1%, 2021년 99.3%로 점진적인 증가율을 보이고 있다.

지정폐기물 또한 표 1-13에서 보는 바와 같이 소각률과 매립률은 다소 감소하고 있는 반면 지정폐기물의 재활용률은 2016년 56.0%, 2021년 65.3%로 점진적인 증가율을 보이고 있다.

또한 2001년부터 유기성슬러지는 물론 2005년부터 음식쓰레기의 직매립이 금지되었다. 따라서 육상처리보다 처리비용이 저렴한 해양배출이 급증하였으나 1996년 런던의정서에

의거 2012년부터는 유기성폐기물의 해양투기가 전면 금지되었다. 또한 2013년부터 음식물류 쓰레기를 줄이기 위한 "음식물류폐기물 종량제"가 실시되었다. 따라서 유기성폐기물의 자원화 시스템이 절실히 요구되었고, 참고로 2017년도 음식쓰레기 발생 및 처리현황을 보면 음식쓰레기 재활용률은 90% 정도를 상회하고 있으며, 현재 자원화로서 퇴비화, 사료화, 생물학적 처리에 의한 고형연료화 등으로의 연구가 활발히 진행되고 있다.

표 1-15는 폐기물별 서해병, 동해병, 동해정에 해양투기된 배출 해역별 폐기물 발생량표이며, 2016년 이전에는 분뇨와 유기성폐수가 전체 해양폐기물량 중 60%를 차지하고 있었으나 현재는 표 1-16에서 보는 바와 같이 액상류, 오니류 등의 사업장배출시설계폐기물의 해양 배출량이 발생되지 않고 있다는 것을 알 수 있다.

이는 1996년 런던의정서에 의거 2012년부터 유기성폐기물의 해양투기가 전면 금지됨에 따른 환경규제정책과 폐기물의 재활용정책에 의해 해양폐기물의 배출량 감소로 나타난 것이다.

표 1-14 지정폐기물 발생량 및 처리현황(만톤/년)

구분 \ 연도		2011	2012	2013	2014	2015	2016	2017
총계		13,537	12,209	12,663	13,697	15,340	16,680	15,903
매립	발생량	167	153	136	258	391	399	412
	%	1.2	1.1	1.1	1.9	2.5	2.5	2.6
소각	발생량	465	381	367	517	1,088	1,149	1,229
	%	3.4	2.9	2.9	3.8	7.1	7.3	7.7
재활용	발생량	12,905	12,675	12,157	12,922	13,861	14,133	14,262
	%	95.3	96.0	96.0	94.3	90.4	90.2	90.0

표 1-15 배출 해역별 폐기물 발생량(2021년, 천m^3/년)

해역	서해병	동해병	동해정	합 계
해역별 배출량	1.0	23.4	141.7	166.1

표 1-16 폐기물 종류별 해양배출량(천m^3/년)

항목	액상류	오니류	원료동식물폐기물	수산물폐기물	패각류	합계
	-	-	17.1	7.3	141.7	166.1

자료) 국토해양부

또한 해양쓰레기는 '인간이 제조하거나 가공한 것으로 바다에 버려지는 모든 고형물질'을 말하며, 해양쓰레기 중 80% 이상이 플라스틱류 폐기물로 해양생태계를 심각하게 위협하고 있는 세계적인 환경문제가 되고 있다,

따라서 정부에서는 해양쓰레기 문제를 해결하기 위해 「해양환경관리법」에서 규정하고 있던 해양폐기물을 2017년부터 「해양폐기물 및 해양오염퇴적물 관리법」을 제정하여 침적쓰레기, 부유쓰레기, 해안가쓰레기로 구분하여 관리하고 있다.

표 1-17은 해양쓰레기 종류별 수거량 표로서, 표에서 보는 바와 같이 해양쓰레기량 또한 매년 증가하는 것을 볼 수 있으며, 2021년 해양쓰레기 총 수거량은 120,735톤이다.

표 1-17 해양쓰레기 종류별 수거량(톤)

종류	2015	2016	2017	2021
부유쓰레기	4,330	4,697	4,460	-
침적쓰레기	16,252	24,146	29,662	-
해안쓰레기	48,547	41,997	48,053	-
합계	69,129	70,840	82,175	120,735

자료) 해양수산부

표 1-18(a)는 2021년 현재 한국표준산업분류에 따른 업종별 사업장배출시설계폐기물 발생량을 나타내고 있다. 표에서 보는 바와 같이 제조업(C) 업종이 59.9%로 가장 많이 배출되고 있으며, 1차 금속 제조업 42.3%, 수도, 하수 및 폐기물처리, 원료 재생업 17.4%, 전기, 가스, 증기 및 공기조절 공급업(D) 업종이 13.3% 순으로 배출되고 있는 것을 보여주고 있다.

또한 표 1-18(b)에서 보는 바와 같이 한국표준산업분류에 따른 업종별 사업장 지정폐기물 업종별 발생량은 사업장 배출시설계 폐기물과 같이 사업장 지정폐기물도 제조업(C) 업종이 68.3%로 가장 많이 배출되고 있다.

표 1-18(a) 한국표준산업분류(제10차)에 따른 사업장배출시설계폐기물 업종별 발생량

(단위 : 만톤/년, %)

구분	분류	발생량	구성비(%)	구분	분류	발생량	구성비(%)
총합계		8,490	100.0	C(10)	식료품 제조업	247	2.9
A	농업, 임업 및 어업	20	0.2	C(11)	음료 제조업	29	0.3
B	광업	127	1.5	C(12)	담배 제조업	1	0.0
C	제조업 합계	5,083	59.9	C(13)	섬유제품 제조업; 의복 제외	12	0.1

표 1-18(a) 계속

구분	분류	발생량	구성비(%)	구분	분류	발생량	구성비(%)
C(14)	의복, 의복 액세서리 및 모피제품 제조업	0.2	0.0	E	수도, 하수 및 폐기물 처리, 원료 재생업	1,480	17.4
C(15)	가죽, 가방 및 신발 제조업	8	0.1	E(36)	수도업	33	0.4
C(16)	목재 및 나무제품 제조업; 가구 제외	66	0.8	E(37)	하수, 폐수 및 분뇨 처리업	297	3.5
C(17)	펄프, 종이 및 종이제품 제조업	215	2.5	E(38)	폐기물 수집, 운반, 처리 및 원료 재생업	1,104	13.0
C(18)	인쇄 및 기록매체 복제업	2	0.0	E(39)	환경 정화 및 복원법	46	0.5
C(19)	코크스, 연탄 및 석유정제품 제조업	8	0.1	F	건설업	199	2.3
C(20)	화학 물질 및 화학제품 제조업; 의약품 제외	131	1.5	G	도매 및 소매업	31	0.4
C(21)	의료용 물질 및 의약품 제조업	7	0.1	H	운수 및 창고업	5	0.1
C(22)	고무 및 플라스틱제품 제조업	40	0.5	I	숙박 및 음식점업	2	0.0
C(23)	비금속 광물제품 제조업	426	5.0	J	정보통신업	1	0.0
C(24)	1차 금속 제조업	3,592	42.3	K	금융 및 보험업	0.3	0.0
C(25)	금속 가공제품 제조업; 기계 및 가구 제외	32	0.4	L	부동산업	15	0.2
C(26)	전자 부품, 컴퓨터, 영상, 음향 및 통신장비 제조업	94	1.1	M	전문, 과학 및 기술 서비스업	60	0.7
C(27)	의료, 정밀, 광학 기기 및 시계 제조업	1	0.0	N	사업시설 관리, 사업 지원 및 임대 서비스업	36	0.4
C(28)	전기장비 제조업	16	0.2	O	공공 행정, 국방 및 사회보장 행정	194	2.3
C(29)	기타 기계 및 장비 제조업	21	0.2	P	교육 서비스업	0.3	0.0
C(30)	자동차 및 트레일러 제조업	49	0.6	Q	보건업 및 사회복지 서비스업	1	0.0
C(31)	기타 운송장비 제조업	30	0.3	R	예술, 스포츠 및 여가관련 서비스업	3	0.0
C(32)	가구 제조업	9	0.1	S	협회 및 단체, 수리 및 기타 개인 서비스업	103	1.2
C(33)	기타 제품 제조업	45	0.5	T	가구 내 고용활동 및 달리 분류되지 않은 자가 소비 생산활동	0.0	0.0
C(34)	산업용 기계 및 장비 수리업	1	0.0	U	국제 및 외국기관	0.0	0.0
D	전기, 가스, 증기 및 공기 조절 공급업	1,129	13.3				

표 1-18(b) 한국표준산업분류(제10차)에 따른 사업장지정폐기물 업종별 발생량(단위 : 만톤/년, %)

구분	분류	발생량	구성비(%)	구분	분류	발생량	구성비(%)
총합계		576	100	C(30)	자동차 및 트레일러 제조업	15	2.7
A	농업, 임업 및 어업	0	0.0	C(31)	기타 운송장비 제조업	9	1.5
B	광업	1	0.2	C(32)	가구 제조업	0	0.0
C	제조업 합계	394	68.3	C(33)	기타 제품 제조업	0	0.0
C(10)	식료품 제조업	3	0.5	C(34)	산업용 기계 및 장비 수리업	0	0.0
C(11)	음료 제조업	0	0.0	D	전기, 가스, 증기 및 공기 조절 공급업	6	1.0
C(12)	담배 제조업	0	0.0	E	수도, 하수 및 폐기물 처리, 원료 재생업	88	15.2
C(13)	섬유제품 제조업; 의복 제외	7	1.3	F	건설업	9	1.6
C(14)	의복, 의복 액세서리 및 모피제품 제조업	1	0.1	G	도매 및 소매업	6	1.0
C(15)	가죽, 가방 및 신발 제조업	1	0.1	H	운수 및 창고업	5	0.9
C(16)	목재 및 나무제품 제조업; 가구 제외	0	0.0	I	숙박 및 음식점업	0	0.0
C(17)	펄프, 종이 및 종이제품 제조업	4	0.7	J	정보통신업	1	0.1
C(18)	인쇄 및 기록매체 복제업	1	0.2	K	금융 및 보험업	0	0.0
C(19)	코크스, 연탄 및 석유정제품 제조업	11	1.9	L	부동산업	2	0.4
C(20)	화학 물질 및 화학제품 제조업; 의약품 제외	88	15.3	M	전문, 과학 및 기술 서비스업	18	3.1
C(21)	의료용 물질 및 의약품 제조업	13	2.3	N	사업시설 관리, 사업 지원 및 임대 서비스업	9	1.6
C(22)	고무 및 플라스틱제품 제조업	11	1.8	O	공공 행정, 국방 및 사회보장 행정	9	1.6
C(23)	비금속 광물제품 제조업	13	2.2	P	교육 서비스업	2	0.3
C(24)	1차 금속 제조업	87	15.2	Q	보건업 및 사회복지 서비스업	0.	0.0
C(25)	금속 가공제품 제조업; 기계 및 가구 제외	15	2.6	R	예술, 스포츠 및 여가관련 서비스업	0	0.0
C(26)	전자 부품, 컴퓨터, 영상, 음향 및 통신장비 제조업	97	16.8	S	협회 및 단체, 수리 및 기타 개인 서비스업	21	3.7
C(27)	의료, 정밀, 광학 기기 및 시계 제조업	0	0.1	T	가구 내 고용활동 및 달리 분류되지 않은 자가 소비 생산활동	0	0.0
C(28)	전기장비 제조업	11	1.9	U	국제 및 외국기관	0	0.0
C(29)	기타 기계 및 장비 제조업	7	1.2	기타	업종 미등록 등	5	0.8

1.3 우리나라의 폐기물처리 현황

과거에는 가정에서 배출된 쓰레기 중 신문지, 고철 등은 회수업자에게 매각하고 종이·나뭇조각 등의 가연성은 부엌 등에서 가정연료로 사용하며 음식물쓰레기는 퇴비로 사용하는 등 가정 및 지역 내에서의 유효이용 또는 재이용이 이루어졌다. 그러나 도시에 인구가 집중됨에 따라서 쓰레기의 배출량이 증가하게 되어 계획적인 쓰레기의 처리·처분이 필요하게 되었다.

우리나라에서 폐기물 문제를 본격적으로 다루기 시작한 것은 가정쓰레기와 분뇨의 수집, 처리를 대상으로 한 "오물청소법"이 1961년에 공포된 것이 분기점이라 할 수 있으며, 그리고 1963년 11월에 재정된 "공해방지법"이 공해방지에 관한 일반법의 효시로서 서울특별시, 부산시 및 시 지역을 공해방지 구역으로 정하고 공해안정기준을 책정하며 이에 적합하도록 규제하였다.

그러나 1980년대 이전까지 우리나라 쓰레기 처리는 한마디로 발생된 쓰레기를 수집하여 대강 처리하였다는 표현이 적합할 것이다. 어느 도시를 막론하고 주로 쓰레기 수집분야에만 예산, 인력, 장비가 집중되어 쓰레기를 수집하고 수집된 쓰레기는 저습지, 공터, 농경지, 하천부지, 주택 또는 공장신축 부지 등에 환경오염 방지시설의 설치도 없이 노천투기식으로 버려져 왔다. 그러나 1980년대에 들어와서는 이러한 투기장소 마저도 고갈되어 비위생 매립지에서의 각종 환경오염 발생 및 이에 따른 주민의 민원이 빈발하여 주로 대도시에서부터 위생매립지 조성의 필요성이 대두되기 시작하여 위생매립지 조성을 강구하고 있으나 현재까지도 토지가의 상승 및 환경기초시설에 대한 님비현상 등에 의해 적정한 부지의 확보가 곤란하고 막대한 투자비 등의 문제가 발생하고 있다.

과거 우리나라 폐기물 처리 현황을 조사해 보면 쓰레기의 대부분을 매립에 의존하고 있었다. 특히 매립지 확보가 어려운 우리의 실정을 생각할 때 소각처리 방법이 적당하였다. 1990년 이전에는 대략 2% 정도가 소각처리 되었으나 1990년대에 들어와서 자원의 재활용에 대한 인식이 높아짐에 따라서, 전체적인 폐기물 처리 구조를 보면 매립처리비율은 크게 낮아지고 재활용이 크게 확대되는 한편, 소각처리율도 점진적으로 증가하는 추세에 있다.

즉, 1991년에는 생활폐기물 중 89.3%를 매립처리하고 소각처리는 1.6% 그리고 7.4%만을 재활용하였으나, 1995년에는 쓰레기종량제 실시 등으로 매립처리율이 72.3%로 줄어드는 한편, 소각처리가 4%, 재활용률은 23.7%로 증가하였다. 또한 1998년에는 매립처리율이 56.2%로 더욱 줄어들고, 소각처리 8.9%, 2001년 매립 43.8%로 줄어들었으며, 소각처리가 13.6%로 증가하였다. 이는 우리나라의 좁은 국토 현실에 비추어볼 때 약 90% 정도의 감량화를 이룰 수 있는 소각처리 방법이 그 당시에는 가장 바람직한 것으로 생각하였다. 결국 80, 90년대에는 소각처리를 목표로 정책방향이 추진되었으며, 생활폐기물의

2001년도 매립처리는 43.3%로 줄어들었으며, 소각처리는 13.6%로 증가되었고, 2021년도에는 매립이 12.9%까지 줄었고 소각처리는 24.9%로 증가하였다.

또한 2000년도에는 재활용에 대한 인식이 더더욱 높아짐에 따라 폐기물배출 제로화, 생활폐기물의 RDF (현재 SRF, BIO-SRF를 말한다), 사료화, 연료화 등으로의 재활용 시스템인 MBT 등 자원재활용 정책이 추진되고 있으며, 표에서 보는 바와 같이 생활폐기물의 재활용률은 2016년 60.0%에서 2021년 56.7%, 사업장배출시설계폐기물은 2016년 79.1%에서 2021년 84.4%, 지정폐기물은 2016년 56.0%, 2021년 65.3%로 재활용률이 지속적으로 증가하고 있으며, 특히 건설폐기물의 경우에는 2016년 98.1%에서 2020년 99.0% (163,871톤/일)로 급격히 증가하고 있으며, 2021년 현재 건설폐기물의 재활용률이 99.3%로 폐기물 종류별 중 재활용률이 가장 높다.

또한 과거에는 쓰레기의 계획적인 처리・처분을 위해 가정에서 배출되는 도시쓰레기는 "오물청소법"에 의해 시・군이 주체가 되어 계획적인 처리・처분을 진행할 수 있었으나 경제성장과 함께 증가해 온 사업활동에 따라 배출되는 산업폐기물의 처리는 그 책임이 애매하여 적절하지 못한 처분에 의한 환경오염이 빈발하게 되었다.

따라서 1986년 12월에 "환경보전법"과 "오물청소법"에 의하여 산업폐기물과 일반폐기물로 이원화되어 관리되던 폐기물 관련 규정을 통합하여 "폐기물관리법"을 개정하여 폐기물 관련 업무를 일원화하였다. 1991년 2월에는 폐기물관리법을 개정하여 일반폐기물과 특정폐기물로 분류하였으며, 다시 1995년 8월에 폐기물관리법을 전면 개정하였고, 1999년 2월에 부분 개정하여 현재의 생활폐기물과 사업장폐기물로 분류하였다.

정부조직 또한 환경문제를 체계적으로 관리하기 위해 1973년 보건사회부의 공해과를 시작으로 1980년 환경청을 신설하였으며, 1990년 환경청을 환경처로 승격, 1994년 12월 환경부로 승격되어 현재에 이르고 있다. 또한 2018년 환경부에서는 환경교육 전담부서인 1999년 폐지되었던 "환경교육팀"을 재신설하여 환경교육사업을 추진 중에 있다.

또한 2015년 12월 "환경오염시설의 통합관리에 관한 법률"을 제정하여 과거 대기・수질・토양・폐기물 등 환경 매체별로 관리하던 허가방식을 2017년부터는 하나로 통합허가하는 제도로 저비용・고효율의 최적기술을 적용하여 오염물질의 배출을 최소・최적화하는 환경관리방식의 제도를 시행하고 2020년 2월 25일 관련법의 일부를 개정 및 시행하여 소각시설 외의 폐기물 처리시설을 모두 통합관리 대상 사업장에 포함하도록 하였다.

이와 같이 환경관련 법 규제와 더불어 환경권도 보장되고 있으며, 대한민국 헌법 35조에서는 "모든 국민은 쾌적한 환경에서 생활할 권리가 있으며, 국가와 국민은 환경보전을 위해 노력해야 한다"라고 하는 환경권에 대한 권리와 의무를 부여하고 있다. 또한 환경문제의 중요성을 인식하여 우리나라에서도 1972년 제정된 NU의 세계환경의 날을 근거로 1996년 6월 5일 "환경의 날"을 법정기념일로 지정하였다.

표 1-19 폐기물관련 환경법 연혁 및 현황

환경법		현 황	제정일	최종개정일
오물청소법 ('61.12.30 제정)	폐기물	폐기물관리법	'86.12.31	'19. 3. 28
		오수·분뇨 및 축산폐수의 처리에 관한 법률(폐지)	'91.3.8	'07. 9.28 (폐지일)
		가축분뇨의 관리 및 이용에 관한 법률(공동입법)	'06.9.27	'07. 10.1 (시행일)
		자원의 절약과 재활용촉진에 관한 법률	'92.12.8	'19.11.26
		전기·전자제품 및 자동차의 자원순환에 관한 법률(공동입법)	'07.4.27	'08.1.1 (시행일)
		폐기물의 국가간 이동 및 그 처리에 관한 법률	'92.12.8	'17.4.18
		건설폐기물의 재활용촉진에 관한 법률	'03.12.31	'15.2.3
		폐기물처리시설설치촉진및주변지역지원등에 관한 법률	'95.1.5	'07.12.27
		수도권매립지관리공사의 설립 및 운영 등에 관한 법률	'00.1.21	'17.12.12
		석면안전관리법	'11.4.18	'17.11.28
		석면피해구제법	'10.3.22	'17.11.28
		자원순환기본법	'16.5.29	'18.1 시행
		자연환경보전법	'91.12.31	'17.11.28
		녹색제품 구매촉진에 관한 법률	'04.12.31	'13.12.30
		환경분야 시험검사 등에 관한 법률	'06.10. 4	'17.12.12
	합성수지폐기물 처리사업법 ('79.12.28 제정)	한국환경자원공사법	'93.12.27	'08.3.21
하수도법		하수도법(오수·분뇨를 하수도법에 통합)	'66.8.3	'16.1.27
독물 및 극물에 관한 법 ('63. 12.13 제정)		화학물질관리법	'90.8.1	'17.11.28
		잔류성유기오염물질 관리법	'07.1.26	'16.1.27
		생활화학제품 및 살생물제의 안전관리에 관한 법률	'18.3.20	-
환경관련법		환경분쟁조정법	'90.8.1	'15.12.22
		환경정책기본법	'90.8.1	'16.12.27
		환경기술 및 환경산업 지원법	'94.12.22	'16.1.27
		악취방지법	'04.2.9	'16.12.27
		환경영향평가법	'93.6.11	'18.6.12
		환경오염시설의 통합관리에 관한 법률	'15.12.22	'17.12.12
		환경오염피해 배상책임 및 구제에 관한 법률	'14.12.31	'17.12.12
		미세먼지 저감 및 관리에 관한 특별법	'18.7.26	-
		토양환경보전법	'95.1.5	'19.11.26
		환경개선비용 부담법	'91.12.31	'19.4.16
		환경경기술 및 환경산업 지원법	'00.2.3	'18.10.16
		환경오염시설의 통합관리에 관한 법률	'15.12.22	'19.11.6
		환경교육진흥법	'08.3.21	'18.6.12
		해양환경관리법	'07.4.27	'20.3.24
		환경오염시설의 통합관리에 관한 법률	'15.12.22	'20.2.25

현재 폐기물의 재활용률은 표 1-20에서 보는 바와 같이 2021년 기준 생활계폐기물 56.7%, 지정폐기물 65.3%, 사업장배출시설계폐기물 84.4%, 건설폐기물 99.3%로 나타났으며, 사업장배출시설계폐기물, 지정폐기물과 건설폐기물폐기물의 재활용률이 매년 높아지고 있으며, 특히 건설폐기물의 재활용률이 가장 높게 나타났다.

의료폐기물의 총 발생량은 연간 22.6만톤으로 일반의료폐기물(59.9%), 격리의료폐기물(15.1%), 혈액오염폐기물(7.9%), 병리계폐기물(7.2%), 조직물류폐기물(4.1%) 순으로 발생량이 많으며, 의료폐기물 중 재활용되는 인체조직물은 태반이다.

표 1-20 폐기물 종류별 처리 현황(만톤/년, %)

구분		2016	2017	2018	2019	2020	2021
생활계 폐기물 (%)	총발생량	1,963	1,952	2,045	2,116	2,254	2,270
	매립률	14.7	13.5	13.4	12.7	11.8	12.9
	소각률	25.3	24.9	24.6	25.7	25.5	24.9
	재활용률	60.0	61.6	62.0	59.7	59.5	56.7
사업장 배출시설계 폐기물 (%)	총발생량	5,918	6.018	6,122	7,396	8,087	8,490
	매립률	14.8	13.4	12.6	9.2	7.0	7.3
	소각률	6.0	6.0	5.8	4.0	4.3	3.8
	재활용률	79.1	80.6	81.6	82.6	84.3	84.4
	기타	0.1	0.0	0.0	4.2	4.4	4.6
건설 폐기물 (%)	총발생량	7,280	7,164	7,554	8,070	8,644	8,381
	매립률	1.5	1.5	1.4	0.8	0.8	0.6
	소각률	0.4	0.4	0.3	0.3	0.2	0.2
	재활용률	98.1	98.1	98.3	98.9	99.0	99.3
지정 폐기물 (%)	총발생량	503	544	562	568	561	598
	매립률	21.1	21.8	20.2	18.2	17.6	14.7
	소각률	16.8	15.1	14.8	14.5	13.6	13.5
	재활용률	56.0	56.2	60.0	62.5	63.7	65.3
	기타	6.1	6.8	5.0	4.8	5.1	6.5
의료 폐기물 (%)	총발생량	22	22	24	24	20	22.6
	매립률						0.0
	소각률						97.4
	재활용률						0.01
	기타						2.59

이와 같이 폐기물의 종류에 관계없이 재활용률이 증가한 것은 1992년 12월 “자원의 절약과 재활용촉진에 관한 법률” 제정 이후 필요에 따라 재활용 법률을 개정하였고 2003년 1월 생산자책임재활용제도(EPR, Extended Producer Responsibility)제도 시행, 2005년 “친환경 촉진에 관한 법률”을 제정, 2008년 “전기・전자제품 및 자동차의 자원순환에 관한 법률” 제정 등 정부의 재활용 정책과 국민의 환경의식이 높아진 결과로 볼 수 있다.

1.4 폐기물의 자연순환

우리들은 자연환경에서 자원을 얻어 물건을 만들어 사용한 후에는 폐기물을 배출한다. 배출된 폐기물은 자원화, 재이용되기도 하지만 최종적으로는 처리, 처분하여 자연환경으로 방출함으로써 환원된다. 우리들이 사업 활동이나 생활을 하고 있는 영역을 인간생태계, 자연환경의 영역은 자연생태계라 부르기도 한다. 여러 가지의 활동결과 인간생태계에서 자연 생태계로 배출되는 폐기물이 자연 생태계의 공간용적과 정화능력의 범위 내의 양과 질이라면, 예를 들어 토지로 처분된 쓰레기가 토양의 미생물로 분해되어 식물의 비료가 된다면 문제는 없는 것이다. 이와 같이 인간 생태계와 자연 생태계 사이의 주기를 “환경주기”라고 부른다.

이미 설명한 바와 같이 우리들은 이 환경주기를 유지할 수 없을 만큼의 다량의 폐기물을, 또한 소량이라 하여도 자연이 분해 정화할 수 없는 물질의 폐기물을 배출하게 되었다 (표 1-21 참조). 따라서 인간은 폐기물을 자연의 용량과 정화능력의 한계까지 분해시켜 줄 필요가 있으며, 이것이 “폐기물처리의 본질”적인 뜻이라 하겠다.

표 1-21 폐기물의 분해기간

폐기물의 종류	분해기간(년)	폐기물의 종류	분해기간(년)
종이	2～5개월	담배필터	10～12
나무젓가락	20	오렌지껍질	6개월
일회용 컵	20 이상	우유팩	5개월
스티로폼	500 이상	가죽구두	25～40
플라스틱 백	10～20	나일론천	30～40
플라스틱 병	100 이상	알루미늄캔	80～100
플라스틱 용기	50～80	양철캔	100
종이기저귀	100 이상	칫솔	100

자료) 환경부

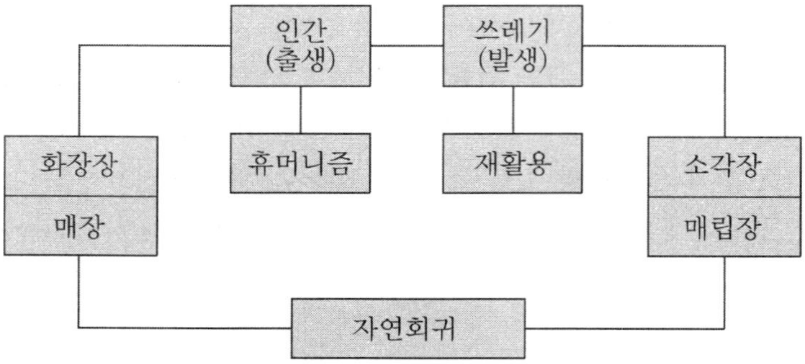

그림 1-2　환경주기

사람의 생활이나 사업활동에 필요하지 아니하게 된 물질을 Wastes라고 정의하듯이 인간도 인간으로서 사회에 해만 끼치고 아무 쓸모가 없는 사람을 인간쓰레기 "Wasted Lives"라고 한다.

히라오카교수는 사회를 인간의 신체와 유사하게 생각하여 자원을 손에 넣어 물건을 만들고 소비하기까지를 동맥시스템, 폐기물을 처리 · 처분하는 시스템을 정맥시스템이라 말하였다. 인간의 신체가 건강하기 위해서는 동맥과 정맥이 균형을 유지할 필요가 있는 것처럼 사회도 동맥시스템과 정맥시스템이 균형을 유지하여야 건강할 수 있는 것이다.

쓰레기는 인간이 사회를 살아가면서 발생되는 필연적인 관계라고 생각하며, 인간이 태어나서 생을 마감할 때까지의 과정과 쓰레기가 발생되어 최종처리 될 때까지의 과정은 하나도 다를 것이 없다. 따라서 지구가 공존하는 한 인간이 서로를 사랑하듯이 인간이 쓰레기도 사랑해야 평화로운 지구환경이 유지될 수 있을 것으로 필자는 생각하며, 그림 1-2와 같이 나타내었다.

우리나라는 경제성장의 과정에서 동맥시스템 만들기에는 주력하였으나 정맥시스템 만들기를 태만이 해왔다고 할 수 있다. 수처리 시스템도 쓰레기처리 시스템도 사회의 정맥이다.

폐기물은 귀중한 자원에서 만들어진 것이므로 최종처분하기 전에 가급적 자원화, 재이용하는 노력이 필요하다. 이것을 "폐기물의 주기"라 부르는데 물건은 재순환되는 가운데 최후에는 그 질이 약화되어 최종처분 되게 된다. 또 자원에서 물건을 만드는 생산단계에서 폐기물을 가급적 발생시키지 않는 공정으로 하는 노력이 필요한데 이것을 생산 공정의 "클로우즈화"라 부르고 있다. 이상과 같은 개념을 필자는 그림 1-3에 나타내었다. 그림에 표시한 것과 같이 생산 공정의 클로우즈화, 열 또는 물질로서의 재순환, 그리고 환경주기의 사이클이 균형을 이룸으로서 폐기물 문제는 자원의 보전과 환경보전의 양면을 해결해 나갈 수 있을 것이다.

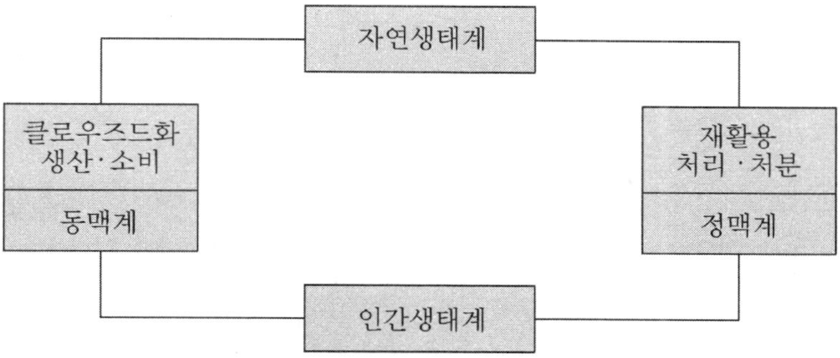

▌그림 1-3 폐기물의 주기

1.5 폐기물 처리 · 처분계획

생활폐기물 처리는 시 · 군 · 구의 의무사항으로 지방자치단체의 청소사업으로서 계획되고 사업장폐기물은 사업자 책임으로서 배출자가 계획하여 처리, 처분하게 되며, 처리계획의 책정단계에서 처리시스템은 그림 1-4와 같이 나타낼 수 있다.

즉, 우선 처리계획의 기본방침을 세워 폐기물의 양과 성분의 조사, 사용기술의 결정, 비용의 결정, 자본의 계산, 관리방법의 결정, 시설의 위치결정, 물질의 수명과 가치 등을 조사한다. 처리시스템과 최종처분시스템을 선정한 다음 처리시스템에 맞는 수집 · 운송의 하부시스템을 계획하고 폐기물 중에서 자원화로서 회수 · 재생이 가능한 것이 있으면 처리시스템에 자원화시스템을 병설하게 된다.

현재 우리나라에서도 폐기물의 재활용에 대한 인식이 고조되면서 폐기물을 줄이기 위해 3R운동(Recycle, Reduction, Reuse)을 전개하였으며, 생활에서도 3R운동(Recycling, Reform, Refill)을 하고 있다.

자원화로서의 재생은 크게 물질의 재생과 에너지의 재생으로 나눌 수 있다.

물질재생시스템 방법에는 생산지에서의 분류, 금속류를 재생하는 자력분리, 토양조절용의 퇴비화, 종이제조에서의 습식 펄프화 등이 있으며, 에너지의 재생시스템 방법에는 증기가 생산되는 소각, 연료로 사용할 수 있도록 쓰레기를 개질 가공한 고체연료(RDF : refuse derived fuel, 현재 SRF, BIO-SRF), 연료원으로 사용할 수 있는 가스 · 액체 · 고체로 물질을 변화시키는 높은 온도의 열분해, 메탄이나 다른 액체연료 등으로 변환시키는 소화시스템 등이 있다.

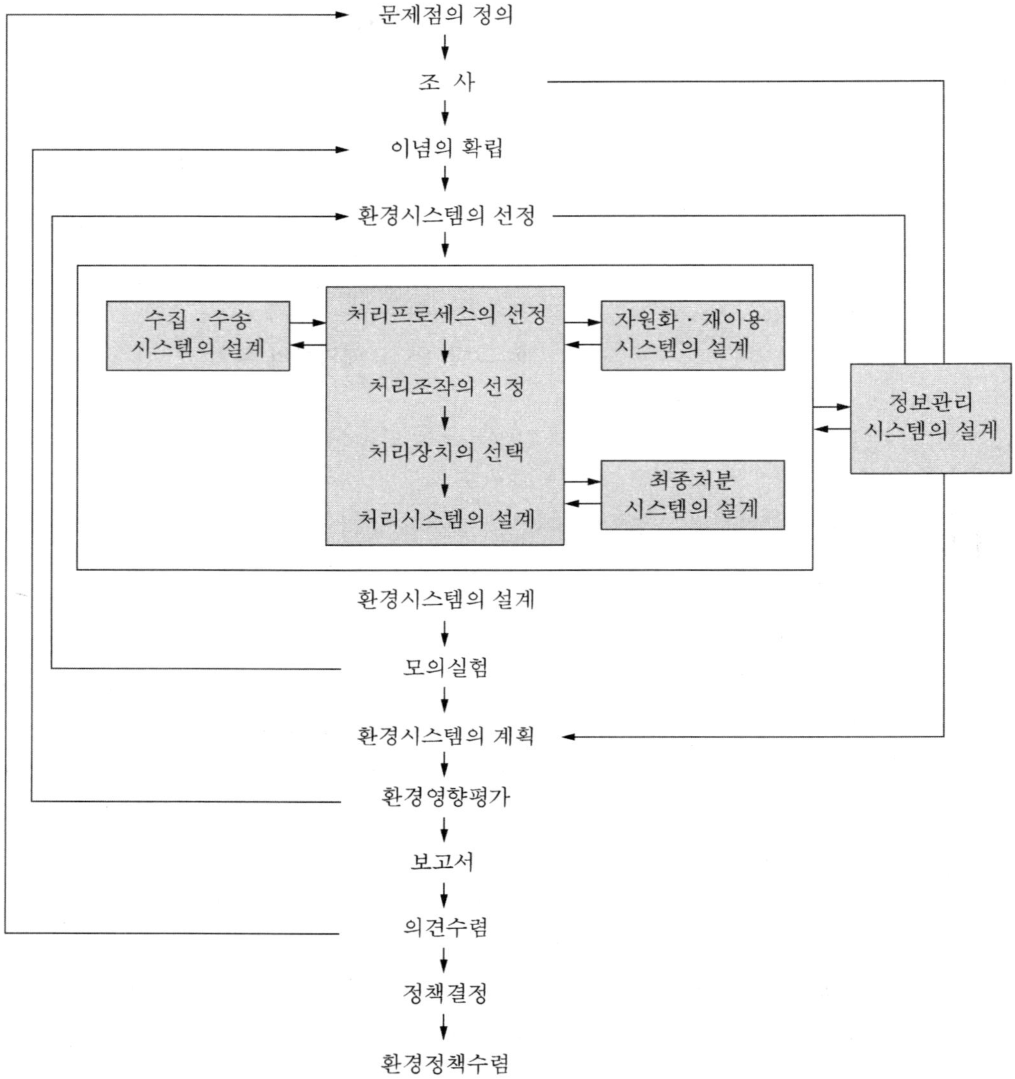

▮ 그림 1-4 환경시스템 설계

이러한 자원화시스템 중 "생활폐기물의 전처리시스템"을 "MBT" (Mechanical Biological Treatment)라고 부르며, 재활용가치가 있는 물질을 최대한 회수하여 환경부하를 감소시키고자 하는 최근의 생활폐기물처리 방법으로 쓰레기 처리의 3대 목표인 감량화, 무해화, 안정화는 물론 자원화목표를 달성할 수 있는 생활폐기물의 종합적인 처리방법이다.

우리나라에서는 자원순환형 사회를 만들기 위해 수도권매립지에 광역형, 부천시에 도시형, 강릉시에 준도시형, 부안군에 농촌형 MBT시설을 시행하고 있다.

또한 정보관리시스템을 설치할 필요가 있다. 즉 대기오염, 수질오염과 같이 오염물질이 매체 중에 확산되는 경우에는 측정점과 감시센터를 정보통신망으로 결합하는데 폐기물은 그 자신에게는 확산되지 않으므로 정보로 관리할 필요가 있으며, 금후의 과제가 될 것이다. 폐기물 처리・처분의 종합환경시스템이 설계되면 이것들이 최초의 조건에 일치되는지를 시뮬레이션 한다. 정보처리를 가한 환경 시스템으로서의 계획이 완성된 단계에서 환경영향평가를 하여 지역사회와의 적합성이 확인된 단계에서 정책이 끝나며 이때 건설을 시작하게 된다.

정부에서는 2020년 환경영향평가시스템(EIASS)을 구축하여, 개발사업 등에 요구되는 사전환경성검토, 환경영향평가, 사후환경성검토의 전과정에 대한 환경영향정보를 제공할 수 있도록 하였으며, 지구환경보전을 위하여 생산제품의 원료 - 제조 - 사용 - 폐기 단계까지의 전과정에 대하여 사용되는 에너지량, 배출되는 탄소배출량, 질소산화물 등의 오염물질 배출량이 환경에 미치는 영향을 정성적, 정량적으로 종합평가분석하여, 환경부하를 저감시키거나 환경개선작업인 "전과정평가"(LCA, life cycle assesment)사업을 시행하고 있다.

1.6 1회용품 쓰레기 관리

2005년 7월 "친환경 촉진에 관한 법률"을 제정하여 공공기관에서는 친환경 상품의 구입을 의무화 하였다. 그러나 소비자의 경우에는 친환경 상품에 대한 인식이 부족하여 판매실적도 부진하였다. 따라서 정부에서는 2006년 9월 "친환경 촉진에 관한 법률"을 개정하여 친환경 상품이 일반 소비자들에게 원활히 유통될 수 있도록 대규모의 점포에서는 친환경 상품 판매소 설치를 의무화 하였다. 또한 2007년 "자원의 절약과 재활용촉진에 관한 법률"을 개정하여 현재 안전처리와 단순 재활용 중심이었던 폐기물관리정책을 폐기물 발생억제와 자원화 확대로 전환하였으며, 정부에서 재활용이 용이한 친환경적 제품의 사용증대와 1회용품을 줄이고 포장폐기물의 감량화를 위해 "자원의 절약과 재활용촉진"에 관한 법률에 따라 1회용품 사용규제, 포장폐기물 사용억제 규제 제도를 시행하고 있다.

표 1-22는 2020년 주요 업종별 규제대상 및 준수사항표이며, 표 1-23은 주요 포장재질 및 포장방법에 관한 기준표이다.

"자원의 절약과 재활용촉진에 관한 법률"(제5조 관련, 별표 1, 개정 2007년 6월 11일)에서의 1회용품의 종류는 다음과 같다.

1. 1회용 컵・접시・용기(종이・금속박・합성수지재질 등으로 제조된 것을 말한다)

2. 1회용 나무젓가락
3. 이쑤시개(전분으로 제조한 것을 제외한다)
4. 1회용 수저 · 포크 · 나이프
5. 1회용 광고선전물(신문 · 잡지 등에 끼워 배포하거나, 고객에게 배포하는 광고 전단지와 카탈로그 등 단순 광고목적의 광고선전물로서 합성수지재질로 도포되거나 접합된 것에 한한다)
6. 1회용 면도기 · 칫솔
7. 1회용 치약 · 샴푸 · 린스
8. 1회용 봉투 · 쇼핑백(환경부장관이 재질, 규격, 용도, 형태 등을 감안하여 고시로 정하는 것을 제외한다)
9. 1회용 응원용품(응원객, 관람객 등에게 제공하기 위한 막대풍선, 비닐방석 등을 말한다)
10. 1회용 비닐식탁보(생분해성수지제품은 제외한다)

표 1-22 주요 업종별 규제대상 및 준수사항

업종	준수사항	적용대상 1회용품
식품접객업 집단급식소	사용억제	• 1회용 컵(합성수지 · 금속박컵 등) • 1회용 접시(종이접시, 합성수지접시, 금속박접시 등) • 1회용 용기(종이용기, 합성수지용기, 금속박용기 등) • 1회용 나무젓가락, 이쑤시개, 수저, 포크, 비닐식탁보 등
	무상제공금지(한국표준산업분류 중 제과점업)	• 1회용 봉투, 쇼핑백(종이로 된 것, 다른 제품에 묻을 우려가 있거나, 가루가 발생하는 제품 등은 제외)
목욕장업	무상제공금지	• 1회용 면도기, 칫솔 · 치약, 샴푸 · 린스
대규모점포, 슈퍼마켓 (한국표준산업분류)	사용억제	• 1회용 봉투 · 쇼핑백(종이로 된 것, 생선 · 채소 등 겉면에 수분이 발생하는 제품 등은 제외)
	제작 · 배포 등 사용억제	• 1회용 광고 선전물(종이에 합성수지를 분사하여 막을 형성시키거나 합성수지필름을 붙인 광고 전단지)
도 · 소매업	무상제공금지	• 1회용 봉투 · 쇼핑백(종이로 된 것, 생선 · 채소 등 겉면에 수분이 발생하는 제품 등은 제외)
	제작 · 배포 등 사용억제	• 1회용 광고 선전물(종이에 합성수지를 분사하여 막을 형성시키거나 합성수지필름을 붙인 광고 전단지)
	사용억제	• 1회용 합성수지용기(밀봉포장용기 및 생분해성수지용기는 제외)
금융업, 보험 및 연금업, 증권 및 선물중개업 등	제작 · 배포 등 사용억제	• 1회용 광고 선전물(종이에 합성수지를 분사하여 막을 형성시키거나 합성수지필름을 붙인 광고 전단지)

자료) 환경부

표 1-23 주요 포장재질 및 포장방법에 관한 기준

구분	주요 규제기준
포장 재질	• 포장재질에 폴리비닐클로라이드(PVC)를 사용하여 첩합(라미네이션) · 수축포장 또는 도포(코팅)한 포장재(제품의 용기 등에 붙이는 표지를 포함)는 사용금지 • 합성수지 재질(PVC 등)로 된 포장재는 사용을 금지하거나 연차별로 줄여나가도록 규제 - 사용금지 : 계란 · 메추리알, 튀김식품 · 김밥류 · 햄버거류 · 샌드위치류 등 6개 포장재 - 연차별 줄이기 대상 : 계란판 · 받침접시, 면류용기 등 4개 제품
포장 방법	• 가공식품 등 단위제품 13개 1차식품 등 종합제품 10개 등 총 23개 제품에 대하여 제조 · 수입 또는 판매하는 자를 대상으로 포장 공간비율(10～35%), 포장횟수(2차 이내) 제한

또한 2017년 11월 개정된 "자원의 절약과 재활용촉진에 관한 법률"에서는 자원의 절약, 폐기물의 발생억제 및 재활용에 관하여 이 법에 규정되지 아니한 사항은 "자원순환기본법" 및 "폐기물관리법"을 적용한다.

2013년 8월 개정된 제10조에서는 "1회용품의 사용 억제"에 관한 내용으로 다음 각 호의 어느 하나에 해당하는 시설 또는 업종을 경영하는 사업자는 1회용품의 사용을 억제하고 무상으로 제공하지 아니하여야 한다. 다만, 1회용품이 생분해성수지제품인 경우에는 무상으로 제공할 수 있다.

1. 「식품위생법」에 따른 집단급식소 또는 식품접객업
2. 「식품위생법」에 따른 식품 제조업 · 가공업 중 대통령령으로 정하는 업종
3. 「공중위생관리법」에 따른 목욕장업
4. 「유통산업발전법」에 따른 대규모점포
5. 「체육시설의 설치 · 이용에 관한 법률」에 따른 체육시설
6. 그 밖에 1회용품의 사용을 억제할 필요가 있어 대통령령으로 정하는 시설 또는 업종

관리의 어려움 등으로 1회용 보증금제도와 신고포상금제도를 2008년 폐지하고 1회용 종이컵, 종이봉투, 대규모점포를 제외한 1회용 합성수지 도시락용기사용을 2018년 허용하였으며, 숙박업소의 1회용 면도기, 칫솔, 치약 등의 무상제공을 2019년 허용하였다.

또한, 표 1-24에서 보는 바와 같이 2019년 1월 1일부터 비닐류의 사용을 줄이기 위해 대형마트나 백화점 등에서 1회용 비닐봉투 사용을 전면 금지시켰으며, 1회용 컵의 감량과 회수 및 재활용을 위해 2022년 12월부터 "1회용컵 보증금제도"를 신설하여 세종시, 제주시에서 우선 시행하였다.

다음은 1회용품을 사용하거나 무상으로 제공할 수 있는 경우이다.

1. 집단급식소나 식품접객업소 외의 장소에서 소비할 목적으로 고객에게 음식물을 제공

·판매·배달하는 경우

2. 자동판매기를 통하여 음식물을 판매하는 경우
3. 장례시장에서 조문객에게 음식물을 제공하는 경우(대통령령으로 정하는 바에 따라 조리 시설 및 세척시설이 갖추어져 있는 곳에서 음식물을 제공하는 경우는 제외한다 (2014.2).
4. 그 밖에 대통령령으로 정하는 경우와 1항의 시설 또는 업종을 경영하는 사업자가 사용을 억제하고 무상으로 제공하지 아니하여야 하는 1회용품과 그 세부 준수사항은 환경부령으로 정한다.

표 1-24 비닐봉투 사용처별 관리 방안

구분	백화점	대형마트	대형슈퍼	편의점	소규모슈퍼	제과점	재래시장
업체수	97	537	9,649	26,874	49,788	16,082	-
현재규제	무상제공 금지					-	-
추진방향	사용금지 (2019.1.1)			무상제공 금지 대형봉투종량제	무상제공 금지	사용금지 (2019.1.1)	장바구니 대여사업

또한 원활한 폐기물의 자원순환을 목적으로 EU에서 2008년부터 시행하고 있는 "폐기물종료제도(End of Waste)"를 도입하여 폐기물관리법의 규제를 받지 않을 수 있는 순환자원 인증제를 2018년 실시하고 있다. 더욱이 순환자원 인증 절차를 간소화 할 수 있는 제도를 시행하고 있으며, 순환자원 인정 시 환경영향이 적은 폐지, 폐금속 등 대통령령으로 정하는 물질 또는 물건에 대하여는 순환자원의 인정 절차·방법 등을 생략할 수 있도록 하였다. 순환자원 인증 절차 생략 대상품목은 다음과 같다.

1. 폐지류
2. 폐금속류
3. 폐유리 및 폐유리병
4. 폐합성수지
5. 폐의류
6. 폐원단 조각
7. 식물성 잔재물
8. 왕겨 및 쌀겨
9. 커피 찌꺼기

연습문제

01 우리나라의 연도별 쓰레기 발생량에 대한 자료를 구하여 보고 그 추이에 대하여 검토하시오.

02 우리가 살고 있는 도시의 연도별 쓰레기 배출량에 대한 자료를 구하고 1인당 쓰레기 배출량을 산출하시오. 그 값을 이 책의 값과 비교하고 차이가 있으면 이유를 설명하시오.

03 자원회수 차원에서 쓰레기의 처리방법에서 고려할 사항들에 대하여 검토하시오.

04 우리가 살고 있는 도시에서 물질의 재사용을 촉진시키기 위하여 하고 있는 일들을 평가하시오.

05 우리가 살고 있는 도시에서는 병, 종이, 캔 등의 순환은 어떻게 이루어지고 있는가?

06 우리가 살고 있는 도시에서 폐기물처리의 문제점들에 대하여 조사하고 이들의 해결방안에 대하여 검토하시오.

07 1회용품의 발생현황 및 발생억제 대책에 대하여 설명하시오.

08 환경주기에 대하여 논하시오.

09 LCA (Life Cycle Assesment)에 대하여 설명하시오.

2

생활폐기물처리

CHAPTER 2

생활폐기물처리

폐기물처리의 목표는 수집된 쓰레기를 안정화(유기물을 무기물화 함), 무해화(유기물질이나 병원성생물 등을 분해, 제거, 사멸시킴)하고 감량화하여 그 잔사물을 위생적으로 처분하는 데 있다.

폐기물처리시스템은 발생－수집－운반－중간처리－최종처리 단계로 이루어지며, 폐기물처리의 3대 목표인 안정화·무해화·감량화를 목표로 하는 프로세스는 주로 중간처리 단계에서 이루어진다. 또한 파쇄, 압축, 선별, 소각, 열분해, 응집, 침전, 탈수, 건조, 고형화 등이 이루어지는 중간처리 공정에서 생기는 잔사물의 처분은 최종처분단계에서 이루어진다.

1980, 1990년대의 생활쓰레기의 처리방법 중 가장 주목 받던 방법이 소각처리인데, 소각처리는 쓰레기를 고온에서 연소하여 안정화·안전화를 도모하고 감량효과를 높이므로 여러 중간처리 방법 중에서 가장 신뢰성이 높은 것으로 평가되었다. 그러나 현재는 폐기물도 하나의 커다란 자원으로 부각되면서 재활용에 대한 인식이 높아지고 있다.

따라서 과거에는 주로 중간처리단계에서 자원화가 이루어지는 것으로 여겨져 왔으나 필자는 그림 2-1에서와 같이 폐기물처리의 종합 시스템인 발생－수집－운반－중간처리－최종처리 단계의 어느 단계를 막론하고 자원화가 이루어져야 된다고 생각한다.

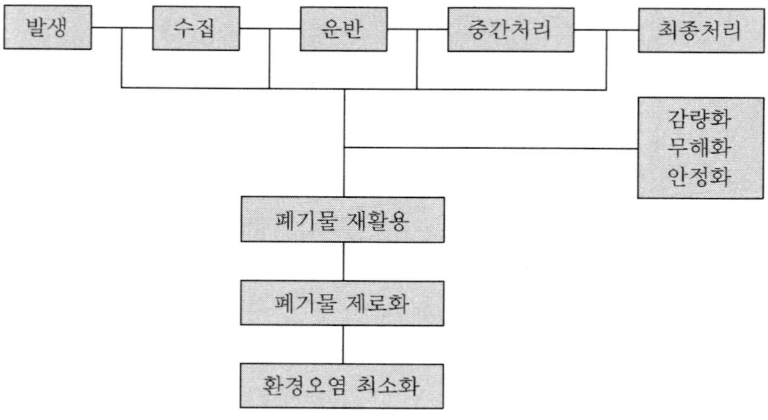

그림 2-1 생활폐기물처리 방안

현재 우리나라에서도 자원화 할 수 있는 폐기물은 전량 자원화 하는 시스템인 생활폐기물의 전처리시스템(MBT)이 도입되어 재활용가치가 있는 물질을 최대한 회수하여 환경부하를 감소시키는 정책이 도입되고 있다. 결국 MBT시스템은 생활폐기물의 전처리시스템으로 쓰레기 처리의 3대 목표인 감량화, 무해화, 안정화는 물론 자원화목표를 달성할 수 있는 생활폐기물의 종합적인 처리방법이라고 말할 수 있다.

2.1 쓰레기 처리 및 처분계획

2.1.1 쓰레기 처리계획

생활폐기물은 시장・군수・구청장이 수집・운반・처리하여야 하며, 또한 폐기물의 적정처리를 위해 폐기물 처리시설을 설치・운영하여야 하도록 폐기물관리법에 규정하고 있다.

폐기물 처리시설이란 쓰레기를 매립처분 또는 기타 유효이용에 알맞도록 소각, 중화, 퇴비화, 파쇄, 압축 등의 물리적・화학적 또는 생물학적 변화를 주기 위한 시설이며, 주요설비, 부대시설 및 그 부지를 포함하는 것이다, 일반적인 폐기물처리 목적별 시스템의 구성을 그림 2-2에 표시하였다.

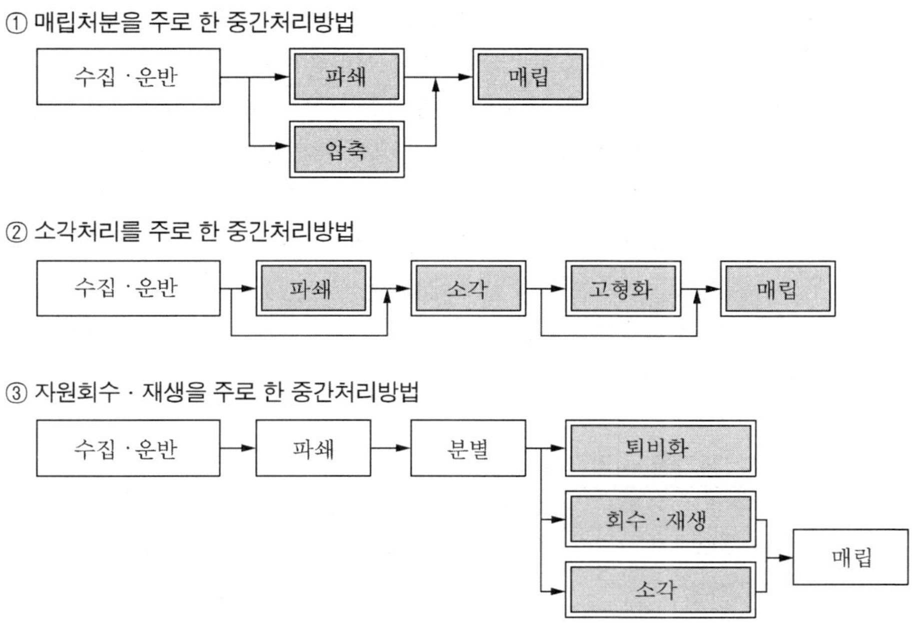

▌그림 2-2 폐기물처리 시스템의 구성

1) 계획관리구역

계획관리구역은 "폐기물관리법"에 규정된 구역으로 하되, 원칙적으로 각 시·군·구의 구역으로, 인근 행정구역과의 공동처리에 대해서도 충분히 검토할 필요가 있다.

2) 계획 목표년도

계획 목표년도는 계획 관리구역의 장래 인구 동향, 쓰레기 배출량의 예측 등의 정도, 처리 및 처분 시설의 내구연한, 투자효율 등을 감안하여 정할 필요가 있다. 쓰레기 관리 계획에서 계획 목표년도는 쓰레기 처리시설이 가동되고 나서 대략 7년 이내로 하는 것이 바람직하다.

3) 계획처리량

계획 처리량은 계획년도에서의 계획관리구역 내의 쓰레기량을 말하며, 적어도 과거 5년 이상의 실적을 바탕으로 계획 목표년도에서의 계획 1인 1일 평균 배출량을 추계하여 이것에 그 목표년도에서의 계획 수집인구를 곱하고 계획 직접반입량을 가산한 수치에 최대 배출월에 대응하기 위해 계획월 최대 변동계수를 곱하여 계획처리량을 산출한다. 즉, 다음 식에 의해 산출하는 것이 보통이다.

계획처리량 = (계획 1인 1일 평균배출량 × 계획 수집인구 + 계획 직접반입량)
× (계획 월최대 변동계수)

계획 직접반입량이란 사업장의 일반폐기물이나 일시적으로 다량 배출되는 일반폐기물이며 통상의 수집경로를 수집되는 것이 아니라 배출자가 스스로 직접 처리시설로 반입하는 쓰레기의 계획량이다. 월최대 변동계수랑 연간 쓰레기 배출량이 계절에 따라 변동하기 때문에 이것에 대응할 수 있는 처리시설의 규모 등을 결정하기 위해 필요한 수칙이며, 연간 각 월의 1일 평균 처리량과 연간 1일 평균 처리량과의 비 중에서 그 해의 최대치이다. 계획월 최대변동계수는 과거의 실적에서 추계하게 되는데 관광지 등 인구의 변동이 큰 경우를 제외하고는 1.5 이하의 범위에서 설정하는 것이 바람직하다.

표 2-1은 우리나라의 2021년 현재 지방자치단체, 자가처리업체, 중간처리업체의 총 폐기물 처리시설 현황표이다.

표 2-1 폐기물 처리시설 현황

구분	소각시설	매립시설	재활용시설	기타
공공처리	468	497	403	7
자가처리	159	227	2,356	112
위탁처리	352	322	14,403	434

2.1.2 쓰레기의 관리체계

쓰레기의 발생원에서부터 최종처분까지의 관리에 관련되는 활동을 6가지 기능적 요소, 즉 ① 쓰레기의 발생 ② 현지취급, 저장 및 가공 ③ 수집 ④ 운반 및 수송 ⑤ 처리 및 회수 ⑥ 처분 등으로 나누고, 이 기능적 요소들을 표 2-2에 설명하였다.

그리고 폐기물의 관리에서는 그림 2-3에서 보는 바와 같이 가장 먼저 유해물질을 분류해 내어야 하며, 음식물류폐기물의 경우도 수분이 많은 특성으로 인하여 이후의 쓰레기 관리체계에 악영향을 미칠 수 있기 때문에 우선적으로 분리·수거하여야 한다. 분리된 음식물류폐기물은 수거하여 퇴비화, 메탄발효 등을 통하여 에너지 및 유용한 물질로 회수하는 것이 바람직하다. 쓰레기를 배출원에서부터 완전하게 분리·수거함으로써 종이, 병, 금속 등의 재활용성 쓰레기를 회수하고, 그리고 적환장에서 다시 쓰레기를 분리, 회수한 후 분리된 쓰레기를 가장 적합한 방법으로 처리하는 것이 중요하다. 환경적으로 거의 무해한 연탄재는 매립지의 복토재 등으로 활용하고, 종이류 등의 가연성폐기물은 소각 처리하여 부수적으로 발생되는 여열을 회수하고, 소각재는 안전 매립한다. 그리고 소각 시 유해가스를 배출하거나 소각로에 손상을 줄 수 있는 고무류, 비닐, 플라스틱류는 열분해 등을 이용하여 처리함으로서 에너지·자원물질을 회수한다.

표 2-2 쓰레기의 관리시스템의 기능적 요소

기능적 요소	설 명
쓰레기 발생	물질이 더 이상 가치가 없다고 판단하여, 버리거나 또는 모아서 처분하는 활동
현지 취급, 저장 및 가공	쓰레기를 발생원 또는 그 근처에서 취급, 저장, 가공하는 활동
수집	쓰레기의 수집 및 수집 후에 수집 차량을 비우는 곳까지 끌고 가는 활동
운반 및 수송	쓰레기를 작은 수집 차량에서 대형 수송 장치까지 운반한 후 쓰레기를 장거리에 걸쳐서 처분 장소까지 수송하는 활동
가공 및 회수	다른 기능적 요소의 효율을 개선하고, 쓰레기로부터 유용한 물질, 전환 제품, 또는 에너지를 회수하는 기술, 장치 및 시설
처분	쓰레기의 최종 처분 활동, 수집하여 매립지까지 직접 수송하는 폐기물, 폐수처리 플랜트의 반 고형 폐기물(슬러지), 소각로의 소각재, 퇴비 또는 여러 고형폐기물 가공 플랜트에서 발생하는 기타 물질로서 더 이상 용도가 없는 것들이 포함된다.

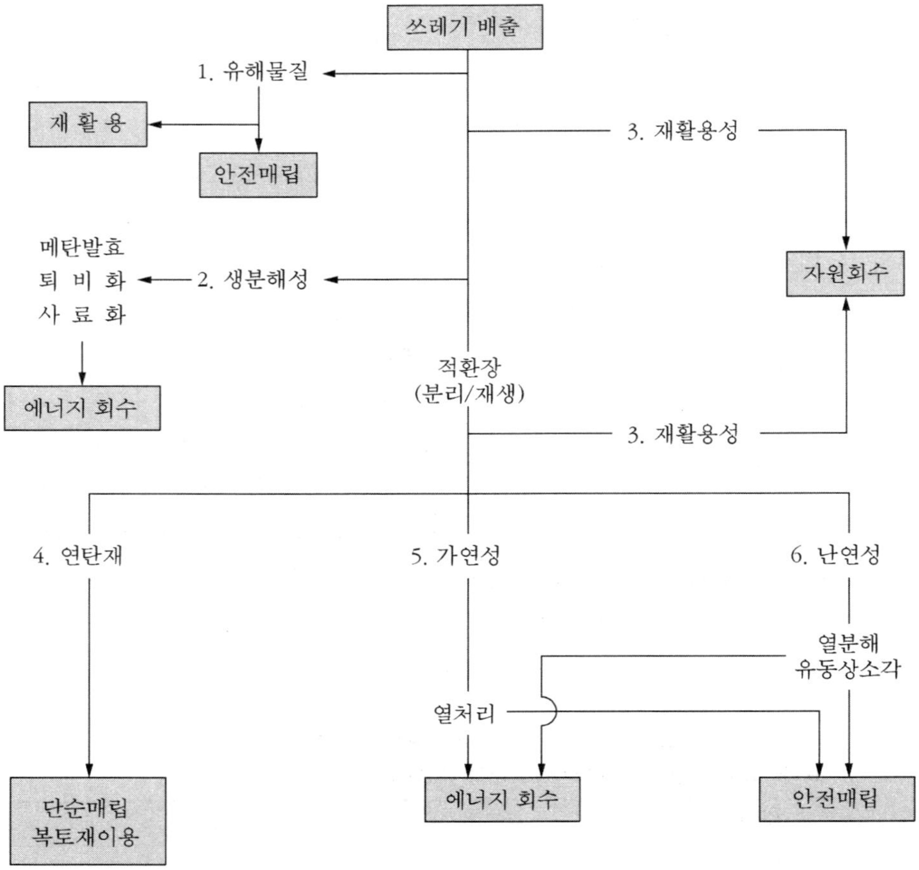

▌그림 2-3 쓰레기의 관리 체제

2.2 쓰레기의 분류

2.2.1 쓰레기의 발생원

도시쓰레기의 배출원과 중류는 표 2-3에 나타낸 바와 같은데, 이 표에서 볼 수 있는 바와 같이 쓰레기 배출원의 평가에 있어서 그 대부분이 토지 사용 및 지대(zoning)와 관련된다고 할 수 있다. 가장 다루기 어려운 배출원은 개방지역인데 이러한 곳에서는 쓰레기의 확산과정으로 발생하기 때문이다.

표 2-3 생활계폐기물의 일반적 배출원

배출원	대표적 시설, 활동 또는 쓰레기가 발생하는 곳	쓰레기의 종류
주택지역	단독 및 연립 주택, 저층 및 고층 아파트 등	음식물류폐기물, 종이류, 의류, 나무, 고무류, 플라스틱류, 연탄재, 가구 등의 조대쓰레기
상업지역	상점, 레스토랑, 시장, 사무실 빌딩, 호텔, 모텔, 인쇄소, 자동차정비점, 의료시설 및 학원 등	음식물류폐기물, 생활쓰레기, 연탄재, 건축폐기물, 캔, 병, 종이류, 자동차 등
개방지역	도로, 골목, 공원, 공터, 운동장, 해변, 고속도로, 산, 위락지역 등	휴지, 흙, 나뭇잎, 동물의 배설물, 일반쓰레기, 기타
처리장	용수, 폐수처리시설 및 산업폐기물처리공정 등	처리장폐기물, 주로 잔류 슬러지 등
행사장	체육대회, 축제장 등 국제행사 및 국내행사	음식물류폐기물, 종이류, 캔, 병, 플라스틱류, 1회용품

2.2.2 폐기물의 성상

폐기물의 성상이라는 것은 수분, 겉보기 비중, 조성, 원소분석치, 저위발열량 등의 물리적·화학적 성질을 말한다. 2018년, 2021년 자료를 참고하여 수도권매립지의 폐기물 물리적 조성 및 폐기물 성상을 표 2-4, 표 2-5에 표시하였다. 표에서 보는 바와 같이 수도권매립지에 매립되는 생활쓰레기의 70.8%가 종이류와 플라스틱류가 차지하고 있으며, 건설폐기물 중에서도 종이류와 플라스틱류가 28.3%를 차지하고 있다. 따라서 분리수거 등에 의한 재활용률 높여야 할 것으로 생각된다.

발열량은 2000년대 초반까지는 발열량이 2,000 kcal/kg 전·후이었지만 현재는 4,000～5,000 kcal/kg 정도를 보이고 있다. 이는 정부의 쓰레기정책과 국민의 환경의식이 높아짐에 따라 함수량이 높은 음식물류폐기물 등의 분리수거 및 재활용률의 증가에 기인된 것으로 볼 수 있으며, 소각로 및 열분해로 설계 시 중요한 인자가 된다.

참고로 2021년 기준 수도권매립지의 폐기물 종류별 반입 비율 자료를 보면 생활폐기물 26%, 사업장비배출시설계폐기물 1.0%, 사업장배출시설계폐기물 51.0%, 건설폐기물 22.0%를 나타내고 있다.

표 2-6은 경기도 A시의 생활폐기물 조성 및 성상표이다. 표에서 보는 바와 같이 수도권쓰레기가 반입되는 수도권매립지의 경우와 유사한 성상을 보이고 있으며, 생활폐기물의 조성 중 종이류와 비닐·플라스틱류가 73.5%를 차지하고 있다.

표 2-4 수도권매립지 폐기물 물리적 조성

생활폐기물	가연성								불연성			
	계	음식물	종이	플라스틱	목재	고무가죽	섬유	기타	계	유리자기	금속	기타
	94	6.8	44.9	25.9	0.9	1.3	6.9	7.4	6.0	1.4	1.5	3.1

건설폐기물	가연성						불연성				
	계	목재	플라스틱	종이	섬유	기타	계	토사	벽돌	금속	유리자기
	43.3	24.0	11.8	6.5	0.9	01	56.7	23.0	29.2	2.7	1.8

자료) 매립지관리공사

표 2-5 수도권매립지 폐기물 성상

폐기물	겉보기 밀도 (kg/m^3)	삼성분			저위 발열량 (kcal/kg)	원소조성(%)				
		수분	가연분	회분		C	H	O	N	S
생활폐기물	152	23.5	69.9	7.6	3,578	50.0	6.7	11.4	1.0	0.0
건설폐기물	596	21.9	65.2	12.9	4,093	54.0	7.0	22.4	1.1	0.6

* 참고로 2004년도 저위발열량은 6,606 kcal/kg임

표 2-6 경기도 A시의 생활폐기물 성상

겉보기 밀도 (kg/m^3)	습식저위 발열량 (kcal/kg)	삼성분			원소조성(%)					
		수분	가연분	회분	C	H	O	N	S	Cl
170	4,172	27.2	62.0	10.8	41.52	6.01	17.33	0.47	0.06	0.46

가연성									불연성			
계	비닐	음식물	종이	플라스틱	목재	고무가죽	섬유	기타	계	유리자기	금속	기타
94.1	28.1	5.3	38.0	7.5	4.3	2.9	7.2	0.9	5.9	2.4	1.9	1.6

2.3 폐기물의 조사분석법

폐기물의 분석에는 많은 노력과 시간이 필요하며, 그 지역의 폐기물 성상을 파악하는 데는 적어도 연 4회(춘하추동의 각 계절마다 1회)의 측정이 필요하다. 그리고 수분의 평균치를 알기 위해서는 비오는 날의 수집을 피하는 것이 바람직하다. 폐기물 채취는 될 수 있는 한 신속하게 작업해야 하며 1회의 채취는 적어도 축분작업 개시부터 30분 이내에 완료하는 것이 바람직하다.

2.3.1 시료의 채취

1) 수집 · 운반차에서 채취

수집 운반차로부터 시료의 채취는 가능한 한 대표적인 시료를 채취하여야 하며, 이를 위하여 무작위 채취방식을 택하여야 한다. 즉, 수집 운반차의 2대 간격 또는 3대 간격으로 시료를 채취한다. 또한 수거차마다 배출지역이 다르면 층별 채취법이 더욱 바람직하다. 이 경우에는 상가지역, 주택지역, 공장지역 등으로 구분하여 그것들의 배출량의 비율에 비례하는 차량수를 선정하는 것이 바람직하다.

1대의 차량으로부터 대표적인 시료를 10 kg 이상 채취하고 원시료의 총량을 200 kg 이상 되도록 시료를 채취하도록 한다. 기계식 압축차의 경우 폐기물 배출초기, 중간 및 마지막 단계에서 균등하게 채취하는 것이 바람직하다.

2) 쓰레기 피트에서 채취

피트 내의 쓰레기를 충분히 섞은 다음 200 kg 이상 채취한다.

2.3.2 시료의 조정(원추4분법)

채취한 시료는 건조한 콘크리트 등의 바닥 또는 대단히 넓은 비닐시트위에서 소형삽으로 잘 혼합하고, 포장되어 있는 쓰레기는 꺼내어 적당히 세분하고, 대형폐기물은 적당히 파쇄한 후 충분히 혼합 교반하여 시료를 균일하게 한다.

시료의 축분 방법에는 구획법, 교호삽법, 원추 4분법에 의하여 여러 번 축분하고 시료로서 5～10 kg을 채취하며, 시료의 채취 시 주로 사용되고 있는 방법은 원추 4분법이다.

1) 원추 4분법

시료를 원추형으로 적재시키고 맨 위의 정점으로부터 수직으로 밀어내리는 것 같이 하여 원추대를 만들며, 이러한 조작을 2～3회 반복한다. 평평하게 만든 원추대를 4등분하고 그림 2-4와 같이 상응되는 2개의 부분을 무작위로 선정하여 시료로 한다. 축분 도중에 조대형폐기물(모포, 타이어, 나무류, 섬유, 캔 등) 등과 같이 파쇄하기 어려운 것은 미리 별도로 추출하여 놓고, 최후에 이것을 잘게 잘라 시료를 추가하는 것이 바람직하다.

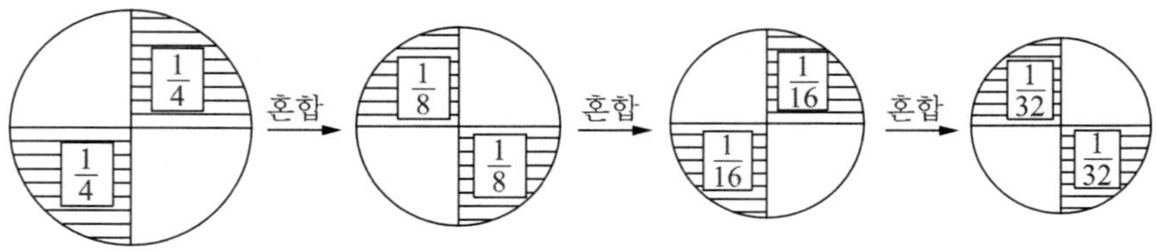

▮ 그림 2-4 원추 4분법에 의한 시료의 축소방법

예를 들면, 원추 4분법으로 4회 축분하는 경우 2회 축분이 완료된 후 조대형폐기물을 선별해내게 되면 이 조대형폐기물은 또다시 2회 축분으로 1/22＝1/4로 감량되기 때문에 조대형폐기물의 전중량의 1/4을 시료에 추가하는 것이 된다. 따라서 대형쓰레기는 원추 4분법을 실시하기 전에 선별하여 $(1/2)^n$만큼만 시료로 채취하며, 여기서 n은 원추 4분법을 실시하는 횟수이다.

2) 구획법

시료를 균일하게 혼합 또는 혼화하여 측정에 필요한 적당량을 취하고 분쇄된 시료에 대한 축소는 표시된 축소방법 중 하나를 선택할 수 있다.

수분 측정용의 시료는 분쇄, 축소 등의 과정에서 수분의 함량이 변하기 쉬우므로 취급장소에 적당한 설비를 갖추고 분쇄 및 축소의 회수를 최소한으로 하는 것이 필요하다.

모아진 대시료를 네모꼴로 엷게 균일한 두께로 편 다음 이것을 가로 4등분, 세로 5등분하여 20개의 덩어리로 나눈 후 20개의 각 구분에서 한 삽씩 취하여 모은 것을 시료로 한다.

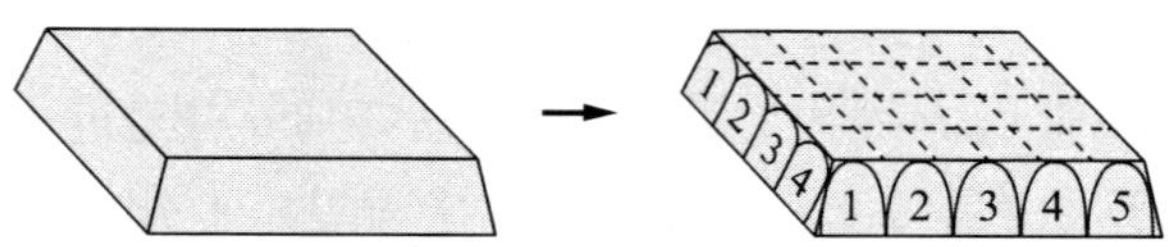

▮ 그림 2-5 구획법에 의한 시료의 축소방법

3) 교호삽법

분쇄한 대시료를 단단하고 깨끗한 평면 위에 원추형으로 쌓은 다음 장소를 바꾸어 다시 원추를 쌓는다. 원추에서 한 삽을 취해 장방형으로 도포하고 계속해서 그 위에 입체로 쌓은 다음 육면체의 측면을 돌면서 한 삽씩 취해 교대로 원추 두 개를 쌓는다. 원추 2개 중 하나를 선택하여 반으로 준 원추를 처음부터 반복하면서 적당한 크기까지 줄인다.

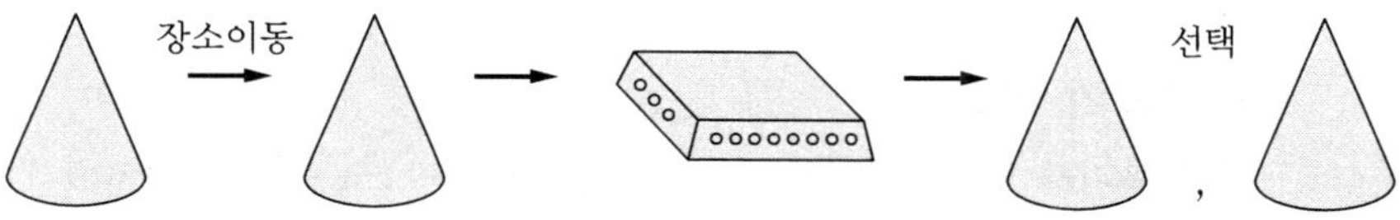

▌ 그림 2-6 교호삽법에 의한 시료의 축소방법

2.3.3 물리적 성상 분석

채취한 쓰레기 시료에 대한 분석절차는 그림 2-7에 따라 진행된다. 쓰레기 성상의 분석은 크게 물리적 성상과 화학적 성상으로 대분된다.

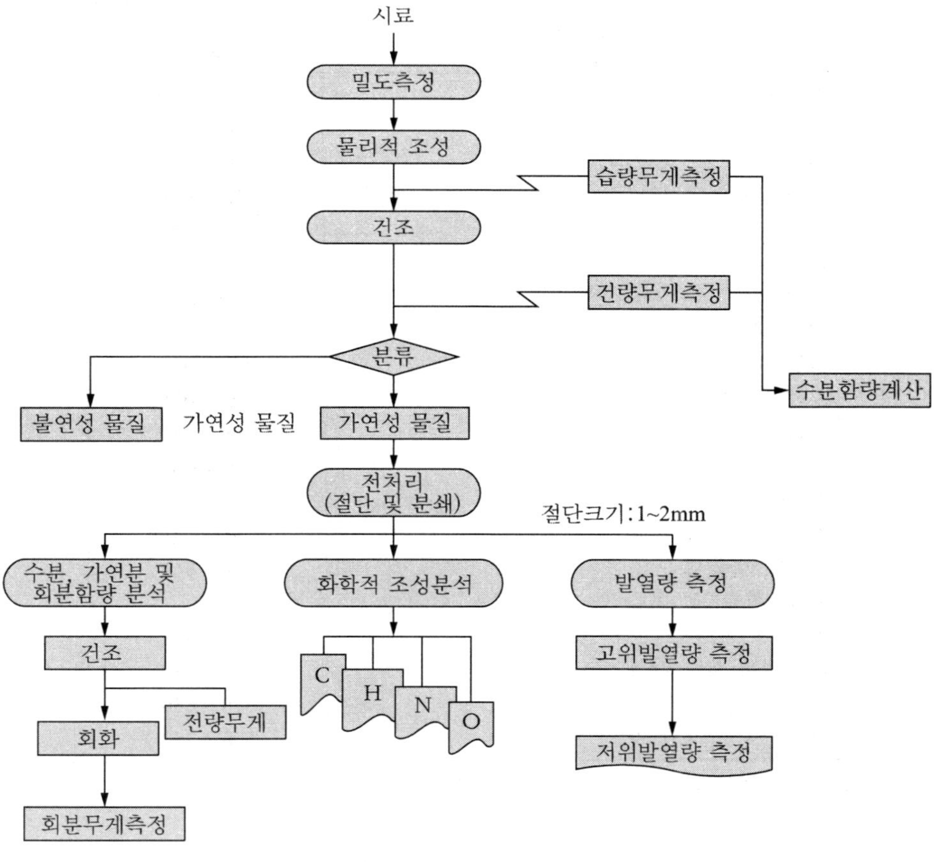

▌ 그림 2-7 성상분석 절차도

쓰레기의 물리적 성상은 가연성과 비가연성 물질의 구분 뿐만 아니라 가연성 물질의 종류 및 발열량 계산 등의 폐기물 특성을 추정할 수 있는 가장 중요한 자료로서 쓰레기의 자원 및 에너지 회수와 처리계통에 절대적으로 요구되는 자료이다.

1) 겉보기 밀도

미리 부피를 알고 있는 용기에 시료를 넣고 30 cm 높이의 위치에서 3회 낙하시키고 눈금이 감소하면 감소된 분량만큼 시료를 추가하며, 이 작업을 눈금이 감소하지 않을 때까지 반복한다. 표 2-7은 일반적인 도시쓰레기의 성분 및 혼합폐기물의 대표적인 밀도값이다.

$$\text{겉보기 밀도}(\text{g/cm}^3 \text{ 또는 t/m}^3) = \frac{\text{시료의 중량}}{\text{용기의 부피}} \qquad (2.1)$$

표 2-7 도시쓰레기 성분 및 혼합물의 대표적 밀도

성 분	겉보기 밀도(kg/m³)	
	범위	대표값
식품폐기물	120～480	290
종이	30～130	85
판지	30～80	50
플라스틱	30～130	65
섬유	30～100	65
고무	90～200	130
가죽	90～260	160
정원쓰레기	60～225	105
나무	120～320	240
기타 유기물	90～360	240
유리	160～480	195
주석캔	45～160	90
알루미늄	60～240	160
철금속	120～1200	320
흙, 재, 벽돌 등	320～960	480
도시고형폐기물		
비압축	90～180	130
압축(압축 트럭에서)	180～450	300
매립물(보통 압축된 것)	350～550	475
매립물(잘 압축된 것)	600～750	600

주) 성분에 관한 자료는 폐기 상태 기준

2) 종류별 성상분석

축분시료 전량을 비닐시트 위에서 다음의 10종류의 조성으로 수분별(hand sorting)하고 각 조성별로 무게를 측정하여 습량기준으로 중량비(W_{wi})를 구한다.

① 부엌쓰레기 ② 종이류
③ 섬유류 ④ 비닐, 플라스틱류
⑤ 목재류 ⑥ 고무, 가죽류
⑦ 유리, 도자기류 ⑧ 금속류
⑨ 연탄재(우리나라의 경우 대표적인 비가연성 성분으로 별도로 분별하여 측정하고 있다)
⑩ 기타

분별하는 과정에서 유리, 도자기류, 금속 등은 비교적 대형이면서 그 양이 적어 4분법 과정에서 어느 정도 배분되기 때문에, 실제로는 부엌쓰레기, 종이류, 비닐·플라스틱류에 신경을 써서 분별하여야 한다. 습량기준의 중량비를 구할 때에는 쓰레기 중에 함유되어 있는 수분이 발산되어 소실되지 않도록 하여야 하며, 가급적으로 분별한 즉시 무게를 측정하는 것이 바람직하다.

$$\Sigma_{i=1}^{10} w_{wi} = 100(\%) \tag{2.2}$$

수분량을 제외시킨 건량기준 중량비는 다음 식으로 산출한다.

$$w_{di} = \frac{W_{wi} \times (100 - w_i)}{\Sigma\ W_{wi} \times (100 - w_i)} \times 100 \tag{2.3}$$

여기서, W_{di} : 조성 i 의 건량기준 중량비(%)
W_{wi} : 조성 i 의 습량기준 중량비(%)
w_i : 조성 i 의 수분함량(%)

따라서, $W_1(100 - \omega_1) = W_2(100 - \omega_2)$ (2.4)

여기서, W_1 : 처리 전의 쓰레기 중량
w_1 : 처리 전의 쓰레기 수분함량
W_2 : 처리 후의 쓰레기 중량
w_2 : 처리 후의 쓰레기 수분함량

3) 수분함량

종류별 조성 측정에 사용한 시료의 무게를 측정한 후 수욕 상에서 수분을 거의 날려 보내고, 건조기를 이용하여 105～110℃에서 시료의 중량이 일정하게 될 때까지 약 4시간 건조시킨다. 중량이 일정하게 유지되는 시점에서 시료의 무게를 측정하며, 각 시료의 수분함량은 다음 식에 의하여 산출된다.

$$i \text{ 조성의 수분}(w_i, \%) = \frac{\text{건조 전 } i \text{ 시료의 중량(kg)} - \text{건조 후 } i \text{ 시료의 중량(kg)}}{\text{건조 전 } i \text{ 시료의 중량(kg)}} \times 100 \tag{2.5}$$

전체 쓰레기의 수분함량은 결과적으로 다음의 식으로 산출된다.

$$w(\%) = \frac{\Sigma W_{wi} - W_i}{\Sigma W_{wi}} \tag{2.6}$$

일반적으로 폐기물의 수분함량은 장마철을 포함한 여름철의 비가 많을 때와 김장철 등 채소류가 많을 때 높은 값을 나타내며, 겨울에는 비교적 건조하기 때문에 낮은 값을 나타낸다. 표 2-8은 일반적인 생활폐기물의 수분함량 범위 값이다.

표 2-8 도시 쓰레기 성분의 대표적 수분함량

성 분	수분함량(%)	
	범위	대표값
음식물류폐기물	50～80	70
종이	4～10	6
판지	4～8	5
플라스틱	1～4	2
섬유	6～15	10
고무	1～4	2
가죽	8～12	10
정원쓰레기	30～80	60
나무	15～40	20
기타 유기물	10～60	25
유리	1～4	2
주석캔	2～4	3
알루미늄	2～4	2
철금속	2～6	3
흙, 재, 벽돌 등	6～12	8
도시고형폐기물	15～40	20

자료) Tchobanoglous, G., H.Theisen and R. Eliassen : Solid Wastes(Engineering Principles and Management Issues), McGraw-Hill, New York, 1977

4) 회분함량

수분 측정 후의 건조시료를 분쇄기로 2 mm 이하로 분쇄한 후 일부분을 다시 105 ± 5℃에서 2시간 가열 건조한 다음 다시 일정량을 채취하여 무게를 측정하고, 전기로 내에서 600 ± 25℃로 강열한다. 강열한 시료를 방냉한 후 105 ± 5℃에서 2시간 건조한 후 약 30분간 데시케이터에서 방냉하고 무게를 측정한다. 각 조성의 회분은 다음 식으로 산출한다.

$$i\ \text{조성의 회분}(A_i,\ \%) = \frac{\text{강열 후의 } i \text{ 시료의 중량(kg)}}{\text{강열 전의 } i \text{ 시료의 중량(kg)}} \times 100 \qquad (2.7)$$

전체 쓰레기의 건량기준 회분함량은 다음 식으로 나타낼 수 있다.

$$A_d(\%) = \frac{\Sigma\ W_{di} \times A_i}{\Sigma\ W_{di}} \qquad (2.8)$$

또한, 습량기준의 회분은 다음 식으로 계산할 수 있다.

$$A(\%) = A_d \times \frac{100 - w}{100} \qquad (2.9)$$

5) 가연분 함량

습량기준의 가연분은 다음과 같이 구할 수 있다.

$$\text{가연분}(C,\ \%) = 100 - \text{수분}(w\ ,\ \%) - \text{습량기준의 회분}(A,\ \%) \qquad (2.10)$$

2.3.4 화학적 성분분석

쓰레기의 가연분의 화학적 성분분석 항목은 대개 탄소(C), 수소(H), 질소(N), 산소(O) 및 황(S)으로서, 이러한 원소들의 분석은 자동원소분석기에 의한 방법과 재래식 방법에 의하여 분석될 수 있으나, 최근에는 거의 자동원소분석기(elemental analyzer)를 이용하기 때문에 이에 대해서만 설명하기로 한다.

CHNOS 자동원소분석기를 사용하면 유기화합물 중의 탄소, 수소, 질소, 산소 및 황 성분을 자동적으로 간단하게 분석할 수 있다. 이때 C, H, N은 동시분석이 가능하나, O와 S는 연소관, 환원관 및 흡수관의 충전물을 교환함으로써 분석이 가능하다.

또한, 황(S)성분은 별도로 황분석장치(sulfur analyzer)를 이용하여 분석할 수 있다. 표 2-9에 생활폐기물 중 가연성 성분의 전형적 원소분석치를 나타낸다.

표 2-9 생활폐기물 중 가연성 성분의 전형적 원소 분석 자료

성 분	질량%(건량 기준)					
	C	H	O	N	S	Ash
음식물류폐기물	48.0	6.4	37.6	2.6	0.4	5.0
종이	43.5	6.0	44.0	0.3	0.2	6.0
판지	44.0	5.9	44.6	0.3	0.2	5.0
플라스틱	60.0	7.2	22.8	-	-	10.0
섬유	55.0	6.6	31.2	4.6	0.15	2.5
고무	78.0	10.0	-	2.0	-	10.0
가죽	60.0	8.0	11.6	10.0	0.4	10.0
정원쓰레기	47.8	6.0	38.0	3.4	0.3	4.5
나무	49.5	6.0	42.7	0.2	0.1	1.5
기타 유기물	48.5	6.5	37.5	2.2	0.3	5.0
흙, 재, 벽돌 등	26.3	3.0	2.0	0.5	0.2	68.0

자료) Tchobanoglous et al.

2.3.5 발열량 측정

쓰레기 발열량은 소각로를 설계할 때 가장 기본이 되는 쓰레기의 질적 특성으로, 쓰레기 1 kg을 완전히 연소할 때 발생하는 열량(kcal)을 말한다. 쓰레기(연료)를 연소했을 때에는 쓰레기 속의 수분은 수증기로 되어 연소가스 속에 포함되게 된다. 단열열량계(adiabatic bomb calorimeter)로 발열량을 측정할 때는 쓰레기(연료) 속의 수분 및 연소에 의해 생성된 수분의 응축열을 포함한 열량으로 측정된다. 이 값을 고위발열량[High Heating Value (HHV), H_h, 총발열량]이라 한다.

그러나 실제 연소 시설에서는 연소 배기가스 속의 수분은 통상 수증기 그대로 배출되기 때문에 응축열은 이용되지 않는 일이 많으므로 고위발열량에서 응축열을 빼고 남는 열량이 유효하게 이용되는 열량이며, 이것을 저위발열량[Low Heating Value (LHV), H_l, 진발열량]이라 한다.

쓰레기 속의 주된 가연분으로는 종이류, 섬유류, 나뭇조각과 같은 셀룰로오스계 물질과 플라스틱 등의 석유화학제품 등이 있다. 셀룰로오스계 물질의 저위발열량은 일반적으로 4,500～4,600 kcal/kg이며 플라스틱류는 6,000～10,000 kcal/kg이다(표 2-10 참조). 따라서 폐기물 조성에서 대략 그 발열량을 추정할 수 있다. 고위발열량과 저위발열량 사이에는 다음의 관계가 있다.

$$H_l = H_h - 600\,w\,(\mathrm{kcal/kg}) \tag{2-11}$$

여기서, w : 수분의 조성비(%)

표 2-10 도시 쓰레기의 불활성 잔류물 및 에너지함량

성분	불활성 잔류물(%)*		에너지(kJ/kg)†	
	범위	대표값	범위	대표값
식품폐기물	2~8	5	3,500~7,000	4,650
종이	4~8	6	11,600~18,600	16,750
판지	3~6	5	13,950~17,450	16,300
플라스틱	6~20	10	27,900~37,200	32,600
섬유	2~4	2.5	15,100~18,600	17,450
고무	8~20	10	20,900~27,900	23,250
가죽	8~20	10	15,100~19,800	17,450
정원쓰레기	2~6	4.5	2,300~18,600	6,500
나무	0.6~2	1.5	17,450~19,800	18,600
기타 유기물	2~8	6	11,000~26,000	18,000
유리	96~99†	98	100~250	150
주석캔	96~99†	98	250~1,200	700
알루미늄	90~99†	96		
철금속	94~99†	98	250~1,200	700
흙, 재, 벽돌 등	60~80	70	2,300~11,650	7,000

주) * : 연소 후, † : 폐기 상태 기준

저위발열량(H_l)은 다음과 같은 여러 가지 방법으로 계산할 수 있다.

① 추정식에 의한 방법

② 단열열량계에 의한 방법

③ 원소분석에 의한 방법

1) 추정식에 의한 방법

쓰레기의 저위발열량은 소위 쓰레기의 3성분(가연분, 수분, 회분)의 조성비를 바탕으로 다음 식에 의하여 추정할 수 있다.

$$\text{쓰레기의 저위발열량(LHV, } H_l\text{)(kcal/kg)} = 4{,}500 \times V/100 - 600 \times w/100 \quad (2.12)$$

여기서, V : 쓰레기 중 가연분의 조성비(%)

w : 쓰레기 중 수분함량의 조성비(%)

이 식은 저위발열량의 간이식으로서 가연분, 수분 및 회분의 분석치를 이용함으로써 시간이나 인력을 절약할 수 있는 방식이다. 그러나 쓰레기 자체가 불균일성 물질이고 수분을 50% 이상 함유하고 있는 경우에는 상당한 오차가 발생할 수 있는 문제점이 있다.

$$H_l = (4500\,V_1 + 8000\,V_2) - 600w\ (\text{kcal/kg}) \tag{2.13}$$

여기서, V_1 : 플라스틱류 이외의 가연분 중량비(건조기준, %)

V_2 : 플라스틱류의 중량비(건조기준, %)

w : 수분함량(%)

$$H_l = 8820R + 4050(G + P) - 600w\ (\text{kcal/kg}) \tag{2.14}$$

여기서, R : 플라스틱 함량(건조기준, %)

G : 부엌쓰레기 함량(건조기준, %)

w : 수분함량(%)

위 식을 이용하는 경우 각 성분 비율(%)은 각 성분의 수분량을 구하여 건조무게로 환산해야 하며 저위발열량 데이터를 기준으로 한 실험식이다.

$$\text{각 성분율(\%)} = \frac{\text{각 성분 시료중량(kg)} - \text{각 성분 시료수분 중량(kg)}}{\text{시료 총 중량(kg)}} \times 100 \tag{2.15}$$

2) 단열 열량계에 의한 방법

이 방법에 의한 쓰레기의 발열량 측정은 건조된 쓰레기를 2 mm 이하로 분쇄한 후 일정량을 취하여 단열 열량계로써 발열량을 측정한다. 이때 분쇄하는 과정에서 약간의 수분이 다시 흡수, 함유(약 1~4%)되므로 측정된 발열량은 기건식(air dry base)이 된다. 따라서 측정할 시료의 수분함량을 다시 측정하여 보정하여 줌으로써 정확한 건식(dry base)의 발열량을 얻는다. 이렇게 하여 각 조성별 건식 발열량을 구하고 건조쓰레기의 발열량과 생쓰레기의 발열량을 다음과 같이 계산한다.

$$\text{건조쓰레기의 발열량(kcal/kg)} = \frac{\Sigma\, C_i E_i}{\Sigma\, C_i} \tag{2.16}$$

여기서, C_i : 조성 i의 가연분 조성(%)

E_i : 조성 i의 열량계 발열량(kcal/kg)

$$\text{생쓰레기의 발열량(kcal/kg)} = \frac{\Sigma\, A_i F_i}{\Sigma\, A_i} \tag{2.17}$$

여기서, A_i : 조성 i의 회분 조성(%)

F_i : 조성 i의 습식 발열량(kcal/kg) = (건조쓰레기 발열량) × (100 − w) /100

이상과 같은 측정법은 쓰레기의 조성별로 분류한 단일 성분 시료를 열량계로 측정하여 생쓰레기의 발열량을 추산한 것이며, 분류하기 전의 쓰레기를 건조하여 열량계를 이용하여 직접 측정할 수 있다. 건조발열량(H_d, Heating Value on Dry Basis)으로부터 고위발열량과 저위발열량은 다음의 식으로 산출할 수 있다.

$$H_h(\text{kcal/kg}) = H_d \times (100 - w)/100 \tag{2.18}$$

$$H_l(\text{kcal/kg}) = H_h \times 600(9H + w)/100$$

$$H_A(\text{kcal/kg}) = H_h \times 100/(100 - w/100 - A/100)$$

여기서, H_d : 열량계로 측정한 건조고위발열량(kcal/kg)

H_h : 습윤고위발열량(kcal/kg)

H_l : 습윤저위발열량(kcal/kg)

H_A : 가연분건조고위발열량(kcal/kg)

H : 원소분석에 의한 수소의 조성비(%)

w : 수분함량(%)

A : 회(재)의 함량(%)

3) 원소분석에서 구하는 방법

(1) Dulong의 식

$$H_h = 8100\text{C} + 34,250\left(\text{H} - \frac{\text{O}}{8}\right) + 2,250\text{S}\ (\text{kcal/kg}) \tag{2.19}$$

$$H_l = H_h - 8100\text{C} + 34,250\left(\text{H} - \frac{\text{O}}{8}\right) + 2,250\text{S}\ (\text{kcal/kg})$$

$$= H_h - 600(9H + w)\ (\text{kcal/kg}) \tag{2.20}$$

여기서, C : 탄소(%)

H : 수소(%)

O : 산소(%)

S : 황(%)

w : 수분함량(%)

H_l : 건식저위발열량

수소분을 (H－O/8)로 한 것은 산소분은 이미 H_2O로서 연료속의 결합수분으로 되어 연소에 취급되지 않는다고 생각하기 때문이다. 목재나 쓰레기와 같이 셀룰로오스질의 연료에서는 발열량이 낮게 추정되는 경향이 있다.

(2) Steuer의 식

$$H_l = 8,100\left(\mathrm{C} - \frac{3}{8}\cdot\mathrm{O}\right) + 5,700\left(\frac{3}{8}\cdot\mathrm{O}\right) + 34,500\left(\mathrm{H} - \frac{1}{2}\cdot\frac{\mathrm{O}}{8}\right)$$
$$+ 2500S - 600(9H + w)\,(\mathrm{kcal/kg}) \qquad (2.21)$$

산소의 절반이 H_2O의 형태, 나머지 절반이 CO의 형태라고 한 경우이다.

(3) Scherure-Kestner의 식

$$H_l = 8,100\left(\mathrm{C} - \frac{3}{4}\cdot\mathrm{O}\right) + 34,250\mathrm{H} + 2,250\mathrm{S} + 5,700\left(\frac{3}{4}\cdot\mathrm{O}\right)$$
$$- 600(9H + w)\,(\mathrm{kcal/kg}) \qquad (2.22)$$

연료 중의 산소가 CO형태로 존재한다고 가정한 경우이다.

(4) Dulong의 보정식

$$H_l = (\alpha_D + \beta)H_h - 600w\ (\mathrm{kcal/kg}) \qquad (2.23)$$

여기서, α_D : Dulong의 식으로 구한 가연분 저위발열량(kcal/kg)
β : 단열열량계로 구한 가연분 발열량(α)와 α_D의 차(kcal/kg)

Dulong의 식으로 구한 발열량을 단열열량계로 구한 발열량에 근사시키기 위해 사용한다.

2.4 쓰레기 발생량의 추산 및 예측방법

쓰레기의 발생추세에는 ① 지형적 위치, ② 계절, ③ 경제적 현황, ④ 수집빈도, ⑤ 부엌에서의 분쇄기 사용여부, ⑥ 주민 특성, ⑦ 재활용 정도, ⑧ 법규 등의 매우 여러 가지 인자가 복합적으로 영향을 미치기 때문에 일반적으로 설명한다는 것은 불가능하다. 그러므로 특정기간에 특정장소의 쓰레기 발생량을 나타내는 것은 큰 의미가 없으며, 시간이나 지역 특성에 따른 쓰레기의 발생 추세를 파악하는 것이 더욱 중요하다.

2.4.1 쓰레기의 발생량 추산

발생되는 쓰레기의 양을 조사하는 것은 관리체계의 설계 및 조작에서 극히 중요한 사항이다

쓰레기 발생량은 부피와 질량으로 나타낼 수 있으나, 부피를 이용한 경우에는 그 압축 정도에 따라 큰 오차를 나타낼 수가 있다. 예를 들어, 1 m^3을 나타낼 때 압축시킨 경우와 압축시키지 않은 경우 큰 차이를 보이기 때문에 쓰레기의 양을 부피로 나타내는 경우에는 압축정도를 반드시 함께 명시하여 주어야 한다. 그러므로 이러한 혼란을 방지하기 위하여 쓰레기 배출량은 질량으로 표현하는 것이 바람직하다. 쓰레기 발생량은 각 지역의 규모나 특성에 따라 많은 차이를 나타내기 때문에, 총 발생량보다는 주로 단위발생량(즉, kg/인·일)으로 표기한다.

쓰레기 발생량을 조사하는 방법에는 여러 가지가 있을 수 있으며, 어떤 방법이든지 한계를 가지고 있으며, 대표적인 방법은 다음과 같다.

1) 적재차량 계수분석(load-count analysis)

일정 기간 동안 특정지역의 쓰레기 수거·운반차량의 수를 조사하여 이 결과를 밀도를 이용하여 질량으로 환산하는 방법이다. 이때 조사 장소는 중간적하장이나 중계처리장이 적합하다. 이 방법의 문제점은 쓰레기의 밀도 또는 압축정도를 정확하게 파악할 수 있는가 하는 점이다.

2) 직접계근법(direct weighting method)

이 방법은 일정 기간 동안 특정지역의 쓰레기 수거·운반차량을 중간 적하장이나 중계처리장에서 직접 계근하는 방법이다. 입구에서 쓰레기물이 적재되어 있는 차량과 출구에서 쓰레기를 적하한 공차량을 각각 계근하여 그 차이로써 쓰레기량을 산출한다. 이 방법은 비교적 정확한 쓰레기 발생량을 파악할 수 있다는 장점이 있으나, 적재차량계수분석에 비하여 작업량이 많고 번거롭다는 단점을 가지고 있다.

3) 물질 수지법(material balance method)

이 방법은 주로 사업장폐기물 발생량을 추산할 때 이용하는 방법으로 먼저 조사하고자 하는 계의 경계(boundary of system)를 정확하게 설정한 다음, 그림 2-8과 같이 그 시스템으로 유입되는 모든 물질들과 유출되는 모든 물질들간의 물질수지를 세움으로써 폐기물 발생량을 추정한다. 이 방법은 물질수지를 세울 수 있는 상세한 데이터가 있는 경우에만 가능하며 비용이 많이 든다. 그러므로 특수한 경우에만 사용된다.

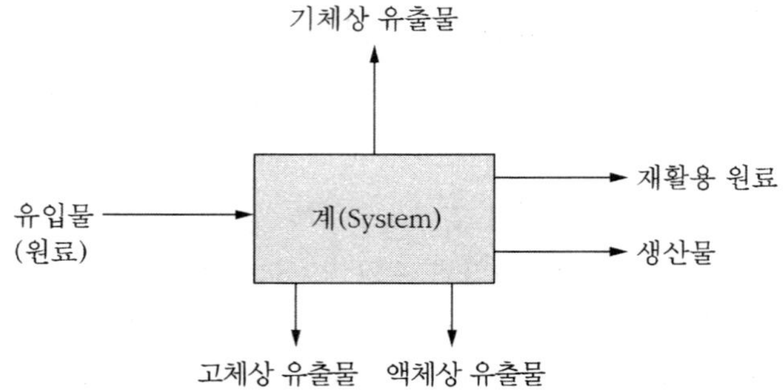

▮ **그림 2-8 물질 수지법**

2.4.2 쓰레기의 발생량 예측

쓰레기 처리시설의 용량결정 등 폐기물 관리 중·장기계획의 수립에 있어 가장 먼저 이루어져야 하는 것이 쓰레기의 발생량 및 성상의 예측이며, 그 결과의 정확도가 후단계획의 성패를 좌우하게 된다.

쓰레기의 발생량 및 성상을 예측하는 방법은 여러 가지가 있으나, 그 중에서 통상적으로 사용하는 방법은 경향법과 다중 희귀모델과 동적 모사모델이 있다.

1) 목표년차

목표년차는 5년, 10년, 15년 등 5년 간격으로 함을 원칙으로 한다. 국가 경제계획이 대개 5년 단위이므로 이에 맞추는 것이 합리적이기 때문이다. 일반적으로 계획 목표년차가 10년 이상일 경우를 장기예측, 10년 이하일 경우를 단기예측으로 구분한다.

2) 경향법(trend method)

최저 5년 이상의 과거 처리실적을 수식 model에 대입하여 과거의 경향을 가지고 장래를 예측하는 방법이다. 이 방법은 단지 시간과 그에 따른 쓰레기 발생량(또는 성상)간의 상관관계만을 고려한다. 이를 수식으로 표현하면 다음과 같다.

$$X = f(t) \tag{2.24}$$

이때 수식은 선형, 지수형, 대수형 등 여러 가지의 형태 중 가장 근사한 형태를 택한다.

3) 다중 회기모델(multiple regression model)

쓰레기의 발생량이나 성상은 그 지역이 갖는 특성이 어떤 형태로든 반영되기 때문에 지역의 특성을 나타내는 인자가 많으며, 그것들이 상호 복잡하게 작용하고 있어 단순한 상관

관계만을 고려하는 것은 곤란하다. 따라서, 각 인자마다의 효과를 파악하기 보다는 전체인자의 효과를 총괄적으로 파악하는 것이 간편하고 유용하다. 다중희귀분석은 하나의 수식으로 각 인자들의 효과를 총괄적으로 나타내어 이러한 복잡한 시스템의 분석에 유용하게 사용할 수 있다. 이를 수식으로 표현한다면 다음과 같다.

$$X = f(X_1,\ X_2,\ X_3,\ \cdots\ ,\ X_n) \tag{2.25}$$

이때에도 역시, 수식은 선형 또는 비선형 등 여러 가지 형태 중에서 가장 근사한 형태를 택한다.

4) 동적 모사모델(dynamic simulation model)

쓰레기 배출량(또는 성상)은 시간과 다른 영향인자들이 동시에 고려되어야 하며, 다른 영향인자들 역시 시간에 대한 함수이기 때문에, 시간만을 고려하는 경향법과 시간을 단순히 하나의 독립적인 종속인자로 고려하는 다중 희귀모델은 모두 문제점을 가지고 있다.

동적 모사모델은 이러한 문제점을 보완할 수 있도록 모든 인자를 시간에 대한 함수로 나타낸 후, 시간에 대한 함수로 표현된 각 영향인자들 간의 상관관계를 수식화 하는 방법이다.

2.4.3 영향인자의 선택

쓰레기의 발생량 및 성상을 예측하고자 할 경우 이들은 대상지역의 기후나 면적과 같은 자연적 특성, 인구나 생활상태와 같은 사회적 특성, 그리고 경제활동 및 주민의 쓰레기에 대한 의식 등 여러 가지 인자에 따라 영향을 받게 되기 때문에, 대상지역의 특성 및 시대적 상황을 고려하여 적절한 영향인자를 선택하여야 한다.

이러한 이유로 쓰레기 발생량 및 성상의 예측에는 상황에 따라 다른 인자들이 선택되고 있어, 일반적으로 영향인자를 규정하기는 어려우나 보편적으로 과거 자료의 축적성 및 자료 확보의 용이성 등을 감안하여 대체적으로 다음과 같은 인자들 중에 선택된다.

① 인구
② 무연탄 소비량
③ GNP 또는 GRP
④ 상품 소비량 또는 매출액
⑤ 자원회수량

또한 사업장폐기물의 발생량 및 성상의 예측에는 이에 더하여 원료투입량 및 종류, 에너지 사용량 및 형태 등과 같은 산업체 특성에 맞는 영향인자 들을 추가하여 고려하여야 한다.

2.5 쓰레기의 수집 및 운반

수집 및 운반 업무는 행정기관이 주민에 대한 직접적이고 중요한 서비스의 하나로서 시·군·구의 쓰레기 처리 행정의 평가는 수집 및 운반 계획과 그 업무수행에서 단적으로 나타난다. 또 쓰레기 수집·운반비는 전체 쓰레기 처리비의 대부분을 차지하게 되므로 지역사회에 적합한 수집·운반계획을 세우는 것이 쓰레기 처리 행정상 매우 중요하다. 우리나라에서의 수집방법은 시·군·구에 따라 다소 차이는 있으나 용기나 자루에 넣어 배출된 쓰레기를 수집차로 수집한 후 운반하는 것이 보통이다. 그러나 지역에 따라서는 운반거리가 긴 경우, 수집차로 그대로 처리시설 또는 처분지로 수송하는 것이 경제적이지 않은 경우도 있어 중계처리장에서 대형차로 바꾸어 싣는 방식을 취하는 곳도 있다.

2.5.1 쓰레기의 보관 및 수집

1) 보관 용기

쓰레기의 현지 저장(on-site storage)에서는 ① 사용하고자 하는 용기의 종류, ② 용기의 우치, ③ 공중 보건 및 미관, ④ 사용하고자 하는 수거 방법 등의 인자를 고려하여야 한다. 대체적으로 사용되는 용기(container)의 종류와 용량은 수거하고자 하는 쓰레기의 종류, 수거 빈도, 용기를 놓아둘 공간의 크기에 따라서 달라진다. 현재 쓰레기의 현지 저장에 일반적으로 사용되는 용기의 종류와 용량을 표 2-11에 요약하였다.

2) 수집방식 및 운반장비

수집방식에는 혼합 수집방식과 분별 수집방식이 있다.

① 혼합 수집방식 : 이 방식은 수집하는 시·군·구측이나 서비스를 받는 주민측에서도부담이 적고 가장 간단한 방식이다.

② 분별 수집방식 : 이 방식에는 소각처리 시설의 용량을 줄일 목적으로 가연분과 불연분으로 분별하는 경우, 자원화나 처리시설의 공해방지를 목적으로 한 쓰레기의성분별 분별수집 등 여러 가지가 있다.

그리고 수거방식으로는 대개의 경우 다음의 4개 방식에 의해서 수집·운반되고 있다.

① 용기 수집방식 : 뚜껑이 달린 용기에 모인 쓰레기를 수집차에 직접 적재하는 방식

② 자루 수집방식 : 중소도시에서 적절한 방식

③ 상자형 수집방식 : 수십 세대 단위로 대형 상자를 적당한 장소에 장치하고 집적된 상자 자체를 수송하는 방식

④ 컨테이너 수집방식 : 고층건물의 최하층에 설치된 container-box에 dust chute에서 쓰레기를 낙하시켜서 컨테이너형 상자로 수집하는 방식

우리나라에서는 ①, ②의 절충식 외에 골목이 많아서 손수레로 가구마다 방문하여 수집하고 있기 때문에 매우 비과학적이고 비능률적이다. 그러나 이러한 방법을 채택하지 않으면 안 되는 이유로는 인건비가 저렴하고 쓰레기의 배출처분이 앞에서도 설명한 바와 같이 수집, 운반, 처리처분에 있어서 어떠한 체제와 목적을 갖고 어떠한 방법으로 처리하느냐에 따라서 다르며, 매립지확보난, 자원의 회수, 소각처리 등을 고려하면 혼합배출은 반드시 금지되어야 하고 분리수거가 필요하다(그림 2-9 참조).

우리나라의 쓰레기 수거형태를 보면 문전수거, 타종수거, 대형쓰레기통, dust box 방식을 이용하여 수거하는 형태이다.

우리나라에는 골목이 많고, 경사진 곳이 많을 뿐만 아니라 심지어 손수레도 들어가기 힘든 곳이 많아 수거하는데 어려움이 있다. 따라서 수거효율도 지역마다 상이하리라고 추정되는데 조사자료에 의하면 손수레에 의한 문전수거가 2.3 man · hour/ton, 타종식이 0.84 man · hour/ton, 대형 쓰레기통을 이용하는 경우가 1.1 man · hour/ton이라고 보고되고 있다. 타종식이 가장 효율이 높은 이유는 수거인부가 각 가정을 방문하면서 수거할 필요가 없기 때문이다.

표 2-11 쓰레기의 현지 저장에 쓰이는 용기의 종류와 크기

용기의 종류	용 량		
	단위	범위	대표값
소형 용기			
플라스틱 또는 금속(사무실형)	ℓ	16～40	28
플라스틱 또는 도금 금속	ℓ	75～150	120
통 : 플라스틱, 알루미늄, 또는 섬유	ℓ	75～250	120
바퀴 달린 플라스틱 용기	ℓ	300～380	340
1회용 종이 봉지 : 새지 않는 표준형	ℓ	75～210	120
1회용 플라스틱 봉지	ℓ	50～150	120
중형 용기			
컨테이너(옆 또는 위에서 넣는다)	m^3	0.75～9	3
대형 용기			
컨테이너			
위에서 뚜껑을 밀어 여는 것(debris box라 한다)	m^3	9～38	27
고정 압축기와 같이 사용하는 것	m^3	15～30	23
압축 기구가 내장되어 있는 것	m^3	15～30	23
트레일러에 올려놓은 것, 위가 열려 있다	m^3	15～38	27
상자에 넣은 것, 압축 기구 내장	m^3	15～30	27

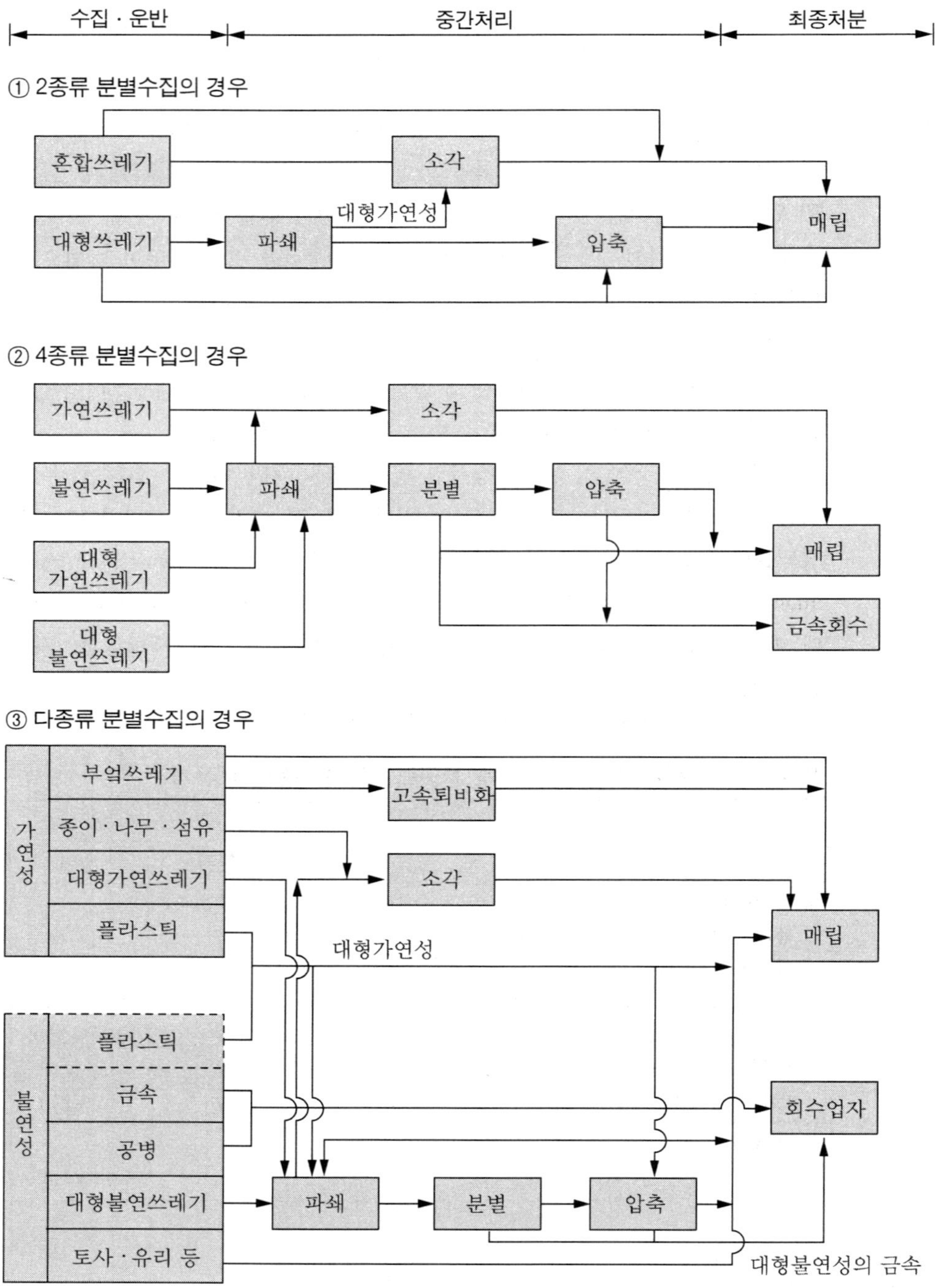

▌ 그림 2-9 쓰레기처리 · 처분 시스템의 흐름도

표 2-12 쓰레기통의 위치나 모양에 따르는 수거효율

구분	플라스틱 자루	이동식		고정식		
		집박	집안	집박	집안	벽면식
순수거(MHT)	0.12	0.24	0.63	0.73	1.01	1.16
기타(〃)*	1.23	1.23	1.23	1.23	1.23	1.23
총수거(〃)	1.47	1.86	1.86	1.96	2.24	2.39

주) 수거 중 이동시간, 적환장과 수거지역 간의 왕복시간, 하역시간 포함

표 2-13 쓰레기 수거방법(1,000가구, %)

구분	2020년			2021년		
	계	문전수거식	거점수거식	계	문전수거식	거점수거식
1,000가구	23,081	19,006	3,791	23,461	19,688	3,772
%	100	82.3	16.9	100	83.9	16.1

한편 문전수거의 경우는 쓰레기통의 형태와 위치에 따라서 상이할 것으로 생각되는데 표 2-12에서와 같이 플라스틱 자루를 문밖에 내어 놓는 경우에는 1.35 man · hour/ton이며, 플라스틱 자루가 아니더라도 재사용되는 이동식 쓰레기통을 사용하는 경우에는 1.5～1.9 man · hour/ton, 콘크리트제품의 고정식 쓰레기통을 사용하는 경우에는 2.0～2.4 man · hour/ton이 소요되고 있다.

표 2-13에서 보는 바와 같이 우리나라의 2021년 쓰레기 수거방식은 문전수거 방식이 82.3%, 거점수거 방식이 16.9%로 과거의 쓰레기 수거방식과 차이가 없으며, 문전수거 형태가 많다. 또한 환경부자료에 의하면 쓰레기의 수거주기는 주 5회 이상이 61.2%, 주 3회가 28.5%로 나타났다. 재활용 수거주기는 주 3회가 31.3%로 가장 높게 나타났으며, 주 6회를 수거하는 지역도 22.7%인 것으로 나타났다.

운반장비로는 손수레, 트럭(청소차량, 압축기구 설치 등), 컨테이너 등이 이용되고 있는데, 장래에는 도시 쓰레기의 수거에 사용되는 일반적인 방법으로, 비용(인건비, 작업자의 보상비, 연료 및 장치비 등)의 증가로 인하여, 폐기물 수거 분야에서는 대형 용기를 사용하여, 관절식 픽업 기구(articulated pickup mechanism)를 설치한 차량을 이용하여 기계적으로 비울 수 있도록 하는 방향으로 가고 있다. 기계적 수거를 이용하려면, 각 주택의 용기를 표준화하여 수거 장치와 맞게 하여야 할 것이다.

또한 폐기물 수집운반차량의 식별을 규정화하기 위해 2000년 지정폐기물의 수집 · 운반차량은 황색, 건설폐기물의 수집운반차량은 녹색, 감염성폐기물의 수집운반차량은 백색으로 정하였다.

대형 빌딩, 주택단지, 상업 및 공업 활동에서 발생 되는 폐기물 수거 서비스는 대개 대형 이동 및 고정용기, 대형 고정압축기의 이용이 주종을 이루고 있다. 압축기는 물질을 직접 대형용기에 압착하여 넣거나, 대형용기에 넣을 수 있는 덩어리를 만드는 데 쓸 수 있는 종류가 사용된다. 또한, 조작 양상에 따라서 수거 방법을 두 범주, 즉 견인 용기 시스템과 고정용기 시스템으로 나눌 수 있다(그림 2-10).

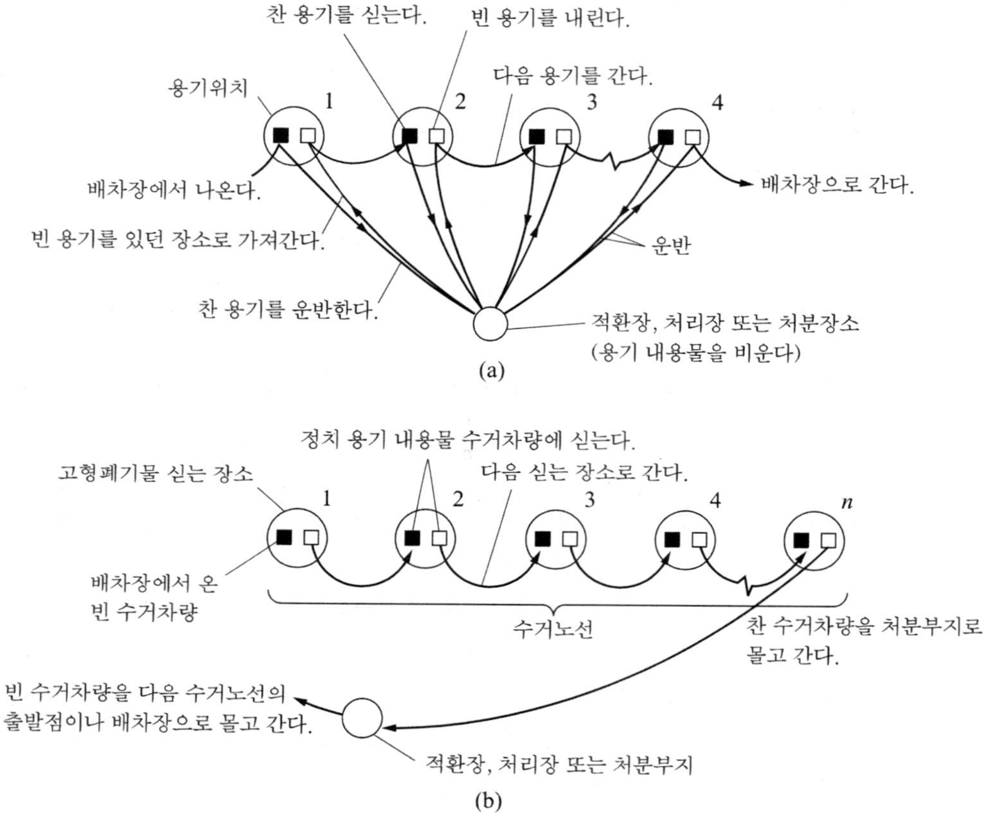

▮ 그림 2-10 컨테이너 수거 시스템 : (a) 견인용기 (b) 고정용기

표 2-14 생활폐기물처리의 관리 인원과 장비 현황

관리 인원과 장비 현황			
인원(인)	차량(대)	손수레(대)	중장비(대)
37,778	12,776	6,104	605

수집 운반차량 현황					
합계(대)	압축・압착	암롤	덤프	카고	기타
12,776	4,117	1,175	812	1,557	5,115

참고로 2018년 생활폐기물처리의 지방자치단체, 처리업체, 자가처리업체의 총 관리 인원과 장비 현황은 표 2-14와 같으며, 수거효율을 높이기 위해 손수레는 줄어들고 중장비는 증가하는 추세이다. 현재 폐기물처리장이 대형화됨에 따라 그에 따른 폐기물의 운반효율을 높이기 위해 압축・압착차량 등을 매년 증가시키고 있다.

2.5.2 수집계획 및 수송

1) 수거 노선

수거 작업에 영향을 주는 요소로는 수거 대상 지역의 쓰레기 발생량, 지형, 쓰레기통의 위치와 모양, 수거 차량의 형태, 수거 인부 수, 임금, 수거 지역과 처리장과의 거리, 기후 등을 들 수 있다. 폐기물관리의 비용면에서 볼 때 가장 중요한 것이 수거이다. 효과적인 수거를 위해서는 무엇보다도 차량(또는 손수레)의 이동 거리를 단축시켜야 하므로 수거 노선을 설정할 때 다음 사항에 유의할 것이 권장된다.

① 될 수 있는 한 한 번 간 길은 다시 가지 않는다.
② 출발점은 차고와 가까운 곳으로 한다.
③ 교통량이 많은 길은 출퇴근 시간을 피해서 수거한다.
④ 언덕지역인 경우에는 내려가면서 수거한다.
⑤ 될 수 있는 한 그림과 같이 시계 방향으로 수거노선을 정한다.
⑥ U자형 회전을 피해 수거한다.
⑦ 수거 지역이 넓은 경우에는 그림 2-11과 같이 수거를 수행한다.
⑧ 발생량이 많은 곳은 하루 중 가장 먼저 수거한다.

수거 효율을 결정하기 위해 동작시간 조사(time-motion study)를 통한 다음과 같은 자료가 흔히 사용된다.

① services/day/truck : 1일당 수거 트럭(또는 손수레)당 수거 주택수
② services/man/hr : 수거 인부 시간당 수거 가옥수
③ tons/day/truck : 수거 트럭(손수레) 일당 수거량
④ tons/man/hr : 수거 인부 시간당 수거량
⑤ man・hr/ton(MHT) : 한 사람이 쓰레기 1톤을 구거하는데 소요되는 시간

각종 쓰레기의 운송방법 육상수송과 해상수송으로 크게 구분되며 육상수송은 손수래, 자동차 또는 철도를 우리나라의 경우 각 가정의 쓰레기를 수집하여 처리장까지 운반하는 데는 대부분 트럭에 의한 것이 보통이다. 그러나 트럭에 의한 수송에서는 인건비가 높아

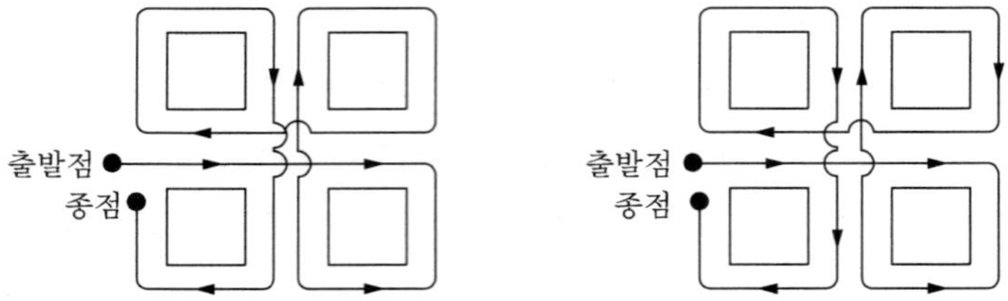

소규모 지역에 있어서의 전형적인 수거노선

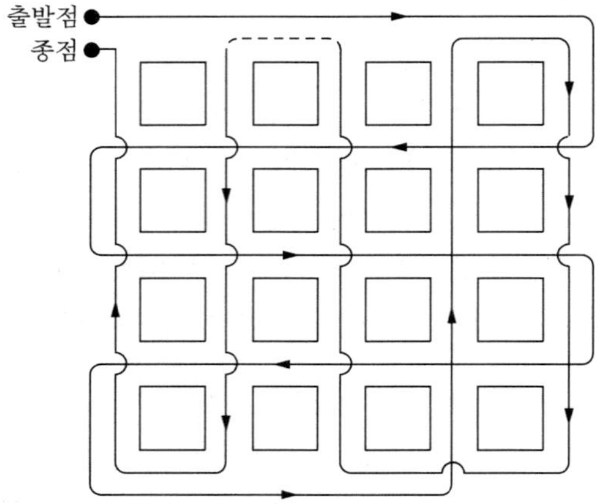

대단위 지역에 있어서의 전형적인 수거노선

▮ 그림 2-11 전형적인 쓰레기 수거노선

운반경비의 상승요인이 있고 분진비산, 악취발생, 소음진동 및 생활환경파괴 등의 문제점과 수거인부의 안전사고 등이 종종 발생하므로 이와 같은 것을 개선할 방법을 강구하여야 한다. 새로운 수송방법으로서는 mono-rail, conveyor (belt-conveyor, bucket-elevator, screw-conveyor, chain-conveyor), pipe-line 등의 수송 방법을 생각할 수 있으나 어느 방법 이든 시설설치에 막대한 투자와 시설 후 경로 변경곤란 등의 문제점을 가지고 있다.

다음은 신 수송방법에 대한 내용이다.

① mono-rail 수송 : 쓰레기를 중계지로부터 최종처리 처분장까지 수송하는 데 적용가능성이 크다. 또한 무인화도 가능한 방법이다.

② conveyor 수송 : conveyor 수송설비를 하수도처럼 배치하여 각 가정에서 배출한 쓰레기를 처분하는 방법이나 이 방법은 구조, 전력비, 시설비, 내구성, 미생물 부착 등이 문제가 되며 유지비가 비싸다.

③ container 철도수송 : container수집차에 의해서 기지역까지 운반한 후 철도에 적환하여 매립지까지 운반한다. 이 방법에서는 수집차의 집중과 청결유지가 가능한 넓은 기지역의 선정이 문제가 되며 사용 후의 container세정에 많은 둘을 사용해야 하며

그 세정수의 처리장도 고려해야 한다.

④ pipe-line 수송 : 이 방법은 자동화, 무공해화, 안전화, 신속이동 등의 장점이 있으나 다음과 같은 단점이 있다.

- 한 번 투입된 폐기물 회수 곤란
- 조대(粗大) 쓰레기 수송곤란(전처리필요)
- 장거리 수송곤란
- 안전사고 발생가능성(투입구)
- 고장에 대한 응급조치 및 대체방법이 필요하다.

⑤ capsule 수송 : capsule 수송에는 쓰레기를 충전한 capsule을 수송관 내에 삽입하여 공기나 물의 흐름을 이용하여 수송하는 방식과 각 capsule에 구동장치를 설치한 수송방식 등이 있으며, 그림 2-12는 capsule 수송방식의 한 예이다.

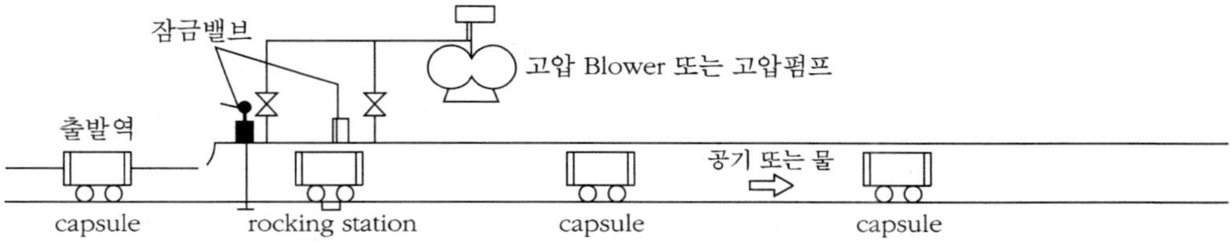

▌ 그림 2-12 capsule 수송방식

2.6 적환장

쓰레기처리에서 적환장의 역할은 매우 중요하며, 적환(transshipment)은 행동이 자유로운 소형의 차량으로 쓰레기를 수거하여 대형차량에 적환 후 장거리를 수송하는 운반 시스템이다.

적환을 시행하는 주된 이유는

① 최종처리장이 대형화(centralization)함으로써 쓰레기의 운반거리가 연장된다.
② 현 단계에서는 일반적으로 널리 이용될 수 있는 수집 운송방법이 부족하기 때문이다.

적환장의 설계 시 고려해야 할 사항은

① 사용하고자 하는 적환 작업의 종류
② 물량 소요량

③ 환경요건 등이다.

그리고 적환장(transfer station)의 설치장소는

① 수거하고자 하는 각 쓰레기 발생지역의 무게중심(weighted center)에 가능한 가까운 장소
② 주요 간선도로에 쉽게 도달할 수 있는 곳인 동시에 2차적 또는 보조 수송수단에 연계가 잘되는 장소
③ 적환작업 중에 공중 및 환경피해가 최소인 장소
④ 설치 및 작업이 쉬운 장소 등이다.

적환장의 기능과 원리는 쓰레기를 분쇄 절단하여 용적축소, 표면력 증대, 혼합의 용이성을 좋게 하고 쓰레기를 압축하는 기능과 쓰레기를 옮겨 싣는 기능을 갖고 있다. 우리나라 폐기물관리법에서의 적환장 설치 및 유지 관리기준은 다음과 같이 정하고 있다.

① 적환장에서는 이동식 컨테이너를 비치하여 쓰레기가 야적되지 않도록 해야 한다. 다만 면적 또는 도로의 사정상 이동식 컨테이너를 비치하기가 어려운 경우에는 그러하지 아니한다.
② 적환장에는 울타리를 설치하고, 물 뿌리는 장비 등을 비치하여 쓰레기, 먼지 등이 날리지 않도록 한다.
③ 적환장은 4월부터 9월까지는 1일 1회 이상, 10월부터 3월까지는 주 1회 이상 소독을 실시하여 악취의 발산과 쥐 및 파리 등 해충 발생 번식을 방지하여야 한다.
④ 적환장의 적환되는 쓰레기는 2일분을 초과하면 안 된다.

한편 수송차량에 싣는 방법에 따라서 적환장은 세 가지, 즉

① 직접부림
② 저장부림
③ 직접 및 저장복합부림 적환장

으로 구분한다.

1) 직접 부림

직접 부림 적환장(direct-discharge transfer station)에서는 일반적으로 수집 차량의 쓰레기를 최종 처분 장소까지 수송하는 차량에 직접 비운다. 이렇게 하려면, 보통 적환장을 2층 배열로 건설한다. 수집 차량으로부터 수송 트레일러로 쓰레기를 부리는 도크나 플랫폼을 높게 만들거나, 수송 트레일러를 낮은 램프(ramp)에 두게 한다. 고정압축기를 사용하는

직접 부림 적환장도 많다(그림 2-13). 이는 건설비나 운영비가 적어 소도시에서 택하기 쉬운 방법이나 압축되지 않는다는 단점이 있다.

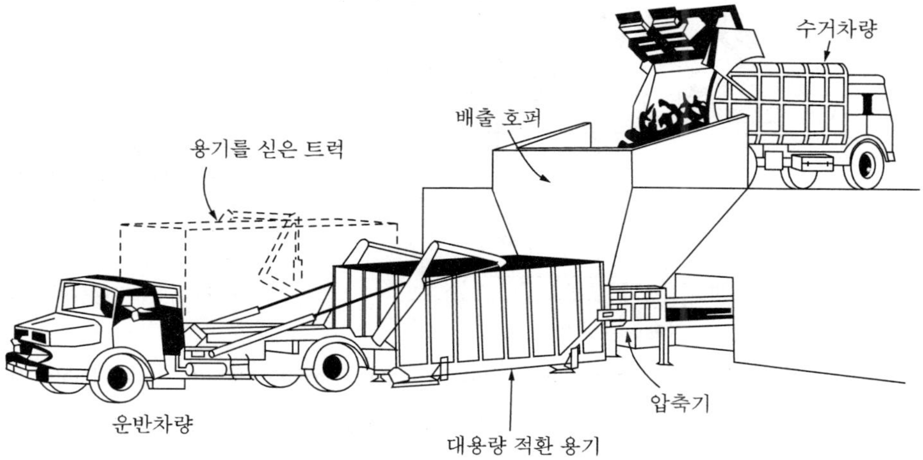

▌ 그림 2-13 전형적인 직접부림 적환장(자료 : Schindler Wagon AG, Prattein)

2) 저장 부림

저장 부림 적환장(storage-discharge transfer station)에서는 쓰레기를 저장 피트(Pit)나 플랫폼에 비웠다가, 불도저 등 여러 보조 장치를 사용하여 수송 차량에 싣는다. 저장 부림 적환장에서 저장량은 계획처리량의 0.5～2일 부피 정도로 한다(그림 2-14). 이 방식의 장점은 쓰레기를 압축하여 적재용량을 크게 할 수 있으며 수집차량의 대기시간을 단축시킬 수 있는 반면, 쓰레기 함수율이 높으면 침출수가 발생하여 수송차량에 적재할 때 쓰레기가 노출되는 단점이 있다.

3) 직접 및 저장 복합 부림

적환장에 따라서는 직접 부림 및 저장 부림(direct and storage charge transfer station) 방법을 함께 이용하는 곳도 있다. 대개 이러한 곳은 단일 목적 시설이라기보다는 광범하게 사용자가 이용할 수 있도록 설계된 다목적 시설이다. 다목적 적환장에서는 물질회수 작업도 할 수 있다.

그러나 현재 시행되고 있는 적환과 적환장의 기술 및 방법 면에서 개선되어야 할 점은 다음과 같다.

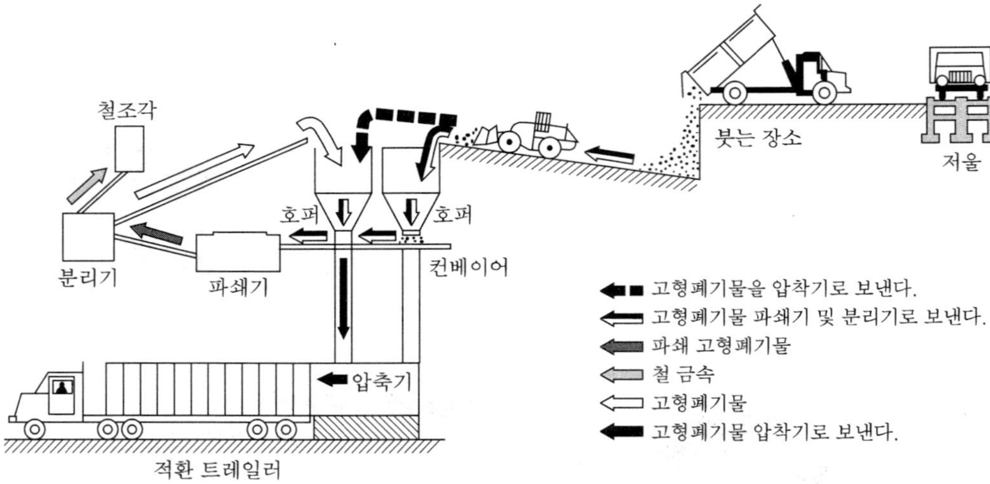

자료) Municipality of Metropolitan Toronto Department of Public Works

▮ 그림 2-14 전형적 저장 부림 적환장

- 수거차의 배출조작(emptying)의 간소화
- 장거리 수송차의 적재량을 높이는 동시에 이에 수반하는 기술의 단순화
- 수거차와 수송차 간의 직접적환
- 수거차와 수송차 간의 직접적환의 대치 또는 수리가 간편할 것
- 수거량의 변동에 잘 적응할 수 있을 것

2.7 쓰레기의 압축

폐기물의 압축에 따른 부피 감소는 운반비의 절감과 매립지 수명연장 등 폐기물 관리시스템에서 중요한 중간처리기술이다.

2.7.1 압축기

압축기는 압력강도에 따라 저압압축기와 고압압축기로 구분된다. 저압압축기(low pressure compactor)는 압축강도 700 KN/m^2 이하로 주택가, 상가, 소규모 적환장 등에서 사용되며, 캔이나 병류는 240 KN/m^{2}에서도 압축이나 파쇄가 가능하다.

고압압축기는 압축강도 700 KN/m^2 이상으로 대규모적환장 등에 사용되며 폐기물의 밀도를 1,600 kg/m^{2}까지 압축이 가능하지만 경제적인 압축 밀도는 1,000 kg/m^{3}이다. 압축기는 그 형태에 따라 고정식 압축기, 백 압축기, 수직식 압축기 또는 소용돌이식 압축기, 회전식 압축기로 구분된다.

1) 고정식 압축기(Stationary compactor)

주로 수압에 의한 압축 형태로 수평식과 수직식 압축기로 구분되며, 호퍼(hopper)에 투입된 쓰레기는 왕복 압축 피스톤에 의해 압축된다.

2) 백 압축기(Bag compactor)

수동과 자동식, 수평과 수직식, 연속식과 회분식 등의 다양한 백 압축기가 있으며, 백을 하나씩 공급하는 백 날개 백 압축기(single bag compactor)와 여러 백을 설치하여 충전된 백을 제거시키면서 계속 압축작업을 할 수 있는 각수 백 압축기(multi-bag Com-Pactor)가 있다.

3) 수직식 압축기(Vertical compactor)

압축 피스톤에 의해 손으로 투입시킨 쓰레기를 압축시켜 종이나 플라스틱을 된 상자에 백에 모으는 방식이다.

4) 회전식 압축기(Rotary compactor)

비교적 부피가 적은 쓰레기를 회전판 위에 여러 개의 열려진 상태로 놓여 있는 백에 압축 피스톤으로 충진시켜 가는 방식이다.

2.7.2 압축비와 부피감소율

압축에 따른 압축비(Compaction Ratio, CR)와 부피감소율(Volume Reduction, VR)은 다음 식으로 나타낸다.

$$\text{압축비(CR)} = \frac{Vi}{Vf} \tag{2.26}$$

$$\text{부피감소율(VR)} = \frac{Vi - Vf}{Vi} \times 100 \tag{2.27}$$

여기서, Vi : 압축 전의 쓰레기 부피

Vf : 압축 후의 쓰레기 부피

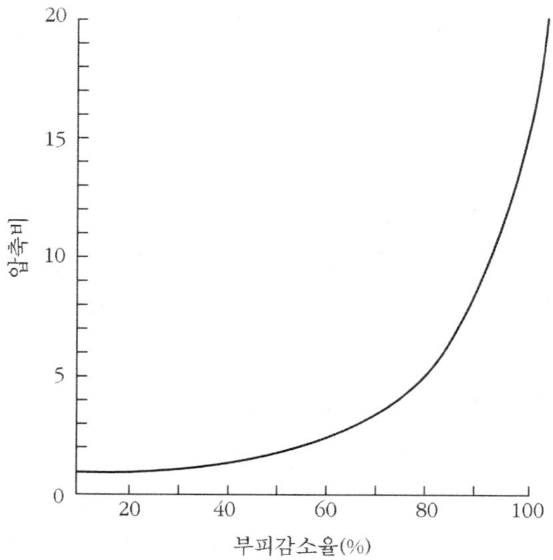

그림 2-15 압축비와 부피감소율의 관계

식(2.26)과 식(2.27)에서

$$\mathrm{VR} = \left(1 - \frac{1}{\mathrm{CR}}\right) \times 100 \tag{2.28}$$

$$\mathrm{CR} = \frac{100}{100 - \mathrm{VR}} \tag{2.29}$$

그림 2-15는 압축에 따른 경제성을 결정하기 위한 그래프로 압축비와 부피감소율의 관계를 나타낸 것이다. 그림 2-15에서 보는 바와 같이 부피감소율이 80% 이상이 되려면 압축비가 급격히 증가되어야 한다. 이는 부피감소율이 80% 이상이 되려면 매우 큰 압축 에너지가 필요하게 되어 비경제적이라는 것을 의미한다.

2.8 쓰레기의 파쇄

고형폐기물의 파쇄조작에 있어서 미국은 1950년대에 들어와서 폐자동차로부터 철스크랩을 회수하는 목적으로 파쇄기(shredder)에 의한 파쇄처리가 성행했고 다음으로 산업폐기물 도시쓰레기의 순으로 소각의 전처리 또는 자원회수의 전처리로서 파쇄가 이루어졌다. 또 유럽에 있어서는 콤포스트화를 위한 쓰레기의 분쇄나 소각로에서 조대쓰레기 소각을 위한 전처리로서 해머크래셔(hammer crusher)나 재단기 등에 의한 파쇄가 행하여 졌다.

한편, 일본에서는 1964년경부터 조대쓰레기를 중심으로 소각이나 매립을 위한 전처리로서 실용화되었으며, 특히 석유파동 이후 자원의 유효사용 촉진책으로 쓰레기로부터 유가물의 회수전처리로서 상당히 보급되어 있다.

2.8.1 파쇄의 목적 및 메커니즘

① 겉보기 비중의 증가 : 파쇄에 의하여 크기를 작게 하고 부피도 작게 하여 겉보기 비중을 증가시켜 준다. 이것은 대량의 폐기물의 운반 저장 및 취급을 용이하게 하며 특히 매립지의 수명을 연장하여 주고 지질의 개선에도 도움을 준다.

② 유가물의 분리 : 파쇄에 의한 물질별 분리로 고순도, 고품질의 유가물 회수가 가능하다.

③ 비표면적 증가 : 소각처리에 있어서 연소효율의 향상, 열분해 조작에 있어서의 반응효율의 향상 및 퇴비화에 있어서의 발효효율의 향상을 위하여 파쇄조작으로 비표면적을 증가시킨다.

④ 입경분포의 균일화 : 콘크리트폐기물을 파쇄하여 도로보조기층용 순환골재 등으로 재이용하는 경우 일정 분포의 입경을 얻기 위한 파쇄가 필요하다.

폐기물이 파쇄되는 메커니즘을 작용하는 힘에 따라 분류하면

- 압축작용에 의한 것
- 전단작용에 의한 것
- 충격작용에 의한 것
- 압축－전단－충격 3작용을 조합한 것

4가지의 종류로 구분할 수 있다. 이러한 작용 외력의 선택은 고형물의 물성과 크기에 관계되며 일반적으로 파쇄현상은 크기와 형상이 다른 여러 개의 고체의 집단이 반복되는 외력을 받아 무수한 파괴가 무작위로 일어나는 현상이다. 처리물의 물성 중에서 파쇄의 난이도와 파쇄방법과 관계가 있는 것은 압축강도와 인장강도의 비로 나타나는 취성도이다.

$$\text{취성도} = \frac{\text{압축강도}}{\text{인장강도}}$$

취성도가 큰 물질은 1축 압축하중을 가하여 주면 변형량이 적어도 파괴가 일어나지만 취성도가 적은 물질에 1축 압축하중을 가하여 주면 변형량이 상당히 커진 후에 파괴가 일어난다. 때에 따라서는 파괴가 되지 않고 항복되어 소성적으로 변형된다. 취성도가 큰 물질의 파쇄방법으로서는 압축파쇄 또는 충격파쇄가 유효하며 취성도가 적은 물질에는 고속

충격파쇄와 전단파쇄가 유효하다.

2.8.2 파쇄이론

파쇄에 필요한 일을 구하는 식으로서 W를 일, X를 입자의 크기라고 하면

$$dw = -C(dX/X^n) \tag{2.30}$$

의 형태로 요약되는 몇 개의 학설이 제창되어 있다.

① 리팅거(Rittinger)의 법칙
리킹거는 파쇄에 필요한 일량이 표면적의 증가에 비례한다고 하여, $n=2$로 놓고 식 (2.30)을 적분하여,

$$W = C_R(1/X_2 - 1/X_1) \tag{2.31}$$

② 킥(Kick)의 법칙
킥은 고형물이 파쇄되는 비율이 같으면 이것에 소요되는 일량은 일정하다고 가정하여, $n=1$로 놓고 식(2.30)을 적분하여,

$$W = C_K \ln(X_1/X_2) \tag{2.32}$$

③ 본드(Bond)의 법칙
이상의 2학설에 대하여 본드는 파쇄에 필요한 일량은 입자의 크기의 제곱근에 비례한다고 제창하고 있다. 따라서 $n=1.5$로 놓고 식(2.30)을 적분하면

$$W = C_B(1/X_2^{1/2} - 1/X_1^{1/2}) \tag{2.33}$$

이러한 법칙에 의거한 식들은 입자의 형태나 입경분포곡선이 일정하다고 가정하고 있어 실제 파쇄조작과는 상당한 차이가 있고 또 탄성론이나 소성론에 의거한 파괴 이론과도 거리가 있다.

사실, 리팅거나 킥의 식들은 극히 일부의 파쇄조작에만 부합되는 반면 본드의 식은 현재의 파쇄기에 의한 암석의 파쇄에 관한 실제 데이터와 상당히 잘 맞고 있다.

고형폐기물의 파쇄에 있어서는 파쇄메커니즘이 암석과 달라서 입경분포도 폐기물의 종류, 파쇄메커니즘, 입경범위에 따라 상당한 차이가 있으므로 본드의 식이 적용되지 않는다.

또한 현재는 각종 폐기물에 따라 많은 실험을 통하여 이것으로부터 추정하여 처리물질별로 단위처리량단위 소요 동력을 결정하고 있는 실정이다.

2.8.3 파쇄기의 종류 및 구조

고형폐기물의 파쇄처리에 실용되고 있는 파쇄기를 그 주요 부분의 운동기구에 따라 분류하여 보면 다음과 같다.

1) 회전식 파쇄기

회전축이 수평으로 지지된 횡형, 수직으로 지지된 수직형, 그리고 충격작용을 주체로 하는 고속회전형과 전단 작용을 주체로 하는 저속회전형이 있다. 냉장고 세탁기 등의 금속제품을 포함하는 조대쓰레기를 파쇄하는 데에는 그림 2-16과 같은 고속회전식 충격전단파쇄기로 투입된 폐기물은 고속 회전하고 있는 회전차수기 칼(ring hammer)과 고정칼(전단도 또는 cutter라고도 함) 사이에서 충격과 동시에 강력한 전단력을 받아서 파쇄 절단되어 grate bar부로 이동시킨다. 여기에서 다시 ring hammer와 grate bar사이 및 폐기물 상호간에 충격전단파쇄가 되풀이되어 grate bar간극 이하로 파쇄된 것은 원심력 및 링해머의 저전에 의한 압출작용에 의해 grate bar에서 파쇄기 밖으로 배출된다. 링해머의 회전속도는 40～60 m/s 정도이다.

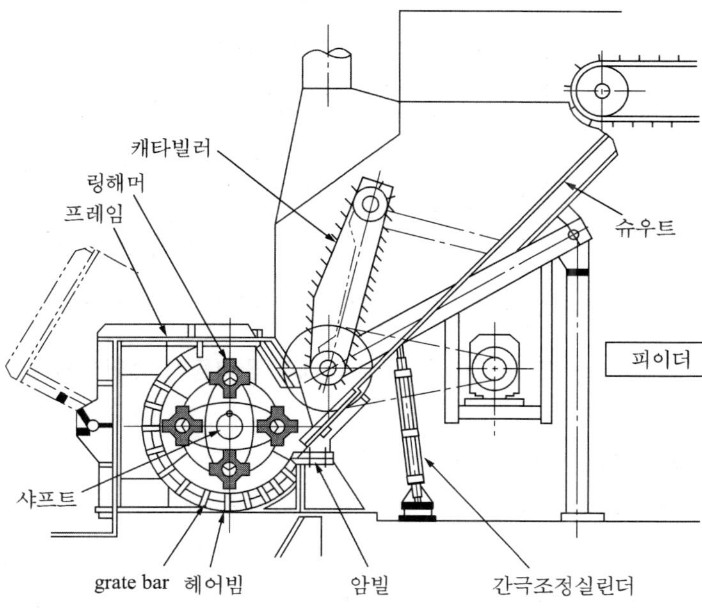

■ 그림 2-16 고속횡형회전식 충격전단파쇄기

2) 왕복동식 파쇄기

이런 종류의 파쇄기에는 고정칼과 왕복칼이 V자형을 이루고 있는 것 고정칼에 대하여 왕복칼이 수직운동을 하는 것 등이 있는데 여기에 몇 가지 소개한다.

(1) 왕복동식 파쇄기

그림 2-17에 나타낸 바와 같이 V자형의 beam을 형성하고 한쪽을 유압으로 개폐시킴으로서 가위질하는 것 같이 파쇄하는 파쇄기로서 보통 소각로 주변에 설치하여 긴 목재류를 약 30 cm 정도로 절단하여 소각로에 공급하는 데 사용되고 있으며 금속류의 절단에 사용된다.

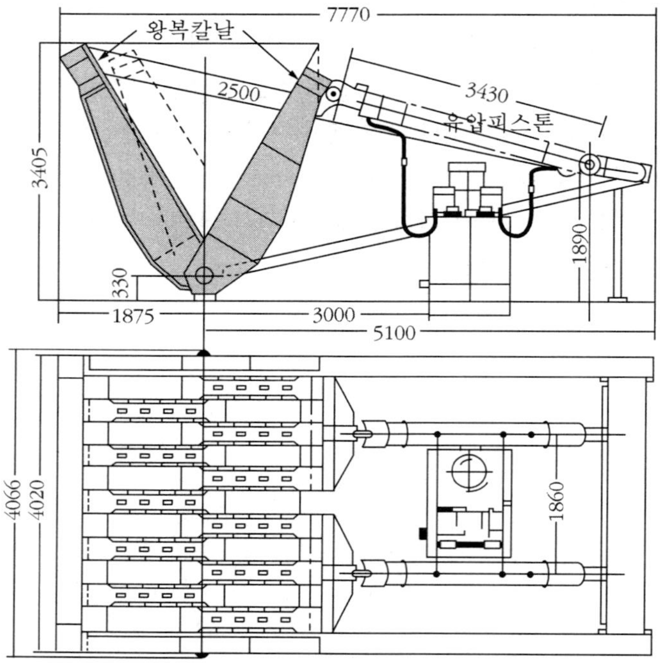

■ 그림 2-17 왕복동식 전단파쇄기

(2) 길로틴형 왕복동식 전단파쇄기

그림 2-18에 도시한 바와 같이 platform으로부터 폐기물을 쓰레기 case쪽으로 투입하면 damping hopper가 유압에 의하여 일어서게 되고 폐기물을 case 내로 유도한다. 다음, pusher 유압 cylinder가 작동하여 pusher가 파쇄하고자 하는 길이만큼 전진하여 폐기물을 cutter frame 아래쪽으로 밀어 넣고, cutter 유압 cylinder와 push 유압 cylinder가 작동, push block이 폐기물을 눌러주면서 위아래의 횡칼과 종칼로 폐기물을 절단하고 이러한 공정이 끝나면 다음에 pusher가 더 전진하면서 폐기물을 절단, 이러한 작용이 반복되면서 완전히 파쇄가 끝나면 원위치로 후퇴하면서 다시 똑같은 조작이 일어난다.

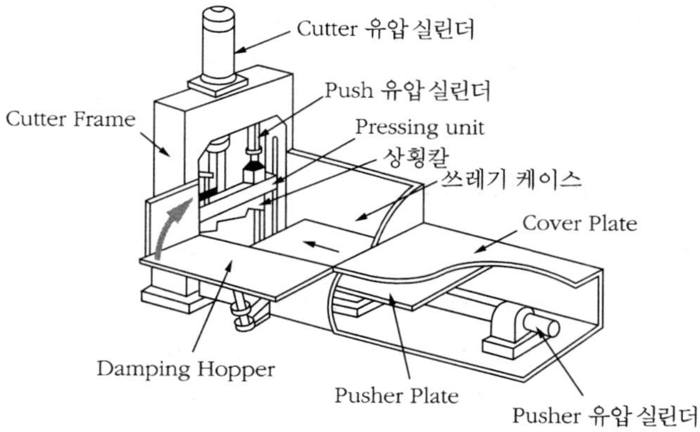

▌그림 2-18 길로틴형 왕복동식 전단파쇄기

(3) 왕복동식 압축전단파쇄기

그림 2-19에 나타낸 바와 같이 공급상자로 투입된 폐기물은 유압작동되는 wing에 의하여 눌러 부서지게 되며 pusher에 의하여 전진, 횡칼과 종칼의 바로 앞에 있는 stamper로 고정되면서 절단된다. 이때 stamper의 역할은 절단 시에 폐기물을 고정시켜 주는 작용 이외에 폐기물을 압축하여 절단물의 겉보기 비중을 높여주기도 한다.
이 파쇄기는 전술한 회전식 파쇄기로는 파쇄되지 않는 금속류나 지금이 큰 폐목재, 특수차량용의 대형 폐타이어의 등의 대형폐기물의 처리에 아주 적합하다.

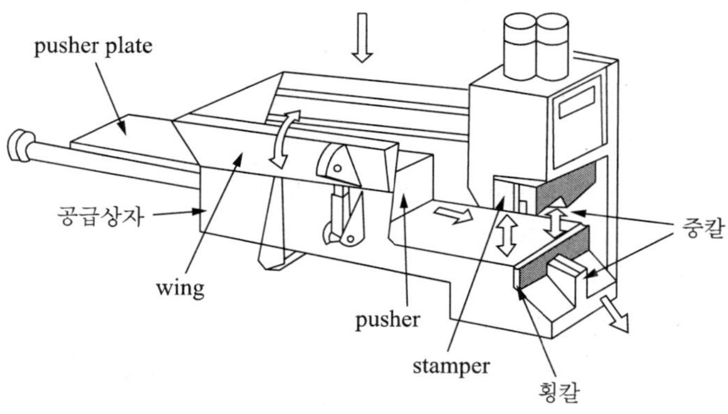

▌그림 2-19 왕복동식 압축전단파쇄기

3) 압축식 파쇄기

하나의 예로서 caterpillar형 압축식 파쇄기를 소개한다. 이것은 단독의 caterpillar, 전동기, 구동장치를 장비한 상하 2단의 본체로 되어 있고 등속 같은 방향으로 회전하는 상하

caterpillar의 접촉부에서 상부 본체의 무게로 압축, 파쇄되는 것으로 콘크리트, 유리, 경질 플라스틱류 등의 폐기물들을 파쇄하는데 적합하다.

2.8.4 파쇄동력과 입경

파쇄동력과 파쇄 입경은 파쇄기의 형식과 처리물의 특성 등에 의해 달라지는데 참고적으로 그림 2-15에 예시한 고속횡형회전식 충격전단파쇄기에 의한 각종 폐기물에 대한 중량당의 파쇄능력의 상대 비교차와 grate bar간격의 1/2의 체를 통과하는 파쇄물 중량백분율을 표 2-15에 나타낸다.

그리고 파쇄기의 설계에서 기종의 선택 시의 사양은 처리속도, 모터의 마력수와 rotor의 관성력이 주가 된다. 로터의 관성은 보통 WR^2으로 나타나는데 W는 로터아셈블리의 무게이고 R은 hammer tip까지의 반경이다. 이것은 물론 로터의 관성을 평가하는데 정확한 방법은 아니지만 성능을 비교하는데 있어서 아주 편리한 인자들이다. WR^2의 값은 제조회사에 따라 다르지만 대개 2,000～6,000 kg/m^2 범위이다. 모터의 마력은 기동마력으로 설계되는데 모터의 관성은 WR^2으로 로터의 속도는 rpm 그리고 기동시간을 초(second)로 정의하면, 다음 식과 같다.

$$\text{torque (T)} = \frac{WR^2}{9.6 \times g \times t} \tag{2.34}$$

여기서, t : 기동시간(sec)
g : 중력가속도(9.8 m/sec^2)
W : rotor assembley 중량(kg)
R : hammer tip의 반지름(m)
WR^2 : rotor의 관성(대개 2,000～6,000 kg/m^2)
rpm : rotor속도

표 2-15 파쇄동력비와 파쇄입경

처리물	파쇄동력비	파쇄입경	처리물	파쇄동력비	파쇄입경
승용차 타이어	4.0～6.5	25～37	세탁기	0.9～1.0	35～45
연질 pvc hose	2.2～3.2	30～32	목재	0.17～0.5	60～74
FRP 성형품	1.1	50	철근콘크리트	0.04～0.08	92～95
전기냉장고	1.0	30～50			

주) 파쇄동력비 : 소요동력/단위중량(전기냉장고의 경우를 기준)
파쇄입경 : grate bar 간격의 1/2의 체를 통과하는 것의 중량백분율

$$모터\ 마력(P) = \frac{T \times 2\pi \times \mathrm{rpm}}{33,000} \tag{2.35}$$

도시쓰레기에 대해 파쇄기는 폭과 반경의 비(width/diameter ratio)가 1.0보다 크고 해머의 무게는 70 kg 로터의 관성은 1,500 kg/m^2 해머팁의 속도는 4,260 m/min 4열의 해머 기동시간은 30초로 계산하면 적어도 15 kWh/ton 이상의 파쇄기를 설계해야 한다.

2.8.5 파쇄처리에 있어서의 문제점

폐기물의 파쇄처리에 있어서 발생하는 문제점으로는 소음, 진동, 분진 등 2차 공해상의 문제점과 특히 폐기물 중에 혼입된 폭발물이나 화재 등 안전상의 문제점이 있다

① 소음(noise)

소음은 수집차의 주행음과 배출음 크레인의 주행음과 투입음 파쇄기 본체의 파쇄음 대기집진용의 배풍기와 컨베이어의 롤러음 등이다 왕복동식 회전파쇄기는 유압장치의 밸브작동음이 더 커서 100 dB 정도가 된다. 따라서 방음벽을 설치하도록 한다.

② 진동(vibration)

진동은 파쇄기의 본체(body)에서 발생되며, 철제류를 회수해 압축시킬 경우에 발생된다. 따라서 파쇄기기와 기초 사이에 스트링 및 완충고무패드를 설치하는 등의 방진 방법을 선택하는 것이 필요하다,

③ 먼지(dust)

먼지는 폐기물의 투입호퍼 파쇄기 본체 선별장치 컨베이어 입구 저장호퍼의 투입구나 배출구 등에서 많이 발생된다. 주로 고속회전식이 많이 발생되며, 저속회전식과 왕복동식은 적게 발생된다. 따라서 국소 배기설비에서 포집된 먼지는 cyclone, bag filter 등으로 제거해야 한다.

④ 폭발(explosion)

파쇄기 내에서 폐기물 중에 함유된 금속과 금속의 접촉할 때나 온도의 급상승에 따른 폭발 먼지 중에 가연성분이 고농도로 함유 시 적당한 산소농도와 충격에 의한 스파크로 먼지 폭발이 발생된다. 그리고 폐기물에 신나 유기용매 과산화물 화약 등 폭발성인 위험물이 묻어 있으면 강력한 마찰과 충돌로 폭발이 발생되기도 한다. 폭발을 막으려면 항상 산소의 농도가 10% 이하로 혼입되도록 억제하여야 하며, 파쇄기로 들어가는 폐기물의 선별작업을 통해 폭발성 물질을 제거하고 파쇄기 내에 가스탐지기설치 폭발에 대비한 폭풍유도구(blow-out door)설치 및 파쇄기의 공급측 슈트와 파쇄기에 살수 노즐을 설치한다.

연습문제

01 우리가 살고 있는 도시에서 배출되는 폐기물의 조성을 조사하시오(월 및 계절에 따른 변화).

02 우리가 살고 있는 도시에서 배출되는 폐기물의 발생량을 조사하고자 할 때 얻을 수 있는 자료가 8월 중의 것이라면 계절적 영향을 어떻게 평가할 것인가?

03 우리나라의 쓰레기 수거방법 및 처리방법에 대하여 조사하시오.

04 우리가 살고 있는 도시에서 배출되는 폐기물의 저장방식에 대하여 조사하시오.

05 4인 가족에서 발생이 예상되는 쓰레기의 부피와 질량을 추산하여 보고 주방쓰레기 분쇄기를 사용하였을 때는 각각 어떻게 될 것인지 설명하시오.

06 쓰레기 수거 시스템 및 수거 노선의 배치에 대하여 설명하시오.

07 우리가 살고 있는 도시에서 배출되는 쓰레기의 양을 줄일 수 있는 방법에 대하여 설명하시오.

08 어떤 지역에 대하여 1년 동안 폐기물의 발생량에 관한 자료가 다음과 같을 때 이를 막대그림으로 나타내시오. 이 그림을 어떻게 설명할 수 있으며 또 어떤 결론을 내릴 수 있겠는가?

발생량(m^3/WK)	빈도	발생량(m^3/WK)	빈도
100～199	1	900～999	0
200～299	3	1000～1099	1
300～399	7	1100～1199	4
400～499	10	1200～1299	7
500～599	6	1300～1399	5
600～699	2	1400～1499	3
700～799	1	1500～1599	1
800～899	1		

09 폐기물 처리공정에 대하여 설명하시오.

10 단독주택 1000가구로 이루어진 새로운 주거지역을 개발하고자 한다. 처분 부지까지 2~3회 왕복한다고 가정하고 적절한 트럭 크기와 왕복 수를 구하시오.

① 고형 폐기물 발생량 = 50 kg/가구 · d
② 설치장소의 평균 용기 수 = 2
③ 서비스형태 = 노변 80% 및 주택 20%
④ 수거빈도 = 주 1회
⑤ 수거 차량 압착비 = 2.5
⑥ 수거 인부 수 = 2인
⑦ 1일 작업 시간 = 8 h
⑧ 비정규 인자(off-roure factor) = 0.5
⑨ 왕복 운반 거리 = 34 km
⑩ 윤번경로 상수 : a = 0.016 h/trip b = 0.011 h/km
⑪ 왕복 당 현장 작업 시간(at-site time) = 0.083 h/trip

11 폐기물의 부피를 절감시킬 수 있는 방법에 대하여 설명하시오.

12 폐기물 파쇄의 목적 이론 및 장치의 종류에 대하여 설명하시오.

13 폐기물의 조성이 다음과 같다. 수분 함유량을 추산하시오.

성분	질량(%)			
	a	b	c	d
음식물류폐기물	12	15	10	20
종이	40	45	40	50
판지	8	5	6	8
플라스틱	4	5	6	8
정원쓰레기	15	10	15	6
나무	5	5	5	5
불활성물	16	15	18	5

14 폐기물의 조성이 문제 13과 같을 때 폐기물의 근사 화학식을 유도하시오.

15 발열량 정의의 종류와 이들의 측정법에 대하여 설명하시오.

16 쓰레기 적환장의 설계에 대하여 설명하시오.

3

소각 및 열분해

CHAPTER 3

소각 및 열분해

3.1 소각시설의 분류

현재 우리나라에서 가동되고 있는 생활계폐기물 및 사업장폐기물 소각시설은 2021년 기준 총 404개소(공공처리시설 183, 자가처리시설 102, 주간처분업체 110)이며, 시설용량은 1일 37,903톤, 연간 소각량은 8,451,106톤이다.

정부는 2020년 2월 25일 "환경오염시설의 통합관리에 관한 법률시행령"을 일부개정 및 시행하여 소각시설 외 모든 "폐기물 처리시설"을 통합관리 대상 사업장에 포함시켰다.

여기서는 설계의 기본적 사항에 대하여 설명하기로 하고 소각로는 1일 가동시간에 따라 다음과 같이 연속식과 회분식으로 분류한다.

① 연속 연소식 : 전연속 연소식 가동시간 : 24시간
　　　　　　　: 준연속 연소식 가동시간 : 16시간
② 회분 연소식 가동시간 : 8시간 이하

소각시설의 규모 형식 등에 대해서는 그림 3-1～그림 3-5를 참조하여 결정하고 있다. 이 그림에서도 알 수 있듯이 투자효과라는 점에서 시설 규모가 작을수록 또 가동 시간이 짧을수록 로 본체와 환경오염방지설비의 내용이 간소화되어 있다.

그러나 최근 일본에서는 준연속 연소식의 로가 설치되는 중소도시에 있어서도 지역주민의 요망에 의해 설계 시행에서의 규제가 엄격해지는 경우가 많다고 한다. 예를 들면, 회분로에서도 전기집진기를 설치하는 경우가 많다. 따라서 시설규모가 작고 가동시간이 짧은 경우에 입지조건을 충분히 고려하여 지역사회의 요망에 따라 환경오염방지시설을 정할 필요가 있다.

또한 소각로의 주요 성능검사 내용은 표 3-1과 같다.

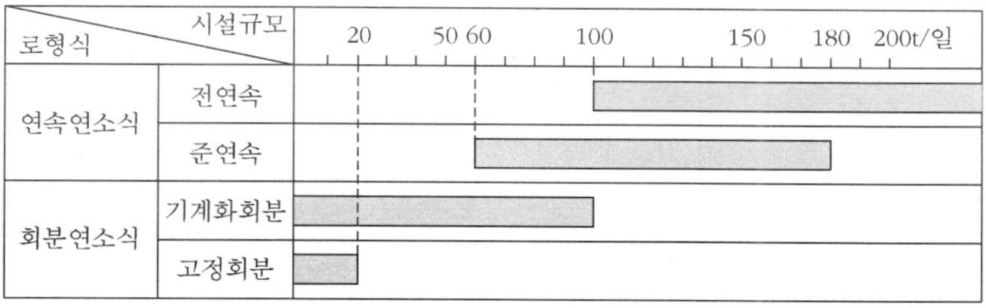

▮ 그림 3-1 시설규모별 로형식

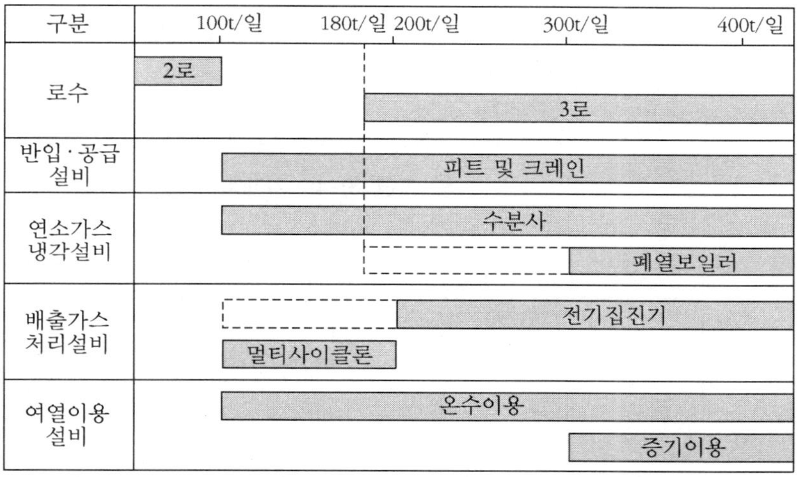

▮ 그림 3-2 전연속 연소식

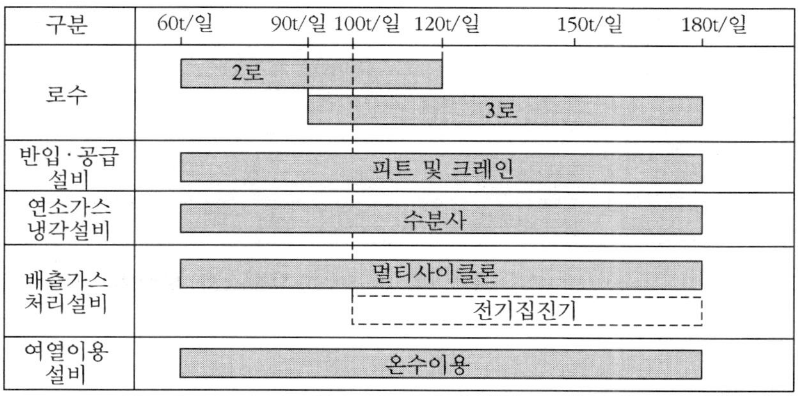

▮ 그림 3-3 준연속 연소식

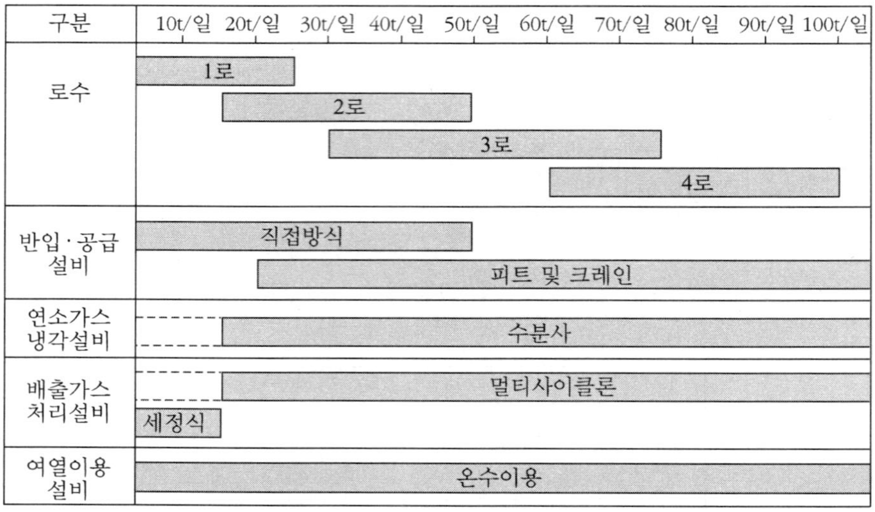

▌ 그림 3-4 기계화 회분연소식

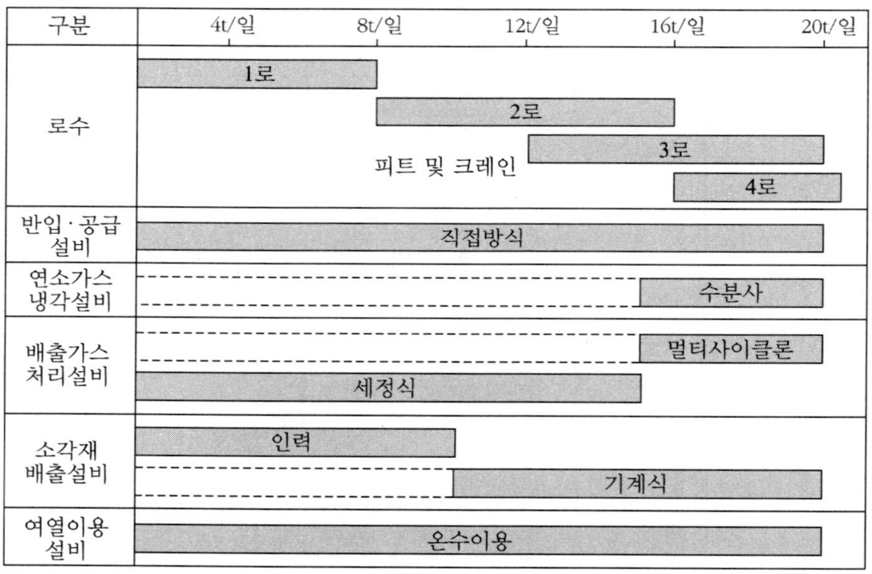

▌ 그림 3-5 고정화격자 회분연소식

표 3-1 주요성능검사 내용

검사항목	검사기준	검사방법
형식 및 기능	소각기능 연소실 출구온도 연소실 체류시간 강열감량 매연농도 및 CO농도	형식별 시험가동 온도기록계 등 연소실용적/가스량 폐기물공정시험방법 폐기물공정시험방법
처리능력	설계기준 이상	실제소각량 > 설계소각량
구조	투입구의 구조 공기공급량 조절장치 보조버너 설치 여부 통풍설비 연소실 내부 재질 연소실 표면 온도 굴뚝	사용된 재질 조절기능 확인 설치필요여부 확인 사양 확인 비산유무 및 작동상태 단열상태 확인 재질 및 설치상태 확인
부대시설	온도계(온도지시계 등) 검시공, 압력측정계기 제어설비 및 안전시설 냉각시설 및 방지시설	설치위치 확인 위치 및 설치여부 확인 기능휘발여부 확인 가동상태 확인

3.2 소각처리 프로세스

3.2.1 소각프로세스 시스템의 구성

소각시설은 여러 가지 로 형식이 개발되어 있는데 일반적인 프로세스 시스템의 구성은 그림 3-6에 표시한 바와 같다.

수집, 운반된 쓰레기는 저류소(피트)에 저류된다. 피트에서 크레인에 의해 소각로에 투입된 쓰레기는 1차 연소공기와 연소가스에 의한 대류전열과 로벽에서의 복사열에 의해 가열되고 수분이 건조 증발되면 착화연소를 시작한다. 연소는 휘발분이 기화하여 불꽃을 내어 연소하는 불꽃연소 기간과 그 후 이어지는 잔류탄소 연소기간이 있다. 연소 후 발생되는 소각잔사는 재냉각장치로 투입된다. 보통 수조에 투입되어 컨베이어로 긁어 낸 재는 최종 처분장으로 운반한다. 건조대에서 증발된 수분과 미연의 휘발가스는 2차 연소실에서 고온 연소가스와 혼합하여 2차 연소용 공기를 불어 넣어 완전 연소시킨다. 연소실의 온도는 보통 750～1,000℃의 범위를 유지하도록 제어한다. 하한의 온도는 악취성분을 산화분해시키는데 필요한 온도이며 약 750℃ 이상이면 된다. 상한 온도는 재의 용융온도(소각재

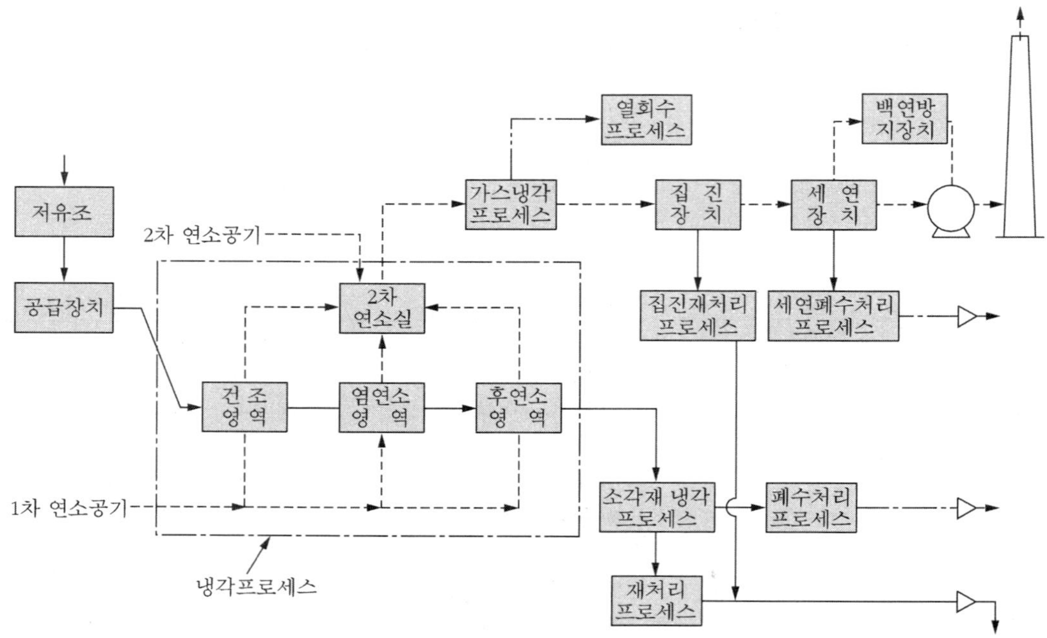

그림 3-6 소각 프로세스 시스템 구성

의 용융온도는 약 1,100~1,200℃ 정도이다) 이하로 할 필요가 있으나 약 1,000℃ 정도를 상한으로 하는 것이 보통이다. 우리나라의 경우 소각로의 출구온도를 850℃ 이상, 고온열분해로의 경우에는 1,100℃ 이상으로 규정하고 있다.

연소가스는 집진장치로 유입되기 전에 냉각할 필요가 있다. 예를 들어, 전기집진장치로 유입되는 경우에는 가스온도를 300℃ 이하로 하는 것이 바람직하다.

가스 냉각 방법은 열회수가 필요한 경우에는 폐열보일러를 사용하고, 그렇지 않은 경우에는 수분사 냉각장치를 사용한다. 냉각된 연소가스는 집진장치에서 분진을 제거한 후 염화수소 농도가 기준치를 넘는 경우에는 세정장치(가스정화 장치)에서 HCl, 기타 유해가스를 처리한 후 보통 백연방지장치로 백연을 제거하여 높은 굴뚝으로 배기한다. 집진장치에서 포집된 분진은 소각 잔사와 혼합하여 매립 처분하게 된다.

폐수는 생활폐수 등의 유기물질을 처리하는 계통과 재 냉각폐수, 세정폐수 등의 중금속 처리를 요하는 폐수계통으로 나누어 처리하며 가급적 순환이용을 통해 시설 밖으로의 배수량을 줄이도록 설계한다. 그림 3-7은 소각장 단면도의 일례를 보여주고 있다.

이상과 같은 소각 프로세스 시스템의 구성은 다음의 6개의 계통으로 크게 나눌 수가 있다.

① 전처리·공급 프로세스　　② 연소·소각 프로세스
③ 잔사처리 프로세스　　④ 폐가스처리 프로세스
⑤ 폐수처리 프로세스　　⑥ 열회수 프로세스

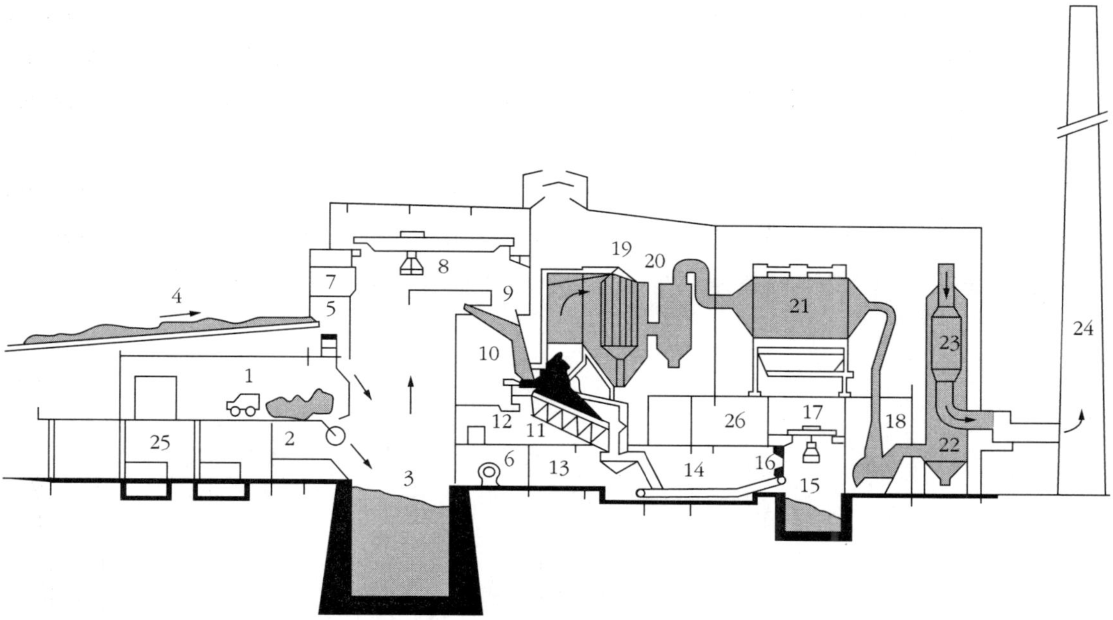

① 폐기물투입	② 회전문	③ 쓰레기 피트	④ 파쇄쓰레기 컨베이어
⑤ 투입구	⑥ 압입송풍기	⑦ 크레인조작실	⑧ 폐기물공급크레인
⑨ 호퍼	⑩ 공급장치	⑪ 연소화격자	⑫ 유압장치
⑬ 재압출장치	⑭ 재인출 컨베이어	⑮ 재피트	⑯ 재크레인 조작실
⑰ 재크레인	⑱ 유인통풍기	⑲ 가스냉각보일러	⑳ 가스냉각실
㉑ 전기집진기	㉒ 가스세정탑	㉓ 가스재가열기	㉔ 굴뚝
㉕ 폐수처리실	㉖ 중앙제어실		

그림 3-7 화격자식 소각시설 단면도(동경)

3.2.2 전처리 · 공급 프로세스

이러한 프로세스에 대한 설계에 대하여 간단히 설명하면 소각시설의 전처리 시설로는

① 조대쓰레기 또는 대형의 일반 쓰레기를 파쇄하여 금속조각 등의 불연분을 제거하고 가연물을 일반 쓰레기와 함께 소각로에 투입하는 설비로서의 파쇄기

② 유동층로에 투입하기 위해 일반 쓰레기를 전량 파쇄하여 연소에 적합한 크기로 하기 위한 파쇄 · 선별기

등을 사용하고 있다.

가장 많이 사용하는 스토카로에서는 분리수거된 일반쓰레기를 그대로 투입하므로 일반쓰레기의 전처리 설비는 설치하지 않는다.

또한 쓰레기 소각 시설에는 반입되는 쓰레기량을 정확히 파악하기 위해 수집 · 운반 차량을 계량하여 소위 트럭스케일을 일반적으로 사용하고 있다. 차량적재중량은 차량을 올려놓는 적재대, 중량을 표시·기록하는 계량부, 그리고 양자를 연결해 주는 전달부토 구성되어 있으며 여러 가지의 기종을 사용하는데 최근에는 컴퓨터에 접속하여 계량치를 계산 기록하는 시스템을 사용하는 경우도 많다.

계량이 끝난 수집·운반차의 쓰레기는 피트에 투입된다. 소각 시설에서는 쓰레기 반입차 및 재(灾) 반출차가 빈번히 출입하므로 반입에서 투입 및 재반출차의 출입이 원활히 되도록 노선계획을 세울 필요가 있다. 노선계획의 일례를 그림 3-8에 표시하였다.

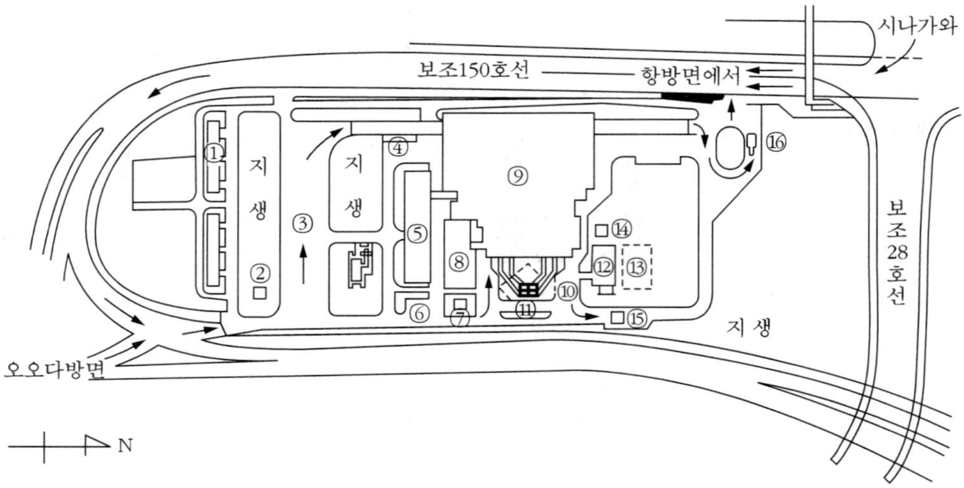

▮ 그림 3-8 소각시설 동선계획(동경)

쓰레기의 저류·공급설비는 그림 3-7과 같이 pit and crane 방식이 일반적으로 사용되고 있다. 쓰레기는 플랫폼에서 투입문을 열고 피트로 투입하며 그 후 크레인에 의해 소각로 hopper로 투입한다. 건물의 측부에는 크레인 조작실이 설치되어 있다. 피트부와 소각로의 배치는 보통 그림 3-9와 같이 T형 또는 L형으로 배치한다.

쓰레기 피트 유효용량은 원칙적으로 계측일 최대 처리량(소각능력)의 2일분 이상이어야 한다. 쓰레기의 용적중량은 보통 쓰레기에서 0.25～0.3톤/m^3, 조대쓰레기는 0.15톤/m^3 정도로 보고 용량을 계산하면 된다.

쓰레기 크레인에는 일반적으로 버킷부착 grapple형 천정 크레인(travelling bridge crane)을 사용하고 있으며 쓰레기피트 상부에 설치된 크레인 조작실에서 원격조작으로 운전을 한다. 150～600톤/일 정도의 시설에서는 상용 1기 및 예비 1기, 600톤/일 이상의 시설에서는 2기를 상용하고 1기를 예비로 한다.

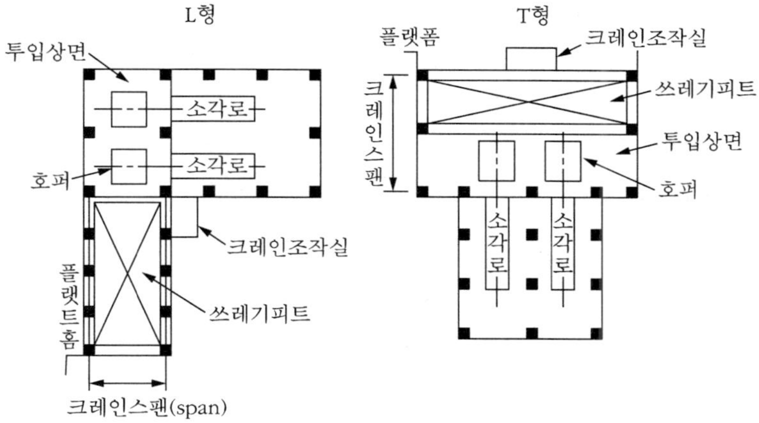

그림 3-9 쓰레기 피트와 호퍼의 배치관계

3.3 소각로 및 연소 · 소각 프로세스

3.3.1 연소의 특성

일반적으로 수분을 함유하지 않은 가연성 고체의 연소 시에는 고체의 종류에 따라 다음 중 하나의 연소를 하게 된다.

1) 증발 연소

고체가 가열되어 용해해서 액상이 되고 더욱 가열되면 연료증기를 발생하여 공기와의 혼합에 의해 확산연소 연료와 공기를 따로 연소실 내에 분출시켜 연소시키는 연소형식으로 연소속도는 공기 중의 산소가 연료에 확산하는 확산속도에 지배된다)하는 연소형식으로 연소 속도는 가연성 가스의 증발속도 또는 공기 중의 산소와 가연성 가스의 확산속도 중 더 느린 것에 의해서 지배된다.

2) 분해 연소

고체(목재, 종이)를 가열하면 증발하기 전에 분해하여 휘발분과 고정탄소로 분리되고 휘발분 중의 가연성가스는 확산연소하고 고정탄소는 표면연소하는 연소형식이다. 증발, 분해 연소의 경우에는 분해가 일어나게 하는 온도와 열량이 필요하게 되어 연소부분에서 연료로의 전열속도도 연소속도에 영향을 주는 인자가 된다.

3) 표면 연소

고체(목탄, 코크스)가 가열되어 융해, 증발, 분해 등의 과정을 거치지 않고 고체 그대로 연소하는 연소형식이다. 연소속도는 산소의 연료 표면으로의 확산속도 또는 표면에서의 화학반응 속도 중 더 느린 속도에 의해 지배되며 불균일연소 혹은 숯불연소라고도 한다.

또한, 일반적으로 고형폐기물의 연소는 다음과 같이 3단계 과정으로 연소된다.

① 단계 : 수분증발
② 단계 : 휘발성물질의 증류와 연소
③ 단계 : 비휘발성 탄소연소

3.3.2 연소

1) 스토카(화격자) 방식

쓰레기의 연소・소각 설비로서는 stoker식 소각로가 가장 많이 사용되고 있다. 쓰레기의 투입 hopper-chute는

① 버킷으로 투입한 쓰레기의 충분한 용량과 치수
② 거꾸로 쓰레기 저장소로 불이 번지지 않게 로 내로의 원활한 쓰레기 공급
③ 공기나 가스 누설이 없는 기밀성의 조건을 보장

하는 형상으로 설계하여야 한다. 일반적인 쓰레기 투입 호퍼・슈트의 형상은 그림 3-10과 같으며 슈트의 경사도는 60～70도가 적당하다.

호퍼・슈트에서 투입된 쓰레기는 스토카에 의해 연속적으로 서서히 이송되면서 스토카 하부에서의 열풍에 의한 대류열과 로 내의 연소가스와 로벽에서의 복사열에 의해 건조, 착

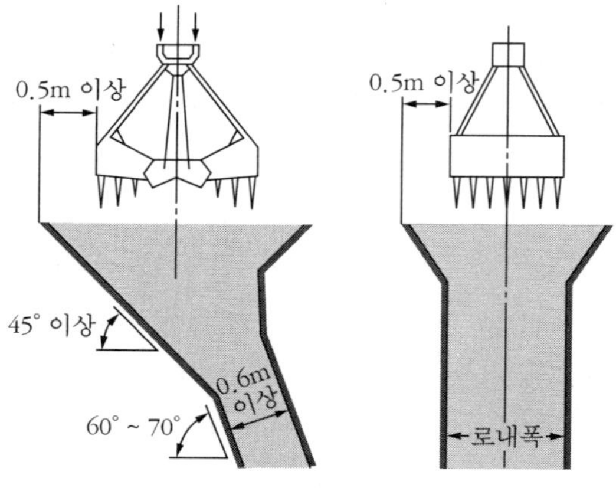

■ 그림 3-10 쓰레기 투입호퍼의 일반적인 사양

화, 불꽃연소, 잔류탄소 연소가 이루어진다. 이 때문에 열풍 및 연소가스와의 접촉을 원활하게 유지하면서 이송 및 쓰레기의 뒤집음을 적절히 수행하는 각종 스토카형식이 개발되어 있다. 스토카의 형식에 따라 건조, 불꽃연소, 잔류탄소 연소를 각각 독립된 스토카에서 행하는 경우와 하나의 스토카로 행하는 경우가 있다. 스토카는 쓰레기의 이송기구에 따라

① 계단식 스토카　　② 병렬요동식 스토카
③ 역동식 스토카　　④ 회전 로울러식 스토카
⑤ 이상식 스토카　　⑥ 부채꼴 반전식 스토카

등으로 분류한다.

그림 3-11에 계단식, 병렬요동식, 회전 로울러식 및 역동식의 각종 스토카를 나타내었으며, 열풍의 흐름과 쓰레기의 이송기구를 그림을 통해 명확히 알 수 있다.

스토카 상부 쓰레기의 연소에 의한 연소가스와 미연의 가연성 가스는 그림 3-12와 같은 여러 가지 방식의 연소실에서 혼합되고 2차 공기의 유입에 의해 완전 연소된다.

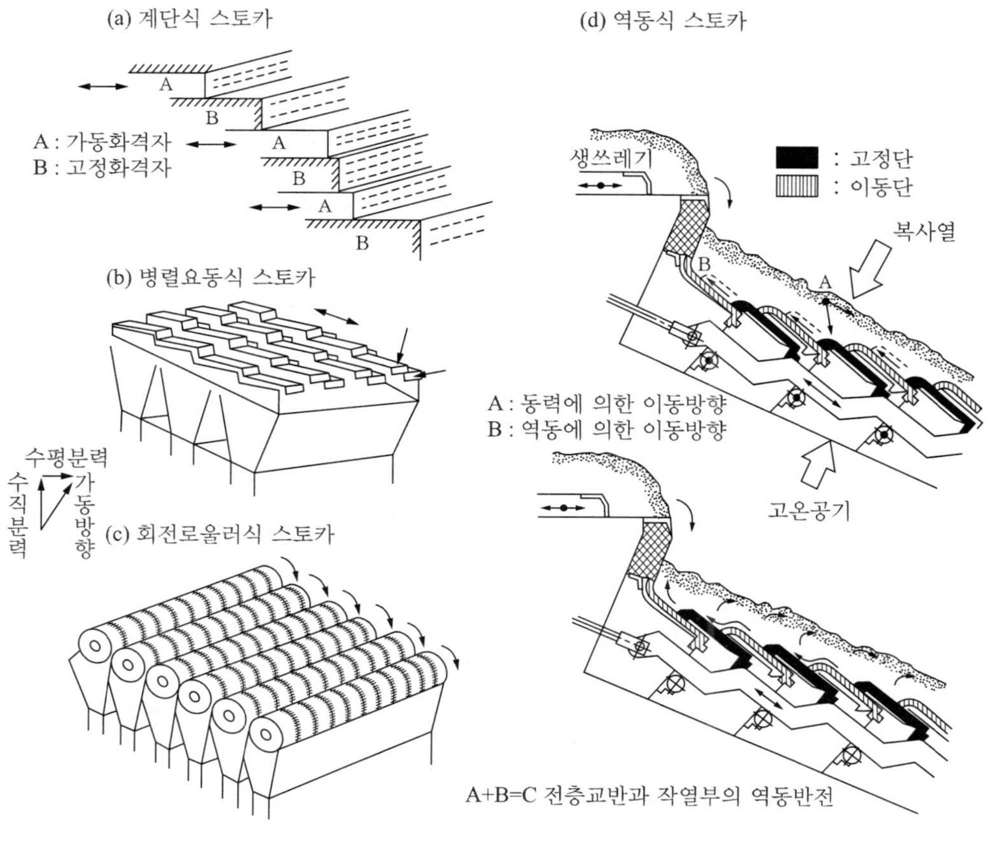

▮ 그림 3-11 각종 스토카 형식

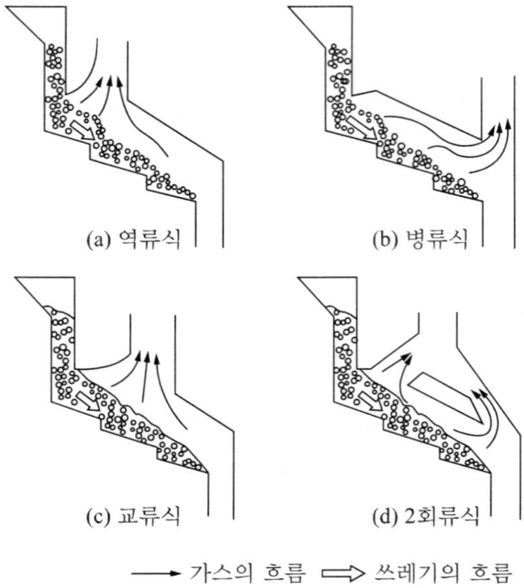

▌ 그림 3-12 연소가스 흐름에 따른 로의 형식

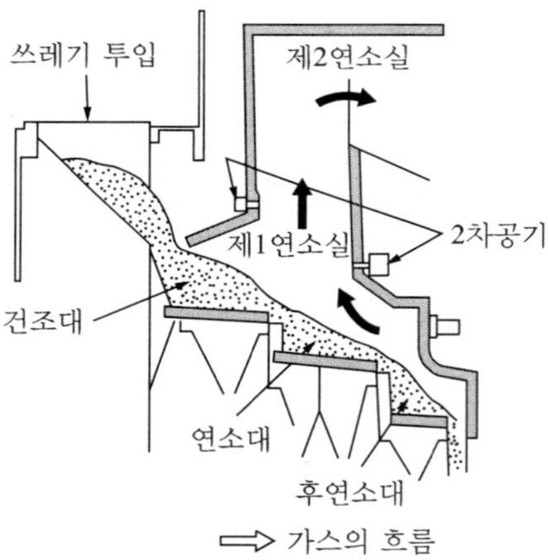

▌ 그림 3-13 연소실 형태

그림 3-13의 연속 연소식 소각로의 단면도는 연소실을 두 개로 나누어 표시한 일례이다. 이 예에서는 제1연소실을 로재로 쌓아 저질쓰레기나 저부하 시에도 안정하고 양호하게 연소되도록 하고, 제2연소실은 수냉벽으로 둘러싸서 효과적인 열흡수를 꾀하도록 설계되어 있다. 쓰레기의 발열량이 높거나 고부하로 소각할 때에는 화염도 늘어나기 때문에 제2연소실도 유효한 체류시간을 가지게 한다는 조건 이외에 필요한 복사열량을 흡수할 수 있는 보일러 수냉벽을 배열함으로써 연소 겸 가스 냉각공간으로의 기능도 한다.

연소・소각설비 설계상의 지침을 주는 수치로서 연소실 열부하와 화격자 연소율을 다음과 같이 정의하고 있다.

(1) 연소실 열부하

연소실 단위용적당, 단위시간당 연소시킬 수 있는 쓰레기의 발생열량($kcal/m^3 \cdot h$)을 말한다. 연소실 용적은 쓰레기가 없는 상태에서 산정하며 원칙적으로는 그림 3-13에 표시한 제1, 제2연소실을 합계한 총 용적을 취하며 보통 다음의 값을 갖는다.

① 회분 연소식 : $4 \sim 7 \times 10^4\ kcal/m^3 \cdot h$
② 연속 연소식 : $8 \sim 15 \times 10^4\ kcal/m^3 \cdot h$

(2) 화격자 연소율

연소실 내의 화격자 단위면적당, 단위시간당의 목표한 강열감량 이하로 할 수 있는 쓰레기 소각 중량($kg/m^2 \cdot h$)을 말한다. 화격자 연소율의 계산식은 다음과 같다.

$$G = \frac{W(\mathrm{kg})}{H(\mathrm{h}) \times A(\mathrm{m}^2)} \tag{3.1}$$

여기서 A : 화격자면적, W : 1일 가동시간(작업 개시부터 작업 완료까지의 시간으로 매화, 휴식 등의 시간은 제외) 내에 처리할 수 있는 양이다. H : 시간으로 전연속로에서는 24, 준연속로에서는 17, 회분로에서는 10으로 한다.

화격자 면적은 연소실 내의 화격자 전면적으로 한다. 단, 화격자 개개의 요철에 따른 면적이 아니라 전체의 경사면적이며, 45도 이상의 경사를 가진 화격자에서는 수평투영 면적으로 한다.

식(3.1)에서의 H의 값을 준연속로에서 17, 회분로에서 10으로 하는 이유는 다음과 같이 설명할 수 있다. 8시간 또는 16시간의 간헐적인 가동인 경우에는 그림 3-14와 같이 작업 개시부터 연소속도는 서서히 증가하고 작업 완료 전에 감소하게 된다. 회분운전에서는 운전완료 후 쓰레기를 스토카 위에서 다음날 아침까지 체류하게 하여 스타트업에 사용한다. 이것을 매화라고 하는데 이 양이 전체 처리량의 20% 정도이다. 따라서 그림 3-14에서 면적 ③ = 면적 ② + 면적 ④ 및 면적 ⑤ = 면적 ⑥이 되도록 화격자 연소율 G를 정할 필요가 있다. 이와 같이 생각하면 식(3.1)에서의 H는 가동시간보다 크게 되어 8시간 가동인 경우에는 $H = 8 + 2 = 10$, 16시간 가동인 경우에는 $H = 16 + 1 = 17$로 하는 이유가 설명될 수 있다.

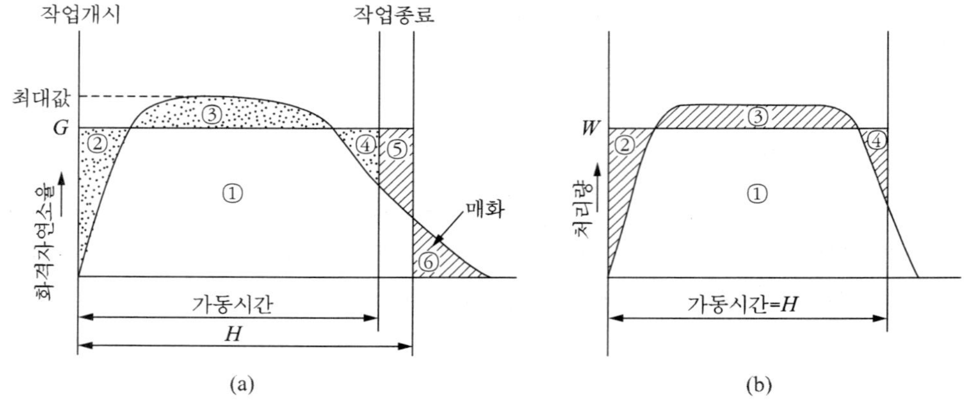

▌그림 3-14 회분식 운전시의 연소율과 처리량

스토카 로의 운전에 따른 화격자 연소율의 설정에서 뿐만 아니라 최근에는 유동층로와 같이 회분운전 때에도 거의 매화가 필요하지 않는 경우도 있고, 또 가동 시·매화 시의 대기오염의 규제가 엄격하게 되고 또한 강열감량도 표준치(회분 연소식 15%, 연속 연소식 7%) 이하의 값(3～5%)이 요구되어 매화에 의한 처리량으로 가동 시 및 정지 시의 처리량 감소분을 보충한다는 생각은 비현실적으로 되었다. 단, 식(3.1)의 W를 1개 소각로 당의 규모로 하고 H는 가동시간을 취하는 방법이 합리적일 것이다. 즉, 정상시의 처리량은 가동체제에는 관계없이 동일하다고 생각한다. 예를 들면, $75t/24h$ (전연속식), $50t/16h$ (준연소식) 및 $25t/8h$ (회분식)의 세 가지의 로형식에서 정상시의 시간당의 처리량을 모두 동일한 $3.125t/h$ 이라고 하는 것이 정의로서 합리적일 것이다.

즉, 그림 3-14에서 면적 ③ = 면적 ② + 면적 ④, 따라서 W = 면적 ① + 면적 ③이 되도록 설계하는 편이 합리적일 것이다. 저위발열량 1,000 kcal/kg의 쓰레기를 화격자에서 연소시키는 경우 화격자 연소율의 일반적인 수치는 다음과 같다.

① 연속 연소식 : 200 kg/m^2 · h (처리능력 $150t/24h/1$ 로, 공기 예열온도 200℃, 강열감량 7%)

② 준연속 연소식 : 160 kg/m^2 · h (강제통풍 또는 흡인력 20 mmaq 이상의 자연통풍, 강열감량 15%)

③ 회분 연소식 : 120 kg/m^2 · h (자연통풍, 강열감량 15%)

2) 유동층방식

유동층은 그림 3-15와 같이 통상 입경 0.5～20 mm의 고형입자(규사를 사용하는 경우가 많다)를 공기분산판(또는 분산관) 위에 놓고 분산판 하부에서의 송풍속도를 올려가면 공기

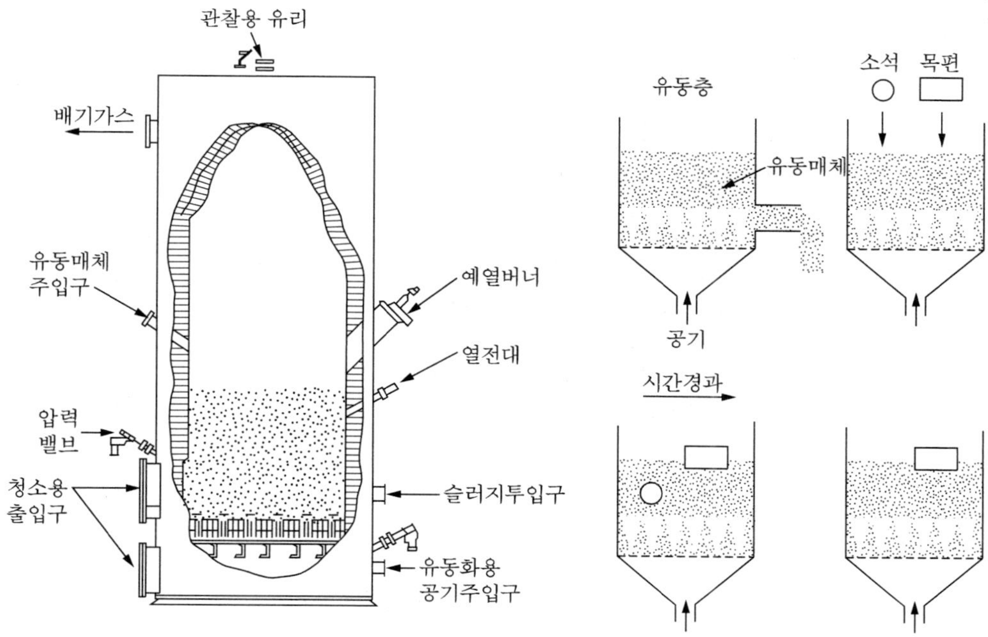

(a) 유동층 소각로 구조

(b) 유동소각 상태

그림 3-15 유동층 소각로

는 입자간의 공극을 통과하는데 어떤 풍속 이상이 되면 입자는 유동을 시작하게 된다. 이 속도를 유동화 개시 속도(최저 유동화 속도)라 한다. 더욱 풍속을 올리면 입자층은 팽창하여 마치 액이 비등하는 것 같은 안정된 유동상태가 된다. 이 상태를 유동층 또는 유동상(fluidized bed)이라 부르고 있다. 이와 같은 상태는 공기와 입자 사이의 혼합, 접촉이 좋고, 열전달 속도도 빠르기 때문에 1920년대부터 가스발생로, 접촉반응, 건조 등의 조작에 폭넓게 사용해 왔는데 도시 쓰레기의 소각에 사용하게 된 것은 최근의 일이다.

유동층을 쓰레기 소각로로 사용하는 경우, 1차 연소 공기로 규사와 같은 고형입자를 가열하여 유동층의 상태로 한 로에 적절한 입경으로 파쇄한 쓰레기를 투입한다.

그림 3-15(b)에 모형적으로 표시한 것과 같이 투입된 쓰레기 중 작은 입경의 가연성 물질은 유동층 위에서 순식간에 연소하며, 비교적 큰 입경의 가연성 물질은 작은 돌, 금속편과 같이 비중이 큰 것과 함께 유동층 안에서 유동매체에 의해 유동하면서 가열된 입자로부터 열이 공급되어 연소・소각된다. 소각재 중 가벼운 것은 연소가스와 함께 배출되어 집진 장치에서 포집되며 불연분의 비중이 큰 것은 유동층 안에서 가라앉게 하여 저부에 모은다. 따라서 불연분은 유동매체 안에서 연속적으로 꺼낼 필요가 있다.

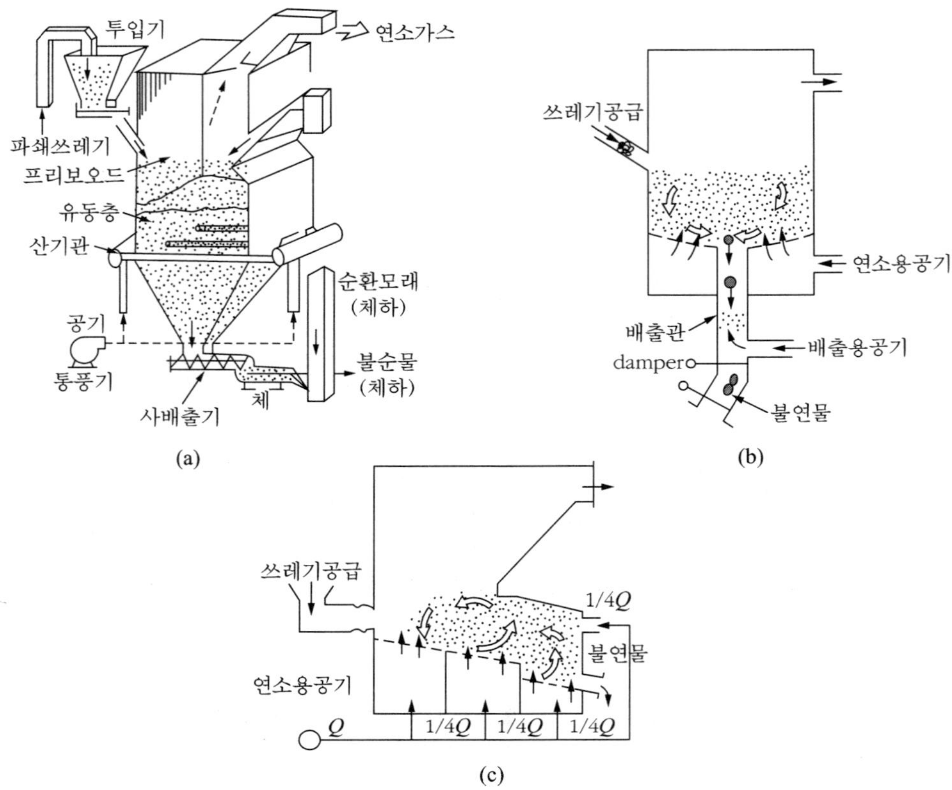

그림 3-16 유동층 소각로의 각종 불연물 배출방식

불연물을 로 밖으로 배출하는 기구로는

① 유동매체와 함께 저부에서 스크류 피이더로 밖으로 꺼내어 불연물과 규사를 체질하여 나눈 후 매체는 로 내부로 환류하는 방법(그림 3-16a)

② 유동층의 저부에서 불연분을 파이프를 통하여 로 밖으로 낙하시키는데 이때 혼합된 매 체는 파이프 내로 공기를 불어넣어 분리하여 상승시키는 방법(그림 3-16b)

③ 경사유동에 의한 선회류로 매체를 선회시켜, 불연물을 경사방향으로 연속적으로 배출 하는 방법(그림 3-16c)

등을 사용한다. 어느 것이나 완전히 분리하기는 곤란하므로 유동 마모에 의한 손실분을 포함한 유동매체의 보충이 필요하다.

유동층로는 일반적으로 유동층 내 온도 700～800℃, 유동층 상부 free board 온도 750～850℃ 정도에서 조작된다. 스스로 연소하는 쓰레기에서는 유동층상의 연소화염에서의 휘염방사전열로 유동층 내 온도가 유지된다. 스스로 연소하지 않는 폐기물(예를 들면, 탈

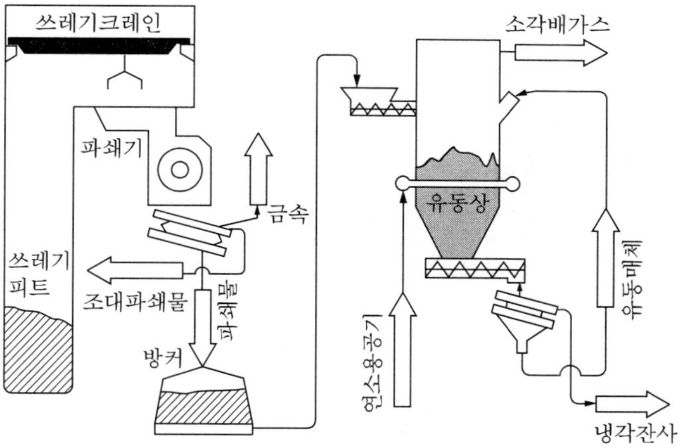

▌ 그림 3-17 유동층식 소각프로세스

수슬러지)인 경우에는 일반적으로 유동층 내의 노즐에서 연료를 공급하고 이 열량에 의해 유동층 온도를 유지한다. 유동층에서의 혼합・연소 속도는 빠르며 쓰레기가 파쇄되어 있기 때문에 착화에서 소각 완료까지의 소요시간도 짧고, 강열감량도 거의 없을 정도까지 연소되어 잔사가 깨끗한 것이 특징이다. 그러나 파쇄・선별 및 정량 공급의 프로세스가 스토카 로에 비하여 복잡하므로 고장이 일어나기 쉽다. 규사 등의 유동매체는 운전을 멈추고 놓아두어도 축열량이 크기 때문에 로 내 온도의 강하가 적으므로 다음날 아침 단시간에 정상운전에 도달할 수 있어 최근에는 회분 및 준연속용의 로에서 채용되는 일이 많다. 유동층 로에서의 도시쓰레기 소각 프로세스를 그림 3-17에 표시하였다.

① 화격자 연소율로서는 유동층 단면적 당의 값을 사용하며, 400～600 kg/m^2・h 정도이다.

② 유동화 공기속도는 최저 유동화 속도보다 약간 크게 취하여 공탑 속도로서 0.5～105 m/s 정도이다. 대체로 규사의 진비중을 2.64, 평균입경을 0.8 mm로 하면 최저 유동화 속도는 0.37 m/s 이다.

3) 상(床)연소방식

상(床)연소방식에는 고정상식, 회전로상식, 다단로상식, Rotary Kiln식 등이 있으며, 상연소 방식은 소각로내의 화격자와는 다른 판형태의 상(床)이다. 이러한 소각로 상(床)의 상부에 폐기물을 적재하여 연소시키는 방식으로 주로 화격자에 적재할 수 없는 입자상의 물질이나 슬러지류, 열을 받아 용융되어 착화되는 폐기물에 적용되는 연소방식으로 제 6장의 슬러지 소각편을 참조바라며, 그림 3-18과 그림 3-19는 고정식 소각로와 다단로상식 소각로의 일례이다.

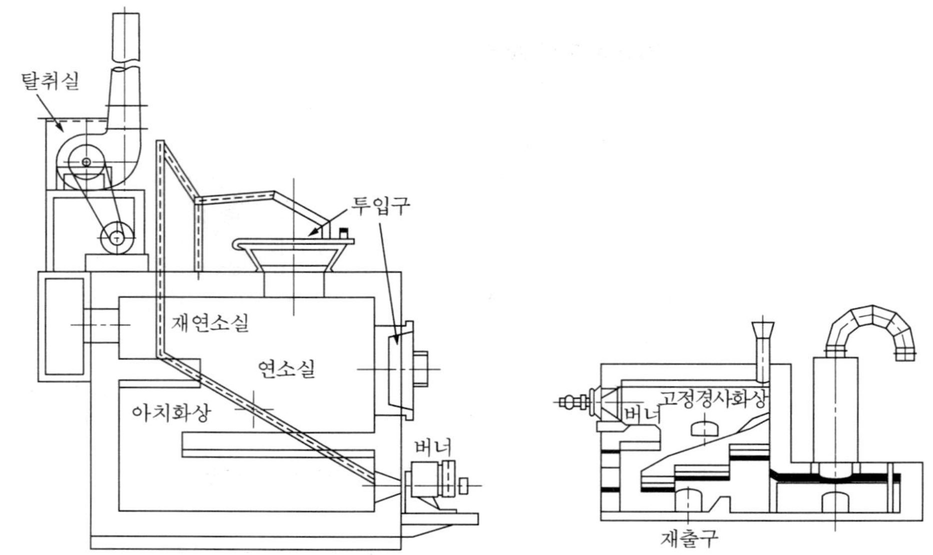

(a) 수평고정상식 소각로 (b) 경사고정상식 소각로

▮ 그림 3-18 고정식 소각로 형태

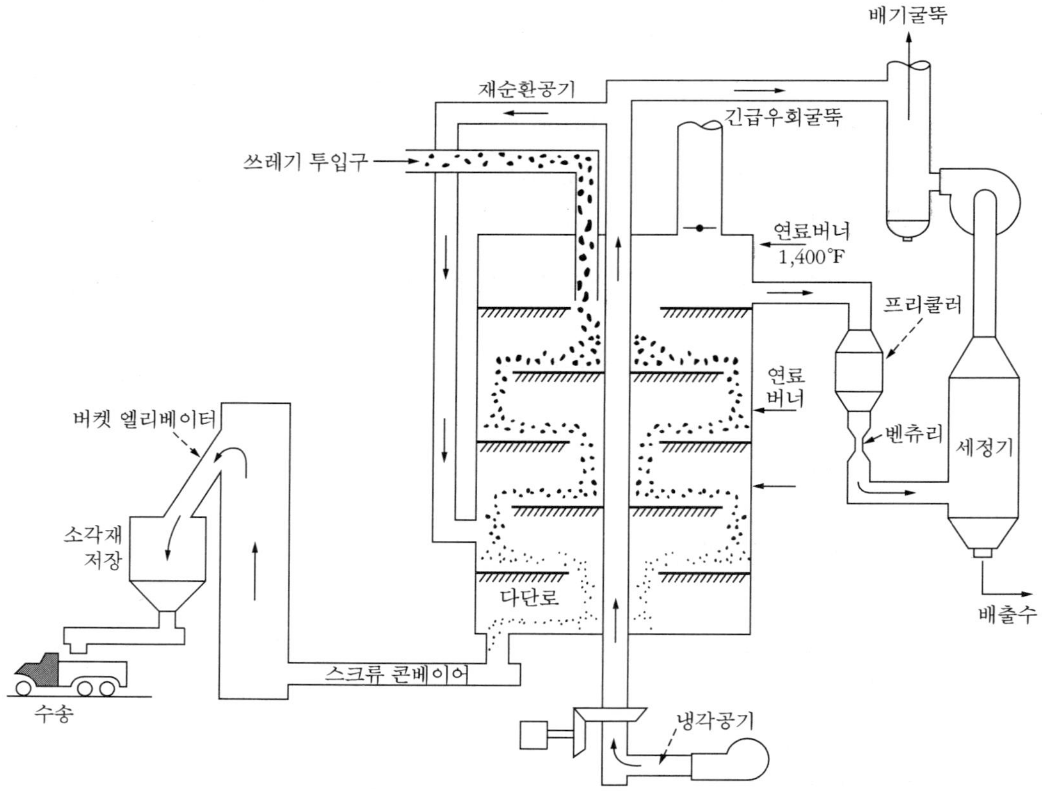

▮ 그림 3-19 다단로상식 소각로 형태

4) Plasma 연소방식

양극과 음극사이에 강한 전압이 걸리면 공기 중의 산소와 질소분자가 이온화되어 양이온은 음극 쪽으로 전자는 양극 쪽으로 이동이 일어나며, 양이온보다 수천 배 가벼운 전자는 다른 전자와 충돌하고 그것을 전리시켜 전압이 증가할수록 새로운 이온과 전자를 증가시키고 남은 이온은 구름 같은 양전기가 형성되어 결국에는 외부로부터 가해진 전압이 낮아짐에 따라 전자사태(avalanche)의 진행이 느슨해지면서 그곳에 streamer라는 가느다란 선모양의 plasma라는 부분이 생긴다.

이러한 원리를 이용하여 양극과 음극 사이의 전류와 가스에 의해 생성된 arc에 의해 gas stream이 이온화되어 다른 전자와 충돌하는 과정에서 발생되는 plasma를 plasma Torch를 이용하여 20,000℃ 이상의 고열을 발생시켜 폐기물처리·처분에 이용되고 있다. 또한 이들 plasma는 양전기 입자와 음전기의 전자가 거의 같은 밀도로 중성을 유지하지만 밀도와 온도에 따라 plasmas상태와 성질이 크게 다르며, 폐기물의 처리에는 plasma의 고온발생현상을 이용하는 것이다.

현재 플라즈마를 이용한 폐기물처리·처분으로의 적용은 플라즈마 발생을 위한 전력의 공급 및 플라즈마 발생장치의 개발 등의 경제적인 이유로 방사성 폐기물 등 유해폐기물처리에 한정되어 이용되고 있으며, 장래 생활폐기물의 처리·처분의 실용성에 대해서도 연구가 진행되고 있으나 아직은 미진한 상태이다. 그림 3-20은 미국 EPA에서 인증된 유해폐기물의 처리에 적용된 플라즈마 소각로의 프로세스이며, 표 3-2는 일반적으로 사용되고 있는 소각방법의 비교표이다.

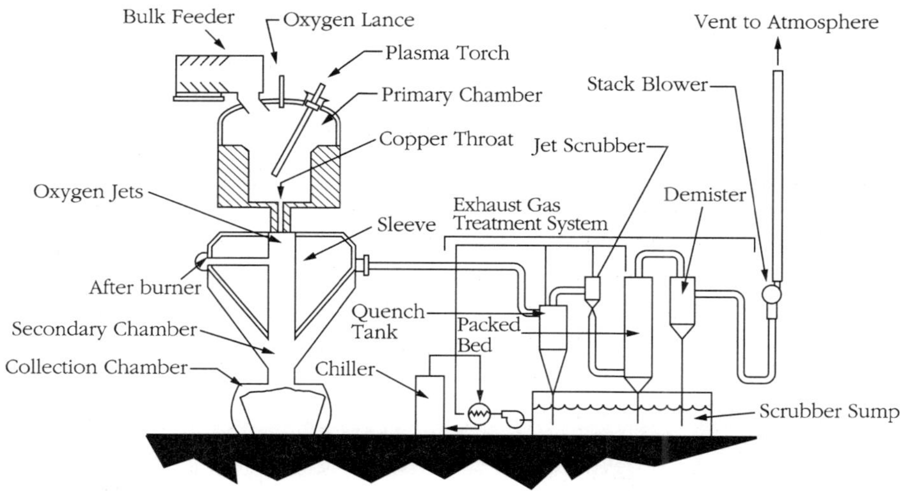

▮ 그림 3-20 플라즈마 소각로 형태

표 3-2 소각방법의 비교

소각방법	소각설비의 원리, 기구	소각방법의 특징		대상폐기물
		장점	단점	
화격자 연소방식	연소물의 하부에 화상(grate)이 있어서 연소용 공기를 화상 아래로부터 흡입하여 폐기물을 소각한다. 화상의 구조, 폐기물의 공급방식에 따라 수평화상식, 고정 stoker방식, 가동 stoker방식, 경사 stoker방식 등이 있다.	• 연속연소, 연속적인소각과 재배출이 가 능 • 경사 stoker방식의 경우 수분이 많은 것이나 발열량이 낮은 것도 어느 정도 소각 가능	• 수분이 많은 것이나 플라스틱과 같이 열에 열화, 용해되는 것은 부적당하다(화상의 눈이 막히든가, 화상의 소실 초래)	• 종이류, 목재류, 섬유류 등
고정상연소 방식	grate형의 화상이 아니고 내화재로 된 화상을 갖는 소각로에서 연소용 공기는 로의 주변으로부터 화상을 향하여 분사되면서 폐기물을 소각시키고 일종의 반사로와 같은 구조를 갖고 있다. 일반적으로 발열량(4,000 kcal/kg 이상)이 많은 것의 소각에 적합	• 플라스틱과 같이 열에 열화, 용해되는 것을 잘 소각시킬 수 있다. • 일반공장에서는 쓰레기와 혼합 소각가능하다.	• 체류시간이 길고 교반력이 약하여 국부가열이발생할염려가 있다. • 연소효율이 나쁘고 잔사의 용량이 많아진다.	• 가연성고형물 전소, 특히 플라스틱의 처리에 유효하다.
Rotary Kiln 방식	원통로의 회전에 의하여 소각물을 교반하면서 연속소각시킨다.	• 수분이 많은 슬러지나 염료슬러지, 점성 있는 슬러지의 소각에 유효(광범위 활용가능) • 구조가 간단하고 취급하기가 용이 • 동력비, 운전비가 적게 소요 • 소각재를 소결시킬 수 있다.	• 설비를 위해 비교적 넓은 space가 필요 • 탈수도가 나쁘면 조립작용으로 입도가 큰 것이 생기며 건조가 불충분하여지기 쉽다. • 2차 연소실을 필요로 한다. • 투자비에 비해 소각능력이 떨어진다.	• 슬러지, 분상 고형물, 고무 점성폐기물에 특히 유효 • 가연성 폐기물 전소
다단로 방식	6～8단으로 되어 있는 종형 원통로 중에 회전축이 있고 이 회전축에 연결된 arm (2～4개의 날개로 됨) 이 각 단에서 회전하면서 오니를 긁으면서 상단으로부터 하단으로 밀어내면서 상단의 2개단은 건조, 3내지 4단에서는 소각, 5내지 6단은 소각재 냉각시키는 역할을 하게 된다.	• 연소가 완만하고 취급하기가 용이 • 동력이 적게 들고 운전비가 싸다. • 분진 발생이 적음	• 로 내가 회전구조로 되어 있기 때문에 열량이 많은 오니의 소각처리에는 부적당하다. • 고열층이 높으므로 가동하는데 상당한시간이 필요하므로 24시간 운전이 필요하다. • 여러 종류의 폐기물을 동시에 소각하기 곤란	• 수분을 많이 함유하고 있고 비교적 세립상의슬러지에 특히 유효

소각방법	소각설비의 원리, 기구	소각방법의 특징		대상폐기물
		장점	단점	
			하다. • 산성가스 발생폐기 물에는 부적당	
유동층연소 방식	다수의 공기분사 nozzle이 있는 화상위에 모래를 넣고 nozzle로부터 고온의 공기를 압송하여 모래를 위로 부상시켜 유동층을 형성하게 한다. 이 유동층 중에 소각물을 공급 순간적으로 건조, 소각시킨다.	• 모래의 열용량이 크므로 유동층로의 가동이 빨리 이루어질 수 있다. • 적은 space로서 많은 용량을 처리할 수가 있다. • 기계적인 고장이 적다. • 열량이 적고 난연성인 액상 오니도 소각이 용이하다. • 소온소각이므로 냄새가 나지 않음. • 로 내 온도분포가 일정하다.	• 모래를 굳히는 물질의 소각에는 주의가 필요하다. • 마모에 강한 재질을 사용하여야 한다. • 고형폐기물의 경우에는 수 mm 정도로 분쇄해서 투입할 필요가 있다.	• 슬러지류, 유성폐기물, 미분등의 고형폐기물
분무연소 방식	액상폐기물을 고온의 로 내로 흡입시켜 자연그대로 또는 조연제를 사용하여 소각시킨다. 분무식으로서 소각물의 물성에 따라 고압 분무방식, rotary 분무방식, 공기분무방식, 증기분무방식 등을 채택 할 수 있다.	• 수분 99%의 유기폐액이나 유동 슬러지도 처리할 수가 있다. • 운송은 전부 펌프나 배관으로 이루어지게 되므로 밀폐구조가 가능하여 냄새나 휘발성 폐기물의 처리에 적합하다. • 가동 이외의 경우 무운전이 가능하다.	• 버너노즐을 통해 액체를 미립화(atomization)하여야 한다. • 고형분의 농도가 높으면 버너가 막히기 쉽다. • 대량 처리가 불가능하다.	• 슬러지류, 활성슬러지 등의 수처리로서 경제성이 맞지 않는 유기성폐수, 일반폐유류

5) 공간(살포)연소

압축공기와 폐액의 2류체 분무에 의해 액직경을 100 μm 이하로 하여 로 내에 분출시키거나 150～300 kg/cm^{3}의 초고압으로 가압분무에 의해 액적경을 1～5 μm로 하여 로 내에 분출시키며 로 내 체류시간은 1초 이내로 한다. 그림 3-21은 폐액의 공간연소방식 소각로의 흐름도이다.

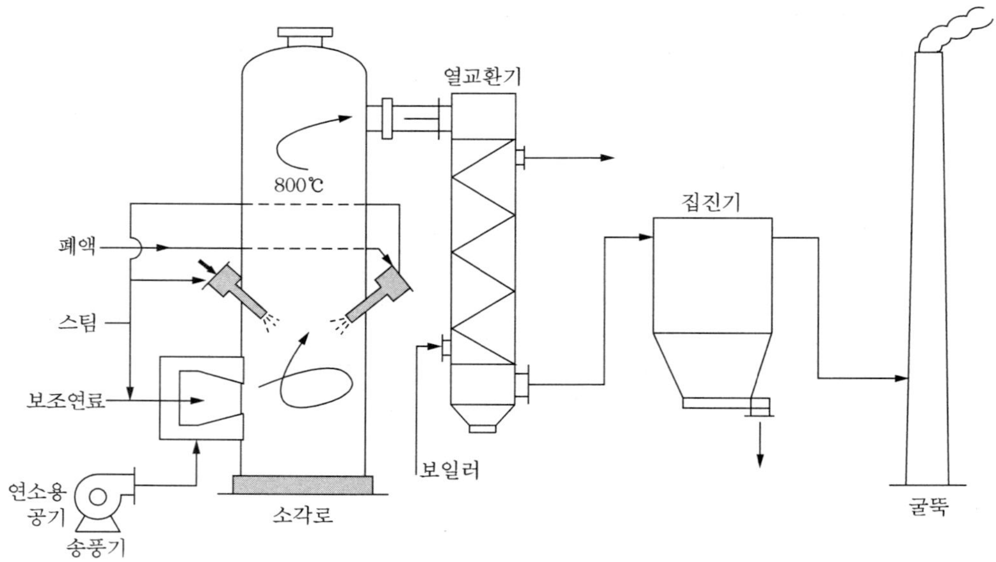

■ 그림 3-21 공간연소방식 소각로 형태

3.4 배기가스 처리

3.4.1 폐가스 냉각 프로세스

앞의 설명과 같이 연소실에서의 연소가스 온도는 750～950℃이므로 이것을 집진 장치의 최적 통과 가스온도(250～300℃ 정도)까지 냉각할 필요가 있다. 폐가스를 냉각하는 방법은

① 폐가스 안으로 직접 물을 분무 증발시켜, 물의 증발잠열(약 600 kcal/kg)로 폐가스를 냉각하는 수분사식 가스 냉각방식

② 폐가스 안에 폐열 보일러를 설치하여, 열을 회수하는 동시에 간접적으로 가스를 냉각하는 폐열 보일러식 가스 냉각 방식

으로 크게 나눈다. 수분사가스 냉각방식은 비교적 소규모이며 여열이용을 하지 않는 경우에 사용되며 발전·난방 등의 여열 이용을 하는 경우나 대규모 시설에서는 폐열 보일러식 가스 냉각 방식을 사용하고 있다. 최근 여열 이용의 규모가 작고, 대형 보일러 취급 자격자의 확보가 곤란한 경우에는 폐열 보일러 방식과 수분사 방식의 병용방식을 채용하는 예도 많아졌다.

3.4.2 폐가스처리 프로세스

쓰레기 소각로 폐가스 안에는 연소에 따라 발생하는 분진, 황산화물 및 염화수소, 질소산화물 등의 유해물질을 포함하고 있다. 따라서 이러한 물질은 대기오염 물질로서 대기환경 보전법에서 규제되는 배출허용기준치 이하로 제거할 필요가 있다.

1) 분진의 제거

쓰레기 소각로 폐가스 중의 분진량 및 성상은 쓰레기의 성상, 소각로의 구조, 폐가스 냉각장치의 구조, 운전 상황 등에 따라 변화하는데 통상 평균 입자 크기가 20～30 μm 정도이며, 10 μm 이상의 분진이 50～80% 정도이다.

집진장치의 종류로는 원심력집진장치(cyclone), 전기집진장치(electrostaticprecipitator, EP, ESP) 여과집진장치(bag house, bag filter), 중력집진장치(gravity settling chamber), 세정집진장치(scrubber)가 있으며, 집진원리에 따라 중력, 관성력, 원심력 집진장치와 같이 입자자체의 운동 특성을 이용하므로 집진율이 낮은 저효율 집진장치와 전기집진장치, 여과집진장치, 세정집진장치와 같이 집진율이 높은 고효율 집진장치로 구분된다.

이러한 집진장치 중에 소각로 주요 사용하는 것은 원심력집진장치와 전기집진장치, 여과집진장치이며, 최적의 집진효율을 유지하기 위해서는 다음과 같은 여러 가지 집진설계 인자들을 고려하여 집진장치를 선정하여야 한다.

- 출가스량와 배기가스의 속도 및 온도
- 자의 성질(입경, 입경분포, 비표면적, 밀도, 비중 등)
- 진농도
- 집 및 부착성
- 기저항 및 폭발성
- 처리가스의 허용압력 손실율
- 진효율, 투자비용, 운전비, 분진의 최종처리 등에 따른 경제성

싸이크론 집진 장치는 그림 3-22와 같은 원통상의 장치에 분진을 함유한 가스를 접선방향으로 또는 상부에서 도입관을 통하여 불어넣어 원통 내부에 회전흐름(와유)을 일으킨다. 입자는 소용돌이에 의한 원심력에 의해 장치벽에 충돌하여 속도를 잃고 벽을 따라 낙하 침강하여 저부에서 배출된다. 가스는 와류로 하부에 도달한 후에는 회전운동을 잃고 상부로 배출이 된다.

싸이크론 집진 장치는 원심력 집진의 한계치인 8～10 μm의 입자까지만 포집된다. 싸이크론의 포집효율은 내통 직경이 작을수록 크기 때문에 그림 3-23(b)와 같이 병렬로 다시 배치하는 멀티크론을 많이 사용한다. 그러나 최근에는 엄격한 배출기준을 만족시키기 위

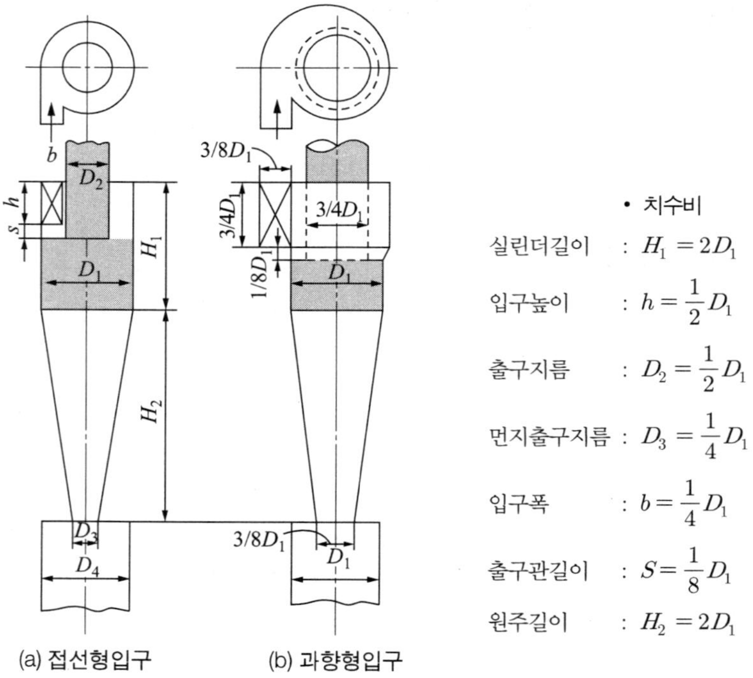

■ 그림 3-22 접선류식 반전형 사이클론의 치수비

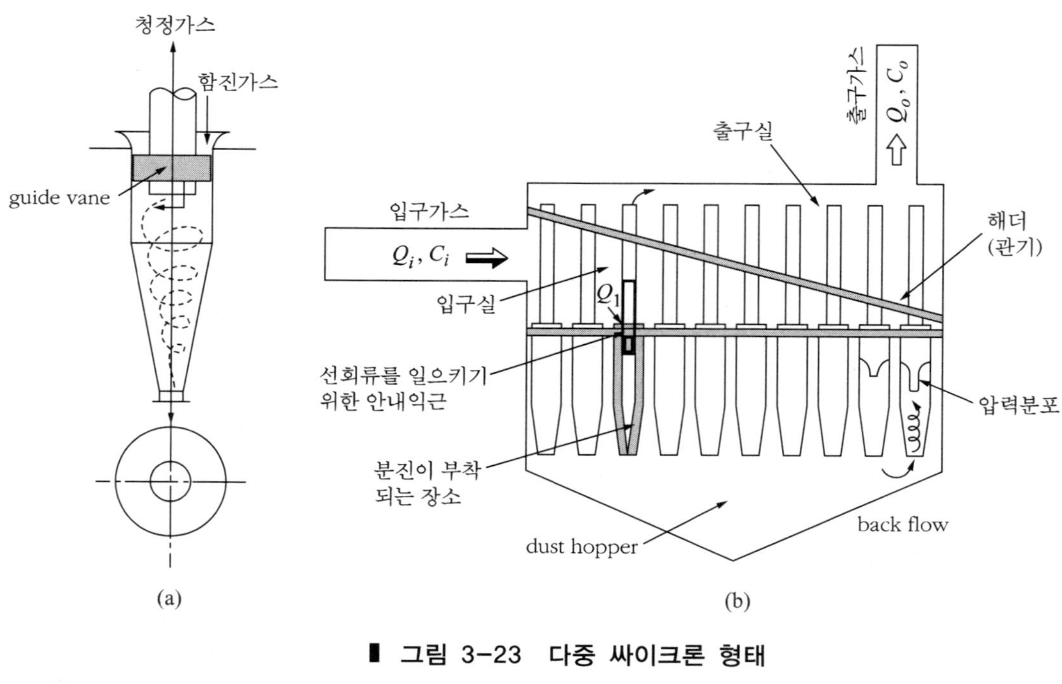

■ 그림 3-23 다중 싸이크론 형태

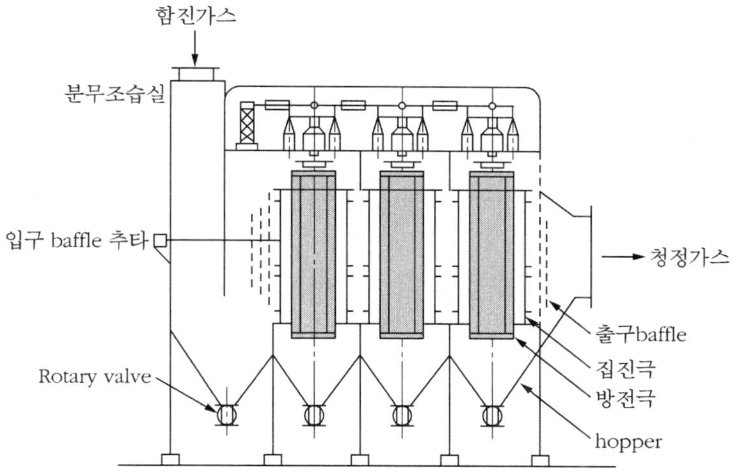

▌그림 3-24 건식 전기집진장치(평판형)

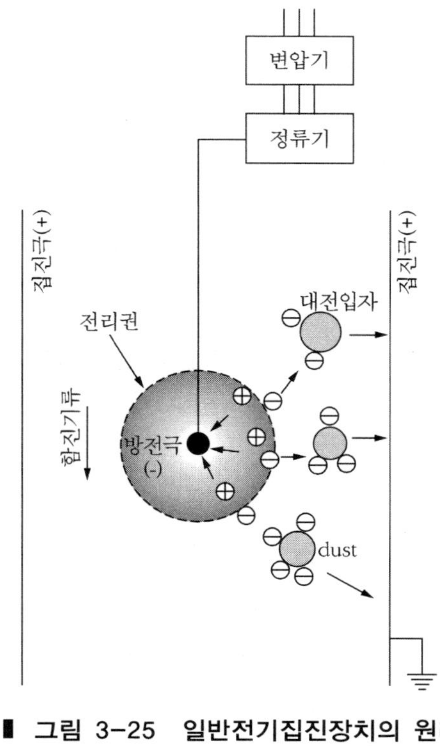

▌그림 3-25 일반전기집진장치의 원리

해, 전기집진 장치를 설치하는 일이 많아졌다.

건식전기집진 장치의 구조는 그림 3-24와 같으며 그 원리를 그림 3-25에 표시하였다. 일반적으로 50,000 V 이상의 직류 고전압 전기를 전극간에 걸어 방전극(−)의 둘레에 코로나 방전을 발생시켜 전극간에 불평등전계를 형성시킨다. 이와 같은 상태가 되면 방전극 둘레의 가스분자가 이온화되어, 양이온은 즉시 방전극으로 중화되며 음이온 및 자유전자는 (+)의 집진극을 향하여 이동하여 이온류를 일으킨다. 이와 같은 상태의 전극간에 분진을 함유한 가스를 통과시키면 이온 및 전자와 분진 입자간의 충돌로 입자는 거의 순간적으로 대전되고, 하전입자는 쿨룽력(정전기력)에 의해 집진극으로 이동하여 하전을 중화시켜 분리포집이 된다. 정전기력에 의한 입자의 분리 이동속도는 그림 3-26과 같이 1 μm 이하의 입자라도 중력집진인 경우보다도 훨씬 크므로 미소입자까지 포집이 가능하다. 전기

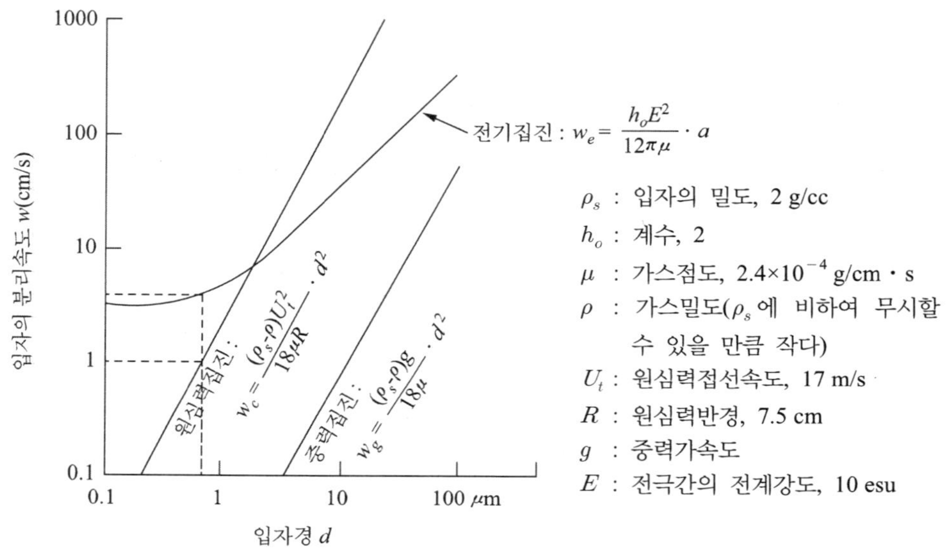

▌ 그림 3-26 중력, 원심력, 전기력에 따른 입자의 분리속도

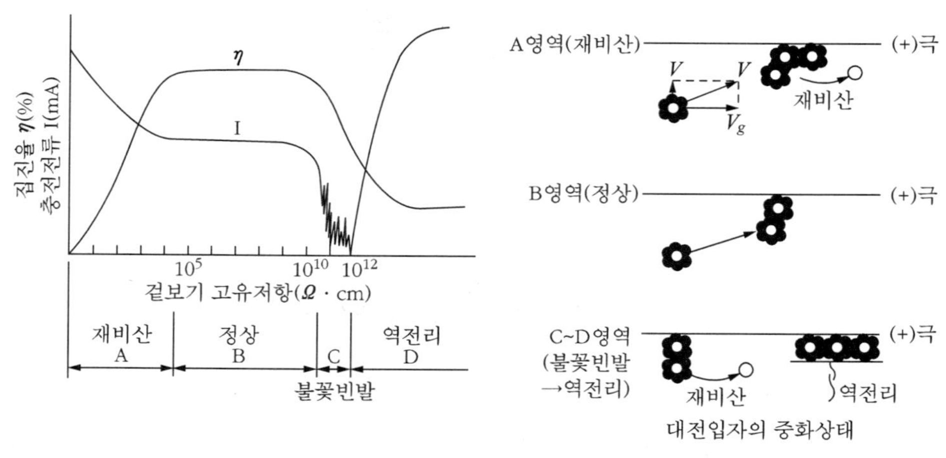

▌ 그림 3-27 분진의 겉보기 고유전기저항과 집진율의 관계

집진 장치의 성능은 정전기력 외에 입자의 전기저항에 의해서도 크게 좌우된다.

그림 3-27에 나타낸 바와 같이 입자의 겉보기 전기저항율이 $10^4\ \Omega \cdot cm$를 넘는 높은 값의 입자는 반대로 집진극에서의 전하의 중화 속도가 늦기 때문에 집진극에 부착 퇴적하여 역전리를 일으켜서 불꽃방전을 발생하여 집진율이 저하된다.

겉보기 전기저항이 $10^4 \sim 5 \times 10^{10}\ \Omega \cdot cm$의 범위에 있는 입자가 가장 집진율이 좋다고 한다.

분자 중에서 검댕과 카본입자는 전기저항이 낮고, 중금속 등은 일반적으로 전기저항이 높다. 입자의 겉보기 전기저항은 가스의 온도와 습도에 따라 변화하여 일반적으로 온도의 경우에는 최대치가 있고 습도의 증가와 함께 감소한다. 소각로의 분진 성상, 입도 분포, 겉보기 저항율의 예를 표 3-3, 표 3-4 및 그림 3-28에 표시하였다.

습식 전기집진장치는 집진원리는 같지만 집진극에 포집된 분진을 세정수로 씻어 흐르게 하는 방식을 취한다. 습식 전기 집진을 겉보기 전기 저항율이 높은 금속 흄과 같은 미립자 또는 전기저항이 낮은 탄소입자의 제거에도 유효하며 집진율이 높고 염화수소가스 등의 유해가스의 흡수도 어느 정도 이루어지므로 최근 일부에서 사용하는 경우도 있다.

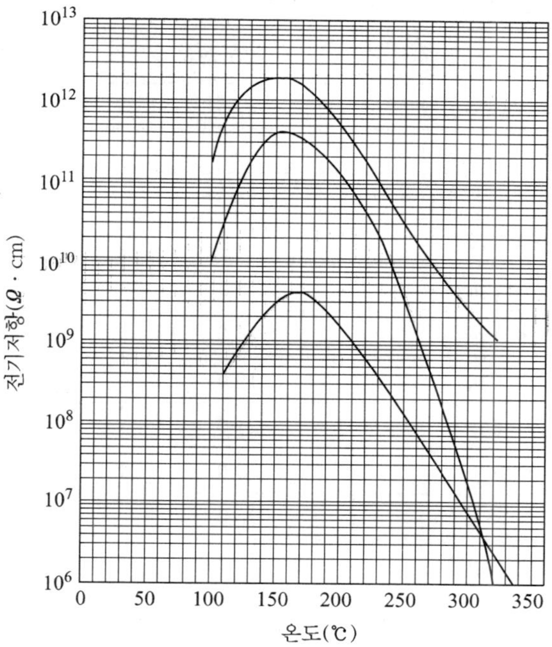

▌그림 3-28 소각로 분진의 전기저항

표 3-3 쓰레기 소각로 출구분진의 성상

구분 \ 로 NO.			1	2	3	4	5
	형식		연소 연소식			회분연소식	
	처리능력		8.00	5.00	2.50	2.50	2.40
분진의 성상	분진량 (g/Nm^3)	입구	1.59～1.66	0.22～0.76	2.03～3.25	(대연도) 0.30～5.71	(대연도) 0.19～1.41
		출구	0.03～0.06	0.12～0.29	0.69～0.88	-	-
	비중량 (kg/m^3)	진비중	-	3.03	2.62	2.62	2.31
		겉보기	-	-	0.42	0.44	0.47
분진의 주성분 (%)	SIO_2		10.38	37.78	34.03	51.46	49.38
	CaO		10.84	15.41	12.71	18.23	13.29
	Al_2O_3		5.46	13.32	15.71	9.49	10.43
	Fe_2O_3		1.84	6.15	7.85	5.09	4.63
	SO_3		19.87	7.23	4.18	3.54	0.55
	Cl		-	-	-	3.46	1.58

표 3-4 로 출구 분진의 입도분포

물리적 성질 \ 설치 예	1 (250 t/일)	2 (250 t/일)	3 (250 t/일)
비중(g/cc)	2.65	2.70	3.77
bulk밀도(kg/m^3)	-	495	150
강열감량, 750℃(%)	18.5	8.15	30.4
입경분포(wt%)			
$< 2\mu$	13.5	14.6	23.5
$< 4\mu$	16.0	19.2	30.0
$< 6\mu$	19.0	22.3	33.7
$< 8\mu$	21.0	24.8	36.3
$< 10\mu$	23.0	26.8	38.1
$< 15\mu$	25.0	31.1	41.1
$< 20\mu$	27.0	34.6	45.0
$< 30\mu$	30.0	40.4	50.0

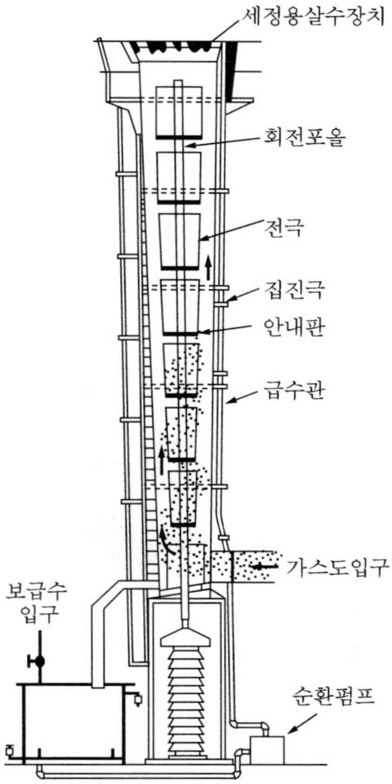

▮ 그림 3-29 원통형 습식 전기집진장치

그림 3-29는 굴뚝을 겸한 원통상의 습식 전기집진장치이며 자기체의 절연체에 설치된 포울은 많은 침상방전자를 가진 특수 형상의 전극을 갖추고 조용히 회전한다. 방전극은 150 kV의 높은 음전위이며 코로나 방전을 하고 있으므로 분진입자는 쿨롬(coulomb)에 의해 벽면을 흐르는 물에 포집된다. 물은 침전조에서 중화되어 입자를 침전분리시킨 후, 탑정부로 재순환된다. 부식 대책 및 폐수 대책에 대하여 충분한 관리가 필요하며 간편한 소각로용 집진 장치로서 주목되고 있다.

여과집진장치는 함진배기가스를 여과재에 통과시켜 분진입자를 관성충돌(inertial im-paction), 중력(gravity), 확산(diffusion), 직접차단(direct interception), 정전기적인 인력(coulomb's force) 등에 의해 분리하여 포집하는 장치이다.

여과집진장치의 주요 구성장치는 여과재(filer media), 지지대(filter support), 백하우스(bag house), 분진퇴적함(collection hopper) 및 로타리밸브, 스크류컨베이어, 플랩밸브(flap valve), 압축공기식 등의 분진배출장치(discharge device)와 여과포 고정장치, 송풍기(blower)로 구성되어 있으며, 그림 3-30은 여과집진장치의 구성장치이다.

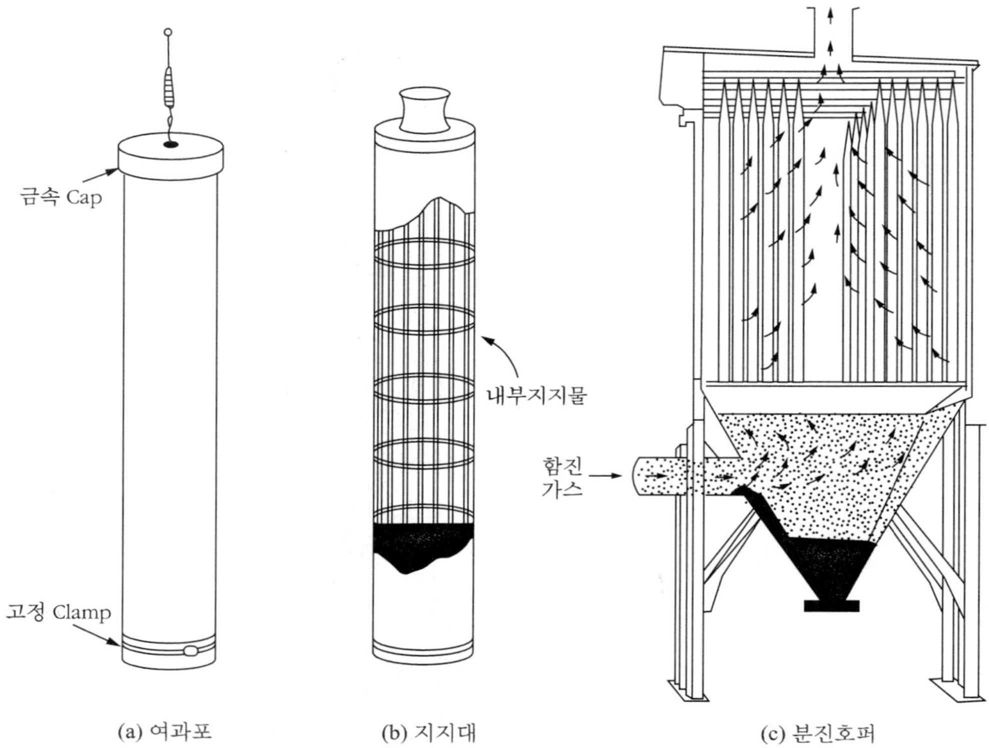

▮ 그림 3-30 여과집진장치의 구성장치

2) 유해가스 처리

대기오염 물질로서 규제의 대상이 되는 배기가스안의 유해물질들은 염화수소, 황산화물 및 질소산화물이다. 이 가운데 가스 세정 처리에 의해 제거되는 것에는 염화수소와 황산화물이며 질소산화물 대책은 별개로 고려할 필요가 있다.

(1) HCl제거

쓰레기 소각 폐가스 중의 염화수소는 주로 쓰레기 내의 염화물, 특히 염화비닐의 분해 연소에 의해 발생한다. 배출 농도는 쓰레기의 성분, 로 형식 및 운전조건에 따라 크게 변동하는데 평균적으로 200~800 ppm의 범위에 있다.

일본에서 1978년 6월에 시행한 「폐기물 소각로에서 배출되는 배출물의 규제기준」에서 배가스량 4,000 Nm^3/h 이상의 로에 대하여 700 mg/Nm^3 (430 ppm)로 설정된 이 기준은 목표환경농도를 일본 산업 위생학회의 「허용농도에 관한 위원회 보고」에 표시한 노동환경농도(상한선 5 ppm)를 참고로 하여 0.02 ppm으로 하고 통상적인 배출구를 가진 시설에서의 염화수소의 최대 착지농도가 확산조건이 나쁜 경우라도 이 값을 만족하도록 설정된 것이다. 우리나라의 경우는 1991년 2월에 강화된 "대기환경보전법" 시행령에 따라서 배출시설(소각시설 또는 소각보일러)에서 염화수소의 배출허용기준이 100 ppm이던 것이 1994년 12월까지는 80 ppm 이하, 1998년 12월까지는 60 ppm 이하 그리고 1999년 1월 1일 이후에는 50 ppm (표준산소농도 12%) 이하가 되도록 규제하였다. 배가스 중 염화수소의 농도에 대하여 보면 예로, 염화비닐 중의 가소제, 안정제의 함유량을 30%로 하고 염화비닐 속의 Cl이 전부 HCl이 된다고 가정하여 쓰레기 속의 염화비닐 비율 X_{pcc}와 배가스 속의 HCl 농도(ppm)를 이론적으로 계산한 것이 그림 3-31이다.

이 계산치는 실제의 값보다도 약간 낮으나 대략 짐작하는 데에는 도움이 될 것이다. 이 그림에서 보면 쓰레기 내의 염화비닐 비율이 1.5% 이하 정도이면 폐가스 세정 장치는 필요치 않게 된다. 염화비닐의 비율이 이 값 이상이 되면 배기가스 세정이 필요하며 수분사 냉각식의 소각로에서는 분무수에 HCl의 일부가 흡수되어 규제기준은 충분히 달성될 것이다. 그러나 최근에는 규제 기준치의 설정여하에 관계없이 주택가 근처에 설치하는 소각로에서는 HCl 농도를 25~50 ppm까지 제거하기 위해 배기가스의 알칼리세정 장치를 설치하는 경우도 많아지고 있다.

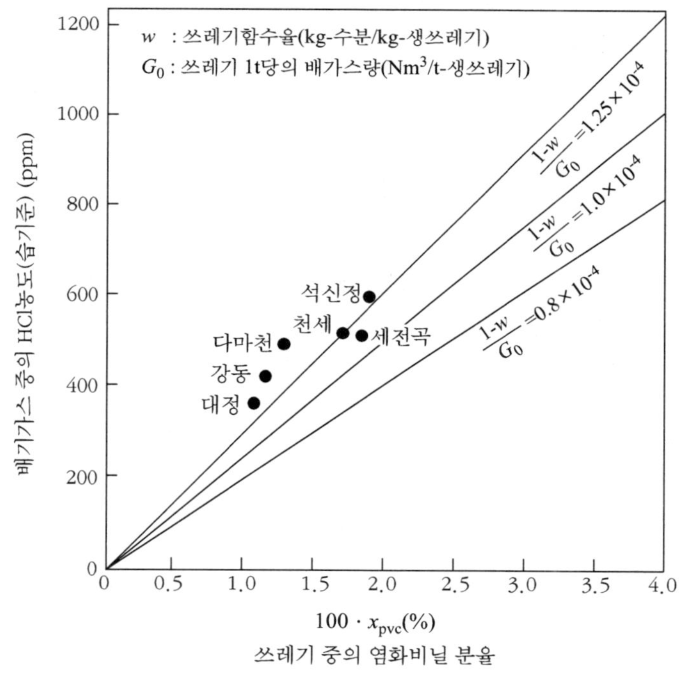

■ 그림 3-31 쓰레기 중의 염화비닐 분율과 배가스 중의 HCl 농도와의 관계

① 완전 습식 세정 프로세스

가성소오다(NaOH) 용액 등의 알칼리 용액을 사용하여 적정한 배가스온도 조건으로 세정하여 HCl을 가능한 한 제거하는 방식이며, 통상 전기집진기에서의 배기가스(250～350℃)를 70℃ 정도까지 수분무에 의해 온도를 저하시켜 NaOH 용액으로 HCl을 제거하고 HCl이나 SO_x를 흡수한 세연폐수는 배기가스 중의 dust를 포집하며, 중금속의 일부도 포집하므로 중급속의 제거를 충분히 고려하는 동시에 방류를 하수도가 아니고 직접 하천에 흐르게 하는 경우는 염류의 처리를 고려할 필요가 있다. 알칼리 세정장치로는 그림 3-32와 같은 단(tray), 그림 3-33과 같은 분무식(spray) 등을 사용하고 있다.

$$\begin{aligned} HCl + NaOH &= NaCl + H_2O \\ SO_2 + 2NaOH &= Na_2SO_3 + H_2O \end{aligned} \tag{3.2}$$

세연폐수는 보통 중금속류를 포함하고 있으므로 페라이트(ferrite)법 또는 응집침전 + 킬레이트 수직에 의한 처리를 하게 된다.

페라이트법은 세연폐수에 적량의 황산 제1철($FeSO_4$)과 가성소오다(NaOH)를 첨가하면 수용액 중의 철이온(Fe^{2+})과 다른 금속이온이 반응하여 청록생의 혼합수산화물이 된다.

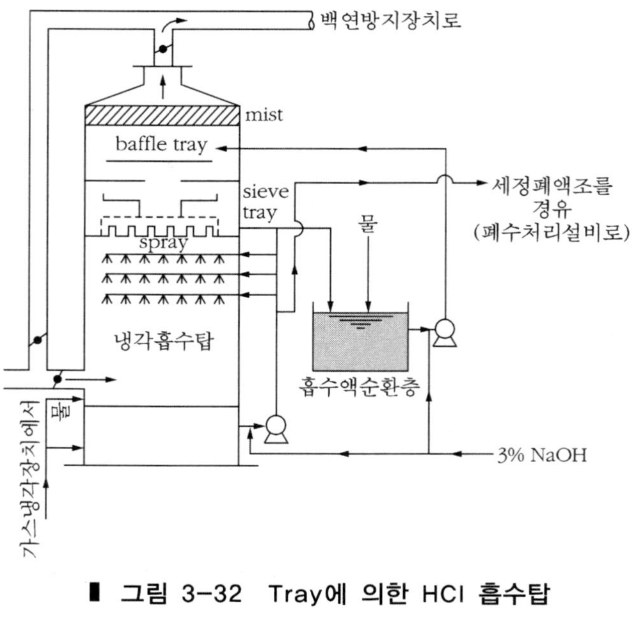

▮ 그림 3-32 Tray에 의한 HCl 흡수탑

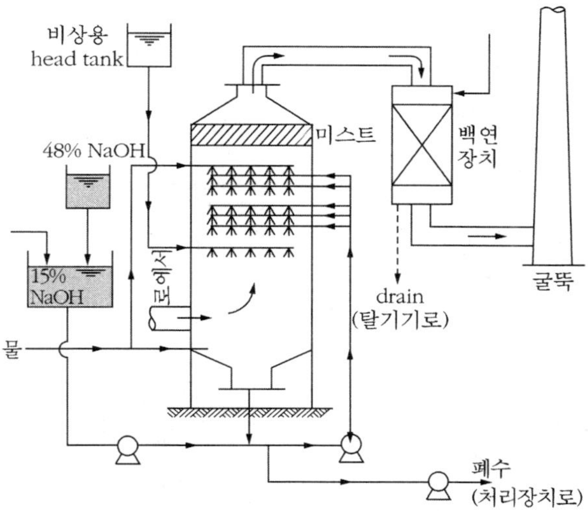

▮ 그림 3-33 Spray탑에 의한 HCl 제거설비

$$nM^{2+} + Fe^{2+}_{3-n} + 6(OH)^{-} \rightarrow M_nFe_{3-n}(OH)_6 \tag{3.3}$$

이것에 액온을 70～80℃ 정도로 유지하면서 공기를 주입하면 수산화물이 산화되어 최종적으로 수용액 중의 중금속을 둘러싼 흑색의 페라이트가 되어 침전하므로 프로세스이다.

$$M_nFe_{3-n}(OH)_6 + (O_2) \rightarrow M_nFe_{3-n}O_4 + 4H_2O \tag{3.4}$$

침전 슬러지는 안정하고 중금속을 용출하지 않으므로 최근 사용되는 예가 많아졌다. 최근에는 EP 중의 중금속 처리도 문제가 되어 그림 3-34와 같이 EP 중의 중금속도 황산으로 추출하여 세연폐수와 함께 페라이트 처리를 하는 프로세스가 개발되어 있다. 응집침전과 킬레이트 수지를 조합한 세연폐수처리 프로세스의 일반적인 공정도를 그림 3-35에 도시하였으며, 가성소오다, 황화소오다를 주입하여 폐액중의 중금속률 수산화물 또는 유화물로서 침전 제거한 후, 잔류하고 있는 미량의 중금속 이온을 일반 킬레이트수지와 수은 킬레이트수지로 제거하는 방식이다. 일본은 파일롯 플랜트 실험의 결과에 의해 그림 3-36과 같은 습식가스 처리의 기본 프로세스의 공정도를 제안하고 있다.

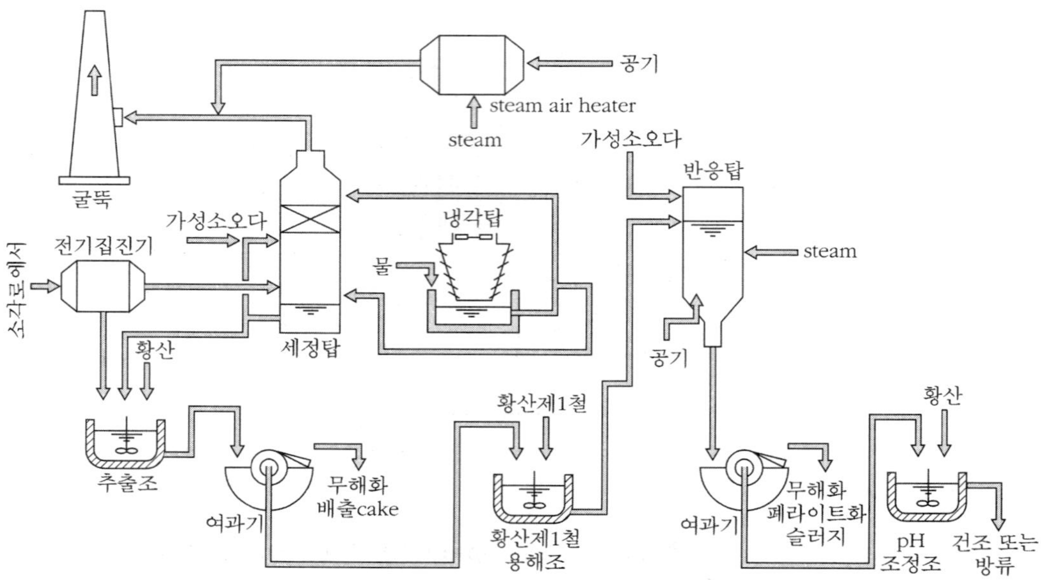

■ 그림 3-34 습식가스처리와 EP재의 종합처리 프로세스

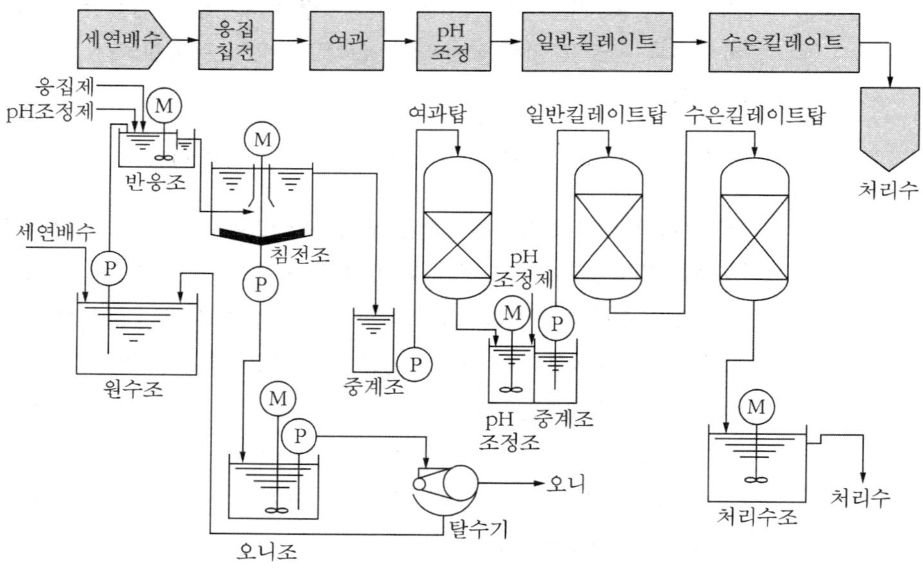

■ 그림 3-35 세연배수처리 흐름도

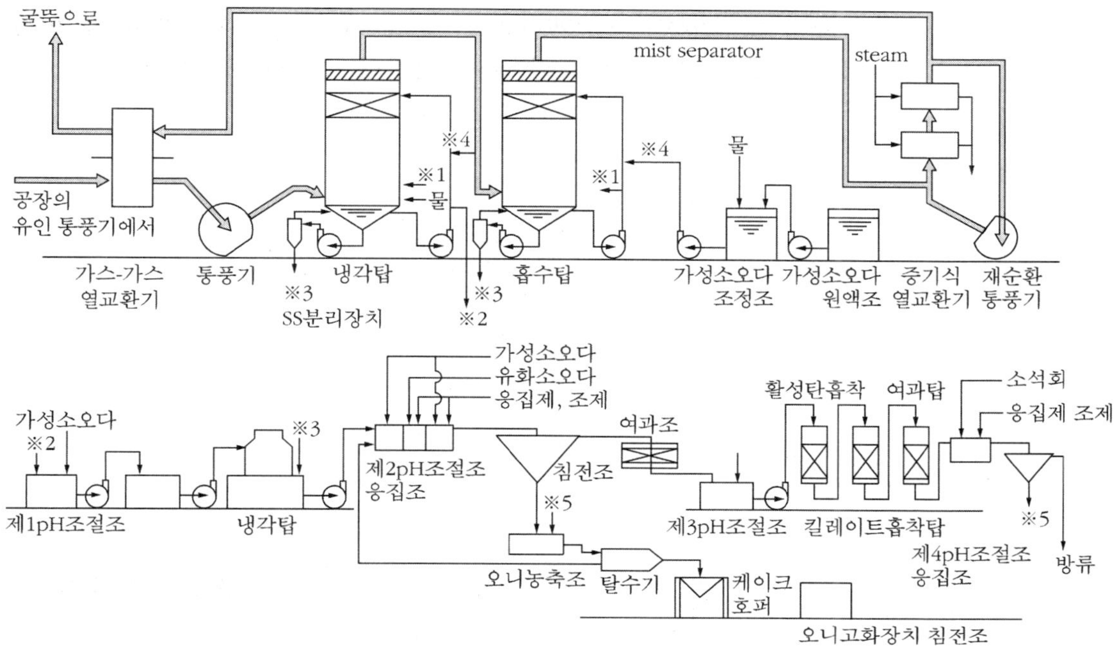

▮ 그림 3-36 습식가스 처리의 기본 프로세스

② 반습식 처리 프로세스

염화물을 알칼리액과 반응시켜 고형상으로 포집하여 HCl을 제거하는 것이다. 일반적으로 폐수 처리설비는 필요하지 않으나 고형화된 것의 포집설비가 필요하다. 또 포집된 고형체를 최종 처분하는데 있어서 안전하게 할 필요가 있다. 이 방식의 경우에는 고형물이면 포집단계에서 포집 설비가 막힘이나 이상부착 등의 이상이 나타나 분진규제치에도 문제를 미치게 된다. 이것들을 충분히 주의하여 계획을 세우지 않으면 안 되며 다음에 실증 실험을 거친 두 가지 방식을 소개한다.

㉠ 알칼리액 분사 증발방식

본 방식은 그림 3-37과 같은 배가스 온도를 450～500℃ 정도로 냉각하고, 반응탑으로 송입된 배가스는 반응탑상부에 설치한 노즐에서 분사된 알칼리액과 반응탑내를 병행으로 흐르면서 기액접촉에 의해 반응을 하며, 건조된 고체형이 되어 포집장치에서 제거되는 프로세스이다.

예를 들어, 소각로 출구의 배가스가 40,000 Nm^3/h (wet)로 배가스 중의 HCl농도 800 ppm를 430 ppm까지 제거한다고 하면 반응탑은 대략 지름 4.8 m, 길이 26 m 정도의 크기가 된다. 이 경우 탑 내 가스 유량은 2,500 $Nm^3/m^2 \cdot h$이며 알칼리액의 분사량은 0.075～0.1 L/Nm^3가스가 된다. 또 반응탑 내의 열부가 및 HCl

제거량은 각각 6,000 ~ 10,000 kcal/m^3 · h 및 30 ~ 70 g/m^3 · h 정도이며 참고로 알칼리액 분사량과 HCl의 제거효율관계를 그림 3-38에 표시하였다.

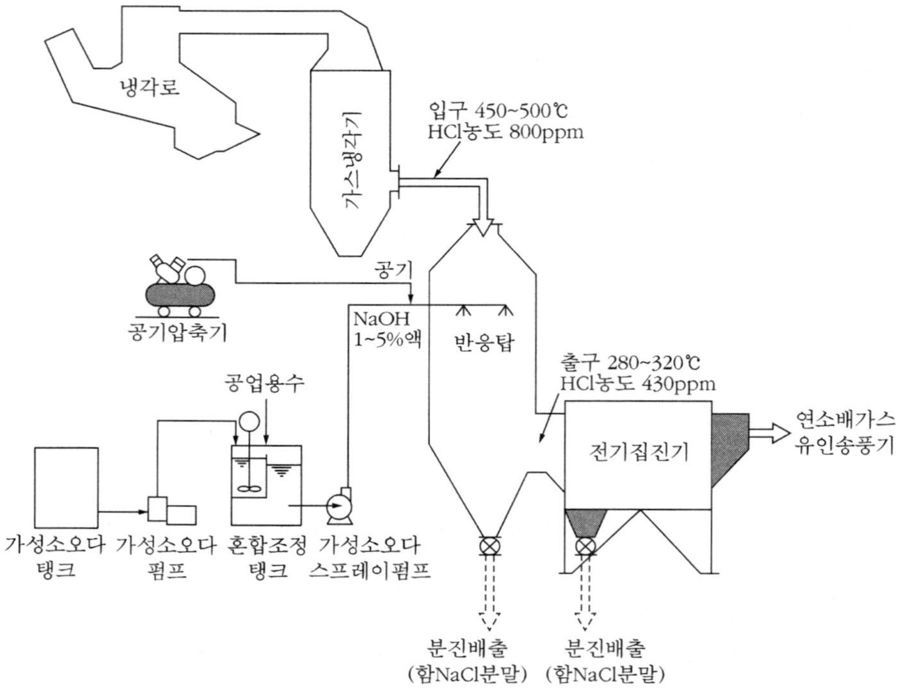

▌ 그림 3-37 알칼리액 분무증발방식 흐름도

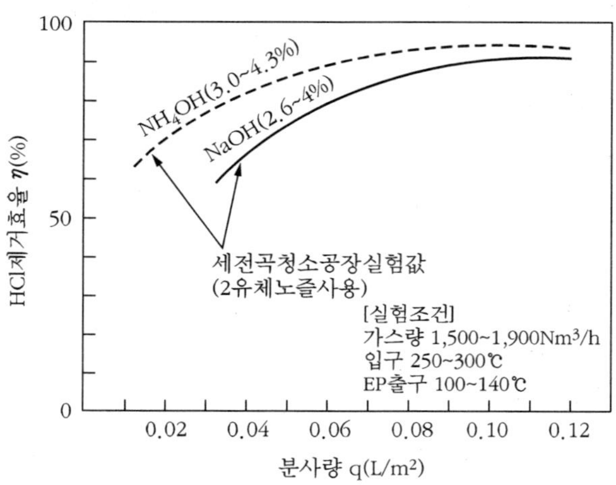

▌ 그림 3-38 알칼리수용액 분사량과 HCl의 제거효율

㉡ 이동층 방식

본 방식은 그림 3-39와 같은 배가스 온도를 230～320℃ 정도로 냉각한 후 HCl 흡수장치의 아래쪽으로 배가스가 송입된다. 흡수 장치는 Φ20 mm 정도의 구체가 무수하게 충전되어 있어서 장치의 중앙에 설치한 스크류 컨베이어에 의해 천처히 구체가 아래에서 위로 운반되어 알칼리액에 적시면서 위에서 아래로 연속적으로 이동한다. 이 사이에 구체표면에 부착한 알칼리액과 배가스 중의 HCl이 접촉 반응하여 HCl을 흡수한다. 물은 분말이 되어 하부로 떨어진다. 생성분말은 2차 회로에 설치된 포집장치에 의해 포집되는데, 흡수장치에서 비산하는 생성분말이 많아 비산 생성분말을 제거하기 위해 분진제거 장치의 용량을 크게 할 필요가 있다. 흡수 효율은 장치출구 온도, 알칼리 공급량, 처리 가스량에 관계하며 그 경향을 그림 3-40에 나타내었다.

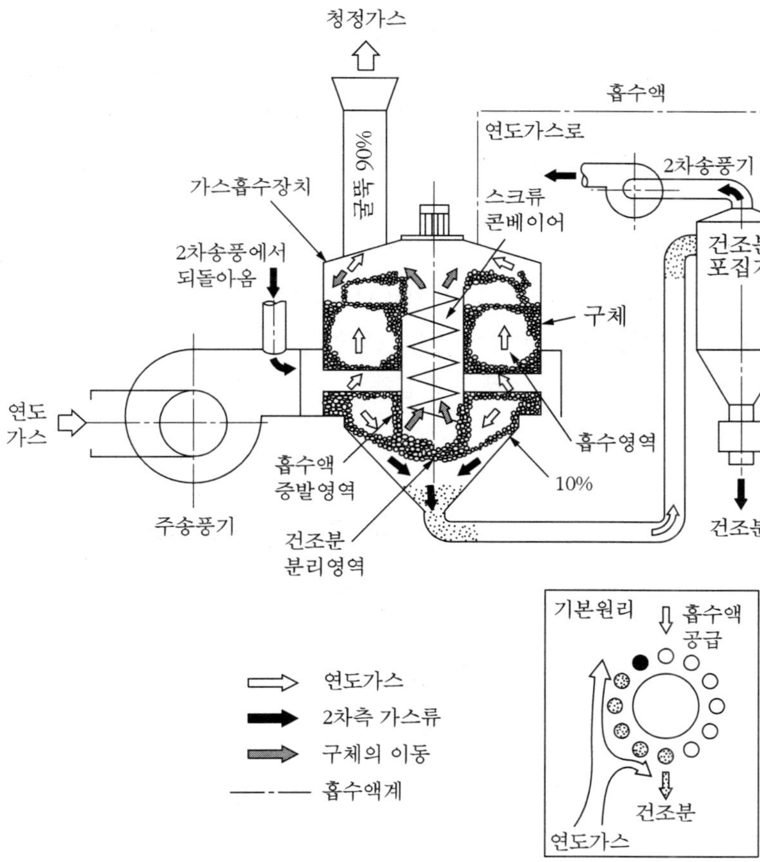

■ 그림 3-39 이동층 증발장치

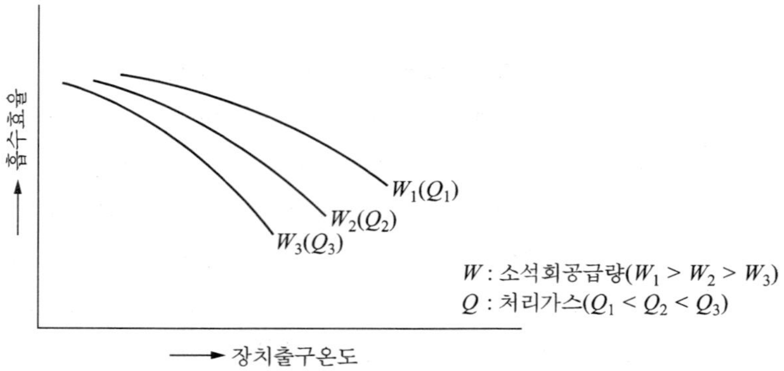

그림 3-40 가스흡수효율경향곡선

③ 건식처리 프로세스

전건식 방식은 알칼리분말을 배가스 중의 HCl과 반응시켜 염화물을 고형상으로 포집하여 HCl을 제거하는 것으로 알칼리 분말을 연소실의 고온부에 분사하는 것과 배가스 연도의 저온부에 분사하는 것이다. 일반적으로 폐수처리 설비는 불필요하지만 반응 후의 고형물을 포집하기 위해 분진제거 설비의 용량을 고려할 필요가 있으며 또 포집한 염화 고형물을 최종처분하는 경우에는 처분지의 조건에 따라 안전한 조치를 해야 한다.

건식방식은 습식 방식과 비교하면 일반적으로 제거 효율이 낮아 탄산칼슘($CaCO_3$), 소석회[$Ca(OH)_2$], 탄산소오다(Na_2CO_3) 등을 화격자 연소식 소각로의 연소실에 분사한 시험에서는 30～40%의 제거율을 얻었다고 한다. 그러나 반응 시간을 길게 하거나 반응 효과가 좋은 약품을 혼입하는 등의 대책을 활용할 수 있는 경우에는 제거율

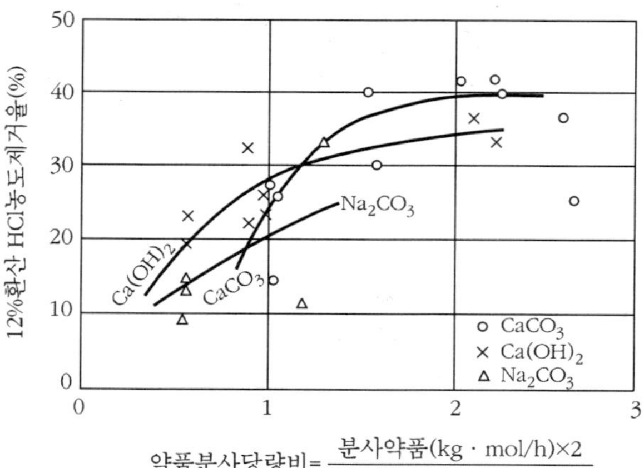

$$약품분사당량비 = \frac{분사약품(kg \cdot mol/h) \times 2}{공시험HCl(kg \cdot mol/h)}$$

그림 3-41 약품분사 당량비와 제거율

표 3-5 약품의 종류에 따른 추정비교

<table>
<tr><th colspan="2"></th><th>$CaCO_3$</th><th>$Ca(OH)_2$</th><th>Na_2CO_3</th><th>NaOH</th></tr>
<tr><td rowspan="6">작업성
및
설비</td><td>부피비중</td><td>0.9</td><td>0.5</td><td>0.5</td><td>(48% 1.5)</td></tr>
<tr><td>입경</td><td>소</td><td>중</td><td>대</td><td>-</td></tr>
<tr><td>분진의 발생</td><td>약 Ⓑ</td><td>강 Ⓒ</td><td>중 Ⓒ</td><td>- Ⓐ</td></tr>
<tr><td>흡습성</td><td>없음 Ⓐ</td><td>있음 Ⓒ</td><td>있음 Ⓒ</td><td>- Ⓐ</td></tr>
<tr><td>인체에 대한 유해도</td><td>소 Ⓐ</td><td>중 Ⓑ</td><td>중 Ⓑ</td><td>매우 크다 Ⓒ</td></tr>
<tr><td>저장공간</td><td>소 Ⓐ</td><td>중 Ⓑ</td><td>대 Ⓒ</td><td>소 Ⓐ</td></tr>
<tr><td rowspan="4">르
본체에
대한
영향</td><td rowspan="2">전기 집진기</td><td>Ⓑ</td><td>Ⓑ</td><td>Ⓐ</td><td>Ⓐ</td></tr>
<tr><td colspan="3">(생성한 $CaCl_2$가 흡습성이기 때문에 운전 정지 중에 EP 재가 고화할 우려가 있다)</td><td>NaOH의 흡습성의 가능성 있음</td></tr>
<tr><td>로벽에 오수 스케일 가능성</td><td>중 Ⓐ</td><td>대 Ⓒ</td><td>중 Ⓑ</td><td>중 Ⓑ</td></tr>
<tr><td>로벽연와, 보일러관 손상의 가능성</td><td>소 Ⓐ</td><td>소 Ⓐ</td><td>대 Ⓒ</td><td>대 Ⓑ</td></tr>
<tr><td colspan="2">건설비</td><td>대 Ⓑ</td><td>대 Ⓑ</td><td>대 Ⓑ</td><td>다소 작다 Ⓐ</td></tr>
</table>

주) Ⓐ → Ⓑ → Ⓒ의 순으로 우→열을 나타낸다.

의 증대도 가능하다고 한다. 그림 3-41은 각 분말을 분사한 경우의 분사량과 HCl 제거율을 나타낸 것이다. 유동상식 소각로에서의 실험에서는 HCl 발생량에 대하여 4～5배의 $CaCO_3$을 2차 공기와 함께 로 내로 분사한 경우 HCl 농도가 300～500 ppm이던 것이 80 ppm 정도로 감소되었다고 한다. 이상과 같이 비교적 HCl 농도가 낮은 배가스의 수관군에 dust에 의한 폐쇄가 일어날 경우도 있으므로 주의할 필요가 있다. 표 3-5에 각 약품에 대한 검토의 일예를 나타내었다. 보일러 수관군에서의 dust에 의한 폐쇄 등을 배려할 수 있는 방법으로서 보일러 출구의 저온연도부에 알칼리 분말을 분사하여 충분한 반응 시간을 취하면 50% 정도의 제거율을 얻을 수도 있다.

(2) NO_x 제어

일본의 경우 도시 쓰레기 소각로에서 NO_x의 배출규제 기준은 HCl의 규제기준의 설정과 같은 시기에, 배가스량 40,000 Nm^3/h 이상의 로에 대하여 250 ppm (O_2 12% 환산치)로 정하였으며, 우리나라의 경우는 1998년 2월에 강화된 대기환경보전법 시행규칙에 따라서 고체연료 사용시설에서는 350 ppm (표준산소농도 6%) 이하, 그리고 기타 배출시설에 대해서는 200 ppm 이하로 하였다. 소각로 배가스 중의 NO_x는 로형식, 연소조건에 따라 HCl

이상으로 변동이 심하지만 보통 150~250 ppm 정도이므로 위 규제치에 대해서도 NO_x 제거장치를 설치할 필요는 없다. 그러나 최근 지방자치단체에 따라 지역 주민의 요구에 의해 NO_x를 100~150 ppm으로 감소시킬 것을 요구하는 경우도 있다. NO_x를 연소제어에 의해 100 ppm 이하로 제어하기 위해 환원 2단연소법이라는 방법이 제안되어 실플랜트를 사용하여 이것을 실증하였다. 제6장 「슬러지처리」에서도 설명하겠지만 기본 원리는 다음과 같다.

일반적으로 연료의 연소에 의해 생기는 NO_x는 고온 연소 조건에서 공기 중의 질소 산화(1,200℃ 이상) 로 생성이 되는 thermal NO_x와 연료 속의 질소분에 기인하는 fuel NO_x로 나눈다. 이 중 thermal NO_x 생성에 관한 연구는 상세히 되어 있어 연소조건이 판명되면 생성 NO_x량을 어느 정도 확실하게 예측할 수가 있다. 쓰레기나 슬러지의 소각과 같이 연소온도가 비교적 낮은 경우에는 thermal NO_x의 생성은 적고, fuel NO_x가 주가 된다.

쓰레기 중의 질소분은 약 0.5~1%이며 유기성 질소에서 NO_x가 발생되는 반응 구조는 충분히 밝혀져 있지 않으나 지금까지의 연구를 종합하면

① 쓰레기나 슬러지를 저산소 상태에서 가열하면 일반적으로 약 300℃ 정도에서 열분해를 시작하여 처음에 암모니아가 발생한다. 그리고 450℃ 근방에서는 암모니아의 발생과 함께 시안(HCN)의 발생이 시작되고 500℃ 이상에서는 탄화수소, CO, CO_2 등의 가연성가스가 생긴다.

② 암모니아는 공기비가 낮은 상태에서 열분해하면 안정된 질소분자가 되고, 이것이질소산화물이 되는 데에는 thermal NO_x 생성반응에 따르게 된다. 따라서 고온이 되지 않는 한 질소산화물의 생성을 억제할 수가 없다.

③ 암모니아 농도를 잘 제어하면 이미 생성된 질소산화물과 반응시킴으로써 이것을 안정한질소분자로 바꿀 수 있다.

따라서 폐기물 내의 질소분은 열분해에 의해 암모니아 등을 생성하는 것과 함께 고려하면 fuel NO_x억제가 가능하다.

소각로 내에서는 쓰레기의 건조, 유기물의 증발과 열분해, 불꽃연소, 목탄(char)연소의 련의 과정이 동시에 나란히 일어나고 있다. 연소온도의 하한을 배가스 중에 악취 물질을 남기지 않는 온도로, 상한은 재가 녹지 않는 온도로 제어하면 대략 700~1000℃의 조건이 된다.

통상의 소각에 대한 개념은 위에서 설명한 온도조건을 유지하면서 조금이라도 빨리 연소를 완결시키는 일이다. 즉, 유기물이 증발 또는 열분해되어 생성하는 가스를 즉시 연소시키는 노력을 해 왔다. 여기에 질소산화물의 억제를 목적으로 하는 연소방법(환원 2단 연소법이라 한다)을 도입하면 연소 단계는 다음과 같이 구분할 수 있다.

① 소각로로 투입 직후의 쓰레기에 대해서는 공기의 공급을 억제하여 부분 연소 분해를 함으로써 환원상태를 조성하여 가연성 가스 및 암모니아나 유기질소 라디칼을 생성시킨다.
② 열분해되지 않은 쓰레기 및 생성목탄에 대하여 충분한 공기를 공급하여 연소를 완결시킨다. 이 단계는 통상의 연소와 동일하므로 연소가스 속에 주로 Fuel NO_x로 분류하는 질소 산화물이 존재한다.
③ 앞 과정에서 발생하는 가스를 혼합하여 적당한 체류시간을 갖게 한다. 이 사이에 존재하는 질소 산화물은 암모니아 등과 반응하여 안정된 질소 분자로 환원되고 또 열분해 가스의 일부는 연소 가스 속에 있는 잉여의 산소에 의해 천천히 연소되는데 기상반응 때문에 국부적인 고온이 발생하기 어려워 thermal NO_x의 생성의 원인이 되지는 않는다.
④ 이 혼합 가스에 2차 공기를 투입하여 연소를 완결시킨다.

이상 환원 2단 연소법의 개념과 쓰레기 소각로에 대한 적용에 대하여 설명을 하였는데 현실적으로는 소각로의 구조에 대하여 다음과 같은 조건이 요구된다.

① 쓰레기가 흐르는 방향에 따라 화로로 보내는 공기 공급량의 조절을 상세하게 정할 것
② 로 내에서의 쓰레기층의 두께와 체류시간의 조절이 상세하게 정해질 것

실제 소각로를 사용하여 이상의 개념을 실증하는 실험을 하였다. 실험에 사용한 회전화격자식 쓰레기 소각로는 그림 3-42와 같이 화격자 및 1차 공기 공급 hopper가 다수의 단으로 분할되어 있으며 각각의 이송 속도 및 공기 공급량을 임의로 조절할 수가 있으므로 환원 2단 연소의 적용에 대단히 좋은 조건의 소각로로서 시험결과의 일례를 그림 3-43에 나타내었다. 이 데이터는 1차 공기유량을 ▽1, 2, 3의 3단계로 감소시킨 경우에 대응하는 연소실 출구에서의 NO_x 농도[ppm(DB)]를 O_2 12% 때의 것으로 환산한 것으로 1차 공기 유량과 NO_x 농도와의 사이에 강한 상관관계가 있다는 것을 보여주고 있다. 역시 그림 중 ▽1에서 1차 공기유량을 감소시키기 이전에는 종래의 통상 운전 때에 대응하는 NO_x 농도가 나타나며 또한 ▼은 환원 2단 연소에서 통상 운전으로의 복귀점을 나타낸다.

이 시험의 결과, 통상 150～200 ppm 정도의 배가스 중 NO_x를, 환원 2단 연소를 실시함으로써 100 ppm 정도로 감소시킬 수 있다는 것이 판명되었다. 또한 본 실험은 기존의 소각로를 통상의 쓰레기 처리 체제하에 둔 상태에서 그대로 이용한 것으로 미리 환원 2단 연소를 고려하여 설계한 소각로에서는 보다 높은 NO_x 절감을 기대할 수 있다.

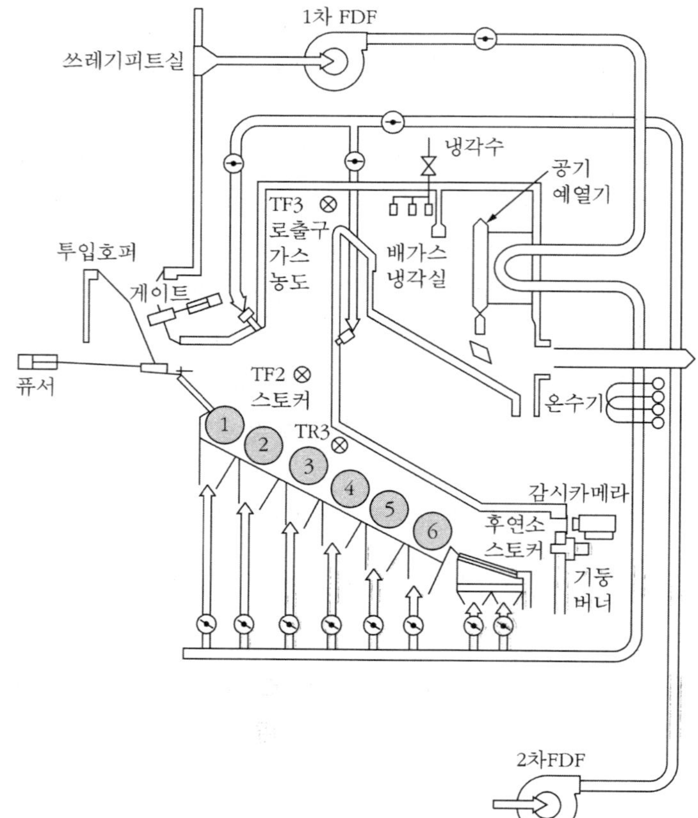

■ 그림 3-42 회전화격자로

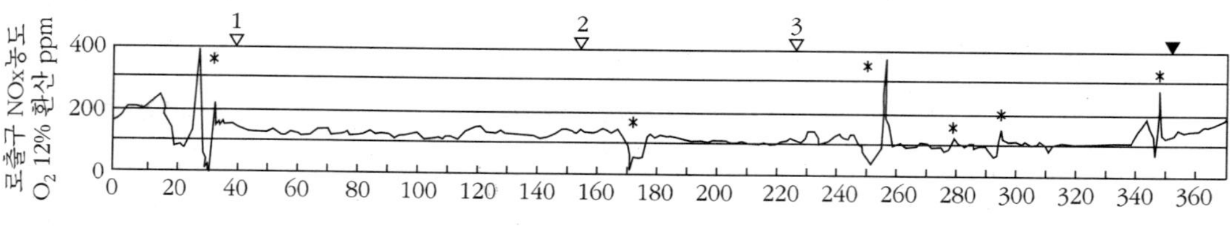

▽ : 1차 공기 유량감소(3단계) ▼ : 1차 공기 유량증가(복귀)
* : 배가스분석계 교정조작 또는 필터교환 · probe 청소 시 대기흡입

■ 그림 3-43 NO_x 억제운전시험결과

3) 독성유기물의 배출특성 및 저감대책

(1) 다이옥신과 퓨란

소각로에서 배출되는 유기물 중 최근 관심이 집중되고 있는 것은 다이옥신(dioxin)과 퓨란(furan)이다. 이 물질들은 PVC 또는 플라스틱류 등을 포함하고 있는 합성물질을 연소시

킬 때 발생하는 독성물질로 알려져 있다.

다이옥신류란 Polychlorinated dibenzo-p-dioxins (이하 $PCDD_s$라 칭함)와 Polychlorinated dibenzofurans (이하 $PCDF_s$라 칭함)를 총체적으로 말한다. 다이옥신과 퓨란은 하나 또는 두 개의 산소 원자와 1～8개의 염소 원자가 결합된 두 개의 벤젠고리를 포함하고 있다.

각각 화합물은 그림 3-44의 구조식을 갖는다. 다이옥신의 이성체는 75개이고, 퓨란은 135개이다. 이들 중에서 2, 3, 7, 8 위치에 염소를 갖는 화합물의 독성이 크기 때문에 특별히 중요하다.

결합된 염소 원자수가 증가함(4～> 8 염소원자)에 따라 독성은 감소하며 이들을 독성등가계수라는 방식으로 표현한다. 2, 3, 7, 8 PCDD의 독성계수가 1이며, 여타 이성체는 1보다 작은 등가계수를 갖는다.

이들 모든 독성 유기물의 총량은 각각 함량과 등가계수를 곱하여 2, 3, 7, 8 PCDD의 양으로 환산하여 통칭하는 누계환산방식을 따른다.

도시 폐기물 소각로에서 발생되는 독성유기물의 농도와 양은 CO, NO_x, SO_x와 같은 다른 오염물과 비교하여 많지 않음에도 불구하고 독성이 매우 높기 때문에 커다란 관심거리이다.

그러나 유기 독성물의 경우에는 소각에 의하여 발생하는 경우와 제초제 등 기타 발생원의 구분이 쉽지 않고 또한 동물실험에 바탕을 둔 확률론적 독성평가방법 등에 기술적인 어려움이 따르는 등 측정, 평가 및 대책 수립 등의 과제가 많이 남아 있다.

(2) 유기물 배출의 원인

소각로에서 유기물이 배출되는 것은 이상적인 연소상태에 도달하지 못한 불완전 연소의 산물이다. 도시 폐기물 소각로에서의 유기물의 배출은 다음 4가지 경로가 있다.

① 투입쓰레기에 존재하던 PCDD/PCDF가 연소 시 파괴되지 않고 배기가스 중으로 배출된다.
② PCDD/PCDF의 전구물질(precursors)이 전환되어 생성되는데 CP (chlorophenols)와 PCB (polychlorinated biphenyls) 등이 반응을 통하여 $PCDD/PCDF_s$로 전환된다.
③ 여러 가지 유기물과 염소공여체(chlorine donor)로부터 형성된다.
④ 저온에서 촉매화 반응에 의해 분진과 결합하여 형성된다.

이들 4가지 생성 mechanism을 그림 3-44에 요약하여 나타냈다.

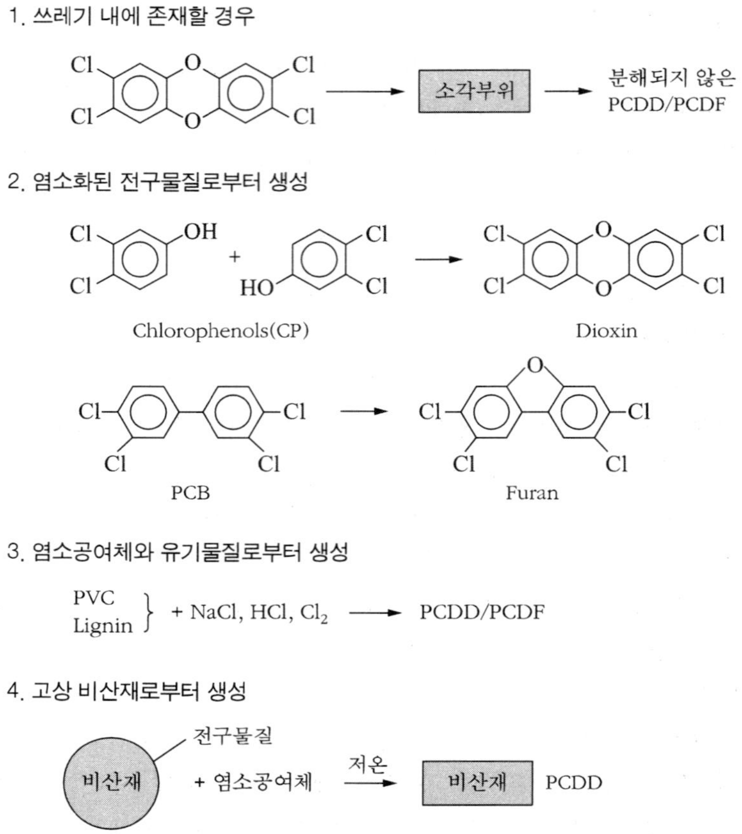

▮ 그림 3-44 다이옥신 생성 메커니즘

(3) 다이옥신(dioxin) 억제 기술

소각로에서 발생되어 배출되는 다이옥신류를 억제하는 기술은 이들 독성 물질의 생성 및 파괴 메커니즘의 이해를 바탕으로 이루어져야 한다. 이러한 방법은 사전방지 등의 1차적 방법, 로 내 생성 억제 및 파괴 등의 2차적 방법, 그리고 후처리 제거에 의한 3차적 방법으로 구분된다.

① 제1차적(사전방지) 방법

소각대상이 되고 있는 폐기물의 조성을 분석하여 연소 후 발생하는 유해물질과의 관계를 검토한 후, 주원인이 될 수 있는 폐기물 종류는 분리수거하는 방법이다. 즉, 염기서 물질인 플라스틱류는 분리수거하여 재활용하도록 하거나 아예 1회용 소모품 등은 제조하지 않도록 하는 것이 좋다.

② 제2차적(로 내) 방법

(a) 쓰레기 공급상태의 균질화

쓰레기 조성 및 공급 특성이 갑작스럽게 변화하면 연소의 안정성이 매우 심하게 영향을 받는다. 공급폐기물의 휘발분 함유량, 습기 함유량, 공급률, 크기 분포, 또는 로 내에서의 적층 분포 형태가 바뀌면 연소용 공기 공급도 변화되어야 한다.

휘발성분이 많은 물질이 급격하게 공급되면 국부적으로 산소 농도가 감소되면서 적절히 산화되지 않은 연료 과잉 포켓(fuel-rich pocket)을 유지한 채로 로를 빠져나갈 수 있다. 이렇게 운전되면 일산화탄소와 유기물의 농도가 상승하게 된다. 쓰레기의 가열 정도와 습기 함유량도 로 내 온도에 큰 영향을 미친다. 연소온도, 일산화탄소, 산소, 그리고 유기물의 변동을 피하기 위해서는 균일한 쓰레기 조성을 유지하고 균일한 공급체계가 이루어지도록 설계, 운전되어야 한다. 쓰레기의 조성 균일도는 소각로에 투입되기 전에 혼합을 확실하게 함으로써 개선될 수 있다. 쓰레기 수분 함량과 관련된 연소 문제는 주연소지역 내에서 예열된 1차 공기를 공급하는 방식으로 해결할 수 있다.

(b) 적당한 연소온도

소각로 내에서의 유기물질 파괴는 화염에 존재하는 극렬화학종(radical species)의 화학적 반응과 열분해에 의해 일어난다. 그러므로 로 내에서의 독성유기물 파괴는 화염 지역에서 유기물과 산화제가 충분히 혼합되도록 하고 화염과 접촉하지 않은 물질의 열분해를 위하여 연소온도를 충분히 높게 하면 가능하다.

연소 시스템 내 가스온도는 시간상, 공간상으로 변화가 심하다. 시간상의 변화는 쓰레기 성질, 과잉공기 공극비율, 운전부하와 관련되며, 공간상의 변화는 혼합과 열전달 상태에 의해 결정된다. 일반적으로 다이옥신과 퓨란류는 860～920℃에 도달하면 파괴된다. 몇몇 염화벤젠류들은 920～1,000℃에서 파괴된다. 그러므로 국부적 온도가 980℃의 평균온도에 달성되도록 설계, 운전함이 바람직하다고 추천하고 있다.

(c) 연소용 공기의 양 및 분포

연소용 공기는 적정량을 효과적으로 배분하여 공급하여야 효과적인 연소가 가능하다. 연소기에 도입된 과잉공기의 양은 연료 과잉 포켓의 발생을 최소화하고 연소반응을 급냉(quenching)시키지 않도록 하여야 한다.

이 목표를 만족시키기 위한 과잉공기의 양은 연소기의 장치 및 연소기법에 따라 다르다. 대규모 스토카식 소각로에서는 주공기의 공급체계가 각각 분리하여 제어할 수 있는 여러 개의 1차 공기 공급관을 통하여 공급하게 한다. 이렇게 함으로써 스토카 부위별로 도입된 쓰레기를 건조시키고 연소시켜 연소의 완결이 가능하도록 공기량을 변화시켜야 한다.

2차 공기는 유기물일 완전 연소시키기 위하여 국부적인 반응을 조정하는데 필요하다. 화격자 위의 쓰레기로부터 휘발물질의 방출율과 화격자 위에서의 연소율이 국부적인 1차 공기 공급량에 의해 결정된다.

2차 공기 쪽보다 1차 측의 공기 공급량을 증가시키면 화격자 위에서의 연소율이 증가되며, 휘발분이 증가하므로 부유분진이 로 밖으로 방출되는 입자 이월량이 증가한다. 그러므로 공기 공급량 조정은 연소 과정을 제어하는데 중요한 요소이다.

연소용 공기를 부적절하게 공급하면 일산화탄소와 유기물의 배출을 증가시킨다. 소각로에서는 연소기에 공급된 연소용 공기의 양과 분포를 확인하는 장치가 설치되어야 한다. 먼저 1차 공기량과 2차 공기의 양을 모니터링 장치로 감시할 수 있어야 한다.

또한 연소 가스 내에 과잉공기와 일산화탄소의 농도도 적당한 과잉공기량을 유지하기 위하여 감시하여야 한다. 각 소각로 형태에 따라 실험적 방법에 의하여 적당한 산소농도의 운전 범위를 결정하여야 한다. 대부분의 소각 시스템에서는 연소 제어시스템에 의해 자동적으로 제어되도록 해놓고 있다.

(d) 혼합

완전 연소를 위해서는 연료와 공기가 적절하게 혼합되어야 한다는 것은 너무나도 자명한 사실이다. 혼합이 불균일해지면 국부적으로 유기물이 불완전 연소된다. 소각로 내에서 좋은 혼합을 이루기 위하여 가장 중요한 역할을 하는 것이 2차 공기 공급 시스템이다.

2차 공기가 혼합이 잘 되도록 분사하기 위해서는 적절한 노즐 배열, 크기, 제트 운동량, 로의 형태 등을 고려하여야 한다. 쓰레기 공급률이 감소되면 공급되는 공기량도 따라서 감소되어야 한다. 2차 공기량이 감소되면 침투와 퍼짐이 불충분해지고 불균일한 혼합을 일으키고, 불완전 연소의 용인이 된다. 반면 쓰레기량의 증가로 공급 공기가 증가하면 연소가스의 로 내 잔류시간을 감소시키고 혼합 형태가 바뀌며 입자이월을 증가시킨다.

또한 혼합은 연소로 코(bull noses), 정류판(baffles), 곡류(turns) 그리고 덕트형태와 단면의 변화 같은 연소기 설계 요건에 따라 영향을 받는다. 혼합과 노형상과의 관계를 이해하기 위하여 유동 모델링과 진단실험이 유용하다. 혼합 효율을 평가하는 방법은 주로 연도가스 내에서의 일산화탄소 농도를 측정하는 것이다. 즉, 혼합 성능을 평가하기 위하여 배기가스의 모니터링 시스템이 필요하다.

(e) 입자이월의 최소화

쓰레기 소각로로부터 부유분진(particulate matter, PM)이 연소기 밖으로 빠져 나가는 입자이월(PM carryover)의 양은 금속 및 유기 오염물의 배출에 영향을 미친다. 이것은 분진이 다이옥신류의 저온 형성에 참여하는 전구물질을 제공해 주기 때문이다.

입자이월의 양은 연소용 공기요소(과잉공기, 주공기, 2차 공기)에 의해 주로 영향을 받는다. 즉, 과잉공기 양이 많아지면 일반적으로 입자이월이 증가한다. 또한 소각로로부터 방출되는 입자이월의 양은 연소기 설계, 운전, 또 경우에 따라서는 쓰레기 성질에 따라 변화한다.

연소 가스 내에서 입자이월의 양을 연속적으로 측정할 수 있는 방법은 아직 확립되지 않았지만, 입자이월의 증가를 초래하는 운전 상황(특히, 과다한 과잉공기량, 부적절한 연소용 공기 분포, 과도한 부하)은 연소과정의 운전과 제어를 적절히 함으로써 최소화할 수 있다.

그러므로 연소가스 중의 산소농도, 연소용 공기분포, 운전부하 등은 입자이월의 양을 최소화하기 위하여 연속적으로 감시 및 제어하여야 한다.

(f) 후류온도 제어

다이옥신(dioxin)과 퓨란(furan)류의 농도는 연소기 출구와 굴뚝 사이에서 증가한다는 사실이 밝혀졌다. 또 벤치 스케일 실험에서 분진의 샘플링을 통하여 다이옥신과 퓨란류의 농도는 분진이 산소 과잉분위기에서 가열될 때 엄청나게 증가한다는 것이 보고되었다.

Doxin과 furan류의 생성량은 잔류 시간과 온도에 따라 변화하는데 300℃ 부근에서 발생량이 최대이고, 250℃ 이하와 400℃ 이상의 온도에서는 발생량이 상당히 감소됨을 알게 되었다.

그러므로 배기가스가 연도를 따라서 배출될 때 최대 발생가능 온도 부근(300℃)에서는 배기가스의 체류 시간을 최소화하여야 한다.

기존 설비의 운전 결과를 바탕으로 분진 제거 장치(전기집진기 또는 백필터)의 입구에서의 가스온도를 dioxin과 furan의 형성을 감소시키기 위하여 230℃ 이하로 유지하도록 하고 있다. 따라서 집진장치 입구에서의 연도가스 온도는 연속적으로 모니터링할 필요가 있다.

(g) 연소 상태 모니터링과 제어

소각 시스템은 설계기준에 따라 운전되어져야 하고 쓰레기 공급률, 온도, 과잉

공기 등의 변화에 따라 시스템 운전 인자를 적절히 변화시켜야 한다. 소각로의 성공적으로 운전하려면 여려 가지 소각로 운전변수를 동시에 조절하고 모니터링하는 자동 제어시스템을 운영하여야 한다.

저공해 소각로를 실현하기 위해서는 연소 공기 온도, 유량, 공기 분포, 연소가스 온도, 연소가스 중의 일산화탄소 산소의 농도, 후류에서의 온도, 입자이월을 연속적으로 모니터링 하여야 한다.

그러나 혼합 등과 같은 요소는 직접적으로 측정할 수 없으므로 열방출을, 굴뚝에서의 산소, 일산화탄소 농도와 같은 간접적 지시량을 대신 모니터링 하여야 하고, 이 값으로부터 연소 가스의 혼합과 적당한 과잉공기의 양을 제어하여야 하다.

쓰레기 조성과 설계 변수, 운전 변수 그리고 배출사이의 관계는 매우 복잡하다. 현 수준으로는 유기물의 배출을 최소화할 수 있는 정량적 모형을 만들지 못하고 있다. 따라서 여러 가지 연소 변수를 운전자가 선택할 수 있도록 예측하는 것도 어려운 일이다.

따라서 현 상황에서 유기물의 연속적인 제어를 확실하게 하기 위해서는 몇 개의 주요 설계, 운전 변수의 범위를 지정하고 이 범위 내의 조건으로 운전 조건을 제어할 필요가 있다. 그러나 연속 변수의 한계 값이나 범위의 정의는 각 소각로 형식에 실험적으로 완성하여야만 한다.

③ 제3차적(후처리) 방법

소각로 및 연소 통로에서 생성을 억제하기 위하여 설계하고 운전하여 독성 유기물질의 배출을 저감시키는 한편 후처리 시스템을 설치하여 설정한 것이다.

후처리 제거 설비는 첫째, 반응탑에 약품을 검하시켜 화학반응을 일으킨 후 여과기에서 제거하여 최종 매립시키는 방법과 둘째는 촉매(catalytic)기에 의해 재연소 시켜 거의 완전 제거하는 방법이 있다. 물론 촉매기의 크기와 촉매 물질량에 따라 영향이 있다.

우리는 이들 선진국의 접근 방법을 검토하면서 독자적인 여건을 고려한 대응방안을 수립할 수 있을 것이다.

소각로의 저공해화를 위해서는 소각로 내에서 연소에 의한 생성을 억제하고, 연도에서 재생되는 것을 저감시키며, 또한 후처리 설비에 의한 제거를 시행하는 종합적 저공해 방안이 채택되어야만 한다.

특별히 연소에 의한 독성유기물의 생성을 억제하는 것이 중요하며 이것은 쓰레기의 균질화, 적당한 연소온도, 적절한 연소용 공기의 양 및 분포, 혼합, 입자이월의 최소화, 적절한 후류온도, 그리고 연소모니터링 시스템과 효과적인 제어 등을 통하여 가능하다. 이들 개념을 바탕으로 '저공해 소각로'를 설계하여야 한다.

한편, 저공해의 도달 목표를 정부기관의 행정지도 또는 규제로 정착시킬 수 있는 가이드라인 등의 제정이 있어야 한다. 이 작업은 소각로 설계, 제작기업체, 규제기관, 연구기관 등의 유관단체들이 기술적인 평가를 수행하여야 한다.

저공해 소각로는 설계자와 운전자 그리고 감시 및 규제 기관이 제작, 운영 그리고 확인 및 감시의 유기적인 관계를 유지함으로써 달성될 수 있다.

3.5 소각시설의 설계

지금까지 소각프로세스 시스템을 구성하는 각 설비에 대하여 설명하였는데 여기에서는 소각 시설의 설계 순서에 대하여 설명하기로 한다. 그림 3-45 및 그림 3-46과 같이 각 프로세스를 구성하는 개개의 기기 및 장치 시방(예를 들면 용량, 능력, 온도, 압력, 모터 출력, 장치의 개수 등)은 그림 3-45 좌측에 나타낸 많은 설계조건을 고려하여 정하며, 특히 소각설비의 폐가스 계통의 각 기기는 쓰레기의 연소에 따른 발생가스량, 발생 열량값과 밀접한 관련이 있다. 그림 3-47은 프로세스 설계의 순서를 개략적으로 나타낸 것이다.

3.5.1 설계 조건

1) 계획처리량

다음과 같은 예를 고려한다.

- 계획 1인 1일 평균 배출량 : 1,000 g
- 계획수집인원 : 30만 명
- 계획 직접 투입량 : 0

계획처리량은 앞에서 설명한 식(2.1)에 의해 구하는데 계획 월 변동계수는 계획목표 연도에서의 월 최대 변동계수이며 과거 5개년 이상의 실적의 월 최대 변동계수를 기준으로 하여 구한다.

월 변동계수 = 월간 평균 일 처리량 ÷ 연간 평균 일 처리량

예를 들면, 어떤 연도의 처리량과 변동계수는 표 3-6과 같다.

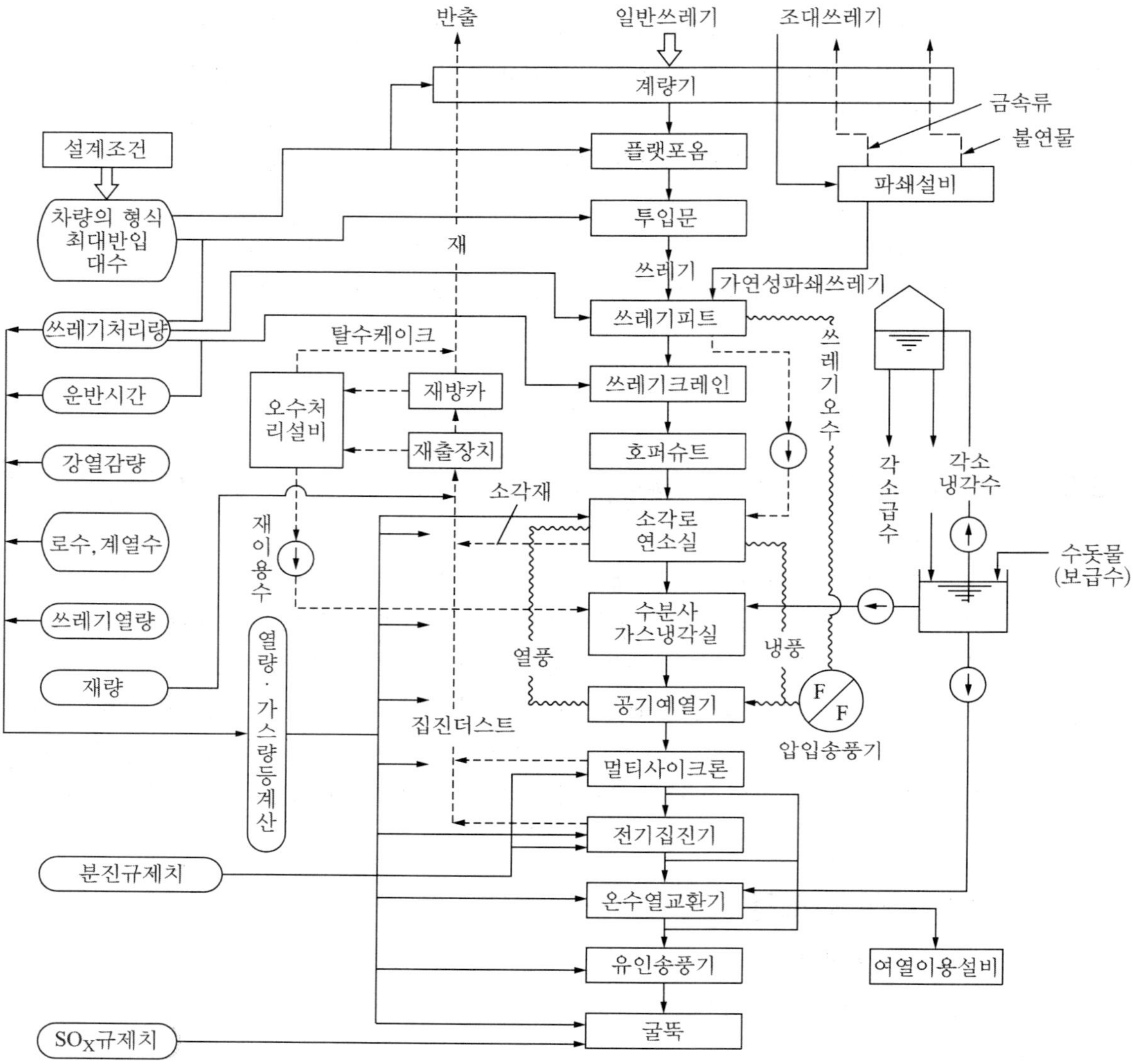

■ 그림 3-45 프로세서 설계에 미치는 계획조건인자

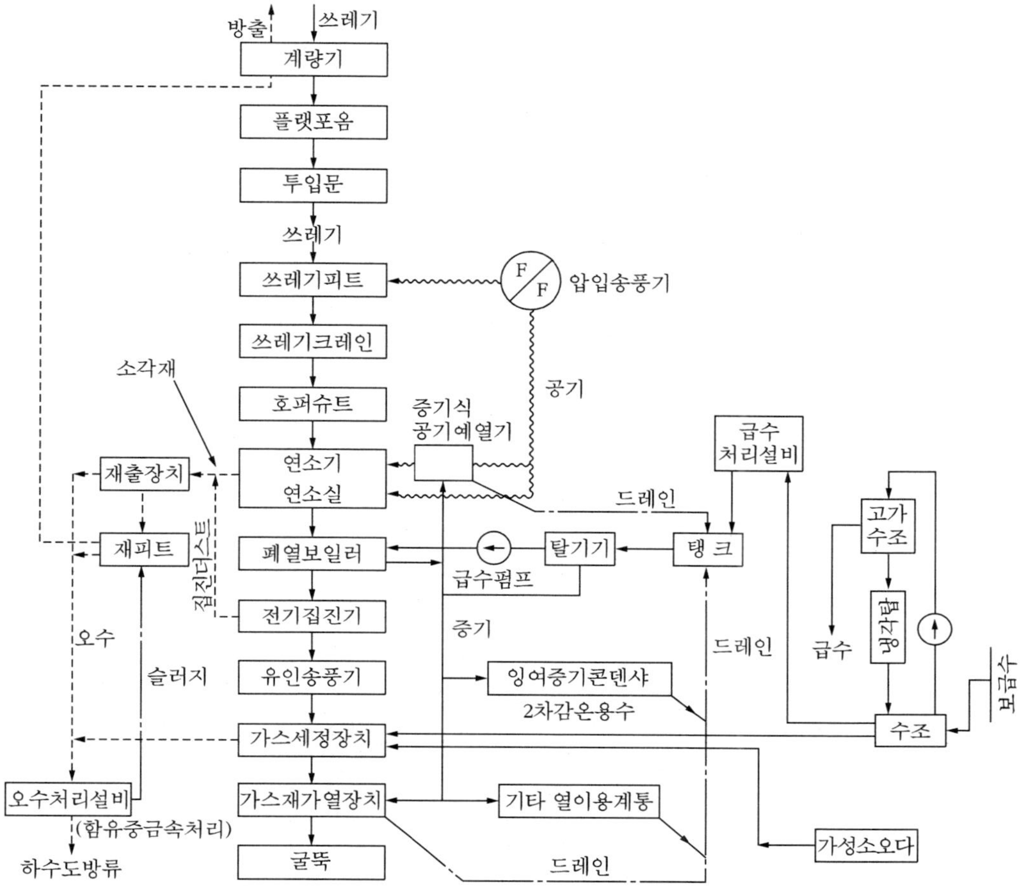

▮ 그림 3-46 보일러 냉각방식 경우의 대표적 흐름도

표 3-6 연도의 처리량과 변동계수

	월간 처리량(t/월)	월간 평균 일 처리량(t/일)	변동계수		월간 처리량(t/월)	월간 평균 일 처리량(t/일)	변동계수
4월	9,976	333	1.11	11월	8,356	279	0.93
5월	9,193	297	0.99	12월	9,393	303	1.01
6월	9,350	312	1.04	1월	10,680	345	1.15
7월	11,331	366	1.22	2월	6,552	234	0.78
8월	9,936	321	1.07	3월	8,262	267	0.89
9월	8,640	288	0.96				
10월	7,905	255	0.85	평균	9,132	300	1.00

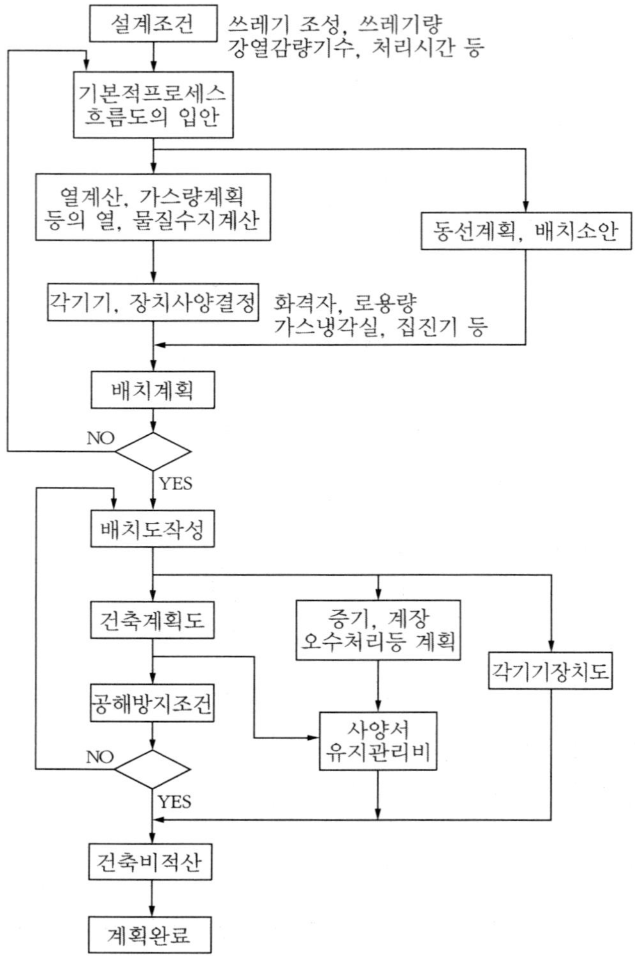

▮ 그림 3-47 시설계획의 순서

이와 같은 실적이 과거 5개년의 것이며 각각의 연 변동계수의 최대치가 1.22, 1.12, 1.15, 1.13, 1.14라면 단순 평균하여

$$(1.22 + 1.12 + 1.15 + 1.13 + 1.14) / 5 = 1.15$$

로 월 변동 최대계수를 정한다. 설계를 위한 계획 월 변동계수 분포를 1.15, 1.12, 1.06, 1.01, 1.00, 0.99, 0.98, 0.88, 0.85로 가정한다.

따라서,

1일 평균 처리량 = 1,000 g × 30만 명 = 300 t/일

계획 1일 평균 처리량 = 300 t/일 × 1.15 = 345 t/일

2) 전연속 연소식 소각로인 경우

소각 대상물의 100% 소각을 계획하기로 한다. 즉, 로 보수 때문에 1로가 휴지할 때에도 쓰레기의 매립은 하지 않는 것으로 한다. 로수는 3개로 하는 것이 통상이다. 2개로 구성한 경우, 로의 건설비는 싸지만 1로가 고장이 났을 때는 조업율이 50%가 되어버린다.

(1) 3로 구성할 때

로의 규모를 S (t/일)로 한다. 로 보수 때에는 2로가 운전이 되므로 보수에 3개월을 요하는 것으로 하고 쓰레기량이 적은 3개월간에는 로 2개로 전량 소각할 수 있게 한다.

$2S = 300$ t/일 × 0.94 [1] ÷ 0.96 [2], $S = 147$ t/일

이 된다. 계획 연간 평균처리량 345 t/일을 가동률로 나눈 값이 1로의 최대 처리량 × 3 이하이면 된다. 즉,

345 ÷ 0.96 = 360 t일 < 44 t/일(147 t/일 × 3)
345 t/일 ÷ 0.96 = 360 t/일 < 408 (102 t/일 × 4)

주 6일 가동의 시설에서는 147 × (7/6) t/일이 된다.

3) 설정

쓰레기의 성질이라는 것은 수분, 겉보기 비중, 조성, 원소분석치, 저위발열량 등의 물리적, 화학적 성질을 말한다. 도시 쓰레기의 대표적인 성질의 범위는 표 2-3에 표시하였다.

(1) 강열감량

강열감량(Ignition Loss)은 소각잔사 중의 미연분을 중량 백분율로 나타낸 것이므로, 이 미연분과 쓰레기와의 양적관계를 그림으로 표시하면 다음과 같이 된다.

강열감량은 소각잔사의 무해화 정도를 나타내는 중요한 것이며, 소각로의 화격자 연소율 등 소각로의 주요 설계 지표가 된다. 특히 강열감량 7% 이하를 목표로 하는 200 t/일 이상의 연속연소식의 대형 플랜트에서는 로의 연소상황을 중심으로 한 운전관 200 t/일 이상의 연속연소식의 대형 플랜트에서는 로의 연소상황을 중심으로 한 운전관리의 확립과 감시체제의 정비가 필요하다. 그러나 소각잔사의 미연분 중에는 부패성의 유기질 외에 비부패성의 탄소, 플라스틱, 고무 등을 포함하기 때문에 강열감량이라는 항목만으로 위생상

1) 이 값은 계획월 변동계수 분포의 작은 쪽에서 3번째의 값을 취하고 있다.
2) 이 값은 시설의 가동률을 나타내고 있으며 통상 다음과 같이 설정한다.
전연속 연소식 : 96%, 준연속 연소식 : 85%, 회분연소식 : 83%

의 판단근거로 삼는 것은 적당하지 못할 경우도 있다. 독일에서는 강열감량이 아니라 부패성의 유기분을 0.1% 이하(강열감량 7∼10%에 상당)로 정하고 있다.

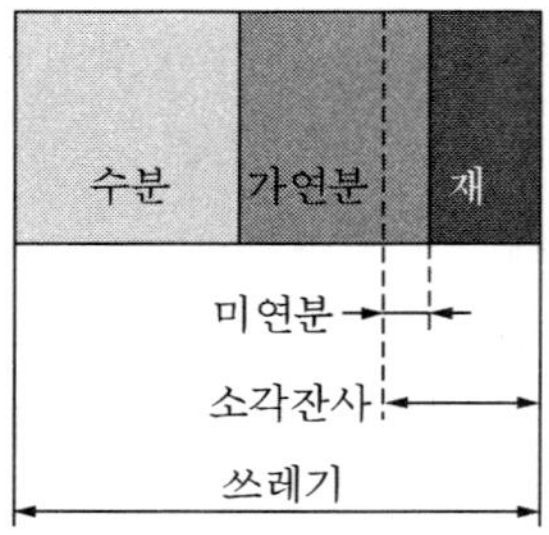

▮ 그림 3-48 폐기물의 3성분

(2) 소각잔사의 강열감량 측정 방법

① 시료의 채취

1회당 1∼2 kg 정도를 하루에 4∼5회, 합계 5∼10 kg의 소각잔사를 채취하여 시료로 한다.

② 수분

시료를 평량한 후, 이것을 건조기 등을 사용하여 105±5℃로 항량을 얻기까지 건조하여 평량을 한다. 수분은 다음 식에 의해 산출한다.

수분(%) = [건조 전 중량(kg) − 건조 후 중량(kg)] ÷ [건조 전 중량(kg)] × 100

③ 대형 불연물의 제거

건조 후의 시료전량을 구멍치수 약 10 mm의 체를 사용하여 체질을 하고 나서 남은 시료 중 불연물만을 평량한다. 시료 중의 대형 불연물의 비율(건량기준) A는 다음 식으로 산출한다.

A(%) = [불연물의 중량(kg)] ÷ [건조 후 시료의 중량(kg)] × 100

④ 강열감량의 측정

체질을 하고 나서 남은 시료 가운데 가연성 물질을 파쇄한 후 체 통과 시료와 혼합하여 4분법으로 축분하여 20∼50 g를 취한다. 이것을 전기로에 넣고 600±25℃로 3시간 강열한 후 데시케이터 속에서 방냉한다. 방냉 후 시료의 무게를 측정한다. 대형불연물을 제거한 후의 강열감량 I'는 다음 식에 의해 산출한다.

I'(%) = [강열 전 중량(g) − 강열 후 중량(g)] ÷ [강열 전 중량(g)] × 100

소각잔사의 강열 감량 I는 다음 식으로 산출한다.

$$I(\%) = I' \times \left(1 - \frac{A}{100}\right)$$

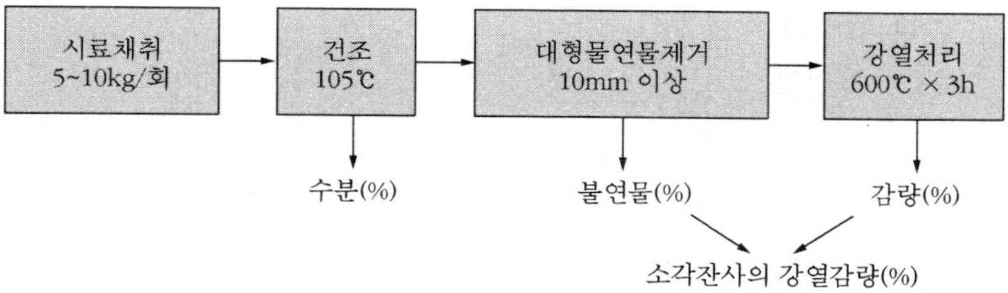

▌ 그림 3-49

3.5.2 열수지, 물질수지를 취하는 방법

열수지는 어떤 계(장치)로 유입되는 열량과 소비되어 계 밖으로 배출되는 열량 사이의 양적관계를 나타낸다.

계로 유입되는 열량의 합 = 계 밖으로 유출되는 열량의 합

에서 각종 유입열량과 각종유출열량의 비율과 분포가 어떻게 되어 있는가를 조사함으로써 계(장치)에서의 열작용의 효율을 판정할 수 있다. 소각로 본체의 열수지를 생각하면 그림 3-50과 같다.

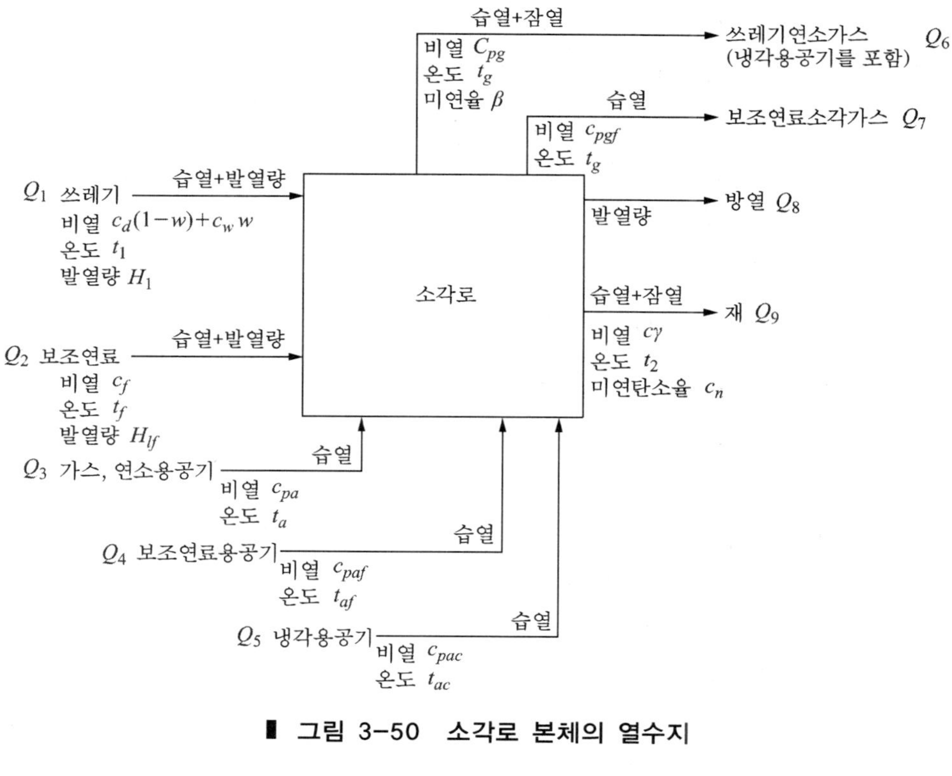

▌ 그림 3-50 소각로 본체의 열수지

1) 열수지

(1) 유입열

① 쓰레기의 유입열량

쓰레기의 유입열량은 쓰레기의 현열과 발열량의 합이다.

$Q_1 = [_{cd}(1-w) + {}_{cw}w](t_1 - t_0) + H_1$

② 건조 및 연소용 공기의 유입량

$Q_2 = L_{lv}\, C_{pa}(t_a - t_o)$

③ 보조연료의 유입열량

$Q_3 = F$

④ 보조연료용 공기의 유입열량

$Q_4 = FL_{vf}c_{paf}(taf =$

⑤ 냉각용 공기의 유입열량

$Q_5 = L_{vc}c_{pac}(t_{ac} - t_o)$

(2) 유출열

① 쓰레기 연소가스의 유출열량

$Q_6 = -\, G_v\, c_{pg}(t_g - t_o)$

② 보조연료 연소가스의 유출열량

$Q_7 = -\, FG_{vf}\, c_{pgf}(t_g - t_o)$

③ 연소가스의 불안전연소에 의한손실

$Q_9 = -\, \beta H_1$

④ 재의 유출열량

$Q_9 = Rc_r(t_2 - t_0) + 8100 \cdot \dfrac{Ac_n}{1 - c_n}$

⑤ 로(爐) 본체에서의 방열

$Q_{10} = - rH_1$

(3) 수지

유입열량=유출열량의 관계에서

$$\sum_{i=1}^{10} Qi = 0$$

이다. 이상의 여러 식 가운데에서 새로 사용한 기호의 의미는 다음과 같다.

c_d : 건조쓰레기의 비열(kcal/kg · ℃)
c_f : 보조연료의 비열(kcal/kg · ℃ 또는 kcal/Nm^3 · ℃)
c_n : 수 1kg 중의 미연탄소중량(미연탄소율) (kg/kg)
c_r : 수의 비열(kcal/kg · ℃)
c_w : 물의 비열(kcal/kg · ℃)
c_{pa} : 쓰레기의 건조, 연소용 공기의 비열(kcal/Nm^3 · ℃)
c_{pac} : 냉각용공기의 비열(kcal/Nm^3 · ℃)
c_{paf} : 보조연료 연소용 공기의 비열(kcal/Nm^3 · ℃)
c_{pg} : 쓰레기의 연소배가스의 비열(kcal/Nm^3 · ℃)
c_{pgf} : 보조연료의 연소배가스의 비열(kcal/Nm^3 · ℃)
F : 쓰레기 1kg에 대한 보조연료량(kg/kg 또는 Nm^3/kg)
G_v : 쓰레기의 연소가스량(Nm^3/kg)
G_{vf} : 보조연료의 연소가스량(Nm^3/kg-fuel 또는 Nm^3/Nm^3-fuel)
H_{lf} : 보조연료의 저위발열량(kcal/kg 또는 kcal/Nm^3)
L_v : 건조 및 연소용 공기량(Nm^3/kg)
L_{vc} : 냉각용공기량(Nm^3/kg)
L_{vf} : 보조연료 연소용공기량(Nm^3/kg-fuel 또는 Nm^3/Nm^3-fuel)
R : 쓰레기 1 kg당의 회분량(kg/kg)
t_0 : 기준온도(℃)
t_1 : 쓰레기의 유입온도(℃)
t_2 : 회분의 출구온도(℃)
t_a : 건조 및 연소용공기온도(℃)
t_{ac} : 냉각용 공기온도(℃)
t_{af} : 보조연료용 공기온도(℃)
t_f : 보조연료의 유입온도(℃)
t_g : 보조연료 연소가스의 유출온도(℃)
w : 수분(중량분율, %)

이와 같이 로에 유입하는 모든 열량과 로에서 나가는 모든 열량을 같게 놓음으로써 미지수, 예를 들면 필요한 보조연료 F를 계산할 수가 있다. 유입열량 가운데 가장 큰 것은 쓰레기의 발열량이며, 이것은 연소열이 되어 주로 쓰레기 수분의 증발에 사용된 후 연소가스로서 배출되게 된다.

2) 연소에 필요한 공기량

(1) 이론공기량

쓰레기 중의 가연성 원소를 완전히 연소시키기 위해 이론적으로 필요한 공기량을 이론공기량이라 한다.

① 원소조성을 알고 있는 경우는 화학 양론적으로 다음 식에 의해 구할 수 있다.

$$L_{ov} = \frac{O_0}{0.21} = \frac{1}{0.21}\left\{\frac{22.4}{12}C + \frac{22.4}{4}\left(H - \frac{O}{8}\right) + \frac{22.4}{32}S\right\}$$
$$= 8.89C + 26.7\left(H - \frac{O}{8}\right) + 3.3S \ (Nm^3/kg) \tag{3.9}$$

여기서, O_o : 이론 필요산소량(Nm^3/kg)
공기는 산소 21 vol.%, 질소 79 vol.%로 하여 계산한다.
C : 쓰레기 중의 탄소중량분율(kg/kg)
H : 쓰레기 중의 수소중량분율(kg/kg)
O : 쓰레기 중의 산소중량분율(kg/kg)
S : 쓰레기 중의 황중량분율(kg/kg)

식 중(H-O/8)은 쓰레기(연료) 중의 산소가 결합수의 상태에 있어 결합수의 수소분은 연소에 이용할 수 없는 것으로 하여 전체 수소에서 결합수의 수소를 제외한 것으로 유효수소라 부른다. 그러나 원소분석치를 얻기 곤란한 경우가 많으므로 여러 가지 간편한 방법을 사용할 수도 있다.

② 셀룰로오스 치환법
쓰레기의 가연분을 셀룰로오스($C_6H_{10}O_5$)로 간주하여 이론 공기량을 계산한다.

$$L_{ov} = a \times 3.95 \times B/100 \tag{3.10}$$

여기서, B : 쓰레기 중의 가연분 중량비(%)
a : 쓰레기질에 의해 변화하는 계수이며 통상 a ≒ 1.15~1.5 정도인데 쓰레기 중의 플라스틱 함유량에 따라 변화한다.

(2) 소요 공기량

쓰레기를 소각로에서 소각할 때 이론 공기량만을 공급해서 완전히 연소시키기는 곤란하며 실제로는 이론 공기량보다 다량의 공기를 공급할 필요가 있다. 실제로 공급된 공기량을 L_v 라고 하면

$$L_v = mL_{ov} \tag{3.11}$$

으로 나타내며 m을 공기비 또는 공기과잉계수, $(m-1)\times 100$을 과잉 공기율이라 한다. 가급적 적은 공기비로 연소시키는 것이 바람직하지만 쓰레기 소각로에서는 $m=1.8\sim2.5$의 범위이다.

(3) 연소 가스량

소요공기량을 소각로에 공급함으로써 쓰레기를 완전 연소시키면, 쓰레기 내의 가연분이 연소하여 반응열을 내고 연소가스가 발생한다. 주된 가연성가스의 연소반응식을 들어보면 다음과 같다.

$$H_2 + 1/2O_2 = H_2O + 57,600 \text{ kcal/kg mol}$$
$$CO + 1/2O_2 = CO_2 + 67,000 \text{ kcal/kg mol}$$
$$CH_4(\text{메탄}) + 2O_2 = CO_2 + 2H_2O + 180,000 \text{ kcal/kg mol}$$
$$C_2H_4(\text{에틸렌}) + 3O_2 = 2CO_2 + 2H_2O + 318,000 \text{ kcal/kg mol}$$
$$C_3H_8(\text{프로판}) + 5O_2 = 3CO_2 + 4H_2O + 462,000 \text{ kcal/kg mol}$$
$$C + 1/2O_2 = CO + 29,400 \text{ kcal/kg mol (탄소의 불완전연소)}$$
$$C + O_2 = CO_2 + 97,000 \text{ kcal/kg mol}$$
$$S + O_2 = SO_2 + 70,900 \text{ kcal/kg mol}$$

연소반응에서는 반응 전과 반응 후의 체적이 변화하므로 이것을 고려하여 다음 식으로 계산한다.

$$G_v = mL_{ov} + 5.6\text{H} + 0.7\text{O} + 0.8\text{N} + 1.24\omega \ (\text{Nm}^3/\text{kg}) \tag{3.12}$$

여기서, N : 쓰레기 중의 질소 중량 분율(kg/kg), 질소분은 연소에 관여하지 않는 것으로 하고 있다.
ω : 쓰레기 중의 수분

그러나 원소분석치가 없는 경우는 이론공기량 L_{ov}, 이론연소가스량 G_{ov}는 저위발열량에 비례한다고 보고 근사식인 Rosin의 식을 사용하는 경우가 많다.

- Rosin의 식

고체연료 $G_{ov} = \dfrac{0.89}{1,000}H_l + 1.65(\text{Nm}^3/\text{kg})$

$$L_{ov} = \frac{1.01}{1,000}H_l + 0.5(\text{Nm}^3/\text{kg})$$

액체연료 $G_{ov} = \dfrac{1.11}{1,000} H_l \, (\mathrm{Nm^3/kg})$

$$L_{ov} = \frac{0.85}{1,000} H_l + 2.0 (\mathrm{Nm^3/kg})$$

저열량 기체연료 $(H_l = 500 \sim 3,000\,\mathrm{kcal/m^3})$ (3.13)

$$G_{ov} = \frac{0.725}{1,000} H_l + 1.0 (\mathrm{Nm^3/Nm^3})$$

$$L_{ov} = \frac{0.875}{1,000} H_l (\mathrm{Nm^3/Nm^3})$$

고열량 기체연료 $(H_l = 4,000 \sim 7,000\mathrm{kcal/m^3})$

$$G_{ov} = \frac{1.14}{1,000} H_l + 0.25 (\mathrm{Nm^3/Nm^3})$$

$$L_{ov} = \frac{1.09}{1,000} H_l + 0.25 (\mathrm{Nm^3/Nm^3})$$

그림 3-51은 Rosin의 식에 의하여 작성된 그림이다.

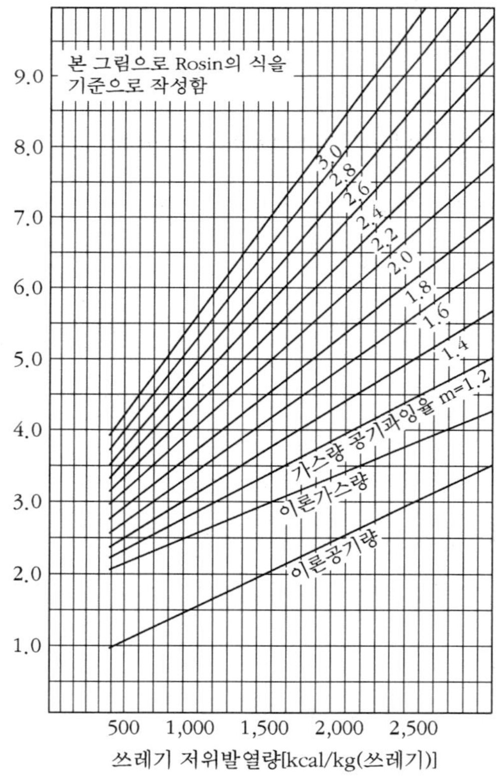

▌ 그림 3-51 쓰레기의 저위발열량으로부터 공기(가스)량을 산출한 도표

2.5.3 소각로의 성능곡선

소각로의 소토카 소요면적은 앞에서 설명한 화격자 연소율을 정하면 식(3.1)에서로 구할 수 있다.

$$A = \frac{W}{G \times H} \ (\mathrm{m}^2) \tag{3.14}$$

또, 연소실의 용적 V (m^3)은 연소실 열부하 Q_H (kcal/m^3 · h)의 범위를 정하면 다음과 같은 식으로 구할 수 있다.

$$V = \frac{W \times H_l}{Q_H \times H} \ (\mathrm{m}^3) \tag{3.15}$$

쓰레기의 저위발열량 H_l 의 최저치, 평균치, 최고치를 설정한다. 예를 들면 다음과 같이 주어졌다면,

H_l (kcal/kg)	최저치	평균치	최고치
	800	1,200	2,000

처리량 $W = 100$ t/일 $= 100 \times 10^3$ kg/일에 대하여 전연속식으로 $Q_H = 10 \times 10^4$ kcal/m^3 · h로 하면,

$$V = \frac{10^5 \times H_l}{10^5 \times 24} = \frac{H_l}{24} \ (\mathrm{m}^3) \tag{3.16}$$

이 된다. 공기량이나 연소배가스량은 저위발열량이 높아질수록 크게 되므로 흡입송풍기 또는 폐가스처리설비 등의 용량으로 연소실 용적과 같은 저위발열량의 상한치에 맞도록 설계하여야 한다. 이 경우의 상한치는 $H_l = 2{,}000$ kcal/kg이므로 체적(V)은 다음 식이 되며,

$$V = \frac{2{,}000}{24} (\mathrm{m}^3) \tag{3.17}$$

일단 Q_H 의 상한치를 정하면 이것에 맞추어 소각로 이외의 설비의 최대용량도 정해지게 된다. 따라서 저위발열량이 최대치보다 작은 경우는 동일한 쓰레기량의 소각에 있어서 설비에 여유가 생긴다.

다시 말해 이와 같은 경우에는 기준 소각량 이상의 쓰레기를 소각할 수 있게 된다. 한편 쓰레기의 화격자 연소율, 즉 연소실 내의 단위화격자 면적당 단위시간당의 쓰레기의 연소량은 쓰레기의 저위발열량이 클수록 증대한다. 이것은 예를 들면, 수분을 많이 포함하여

저위발열이 낮은 쓰레기의 경우에는 건조에 시간이 걸려 소각로 내의 건조영역이 증가하므로 재의 강열감량을 일정치 이내로 억제하기 위해서는 쓰레기의 공급속도를 줄이는 것이 좋다. 따라서 화격자 연소율에서 보면 설계치는 저위발열량의 하한치에 의해 정해지기 때문에 저위발열량이 클수록 설비에 여유가 생겨 쓰레기를 많이 소각할 수 있게 된다. 쓰레기의 소각가능량을 제약하는 하나의 인자는 쓰레기공급설비, 특히 크레인의 능력이다. 통상 크레인의 능력은 기준소각량의 120% 정도의 능력으로 설계한다. 따라서 화격자 연소율 및 송풍능력에 여유가 있어도 공급능력에 의해 소각가능량이 억제되는 경우가 있다. 이러한 점에서 소각설비의 성능곡선은 그림 3-52의 AB′C′D와 같이 나타낼 수 있는데 보통 이것을 부드럽게 하여 곡선 ABCD와 같이 한다.

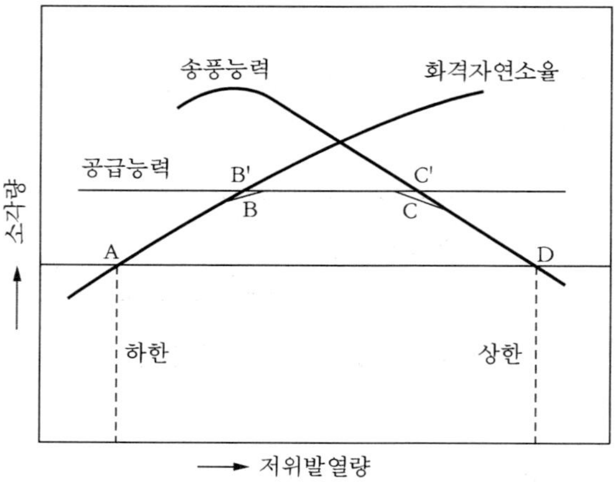

▌ 그림 3-52 소각로의 성능곡선

3.6 열분해

가연성폐기물에서 저공해 처리하여 에너지를 회수 이용하는 기술의 하나로서 열분해(Pyrolysis)를 들 수 있으며, 많은 프로세스가 개발되어 있다.

열분해는 유기물을 무산소 또는 저산소 상태에서 고온(500~1,000℃)으로 가열하여

① 수소, 메탄 등의 탄화수소와 일산화탄소 등으로 이루어지는 가연성가스
② 상온에서 액상인 초산, 아세톤, 메탄올과 같은 유기화합물을 포함하는 tar 또는 기름
③ 순탄소와 유리, 금속, 토사를 포함하는 char의 세 가지 성분

의 흐름으로 화학적으로 분해하는 프로세스이다.

열분해기술은 미국환경청(EPA)에서 1970년부터 도시쓰레기에서 가스, 기름, char를 회수하는 기술이다. 도시쓰레기의 처리를 위해 열분해기술의 개발을 강력히 추진한 후로, 일본에서서는 도시쓰레기의 자원화 기술의 하나로서 여러 회사 및 연구기관이 표 3-7과 같이 외국기술의 도입에 의해 많은 프로세스가 개발되어 현재는 폐기물의 처리기술이 소각에서 열분해로 바뀌었다.

표 3-7 일본의 열분해기술현황

프로세스명칭	기업 또는 기관	기술제휴	프로세스	반응기의 종류	현황	프로세스의 특징
2탑순환식 열분해기술	기술원, 荏原제작소		열분해/가스	2塔 순환식 유동층	100 t/일의 시범플랜트가 완성, 시운전 중	모래매체를 연소탑, 분해탑순환시켜 고온열분해를 한다.
유동열분해 기술	工技院, 立製作所		열분해/기름	단탑 유동층	5 t/일의 파일롯플랜트에 의한 실험	모래유동층에서의 저온열분해
파이록스 시스템	月島機械		열분해/가스	2탑순환식 유동층	船橋市에서 450 t/일 (150 t/일 × 3기)의 플랜트 건설 중	모래매체를 연소탑, 분해탑순환시켜 열분해를 한다.
폐기물용융 처리방식	신일본제철		열분해/가스	입로	茨木市에서 450 t/일 (150 t/일 × 3기)의 플랜트를 건설 중	용광로에 의한 열분해로 산소취입, 잔사를 용융한다.
마그마상형 처리장치	新明和工業		열분해/가스	마그마 床전기로		마그마床전기로에서의 열분해
열분해가스화 연소장치	日立造船		열분해/가스	입로	20 t/일 파일롯플랜트실험 완료	입로, 공기취입에 의한 열분해
랜드가아드 시스템	川崎重工	Monsanto Enviro-Chem.	열분해/가스/증기	회전로	30 t/일 파일롯플랜트시험 종료	회전로에 의한 열분해
데스트라가스 플랜트	日立플랜트 兼松江商	Pollution control Ltd.	열분해/가스	입로		외열식 입로에 의한 열분해
퓨록스 시스템	昭和電工	Union Carbide Co.	열분해/가스	입로	秩父市에서 75 t/일의 플랜트가 건설 중	입로, 산소취입에 의한 열분해
토랙스프로세스	타크마	Torrax, Inc.	열분해/가스/수증기	입로		입로, 공기취입, 발생가스를 연소하여 수증기로서 회수
플래쉬 건류 프로세스	三菱重工	Occidental Co. Ltd	열분해/기름	관형		반송기류 중에서 열분해

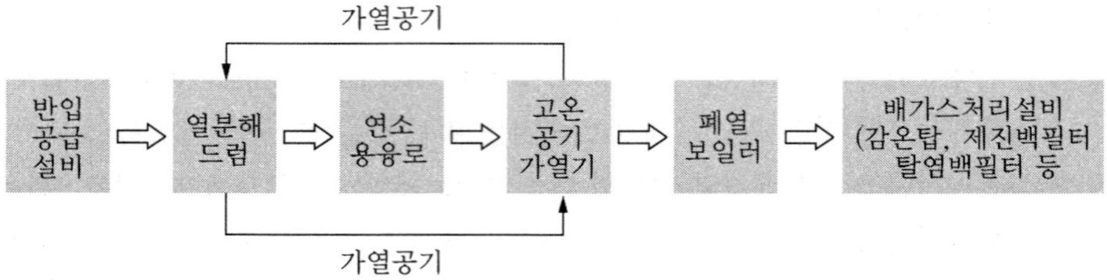

▌그림 3-53 열분해용융로

최근 우리나라에서도 폐기물정책이 자원화 정책으로 바뀌면서 무산소, 저산소상태로 운전되는 열분해는 다이옥신, 질소산화물, 이산화황 등 환경오염물질을 저감시킬 수 있고 감량화는 물론 자원화로서 기체, 액체, 고체의 물질을 얻을 수 있는 열분해방식으로 전환되어 가고 있으며, 이에 대한 연구가 활발히 진행되고 있다.

일반적으로 적용되고 있는 생활폐기물의 열분해 방식은 열분해용융로 방식으로 열분해와 용융의 2단계로 이루어지며, 가스와 숯 형태의 물질을 부산물을 얻을 수 있다. 가스는 에너지원으로 이용되며, 숯 형태는 약 1,500℃ 정도로 용융슬래그화 하여 아스팔트골재, 유리재료 등으로 재활용될 수 있다.

우리나라의 열분해용융로는 경남 양산의 일당 100톤 규모의 열분해로를 시작으로 2007년 거창의 일당 30톤이 준공되었으며, 양양 30톤/일, 판교 90톤/일, 양주 100톤/일, 화성 등에 건설되어 운전 중에 있다.

미국에서의 열분해기술은 파쇄 및 선별하는 전단계 프로세스와 조합하여 가스, 기름 즉 저류성 에너지의 회수를 지향하도록 개발되어, 종래 도시쓰레기의 소각처리가 직면하고 있는 폐가스, 폐수처리 등의 2차 공해 및 매립처분량을 감소시킨 소위 무공해형 처리 프로세스를 지향하고 있다.

열분해는 소각처리에 비하여 다음과 같은 장점이 있으며, 소각처리에 대체될 수 있는 폐기물처리공정으로의 기술개발이 기대된다.

① 배가스량이 적다.
② 황 및 중금속이 회분 속에 고정되는 비율이 크다.
③ 환원성 분위기가 유지되므로 Cr^{3+}가 Cr^{6+}로 변화하는 일이 없다.
④ NO_x의 발생량이 적다.

3.6.1 도시 고형폐기물의 열분해 기초

열분해 반응 프로세스는 다음과 같이 나타낼 수 있다.

$$\text{원료} + \text{열} \xrightarrow{(\text{무산소})} gG\,(\text{기체}) + lL\,(\text{액체}) + sS\,(\text{고체}) \tag{3.18}$$

이러한 생성물의 수율은 원료의 화학구조, 형상, 열분해 온도와 속도에 의존한다. 열분해 생성물은 산소의 존재 하에서 연소하여 물과 이산화탄소 및 열이 된다. 무산소 하에서 셀룰로오스를 재빨리 가열하여 고온으로 하면 셀룰로오스분자는 서서히 분해하며 매탄, 이산화탄소, 수소, 일산화탄소, 물을 포함하는 생성물을 발생한다. 셀룰로오스의 분해는 Shafizadeh에 의해 연구되었으며 그는 열분해와 연소의 과정을 그림 3-54와 같이 나타내고 있다.

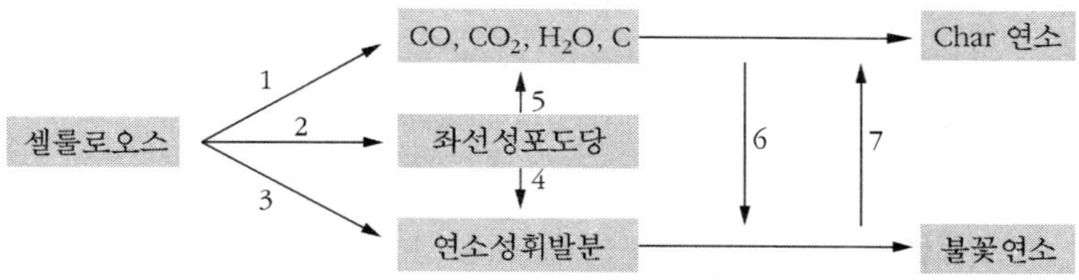

▮ 그림 3-54 셀룰로오스의 열분해와 연소

고온으로 빠르게 그림의 아래쪽 경로를 거쳐 연소성의 휘발물을 생성한다. 셀룰로오스계 물질의 열분해에 필요한 에너지는 식(3.18)에 표시한 생성물의 비에 의존하며 이것은 또한 가열속도, 온도, 시료의 크기에 좌우된다. 저온－저속가열은 고체생성물을 늘리고 고온-고속가열은 가스생성물을 늘린다. 이것은 저속가열에서의 분자의 선택 안정성 때문이다. 저속도－저온으로 가열하면 분자는 가장 약한 점에서 분해하는 데에 충분한 시간을 얻을 수가 있으므로, 재결합하여 열적으로 안정된 고체가 되어 좀처럼 분해하기 어려워진다. 고속－고온으로 가열하면 분자는 폭발적으로 분해되어 넓은 범위의 유기저분자를 생성한다. 입자의 크기를 살펴보면, 큰 입자는 균일한 온도가 되는 데에 장시간을 요하므로 중심부근은 바깥쪽에 비하여 저속도로 가열이 된다. 따라서 열분해에 의해 생성된 가스와 액은 char로 이루어진 두꺼운 층을 통과하여야 하며 많은 2차 반응을 일으키게 된다.

도시고형 폐기물의 화학조성은 미국에서는 경험식으로서 $C_{30}H_{45}O_{19}N_{0.5}S_{0.05}$라고 한다(일본의 경우 : $C_{30}H_{53}O_{14.6}N_{0.34}S_{0.02}Cl_{0.09}$). 열분해 가스로서 고에너지의 것을 얻을 수 있는가 여부는 고체 내의 수소가 수소나 탄화수소 가스로 전화하는 비율과 물로 전화하는 비율에 크게 의존한다. 표 3-8은 여러 가지의 고체 연료 조성과 도시 고형 폐기물의 조성을 탄소, 수소, 산소에 대하여 비교하고 있다.

H/C의 비에서 보면, 미국의 도시 고형 폐기물은 셀룰로오스와 나무사이에 있으며 일본에서는 셀룰로오스 이상으로 보고되어 있다. 표 3-9의 끝부분은 조성 중의 산소가 모두 수소와 결합하여 물을 생성한 경우에 남은 수소에 대하여 H/C의 비를 나타내고 있다. 고체

표 3-8 여러 가지의 고체연료조성과 고체폐기물을 $C_6H_xO_y$로 했을 때의 조성

고체연료	$C_6H_xO_y$	H/C	$H_2 + 1/2\ O_2 \rightarrow H_2O$로 했을 때의 H/C
셀룰로오스	$C_6H_{10}O_5$	1.67	0.0 /6 = 0.00
나무	$C_6H_{8.6}O_4$	1.43	0.6 /6 = 0.10
이탄	$C_6H_{7.2}O_{2.6}$	1.20	2.0 /6 = 0.33
갈탄	$C_6H_{6.7}O_2$	1.10	2.7 /6 = 0.45
반역청탄	$C_6H_{5.7}O_{1.1}$	0.95	3.0 /6 = 0.50
역청탄	$C_6H_4O_{0.53}$	0.67	2.94/6 = 0.49
반무연탄	$C_6H_{2.3}O_{0.14}$	0.38	2.0 /6 = 0.33
무연탄	$C_6H_{1.5}O_{0.07}$	0.25	1.4 /6 = 0.23
고체폐기물			
도시쓰레기	$C_6H_{9.54}O_{3.75}$	1.59	2.14/6 = 0.36
신문지	$C_6H_{9.12}O_{3.93}$	1.52	1.2 /6 = 0.20
플라스틱필름	$C_6H_{10.4}O_{1.05}$	1.73	8.28/6 = 1.40
부엌쓰레기	$C_6H_{9.93}O_{2.97}$	1.66	4.0 /6 = 0.67

표 3-9 성분가스의 분석결과(건가스기준 백분율)

구분	CO_2	CO	O_2	H_2	$CH_4 + C_nH_m$	N_2	고위발열량 (kcal/m^3)
떡갈나무	37.9	23.4	2.4	2.2	18	15.1	2,580
고무	25.9	45.1	0.2	2.8	20.9	5.1	3,260
화이트소나무	20.3	29.4	0.9	21.7	25.5	2.2	3,760
전나무	35.0	23.9	0.0	9.4	28.2	3.5	3,510
견목과잎	33.3	19.9	0.9	22.2	21.7	2.0	3,170
신문지I	22.9	30.1	1.3	15.9	21.5	8.3	3,260
신문지II	21.2	29.5	1.1	22.0	20.8	5.4	3,360
상자 종이류	28.9	29.3	1.6	15.2	17.7	7.3	2,870
갈색 종이류	28.0	27.8	1.6	17.5	17.7	7.4	2,900
잡지류 I	30.0	27.0	0.9	17.8	16.9	7.4	2,810
잡지류 II	33.9	28.9	2.0	4.8	18.7	11.7	2,650
잔디	32.7	20.7	0.0	18.4	20.8	7.4	3,000
감귤류 조각	43.1	15.7	1.4	15.8	17.9	6.1	2,530
야채찌꺼기	36.7	20.9	1.0	14.0	21.0	6.4	2,900

연료에서는 이 값이 0～0.5로 되어 있고 미국의 고형폐기물에서는 이탄과 갈탄 사이에 있으며, 일본에서는 이 값이 고체연료보다도 높다. 일본에서와 같이 H/C의 비가 높게 나타나는 이유는 도시고형 폐기물에 포함된 플라스틱의 비율이 높은 점에 의한 것이라 사료된다. 이와 같이 도시고형 폐기물은 수소생성이라는 측면에서는 보통의 고체연료보다도 뛰어나다고까지 말한다. 다만 이상과 같은 H/C비에 관한 고찰은 수소원소에만 의존한 극한적인 모델에 관한 것이며 실제는 이산화탄소, 일산화탄소, 기타의 생성반응도 동시에 일어난다. 예를 들면, Kaiser 등은 도시고형 폐기물에 포함된 각종 성분에 대하여 회분식 증류열분해에 의해 표 3-9와 같은 생성 가스조성을 얻을 수 있으나 이 조성은 열분해조작의 각종 조건에 의해 변화하는 것이다.

3.6.2. 열분해 프로세스

현재 개발되고 있는 열분해 프로세스를 장치 형식에 의해 분류하면 다음과 같다.

① 이동층 용융로 방식
② 다단로 방식(하수슬러지에만 적용)
③ Rotary Kiln 방식
④ 유동층 방식 − 단탑형, 2탑형
⑤ Flash-Suspension 방식

여기에서 각 방식의 대표적인 프로세스에 대하여 간략히 살펴보기로 한다.

1) 이동층 용융로 방식

(1) 신일철 방식

열분해기술 중 현재 가장 실용에 가까운 프로세스가 신일철에 의해 개발되었다. 20 t/일의 파일로트 플랜트에 의한 기초실험을 거쳐 1978년부터 일본, 도쿄에서는 40 t/일의 실증플랜트가 운전 중이며, 여러 가지 시험데이터를 분석하고 있다. 또한 오사카에서는 105 t/일 × 3기의 실용로를 건설하고 있다.

이 방식은 기본적인 프로세스는 신일철이 축적하여 온 용광로 기술을 쓰레기 처리에 적용한 것으로 용광로에서 폐기물 속에 가연분을 열분해 가스화하고 불연분을 용융 슬래그화하는 것이다.

일반적으로 도시쓰레기에는 용융을 위한 열량으로 쓰레기속의 고정탄소만으로는 불충분하므로 탄소원으로서 코오크스를 그리고 용융을 원활히 하기 위하여 석회를 투입하고 또한 쓰레기질의 변동에 대처하기 위해 산소를 병용하는 것을 원칙으로 하고 있다.

용융 열분해로에서의 열분해가스에 대해서는 ① 가스를 세정하여 회수하는 프로세스와 ② 직접 2차 연소실로 이끌어 연소 후 열회수를 하는 방식이 있는데 전자를 가스회수방식, 후자를 직접 연소방식이라 부르고 있다.

직접연소방식의 계통도를 그림 3-55에 표시하였다.

우선 수집된 쓰레기는 수집차에 의해 쓰레기 피트로 운반된다. 쓰레기는 크레인 등으로 샤프트로(shaft furnace)의 로정으로 운반하여 로에 투입한다. 발생가스의 누설을 막기 위해 투입호퍼에는 이중의 차단밸브가 있어 이것을 서로 개폐하여 대기와 직접 접촉하는 일이 없도록 설계되어 있다.

투입된 쓰레기는 로 내를 내려가면서 하부에서 상승하는 고온가스와 열교환되어 쓰레기 속의 수분은 증발하고 가연물은 열분해에 의해 가스화하며, 회분은 용융하여 슬래그와 철이 된다. 이러한 용융물은 로 하부에 모이므로 일정량 저류되면 로 밖으로 유출시켜 응고시킨다.

수증기를 포함하는 가연가스는 연소실에서 연소한다. 연소배가스의 일부는 열풍로벽돌을 가열하고 나머지는 보일러 또는 분무탑에서 냉각된 후 다시 양쪽의 가스는 전기집진기를 거쳐 처리되고 유인통풍기를 통해 배출된다.

용융로의 연소공기는 열풍로벽돌로 가열되어 수냉의 고운 공기취입구를 거쳐 로에 들어간다. 연소실, 분무탑 또는 보일러 및 전지집진기에서는 소량의 분진이 나오는데 용출 방치처리(시멘트 고화)를 하여 투기하는 외에 일부를 로에 되돌려 보내 슬래그 속으로 녹아

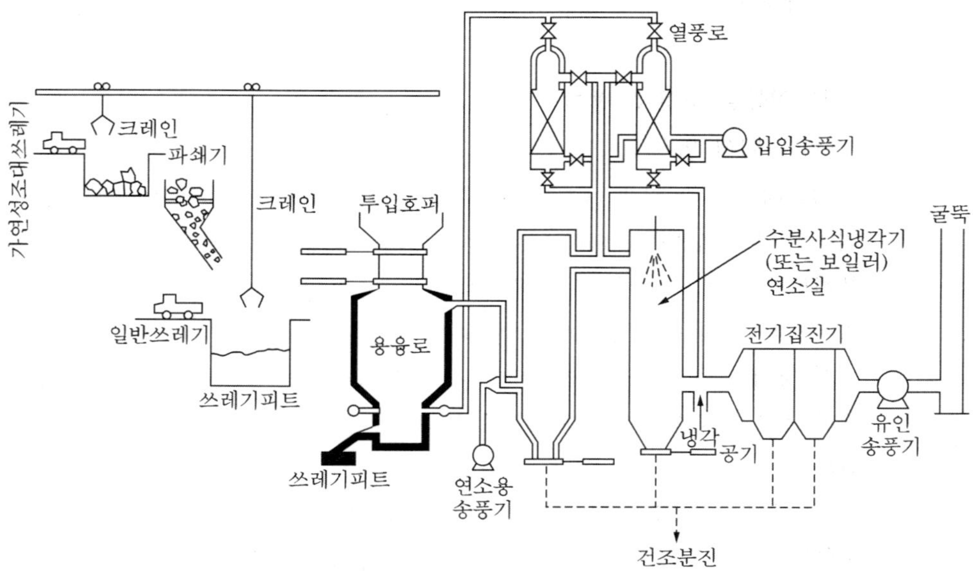

▮ 그림 3-55 신일철방식 폐기물 용융처리

들어가게 하는 것도 가능하므로 투기량은 적어진다.

가스 회수방식인 경우 수증기를 포함하는 가스는 발생가스 세정장치에 의해 가스 속에 포함된 분진 및 유해가스를 흡수 제거함으로써 세정된 연료가스가 된다.

슬래그와 철은 쉽게 분리되며, 표 3-10에서 보는 바와 같이 슬래그는 매립용, 토목재료 등으로의 재활용 가치를 가지고 있다. 또한 폐기물의 시멘트 고화처리 시 고화보조재로 슬래그를 사용하면 중금속 중 특히 Cr의 안정화를 기대할 수 있다고 보고되어 있다.

열분해 가스는 1,500～2,500 kcal/Nm^3의 발열량을 가지고 있으며, 성분의 일례를 표 3-11에 나타내었고, 슬래그 성분을 표 3-12에, 신철 성분을 표 3-13에 나타내었다.

표 3-10 슬래그의 재활용 분야

슬래그 종류		재활용 분야	
고로 슬래그	급냉(수냉)슬래그	성토재 기층 및 보조기층재 콘크리트용 조골재	규산질비료 토목재료용 등
	서냉(공냉)슬래그	시멘트 첨가제 고로시멘트 원료 지반개량재	콘크리트 혼화제 규산질 비료 토목재료용 등
제강슬래그		기층 및 보조기층재 지반개량재 시멘트 원료	콘크리트용 골재 토목재료용 등

표 3-11 가스 성분

가스량 Nm^3/t 쓰레기	성분	CO_2	CO	H_2	N_2	CH_4	C_2H_4	C_2H_6	발열량 (kcal/Nm^3)
550	%	23.8	29.6	25.0	17.8	2.65	1.03	0.10	1,880

표 3-12 슬래그 성분

성분	FeO	SiO_2	CaO	Al_2O_3	TiO_2	MgO	K_2O	Na_2O	MnO	Cl	S
%	10.13	42.4	16.1	16.8	0.75	1.64	0.78	5.32	0.24	0.13	0.11

표 3-13 신철 성분

성분	C	Si	Mn	P	S	Ni	Cr	Cu	Mo	Sn	Sb
%	1.38	3.22	0.09	1.70	0.342	0.46	0.51	1.41	0.010	0.060	0.030

(2) 퓨록스 프로세스(Purox Process)

퓨록스 프로세스는 탑정에서 piston air lock system을 통하여 파쇄쓰레기를 공급하며 저부에서는 산소를 주입하는 입형 shaft로이다. 그림 3-56과 같이 쓰레기는 샤프트로의 상부에서 공급되어 자동으로 로 내를 내려가는 동안에 건조, 열분해되고, 로 저부에서는 분해잔사인 char를 주입된 산소와 반응시켜 1,650℃의 고온을 형성함으로써 금속, 유리 및 다른 무기물을 용융하여 슬래그로 만든다.

용융슬래그는 연속적으로 저부에서 인출되고 수조에서 냉각되어 굳은 입상물질(frit라 한다)이 된다. 로 저부에서 발생한 가스는 로 내에서 상승하여 열분해에 필요한 열을 공급할 후, 90℃로 냉각되어 로 상부에서 배출된다. 반응기에서 배출되는 가스는 30～40%의 수분을 포함하고 있으며 가스세정조작에서 재, 타르 및 응축액이 제거된다.

정화가스는 CO와 H_2가 2 : 1의 비율로 약 75% 함유되어 있다. 25%는 CO_2, N_2와 유기화합물이며, 가스의 발열량은 약 300 Btu/ft^3 (2,669 kcal/m^3)이다.

이 프로세스는 1970년에 New york의 Tarrytown에 있는 Union Carbide사의 기술개발센터에서 4 t/일의 파일로트 플랜트에서 기본적인 시험을 한 후, 1974년 West Virginia주 South Charleston에 실제 단위크기가 180 t (200 USt)/일인 로를 건설하였다. Union Carbide사는 최근, 3단계에 걸친 시험을 계획하고 있다. 제1단계는 파쇄, 선별을 하지 않은 혼합쓰레기의 공급, 열분해의 시험, 제2단계는 쓰레기를 조파쇄, 자선을 한 후 열분해를 하는 시험, 제3단계는 파쇄쓰레기에 여러 가지의 비율로 하수 슬러지를 섞어서 열분해를 하는 시험이다.

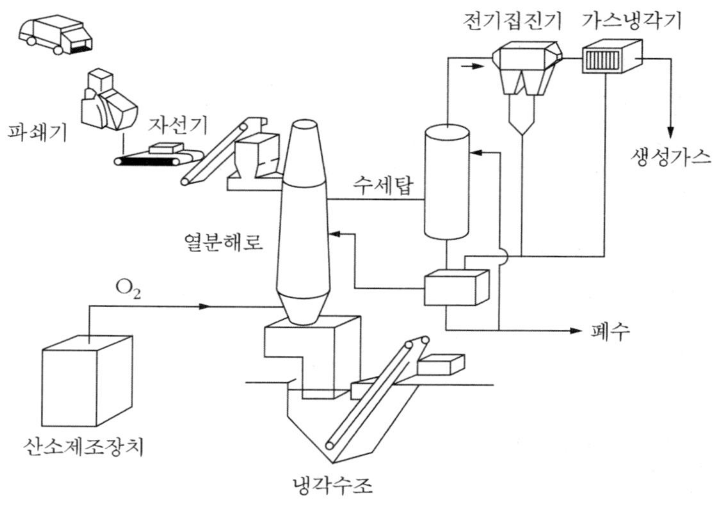

▌그림 3-56 퓨록스 열분해 시스템(Union Carbide)

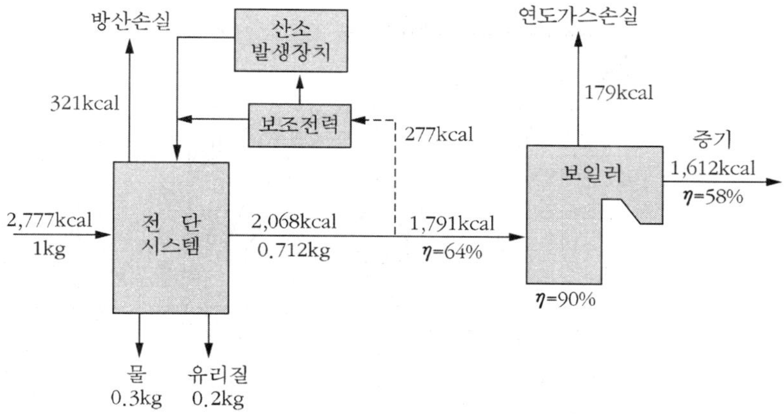

▌그림 3-57 퓨록스 시스템의 열수지

퓨록스 프로세스에서 주로 소비되는 에너지는 쓰레기의 파쇄와 쓰레기 1 lb당 필요한 0.2 lb의 산소제조에 요하는 것이다. 이때 1 lb의 쓰레기당 300 Btu/ft^3 (2,669 kcal/m^3)의 발열량을 가진 연료가스 11.4 ft^3 (0.712 m^3/kg)가 생성된다. 이 연료가스를 90%효율의 보일러로 연소시켜 열회수 하였다면, 시스템전체의 열효율은 58%가 된다(그림 3-57 참조).

(3) 토랙스 프로세스(Torrax Process)

토랙스 시스템은 그림 3-58과 같이 열분해로(가스화로), 2차 연소실, 1차 공기예열기, 열회수 시스템, 가스 세정 시스템으로 되어 있다. 쓰레기는 전처리 없이 피트에서 가스화로로 공급된다. 가스화로는 입형shaft로로 투입된 쓰레기가 자동으로 하강하고 고온가스는 탑저에서 향류로 상승한다. 쓰레기는 하강 중에 건조, 열분해되고 탑 저부에서 char가 연소되고 불연분은 용융된다. 쓰레기의 건조, 열분해에 필요한 열량은 가스화로의 저부로 들어가는 1,000℃로 예열된 공기와 char와의 연소열에 의해 공급된다. 용융잔사는 로 저부에서 연속적으로 배출된 후 수냉되어 흑색의 입상물이 된다.

열분해가스는 2차 연소실로 유입되는데 2차 연소실은 1,400℃로 유지되어 가연성가스 및 입상물질을 완전연소하고 잔사는 다른 수냉탱크로 보낸다. 2차 연소실 출구 가스온도는 1,150～1,250℃이며 일부는 공기예열기로 유도되어 가스화로에 들어가는 공기의 가열에 사용한다. 공기예열기는 제철소에서 오랜 세월을 거쳐 사용해온 refractory lined vessel 2기를 사용하고 있다. 2차 연소실에서의 나머지 가스는 폐열보일러에 공급되어 증기회수에 사용한다. 폐열보일러와 예열기를 거쳐 배출되는 폐가스는 혼합되어 전기집진기에 제진된다.

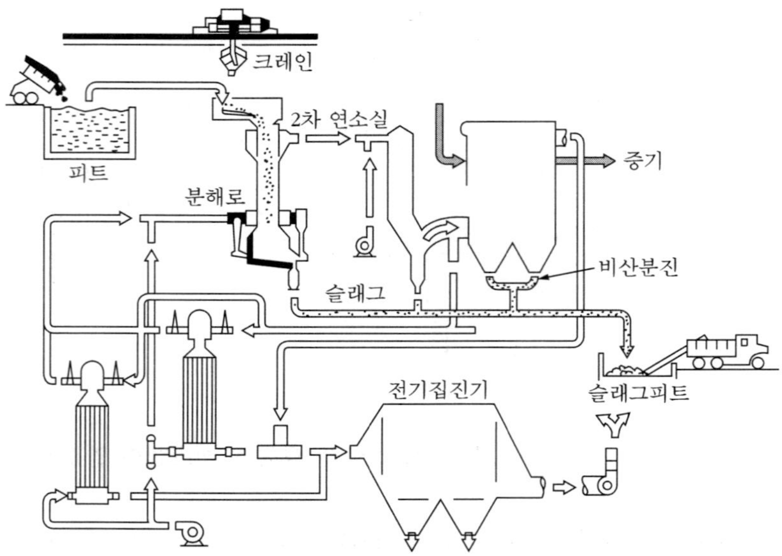

■ 그림 3-58 토랙스 열분해 시스템

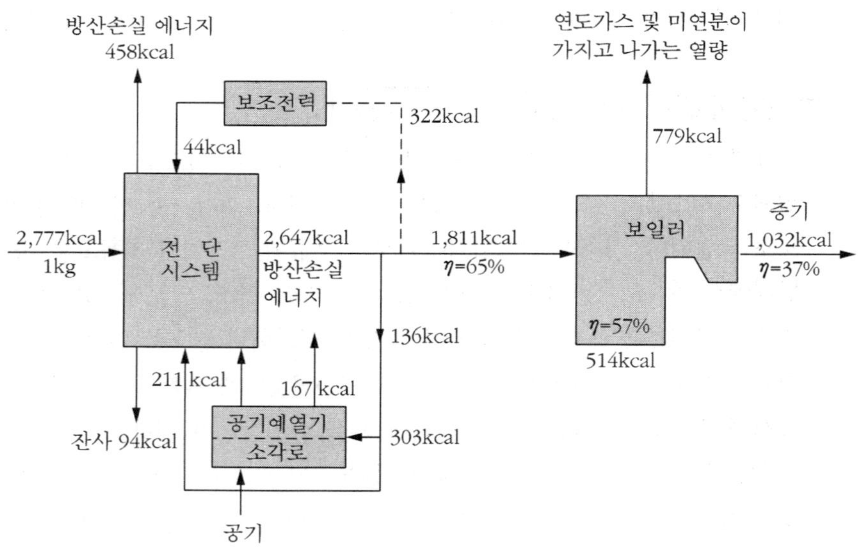

■ 그림 3-59 토랙스 시스템의 열수지

토랙스 프로세스는 최초 68 t/일의 파일로트 플랜트로 1971년 이래 간헐적으로 운전되어 왔었다. 이 플랜트는 미국 환경청(EPA)의 보조금으로 New york의 Erie county에 건설되어 도시쓰레기 및 도시쓰레기와 하수슬러지의 혼합물처리, 나아가서는 폐유, 타이어 PVC의 처리에 대해서도 시험을 실시하였다. 최초의 파일로트 플랜트는 그림 3-58과 같이,

공기예열기로서 연소가스－공기열교환기를 사용하였다. 토랙스 프로세스는 최초 Carbolandum사에 의해 개발되었는데 최근 Andoco사에 판매권이 이양되었다. 현재 180t/일의 플랜트가 Luxemburg에 건설되었으며, 적어도 2기의 플랜트가 유럽에 추가로 건설될 예정인데 현재에는 실제 규모의 비용분석 자료가 부족하다.

이 시스템의 에너지 수지는 그림 3-59와 같이 쓰레기 발열량의 약 35%가 연소용공기의 가열과 플랜트에 필요한 전력 발생에 사용되며, 최종적으로 폐열보일러에 공급하는 열량의 57%, 공급쓰레기 발열량의 약 37%가 증기로 회수된다.

2) 회전로 방식(Rotary Kiln Type－Landgard process)

Monsanto의 Landgard Process는 그림 3-60과 같이 제어된 공기에 의한 열분해조작과 열회수를 위한 저열량 가스의 연소조각을 포함하고 있다. 도시쓰레기는 파쇄되어 싸일로(Silo)에 저장된 후 차례로 킬른에 공급되어 열분해된다. 열분해에 필요한 열량을 공급하기 위해서 킬른 내에서 보조연료를 연소시킨다. 버너는 가스와 고체의 흐름이 향류가 되도록 배치하고 쓰레기는 킬른 내를 이동함에 따라 고온으로 가열된다. 킬른 출구는 약 1,000℃로 유지하며 킬른에서 배출하는 쓰레기는 수조로 낙하하여 냉각된다.

열분해잔사는 세 가지 부분－유리상의 것, 철, 그리고 char로 나눈다. 유리 및 철분은 회수하여 자원화할 수 있으며 Char는 탈수 후 매립한다. 열분해가스는 고온, 저열량이므로 운반이 비경제적이기 때문에 연소실에서 즉시 연소하여 증기로 회수한다.

1975년 Monsnato사에 의해 Maryland주 Baltimore시에 907 t/일의 플랜트가 건설되었다. 그러나 적절한 조작 환경을 확보하기 위해서는 몇 가지의 프로세스 변경이 필요하였기 때문에 정상운전은 하고 있지 못하다가 1976년 여름에 이러한 변경이 이루어졌다. 이 플랜트로 EPA보조금에 의한 시범 플랜트이다. 최초의 보조금음 600만 달러였으나 프로세스 변경 때문에 100만 달러를 추가하였다.

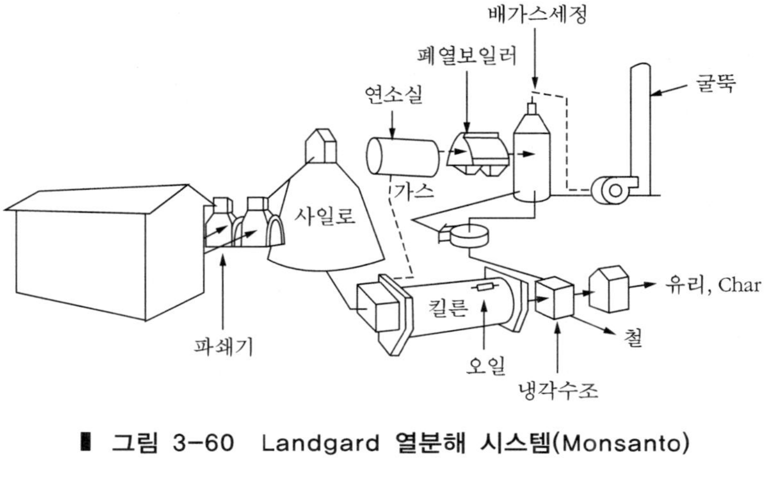

▌그림 3-60 Landgard 열분해 시스템(Monsanto)

건설 때에는 배가스를 1기의 큰 분무탑에서 세정할 예정이었으나 최초의 시험에서 배가스 속의 분진농도가 0.09 grains/dry standard(ds)ft^3 (12% CO_2로 보정, 0.21 g/Nm^3) 정도밖에 되지 않았다. 이것은 연방규제 기준 0.08 grains/$dsft^3$ (0.18 g/Nm^3)을 다소 넘을 정도였으나 주정부의 기준 0.03 grains/$dsft^3$ (0.07g/Nm^3)은 훨씬 넘고 있었다. 이것을 개선하기 위해 현재의 분무탑은 냉각탑으로 하고 분무탑 뒤에 새로 전기집진기를 설치하였는데 Monsnato사의 기술자는 습식을 주장하고 있는데 대하여 시당국을 대표하는 기술자는 건식을 주장하고 있기 때문에 아직 최종결정은 되어 있지 않다.

Boltimore Plant가 최근 직면하고 있는 여러 문제 때문에 적절한 비용분석에 어려움이 잇으나 초기의 토지를 포함한 플랜트의 건설비용은 1,600만 달러였다. 습식 전기집진기를 부착하기 위한 비용은 910만 달러로 추정된다. Monsanto사는 1975년을 기준으로 907 t/일의 플랜트가 총액 2,900만 달러에 달하며 쓰레기 US톤당 약 5달러의 운전비가 필요한 것으로 추정하였다. 최종적으로는 소각로로 개조되어 건식전기집진기를 설치하여 600 t/일으로 운전하고 있다.

3) 유동층 방식

(1) 단탑식

쓰레기 피트에서 쓰레기를 파쇄기로 50 mm 이하로 부순 다음에 정량컨베이어를 거쳐 쓰레기공급용 스크류피이더를 사용하여 유동층 열분해로에 공급한다. 유동층은 생성가스 및 연소용 공기로 모래를 유동화하고 그 속으로 쓰레기를 투입한다. 쓰레기는 매체사와 접촉하여 열의 공급을 받아 약 500℃로 분해하는 동시에 생성하는 char의 일부가 연소된다. 분해 때의 발생가스는 싸이크론으로 분진·모래를 제거한 후 분축탑에서 가스, 기름, 물을 분리 회수한다. 생성가스는 미스트 제거기를 거쳐 일부는 연소로에서 소각하고, 그때의 열은 유동화공기를 가열하는데 사용한다. 가스발열량이 부족한 경우에는 생성유의 일부를 연소로로 공급하여 필요한 열을 보충한다. 분해가스의 나머지는 유동화가스로서 유동층으로 순환시키며 회수된 기름은 기름탱크에 저장한다. 분축탑의 물은 유수분리기로 기름을 분리한 후에 폐수처리하여 방류한다. 유동층 저부에 고이는 이물질은 모래와 함께 간헐적으로 배출시켜서 체분리하여 이물질을 제거한 후 모래는 모래공급 스크류피이더로 순환시킨다.

유동층 내에서는 장시간 운전하면 char가 축적되므로 유동층에 오우버플로우(over flow)를 설치하여 over-flow시킨 모래와 char의 혼합물은 냉각기를 거쳐 체로 모래, char를 분리하여 모래는 유동층으로 되돌려 보낸다. 연소장치의 배가스는 전기집진기로 제진한 후 굴뚝으로 배출시킨다. 그림 3-61에 50 t/일의 처리 프로세스의 물질수지를 나타냈다.

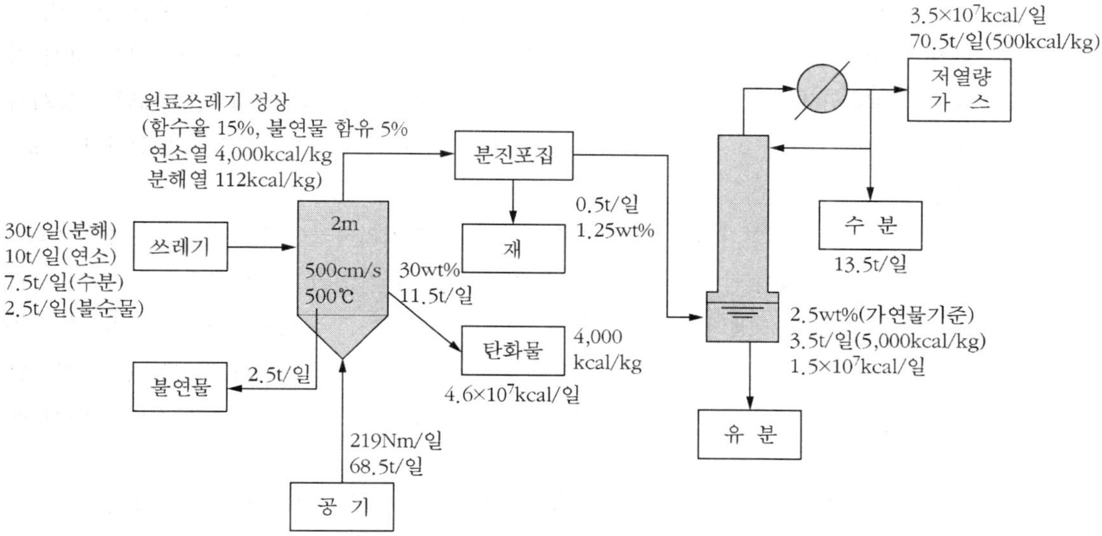

■ 그림 3-61 단탑동층 50t/일 처리 플랜트의 물질수지

(2) 2탑순환식

선택파쇄 분리장치에서 플라스틱, 종이, 금속이 많은 쓰레기를 분취하여 횡형 풍선기에 걸어 무거운 성분인 금속을 제거한다. 얻어진 가벼운 성분에 대해서는 전단파쇄기로 30 mm 이하로 파쇄하여 지그재그형 분별기에 걸어 섞여 있는 작은 쇠붙이 등 비중이 높은 물질을 제거한 것을 열분해 원료로 이용한다. 이와 같이 조정한 원료의 유기물순도는 건조중량의 99% 이상, 수분은 약 20% 정도이다.

열분해는 한쪽이 연소탑, 다른 쪽이 분해탑이며 양탑 사이에 매체모래가 순환하는 장치가 있다. 열분해탑은 유동층, 연소탑은 분류층이며 열분해 원료는 2단 스크류피이더에 의해 유동층에 공급된다. 연소탑에서 연결관에 의해 환송되는 매체사는 분해탑 접선방향으로 들어가며 원료 속에 포함된 이물질은 싸이클론 효과로 중심부로 모여 발출된다. 분해탑에서 생성된 char와 매체사는 연결관을 통해 이젝터부로 이동한 후 에러리프트로 연소탑에 뿜어 올려 char를 연소시킨다. Char의 연소에 의해 발생한 연소열이 모래를 가열하고, 가열된 모래는 연결관을 거쳐 분해탑으로 이동하여 분해에 필요한 열을 현열로서 공급한다. 이젝타부에는 취입공기의 의해 이물질을 제거하는 풍력분별부를 설치하여 분해탑에서 이동해오는 모래속의 이물질을 제저할 수 있게 하였다.

연소탑의 매체가스로는 공기를 사용하고 분해탑은 생성가스를 사용한다. 분해탑과 연소탑가시의 가스혼입률은 1% 이하이다. 연소탑에서의 연소배가스는 싸이크론에서 모래 및 분진을 제거한 후에 열교환기로 연소공기와 열교환을 하고 냉각기, 기액분리기, 건식전기집진기를 거쳐 굴뚝으로 배출한다. 열분해탑에서의 열분해가스는 싸이크론에서 char, 모래를 제거한 후 열교환기에서 유동화가스인 열분해가스와 열교환을 한다. 또한 냉각기, 기액분리기, 타르 및 오일 제거기, 습식 전기집진기로 수분, 유분, 분진을 제거하고 다시 가스세정장치(scrubber)로 산, 알칼리세정을 한 후 가스탱크에 저장한다. 열분해탑 유동화가스는 타르 및 오일 분리기에서 발출하여 열분해가스와 열교환을 한 후에 열분해 탑으로 공급한다.

타르 및 오일 제거기로 포집한 타르, 오일은 배수처리하거나 연소탑으로 순환시킨다. 열분해탑, 이물질 발출장치의 수봉부, 각 열교환기, 냉각기의 기액분리탱크, 가스 세정기의 세정수, 오일, 타르 제거기에서의 오일, 타르 세정수 등은 수집하여 중화, 포기, 접촉산화, 응집친전, 모래여과 및 활성탄 여과하여 방류시킨다. 또 응집조에서 침전한 슬러지는 탈수하여 매립처분하고, 전기진집기로 포집한 재와 이물질 제거 장치의 이물질도 모아서 매립한다.

그림 3-62에 2탑순환식 열분해 프로세스의 개략도 및 물질수지를 나타낸다.

도시쓰레기를 반습식 선별장치로 I 그룹(부엌쓰레기), II 그룹(종이류), III 그룹(플라스틱류, 금속류 등)으로 분리한 후 II+III 그룹 및 III 그룹의 쓰레기 분석결과를 표 3-14, 열분해 생성가스의 조성을 표 3-15에 표시하였다.

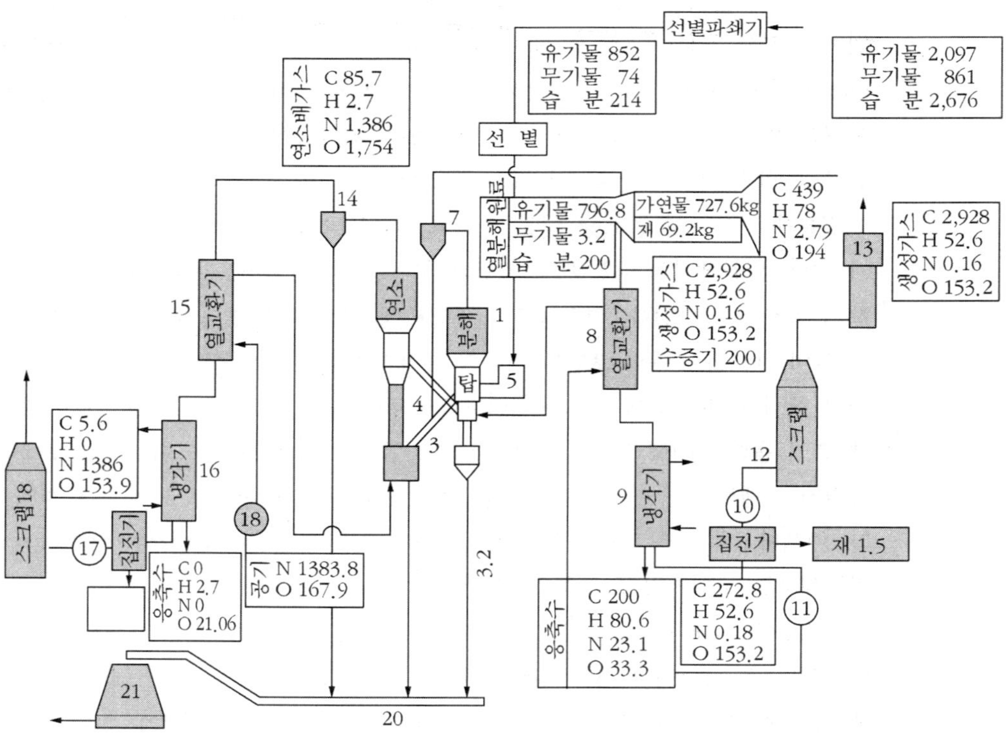

▌그림 3-62 2탑순환식 열분해 장치 물질수지(ton)

표 3-14 원료의 분석치

원소(%) \ 원료	Ⅱ+Ⅲ 그룹	Ⅲ 그룹
C	44.4	51.6
H	6.32	7.51
N	1.14	1.05
O	40.68	33.08
S	0.14	0.17
Cl	1.02	0.88
재	6.3	5.71
발열량(kcal/kg)	3,890	4,963

표 3-15 열분해 가스조성

원소(%) \ 원료	Ⅱ+Ⅲ 그룹	Ⅲ 그룹
H_2	20.2	15.8
O_2	0.9	0.11
N_2	2.09	4.79
CO	26.8	21.1
CO_2	16.9	11.2
CH_4	16.7	23.8
C_2H_4	6.65	11.7
C_2H_6	3.56	4.74
C_3Hm	4.49	5.77
C_4Hm	1.56	0.98
발열량(kcal/Nm^3)	5,674～6,148	7,004～7,606

(3) 바이록스 프로세스

원리적으로는 전술한 2탑 순환 유동층방식과 동일한 프로세스로서 프로세스의 개략도는 그림 3-63과 같다.

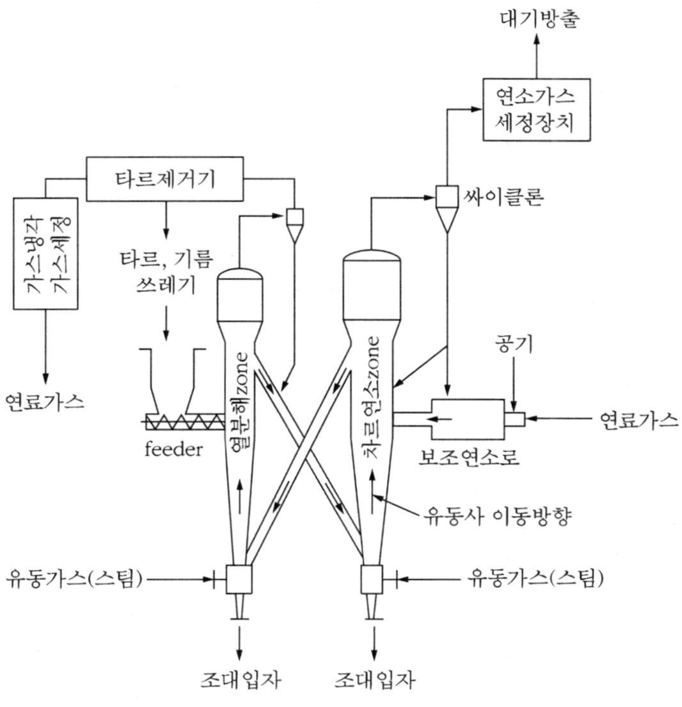

▮ 그림 3-63 2탑식 유동층 개략도

실용장치에서는 분해탑, 재연탑의 각 상부에 유동용 스팀과 char 연소용 공기의 가열용 열교환기를 두고 분해발생 가스와 연소폐가스의 열을 회수한다. 또 연소폐가스 싸이클론 분리기 뒤에 폐가스량이 많을 경우에는 폐열보일러를 붙여 열회수를 한 후 전지집진기로 미립자를 포집한다. 이 열분해공정은 다음과 같이 운전된다.

① 전처리 공정에서 약 50 mm 이하로 파쇄한 폐기물은 자석식 분별기로 철분을 제거한 후 수분이 많은 경우에는 수분을 30% 이하까지 건조시킨 후 열분해 장치로 공급한다.
② 공급장치에 의해 가스 밀폐되어 분해탑으로 정량 공급된 폐기물 중 유기물은 분해탑하부에서 고온의 유동사에 의해 열분해 된다.
③ 분해탑의 하부에서는 유동가스로서 스팀을 적당량 송입하며 재연탑에서 넘어온(overflow) 고온의 모래는 유동하면서 분해부로 보낸다.
④ 폐기물 중의 유기물질은 열분해된 가스와 타르 및 char가 된다. 타르는 가스상으로 되어 있기 때문에 발생가스와 함께 분해탑을 나온다. 발생가스는 유동용 스팀을 가열시켜 열회수를 하고 싸이클론으로 미립의 char와 재를 분리한 후 가스냉각탑 및 세정탑에서 냉각 세정되어 깨끗한 가스연료가 된다. 가스 냉각기 및 세정기에서는 타르 및 가스에 동반하고 있는 수증기가 응축된다. 폐기물 속에 포함된 질소는 N_2와 NH_3가 되며 황은 H_2S가 되고 염소는 HCl이 되어 가스 속에 포함되는데 세정하면 거의 제거된다.
⑤ 한편 분해 생성한 char는 분해열을 주어 온도가 내려간 유동사와 함께 재연탑으로 이동한 후 탑저에서 들어가는 과열 증기에 의해 이동되어 연소부에서 연소됨으로써 유동사의 온도를 올린다. 연소용 공기는 연소배가스와 열교환되어 예열된 후 공급된다.

열분해 원료의 수분이 많고 분해탑에서 필요로 하는 에너지가 생성 char의 연소열만으로는 부족한 경우 보조 연료를 공급할 필요가 있다. Char 연소가스는 연소용 공기를 예열시킴으로써 온도를 낮춘 후 싸이크론에서 동반하고 있는 분진을 분리하며, 가스의 열량에 따라서는 다시 폐열보일러로 열회수한 후, 전기집진기를 통과시키고 필요하면 세정하여 대기로 방출한다.

4) 관형 순간 열분해 방식(Flash Pyrolysis-Occidental Process)

전체적인 흐름은 그림 3-64와 같으며, 전단 시스템의 제1단계에서 도시쓰레기는 1,000 마력의 모터로 구동되는 해머밀로 약 3 inch의 크기(3 inch 스크린통과가 90%)로 파쇄하여 자선으로 철을 분리시키고 풍력선별에 의해 비교적 무거운 것(대부분이 무기물)과 가

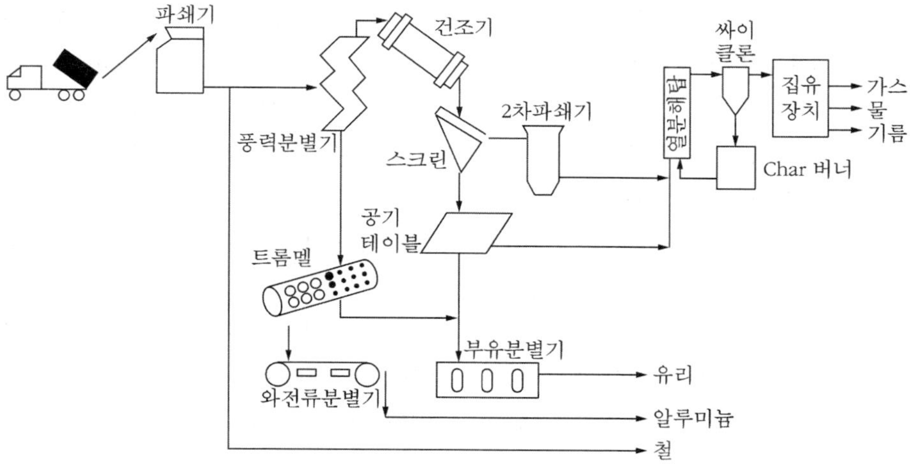

▮ 그림 3-64 Occidental사의 순간 열분해 시스템

벼운 것(유기물)으로 선별한다.

가벼운 부분은 열분해 가스에서의 열을 이용하여 4%의 함수율까지 건조시킨다. 건조 후 이 유기물은 2차 파쇄기로 파쇄하여 0.125 inch의 스크린에 의해 14 mesh (즉, 입자의 80%가 인치마다 14개의 구멍이 열려 있는 스크린을 통과)의 입도로 만든다. 0.125 inch를 통과한 입자는 air table에 공급되어 진동과 공기흐름의 조합으로 유기입자와 유리 등의 무기입자로 분리된다.

열분해 반응기는 수직인 스테인리스 관이며, 유기원료는 공기를 이용하여 공급된다. 열분해반응의 고체 잔사에 있는 char는 1,400°F (760℃)로 가열된 후 반응기에 들어가 유기물질과 혼합된다. 가열된 char의 입자는 유기물질의 열분해에 필요한 열을 주고 열분해 반응은 char와 쓰레기의 혼합물이 반응기를 통과할 때 발생한다. Char는 싸이클론으로 가스에서 분리하며, 가스는 오일 디캔터(Oil Decanter) 속에서 175°F (79.4℃)까지 급격히 냉각된다. 기름을 분리시킨 가스의 일부는 무산소의 수송매체로 사용되며 나머지 가스는 char 가열기에 필요한 연소 가스 반응기 내 수송가스 및 장치 내의 각 부분에서 발생한 가스의 예열을 위한 열원이 된다.

분리된 기름은 고체 미립자가 많이 포함되어 있는 경우 원심분리한 후 저유조에 저장한다.

전단계 시스템의 풍력선별로 분리된 무거운 부분은 트롬멜로 3개 부분으로 선별한다. 1/2 inch보다 작은 것은 유리 회수 시스템으로, 1/2～4 inch의 것은 알루미늄 회수시스템으로 공급되며 4inch보다 큰 것은 1차 파쇄기로 되돌아간다.

유리회수는 기포에 의한 부유선별을 이용하는데 부유선별장치 그 자체의 분리효율은 높으나 투입된 쓰레기 중 유리에 대한 회수율은 77%이다. 알루미늄회수 시스템은 유도모터(induction motor)에 의한 와전류분리이며 들어오는 쓰레기 속 알루미늄의 60%가 회수된다.

얻어진 열분해유의 평균발열량은 약 24,400 J/g (5,832 kcal/kg)으로서 연료유의 42,400 J/g (10,134 kcal/kg)에 비하여 낮다. 이것은 연료유의 비해 열분해유는 탄소와 수소가 적고 산소가 많기 때문으로 생각된다. 점도는 연료유에 비하여 약간 높아서 116℃로 분무연소시킬 수 있다. 따라서 San Diego Gas and Electric는 기존의 기름연소 발전보일러의 연료로써 이 기름을 사용하고 있다.

EPA의 보조금에 의한 181 t/일의 플랜트는 1977년에 건설되어 시운전되었으나 여러 가지 기술적 문제로 인해 운전이 중단되었다.

이 플랜트의 건설비는 장소의 제한과 설계가 진행되면서 발생한 기술상의 문제점을 극복하기 위해 급격히 상승하였다. 설치장소가 20,000 m^2로 좁고 공항에 인접해 있기 때문에 플랜트의 높이를 18.3 m까지 제한하여야 하며 악취, NO_x의 문제에 의해 복잡하게 설계되었기 때문에 1971년 기준으로 290만 달러였던 것이 1975년에는 1,020만 달러가 되고 그 후 230만 달러가 추가설계를 위해 사용되었다.

시스템에 대한 에너지 수지는 그림 3-65와 같다. 그림에서 2,777 kcal의 열량을 가진 쓰레기 1 kg에서 1,139 kcal의 액체연료가 얻어지고, 다른 열량은 잔사와 char로 손실되는 것을 알 수 있다. 그러나 412 kcal의 에너지가 구입에너지의 양(연료유 0.15 L)에 상당하므로 이 양을 빼면 연료의 727 kcal만이 유효하게 이용될 수 있게 된다.

옥시덴탈 프로세스는 운반이 가능하고 또한 저류성의 연료를 제조할 수 있는 점에서 매우 흥미 있는 프로세스이다. 그러나 쓰레기 발열량의 상당부분을 char로 잃고 있다.

Char는 투입된 쓰레기중량의 20%나 되며 에너지값의 30% 이상을 포함하고 있다. 그 발열량은 8,200 Btu/lb (4,555 kcal/kg)로 거의 석탄에 가까움에도 불구하고 재의 함유량(33%)이 높기 때문에 현재는 연료로서 유효하게 이용되고 있지 않다. 따라서 char를 유효한 자원으로의 재활용에 대한 연구가 필요할 것으로 생각된다.

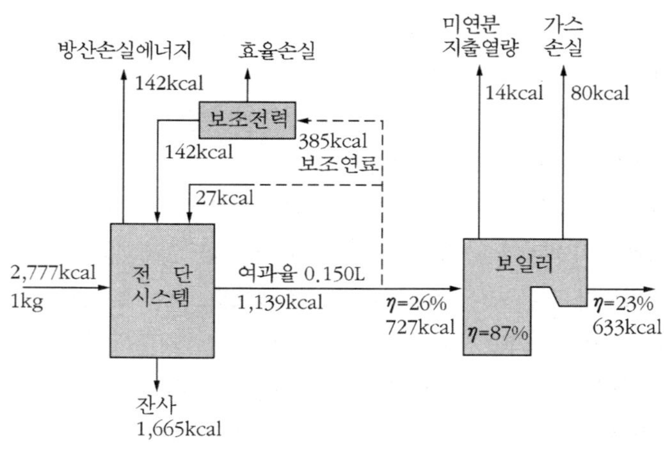

▌그림 3-65 Occidental 시스템의 수지

3.6.3 열분해 프로세스의 문제점

종래의 생산프로세스에서 열분해기술은 투입 재료의 균질성이 대전제였으며 그 중에서 목표로 하는 생성물의 수율을 높이는 것이 최대의 관건이었다. 그것에 비해 도시고형폐기물을 열분해하는 경우, 투입 원료가 물리적·화학적으로 복잡하며 더구나 그 조성이 지역적, 계절적 그리고 해마다 변화한다. 그럼에도 불구하고 생성물의 원료로서의 이용을 고려할 때 생성물을 가급적 안정한 질·양으로 확보해야 하는데 문제점이 생긴다. 예를 들면 열분해 반응의 촉진과 안정화를 위해 전처리로서 원료를 미분화하는 경우, 도시 고형폐기물과 같이 파쇄 특성이 다른 혼합물질인 경우 복잡한 파쇄·분리프로세스와 막대한 동력을 필요로 하므로 열분해의 단위조작만으로는 평가할 수 없게 된다. 한편, 원료중의 저융점물질에 의한 조작상의 문제나 유해물질이 가져오는 회수생성물질의 영향도 고려해야 한다.

우리나라의 도시 고형폐기물은 미국에 비하여 수분이 약 2배, 종이류는 약절반이며 발열량도 낮다. 더구나 부엌쓰레기의 함유율이 높기 때문에 열분해 생성가스의 발열량은 낮다. 이와 같은 회수생성물질의 성상을 고려하면 열분해의 전단계 프로세스로서의 분별 시스템이 효과적이다.

열분해 반응에서는 온도, 가열시간, 압력, 촉매의 존재 등의 인자에 의해 가스, 타르·기름, char의 생성량이 변화한다. 열분해 생성물의 이용목표를 가스, 타르·기름, char의 어느 것으로 정하는가는 자원의 수요·유통기구 등 다방면에서의 평가가 필요하다. 그러나 일반적으로 오염물질의 제거는 가스 속에 포함되어 있는 경우 가장 어렵다. 타르·기름은 응축한 수분에 혼입하여 회수되는데 다양한 원료에서 분해되어 오는 성분이 복잡하기 때문에 이것을 분리정제하여 화학원료로 제공하는 데에는 경제적으로 곤란이 예상되나 연료로서 이용하는 경우 정제의 정도에는 이익이 있지만 품질에는 문제가 있다. Char를 부가가치가 높은 활성탄으로 이용하는 것도 생각할 수 있지만 도시 고형폐기물 속의 중금속 등이 농축될 경향이 있기 때문에 정화용의 활성탄으로서의 이용에는 문제가 있다. 오히려 열분해 반응은 흡열반응이어서 열공급의 필요가 있으므로 char를 프로세스 내에서 연소하여 열분해 반응 열원으로서 이용하는 것이 현명할 것이다. 한편 가스화인 경우에는 가스 속에 포함되는 오염물질을 알칼리·물세정 등으로 비교적 쉽게 제거할 수 있어 정제된 연료가스를 얻을 수 있으므로 수관부식의 우려가 없어 열효율이 높은 고압보일러를 채용할 수 있는 등의 장점이 있다.

3.7 연소에 의한 자원화 프로세스

개발이 진행되고 있는 자원화 기술을 조합하여 여러 가지의 프로세스 시스템을 설계한다. 그러나 도시쓰레기에서 분리한 물질이 자원화되기 위해서는 사회시스템이 그 방향으로 정비되어야 한다. 따라서 매립처분을 전제로 한 소각 위주의 처리시스템이 점차자원화를 지향하는 시스템으로 발전해 가는 단계를 예측하여 자원화 수준이 다른 몇 개의 대체 프로세스 시스템에 대하여 연구해 둘 필요가 있을 것이다. 소각처리 시스템을 대체할 수 있는 프로세스 시스템은 다음 5개의 기본 유형으로 분류할 수 있다.

3.7.1 기존 소각로와의 결합시스템

전술한 바와 같이 유럽제국 및 일본의 대도시에는 성능이 우수한 소각로가 건설되어 있으며, 소각처리 그 자체에는 문제가 없으나 소각이 부적합한 물질의 혼입에 의해 대기오염이라는 2차 공해가 문제가 되고 있다. 따라서 전단계 시스템에 선별 서브시스템을 설치하여 현행 소각 처리방식의 결점을 보완하려 한다. 선별 서브시스템의 추가에 의해 기대되는 효과는 다음과 같다.

① 소각로 파손, 능력저하, 2차 고해의 원인이 되는 물질을 분리한다.
② ①의 결과로서는 현 소각로의 무공해화 및 처리량의 증가를 꾀한다.
③ 선별에 의해 유가물질(철, 알루미늄, 플라스틱 등)이 회수된다.
④ 열회수 서브시스템의 추가에 의한 소각에 따라 발생하는 에너지를 유효하게 이용할 수 있다(온수공급, 공공시설용 난방발전 등).

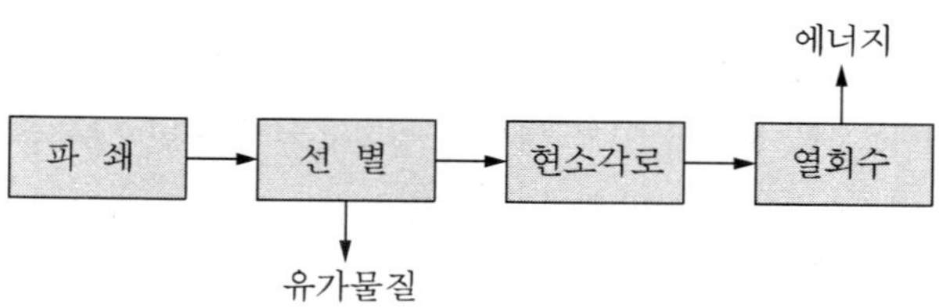

▌그림 3-66 기존 소각로와의 결합시스템

3.7.2 새로운 소각로를 중심으로 하는 시스템

전단계 서브스템으로서 파쇄 및 선별을 도입하면, 현행 소각로와 같은 화격자(grate)방식의 로가 반드시 필요하지는 않다. 즉 유동층로, 원형회전로(Rotary kiln), 선회류로와 같은 콤팩트한 로가 적용될 수 있다.

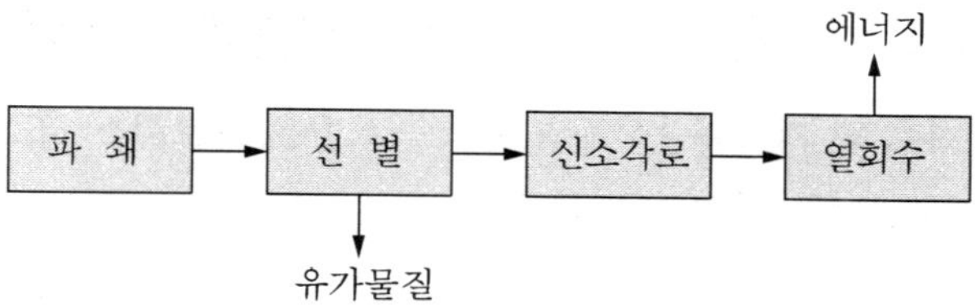

▌그림 3-67 새로운 소각로를 중심으로 하는 시스템

3.7.3 가스화를 중심으로 하는 열분해 시스템

(1) 용융처리방식

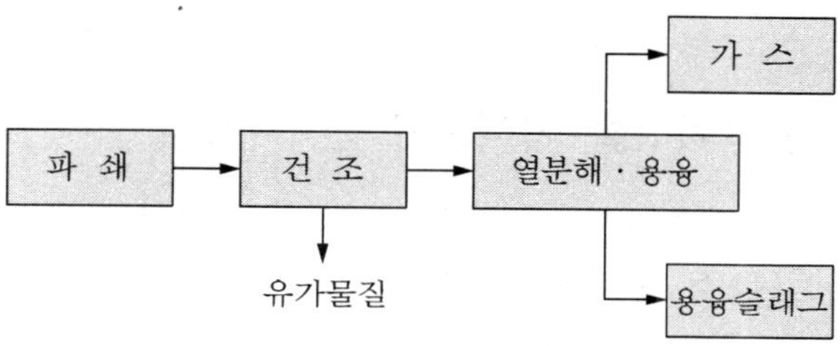

▌그림 3-68 열분해 용융처리방식

(2) 물질회수 및 가스화 방식

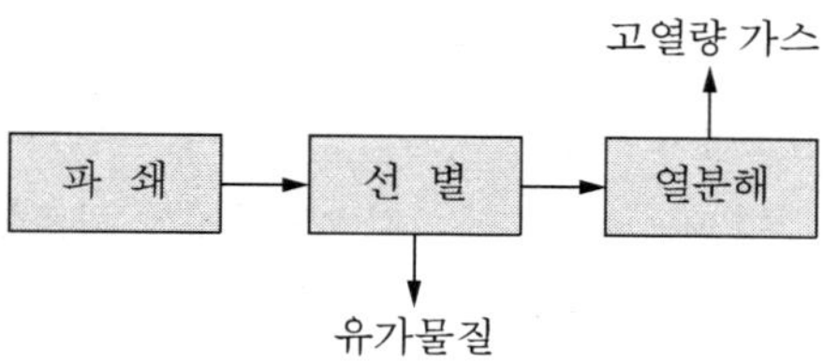

▌그림 3-69 열분해 물질회수 및 가스화 방식

후단계 시스템에 열분해를 도입하여 유기성 폐기물을 열분해 시켜 고열량 가스를 발생시키는 시스템이다. 물론 전단계의 선별 시스템에서 유가 물질을 회수한다. 기대되는 효과로는

① 열분해 기술의 도입으로 인해 대기로 방출되는 배가스량이 소각로에 비하여 소량이며 대기오염방지비용이 경감된다.

② 열분해 가스는 무공해 연료로서 다목적 이용이 가능하다.

3.7.4 오일화를 중심으로 하는 열분해 시스템

물지회수 및 가스화방식과 기본적으로 같은 프로세스 시스템으로 열분해의 장치와 조작 조건이 오일화를 목적으로 한다.

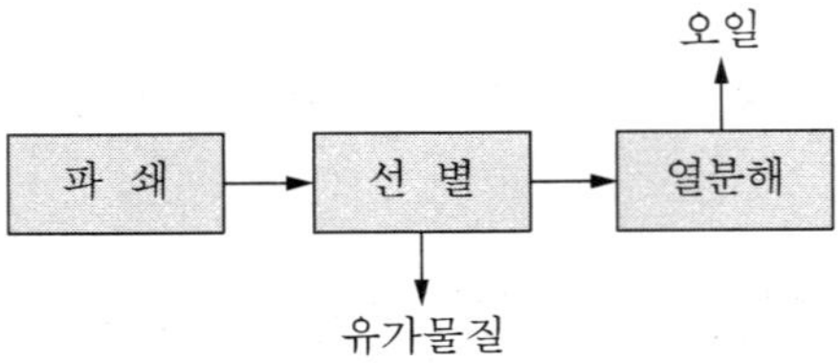

▮ 그림 3-70 오일화를 중심으로 하는 열분해 시스템

3.7.5 물질회수를 목적으로 한 시스템

전단계 시스템만으로 유가물질을 정선별, 회수하고 잔사는 전량 매립처분하는 시스템이다. 소도시에서는 분별수집과 조합할 수 있는 가능성이 있다.

그런데 소각처리 중심의 쓰레기처리와 매립 방식이 열과 물질의 회수 및 자원화를 포함하는 처리·처분 시스템으로 이행해 가는 과정은 도시의 특성에 따라 다르다. 도시의 형태, 예를 들면 인구 100만 이상의 대도시, 인구 20~50만 정도의 중도시, 농업지역을 포함한 지방의 중도시 및 읍, 면, 동에서 청소행정을 광역적인 조합형식으로 하고 있는 곳 등에 따라 그 방식이 다르다. 현행 소각처리 시스템에 의한 2차 공해의 문제를 해결하기 위해 a 및 b의 시스템이 우선 시행되고 이어서 자원화수준이 높은 c 및 d의 시스템이 대체될 수 있다는 것이 예상된다. e는 지방도시에서 시도할 가능성이 있다고 보아 부가한 것이며 예외적인 것이다. a의 현행 소각처리 방식 전에 파쇄·선별 프로세스를 두고 소각부적물을 분별하는 시스템에 대해서는 도시 폐기물 자원화 시스템에 의해 연구된 전술의 건식, 반습식, 습식의 모든 프로세스에 대한 실험데이터가 수집되어 있다. 실험 데이터로부터의 추산에 의하면 전량 수집 일괄소각에 비교하여 소각량의 16%, 매립(회)량에서 23%, 생성 염화수소량에서 70%, 배풍가스량에서 16% 정도의 절감이 가능하며 파쇄 및 선별시스템의 도입에 의해 현행소각 시스템에서의 여러 문제 중 일부가 완화 내지 해결될 가능성이 있음이 밝혀졌다.

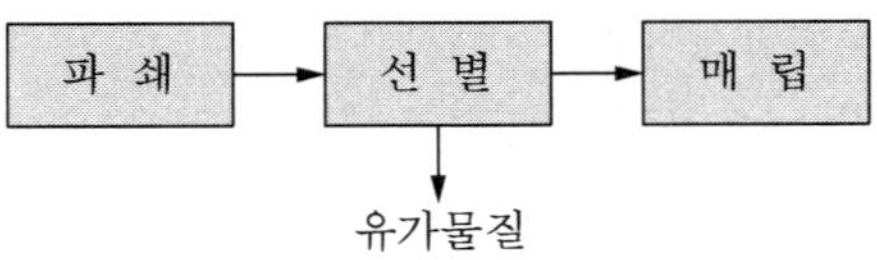

▮ 그림 3-71 오일화를 중심으로 하는 열분해 시스템

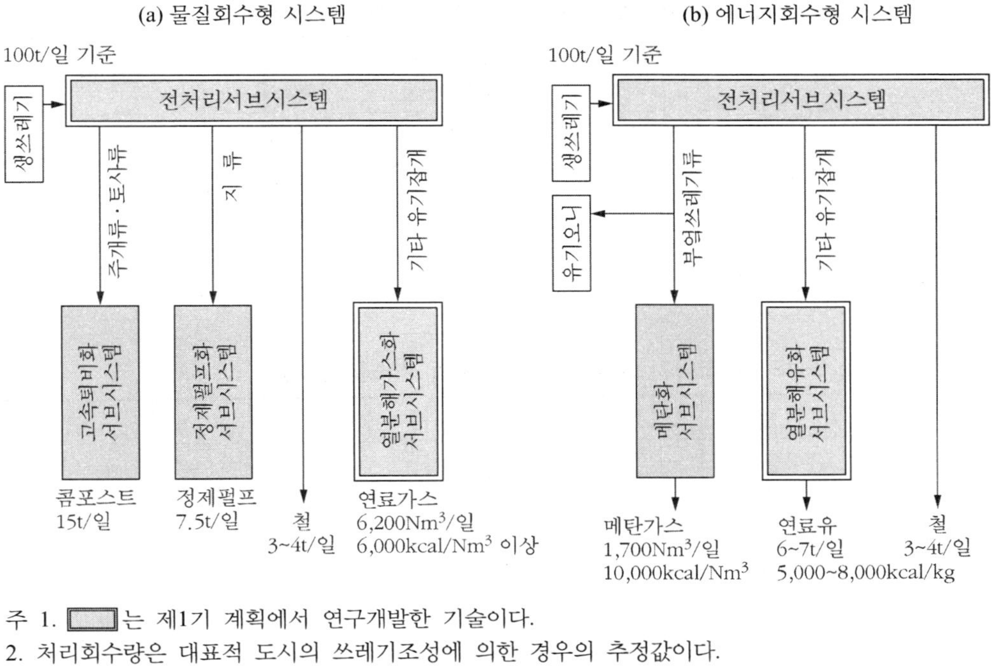

▮ 그림 3-72 물질 및 에너지 회수시스템

그러나 실제 시스템으로 설계 하는 경우 파쇄쓰레기를 저류하는 싸이로(silo)의 신뢰성이 아직 충분하지 않은 점, 미세하게 파쇄된 쓰레기에 대해서는 현행 소각로와 같은 화격자 방식보다는 유동층과 같은 방식 쪽이 적합하다는 점을 생각하면 전단계 프로세스를 바꿀 경우에는 후단계 프로세스도 바꿀 필요가 있다. 가장 자원화 수준이 높은 프로세스 시스템 플랜트는 그림 3-72 (a), (b)와 같이 주로 물질회수를 지향하는 프로세스 시스템과 에너지 회수를 지향하는 프로세스 시스템으로 나뉘고 있다.

표 3-16은 폐기물의 처리처분, 자원화 등과 소각로 및 열분해로 설계 시 중요한 인자가 되는 우리나라 발생원별 폐기물의 삼성분표(2022년)이다. 표에서 보는 바와 같이 수분함량은 음식물류 폐기물이 70.6%로 가장 높으며, 가연분은 건설폐기물(75.9%)과 종량제혼합배출폐기물(72.4%)이 가장 높은 것을 알 수 있다.

표 3-16 우리나라 발생원별 폐기물의 삼성분 조성(%)

구 분	음식물류 폐기물	종량제혼합 배출폐기물	배출시설계 폐기물	지정폐기물	건설폐기물
수분	70.6	22.9	24.7	38.1	2.5
가연분	26.9	72.4	49.6	25.0	75.9
회분	2.5	4.8	25.7	36.8	21.6
저위발열량	1,322	4,026	3,244	5,225	3,129

표 3-17 우리나라 발생원별 폐기물의 원소분석(%)

구 분	C	H	O	N	S	Cl
음식물류 폐기물	45.5	6.6	37.1	2.16	0.15	0.95
종량제혼합 배출폐기물	54.2	7.4	31.4	1.18	0.14	0.50
배출시설계 폐기물	30.6	3.9	21.3	1.16	0.36	0.61
지정폐기물	36.9	5.9	19.8	1.04	0.28	0.34
건설폐기물	33.6	4.3	19.3	1.92	0.07	5.79

연습문제

01 쓰레기 소각처리 공정의 구성에 대하여 설명하시오.

02 쓰레기 소각로의 종류와 그 원리에 대하여 설명하시오.

03 쓰레기 소각로의 집진기 종류와 그 원리에 대하여 설명하시오.

04 쓰레기를 소각 처리하고자 한다. 탄소 성분이 9.5%, 수소 2.4%, 산소 10.2%이고 기타 성분(불연소분)이 77.9%일 때의 이론 공기량을 구하시오.

05 쓰레기의 발열량이 500 kcal/kg이고 쓰레기량이 100,00 kg/d이라고 하면 로 내 열부하가 50,000 $kcal/m^3 \cdot h$인 소각로의 용적을 구하시오.

06 연료의 종류 및 특성에 대하여 쓰시오.

07 연소에 대하여 설명하시오.

08 연소 시 보일러의 부식종류와 이의 방지법에 대하여 설명하시오.

09 열분해와 가스화공정의 차이점에 대하여 설명하시오.

10 열분해란 무엇이며, 이용할 수 있는 쓰레기의 종류를 열거하시오.

11 화학식이 $C_{70}H_{100}O_{40}$인 쓰레기 1 ton을 완전히 연소시키는데 필요한 공기량을 구하시오.

12 열 함유량이 10,000이고 조성이 다음과 같은 쓰레기 100 ton/d의 연소에서 배출되는 배기가스 중의 유효열량을 구하시오. 단, 소각로 잔류물 중에서 탄소 10%가 들어 있으며 유입공기 및 소각잔류물의 온도는 각각 25℃, 300℃로 가정한다.

원소	질량(%)	원소	질량(%)
탄소	28	황	1
수소	5	물	20
산소	22	불황성물	20
질소	4		

4

폐기물자원화

4.1 폐기물의 자원순환
4.2 자원화시스템
4.3 MBT기술
4.4 신재생에너지
4.5 폐기물에너지 생산
4.6 분별기술에 의한 자원화시스템
4.7 고체연료화(SRF, BIO-SRF)
4.8 퇴비화 기술
4.9 생물학적 처리기술
4.10 도시광산(Urban Mine)

CHAPTER 4

폐기물자원화

4.1 폐기물의 자원순환

4.1.1 폐자원의 순환

2008년 3월 개정된 "자원의 절약과 재활용촉진에 관한 법률" 목적은 폐기물의 발생을 억제하고 재활용(再活用)을 촉진하는 등 자원(資源)을 순환적으로 이용하도록 함으로써 환경의 보전과 국민경제의 건전한 발전에 이바지함을 목적으로 한다.

이 법에서 사용하는 용어의 뜻은 폐기물관리법, 환경기술 및 환경산업지원법에 준하며, 다음 내용과 같다(환경부).

1. 삭제 [2017.11.28] [시행일 2018.1.1]
2. "재활용가능자원"이란 사용되었거나 사용되지 아니하고 버려진 후 수거(收去)된 물건과부산물(副産物) 중 재사용・재생이용할 수 있는 것[회수할 수 있는 에너지와 폐열(廢熱)를 포함하되, 방사성물질과 방사성물질로 오염된 물질은 제외한다]을 말한다.
3. "부산물"이란 제품의 제조・가공・수리・판매나 에너지의 공급 또는 토목・건축공사에서 부수적으로 생겨난 물건을 말한다.
4. "지정부산물"이란 부산물 중 그 전부 또는 일부를 재활용하는 것이 그 자원을 효율적으로 이용하는데 특히 필요한 것으로서 대통령령으로 정하는 부산물을 말한다.
5. "재활용"이란 "폐기물관리법"에 따른 재활용을 말한다.
6. "재사용"이란 재활용가능자원을 그대로 또는 고쳐서 다시 쓰거나 생산 활동에 다시 사용할 수 있도록 하는 것을 말한다.
7. "재생이용"이란 재활용가능자원의 전부 또는 일부를 원료물질(原料物質)로 다시 사용하거나 다시 사용할 수 있도록 하는 것을 말한다.
8. "에너지회수"란 재활용가능자원으로부터 "폐기물관리법" 나목에 따른 기준(이하 "에

너지 회수기준"이라 한다)에 따라 에너지를 회수(回收)하거나 에너지를 회수할 수 있는 물질로 전환시키는 것을 말한다.

9. "폐자원에너지"란 고형연료제품, 폐기물합성가스 등 폐기물로부터 회수된 에너지 또는 에너지를 회수할 수 있도록 전환된 물질로서 환경부령으로 정하는 것을 말한다.
10. "재활용제품"이란 재활용가능자원을 이용하여 만든 제품으로서 환경부령으로 정하는 제품을 말한다.
11. "재활용시설"이란 재활용가능자원이나 재활용제품을 제조, 가공, 조립, 정비, 수집, 운반, 보관하는 데에 사용되는 장치・장비・설비 등으로서 환경부령으로 정하는 것을 말한다.
12. "재활용산업"이란 재활용가능자원이나 재활용제품을 제조, 가공, 조립, 정비, 수집, 운반, 보관하거나 재활용기술을 연구・개발하는 산업으로서 대통령령으로 정하는 업종(業種)을 말한다.
13. "폐기물"이란 "폐기물관리법"에 따른 폐기물을 말한다.
14. "대형폐기물"이란 가정이나 사업장 등에서 배출되는 가구・가전제품 등 개별적으로 계량 (計量)을 할 수 있고 품명(品名)을 알아볼 수 있는 물질로서 대통령령으로 정하는 폐기물을 말한다.
15. "포장재"란 제품의 수송, 보관, 취급, 사용 등의 과정에서 제품의 가치・상태를 보호하거나 품질을 보전하기 위한 목적으로 제품의 포장에 사용된 재료나 용기 등을 말한다.
16. "1회용품"이란 같은 용도에 한 번 사용하도록 만들어진 제품으로서 대통령령으로 정하는 것을 말한다.
17. "생분해성수지제품"이란 "환경기술 및 환경산업 지원법"에 따라 환경표지(環境標識) 인증을 받았거나 대상제품별 인증기준에 맞는 제품으로서 환경부령으로 정하는 제품을 말한다.
18. "재질・구조개선 대상제품"이란 사용되었거나 사용되지 아니하고 버려진 후 수거되어 그 전부 또는 일부를 재활용하는 것이 그 자원을 효율적으로 이용하는 데에 특히 필요하고, 쉽게 재활용할 수 있도록 제품의 구조나 재질을 개선할 필요가 있는 제품으로서 대통령령으로 정하는 제품을 말한다.

자원의 절약과 재활용촉진에 관한 법률에 의거 "폐자원에너지"란, 고형연료제품, 폐기물 합성가스 등 폐기물로부터 회수된 에너지, 또는 에너지를 회수할 수 있도록 전환된 물질로서 환경부령으로 정하는 것을 말하며. 폐기물을 이용하여 만든 고형(固形)연료제품(이하 "고형연료제품"이라 한다), 매립가스, 바이오가스 및 합성가스 등 기체연료, 정제연료유 및 재생연료유 등 액체연료, 소각열(燒却熱)에너지 등을 말하는 것이다.

또한 2017년 11월 개정된 "자원의 절약과 재활용촉진에 관한 법률"에서는 자원의 절약, 폐기물의 발생억제 및 재활용에 관하여 이 법에 규정되지 아니한 사항은 "자원순환기본법" 및 "폐기물관리법"을 적용한다.

폐기물자원화를 위한 폐기물관리법 제13조의 2항을 보면

① 누구든지 다음 각호를 위반하지 아니하는 경우에는 폐기물을 재활용할 수 있다고 되어있으며, 그 규정은 다음과 같다.

1. 비산먼지, 악취가 발생하거나 휘발성유기화합물, 대기오염물질 등이 배출되어 생활환경에 위해를 미치지 아니할 것
2. 침출수(浸出水)나 중금속 등 유해물질이 유출되어 토양, 수생태계 또는 지하수를 오염시키지 아니할 것
3. 소음 또는 진동이 발생하여 사람에게 피해를 주지 아니할 것
4. 중금속 등 유해물질을 제거하거나 안정화하여 재활용제품이나 원료로 사용하는 과정 에서 사람이나 환경에 위해를 미치지 아니하도록 하는 등 대통령령으로 정하는 사항을 준수할 것
5. 그 밖에 환경부령으로 정하는 재활용의 기준을 준수할 것

② 제1항에도 불구하고 다음 각호의 어느 하나에 해당하는 폐기물은 재활용을 금지하거나 제한한다(개정 2020.5.26).

1. 폐석면
2. 폴리클로리네이티드비페닐(PCBs)이 환경부령으로 정하는 농도 이상 들어있는 폐기물
3. 의료폐기물(태반은 제외한다)
4. 폐유독물 등 인체나 환경에 미치는 위해가 매우 높을 것으로 우려되는 폐기물 중 대통령령으로 정하는 폐기물

③ 제1항 및 제2항 각호의 원칙을 지키기 위하여 필요한 오염 예방 및 저감방법의 종류와 정도, 폐기물의 취급 기준과 방법 등의 준수사항은 환경부령으로 정한다(전문개정 2015.7.20).

가장 좋은 폐기물처리 방법은 재활용이다. 따라서 2016년 7월 폐기물관리법을 개정하여 신기술이 개발되면 재활용 활성화를 위해 같은 종류의 폐기물이라도 업종, 발생공정에 따라 유해특성에서 큰 차이가 발생되므로 폐기물 종류를 발생원, 구성성분, 유해성 등이 고려된 체계적인 폐기물 관리 및 신기술 개발 등에 의한 재활용의 활성화를 유도하고 있다.

쓰레기처리의 종합시스템은 발생－수집－운반－중간처리－최종처리 단계로 이루어지며, 결국 최종처리는 소각이나 매립이다. 따라서 최종처리량을 최소화하기 위해서는 자원

화 단계가 가장 중요한 단계로 고려되어야 한다. 자원화 단계는 주로 중간처리 단계에서 이루어지는 것으로 생각될 수 있으나 필자는 "쓰레기처리 종합시스템"의 전 단계에서 자원화가 행하여져야 한다고 강조한 바 있다.

결국 분리수거의 성과에 따라 폐기물 재활용률을 높일 수 있으며, 가연성폐기물의 분별에 따른 소각효율의 향상 및 최종처분량의 감소에 따른 매립지의 수명연장 등의 효과를 얻을 수 있는 가장 기본적인 단계가 분리수거이다.

분리수거의 주체는 개인 혹은 중간처리업체로 국가에 따라 분리수거 시스템이 다르지만, 분리수거는 재활용을 위한 모든 국가의 중요한 문제이다.

특히 생활계폐기물은 분리수거의 효율에 따라 재활용률이 높아진다. 그러나 사업장 생활계 폐기물의 경우에는 가정과 다른 집단의 폐기물 배출 형태이며, 사업장별로 천차만별이어서 상대적으로 생활폐기물에 비해 재활용품의 선별이 잘되지 않을 수 있으므로 집중적인 관리감독 및 관리 매뉴얼을 만들어 좀 더 철저한 관리가 필요할 수 있다.

그림 4-1은 도농복합도시인 A시의 생활폐기물의 분리배출에 대한 홍보내용의 일례이다.

구 분	세부품목	분리배출요령
페트	음료수, 식품용기, 맥주 등	· 내용물을 깨끗이 비운 다음 물로 헹굼 · 다른 재질로 된 뚜껑(또는 은박지, 랩 등)이나 라벨(부착상표 등)을 제거 한 후 가능한 압착하여 배출 · 재활용 분리배출 표시가 있는 품목만 배출
플라스틱	플라스틱 용기류 등	
비닐류	과자봉지, 라면스프, 커피봉지, 뽁뽁이, 쌀·과일 포장재, 각종 비닐류 등	· 흩날리지 않도록 내용물이 보이는 봉투에 담아 배출 · 음식물 등 이물질은 깨끗이 세척하여 건조 후 배출
캔류	음료수, 맥주, 통조림 등 철캔, 알루미늄 캔	· 내용물을 비우고 배출 · 플라스틱 뚜껑 등 제거 · 담배꽁초 등 이물질을 넣지 말 것
	기타 캔류 (부탄가스, 살충제용기 등)	· 완전히 사용 후 내용물을 비우고 반드시 구멍을 뚫어 배출
종이	신문지, 책, 노트, 상자류, 종이컵 등	· 비닐, 철사 등 이물질을 제거하고 수거가 용이하게 묶거나 박스에 담아서 배출 · 비닐코팅된 광고지, 비닐류 기타 오물이 섞이지 않도록 함
종이팩	우유팩, 두유팩 등	· 내용물을 비우고 물로 헹군 후 잘 말려서 압착하여 배출 · 일반폐지와 분리하여 배출
유리	음료수, 쥬스, 식료품 병 거울, 유리 용기 등	· 라벨 및 병뚜껑을 제거한 후 내용물을 비운 후 배출 · 담배꽁초 등 이물질을 넣지 말 것 · 대형 유리는 마트, 편의점 등 스티커 구입처에서 스티커를 구입하여 배출 · 소형 거울, 내열 용기, 깨진 유리는 매립용 종량제 봉투나 매립용 마대를 이용하여 배출

구 분	세부품목	분리배출요령
전지류	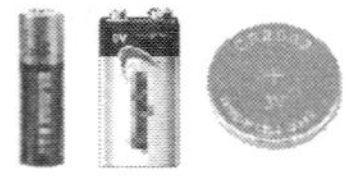 일회용건전지, 충전지, 기타 전지	· 전지를 제품에서 분리하여 배출 · 가까운 폐전지수거함(읍·면·동사무소, 관공서, 아파트, 도서관) · 폐전지는 수은, 니켈, 카드뮴 등을 함유 하고 있어 환경오염의 주범이 됨으로 꼭 수거함에 배출
형광등	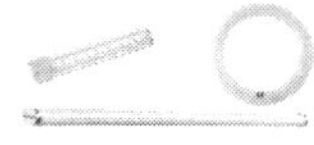 직관형, 환형, 안정기내장형, 콤팩트형, 기타 수은을 포함한 조명제품	· 깨지지 않은 상태에서 형광등 수거함에 배출 · 깨진 형광등은 수은이 포함되어있어 환경오염 및 인체에 해로움으로 주의하여 신문지 등으로 잘 싸서 일반(매립용) 종량제 봉투로 배출
전자제품	 대형가전제품(5개 이상)	· 냉장고, 세탁기, 에어컨, TV 등 대형 폐가전제품은 무상방문수거 실시
	 소형가전제품(5개 이상)	· 소형가전제품은 투명봉투 및 마대에 담아 배출 · 플라스틱 등 이물질을 제거하고 운반이 용이하게 배출 · 폐가전 무상방문수거 서비스(1599-0903)로 문의·연락하여 수거
고철	 냄비, 주전자, 후라이펜, 옷걸이 등	
의류	 의류	· 물에 젖지 않도록 비닐 또는 마대 등에 담거나 묶어서 의류 수거함에 배출 · 걸레와 수건은 재활용이 안되므로 일반(소각용) 종량제 봉투로 배출 · 입을 수 있는 옷만 재활용 가능
스티로폼	 아이스박스, 스티로폼 완충재	· 박스테이프와 이물질을 제거하여 투명비닐에 담거나 끈으로 느슨하지 않게 묶어 배출 · 샌드위치 패널 등 건축용 폐스티로폼 및 색깔 있는 스티로폼은 재활용 할 수 없음.
농촌 폐기물, 농약병 류	 살균제, 살충제, 제초제 병, 농촌폐비닐 등	· 내용물을 모두 비우고 농약이라고 표시된 농약 플라스틱 용기, 농약팩을 각각 분류하여 투명그물망에 모아서 배출 · 농촌폐비닐은 한곳에 모아 배출 · 안성시한국환경공단제2사업소(031-671-5137)로 문의·연락하여 수거 · 수거항목 : 농촌폐비닐(흰색,검정), 농약병플라스틱, 농약봉지류, 비료포대 만 수거

그림 4-1 A시의 분리배출

대구시의 경우 사업장일반폐기물 중 생활폐기물과 성상이 유사한 사업장생활계폐기물을 생활폐기물 처리기준 및 방법으로 수집, 운반, 보관, 처리할 수 있는 경우에는 지방자치단체의 조례가 정하는 바에 따라 생활폐기물 처리기준 및 방법으로 수집, 운반, 보관, 처리할 수 있다는 조항을 근거로 폐기물 관리 조례를 개정하여 2020년부터 종량제 봉투를 사용하는 조건으로 소각장 반입을 허용할 예정으로 재활용률도 높아질 것으로 생각된다. 표 4-1은 2021년 기준 종량제 봉투 판매량 및 판매금액표이며, 봉투 판매량과 봉투 판매금액은 매년 증가하고 있다. 봉투 판매금액은 전년 대비 3.8% 증가하였으며, 종량제 봉투 판매량은 8.4% 증가한 것으로 나타났다.

각 지방차치단체에서도 재활용률을 높이기 위해 여러 가지 방법들을 모색하고 있으며, 제주 서귀포시는 2018년 전국 최초로 "캔 · 페트병 자동수거 보상제"를 시행하여 재활용도움센터에서 가연성 쓰레기봉투로 교환해 주는 시책을 시행하여 시민의 높은 참여율과 재활용률을 증진시키고 있다. 경기도 포천시, 안산시에서도 생활폐기물의 배출자 정보를

표 4-1 종량제 봉투 판매량 및 판매금액(2021년)

계 (1,000매)	종량제 봉투 판매량			계 (백만원)	종량제 봉투판매금액표		
	가정용	음식물전용	사업장용		가정용	음식물전용	사업장용
1,083,333	687,764	383,019	12,550	706,031	609,741	68,796	27,493

QR코드로 암호화하여 배출자에 대한 정보를 실시간 확인할 수 있는 "배출표기제"를 시행하여 생활폐기물의 올바른 선별·배출을 유도하고 재활용률을 높일 수 있는 시책을 시행하고 있다.

표 4-3에서 보는 바와 같이 모든 폐기물의 재활용률이 높아지고 있으며, 건설폐기물의 재활용률이 99.3% (2021년)로 가장 높다.

정부에서는 음식물류폐기물도 유기성자원으로의 재활용정책을 적극적으로 추진하고 있으며, 1997년 "폐기물처리시설 설치 촉진 및 주변지역지원 등의 관한 법률"을 개정하여 택지 및 관광단지 개발자에게 음식물류폐기물 자원화시설 설치를 의무화하도록 하였다.

또한 포장폐기물의 발생억제 등에 관한 업무처리 지침(2017년 11월)에 의거 과대포장에 대한 집중 점검을 실시하고 있으며, 포장폐기물의 감량화 및 재활용이 용이한 친환경적인 재질로 대체하기 위하여 표 4-2와 같이 "포장재료 및 포장방법에 관한 기준"을 정하여 시행하고 있다.

또한 2004년에 음식물류폐기물 종합 대책을 수립하여 2021년 현재 음식물류폐기물 발생량의 65.3%를 사료, 퇴비 등으로 재활용하고 있다. 그러나 유기성폐기물의 특성상 전처리과정에서 발생될 수 있는 악취문제, 고농도 유기성 탈리액의 처리문제, 수분증발에 따른 농축된 염분농도 증가 등의 문제점에 대한 대책이 요구되며, 표 4-3은 폐기물의 연도별 재활용율표이다.

표 4-2 포장재료 및 포장방법에 관한 기준

구분	규 제 기 준
포장재질	• 포장재질에 PVC를 사용하여 라미네이션 수축포장 또는 코팅한 포장재는 사용금지(제품의 용기 등에 붙이는 표지 포함) • 합성수지(PVC등)로 된 포장재는 사용을 금지하거나 연차별로 줄여나가도록 규제 • 사용금지(PVC등) : 계란, 메추리알, 튀김식품, 김밥류, 햄버거류, 샌드위치류 등 6개 포장재 • 연차별줄이기 대상 : 계란판, 받침접시, 면류용기 등의 제품)
포장방법	• 가공식품 등 단위제품 13개, 1차 식품 등 종합제품 10개 등 총 23개 제품에 대하여 제조 수입 또는 판매하는 자를 대상으로 포장고안비율(10～35%), 포장횟수(2차 이내) 제한

표 4-3 폐기물의 연도별 재활용률(%)

구분 \ 연도	2015	2016	2017	2018	2019	2020	2021
생활계폐기물	59.2	60.0	61.6	62.0	59.7	59.5	65.7
사업장배출시설계폐기물	78.2	79.1	80.6	81.6	82.6	84.3	84.4
건설폐기물	97.3	98.1	98.1	98.3	98.9	99.0	99.3
음식물류폐기물	56.0	56.0	56.2	60.0	62.5	63.7	65.3

건설폐기물은 재건축, 재개발, 주거환경개선 사업 등의 개발 등으로 인하여 2021년 건설폐기물의 연간 발생량이 229,618톤으로 지속적인 증가하고 있으며, 우리나라 전체 쓰레기량의 48%를 차지하고 있는 많은 양이다.

환경부에서는 2005년 "건설폐기물의 재활용 촉진에 관한 법률"을 제정하여 건설폐기물을 친환경적으로 처리하고 폐자원의 고부가가치 제품을 생산할 수 있는 재활용제도의 기반을 마련하여 매립장, 소각장, 화장장 등의 환경기초시설공사는 무료이고 도로건선설공사, 물류단지개발공사 등의 국가 기반공사에 건설폐기물의 순환골재를 지방자치단체의 조례로 정하여 사용할 수 있도록 의무화하였으며, 2013년 국토교통부에서 "순환골재의 용도별 품질기준"을 개정하여 시행하고 있다.

또한 "자원순환기본법"이 2018년 시행됨에 의거 폐자원정보시스템을 "순환자원정보센터"로 개편되어 운영하고 있으며, 다음은 순환자원정보센터에서 관리 및 제공하고 있는 정보 현황이다.

- 순환이용 기술 개발 및 보급에 관 정보
- 순환자원의 인정에 관한 정보
- 품질표지의 인증에 관한 정보
- 순환자원, 재활용제품 및 폐기물의 수요. 공급 등 유통에 관한 정보
- 자원순환사업 및 자원순환시설에 관한 정보
- 그 밖에 폐기물과 순환자원의 이용을 촉진하기 위한 정보

표 4-4는 자원순환 성과관리 적용 대상 업종표이며, 환경부장관은 3년마다 순환이용성 평가계획을 수립하고 환경산업기술원은 매년

- 순환이용 및 적정처분 가능성
- 폐기물로 되는 겨우 중량, 부피, 재질 및 성분
- 유해물질의 종류와 양
- 내구성

표 4-4 자원순환 성과관리 적용 대상 업종

연번	업종명칭	연번	업종명칭
1	C10 : 식료품 제조업	10	C24 : 1차 금속 제조업
2	C11 : 음료 제조업	11	C25 : 금속가공제품 제조업
3	C13 : 섬유제품 제조업	12	C26 : 전자부품, 컴퓨터, 영상, 음향 및 통신장비 제조업
4	C14 : 의복, 의복액세서리 및 모피제품 제조업	13	C27 : 의료, 정밀, 광학기기 및 시계 제조업
5	C19 : 코크스, 연탄 및 석유정제품 제조업	14	C28 : 전기장비 제조업
6	C20 : 화학물질 및 화학제품 제조업	15	C29 : 기계 및 장비 제조업
7	C21 : 의료용 물질 및 의약품 제조업	16	C30 : 자동차 및 트레일러 제조업
8	C22 : 고무제품 및 플라스틱제품 제조업	17	C31 : 운송장비 제조업
9	C23 : 비금속 광물제품 제조업	18	D35 : 전기, 가스, 증기 공기조절 제조업

에 대한 4가지 항목을 평가한다.

2014년부터 "재활용목표관리제도"가 도입됨에 따라 제품군별 재활용의무량은 연도별 재활용목표량, 인구수, 의무이행 전년도 출고량 등을 기준으로 산정하며, EPR (생산자책임 재활용제도) 대상품목에 대하여 생산자가 향후 5년간 달성해야 할 장기 재활용목표율을 설정하고 있다.

2016년 "자원순환기본법"을 개정하여 폐기물의 재활용을 촉진하기 위해 "폐기물처분부담금"제도를 2018년 1월부터 시행하고 있으며, 생활폐기물을 소각 또는 매립하는 경우 해당 시, 군, 구의 장이 폐기물처분부담금 납부의무자이며, 사업장폐기물을 소각 또는 매립하는 경우 해당 사업장폐기물배출자가 납부의무자이다. 폐기물처분부담금의 산정방법은 다음과 같으며, 표 4-5는 폐기물처분부담금 부과 요율표이다.

$$\text{폐기물처분부담금(원)} = \text{폐기물을 소각 또는 매립 처분량(kg)} \times \text{부과요율(원/kg)} \times \text{산정지수}$$

표 4-5 폐기물처분부담금 부과요율

폐기물 유형		요율	
		매립하는 경우(원/kg)	소각하는 경우(원/kg)
생활폐기물		15	10
사업장폐기물	불연성	10	-
	가연성	25	10
건설폐기물		30	10

포장재 재활용의무율 산출기준은 다음과 같다.

1. 재활용의무율은 환경부장관이 제18조에 따라 재활용의무 대상인 제품・포장재로 규정되어 재활용의무가 처음으로 발생하는 연도에는 제품・포장재별 재활용 가능자원 의분리수거량, 수출・수입량, 재활용시설의 규모, 재활용기술의 개발 상황, 제품의 내구 연수 등 재활용에 영향을 미치는 요인(이하 "재활용요인"이라 한다)을 고려하여 재활용의무율을 0.9 이하의 범위에서 정한다.
2. 제1호에 따른 재활용의무율이 적용되는 연도의 다음 연도부터 제22조 제3항에 따른 장기 재활용목표율의 최종 연도까지의 연차별 재활용의무율은 다음 산식에 따라 산정한다.

   전년도 재활용의무율 + (장기재활용목표율 − 전전년도 재활용률)
   × 재활용목표율의 반영계수 + 조정계수

   (1) "장기재활용목표율"은 환경부장관이 고시하는 것을 말한다.
   (2) "재활용목표율의 반영계수"란 장기활용목표율을 해당 연도 재활용의무율에 반영하는 정도를 말하며 연도별 반영계수는 다음과 같다.

1차 연도	2차 연도	3차 연도	4차 연도	5차 연도
1/5	1/4	1/3	1/2	1

   (3) "재활용률"이란 개별 재활용의무생산자의 해당 연도 제품・포장재의 재활용량을 합계한 총 재활용량(개별 재활용의무생산자의 해당 연도 제품・포장재의 재활용의무량을 합계한 양을 초과하는 경우에는 초과하는 양의 3분의 2를 줄인다)을 개별 재활용의무생산자의 해당 연도 제품・포장재의 출고량(제18조 제4호에 따른 타이어는 실제 출고량에 0.85를 곱하여 산정한 양으로 하고, 제18조 제5호에 따른 윤활유는 실제 출고량에 0.7을 곱하여 산정한 양으로 한다)을 합계한 총 출고량으로 나눈 비율을 말한다.
   (4) 전전년도 재활용실적이 없는 경우에는 "전전년도 재활용률" 대신 "전년도 재활용의무율"을 적용한다.
   (5) "조정계수"란 재활용요인을 고려하여 재활용의무율을 조정하는 정도를 말하며 −0.05부터 0.05까지로 한다.
3. 환경부장관은 경제상황 변동, 천재지변 등 예상하지 못한 재활용여건의 변화로 해당 연도에 재활용의무율을 이행하기 어렵다고 인정되는 경우에는 제2호에도 불구하고 재활용의무율을 낮출 수 있다.

2019년도에 재활용의무생산자들이 이행하여야 할 품목별 재활용의무율은 표 4-7과 같으며, 2019년도 개별생산자의 재활용의무량은 고시된 2019년도 재활용의무율에 2019년도

표 4-6 재활용의무량 미이행률별 가산금액(제28조 제1항 관련)

재활용의무량 미이행률(%)	가 산 금 액
5% 이하	재활용단위비용 × 재활용의무량 중 재활용되지 아니한 수량 × 15/100
5% 초과～15% 이하	재활용단위비용 × 재활용의무량 중 재활용되지 아니한 수량 × 20/100
15% 이하～30% 초과	재활용단위비용 × 재활용의무량 중 재활용되지 아니한 수량 × 25/100
30% 초과	재활용단위비용 × 재활용의무량 중 재활용되지 아니한 수량 × 30/100

표 4-7 제품 · 포장재별 2019년 재활용의무율 및 장기 재활용목표율(2022년)

<table>
<tr><th colspan="3">품 목</th><th>2019년 의무율(%)</th><th>장기재활용목표율(%)
(2022년도)</th></tr>
<tr><td colspan="3">금속캔(철캔)</td><td>81.1</td><td>83.1</td></tr>
<tr><td colspan="3">금속캔(알루미늄판)</td><td>79.7</td><td>81.6</td></tr>
<tr><td colspan="3">유리병</td><td>72.0</td><td>79.3</td></tr>
<tr><td colspan="3">종이팩</td><td>30.5</td><td>36.0</td></tr>
<tr><td rowspan="9">합성수지
포장재</td><td colspan="2">PET병(무색)</td><td>80.0</td><td>83.0</td></tr>
<tr><td colspan="2">PET병(유색)</td><td>80.2</td><td>83.0</td></tr>
<tr><td colspan="2">PET병(복합)</td><td>80.3</td><td>83.0</td></tr>
<tr><td colspan="2">발포합성수지</td><td>80.7</td><td>80.7</td></tr>
<tr><td colspan="2">단일재질 PSP</td><td>46.5</td><td>56.3</td></tr>
<tr><td colspan="2">PVC</td><td>30.0</td><td>77.1</td></tr>
<tr><td colspan="2">윤활유용기</td><td>78.3</td><td>80.5</td></tr>
<tr><td rowspan="2">기타
합성수지</td><td>단일재질 용기류 · 트레이</td><td>80.8</td><td>84.5</td></tr>
<tr><td>복합재질, 필름 · 시트</td><td>70.1</td><td>90.0</td></tr>
<tr><td colspan="3">윤활유</td><td>74.5</td><td>76.0</td></tr>
<tr><td colspan="3">타이어</td><td>78.6</td><td>80.2</td></tr>
<tr><td colspan="3">형광등</td><td>57.1</td><td>95.0</td></tr>
<tr><td colspan="3">수산물 양식장용 부자</td><td>29.1</td><td>32.4</td></tr>
<tr><td rowspan="6">전지류</td><td colspan="2">수은전지</td><td>60.0</td><td>60.0</td></tr>
<tr><td colspan="2">산화은전지</td><td>71.5</td><td>56.0</td></tr>
<tr><td colspan="2">리튬전지</td><td>71.2</td><td>65.0</td></tr>
<tr><td colspan="2">니켈카드뮴전지</td><td>44.1</td><td>45.2</td></tr>
<tr><td colspan="2">망간 · 알칼리망간전지</td><td>25.0</td><td>31.2</td></tr>
<tr><td colspan="2">니켈수소전지</td><td>20.0</td><td>15.3</td></tr>
<tr><td colspan="3">곤포사일리지용필름</td><td>36.4</td><td>51.1</td></tr>
<tr><td colspan="3">김발장</td><td>80.5</td><td>84.8</td></tr>
</table>

자료) 환경백서

개별생산별 출고량을 곱하여 결정된다.

또한 "폐기물처분부담금제도"를 활성화시키기 위하여 "폐기물처분부담금 감면제도"를 시행하고 있다. 표 4-8은 폐기물처분부담금 감면기준표이다.

표 4-8 폐기물처분부담금 감면기준

감면 대상	감염 비율 (%)
사업장폐기물배출자가 "폐기물관리법" 제29조 제2항에 따라 환경부장관의 승인을 받아 직접설치·운영하는 폐기물매립시설에 폐기물을 다른 종류의 폐기물과 혼합하지 않고 별도로 매립한 후 2년이 지난 날이 속한 연도의 12월 31일까지 해당 폐기물을 재활용하는 경우 가. 폐기물을 매립한 연도의 12월 31일까지 재활용한 경우 나. 폐기물을 매립한 연도의 다음 연도 1월 1일부터 2년 이내에 재활용한 경우	 100 50
2. 폐기물을 소각하는 과정에서 발생한 소각열에너지를 50퍼센트 이상 회수하여 이용하는 경우 가. 소각열에너지를 75퍼센트 이상 회수하여 이용하는 경우 나. 소각열에너지를 60퍼센트 이상 75퍼센트 미만 회수하여 이용하는 경우 다. 소각열에너지를 50퍼센트 이상 60퍼센트 미만 회수하여 이용하는 경우	 75 60 50
3. "자원의 절약과 재활용촉진에 관한 법률" 제12조 제1항에 따라 제품·재료·용기에 대하여 폐기물부담금을 납부한 자가 해당제품·재료·용기를 소각 또는 매립하는 경우	100
4. "중소기업기본법" 제2조에 따른 중소기업으로 연간 매출 약 120억원 미만인 경우 가. 연간매출액이 10억원 미만인 경우 나. 연간매출액이 10억원 이상 120억원 미만인 경우	 100 50
5. "폐기물관리법" 제2조 제4호에 따른 지정폐기물을 소각 또는 매립하는 경우	100
6. 방파제 또는 교량 등으로 육지와 연결되지 않은 도서에서 발생한 폐기물을 해당 도서 내에서 소각 또는 매립하는 경우("도서개발발촉진법" 제2조에 따른 도서를 말한다)	100
7. "재난 및 안전관리 기본법" 제3조 제1호에 따른 재난으로 인해 발생한 폐기물을 소각 또는 매립하는 경우로서 다음 각 목에 해당하는 경우 가. 지방자치단체의 장이 "재난 및 안전관리 기본법" 제59조에 따른 재난복구계획 또는 "자연재해 대책법" 제46조에 따른 재해복구계획에 따라 폐기물을 소각 또는 매립하는 경우 나. 가목 이외의 경우로서 부과·징수 대상자가 재난으로 인해 발생된 폐기물을 소각 또는 매립하는 경우(관계 행정기관으로부터 재난으로 인한 피해임을 증명하는 서류를 발급받은 경우로 한정한다)	100
8. 지방자치단체의 장이 환경오염의 방지 또는 매립시설의 사용기간 연장 위해 사용이 종료될 예정이거나 이미 종료된 매립시설을 정비하는 과정에서 굴착한 폐기물을 소각 또는 매립하는 경우	100

또한 2020년 "폐기물관리법"을 개정하여 재활용업체 사업장 등에 무단으로 방치하거나, 임대부지 및 창고 등에 폐기물을 불법으로 투기하고 도피하는 등의 부적정처리폐기물을 신속하게 처리하기 위해 폐기물처리업자의 보관용량, 처리실적, 처리능력 등을 초과하여 폐기물을 보관하는 경우 반입정지 명령을 내릴 수 있도록 하고, 부적정처리폐기물로 인하여 부적정처리이익을 얻은 자에 대하여 과징금을 부과할 수 있도록 하여 환경오염과 주민건강 피해 등을 최소화 할 수 있도록 하였다.

한편, 의료폐기물의 원활한 처분이 어려워 국민건강 및 환경에 위해를 끼칠 우려가 있는 경우에는 혈액・체액・분비물・배설물이 함유되어 있는 탈지면, 붕대, 거즈, 일회용 기저귀(감염병 환자가 사용했거나 혈액이 함유된 것에 한정함), 생리대, 일회용 주사기, 수액세트 같은 의료폐기물에 한정하여 지정폐기물 처분업체를 통해 소각 특례 처리할 수 있도록 하였다.

표 4-9는 2021년도 기준 폐기물 종류별 재활용률 표이며, 표에서 보는 바와 같이 건설폐기물의 재활용률이 99.3%로 가장 높으며, 대체적으로 모든 종류의 폐기물에서 재활용률이 점진적인 증가 추세를 보이고 있다. 이는 에너지자원의 급등, 지구의 온난화 문제 등에 따른 정부의 폐기물로부터의 에너지자원 회수 정책 및 재활용 정책과 2006년부터 발효된 96런던 협약에 따른 하수슬러지 및 가축분뇨 등의 유기성슬러지의 해양투기금지법이 2012년 1월부터 발효되었기 때문이며, 또한 2013년 1월부터 발효된 음폐수의 해양투기가 금지되어 정부의 재활용 정책의 일환으로 유기성폐기물의 바이오가스 등의 재생에너지로의 자원화 영향 때문인 것으로 볼 수 있다.

표 4-9 폐기물 종류별 재활용률(%)

구분	생활계폐기물	사업장폐기물	건설폐기물	지정폐기물	의료폐기물
재활용율(%)	56.7	84.4	99.3	65.3	0.01

자료) 환경부

현재 정부의 폐기물 재활용정책은 폐기물 감량 정책과 생산자책임재활용제도(EPR : Extended Producer Responsibility)로서 지역 여건에 적합한 재활용 기반시설 확충, 관련 기술개발 및 재활용품 소비촉진 등 자원의 순환이용을 고려한 재활용체계를 확립하는데 주력하고 있다. 표 4-10은 생산자책임재활용제도 대상 품목표이다.

또한 재활용사업공제조합을 설립하여 공제조합에 부담금을 납부하는 방법으로 의무생산자들은 재활용의무를 행하고 있다. 현재 환경부부로부터 인가 받은 공제조합은 폐기물의 종류별로 포장재재활용품, 윤활유재활용품, 전지재할용품, 타이어재활용품, 농수산재활용품, 전자제품재활용품의 7개(사단법인) 재활용사업공제조합이 있으며, 개별생산자의 재

표 4-10 생산자책임재활용제도 대상 품목

제품	타이어, 윤활유, 형광등, 양식용 부자, 김발장(합성수지재질), 곤포사일리지용 필름
	전지류 : 수은전지, 산화은전지, 니켈카드뮴전지, 리튬1차전지, 망간. 알칼리망간전지, 니켈수소전지
	전자제품 : TV, 컴퓨터, 냉장고, 에어컨, 세탁기, 휴대폰, 오디오, 프린터, 복사기, 팩시밀리, 자동판매기, 전기정수기, 전기오븐, 전자레인지, 음식물처리기, 식기건조기, 전기비데, 공기청정기, 전기히터, 전기밥솥, 연수기, 가습기, 전기다리미, 선풍기, 믹서, 청소기, 비디오플레이어
포장재	음식료품, 농・수・축산물, 세재류, 의약품, 화장품류 등의 포장에 사용된 금속캔, 유리병, 종이팩, 합성수지포장재

활용의무량은 환경부 의무고시량에 당해 연도 출고량을 곱하여 결정하는 제도이다.

2014년부터 전기・전자제품의 재활용목표제도를 시행하고 있으며, 신제품 판매 후 구제품과 신제품포장재의 회수를 의무화하였다.

또한 2014년 "자원의 절약과 재활용 촉진에 관한 법률"을 개정하여 고형연료의 수입을 허가하였으며, 고형연료제품의 높이기 위해 2015년 기존의 고형연료제품 정보관리시스템을 확대・개편하여 "폐자원에너지 종합정보관리시스템"을 운영하고 있다.

환경기초시설에서 생산된 에너지를 주변지역에 공급해 줌으로써 생활환경 개선 및 주민의 소득 증대를 위한 "친환경에너지타운 조성사업"을 강원도 홍천(환경부), 충북 진천(미래부), 광주광역시(산업부)를 시작으로 2014년부터 시행하고 있다.

표 4-11은 2003년 시행된 생산자재활용의무대상 품목에 대한 분리배출 표시제도 도안을 2011년에 변경한 것으로서 국민이 알기 쉽게 하였다.

표 4-11 분리배출표시방법

도안내부 표시문자	도안외부 표시문자	표시재질
페트	노랑색	-
플라스틱	파랑색	HDPE, LDPE, PP, PS, PVC, OTHER
비닐류	보라색	
캔류	회색	철, 알루미늄
종가	검정색	-
종이팩	녹색	-
유리	주황색	-

"자원의 절약과 재활용촉진에 관한 법률"에 의거 2002년부터 시행한 "빈용기보증제도"를 개선하여 빈용기의 수거효율을 높이어 자원의 절약과 재활용을 촉진시키기 위하여 2017년 1월부터 보증금을 인상하였다. 따라서 소비자의 관심도가 높아져 소비자의 직접반환 비율이 2018년 기준 60% 이상 증가한 것으로 나타났다.

표 4-12 빈용기보증액

종류	2016년 12월 31일까지 출고제품	2017년 12월 31일까지 출고제품
소주, 청량음료, 맥주(소형)	40원/개	100원/개
맥주(소형)	50원/개	130원/개

또한 정부의 폐기물 재활용정책으로 재활용품 분리배출 및 수거체계의 효율화정책, 재활용품 유통구조의 선진화사업, 재활용산업의 경쟁력 강화 정책, 재활용품 수요기반 및 재활용의식 확산 정책, 비금속자원 재활용 대책, 폐가전 무상방문 수거 서비스 정책 등이 있으며, 2016년 식별이 쉬운 재사용 표시제도 도입, 2017년 재사용표시 변경, 빈병 무인회수기를 도입하였다. 표 4-13은 폐가전 무상방문 수거 대상 품목표이다

또한 제품의 발생에서 폐기 단계까지의 전 과정을 적정하게 관리하고 국제 환경규제에 대한 능동적 대응하기 위하여 2008년 "전기·전자제품 및 자동차의 자원순환에 관한 법률"을 제정하였다.

표 4-13 폐가전 무상방문 수거 대상 품목

종류	품 목
냉장고	가정용, 업소용 쇼케이스, 가정용 냉장고 등
세탁기	일반 드럼세탁기
에어컨	실내기, 실외기, 일체형A/C
텔레비전	CRT, LCD/PDP, 프로젝션TV
폐가전제품	전기오븐레인지, 식기세척기, 식기건조기, 냉온정수기, 자동판매기, 공기청정기, 러닝머신, 복사기, 전자레인지, 오디오세트, PC세트
소형가전제품	수량기준 5개 이상 동시 배출 예약 시 방문수거

자료) 환경부

따라서 자원순환 측면에서 폐기물 에너지화를 위해서는 국민이 이해할 수 있고 믿을 수 있는 수준의 엄격하며, 철저한 환경 규제와 주민과의 협의를 통해 폐기물 재활용 정책을 추진해야 할 것이다.

EU는 일정기준을 충족하는 폐기물은 폐기물 관리규제에서 제외 시켜 자원으로 관리하는 "폐기물종료제도"를 도입하고 있다. 따라서 우리나라에서도 폐기물 중 인체 및 환경에 영향을 주지 않는 물질 또는 물건을 정부의 엄격한 심사를 거쳐 폐기물 순환자원으로 인정하여 폐기물관리법의 규제를 받지 않도록 하여 자유롭게 유통 사용할 수 있도록 하였다.

다음 표 4-14는 폐기물의 순환자원 인정 기준표이다.

표 4-14 폐기물의 순환자원 인정 기준표

자원순환기본법, 제9조 1항	자원순환기본법 시행령, 제3조
1. 사람의 건강과 환경에 유해하지 않을 것	1. 고체 상태로 수분 함량이 85% 이하이거나 고형물 함량이 15% 이상일 것
2. 경제성이 있어 유상거래가 가능하고 방치될 우려가 없을 것	2. 다른 종류의 폐기물과 혼합되지 않고 순환자원으로 이용하려는 물질 외에 다른 물질을 포함하지 않은 것
3. 그 밖에 대통령령으로 정하는 순환자원의 기준을 충족할 것	3. 다음 각 목에 해당하는 물질 또는 물건이 아닐 것 가. 음식물류폐기물, 유기성 오니류 및 동물성 잔재물 나. 에너지회수 등의 활동이나 연료로 사용하려는 물질 또는 물건 다. 성토재, 복토재, 도로기층 및 보조기층재, 채움재 등 토양, 지하수, 지표수에 접촉시켜 사용하려는 물질 또는 물건
	4. 추가적인 가공 과정 없이 바로 제품의 원료 또는 재료로 사용할 수 있을 것
	5. 순환자원으로 인정받으려는 물질 또는 물건의 순환이용 특성을 고려하여 환경부장관이 인정하는 용도로만 사용될 것
	6. 유기성폐기물(고형물 중 유기성 함량이 40% 이상인 것)은 다음 각 목에 따른 용도로만 사용될 것 가. 다음의 어느 하나에 해당하는 제품의 원료 또는 재료 1) 사료관리법 제2조 제1호에 따른 사료 2) 비료관리법 제2조 제1호에 따른 비료 3) 목재성형제품, 톱밥 등 나무제품 4) 활성탄 또는 흑연 관련 제품 나. 사료 또는 비료로 직접 사용되거나 그 밖의 농업 활동에 직접 사용될 것
	7. 해당 물질 또는 물건을 직접 사용하려는 자에게 공급(수출은 제외)될 것
	8. 폐기물의 순환이용에 관하여 다른 법령에서 용도, 방법, 기준 등을 정하고 있는 경우에는 그 용도, 방법, 기준 등에 적합할 것
	9. 수입폐기물의 경우에는 관련 법령에 따른 처리계획서에 따라 처리되었을 것

4.1.2 자원회수시설의 주민지원

또한 폐기물처리 시설 주변 지역주민의 복지를 증진하고 환경 보전과 국민 생활을 질적 향상 위해 필요한 부지를 확보하고 폐기물 처리 시설을 원활히 갖출 수 있도록 하기 위해 "폐기물처리시설 설치촉진 및 주변지역 지원 등에 관한 법률"(폐촉법)이 제정되었으며, 주변영향지역 주민의 복지 증진, 환경보전과 국민 생활을 질적 향상 위해 폐촉법에 따른 대통령령에 의거하여 주민지원협의체를 구성하고 있다.

주민지원협의체는 "폐촉법(시행령 제14조 제1항)"에 따라 자원회수시설로부터의 거리, 환경상 영향의 정도, 주민의 수 등을 고려하여 공공폐자원관리시설의 면적이 100만 m^2 이상인 경우에는 21명 이내, 100만 m^2 이상인 경우에는 15인 이내에서 폐기물처리시설설치기관이 시설소재 시・구의회와 협의하여 시・구 의회에서 추천한 주변영향지역 주민대표(주민지원협의체 위원의 과반수 이상으로 구성), 자원회수시설이 소재하는 지역의 시・구의원 및 관할 지방단체의 장이 추천한 전문가 2인으로 구성하고 있다. 주변영향지역은 폐기물매립시설의 경우에는 부지경계선으로부터 2 km 이내이며, 그 밖의 폐기물처리시설의 경우에는 부지경계선으로부터 300 m 이내의 지역을 말한다.

만약 주변영향지역에 거주하지 않는 경우에는 주민대표 대신 해당 시・군・구 의회의원 4명과 관할 지방단체의 장이 추천한 전문가 2인으로 구성한다.

전문가는 폐기물에 관한 전문지식과 실무경험이 풍부하고 인정되는 다음 각 목의 어느 하나에 해당하는 사람으로 한다.

가. 고등교육법 제2조에 따른 환경 관련 학과의 조교수 이상인 사람
나 국공립연구기관의 환경분야 연구원으로서 연구경력이 5년 이상인 사람
다. 환경 관련 분야의 박사학위 취득자
라. 환경 관련 분야에 10년 이상 종사한 사람
마. 갈등분야 전문가

주민지원협의체는 "폐촉법"에 따라 자원회수시설로부터의 거리, 환경상 영향의 정도, 주민의 수 등을 고려하여 15인 이내에서 폐기물처리시설설치기관이 시설소재 시・구의회와 협의하여 시・구 의회에서 추천한 주변영향지역 주민대표, 자원회수시설이 소재하는 지역의 시・구의원 및 주민대표가 추천한 전문가 2인으로 구성하고 있다.

주민지원협의체의 기능은 환경상영향조사를 위한 전문연구기관의 선정, 지역 주민을 위한 편익시설의 설치에 대한 협의, 주변영향지역의 주민지원사업에 대한 협의, 주민 감시요원의 추천 및 감시활동 등을 감독 등이며, 그 외의 사항에 대해서는 대통령령으로 정한다.

또한 "주민감시요원"은 자원회수시설로의 폐기물 반입 및 처리 과정이 적정하게 이루어지고 있는지를 확인하기 위하여 "폐촉법"에 의거하여 주민지원협의체에서 추천한 지역주

민 중에서 폐기물처리시설 설치기관이 위촉하고 있으며, 주민감시요원의 활동범위는 폐촉법 시행령 제32조에 준하며, 다음과 같다.

1. 처리대상 폐기물의 반입이 적정하게 이루어지고 있는지에 대한 확인
2. 반입폐기물의 적정처리 여부에 대한 확인
3. 환경오염방지시설의 정상가동여부에 대한 확인
4. 주변환경오염실태 조사과정에 대한 확인
5. 제1호 내지 제4호에서 정한 사항 외에 폐기물의 반입・처리 등에 관하여 지원협의체가 폐기물처리시설 설치기관과 협의한 사항에 대한 확인

폐기물처리시설 설치기관은 주민감시요원이 다음 각호의 1에 해당하는 경우에는 지원협의체에 통보하고 당해 주민 감시요원을 해촉하고 지원협의체에 후임자의 추천을 의뢰할 수 있다.

1. 감시활동과 관련하여 금품수수 등 부정한 행위를 한 경우
2. 정당한 사유 없이 폐기물처리시설의 운영・관리를 방해하거나 지장을 초래하는 행위를 한 경우
3. 법 제25조의2 각호의 1에 해당하는 사유가 발생한 경우
4. 사위 기타 부정한 방법을 통하여 위촉된 경우

주민감시요원의 수는 폐촉법 시행령 제31조에 의거하여 폐기물의 반입량을 고려하여 다음 각호에 따라 산정한 인원 안에서 폐기물처리시설 설치기관이 지원협의체와 협의하여 정하되, 폐기물반입시간이 1일 9시간 이상인 경우에는 이를 초과하는 매 시간마다 산정된 수의 100분의 20씩 증원(소수점 이하는 반올림한다)할 수 있다. 이 경우 증원한 숫자가 산정된 수의 100분의 50을 초과하여서는 아니된다.

1. 1일 평균 폐기물반입량(신규시설의 경우에는 계획반입량을, 운영 중인 시설의 경우에는 전년도 총반입량을 실제 반입일수로 나눈 값을 각각 말한다)을 150톤으로 나눈 수에 1을 더한 수
2. 제1호에 따른 산정결과 2인 미만인 경우에는 2인 이내, 10인을 초과하는 경우에는 10인 이내

또한 자원회수시설의 건설에 대한 계획을 수립・시행함에 있어 당해 사업이 환경・인간에게 미칠 영향 등을 평가・검토하여 안전한 주민건강 및 원활한 시설운영을 도모하기 위해 실시하는 환경영향조사 항목은 다음 내용과 같다.

• "환경영향평가" : 자원회수시설 건설 전에 실시하는 환경영향법으로 환경・교통・재

해 등에 관한 영향평가법에 의거한, 자원회수시설 건설로 인한 자연환경, 생활환경, 사회 및 경제환경에 미치는 영향을 예측하고 분석하여 그에 대한 대책을 세우는 것을 말한다.

- "사후환경영향조사" : 환경·교총·재해 등에 관한 영향평가법에 의거, 자원회수시설 건설 후 발생될 수 있는 환경영향으로 인한 주변 환경의 피해를 방지하기 위하여 5년 동안 매년 실시하여 자원회수시설 건설 전에 실시한 환경영향평가 결과와 비교 등을 통하여 저감방안이 필요한 경우 적정대책을 마련하기 위한 조사
- "환경상영향조사" : 폐기물처리시설설치촉진 및 주변지역지원 등에 관한법에 의거, 3년마다 실시하며, 자원회수시설 주변영향지역에 미치는 환경영향을 파악하기 위하여 항목별(대기질, 수질, 토양, 소음·진동, 악취 등) 현황을 조사·분석 및 평가하여 지속적인 관찰 등 환경보전대책을 수립하기 위한 조사
- "자원회수시설 주변지역 주민건강영향조사" : 자원회수시설 주변지역 주민들의 요구에 의해주민들이 추천한 조사기관에서 자원회수시설로 인한 환경 및 인체영향을 장기간에 걸쳐 객관적이고 과학적으로 평가하기 위한 미세먼지, 중금속, 악취, 혈중 다이옥신 및 중금속, 문진, 설문조사, 건강검진 등에 대하여 조사한다.

또한 "주변영향지역"은 다음과 같이 구분한다.

1. 직접영향권 : 대통령령이 정하는 바에 따라 구성된 주민지원협의체가 선정한 전문기관이 환경상 영향을 조사한 결과 인체·동물의 활동, 농·축산물, 임산물 또는 수산물에 직접적으로 환경상 영향을 미칠 것으로 예상되어 지역주민을 이주시킬 필요가 있다고 인정되는 지역
2. 간접영향권 : 대통령령이 정하는 범위 안의 지역으로서 환경상 영향을 조사한 결과 환경상 영향이 미칠 것으로 예상되는 직접영향권 외의 지역. 다만, 특히 필요하다고 인정되는 때에는 대통령령이 정하는 범위 밖의 지역도 포함시킬 수 있으며, 시행령 20조에서는 간접영향권의 범위를 폐기물매립시설의 경우 주변영향지역은 부지경계선으로부터 2 km 이내이며, 폐기물소각시설의 주변영향지역은 부지경계선으로부터 300 m 이내를 기준으로 하고 있다.

주변영향지역이 결정·고시되지 않은 경우에는 "폐기물처리시설설치 촉진 및 주변지역 지원 등에 관한 법률" 제17조 및 시행령 제18조 규정에 따라 폐기물소각시설의 주변영향지역은 부지경계선으로부터 300 m 이내를 기준으로 하며, 다음과 같은 시설을 말한다.

① 매립량 1일 300톤 이상으로서 조성면적 15만 제곱미터 이상인 폐기물매립시설
② 1일처리능력 50톤 이상인 폐기물소각시설

③ 기타 환경부장관의 고시하는 시설

또한 주변영향지역이 결정・고시되지 않은 경우 발전소시설은 5 km 이내이다.

한편 미국 EPA에서는 대기질 영향을 고려하여 폐기물처리시설 반경 2.5 km를 추천하고 있으며, 연세대연구소에서는 처리시설대상지역의 지형과 대기기상 특성이 다르겠지만 우리나라의 지형과 풍향, 풍속 등의 기상을 고려하여 폐기물처리시설 반경 3.4 km까지 환경영향평가 대상사업 중 폐기물처리시설 설치 사업, 산업단지 개발사업 등의 공공정책사업 등에 대하여 시행하고 있는 "건강영향평가" 지역으로 추천하고 있다.

4.2 자원화시스템

1970년 미국에서 자원화법이 제정되어 EPA (Environmental Protection Agency : 미국 환경보호청)의 보조금으로 많은 자원화기술이 개발되고 있으며, 일본에서도 1973년부터 3개년에 걸쳐 폐기물의 자원화기술을 개발하고 1976년도부터 대형 프로젝트에 의해 4년 계획으로 시험 플랜트를 건설하는 일에 자극이 되어 민간에서도 폐기물의 자원화 기술을 개발하게 되었다. 자원화 기술은 수집수송 시스템과 파쇄, 선별하여 불연성의 유기물을 회수하는 전단계 시스템(front end system) 그리고 질적 변환을 수반하는 후단계시스템(rear end system)으로 나누어 생각할 수 있다. 자원화 기술을 목적에 따라 분류해 보면 표 4-15와 같다. 이 표의 각 방식에 대하여 몇 개의 단위 프로세스를 생각할 수가 있으며, 두 가지 형태의 단위 프로세스가 있다.

표 4-15 각종 자원화방식

(A) 물질회수	(1) 압출형 회수(분리・정제) 전단계 시스템 (2) 변환형 회수(화학・미생물・기타) 전단계 시스템
(B) 에너지회수	(3) 저류・가변형 회수(연료화・RDF 등) 후단계 시스템 (4) 직접공급형 회수(소각, 열분해 등) 후단계 시스템

(1)에서는 빈병이나 빈통 등을 그대로 회수하거나 가전제품에서 쓸만한 부품만을 분리하여 다시 이용하기 위한 프로세스로서 수 선별을 위주로 한 해체작업으로, 자동화하기 어려운 조작 또는 프로세스이며, 두 번째 것은 종이, 펄프, 플라스틱, 유리, 알루미늄과 같은 소재류 또는 재질이 균일한 원료로 회수하기 위한 프로세스로서 파쇄, 선별조작이 단위 프

로세스를 구성하게 된다. 이 프로세스의 특징은 제품순도를 올리기 위해 분별조작을 여러 회 또는 여러 단으로 되풀이하게 된다.

(2)에서는 쓰레기 중 유기성 성분의 퇴비화, 혐기성 메탄화, 단백질 생성과 같은 미생물 작용에 의한 변환 프로세스, 알코올 합성, 수소화 분해와 같은 화학 (촉매) 반응 변환 프로세스, 유기물 소각 등의 반응 프로세스가 있다.

(3)에서 잘 알려져 있는 것과 같이 연료가스나 기름 또한 목탄(Char)을 주제품으로 하는 열분해반응 프로세스 등이 전형적이라 할 수 있다. (2)와 (3)에 속하는 프로세스에서는 원리가 동일한 경우가 있을 수 있으나 목적으로 하는 제품이 다르기 때문에 반응조건 즉 프로세스도 다른 것이 많다. 또한 동시에 반응 후에 목적제품의 정제를 위해 가스흡수나 종류 등의 프로세스가 수반되는 것이 보통이다.

(4)의 프로세스는 소각발전 등의 전형이라 하겠다. 이 프로세스에서 중요한 점은 변환된 에너지가 저장되지 않으므로 프로세스의 조작은 제품 에너지의 수급 관계가 시간적, 양적으로 대응되도록 운전되어야 하는 점에 있다.

현재 세계적으로 원유가격 상승에 따른 신・재생에너지 확보가 시급하고, 기후변화협약(1992년 6월)과 교토의정서(1997년 12월)에 따른 온실가스 감축의무가 가시화되고 있으며, 폐기물 해양배출 기준이 강화되고 있다.

또한 유기성폐기물의 경우 런던협약 96의정서에 의거 2012년 해양투기가 전면 금지되었다.

따라서 환경부에서도 폐기물 에너지화 정책으로 2020년에는 자원화가 가능한 폐기물은 100% 자원화한다는 자원순환형(Zero Waste)을 목표로 추진하고 있다.

또한 재활용가치가 있는 물질을 최대한 회수하여 환경부하를 감소시키고자 하는 최근의 생활폐기물처리 방법인 “생활폐기물 전처리 시스템(MBT)”을 도입하여 쓰레기 처리의 3대 목표인 감량화, 무해화, 안정화는 물론 폐기물을 기계적 분리선별에 의한 철, 알루미늄 등의 재활용물질을 선별하고 유기성폐기물은 생물학적 처리에 의해 가스-에너지화 하며, 가연성폐기물은 RDF (SRF, BIO-SRF) 등을 생산하는 자원순환형시스템을 목표로 하고 있다.

4.3 MBT기술

"MBT (Mechanical Biological Treatment)"란 폐기물을 최종 처분하기 전에 쓰레기를 300 mm 정도로 파쇄한 후 철, 알루미늄, 음식물쓰레기, 불연물 등을 기계적 분리 · 선별과정을 통하여 열량이 높은 가연성폐기물은 고체연로 만들고, 철, 알루미늄 등은 재활용하며, 음식물류 쓰레기는 생물학적 처리를 방법을 이용하여 발생되는 Bio-Gas를 전기와 열로 재이용하고자 하는 "생활폐기물의 전처리 시스템(MBT)"으로 재활용가치가 있는 물질을 최대한 회수하여 환경부하를 감소시키고자 하는 최근의 생활폐기물처리 방법으로 쓰레기 처리의 3대 목표인 감량화, 무해화, 안정화는 물론 자원화목표를 달성할 수 있는 생활폐기물의 종합적인 처리방법이다.

최근 우리나라에서는 자원순환형(Zero Waste) 사회를 만들기 위해 수도권매립지에 광역형, 부천시에 도시형, 강릉시에 준도시형, 부안군에 농촌형 MBT시설이 있다.

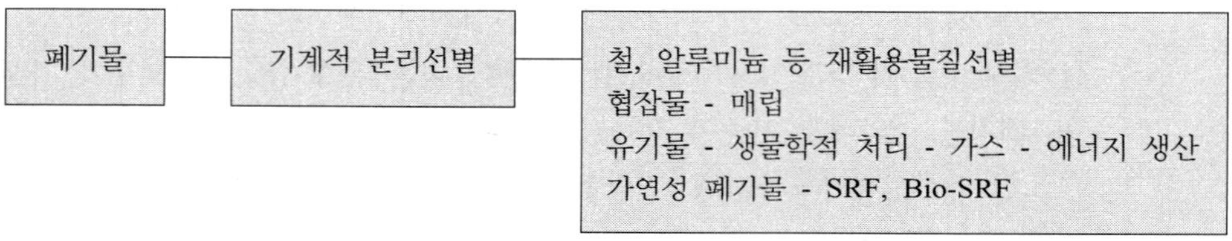

그림 4-2 MBT의 목표

4.4 신재생에너지

1973년의 석유파동 이래 자원, 에너지 기술 및 새로운 에너지원의 개발이 지향되고 있다. 우리들은 기본적으로 오랜 세월에 걸쳐 지구상에 축적된 태양에너지인 화석을 이용하여 왔으나 현재와 같은 자원 대량소비형의 사회시스템을 계속하는 한 에너지자원의 급속한 감소는 피할 수가 없다.

따라서 새로운 에너지 자원의 개발과 동시에 자원 사용 후의 배출에너지를 최소로 억제해 가는 사회시스템으로 바꾸어갈 필요가 있다. 이를 위한 하나의 방법은 생산 프로세스의 에너지 이용효율을 철저하게 해가는 것이며 다른 하나는 폐기물로 배출되는 가연성 물질의 에너지원으로서의 회수이용을 진행해 나가는 것이다.

현재 세계적으로 원유가격 상승에 따른 신 · 재생에너지 확보가 시급하고, 기후변화협약 등에 따른 온실가스 감축의무, 해양배출 기준의 강화, 유기성폐기물의 2012년 해양투기 전면 금지 등에 따라 자원화가 절실히 요구되고 있는 시대이다.

신・재생에너지란 기존의 화석연료를 변환시켜 사용하거나 폐기물, 물 햇빛, 지열 등을 재생하여 에너지화 하는 것을 말하며, 신에너지는 수소, 연료전지, 석탄 액화・가스화, 중질잔사유 가스화를 말하며, 재생에너지는 폐기물, 지열, 태양열, 태양광, 풍력, 수력, 해양, 바이오 등을 이용한 에너지를 말한다.

우리나라는 2018년 기준 에너지의 81.5% (원자력발전포함)를 수입에 의존하는 세계 10위의 에너지 소비국가이나 2017년 신재생에지의 비율은 8%에 불과한 실정이다.

지구온난화 문제와 화석연료 사용에 따른 미세먼지 등의 환경적 문제 해결을 위한 친환경에너지 개발에 대하여 우리나라는 물론 전 세계가 주목하고 있다.

따라서 정부는 2012년 신재생에너지 공급의무화제도(RPS : Renewable Portfolio Standard)를 실시하고 있으며, 2020년 신재생에너지 공급의무화제도를 개정하여 태양광 발전소 안전 강화 및 2019년 9월 발표한 신재생에너지 공급인증서(REC : Renewable Energy Certificate)제도를 전체 태양광 발전소로 확대 실시하여 시장의 변동성 완화 방안의 후속 조치 등에 대처하고 있다.

또한 2017년 12월 "재생에너지 3020 이행계획"을 발표하였으며, 2017년 8% 수준인 재생에너지 발전 비중을 2030년까지 20%로 확대할 계획이다

특히 태양광에너지는 지구상의 무한에너지이지만, 초기단계인 입지선정부터 잘못된다면 농경지, 임야 등의 훼손에 따른 자연재해 및 생태계교란 등의 환경적 문제는 물론 경관확보에도 문제를 일으킬 수 있다.

따라서 환경부에서는 태양광 설치 시 다음과 같은 기준을 시행하고 있으며, 육상 태양광 발전 환경성 검토 협의 지침 내용은 다음과 같다.

1) 태양광 설치 부적격 입지 지역

① 백두대간 및 정맥 보호지역(핵심－완충구역), 주요 산줄기(기맥, 지맥 등) 능선 축 중심으로부터(도면상에서 수평거리) 기맥은 좌우 각각 100 m 이내, 지맥은 좌우 각각 50 m 이내 지역

② 멸종위기야생생물 및 천연기념물 등 법정보호종의 서식지 및 산란처, 주요 철새도래지 등 법정보호종의 서식환경 유지를 위하여 보존이 필요한 지역

③ 생태・자연도 1등급(식생보전 I－II등급, 비오톱지도가 있는 경우 비오톱 I－II등급) 지역

④ 산사태 및 토사 유출 방지를 위하여 경사도 15° 이상이면서 식생보전등급 IV등급 이상인 지역

⑤ 과도한 지형 훼손을 방지하기 위하여 지형변화지수 1.5 이상 발생이 예상되는 지역 등

2) 태양광 입지로서 신중한 검토가 필요 지역

① 자연생태환경

- 생태 · 자연도 2등급지(식생보전 IV등급)이면서 경사도 15° 이하 지역
- 동물 이동로가 되는 주요 능선 및 계곡, 산림－수계 연결지역 등 생태적 보전가치가 높은 지역(동물 이동경로 훼손 및 절 · 성토로 인한 지역 생태축 단절 등이 우려되는 지역)
- 식생보전 III－IV등급의 양호한 산림으로 둘러싸여 있거나 산림 내부로 침투하는 산림지역(예시 : 산림 내부로의 100 m 이상 진입로 개설이 필요한 지역) 등

② 지형 · 지질

- 입지 회피지역에 해당되지 않는 생태축의 능선부 좌우 일정 이격거리(10～50 m 범위, 사업지역 여건에 따라 협의기관이 판단) 이내의 지역 등

③ 수질

④ 경관

3) 태양광설치 시의 환경성평가 고려사항

① 자연생태환경 : 최근 5년 이내 산림경영 및 수목갱신을 사유로 벌목 · 간벌이 이루어진 지역은 주변 산림의 식생보전등급이나 기존 생태 · 자연도 등급으로 산정 등

② 지형 · 지질 – 발전사업 종료 이후 원상복구를 위한 기존 지형의 훼손 최소화 방안 등

③ 수질

④ 경관

⑤ 주민 수용성 – 태양광 발전 시설 조성 계획에 대한 주민 반대 등 민원 발생 여부

그러나 태양광에너지는 자연이 준 무한에너지임에도 불구하고 산림훼손 등에 따른 생태계파괴, 자연재해 및 경관확보 문제 등의 환경적인 문제뿐만 아니라 설치비용, 배터리교환(2～5년), 패널수명(10～20년), 기상조건 등에 따른 유지 · 관리 등의 경제적 측면과 지자체의 조례, 주민과의 동행 등 사회적 측면 및 사용 후의 폐기물 처리 · 처분 문제 등에 부딪쳐 그 실효성을 확보하지 못하고 있는 실정이다.

따라서 집중적인 관리 · 감독 및 종합관리 매뉴얼을 만들어 좀 더 철저한 관리가 필요할 수 있다.

2020년 신재생에너지 총생산량은 표 4-16에서 보는 바와 같이 12,361,793 TOE (Tonnage of oil equivalent)로서 2020년도의 신재생 에너지 총량은 2018년에 비하여 약

1.44배 감소하였으며, 2018년 에너지생산량은 폐기물에너지, 바이오에너지, 태양광에너지 순으로 많았으나 2020년에는 태양광에너지, 바이오에너지, 폐기물에너지 순으로 2018년의 반대 현상을 보이고 있다. 이는 태양광의 시대적 흐름의 영향이 작용했던 것으로 생각되며, 장래 생산단가가 태양광의 10% 수준으로 저렴한 폐기물을 이용한 신재생에너지화에 대한 연구가 필요하다고 사료된다. 따라서 폐기물의 신재생에너지로의 전환은 경제적, 환경적 측면에서 가장 효과적인 에너지 생산 방안이 될 수 있을 것이다.

2012년 1월부터 음식쓰레기, 하수슬러지, 가축분뇨 등의 유기성폐기물과 2013년 1월부터 음폐수는 해양투기가 전면 금지되었다, 따라서 이들 쓰레기의 단순한 소각이나 매립처리보다는 아직은 선진국에 비하여 초보 단계인 바이오가스 등의 재생에너지로의 전환이 필요해 보이며, 2017년 현재 부산 생곡, 서울 동대문구 등의 98개 사설에서 에너지자원화 시설이 가동 중에 있다.

현재 우리나라의 경우 분리수거, 2003년 생산자책임재활용제도(EPR), 2012년 신재생에너지 의무할당제(RPS), 재활용기반시설확충 등의 폐기물관리정책과 정부의 지원으로 폐기물의 재활용 및 소각과 매립에 대한 시설의 확충 및 기술은 향상되었으나 폐기물의 에너지화에 대한 예산 및 지원은 미흡한 실정이다. SRF연료와 BIO-SRF, 바이오가스 정제연

표 4-16 신재생에너지 생산량

연도	합계 TOE	재생에너지						
		태양열	태양광	풍력	수력	해양	지열	수열
2018	17,837,507	27,395	1,977,148	525,188	718,787	103,380	205,464	14,725
2020	12,361,793	26,390	4,155,969	671,072	826,344	97,397	240,967	21,258
연도	재생에너지					신에너지		
	바이오	Bio-gas	Bio-SRF, 바이오중유	폐기물	SRF	정제연료, 폐목재	연료전지	IGCC
2018	4,442,376	91,740	532,934	9,084,212	695,021	-	376,304	362,527
2020	3,899,174	95,385	501,406	1,165,993	212,993	234,334	750,848	506,381

자료) 한국에너지공단 신・재생에너지센터

1) 수력은 양수발전 제외하며, 2003년부터 수력에 대수력(10 MW 초과) 포함
2) 2011년부터 폐목제는 폐기물에서 바이오로 분류변경
3) 2011년부터 TDF 추가
4) 2014년부터 RDF/RPF/TDF는 SRF로 대체 조사
5) 2014년부터 우드칩, 목재펠릿 중 일부는 Bio-SRF로 대체 분류
6) 2015년부터 대형도시쓰레기는 생활폐기물로 포함
7) 2017년부터 임산연료는 행정자료

료의 경우 품질에 대한 불신은 물론 품질에 대한 기준 조차 미흡한 상태이며, 유기성폐기물 등의 에너지화는 기술이 부족하고 소각여열의 이용은 폐기물의 광역화, 집단화가 곤란하여 발생 되는 수요처와의 접근성 문제로 공급 관로 설치비가 과다하게 들어가는 문제점 등이 발생 되고 있다. 따라서 폐기물의 에너지화 정책을 위한 폐기물에너지화 사업에 대한 지원 및 제도적 기반이 요구된다.

4.5 폐기물에너지 생산

4.5.1 폐기물 소각발전 및 소각여열 이용

유럽에서는 일찍부터 도시쓰레기를 도시연료로 보고 증기발생형 소각로에 의한 발전 및 난방을 대대적으로 실시하고 있다. 유럽에서 대부분의 대도시는 공공단체에 의해 도시 소요전력의 대부분이 공급되고 있다. 즉, 각 도시자체의 공공발전소를 가지고 있으며 보안용 전력 또는 몇 할의 전기량을 전력회사에서 구입하고 있다. 한편 쓰레기처리는 시 · 군 · 구 당국의 업무적이므로 비교적 쉽게 쓰레기 소각 플랜트와 발전소가 결합할 수 있는 조건에 있다. 일반적으로 시 · 군 · 구에서 쓰레기의 수집, 반입뿐만 아니라 소각과 재처분까지도 담당하고 있다. 독일의 경우 독일 최대의 REW 전력회사가 칼납발전소와 같이 그 지방의 쓰레기 소각을 담당하고 있는 예도 있다.

쓰레기 소각으로 발생하는 증기는 지역난방에도 많이 사용하고 있는데, 예를 들면 프랑스의 수도 파리에서는 시와 그 근교 800만 명이 배출하는 연간 약 170만 톤의 쓰레기를 교외 3개소에 있는 소각공장에서 소각하고 이것으로 얻어진 열을 이용하여 증기를 발생시켜 발전하며 발전에 사용한 후의 증기를 파리시 전역으로 보내는 대규모의 지역난방시스템으로 쓰레기 에너지를 이용하고 있다. 물론 파리의 지역난방은 쓰레기 소각열만으로는 부족하므로 난방공급공사 플랜트의 증기를 이원으로 공급하는 시스템으로 되어 있다. 발전은 9만 KW/h, 1개월간의 전력량은 약 6,500만 KW/h가 되어 약 40만 세대에 상당하는 전력이 쓰레기에서 얻어진다. 또 지역난방에 필요한 증기의 약 1/3은 쓰레기에서 얻어진 증기를 사용하고 있다. 파리에서 쓰레기 소각을 통해 얻어지는 열에너지는 석유로 환산하면 연간 약 20만 톤에 상당한다고 한다.

그러나 파리에서 지역난방이 시작된 것은 1928년의 일이며 그 이후 지역난방용 배관이 매년 연장되어 37년 후에 세 개의 소각공장과 난방용 배관이 연결되었다. 현재 그 연장은 200 km에 이르고 있으며, 파리가 오늘날과 같은 시스템을 만들어내는 데에는 약 50년이라는 세월이 소요되었다는 점을 인식할 필요가 있다.

즉, 기술시스템이 사회시스템으로서 정착하는 데에는 용의주도한 종합계획과 장기간의 시간을 필요로 하였다는 것을 잊어서는 안 된다.

일본의 경우, 대도시의 소각로는 대부분 유럽형식의 증기 발생형인데 유감스럽게도 유럽과 달리 열회수 이용은 거의 이루어지고 있지 않으며, 단지 소각시설 내의 냉난방, 자가발전, 노인정의 급탕 정도로 이용되었으나 재생에너지로의 자원화를 위해 본격적인 소각발전을 계획하게 되었다. 그 원인으로서는

① 석유 등의 화석연료가 지금까지 매우 저렴하였던 점
② 유럽에 비하여 지금까지 특히 지방도시에서는 쓰레기 발열량이 낮았던 점
③ 전력공급사업이 시・군 단위로 이루어지고 있는 청소사업과 행정적으로 별개의 계통이며, 시스템으로서의 결합이 대단히 곤란한 점
④ 전력을 발생하더라도 외부에 파는 것이 곤란한 점
⑤ 열을 이용하는 플랜트가 쓰레기 소각여열의 이용을 고려하고 있지 않았던 점
⑥ 쓰레기 소각로가 도시에서 떨어져 있어 열이용 시스템과 너무 떨어져 있다는 점

등을 들 수 있는데 자원화 기술로서는 쓰레기 소각발전이 가장 잘 연구되어 있으며, 경제적이기도 하므로 반드시 고려되어야 한다.

미국에서는 유럽형의 대형소각로 방식은 쓰레기질의 악화에 따른 대기오염방지 비용의 증대를 피할 수 없는 것으로 보고 도시 쓰레기를 파쇄 후, 불연분(타르 알루미늄, 유리 등)을 선별 분리하고 파쇄 가연분(주로 종이류)을 기존의 미분탄 발전보일러의 보조연료로 혼합하여 연소하는 기술시스템을 개발하고 있다.

한편 우리나라에서도 폐기물의 배출량 억제와 재활용촉진을 위한 폐기물관리 정책을 유도함으로서 자원절약 및 환경보전의 측면에서 폐기물을 고체연료 등으로의 에너지자원화는 당연한 일이 되었다. 표에서 보는 바와 같이 2018년까지의 신재생에너지의 비율은 1차 에너지 총량의 5.6%에 불과한 수준이다. 따라서 정부에서는 2030년까지 신재생에너지의 비율 20%를 목표로 하고 있으며, 에너지원별 발전전력량을 보면 2009년 1,791 GWh에서 2018년 32,239 GWh으로 상당히 증가되었음을 알 수 있다.

표 4-17 폐기물에너지 생산량(단위 : TOE)

연도	2014	2015	2016	2017	2018
생활계폐기물	157,178	972,271	949,551	1,001,529	994,424
사업장폐기물	780,801	925,376	944,486	953,426	944,887
도시대형쓰레기	725,420	2015년부터 생활계폐기물에 포함			

또한 우리나라의 1차 에너지 총생산량은 19,493,000 TOE이며, 수입량은 288,008,000 TOE으로 에너지 수입 국가라는 것을 알 수 있다. 표 4-17은 2018년 폐기물에너지 생산량 표이며, 표 4-18은 2018년 에너지원별 구성비 표이다. 표 4-19는 2020년 에너지원별 발전 전력량표이며, 표에서 보는 바와 같이 석탄에너지는 감소하였으며, 원자력은 증가하였고 신재생에너지는 다소 증가하였음을 보여주고 있다.

표 4-18 2020년 에너지원별 구성비

구분	1차 에너지원별 구성비(%)						1인당 에너지 소비량 (TOE)	수입 의존도 (%)
합계 (1,000 TOE)	석탄	석유	천연가스	수력	원자력	신재생 에너지		
292,076	28.2	38.5	18	0.5	9.2	5.6	0.17	84.4

표 4-19 에너지원별 발전전력량(단위 : GWh)

연도	합계	석탄	석유	LNG	원자력	신재생 에너지	수력
2018	570,647	238,967	5,740	152,924	133,505	32,239	7,270
2020	522,162	196,333	2,255	145,911	160,184	32,650	7,681

4.5.2 폐기물가스화

런던협약 96의정서에 의거 2012년 1월부터 음식쓰레기, 하수슬러지, 가축분뇨 등의 유기성폐기물과 2013년 1월부터 음폐수는 해양투기가 전면 금지되었다,

따라서 이들 쓰레기의 단순한 소각이나 매립처리 보다는 사료, 퇴비화, 고형연료, 바이오가스화 등으로의 자원화가 진행되고 있으며, 아직은 선진국에 비하여 초보 단계인 바이오가스 등의 재생에너지로의 전환이 필요해 보인다. 2017년 현재 부산 생곡, 서울 동대문구 등의 98개 사설에서 에너지자원화 시설이 가동 중에 있다.

표 4-20은 신재생에너지 공급비중표이며, 신재생에너지 공급 비중률은 2018년까지 증가 추세를 보이고 있으나 그 이후부터 감소 추세를 보이고 있음을 알 수 있다. 따라서 신재생에너지(재생에너지와 신에너지)에 대한 환경적, 경제적 측면의 연구검토가 필요하며, 신재생에너지의 공급 비중을 높일 수 있는 적극적인 대책이 필요할 것으로 생각된다.

표 4-20 신재생에너지 공급비중(%)

연도	2015	2016	2017	2018	2019	2020
공급비중(%)	4.63	4.83	5.45	5.80	5.36	4.23

자료) 환경연감

또한 폐기물 매립장에서의 매립지 가스화는 고유가시대의 에너지 재활용은 물론 온실가스 감축의 효과와 매립지의 조기안정화에 따른 토지 이용율을 증대시킬 수 있다. 현재 우리나라의 폐기물 매립장의 총 매립가스 생산량은 2018년 기준 65 (1,000 TOE)이며, 매립지 가스 회수는 분당 10 m^3 이상이어야 경제성이 있다. 정부에서는 고유가 시대의 에너지 재활용을 위해 여러 가지 정책을 시행하고 있다. 표 4-21은 매립가스 이용 현황표이며, 표 4-22는 수도권매립지의 포집 처리 현황표이다. 매립기술에 대한 내용은 매립 단원에서 자세하게 설명하고자 한다.

표 4-21 매립가스 이용 현황(1,000 m^3/년)

연도	포집량	소각량	발전량	슬러지2단계 자원화시설	슬러지3단계 자원화시설
2021	205,380	32,760	148,911	11,772	11,937
2022	208,983	32,496	166,769	2,132	7,586

자료) 한국에너지공단

표 4-22 수도권매립지의 포집 처리(m^3/분)

구분	포집량				이용량		
	합계	1매립장	2매립장	3-1매립장	소각량	발전량	슬러지 자원화시설
2021	391	31	289	71	62	283	45
2022	398	28	273	97	62	317	18

자료) 수도권매립지공사

4.6 분별기술에 의한 자원화시스템

도시쓰레기를 파쇄, 선별하는 기술은 미국에서 건식, 습식의 프로세스가 개발된 것이 최초인데 일본에서도 독특한 반습식 프로세스를 개발하고 또한 7대 도시의 폐기물자원과 시스템연구회에 의해 각종의 파쇄, 선별프로세스의 현장실험을 하였기 때문에 급격히 진보되었다.

쓰레기 중의 각 조성을 그 성질에 따라 기계적으로 분별하는 기술에는 각 조성간의 파쇄특성의 차, 비중차, 입경차, 자기적 성질의 차 등 외에 광학적 성질의 차를 사용하는 경우도 있다.

기계적 분별장치를 원리적으로 분류하면 다음과 같다.

① 체분류 분별장치	⑦ 자장 분별장치	② 비중차 분별장치
⑧ 용제 분별장치	③ 풍력 분별장치	⑨ 세정 분별장치
④ 자기 분별장치	⑩ 강도차 분별장치	⑤ 와전류 분별장치
⑪ 부유 분별장치	⑥ 정전 분별장치	⑫ 광학 분별장치

기계적 분별 시스템은 이러한 원리·장치를 조합하여 구성된다. 여기에서는 기계적 분별방식 가운데에서 이미 실용화된 방식 및 가까운 장래에 실용화될 수 있는 방식을 중심으로 설명하고자 한다.

4.6.1 습식분별

습식으로 파쇄·분별하는 장치는 직립 원통상의 수조 내에 해머가 부착된 특수 회전날개를 설치하는데 수조 내에는 일정량의 물이 채워져 있다. 이 기계는 헌 종이 회수용으로 개발된 hydrapulp에 해머와 stator를 붙여 파쇄기능을 갖게 한 것이다.

이 수조에 투입된 쓰레기 가운데 물에 녹기 쉬운 종이류, 주방쓰레기류는 쉽게 풀려 슬러리 상태가 된다. 유리, 도자기, 토사, 플라스틱 등은 고속으로 회전하는 해머의 충격력으로 파쇄되며, 쓰레기 슬러리와 함께 회전날개의 하부에 설치한 다공판을 통과하여 펌프로 빼낸다. 금속조각이나 통 및 피혁류는 다공판을 통과할 정도로 파쇄되지 않으므로 다공판 위쪽의 측면에 설치된 배출구에서 배출된 후 금속 제거장치의 버켓컨베이어로 연속적으로 긁어 올려져 자선기에 걸린다. 이와 같이 습식파쇄기의 내부에서는 조분별을 하고 또한 이 슬러리를 액체 싸이크론에서 걸러서 세분별하게 된다. 유기성 슬러리에서는 헌 종이 회수설비를 설치함으로써 펄프를 회수할 수도 있다.

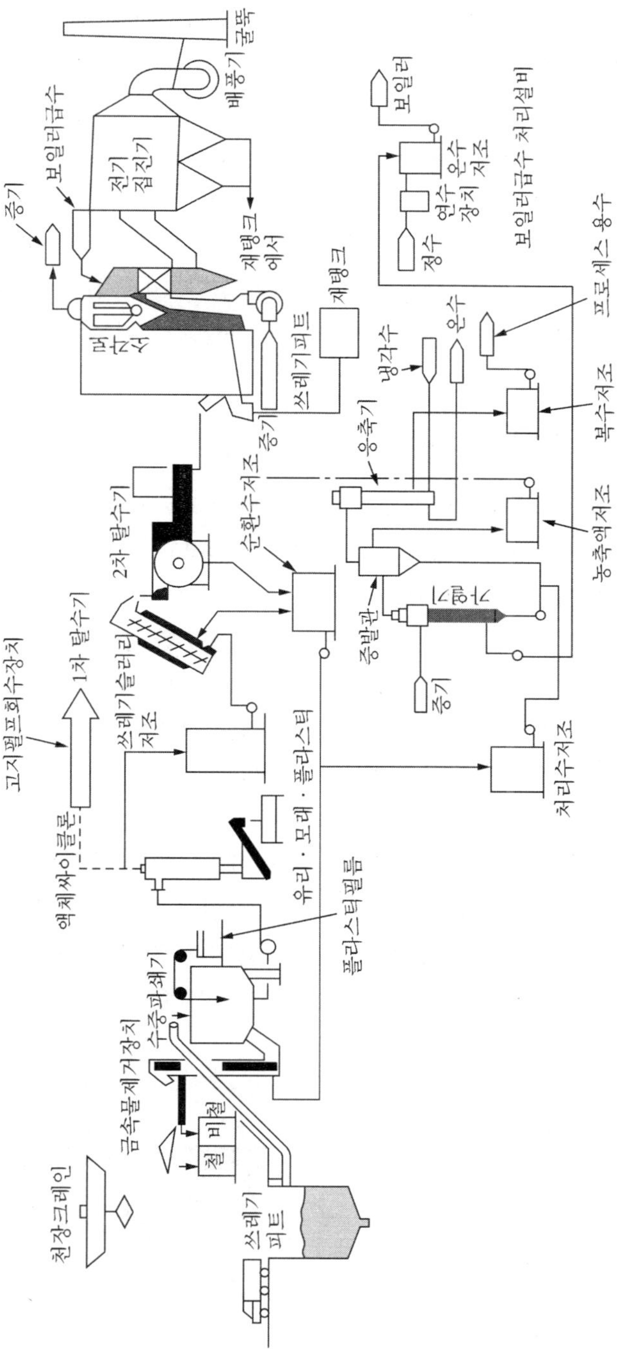

■ 그림 4-3 습식분별 플랜트의 흐름도

이 시스템은 미국의 Black Clawson Fibreclaim사에 의해 개발되어 Franklin시 및 일본에 각각 150 t/일의 플랜드가 건설, 운전되고 있다. 프랑크린시의 플랜드는 수중습식 파쇄기를 포함한 전처리 설비, 금속회수 설비, 유리 및 알루미늄 회수설비, 종이 섬유 회수설비, 소각 및 에너지 회수설비로 되어 있으며, 철 알루미늄, 투명유리, 착색유리, 종이, 섬유를 회수하고 있다.

일본에 설치된 플랜트의 흐름도는 그림 4-3에 나타난 바와 같이 헌 종이 회수설비는 없고 유기성 슬러지는 탈수 후 소각하고 있다. 이 방식의 플랜트는 미국의 헨프스테드, 마이애미에 각각 2,000 t/일, 3,000 t/일의 용량으로 건설한 적이 있다.

4.6.2 반습식분별

반습식분별에서는 충격, 압축, 전단의 각종 파쇄작용과 각종 스크린에 의한 분별작용을 조합하여 이용하고 있다. 특히 뒤에서 설명하는 것과 같이 종이류의 분별을 위해 도중에 약간의 가습을 하기 때문에 반습식이라 부른다. 쓰레기에는 종이, 부엌쓰레기, 나뭇조각, 섬유조각, 플라스틱, 유리, 금속조각 등 잡다한 물질을 포함하고 있어서 물리적 성질이 균일하지 않기 때문에 이것을 종래의 파쇄기로 입경이 균일하게 파쇄하기는 곤란하다.

반습식 분별방식에서 쓰레기를 파쇄한 경우에 쓰레기조성에 따라 강도 및 연성의 차에 의해 파쇄입도가 달라져 종래에는 에로사항으로 되어 있던 현상을 적극적으로 이용하게 된다.

이것은 일본의 공업기술원에 의해 개발된 기술이며 현재 처리능력 100 t/8h의 시범 플랜드가 일본에 건설 · 운전되고 있다. 그림 4-4와 같이 이 장치는 눈금의 치수가 2종의 스크린을 가진 회전 드럼과 제1, 제2 스크린에 각각 대응하여 드럼 내에 장치된 회전속도가 다른 긁기판 및 그것들의 구동장치로 구성되어 있다. 쓰레기는 드럼의 축방향으로 보내져

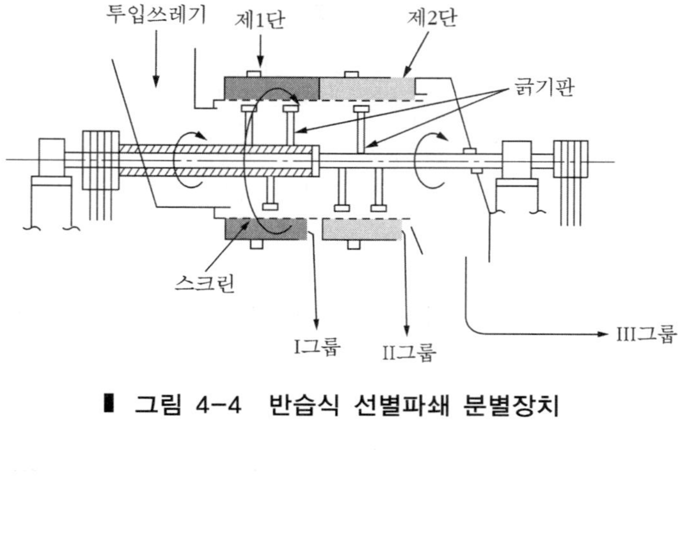

▌그림 4-4 반습식 선별파쇄 분별장치

각 재질의 내충격, 전단력의 크기에 따라 파쇄입경의 차에 의해 스크린을 통하여 드럼 외부로 체질되어 나누어진다.

제1, 제2의 스크린 구경, 드럼과 긁기판의 상대속도, 긁기판의 구조 및 배치 등은 각각의 단에서 독립적으로 선정하며 각 단계에서 체로 나누는 물질에 대응하는 파쇄효과를 얻도록 고려하고 있다. 또한 드럼과 긁기판의 상대속도를 적절하게 조절함으로써 소정의 파쇄효과를 주는 한편 긁기판의 절대속도에 의한 원심력으로 회전드럼을 체로 유효하게 이용하여 처리능력의 증대를 꾀하도록 하고 있다.

회전드럼 내에 투입된 쓰레기 가운데 우선 충격에 대하여 가장 취약한 유리, 도자기, 기와류 및 부엌쓰레기를 파쇄하여 드럼 외벽의 제1단 스크린을 통과하여 분별 배출한다(I그룹). 잔여 쓰레기는 드럼 내를 진행함에 따라 긁기판에 의해 충격, 전단 파쇄되어 중간적 강도를 갖은 종이류가 제2단의 스크린에서 분별되어 배출된다(II그룹).

이때 제2단에서 약간의 가습을 하면 종이류의 강도는 흡습에 의해 현저하게 저하시킬 수가 있으므로 종이와 나머지의 물질과의 강도차를 확대하여 보다 효과적으로 순도 좋은 종이를 회수할 수 있다. 연성이 가장 크고 제2단에서도 배출되지 않는 잔여의 쓰레기(III그룹)는 긁기판에 의해 충격, 전단, 파쇄되면서 드럼 내를 진행하여 드럼 최종단부에서 배출된다. III그룹에는 금속, 플라스틱, 섬유, 나뭇조각, 고무, 가죽 등이 포함된다.

이와 같이 본 방식에서는

① 부엌쓰레기를 중심으로 한 I그룹
② 종이류를 중심으로 한 II그룹
③ 플라스틱을 중심으로 한 III그룹

의 세 가지 그룹으로 파쇄 분별된다. 이 반습식분별 장치의 실용규모에서의 실험결과를 나타낸 것이 표 4-23으로서 이 결과를 다음과 같이 정리할 수 있다.

① 부엌쓰레기류의 90～95%, 유리, 토사, 기와류의 85～90%, 종이류(취약한 성질의 것)의 30～40%가 I그룹으로 분별이 된다. 이 그룹에서 무기물과 부엌쓰레기류를 분별하면 부엌쓰레기는 퇴비화나 메탄발효에 알맞은 원료로 사용할 수 있다.
② 종이류의 약 50%가 II그룹으로 분별되어 도시쓰레기에서 한번의 공정, 작은 동력으로 종이의 순도를 85%전후까지 상승시킬 수 있다. 펄프화하는 데 있어서 재생프로세스의 부담을 줄일 수 있다.
③ 플라스틱의 75～90%, 금속류의 85～90%가 III그룹으로 분별된다. 도시쓰레기 중의 연소 부적합물을 회수할 수 있으며 금속·플라스틱을 분별하면 각각 재이용이 가능하다.

표 4-23 반습식 선택파쇄분별장치의 분별기능의 실험결과

조성	분별상황(회수율) 건조기준율(%)				그룹별조성(순도) 건조기준율 (%)			
	I그룹	II그룹	III그룹	계	원쓰레기	I그룹	II그룹	III그룹
종이류	47.0	42.2	10.8	100	45.3	39.3	88.1	20.2
부엌쓰레기	91.5	7.2	1.3	100	18.4	31.2	6.1	1.0
유리	99.5	0.5	0	100	12.4	22.8	0.3	0
토사 · 기와	92.5	7.5	0	100	1.0	1.6	0.3	0
금속	11.4	2.4	86.2	100	6.6	1.4	0.7	23.3
플라스틱	10.4	5.2	84.4	100	12.9	2.5	3.1	44.9
섬유	4.7	6.1	89.2	100	2.0	0.2	0.6	7.6
목재	36.1	13.4	50.5	100	1.4	1.0	0.9	3.0
전체	54.0	21.7	24.3	100	100	100	100	100
수분	-	-	-	-	51.0	59.2	66.1	28.6

현재 공업기술원의 시스템에서는 I그룹 중의 부엌쓰레기를 퇴비화장치에 투입하여 퇴비로, II그룹의 종이를 정제 펄프장치를 통해 재생펄프로, III그룹 중의 금속류를 회수하고 III그룹 중의 플라스틱을 주성분으로 한 가연물을 열분해하여 열분해가스를 회수하는 시스템의 연구가 진행되고 있다.

4.6.3 건식분별

파쇄기, 풍력분별기(입형, 횡형, 지그재그형, 트롬멜형, 캐스케이드형), 진동체 등의 단위기기를 조합시킨 것이며, 조합에 의해 여러 가지의 프로세스 시스템이 개발되고 있다. 그림 4-5는 건식분리 프로세스이다.

1) 풍력분별

정지 공기 중에서 물체를 낙하시키면 처음에는 물체에 적용하는 중력에 의해 가속되는데 마침내 가속도가 없어져서 공기의 저항력과 물체에 작용하는 중력이 균형을 이루어 등속도, 즉 종말속도가 되어 물체는 낙하한다. 물체의 형상 및 크기가 같으면 물체의 낙하속도와 공기의 저항 관계가 같다고 생각해도 좋은데, 이것은 물체의 비중이 다르면 비중이 작은 쪽에 작용하는 중력도 작으므로 이에 대응하는 저항력도 작아진다.

한편 간은 비중의 물체라도 그 치수가 작아지면 붕력은 그 대표길이의 3제곱에 비례하여 작아지게 되는데 대하여 저항력은 1～2제곱으로 비례한다. 따라서 입경이 작은 것은 속도가 늦은 곳에서 균형을 이룬다.

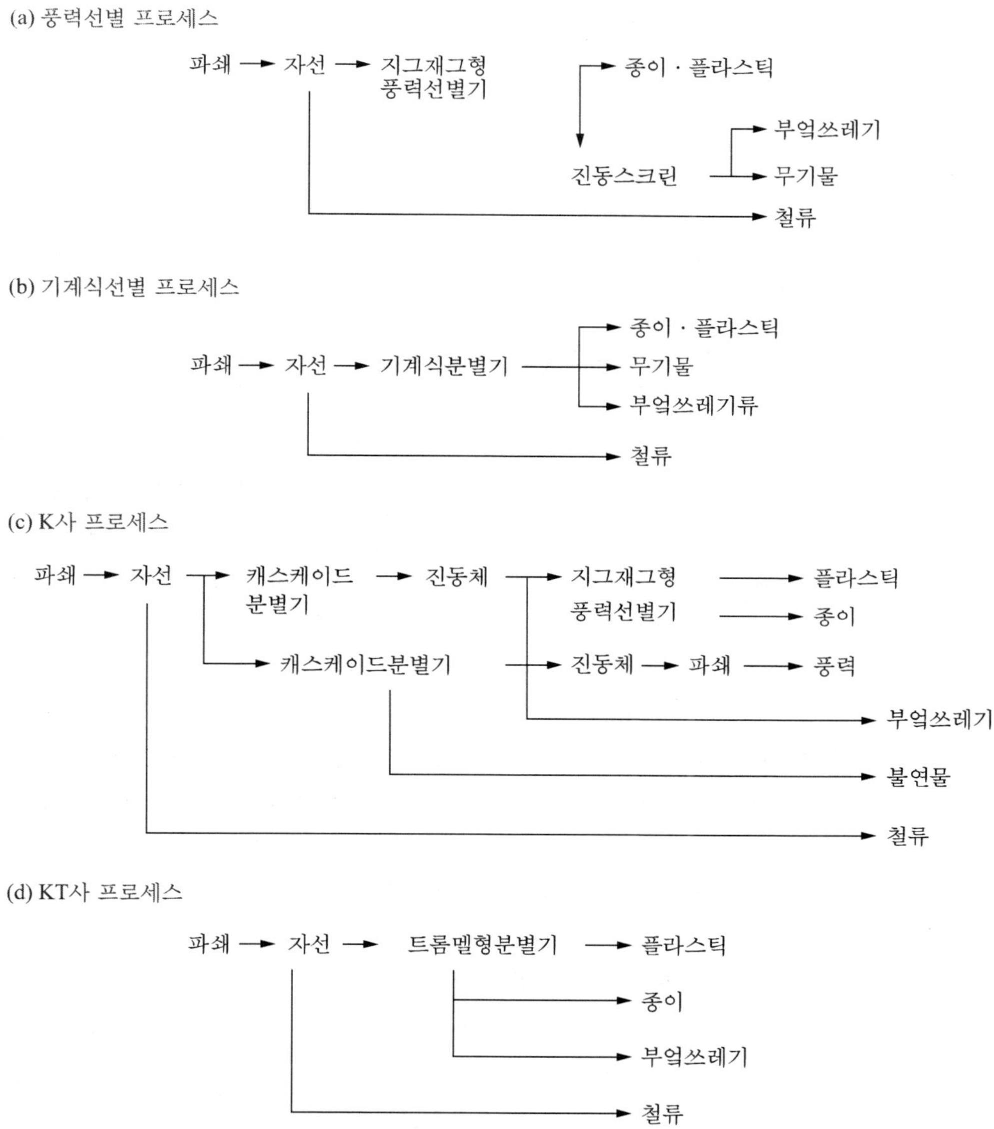

▮ 그림 4-5 건식분리 프로세스

이상과 같이 풍력분별은 공기 속에서 물체가 낙하하는 속도의 차를 이용하는 분별법인데 이 방식으로는 그림 4-6과 같이 중력의 방형과 역방향으로 공기를 보내는 입형이 있다.

횡형인 경우에는 한 번의 조작으로 여러 종류를 분별할 수 있으나, 쓰레기의 분산과 횡풍을 유로내에서 일정하게 하는 것이 곤란하다. 입형인 경우에는 한 번의 조작으로는 2종류밖에 분별이 되지 않으나 등속도가 충분하면 종말속도에 달하기 때문에 거의 완벽하게 분리된다.

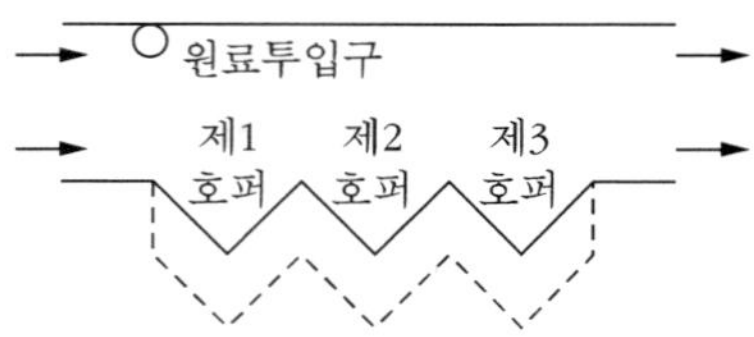

▌그림 4-6 횡형 풍력분별장치의 형상

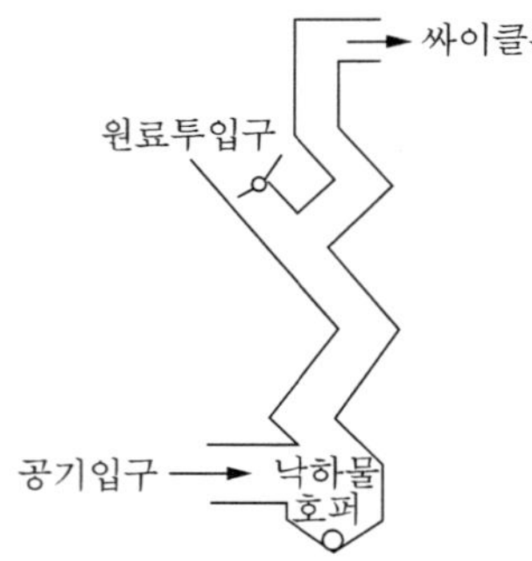

▌그림 4-7 입형 풍력분별장치의 형상

풍력분별에서는 쓰레기를 미리 건조해 두면 분리의 효율이 좋게 된다. 미국에서 생각하고 있는 시스템에서는 미국의 쓰레기 함수율이 원래 낮기 때문에 건조공정은 고려하고 있지 않으나 쓰레기의 함수율이 높은 경우에 좋은 분리효율을 얻으려면 건조공정을 설치하든가, 부엌쓰레기류와 같이 함수율이 높은 물질을 미리 다른 방법으로 분리하고 나서 풍력분별을 하는 편이 좋다고 생각된다.

전단력을 주체로 한 파쇄기로 파쇄한 생쓰레기를 3단에 걸쳐 풍력분별한 결과의 일례가 그림 4-8이다. 이 경우에는 1단에서 플라스틱의 분별, 2단에서 종이의 분별, 3단에서는 부엌쓰레기, 유리, 토사 등의 분별을 목적으로 한 것이다. 표 4-23은 앞에서 설명한 반습식 분별장치의 II그룹에서 나온 종이를 주체로 한 쓰레기에서 부엌쓰레기나 금속류 또는 플라스틱, 필름을 제거하여 종이의 선별 효과를 향상시키려고 시도한 결과이다. 이와 같이 조선별된 쓰레기들을 세선별할 때 풍력분별이 적당하다.

2) 진동과 체에 의한 분별

진동과 체의 효과를 이용한 분별에는 진동체가 있다. 체에 의한 분별은 조성에 의한 입경의 차가 클수록 효과가 있으므로 체효과를 얻기 위해서는 조성에 의해 파쇄입경에 차가 생기는 파쇄기와 조합하여 사용할 필요가 있다.

입경의 차이뿐만 아니라 반발력이나 비표면적, 비중 등의 차이도 이용하는 분별기가 cascade 진동분별기이다. 이것은 그림 4-9와 같이 진동체 면의 적절한 위치에 적당한 pitch와 각도로 louver를 배열하고 이것을 미리 설정할 진동조건(진폭, 진동수, 진동방 향, 진동파형)으로 진동시켜, 상류에서 louver 윗면으로 쓰레기를 공급하고 쓰레기 조성 간의 물성의 차에 의해 louver 위를 미끄러져 내려가면서 하류로 움직이는 그룹(경량이고 비표면적이 큰 플라스틱 필름이나 종이 등)과 louver 사면을 미끄러져 떨어지는 그룹(중량물로 부엌쓰레기 · 토사 · 유리 등)으로 분별할 수가 있다. 이때 공기류를 이용하여 비중이 작은 쓰레기를 부유 · 분리할 수도 있다. 상단분리분과 하단분리분의 한계는 louver의 각도와

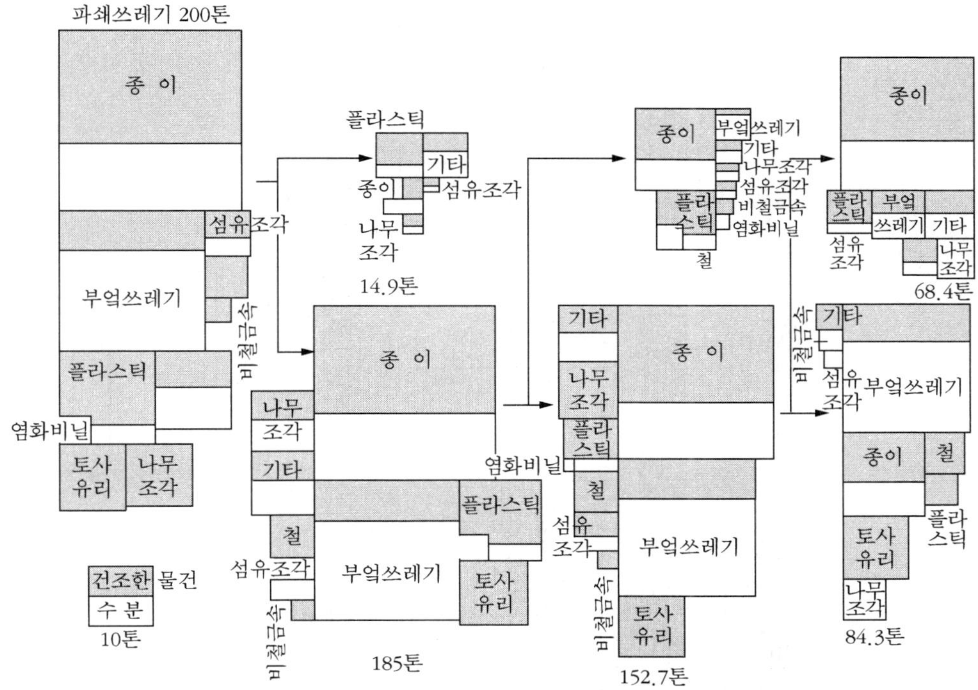

▮ 그림 4-8 풍력분별에 의한 분별 예

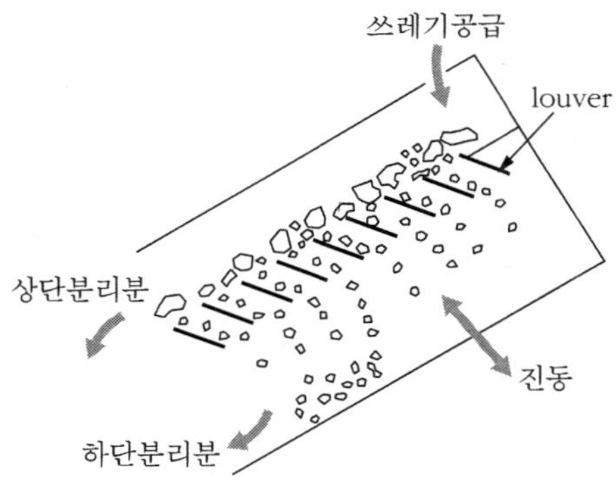

▮ 그림 4-9 cascade 진동분별기의 원리

간격, 진동조건 등을 바꿈으로써 변화시킬 수 있다.

이와 같은 캐스케이드 진동분별기에 진동체를 조합하여 분별 실험한 결과는 표 4-24와 같다. 이 경우에는 생쓰레기를 파쇄하지 않고 수집된 쓰레기에 대하여 겉포장을 찢는 정도의 조작을 한 쓰레기를 원료로 하고 있다. 여기에서 I그룹은 캐스케이드 진동분별기 상단분리분을 진동체로 분리한 후 체위의 것, II그룹은 동상 체 아랫것에 캐스케이드 진동분별

a

	종 류	순도	회수율
1	종 이	88.7	100
2	동물성 부엌쓰레기	-	-
3	식물성 부엌쓰레기	1.1	100
4	플라스틱 광 물	1.1	100
5	경 질 플라스틱	4.9	100
6	섬 유	1.1	100
7	나 무	0.6	100
8	금 속	0.8	100
9	유 리	0.9	100
10	토 지	-	-
11	기 와	0.8	100
12	합 계	100%	100%
13	함수율	63.3%	

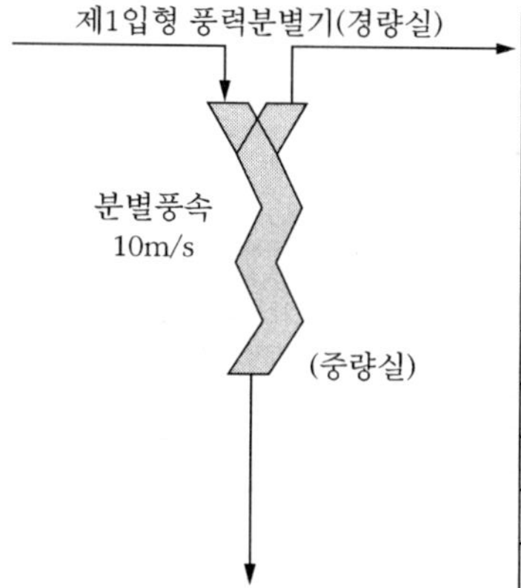

b

	순도	회수율
1	2.7	-
2	-	-
3	10.6	33.0
4	0	0
5	0	0
6	0	0
7	0.8	-
8	24.0	-
9	33.4	-
10	2.9	-
11	25.6	-
12	100%	2.8%
13	2.8%	

c

	순도	회수율
1	91.2	100
2	-	-
3	0.8	66.7
4	1.2	100
5	5.0	100
6	1.2	100
7	0.6	100
8	0	0
9	0	0
10	-	-
11	0	0
12	100%	92.7
13	63.9%	

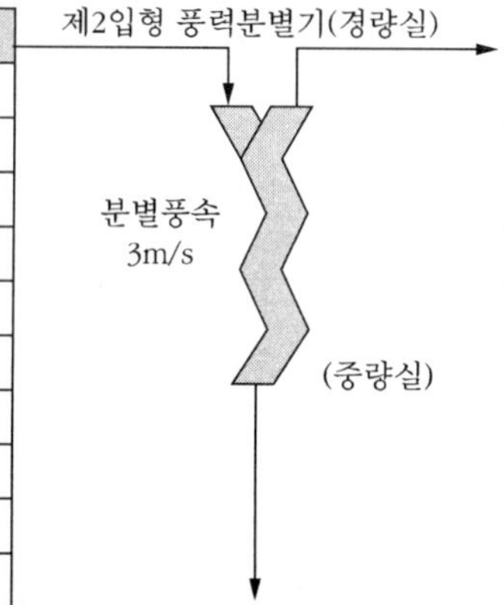

d

	순도	회수율
1	91.3	85.1
2	-	-
3	0.6	50.0
4	0.3	16.7
5	5.8	96.2
6	1.4	100
7	0.6	100
8	0	0
9	0	0
10	-	-
11	0	0
12	100%	82.7
13	65.5%	

e

	순도	회수율
1	91.5	14.9
2	-	-
3	1.0	16.7
4	6.5	83.3
5	0.7	3.8
6	0.3	-
7	0	0
8	0	0
9	0	0
10	-	-
11	0	0
12	100%	14.5%
13	51.5%	

■ 그림 4-10 II그룹 성분별 결과

표 4-24 분별상황과 각 그룹의 쓰레기조성

(a) 쓰레기의 분별상황(건기준)					(b) 각 그룹쓰레기의 조성(건기준)			
성분 \ 그룹	(I) (wt%)	(II) (wt%)	(III) (wt%)	계*	성분 \ 그룹	(I) (wt%)	(II) (wt%)	(III) (wt%)
플라스틱	82.7	16.1	0.7	98.5	플라스틱	21.8	6.5	1.3
종가	86.9	10.8	2.2	99.9	종이	72.3	14.6	12.9
주방쓰레기	2.9	82.9	13.9	99.7	주방쓰레기	0.7	32.2	23.3
나뭇조각	32.9	55.9	9.4	97.7	나뭇조각	2.7	7.5	5.5
철	0.0	0.0	3.6	3.6	철	0.0	0.0	1.9
비철금속	0.0	64.7	25.6	90.3	비철금속	0.0	2.3	4.4
토사 · 유리	0.0	58.3	41.6	99.9	토사 · 유리	0.0	16.4	50.7
섬유조각	49.6	50.4	0.0	100.0	섬유조각	2.5	4.1	0.0
기타	0.0	94.0	0.0	94.0	기타	0.0	16.4	0.0
					계	100.0	100.0	100.0

기 중단분리분을 합친 것, III그룹은 진동체의 하단 분리분이다. 그 결과에서는 플라스틱의 약 83%, 종이의 약 87%가 I그룹으로 분별되었으며, I그룹으로의 부엌쓰레기의 혼입율이 작아 종이, 플라스틱의 부엌쓰레기에 의한 오염을 피하는데 이 방법이 적당하다. 즉, 조분별로서 쓰레기의 파쇄동력의 절감과 각 조성의 혼합파쇄에 의한 부엌쓰레기의 오염을 막는 데에도 이용된다.

3) 트롬멜에 의한 분별

Trommel (회전체)은 그림 4-11과 같은 방법인데 원통의 길이 방향으로 구분하여 눈의 넓이가 다른 체를 이용함으로써 입경별로 쓰레기를 분별하는 것이다. 투입된 쓰레기는 tumbling 작용을 받으면서 경사에 의해 차례로 배출 측으로 이동한다. 트롬멜 안으로는 압

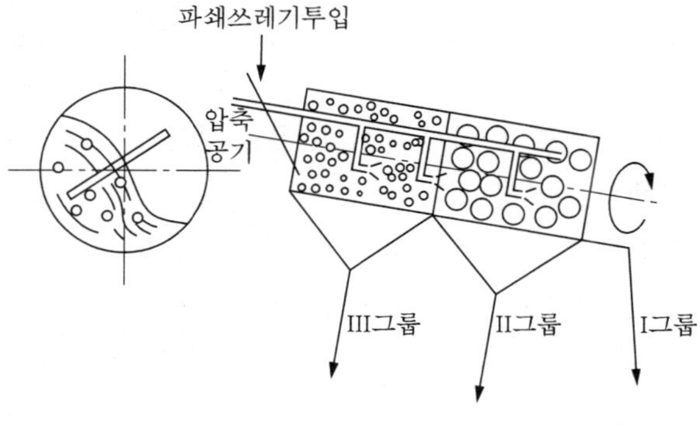

▌ 그림 4-11 Trommel의 원리

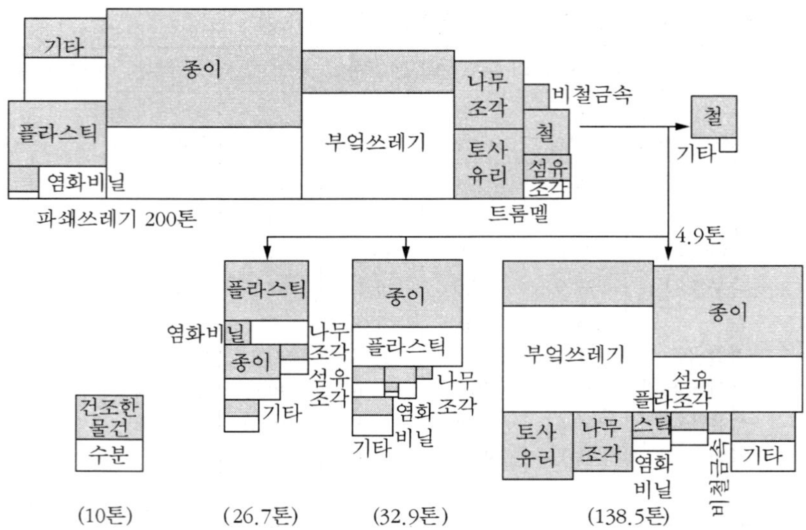

▌그림 4-12 트롬멜에 의한 분별

표 4-25 트롬멜의 활용분야

시설용도	활용분야	
생활폐기물 자원화시설	• 생활폐기물전처리사업(MBT) • 생활폐기물 유화 전처리시설	• Bio-에너지사업
폐기물 재활용시설	• 폐기물 재활용시설(MRF) • SRF 등 고형화 연료장치	• 건설폐기물 재활용시설
유기성폐기물 처리	• 퇴비화시설 • 혐기성 소화시설	• 사료화시설
건설폐기물 중간처리	• 순환골재생산 • 혼합건설폐기물 중간처리	
매립지 정비사업	• 매립폐기물선별 • 매립지수명연장, 재사용사업	• 사용종료매립지 정비사업

축공기를 보낼 수도 있어서 종이류, 플라스틱필름 등의 가벼운 물질을 선별할 수 있으며, 투입된 쓰레기를 분산시킬 수도 있다.

기본적인 원리는 체로 분별하는 방법으로 쓰레기의 조성마다 파쇄된 입경의 차이가 필요하다. 그림에서 보는 바와 같이 파쇄입경이 큰 플라스틱 필름을 주체로 한 I그룹, 파쇄입경이 중간정도인 종이를 주체로 한 가연물의 II그룹, 파쇄입경이 작은 부엌쓰레기나 불연물을 주체로 한 III그룹으로의 분별을 목적으로 한 실험결과이며, 표 4-25는 트롬멜의 활용분야에 대한 내용이다.

4.6.4 기계적 분별

1) 자력분리

도시쓰레기에서 철 등의 자성을 가진 물질을 분리·회수하는 대표적인 방법으로는 자력분리가 널리 사용되고 있으며, 장치형식으로서는 자기드럼식이나 컨베이어식 등이 있다. 회수율이나 회수물의 순도를 향상시키기 위해서는 다단으로 사용하는 것이 좋으며. 생쓰레기의 파쇄 전이나 파쇄 후에도 자력선별이 사용되는데 파쇄입경은 약 15 cm 이하인 것이 좋다.

2) 광학적 분리

광학적 분리법에서는 물질이 가진 광학적 특성, 예를 들면 색의 차를 이용하여 분별하는 것이다. 광학분리 장치는 그림 4-13과 같이 공급부, 광학부, 고압공기 분사부로 되어 있으며 공급부에서는 진동 공급장치에 의해 물체를 서로 떼어 놓은 형태로 광학부로 공급한다. 광학부에는 한 개의 램프와 3～4개의 광전지가 있으며 광전지는 각각 광학박스의 반대측에 설치된 기준 색판 쪽을 향하고 있다. 입자가 광학부에 떨어져 오면 광전지 감응계의 중심부를 통하여 입자 각 면의 반사특성이 체크되어 기준 색판과의 편차를 감지한다. 미리 정한 기준과 다른 입자에 대해서는 광학계의 신호에 의해 고압공기를 순간적으로 분출하여 입자를 분리하게 된다.

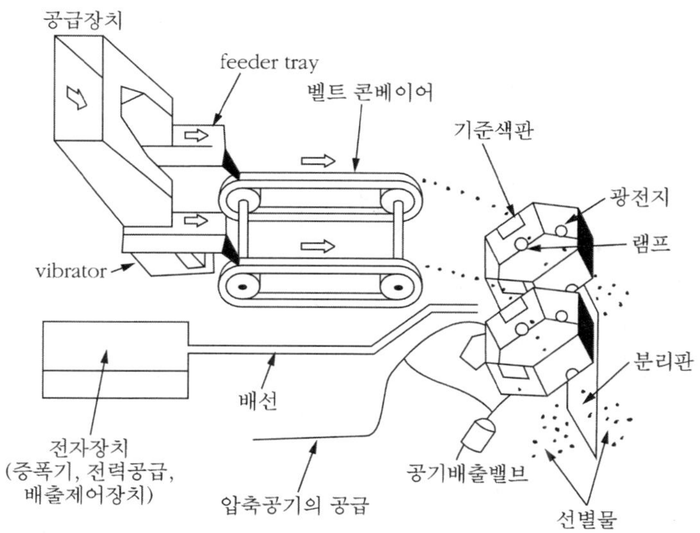

■ 그림 4-13 광학적분리 장치도

3) 중액분리

중액분리법에서는 매체보다도 큰 비중을 가진 것과 매체보다도 작은 비중을 가진 것을 분별한다. 중액에는 탄화수소의 취화물이나 염화물을 이용하게 되는데 아직 실험의 단계를 벗어나지 못하고 있다.

4) 정전분리

물질의 전도율, 초전효과, 대전작용을 이용한 방법이며, 그 개략도를 그림 4-14에 표시하였다. 고전압 발생장치에서 전극과 회전 원통사이에 형성되는 이온적용에 의해 같은 전도성 물질은 회전원통에서 반발하여 낙하하고 또 절연성 물질이나 수지 등은 회전원통에 부착하였다가 고정솔에 의해 회전원통에서 떨어져 나가 각각 분리되게 된다.

이 방법은 종이와 플라스틱의 분리에도 적용이 되며 수분을 흡수한 종이가 전도체가 되고 플라스틱은 비전도체이기 때문에 분리된다.

5) 와전류분리

와전류 분리법은 비자성이고 전기전도도가 좋은 물질(동, 알루미늄, 아연 등)을 다음에 설명하는 와전류 현상에 의해 다른 물질에서 분리하려는 것이다. 와전류는 시간적으로 변화하는 자장 속에 놓인 도체의 내부에 전자유도에 의해 생기는 와상의 전류이다.

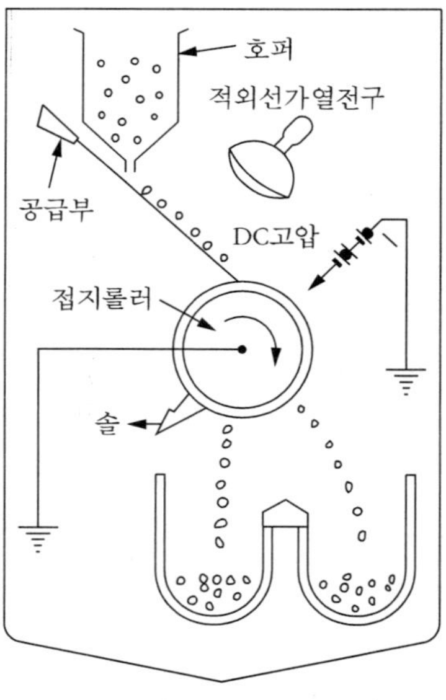

▌그림 4-14 정전분리의 원리 개략도

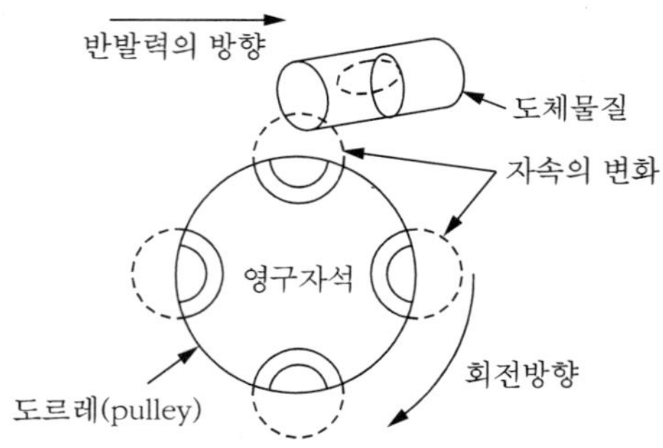

▌그림 4-15 도르래형의 와전류 분리 개념도

와전류에 의한 자속의 방향은 그것을 일으키게 하는 자속과 반대 방향이 되어 이것들 두 개의 자속에 의해 반발력을 일으킨다(그림 4-15). 이 원리를 이용하여 자속이 두 개 있으면 고유저항, 도자율 등의 물성의 차이에 따라 반발력 크기의 차이가 생기기 때문에 비자성의 도체의 분리가 가능하다.

6) 저온파쇄 선별 프로세스

상온에서는 파쇄 후의 물질의 입도분포의 차이에 의해 분리하는 것은 한계가 있으며, 특히 자동차 타이어, 플라스틱, 필름과 같은 물질은 분별에 필요한 크기로 파쇄하는 것이 곤란하다. 이와 같은 물질은 냉동하면 파쇄하기 쉽고 물질에 따라 냉동 온도를 조절함으로써 선택파쇄 및 선별이 쉽게 된다. 이 원리에 의한 것이 저온파쇄 선별 프로세스이다. 냉동에 쓰이는 냉매에는 액체질소를 사용하고 있는데 현재에는 가격이 높기 때문에 상온 파쇄와 LNG의 잠열을 이용하면 가격 저하를 꾀할 수 있다.

냉장고, 세탁기 등 대형가전제품은 주로 박판금속, 플라스틱으로 되어 있으며 박판구조 부분은 상온파쇄로 충분한 효과를 얻을 수 있지만 냉장고의 모터, 콤프레셔, 세탁기의 모터 등 괴상의 것은 상온 파쇄에서는 케이스만 파쇄 분리될 정도이고 덩어리는 그대로 파쇄기에서 배출된다. 그 때문에 철과 동, 알루미늄이 분리되지 않아 그대로 재생원료로서 이용할 수 없다. 따라서 이 부분에 저온 파쇄를 적용할 필요가 있다.

처리비용의 시산에 의하면 액체질소가 처리비용의 대부분을 차지하는데 회수제품의 부가가치가 큰 피복전선 및 가전제품의 처리에는 충분한 채산성이 있다고 한다. 자동차 타이어에 대해서는 회수제품의 일반시장 가격 때문에 현시점에서는 실용화의 가능성은 적으나 금후 열분해 재이용기술의 방향 및 앞으로 설명한 LNG잠열의 이용에 의한 액체질소의 비용절감의 여하에 따라서는 실용화의 가능성이 있다.

또한 각종 플라스틱(폴리에틸렌, 폴리염화비닐, 폴리프로필렌 등)의 취화점의 차를 이용하여 선택적으로 파쇄하는 저온파쇄 선별기술이 개발되었다. 연구의 결과에 의하면 플라스틱은 제품의 종류에 따라, 또 두께에 따라서도 달라지지만 그림 4-16과 같이 폴리염화비닐의 취화점은 −5∼−20℃, 폴리에틸렌은 −95∼−35℃의 범위 내에 존재하며 폴리프로필렌, 폴리스틸렌은 폴리염화비닐에 가깝다. 따라서 이러한 결과를 이용하면 도시쓰레기중의 대부분을 차지하는 폴리에틸렌계 플라스틱을 저온취성의 차를 이용하여 선택적으로 분별할 수가 있다. 이 경우에는 앞에서 설명한 액체질소를 사용한 냉동파쇄와 달리, 냉각온도를 −10∼−20℃로 설정하고 있기 때문에 냉동기와의 조합이 가능하다.

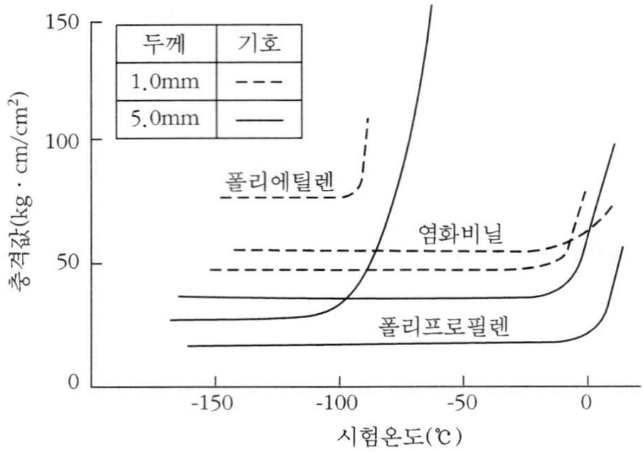

▮ 그림 4-16 각종 플라스틱 충격시험 결과

4.7 고체연료화(SRF, BIO-SRF)

화석연료로부터의 에너지전환의 일환으로 쓰레기로부터 개질하여 가공한 고체연료, 즉 RDF (refuse derived fuel)의 실용화에 대하여 여러 나라에서 많은 연구를 진행하고 있다.

독일에서는 1980년대부터 세계 최초로 폐기물 분리 · 선별기술을 개발하여 최고의 기술력으로 생산된 RDF를 RDF전용발전시설, 화력발전소 및 시멘트소성로의 보조연료로 등으로 사용하고 있으며, 미국도 폐기물을 중요 재생에너지로 규정하여 유럽과 같이 RDF 제조시설을 확충하여 RDF와 석탄을 혼합한 발전소를 운영하고 있다.

RDF법에 의한 최초의 실용프랜트는 1971년 EPA의 Saint Louis Project로서 화력발전소에 석탄혼소를 목적으로 한 건식처리시설이며, 이와 거의 동시에 습식처리에 의한 Franklin Project도 시작되었다.

RDF법은 현재 10종류가 있는데, 이것이 어떠한 형태로든지 실용화되고 있다. 그중 대표적인 것이 ECO-Fuel이며, 이것은 RDF 중에서도 고도의 기술에 속하며, 원료 쓰레기에 대한 가공도가 높고 연소특성이 많이 개선된 것이다. 반면 원단위가 높아 경제적인 사전검토가 충분히 이루어지지 않으면 기업적으로 실패할 위험성이 높다.

일본 역시 1997년 소형 소각로에서 다이옥신이 발생되어 사회적인 문제를 일으키게 된 이후 중소형 소각로를 RDF 생산시설로 대체하여 RDF 전용 발전소를 가동하고 있다.

EU의 경우에는 1999년 "매립금지법"이 제정되어 매립세를 부과한 것이 계기가 되어 RDF에 대한 관심이 높아졌다.

우리나라에서도 폐기물의 배출량 억제와 재활용 촉진을 위한 폐기물관리 정책을 유도함으로서 자원절약 및 환경보전의 측면에서 폐기물을 고체연료로의 에너지 자원화는 당연한 일이었다.

따라서 2006년부터 강원도 원주시에 RDF 제조시설을 설치하여 약 40톤의 RDF를 생산하여 시멘트공장이나 제지공장 등의 보조연료로 공급하기 시작하였으며, 지역 관내에서 발생된 폐기물을 이용하여 생산된 에너지를 원주시 청사의 냉・난방용 연료로 사용함으로서 지역주민들의 폐기물에너지에 대한 인식과 폐기물 에너지화에 대한 신뢰성을 주었다.

그러나 우리나라는 폐기물 고체연료의 생산과 발전이 EU나 일본과 같이 공공성을 확보하기 위한 목적이 아니라 "생산자책임재활용제도(EPR)" 도입으로 물질재활용과 동시에 에너지재활용도 동시에 할 수 있도록 관련법을 개정한 것이 SRF의 시초가 된 것이다. 결국 SRF의 제조와 발전시설을 민간에도 허용한 것이다.

또한 2014년 "자원의 절약과 재활용 촉진에 관한 법률"을 개정하여 고형연료의 수입을 허가하였으며, 고형연료제품의 높이기 위해 2015년 기존의 고형연료제품 정보관리시스템을 확대・개편하여 "폐자원에너지 종합정보관리시스템"을 운영하고 있다.

그러나 현재 폐기물 고체연료 사용으로 인한 유해물질 배출, 악취 등의 환경적 문제와 선별−파쇄의 단순한 공정을 거치는 비성형제품에 대한 불신 등으로 인하여 SRF 열병합발전소를 설치하려고 하는 지역이나 가동 중인 지방 도시들의 심한 반발로 허가가 취소되거나 가동이 중단되고 있는 실정이다.

또한 인구밀도가 높은 대도시와 수도권 13개 시는 SRF열병합발전소를 건설할 수 없는 지역으로 고시하여 지방도시들의 대도시의 차별화 정책에 여러 가지 많은 의혹들을 제기하고 있는 실정이다.

따라서 폐기물 고체연료로의 에너지화를 위해서는 민원을 해소시키고 국민이 신뢰하고 이해할 수 있을 정도의 엄격하고 철저한 환경 규제와 주민과의 협의를 통한 폐기물 재활용 정책 추진이 요구된다.

표 4-26은 우리나라의 고형연료제품 수입・제조 및 사용내역표이며, 표에서 보는 바와 같이 고형연료 제조시설 개소수와 제조량 및 사용량은 매년 증가하고 있으며, 2019년 기준 제조시설의 SRF제조량은 3,481천 톤, 수입량은 853천 톤이며, 사용시설의 SRF사용량은 약 4,303천 톤이다.

또한 과거 정부에서는 광역형으로 수도권 매립지에 일당 200톤, 도시형으로 부천에 90톤, 준도주시형으로 강릉에 150톤, 농촌형으로 부안에 30톤 규모로 시범사업을 운영하였으며, 2018년 12월 기준 SRF생산시설은 14개소로 수도권매립지, 부천시, 부안군, 무주군, 원주 2개소, 남해군, 순천시, 나주시, 목포시, 부산광역시, 대구광역시, 대전광역시, 광주광역시와 민간주도하는 250개소의 SRF제조시설이 있다.

표 4-26 우리나라의 고형연료제품 수입·제조 및 사용내역

구분		2014년	2015년	2016년	2017년	2018년	2019년
제조 시설	시설수(개소)	219	258	246	263	265	258
	제조량(톤)	817,207	1,269,092	1,536,406	2,292,321	3,068,039	3,481,271
수입	시설수(개소)	-	13	26	23	17	13
	수입량	-	449,296	1,447,571	1,121,632	837,294	853,192
사용 시설	시설수(개소)	84	151	146	152	148	157
	사용량(톤)	787,292	1,756,670	2,982,525	3,614,983	3,900,036	4,309,314

자료) 환경부

또한 RDF는 모양에 따라 다음과 같이 구분하였다.

1. Fluff RDF : 파쇄시킨 가연성폐기물을 가장 단순한 방법으로 성형한 20～50 mm 정도의 사각형모양
2. Powder RDF : Fluff RDF를 0.5 mm 이하로 파쇄시켜 분말화한 모양
3. Pellet RDF : Fluff RDF를 압밀 성형시켜 운반 및 보관, 단위 무게당 열량을 높이기 위해 Pellet으로 만든 원통형 모양의 고체연료

과거 고형연료 제품의 종류에는 RDF (Refuse Derived Fuel), RPF (Refuse Derived Fuel), WCF (Wood Chip Fuel), TDF (Tire Derived Fuel)가 있었으나 2013년 "자원의 절약과 재활용촉진에 관한 법률"을 개정하여 전술한 바와 같이 고형연료로 사용되는 폐기물의 종류에 따라 SRF (Solid Refuse Fuel)와 BIO-SRF (Biomass-Solid Refuse Fuel)로 명칭을 변경하였다.

우리나라의 고형연료는 2003년 이후 시작되었으며, RDF (Refuse Derived Fuel)를 가연성폐기물을 사용하여 고형연료제품의 품질·등급에 적합하게 제조한 고형연료제품을 말한다. RPF (Refuse Derived Fuel)는 폐플라스틱을 중량기준 60% 이상 사용하여 고형연료제품의 품질·등급에 적합하게 제조한 고형연료제품을 말하며, TDF (Tire Derived Fuel)는 2007년도에는 폐타이어를 이용한 고형연료제품이 허용되었으며, TDF의 품질·등급에 적합하게 제조한 고형연료제품을 말한다.

2008년도에 허용된 WCF (Wood Chip Fuel)는 폐목재 1, 2등급을 이용하여 고형연료제품의 품질·등급에 적합하게 제조한 고형연료제품을 말하며, 폐목재는 1, 2, 3등급으로 나누어 분류하고 있다(한국임업진흥원).

① "1등급 폐목재"는 원목상태 그대로이거나 원목을 기계적으로 가공하고 처리한 상태

의 것으로서 가공・처리과정에서 페인트, 기름, 방부제 등으로 오염되지 않은 폐목재를 말하며, 재활용용도로는 나무판 등 목재성형제품, 톱밥, 성형탄, 산업용 활성탄, 고형연료제품(WCF), 바이오에탄올(목질계 에탄올연료) 제조, 축사・제초・퇴비용 원료로 사용되고 열분해, 가스화 원료로 이용 및 「폐기물관리법 시행규칙」 제3조에 따른 에너지회수기준에 적합한 에너지 회수용도로 사용한다.

② "2등급 폐목재"는 가공, 처리, 사용과정에서 접착제, 페인트, 기름, 콘크리트 등의 물질이 사용되었거나 이에 오염된 폐목재(할로겐족 유기화합물이나 방부제로 처리・오염된 폐목재는 제외)를 말하며, "1등급 폐목재"의 재활용 용도 중 톱밥, 성형탄 제조용도 및 축사, 제초, 퇴비용 원료로의 사용을 제외한 용도로 사용한다.

③ "3등급 폐목재"는 가공, 처리, 사용과정에서 할로겐족유기화합물이나 방부제가 사용되었거나 이에 오염된 폐목재와 자원의 절약과 재활용촉진에 관한 법률 시행규칙 제20조의3 제2항의 고형연료제품의 품질・등급기준에 적합하지 않는 폐목재 칩 및 위의 1～2등급에 해당되지 않는 기타 폐목재를 말하며, 열분해, 가스화 원료로 이용하거나 「폐기물관리법 시행규칙」 제3조에 따른 에너지 회수기준에 적합하게 에너지를 회수하는 용도로만 사용하도록 규정하고 있다.

4.7.1 RDF의 품질기준 및 등급기준

우리나라 환경부의 "자원의 절약과 재활용 촉진에 관한 법률"에서 폐플라스틱을 중량기준으로 60% 이상 사용한 고형연료제품을 RPF (Refuse Plastic Fuel), 생활폐기물 고형연료제품을 RDF로 구분하고 있으며, 고형연료제품 사용시설 중 고형연료제품 전용보일러시설의 허용대상을 시간당 400 kg 이상을 사용하는 시설과 시간당 200 kg 이상을 사용하면서 연속적으로 가동하는 시설로 한정하고 있다.

이는 배출시설의 관리・통제가 가능한 일정한 규모 이상의 전용보일러에서만 고형연료제품을 사용하도록 함으로써 고형연료제품의 사용에 따른 다이옥신류 또는 중금속 등의 대기오염물질의 발생을 최소화할 수 있을 것으로 기대하기 때문이다.

또한 무분별한 사용을 금지하기 위해 다음과 같은 시설에 한하여 고체연료를 사용하도록 규정하였다.

1. 고형연료제품 전용발전시설 및 10 MW 이상인 화력발전시설
2. 석탄사용량이 시간당 2톤 이상인 지역난방시설・산업용보일러・제철소 로(爐)
3. 고형연료제품 사용량이 시간당 400킬로그램 이상인 전용보일러시설 또는 고형연료제품 사용량이 시간당 200킬로그램 이상이고 연속적으로 가동하는 전용보일러시설(「폐기물관리법 시행규칙」 별표 7 폐기물처리시설의 설치기준 및 동 규칙 별표 7의2 폐

기물처리 시설의 검사기준에 따른 소각시설의 설치 · 검사기준에 적합한 시설로서 초기 가동 시 연소실 출구온도가 800℃ 이상이 될 때 고형연료제품을 자동 투입할 수 있는 장치를 갖춘 경우에 한한다)

4. 그 밖에 환경부장관이 고형연료제품의 사용에 적합하다고 인정하여 고시하는 시설
또한 고형연료제품의 품질 · 등급기준(제20조의3 제2항)을 정하고 있다.

1) 고형연료제품의 품질기준

가. 형상 및 크기

(1) 파쇄 · 분쇄 · 절단된 미성형 상태의 가연성 고형폐기물을 형상 및 크기의 일관성을 유지하기 위하여 압출 · 가열 · 마찰 등의 방법으로 성형 가공할 것

(2) 고형연료제품의 단면 형상은 원형으로서 직경 30밀리미터 이하 및 길이 100밀리미터 이하일 것. 다만, 폐플라스틱 고형연료제품의 직경은 50밀리미터 이하로 하며, 고형연료제품의 단면이 원형이 아닌 다른 모양일 경우는 원형의 단면적으로 환산할 것

(3) 생활폐기물 고형연료제품은 길이 전체에 걸쳐서 단면적 모양이 일정할 것

나. 저위발열량 − 고형연료제품의 저위발열량은 킬로그램(kg)당 3,500킬로칼로리(kcal) 이상일 것. 다만, 폐플라스틱 고형연료제품의 저위발열량은 킬로그램(kg)당 6,000킬로칼로리(kcal) 이상일 것

다. 수분 − 수분함량은 평균 10.0% 이하

라. 회분(건기준) − 회분 함유량은 20.0% 이하

마. 염소(건기준) − 염소 함유량은 2.0% 이하

바. 황(건기준) − 황 함유량은 0.60% 이하

사. 금속성분(건기준)

(1) 수은 : 1.2 mg/kg 이하

(2) 카드뮴 : 9.0 mg/kg 이하

(3) 납 : 200.0 mg/kg 이하

(4) 비소 : 13.0 mg/kg 이하

(5) 크롬, 안티몬, 코발트, 구리, 망간, 니켈, 탈륨, 바나듐 : 농도 측정결과를 표기하거나 사용자에게 제공할 것

2) 고형연료제품의 등급기준

가. 발열량 기준

(1) "가" 군 : 6,500 kcal/kg 이상

(2) "나" 군 : 5,500 이상 6500 kcal/kg 미만
(3) "다" 군 : 4,500 이상 5,500 kcal/kg 미만
(4) "라" 군 : 3,500 이상 4,500 kcal/kg 미만

나. 염소농도(건기준) 기준
(1) 1등급 : 염소 농도 0.50퍼센트(%) 미만
(2) 2등급 : 염소 농도 0.50퍼센트(%) 이상 1.00퍼센트(%) 미만
(3) 3등급 : 염소 농도 1.00퍼센트(%) 이상 1.50퍼센트(%) 미만
(4) 4등급 : 염소 농도 1.50퍼센트(%) 이상 2.00퍼센트(%) 미만

4.7.2 RDF 기술

1) RDF가 갖는 필수조건

RDF를 제조하는 경우나 이를 사용하고자 할 때의 구비 조건은 다음과 같다.

① 제품으로서의 발열량, 즉 칼로리가 높을 것(high calorific value)
② 쓰레기 원료중이나 제품의 함수율이 낮을 것(low water cnotent)
③ 원료 중에 비가연성 성분이나 연소 후 잔류하는 재의 양이 적을 것(low ash content)
④ RDF의 조성 배합율이 균일할 것(homogenous composition)
⑤ 저장 및 수송이 편리하도록 개질되어야 할 것
⑥ 기존의 고체연료를 사용하는 로에서 사용이 가능할 것
⑦ 대기오염이 적을 것

RDF의 질적 특성은 쓰레기의 종류와 조성에 따라 많은 변수를 가지고 있어 그 목적에 따라 제조공정과 사용방법이 달라진다. 현재 RDF가 갖고 있는 큰 단점은 대부분의 경우 RDF용의 특수로에서만 연소가 가능하며 일반화가 어렵다는 것이다.

2) 고체연료의 생산

RDF의 생산은 기계적인 선별과정을 통하여 이루어지는데, 쓰레기의 분리수거로 2차 자원을 회수하는 것과 같은 간단한 방법과 여러 단계로 되는 복잡한 기계적 분별공정을 거치는 두 가지 방식으로 구분될 수 있다.

간단한 공정은 분리수거, 수선별(hand sorting), 파쇄(coarsely shredding) 및 금속분리 등의 공정으로 이루어지며 복잡한 공정은 이론적으로 세 단계의 공정으로 제조되고 있다.

① 쓰레기의 전처리
- RDF제조에 필요한 물질을 가정 및 산업폐기물 등에서 선별하는 작업(폐기물배출

원에 선별)

- 조대폐기물의 제거(가정용품, 매트리스 등)
- 자기선별기에 의한 금속물질의 분리제거
- 파쇄 및 선별(crushing/classification)

② 폐기물 중의 유해성분 및 비가연성 물질의 제거, 고칼로리－저함수물질의 선별회수(풍력선별기 또는 trommel-screening, 때로는 파쇄공정 포함)

③ RDF로서 필요로 하는 형태로의 최종성형단계

- 스크린 처리(fluff형)
- 건조－최종파쇄(drying-milling)
- 압축성형(briquetting)
- 다른 연료와의 혼합(blending with other fuels)

3) ECO-FUEL

ECO-FUEL은 1972년 Combustion Equipment Associates (이하 XEA로 칭함)가 Arthur D.Little연구소와의 협력하에 개발하여 기업화가 시작된 것이며, RDF의 기술이나 RDF 그 자체의 총칭이다.

ECO-FUEL의 개발은 전후 2단계에 걸쳐 달성되었다. 1단계에 있어서는 ECO-FUEL I 이며, 이것은 전술한 바와 같은 간단한 방법으로의 RDF제조로서 단순한 금속분리와 조파쇄(입경 12～20 mm)에 의한 겉보기비중을 0.06～0.12 정도로 평균화한 것이다.

2단계로 RDF를 고성능화한 것은 ECO-FUEL II로 불리며 이것은 1974～1975년에 개발되어 연구용의 test plant에 의해 16톤 생산에 임하여 많은 자료를 수집, 1977년에 비로소 최초의 실용프랜트가 메사추세츠주 East Bridgewater에 있는 CEA자원회수 기술연구소에 건설되어 여기서 생산된 RDF는 Connecticut주 Watervalley의 동합금공장의 보일러용 연료로에서 시험 사용된 것이 시초이다. 시험운전 결과로부터 많은 개선을 추가하여 같은 주의 Bridgeport에 1,800톤/일 공장을 건설하여 순조롭게 운전이 진행되고 있었으나 dioxin문제가 대두되면서 운전이 중지된 적이 있다.

ECO-FUEL II의 특색은 완전한 건식공정에 의하여 개질 가공된 RDF라는 것이다. 이것에 대한 공정도를 그림 4-17에 나타낸 바와 같이 파쇄, 선별, 건조, 미분쇄 등의 가공공정으로 구성되어 있다. 특히 이 과정에서 철, 알루미늄, 유리 등의 유가물을 자원으로 효율성 높게 분리 회수할 수 있는 것이 주목할 만하다.

운송트럭으로 운반된 원료쓰레기는 truck scale로 계량되고 조대쓰레기 수선별 장에 투입, 대형 물질이나 고무타이어 및 가전제품 등의 조대물을 hand sorting에 의하여 분별 된다. 이러한 조대쓰레기 중 목재가구류는 hammer mill로서 20～30 cm 크기로 절단 분쇄하

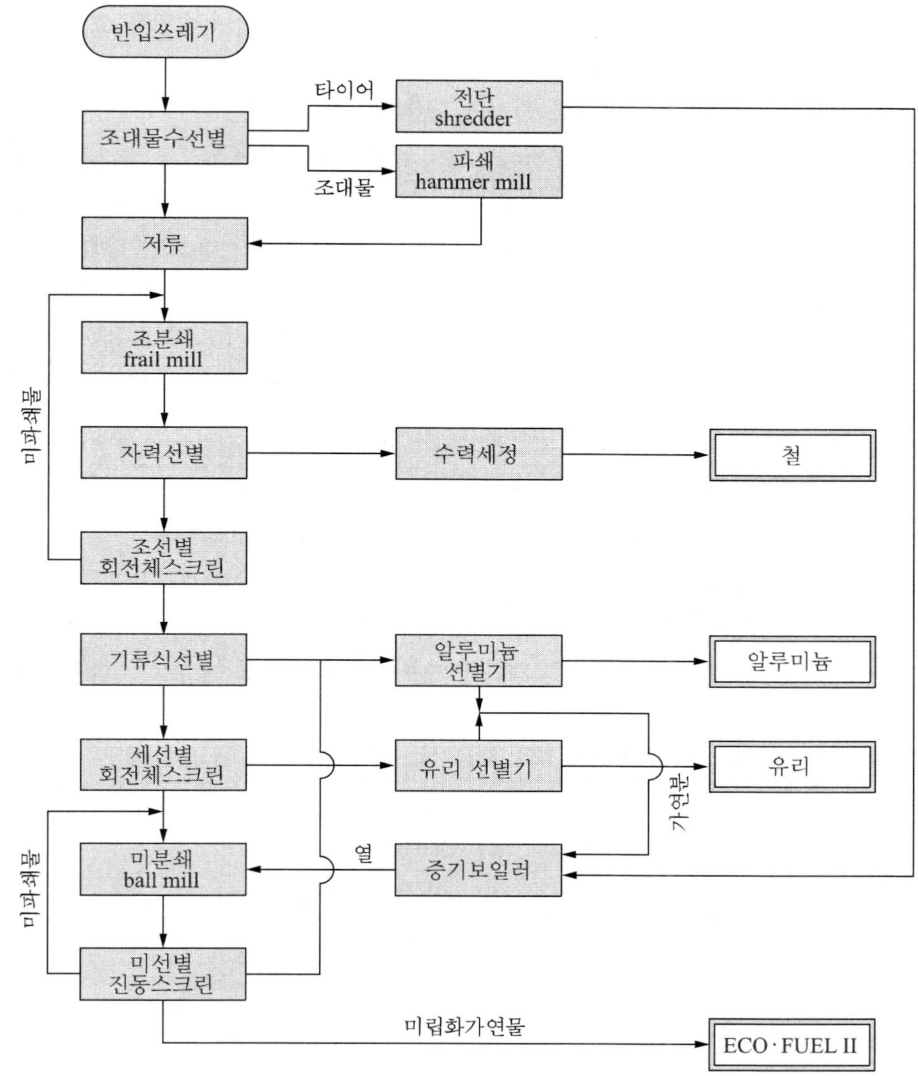

■ 그림 4-17 ECO-FUEL II의 재조 프로세스

여 저장 pit로 보낸다. 저장 pit 내에서 잘 혼합하고 충격식 파쇄기로 약 10 mm 이하의 입도로 분쇄한 후 철분을 자력 선별기로 분리한다.

그 다음, 회전드럼식 스크린(trommel)으로서 체분류하여, 100 mm 이상의 것은 반송하여 다시 파쇄기로 보낸다. 이것을 공기류식 분별장치(air classifier)에 의하여 비철금속과 기타 물질을 분리하고 다시 작은 입경의 trommel로 체분리 한다. 여기서 유리세편을 분리하고 유기물의 함유율이 높고 크기가 큰 물질은 증기 가열식 ball mill에 투입한다. 바로 이전에 셀룰로오스류를 화학적으로 분해(degradation)시키는 약품을 추가하여 줌으로써

ball mill에 의한 미분쇄 조작을 도와주며 동력에너지의 소비를 절감시켜 준다. 이 부분이 ECO-FUEL II의 프로세스의 특징이며, 가열에 의한 수분 분리와 더불어 생물화학적 안정도를 높이고 RDF로서의 품질을 향상시키는데 기여한다.

Ball mill 내에서 잘 분쇄되지 않고 마쇄효과를 갖는 골프공 크기의 steel ball은 약 100℃로 가열한다. mill로부터 배출되는 물질은 스크린으로 세 group으로 체분리 한다.

큰 입자를 가진 부류는 알루미늄분이 많이 함유되어 있고 중간입자 크기의 것은 제품으로는 순도가 떨어진다. 세입자의 것이 최종 제품으로서 기류운반(pneumatic con-veyor)에 의하여 제품 저장조로 보내진다. CEA가 개발과정에서 가장 고심한 것은 가열식 Ball mill과 섬유소의 degradating agent라 한다. 이렇게 제조된 ECO-FUEL II의 RDF로서의 특징은 다음과 같다(표 4-27, 표 4-28 참조).

① 발열량은 석탄과 비교될 만큼 높고, 또 품질도 비교적 균질하다.
② 수분이 적고 비중이 커서 운반 및 저장비가 저렴하다.
③ 입도가 적고 유동성이 좋아서 미분탄이나 중유화의 혼소가 가능하다.
④ 석탄에 비하여 황분이 적다.
⑤ 산소 함유율이 높기 때문에 중유나 가스와의 혼소의 경우 불꽃의 상태가 아주 좋다.

표 4-27 ECO-FUEL II의 조성 및 성상

종류	내 용	
1. 겉보기 비중	389～560 kg/m^3	
2. 입도	510 mesh 이하 99%, 20 mesh 이하 80%	
3. 비열	0.43 kcal/kg℃	
4. 안정성	부패성, 흡습성 없고 안정성 대단히 큼	
5. 유동성	유동성, 비산성 크고 공시수송에 적합함	
6. 연료가 분석치	수분 3% 이하 회분 15% 이하 고위발열량 4,320 kcal/kg	
7. 원소 분석치	C 41.6～47.3% O 33.9～38.6% S 0.1～0.5% H_2O 1.0～3.0%	H 5.5～6.3% N 0.6～1.5% CL 0.1～0.4% 회분 11～15%
8. 회분 융점	1,150℃ *입자 자연낙하 속도 2 m/초 공기 수송속도 13 m/초 안식각 5/100	

표 4-28 원료 쓰레기 조성

성분	중량조성(%)	성분	중량조성(%)
종이류	37.0	플라스틱류	1.4
유리류	9.0	피혁, 고무, 섬유류	6.0
철류	7.6	주개, 동식물 잔사	10.0
알루미늄	0.5	수분함량	25.0
비철금속	0.3	기타	3.2
합계	100		

4) 고체연료의 사용

RDF를 사용하는 데 있어 필수적인 요인은 지시된 방법으로 사용하여야 한다는 점이다. 이러한 관점에서 보게 되면 기술 및 조직적 면이 고체연료의 사용에 매우 중요하며 다음과 같은 구분이 우선 필요하게 된다.

- 1개의 소비자로 하여금 집중적(독점적)으로 사용하게 하는 일(또는 소수의 소화자로 하여금 독점사용토록 하는 일)
- 다수의 소비자로 하여금 사용하게 하는 일

어느 쪽이든 집중적 사용이 결정되었을 경우에는 고체연료(RDF)가 특정소비자의 사용여건에 맞도록 제조되어야 하므로 제조자와 소비자 간에 소정의 계약이 이루어져야 한다.

다수의 소비자로 하여금 사용하게 하는 경우에는 고체연료 제조품이 연료시장에서 새로운 연료로 등장하게 될 것이며, 많은 중소규모 소비자에 의하여 널리 사용될 것이다. 이 경우에 요구되는 조건은 고체연료의 저장 및 취급에 있어 문제점이 없어야 하며, 품질의 항구성 등이 보장될 뿐만 아니라 어떠한 형태의 로에 사용할 것인가, 즉 미분상 연소로, 화격자 연소로, 유동상 연소로 또는 특별화격자를 가진 로에서 사용할 것인가를 RDF의 성질에 따라 결정하여야 하는 문제가 있다.

현재, 다수의 소비자로 하여금 소비하게 할 경우(품질규격, 오염물질의 함유, 대기오염을 유발하지 않는 유지관리의 기술지도 등 문제점을 고려) 고체연료의 사용이 경제적이지만 시장성이 있는지에 대하여는 확실한 실증이 없다. 기술적인 측면에서 볼 때 분말로 제조된 고체연료는 이론상으로 유류연소로 및 분탄사용로 등에서 사용이 가능할 것으로 내다보고 있다.

한편, 조개탄형 등으로 된 것은 구식 화격자로 등에서 사용할 수 있을 것으로 판단되나 이러한 형태의 로는 현재(독일의 경우) 그 수가 극히 제한되어 있으며, 최신형인 석탄로에서는 RDF와 같은 저급연소는 맞지 않는다. 그러나 RDF의 사용 가능성은 시멘트 및 벽돌 제조업에서 규화 펠렛을 생산하기 위한 용광로에서 사용할 수 있을 것이다. 이 경우 RDF는 물리・화학적 흡열 생산 프로세스에서 보조원료로 사용되며, 소요 에너지의 감소와 이 공정에서 발생하는 재를 시멘트 또는 벽돌 제품 등으로 재활용할 수 있다.

4.7.3 SRF 및 BIO-SRF

전술한 바와 같이 2013년 "자원의 절약과 재활용촉진에 관한 법률"이 개정되기 이전에는 폐기물의 고체연료를 사용되는 폐기물의 종류에 따라 RDF (Refuse Derived Fuel), RPF (Refuse Derived Fuel), TDF (Tire Derived Fuel), WCF (Wood Chip Fuel)로 명칭되었으나, 2013년 관련법의 개정으로 SRF (Solid Refuse Fuel)와 BIO-SRF (Biomass-Solid Refuse Fuel)로 명칭이 변경되어 사용되고 있다. 표 4-29는 개정 전・후의 고형연료의 품질기준표이다.

표 4-29 개정 전・후의 고형연료 품질기준표

구분		단위	고체연료 종류별 기준					2013년 개정			
			RDF		RPF	WCF	TDF	SRF		BIO-SRF	
			성형	비성형				성형	비성형	성형	비성형
형태	직경	mm	30	-	50	-	-	50	-	50	-
	길이		100	50×50 (120×120)	100	100	120	100	50×50 (120×120)	100	120×120
수분		wt.% 이하	10	25	10	10	10	10	25	10	25
저위발열량		kcal/kg 이상	3,500～6,000		6,000	3,500	6,000	3,500		3,000	
회분		wt.% 이하	20		10	8.0	40	20		15	
염소		wt.% 이하	2.0		2.0	0.3	2.0	2.0		0.5	
황분		wt.% 이하	0.6		0.6	1.2	2.0	0.6		0.6	
폐바이오매스 함량		wt.% 이상	-		-	-	-	-		95	
중금속	Hg	mg/kg	1.2		1.2	1.0	1.2	1.0		0.6	
	Cd		9.0		9.0	2.0	9.0	5.0		5.0	
	Pb		200		200	30	200	150		100	
	As		13.0		13.0	2.0	13.0	13.0		5.0	
	Cr		-		-	30.0	-	-		70	

자료) 환경부

"고형연료제품"이란 2013년 "자원의 절약과 재활용촉진에 관한 법률" 시행규칙 별표 1의 10항, 별표 7에 따른 고형연료제품의 품질・등급기준에 적합하게 제조한 다음 각 목의 고형연료제품이라고 정의하고 있다.

가. 일반 고형연료제품[SRF (Solid Refuse Fuel)] : "폐기물관리법" 제2조 제4호의 지정폐기물이 아닌 다음의 가연성 고형폐기물을 사용하여 다음의 폐기물을 서로 혼합하거나 다음의 폐기물과 나목의 바이오 고형연료제품 제조에 사용되는 폐기물을 혼합하여 사용하는 경우를 포함하여 제조한 것을 말한다.
   1. 생활폐기물 – 음식물류폐기물은 제외
   2. 폐합성수지류 – 자동차 파쇄잔재물(ASR)은 제외
   3. 폐합성섬유류
   4. 폐고무류－합성고무류를 포함
   5. 폐타이어
   6. 에너지로 사용이 가능하다고 환경부장관이 인정하여 고시하는 가연성 고형폐기물

나. 바이오 고형연료제품[BIO-SRF (Biomass-Solid Refuse Fuel)] : "폐기물관리법" 제2조 제4호의 지정폐기물이 아닌 다음의 가연성 고형폐기물을 사용(다음의 폐기물을 서로 혼합하는 경우를 포함한다)하여 제조한 것을 말한다.
   1. 폐지류
   2. 농업폐기물－왕겨, 쌀겨, 옥수수대 등 농작물의 부산물
   3. 폐목재류－폐가구류 및 제재부산물을 포함하며, 철도용으로 사용된 침목과 전신주로 사용된 것은 제외
   4. 식물성 잔재물－땅콩껍질, 호두껍질, 팜껍질, 코코넛껍질, 귤껍질, 커피찌꺼기 등을 말하며, 식물류 폐기물은 제외
   5. 초본류 폐기물
   6. 그 외에 에너지로 사용이 가능하다고 환경부장관이 인정하여 고시하는 바이오매스(Biomass) 폐기물
   7. 자원의 절약과 재활용촉진에 관한 법률 시행규칙 제1조의2의 폐자원에너지

또한 2018년 10월 환경부에서는 "고형연료제품"의 사용에 적합하다고 인정하는 시설을 다음과 같이 고시하고 있다.

1. 대기환경보전법 시행령에 따른 굴뚝자동측정기 부착대상인 시설공공시설로서 하수처리과정에서 발생되는 찌꺼기를 소각의 방식으로 처리하기 위한 시설
2. 제조원료가 합성수지재질로서 기준에 적합한 일반고형연료제품 중 성형제품이어야 하며, 합성수지재질 제품 및 포장재가 생활폐기물이거나, 사업장배출시설계폐기물

중 생활폐기물을 재활용하기 위한 목적으로 분리 · 선별한 폐기물일 것으로 규정하고 있으며, 환경부장관은 2019년 1월 1일 기준으로 매 3년마다 타당성을 검토하여 개선 등을 취하여야 한다.

SRF는 생활폐기물, 폐고무류 등의 가연성폐기물을 사용하며, BIO-SRF는 농촌폐기물, 폐목재류 등을 가연성폐기물 이용하여 발열량이 높은 가연성폐기물을 전처리한 후 제조한 연료로 열병합발전소, 시멘트소성로, 지역난방공사, 전용보일러 등에 사용한다.

현재 고형연료제품의 품질 · 등급기준은 다음 표와 같으며, 표 4-30은 일반 고형연료제품, 표 4-31은 바이오 고형연료제의 품질 · 등급기준표이다.

또한 2020년부터 "자원의 절약과 재활용촉진에 관한 법률" 시행규칙을 개정하여 고형연료의 품질향상을 개선하고 폐기물에너지 회수에 대한 인식을 개선하기 위하여 품질 등급제를 시행하고 있으며, 품질등급 평가는 환경공단의 폐자원에너지센터에서 평가하고 한

표 4-30 SRF (Solid Refuse Fuel)의 품질 · 등급기준

품질기준		단위	성형		비성형	
모양 및 크기		mm	직경	50 이하	가로	50 이하
			길이	100 이하	세로	50 이하
발열량		kcal/kg	수입 고형연료제품 : 3,650 이상 제조 고형연료제품 : 3,500 이상			
수분 함유량		wt.%	10 이하		25 이하	
중금속	수은(Hg)	mg/kg	1.0 이하			
	카드뮴(Cd)		5.0 이하			
	납(Pb)		150 이하			
	비소(As)		13.0 이하			
회분 함유량		wt.%	20 이하			
염소 함유량		wt.%	2.0 이하			
황분 함유량 (폐타이어만으로 제조한 경우)		wt.%	0.6 이하(2.0 이하)			
비고	1. 발열량은 저위발열량으로 환산한 기준을 적용한다. 2. 금속성분, 회분 함유량, 염소 함유량 및 황분 함유량은 건조된 상태를 기준으로 한다. 3. 성형제품은 펠릿으로 제조한 것을 말하며, 사용자가 주문서 또는 계약서 등으로 요청한 경우에는 길이를 100 mm 초과하여 제조할 수 있다. 4. 비성형제품으로서 고형연료제품 사용시설에 직접 사용하기 위해 같은 부지에서 제조하는 경우에는 체 구멍의 크기가 가로 120 mm, 세로 120 mm 이하(체 구멍이 원형인 경우 면적이 14,400 mm^2 이하)인 체에 통과시켰을 때 무게 기준으로 제품의 95퍼센트 이상이 통과할 수 있는 것으로 제조할 수 있다.					

다. 고형연료제품 품질등급 구분기준은 표 4-32와 같으며, 품질등급은 "폐자원에너지 종합정보관리시스템"에서 공개하고 있다.

2012년 준공된 우리나라 최초의 익산시 RDF열병합발전소는 현재 SRF 20%에 무연탄을 사용하고 있기 때문에 환경적 측면과 경제적인 측면의 검토가 요구되고 있다.

따라서 자원순환 측면에서 현재 고체연료 사용에 대한 국민의 유해물질 배출, 악취 등의 환경적 문제에 대한 불신을 해소 키기고 폐기물 고체연료로의 에너지화를 위해서는 국

표 4-31 BIO-SRF (Biomass-Solid Refuse Fuel)의 품질 · 등급기준

품질기준		단위	성형		비성형	
모양 및 크기		mm	직경	50 이하	가로	120 이하
			길이	100 이하	세로	120 이하
발열량		kcal/kg	수입 고형연료제품 : 3,150 이상 제조 고형연료제품 : 3,000 이상			
수분 함유량		wt.%	10 이하		25 이하	
중금속	수은(Hg)	mg/kg	0.6 이하			
	카드뮴(Cd)		5.0 이하			
	납(Pb)		100 이하			
	비소(As)		5.0 이하			
	크로뮴(Cr)		70.0 이하			
회분 함유량		wt.%	15 이하			
염소 함유량		wt.%	0.5 이하			
황분 함유량		wt.%	0.6 이하			
폐 바이오매스함량		wt.%	95 이상			
비고	1. 발열량은 저위발열량으로 환산한 기준을 적용한다. 2. 금속성분, 회분 함유량, 염소 함유량 및 황분 함유량은 건조된 상태를 기준으로 한다. 3. 성형제품은 펠릿으로 제조한 것을 말한다. 4. 바이오매스 함유량은 고형연료제품의 함유 성분 중에서 수분과 회분을 제외한 나머지 성분 중 바이오매스의 비율을 말한다.					

표 4-32 고형연료제품 품질등급 구분기준

품질등급	구 분 기 준
최우수	4개 품질기준 항목의 평가점수의 합계가 10점 이상
우수	4개 품질기준 항목의 평가점수의 합계가 8점 이상 10점 미만
양호	4개 품질기준 항목의 평가점수의 합계가 4점 이상 8점 미만

민이 이해할 수 있고 신뢰할 수 있을 정도의 엄격하고 철저한 환경 규제와 주민과의 협의를 통한 폐기물 재활용 정책 추진이 요구된다.

원주와 전남 광주혁신도시 등의 열병합발전소의 경우에는 대기오염물질 배출 허용 기준을 법적 기준치 보다 대폭 강화하여 NO_x의 허용기준치 70 PPM을 40 PPM으로, SO_x는 허용기준치 30 PPM에서 10 PPM으로 HCl은 15 PPM에서 10 PPM으로, 먼지는 20 mg/Sm^3에서 5 mg/Sm^3로 법 기준의 및 악취 저감시설을 설치하고 녹지공간를 확보하여 오염물질 배출을 주민이 항시 감시할 수 있는 조건부로 가동을 허용한 적이 있다.

그러나 현재 영광, 내포신도시, 나주, 청주, 대구, 포항, 원주, 전주 등 전국의 SRF열병합발전소 등이 유해물질배출, 악취 등의 환경적 문제에 대한 불신으로 SRF열병합발전소의 허가나 가동이 중지되고 있는 실정이며, 고체연료 대신 청정연료로 생각되는 LNG로 교체해 줄 것을 요구하고 있다.

또한 하남, 광명, 일산, 세종, 대전 등의 열병합발전소는 고형연료를 사용하는 것이 아니고 비교적 안전하다고 하는 LNG를 연료로 사용하기 때문에 SRF열병합발전소를 설치하려고 하는 지역이나 가동 중인 지방 도시들은 지역 차별화 정책에 여러 의혹들을 제기하고 있다.

실제로 서울 수도권이나 대도시 등은 청정연료인 LNG나 목재 부산물에 LNG를 일정 비율로 섞어 사용하는 곳이 많고 그 이외의 도시에서는 SRF 고형연료를 사용하고 있기 때문이다.

이는 환경부가 주거지역의 밀집도가 높아 환경 위해성이 높은 지역의 경우 2017년 8월 16일 시행된 “대기환경보전법”에 의거 석탄, 코크스, 땔나무와 숯, 폐합성수지 등 가연성 폐기물 또는 이를 가공 처리한 연료, “고형연료” 사용을 제한하였기 때문이다.

고형연료 사용을 제한하고 있는 도시는 수도권 13개시(수원, 부천, 과천, 성남, 광명, 안양, 의정부, 의왕, 안산, 군포, 시흥, 구리, 남양주시)와 대도시(서울특별시, 부산, 인천, 대구, 대전, 울산광역시)이다.

그러나 다음에 해당 되는 시설을 갖춘 사업장의 경우는 제외된다.

1. 제조공정의 연료 용해과정에서 광물성 고체연료가 사용되어야 하는 주물공장, 제철공장 등의 용해로 등의 시설
2. 연소과정에서 발생하는 오염물질이 제조공정 중에 흡수・흡착 등의 방법으로 제거되어 오염물질이 현저하게 감소되는 시멘트 석회석 등의 소성로 시설
3. 폐기물관리법 제2조에 따른 폐기물처리 시설(폐기물에너지 시설)
4. 제1항에 따른 오염물질이 배출허용기준 이하로 배출되는 시설로서 환경부장관 또는 시・도지사에게 고체연료로의 사용을 승인 받은 시설

참고로 표4-33은 2018년도 고형연료 사용시설 대기오염 배출현황표이다. 표에서 보는 바와 같이 고형연료 사용시설에서 환경오염 물질이 가장 많이 배출되고 있는 것을 볼 수 있다.

표 4-33 고형연료 사용시설 대기오염 배출현황(2018)

구분	연료 사용량 (kg/hr)	가동 시간 (hr)	1일 오염물질 배출량(kg/day)				비고
			SO_x	NO_x	HCl	TSP	
고형연료사용시설	800	24	37.44	48.19	67.01	668.16	EPA, AP-42 배출계수
소각시설			33.22	23.81	61.44	241.92	
생활폐기물소각			8.54	25.52	-	594.11	국내배출계수 (국립환경 과학원고시)
폐합성수지소각			8.49	34.79	-	55.64	
LNG사용시설			43.97	0.12	-	0.0	대기환경보전법 시행규칙

* TSP : Total Suspended Particles

따라서 정부에서는 고형연료 사용시설의 세부 관리기준안을 준비하고 있으며, 표 4-34는 고형연료 사용시설의 관리기준표이다. 현행(2020) "대기환경보전법" 제16조 규정의 배출허용기준은 다음과 같다.

Dioxine (다이옥신)	0.1 ng-TEQ/Sm^3	SO_x (황산화물)	30 ppm
TSP (먼지)	20 mg/Sm^3	HCl (염화수소)	15 ppm
NO_x (질소산화물)	70 ppm	CO (일산화탄소)	50 ppm

표 4-34 고형연료 사용시설의 관리기준

항목	관리기준			비고
	연소실 출구온도 (℃)	연소실 체류시간 (초)	비산재의 강열감량 (Ig.Loss)	
일반소각시설	850 이상	2	10% 이하	폐기물관리법상 중간처리시설로 적용
고온소각시설	1100 이상	2	5% 이하	
열분해시설	850 이상	2	10% 이하	
고온용융시설	1200 이상	1	5% 이하	
시멘트소성로	800 이상	2	-	재활용시설
고형연료전용시설	-	-	-	

자료) 국립환경과학원

4.8 퇴비화 기술

마당에 구덩이를 파고 부엌쓰레기 등의 쓰레기를 묻어 두면 반년이나 1년 후에는 거의 원형을 잃게 된다. 이것은 쓰레기가 토양 미생물에 의해 분해되어 유기물이 거의 없어지기 때문이다. 이와 같은 토양 미생물의 작용에 의해 볏짚류, 분뇨, 쓰레기, 탈수슬러지, 톱밥 등의 유기성폐기물을 호기성 조건으로 분해시켜 그 중의 분해성 성분을 가스화하는 생물학적으로 유기물을 안정화시키는 자원화방식을 퇴비화(composting)라 부르고 있다.

퇴비화는 동남아에서 아주 오래전부터 작물의 재배를 위하여 사용되어 왔으며, 서양에서도 1927년 미국의 King교수에 의해 퇴비화 방법이 폐기물처리기술로 보급되었으며, 1930년경 A.Howard에 의해 폐기물을 층층이 쌓아 퇴비화하는 일명 Windrow process라고 하는 퇴비단법으로 인도에서 수행된 혐기적인 퇴비화 방법인 Indore process가 개발되기도 하였다.

그러나 퇴비화로의 폐기물처리기술 및 환경의식 부족, 퇴비화 과정 중 발생되는 악취문제 등 여러 가지 단점과 사용하기 편리하고 효과가 바로 나타나는 여러 종류의 비료가 생산되기 시작하면서부터 퇴비는 하양 길로 접어들었다가 최근에 폐기물처리기술로서 소각과 매립의 한계성과 폐기물자원화로의 재활용에 대한 관심이 높아지면서 폐기물처리기술은 물론 자원화기술로서 다시 퇴비화가 부각되고 있다.

유기성 폐기물 중에는 글루코오스 등의 당류나 섬유, 리그닌 등이 포함되어 있으며, 그것은 통기가 좋은 상태에서 퇴적해 두면 토양 중의 각종 미생물이 자연히 증식하여 분해를 일으킨다. 그때 미생물은 다음과 같은 호흡을 하게 된다.

$$C_6H_{12}O_6 + 6O_2 \rightarrow 6CO_2 + 6H_2O + 647\ \text{cal}$$

이때 발생에너지에 의해 퇴적층 내의 온도가 상승하여 2～3일 후에 심부는 60～70℃에 달하고 그 조건에서 다시 고온에서 견디는 미생물군이 왕성하게 분해를 계속하게 된다. 그것들은 단일의 미생물이 아니고 여러 종의 미생물들로서 상호작용에 의해 매우 복잡하게 난분해한 유기물까지 분해한다. 폐기물 중의 유기물의 주성분인 셀룰로오스도 그와 같은 분해작용으로 감소하게 된다. 도시쓰레기 퇴비화에서의 온도변화, 산소호흡, 탄산가스 발생의 일례는 그림 4-18에 나타내었다(원료조성은 표 4-35와 같다).

고온 때문에 폐기물에 혼재할 위험성이 있는 병원균, 기생충란, 파리는 사멸되므로 퇴비화는 매우 위생적이 된다. 또 부엌쓰레기, 풀, 생화 등과 함께 섞여 들어 온 식물 종자의 대부분도 퇴적 초기에 발아는 개시하지만 그 후 고온으로 인해 사멸해 버린다.

이 고온은 쓰레기의 경우 통상 1주간 가까이 지속되고 그 이후에는 서서히 저하한다. 그것과 병행하여 탄산가스의 생성도 저하되며, 이 저하는 퇴비화가 일단 끝난 것을 나타내

표 4-35 원료조성표(wt%)

조성	습기준	건조기준
부엌쓰레기	70.8	67.2
종가	22.9	22.2
유리	1.3	3.4
돌 · 패각	0.2	0.4
금속	0.3	0.4
목편	0.6	0.8
포	0.6	0.7
플라스틱	3.3	4.9
계(수분)	100	100 (63)

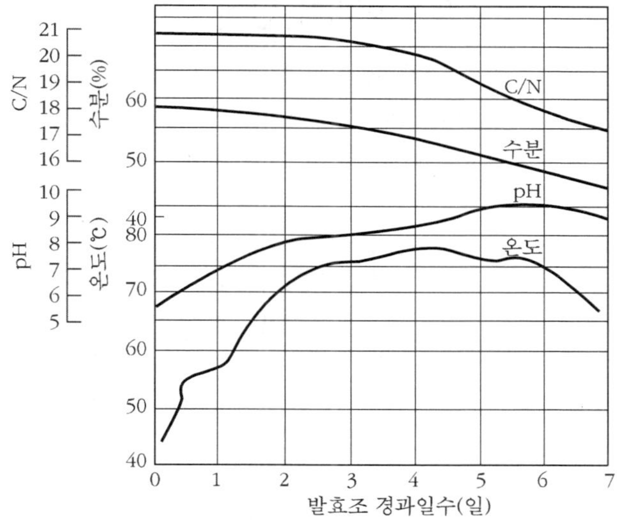

그림 4-18 발효온도, pH, 수분, C/N비

는 것이다.

폐기물이 부패하는 경우에 발생되는 악취는 낙산, 아민류, 메르캅탄류 등에 의한 것이며, 퇴비화 중의 호기성 미생물에 의해 어느 정도 무취의 가스로 분해되지만 퇴비화 과정 중 발생될 수 있는 악취 문제 등 다음과 같은 감축요인 또한 퇴비화의 발전에 커다란 저해 요인이 되어 있다.

퇴비화의 감축요인으로는

- 화학비료의 출현에 따른 경제성 문제
- 퇴비의 N, P, K 함유량이 낮다.
- 퇴비재료의 다양성으로 인한 품질의 표준화가 곤란하다.
- 폐기물처리로의 감량화 정도가 낮다.
- 반입, 반출 등의 운송비가 높다.
- 보관 및 악취문제가 있다.
- 장기간 넓은 부지가 필요하다.
- 염분함량과 중금속 문제

등이 있다.

4.8.1 퇴비화 단계

미생물에 의해 분해된 조직이 육안으로 인정될 정도로 변화된 것을 Peat (니탄)단계라고 하며, 육안으로 인정할 수 없을 정도로 변화된 정도를 Humus (부식토)단계라고 한다.

학자들에 따라 분류 단계가 다르지만 일반적인 퇴비화 단계는 그림 4-19와 같다.

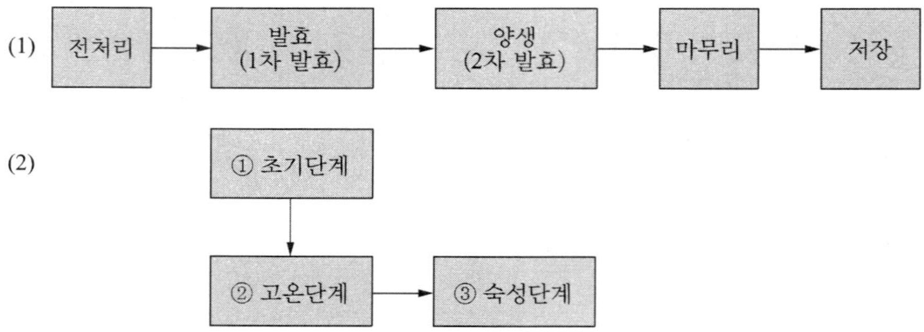

▌그림 4-19 퇴비화 단계

발효단계에서 1～2시간의 온도 25～45℃의 중온성 진균(fungi), 세균(bacteria) 등의 중온성미생물(mesophilic)에 의해 유기물이 분해되는데 이를 초기단계라 부르기도 하며, 온도가 40℃ 이상으로 올라가면서 고온성세균과 방선균(actinomycetes) 등의 고온성미생물(thermophilic)로 대체되면서 60～70℃까지 상승하게 되는데 이 단계를 고온단계라 부르며, 이 단계를 최소 2주 이상 3～4주를 유지시켜야 하며, 이때 병원균, 기생충란, 파리알, 잡초의 종자가 사멸되지만 고온성미생물이 사멸될 수 있어 이 단계의 퇴비적정온도를 40～55℃가 가장 적당하다는 이론도 있다.

양생단계(curing)는 숙성단계라고도 하며 온도가 400℃ 이하로 내려가 중온성미생물이 재정착되고 안정화(stabilization)되는 단계로 3주 이상이 필요하다.

4.8.2 퇴비화 필요조건

퇴비화를 효과적으로 시행하기 위해서는 미생물의 증식과 분해가 잘 되는 것이 필요하므로 다음과 같은 조건을 만족하는 것이 바람직하다.

1. 퇴비화하기 쉬운 재료를 선정한다.

   재료로서는 분해하기 쉬운 유기물뿐만 아니라 분해하기 어려운 유기물도 적당히 포함될 필요가 있으며 톱밥과 같은 분해되기 어려운 재료는 가축 분뇨 등과 같은 분해되기 쉬운 것과 혼합할 필요가 있다. 종잇조각 등이 많은 쓰레기는 부엌쓰레기가 많은 쓰레기보다도 적절하지 못하며 플라스틱, 유리조각, 금속조각, 고무류, 피혁류 등은 선별 제거해야 한다.

2. 적정한 입도로 한다.

미생물이 분해하기 위해서는 그것들이 부착 생육하는 재료의 표면적이 클수록 효율적이나 입경이 50 mm 이상 너무 크면 미생물 부착 문제로 발효효율이 낮아진다. 반대로 너무 잘게 파쇄하면 공극율이 작게 되어 호기성 분해를 위한 산소의 공급이 어렵고 파쇄에 에너지를 지나치게 소비하여 실용성을 잃게 된다. 따라서 통상 10～20 mm의 입도에서 퇴비화하면 좋다.

3. 적당한 수분함량을 유지한다.

미생물의 생육에는 수분이 불가결하다. 그 때문에 퇴비화의 재료에 수분이 적은 경우에는 살수할 필요가 생기며 수분이 지나치면 혐기적 조건이 되기 쉽다. 따라서 통상 수분을 40～65%로 유지하는 것이 바람직하다. 분해가 진행하면 고온이 되어 증발하기 쉬우나 동시에 유기물 분해에서 수분이 생기기 때문에 시작할 때의 수분 조정만으로 퇴비화를 할 수 있는 경우가 많다. 일반적으로 수분함량이 30% 이하에서는 퇴비 발효의 진행이 불가능하며, 60% 이상에서는 산소확산 부족으로 인해 혐기성화 되어 악취를 발생할 수 있으며, 발효가 끝난 후는 시비하기 쉬운 제품으로 만들기 위해 건조시켜야 하는데 수분함량이 높으면 분해속도가 느리고 건조가 곤란하여 마무리 공정이 곤란하다.

4. C/N비를 적절하게 한다.

미생물 균체의 탄소와 질소의 비율은 16 전후이며 그 영양원이 되는 재료도 그 정도의 C/N비(탈질비)이면 바람직하다. 그러나 퇴비화의 경우에는 분해하기 어려운 유기물도 많고 그 유기물의 탄소가 영양원이 되기도 어려우므로 C/N비는 위 값의 2배 전후(30～50)로 선택하여야 한다. 질소가 많아서 C/N비가 20% 이하일 경우에는 퇴비화 중에 질소(주로 암모니아가스)가 산화되어 질산성 질소가 되고 그것이 부분적으로 환원되어 질소가스로서 공기 중에 휘산해 버린다. 따라서 질소가 암모니아로 변환되어 pH를 증가시키고 암모니아가스를 발생시킬 수 있다.

C/N비가 80% 이상 높을 경우에는 균체성분의 비율보다 많은 탄소를 탄산가스로서 휘산시키게 되어 퇴비화의 진행에 따라 C/N비가 저하하게 된다. 결국 질소가 부족하여 미생물 증식이 억제되고 탄소가 높아져 유기산이 생성되어 pH가 낮아져 미생물 생장활동이 억제되며 퇴비화의 수요 일수가 크게 된다. 최종적으로 C/N비는 10 이하가 되며 미생물 활동이 정지되며 C/N (final)와 C/N (initial)비가 0.75 이하이면 퇴비가 완료된 것으로 본다.

일반적인 폐기물의 질소함량과 C/N비는 표 4-36과 같다.

표 4-36 일반적인 폐기물의 질소함량과 C/N비(건조질량비)

Material		Percent N	C/N ratio
Food process	Fruit wastes	1.52	34.8
	Mixed slaughterhouse wastr	7.0～10.0	2.0
	Potato tops	1.50	25.0
Manures	Cow manures	1.70	18.0
	Horse manures	2.30	25.0
	Pig manures	3.75	20.0
	Poultry manures	6.30	15.0
	Sheep manures	3.75	22.0
Sludges	Digested activated sludge	1.88	15.7
	Raw activated sludge	5.60	6.3
Wood and straw	Lumber mill waste	0.13	170.0
	Oat straw	1.05	48.0
	Sawdust	0.10	200～500
	Wheat straw	0.30	128.0
	Wood(pine)	0.07	723.0
Paper	Mixed paper	0.25	173.0
	Newsprint	0.05	983.0
	Browen paper	0.01	4490.0
	Trade magazines	0.07	470.0
	Junk mail	0.17	223.0
Yard wastes	Grass clippings	2.15	20.1
	Leaves(freshly fallen)	0.5～1.0	40.0～80.0
Biomass	Water hyacinth	1.96	20.9
	Bermuda grass	1.96	24.0

자료) Tchobanoglous, G., H. Theisen and S. Vigil : Intergated Solid Waste Management (Engineering Principles and Management Issuses), Mc-Graw-Hill, New York, 1993

5. 미생물이 충분히 존재하고 있는 상태로 한다.

퇴비화는 본래 자연계의 미생물군을 그대로 이용하여 분해하려고 한 것인데 발효를 촉진하는 미생물 균체의 배양물을 첨가하는 방법도 오래 전부터 제창되고 있다. 그러나 통상 생물계에는 적자생존의 원칙이 있으며 퇴비의 재료에 적합한 수십 종, 수백 종의 미생물이 자연계에 존재하며 분해 등으로 조건이 바뀌는 경우에는 그 조건에 적합한 미생물군의 종류도 변하게 된다. 따라서 통상의 재료에서는 그와 같은 배양균체의 첨가는 필요치 않으며 첨가하더라도 재료나 조건이 적절하지 않다면 아무런 도움도 되지 않는다. 다만 톱밥이나 나무껍질과 같은 재료에서는 특정한 섬유질

분해균의 첨가가 효과를 발휘하는 일도 있다. 깨끗한 재료를 사용하는 경우에는 발효를 끝낸 퇴비의 일부를 미생물로서 반송, 첨가함으로써 소요 일수를 단축할 수 있는 경우도 있다(미생물접종). 다소 부패하기 시작한 재료에서는 이미 필요한 미생물이 있기 때문에 그와 같은 미생물 접종의 효과가 나타나지 않는 일이 많다.

6. pH를 적절하게 유지한다.
   통상은 유기물이 분해함으로써 생성되는 저급 지방산염이나 중탄산염은 완충능력이 크고 퇴비화 중에는 중성으로 유지된다. 그러나 재료에 따라서는 산성 발효 등으로 낮은 pH가 되어 분해가 저해되는 경우도 있다. 따라서 pH 5.5 이하로 되는 경우를 막기 위해 재료에 탄산칼슘을 첨가하여 중성을 유지하도록 하는 것이 효과적이다.
7. 공기를 적절하게 공급한다.
   호기성 미생물은 당연히 호흡을 위해 산소를 소비하는데 산소가 부족하면 생육이나 분해가 현저하게 저하된다. 그렇기 때문에 퇴비화 중에 재료의 표면과 심부를 바꾸거나 혼합하는 작업을 하여야 한다. 퇴비화의 발효조를 교반하거나 혼합하도록 한 형태가 있는 것도 그 때문이다. 그러나 대량의 공기를 공급하면 동시에 방냉도 일어나 발효가 억제되므로 공기공급을 적절히 조절하여 발효를 촉진하도록 해야 한다.
8. 발효조를 보온한다.
   유기물의 분해가 60～70℃ 정도의 고온조건에서 촉진되기 때문에 발효열을 가급적 보온하여 손실이 없도록 하는 것이 바람직하다. (7)의 공기의 공급과는 양립하기 어려우나 각각의 조건에 따라 적절히 고려하여야 한다.
9. 발효 후 완전하게 숙성시킨다.
   퇴비를 시비하여 토양 속에서 다시 왕성한 탄산가스 발생들을 일으키는 일은 피하여야 한다. 수요의 변동을 보고 넓은 저장장소를 준비하여 특유의 향기가 있는 완숙퇴비로 하는 것이 바람직하다.
10. 비료성분의 손실을 막는다.
    질소, 인산, 칼리 등도 포함되어 있는 것이 좋으므로 C/N비를 적절하게 하여 발효 후 비에 맞지 않도록 유의할 필요가 있다.

4.8.3 퇴비화 프로세스

앞에서 설명한 바와 같이 퇴비화 프로세스는 과거 수년간에 성황과 쇠퇴의 역사를 거쳐 왔다.

퇴비화방법에는 호기적인 방법과 혐기적인 방법이 있으며, 퇴비단식(windrow, Open System)과 기계식(Mechanical, Closed System)의 종류에 따라 다음과 같이 분류된다.

- 야적퇴비화(windrow composting)
- 준고속퇴비화(semi-high-rate compoisting)
- 고속퇴비화(high-rate compoisting)

퇴비화 기술의 역사에 있어서 가장 큰 영향을 준 프로세스는 아아프・토마스식과 다노식 일 것이다.

1) 아아프 토마스식

아아프 토마스법은 Earp-Thomas Jr.에 의해 1939년에 특허로 등록(현재는 이미 실효)된 것이며 그림 4-20과 같은 회전식 혼합과 강제통풍을 병용한 8단의 발효조에 아아프・토마스균을 사용하여 퇴비화에 필요한 기간을 1～3일로 단축하였다.

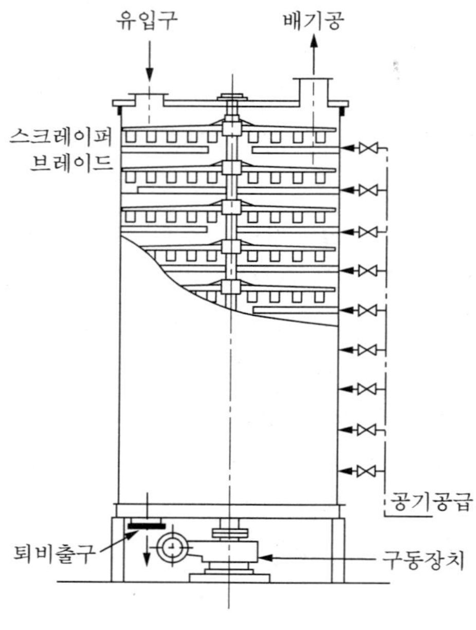

▮ 그림 4-20 Earp-Thomas형 발효조

2) Dano식

퇴비화 발효조에 회전원통을 이용하려는 시도는 오래전부터 있었으나 실용화는1954년에 스위스에 취리히 근방에 있는 릿슐리콘에서 하루 쓰레기 처리 능력 5 t의 시설로서 시작되었다. 그 후 유럽을 중심으로 개량, 발전하여 그림 4-21과 같은 다노식 퇴비화장치로서 각지에 보급되었으며 지금은 주로 이 회전발효방식이 중심이 되어 보급되고 있다. 이것은 1기에서 하루 50～70 t의 처리 능력까지 설치되었다.

이 방식의 쓰레기 전처리는 고정조방식에 비하여 비교적 편리하며 처리 곤란한 물질이외에는 선별 또는 분쇄하지 않고 회전 발효조에 보낸다. 여기에서의 분리, 선별은 분해 후 비교적 취급하기 쉬운 단계에서 이루어지게 된다. 따라서 반입된 쓰레기는 호퍼에서 벨트컨베이어로 옮겨 자력 선별기로 쇠붙이를 분리한 후, 발효조에 보낸다. 이때 하수슬러지, 분뇨 등을 첨가하는 경우도 있으며 수분은 50～60%로 조정한다.

회전 발효조는 회전원통건조기와 비슷한 구조로 철체 원통이 로울러를 타고 연속적으로 천천히 회전하고, 입구측에서 출구측으로 10° 전후의 구배를 가지고 있으며 원통내부에 긁어 올리는 판을 설치하고 있는 경우가 많다. 공기는 출구측에서 팬으로 보낸다.

쓰레기는 회전에 의해 완전히 혼합되고 쓰레기가 서로 부딪히고 마찰함으로써 분쇄되면서 감용하여 출구측으로 이동한다. 쓰레기는 현저하게 빨리 발효하여 60～65℃에 도달하여 분해 및 안전화된다. 발효조에서의 쓰레기 체류는 보통 4～6일이며 2일 정도로 하는 경우에는 조 외에 저류조를 설치하여 2차 발효를 그곳에서 진행하도록 한다. 회전 발효조 내에서의 재료가 차지하는 용적은 약 1/3이며 처리쓰레기량 1 t당 전용적은 38 m^3 정도를 요하게 된다.

발효된 퇴비는 워농체 또는 진동체로 쳐서 가늘게 퇴비상으로 된 것과 금속, 도기. 유리, 나뭇조각, 섬유, 플라스틱, 고무 등으로 나눈다. 체로 나눈 퇴비는 다시 자력 선별기에 걸고 그중의 가는 유리조각 등을 경도에 의한 분리기(경사진 철판위에 조금씩 낙하시켜 낙하의 충격으로 튀기는 거리별로 각각을 호퍼에 받고 멀리 튀긴 유리 등을 분리한다)로 나누어 퇴비저장실로 보낸다. 분리된 쇠붙이 등은 유효하게 이용할 수 있으며 기타 배출퇴비화물은 소각 또는 폐쇄하여 매립으로 처분한다. 그것이 쓰레기의 1/3 가까이에 달하는 경우도 있다.

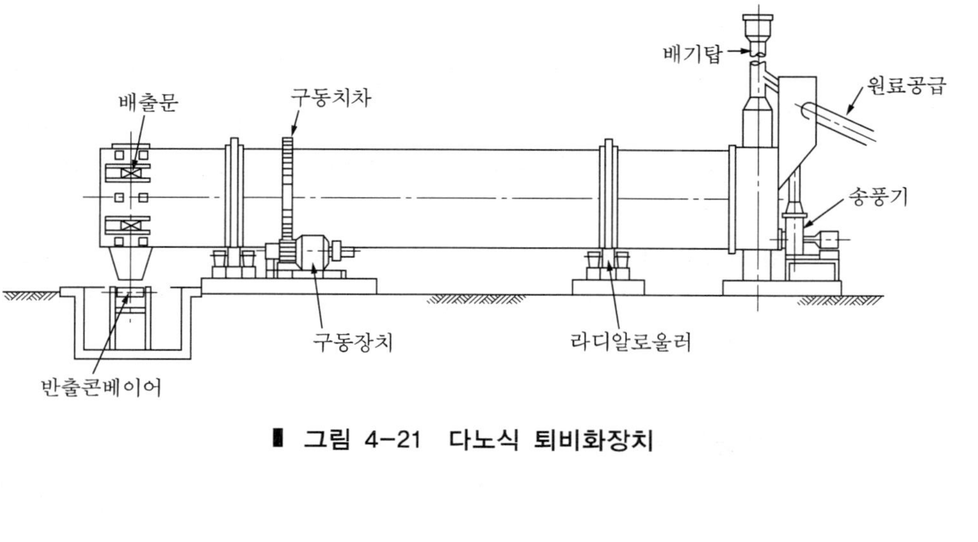

▌그림 4-21 다노식 퇴비화장치

3) 최근의 퇴비화 프로세스

발효조 형식으로 앞에서의 설명과 같이 다단형(아아프 토마스식), 회전킬른식(다노식)외에 저부에 공기를 취입하고 긴 고정조 중에서 완만하게 이동하는 기계적 교반장치로 연속적으로 혼합하는 방식으로 집약할 수 있다. 최근까지는 생쓰레기의 파쇄 및 선별프로세스가 개발되지 못해 전량 퇴비화 과정을 거친 후 발효된 것을 선별하는 방식을 취하고 있다.

따라서 유리의 파편, 플라스틱 필름의 조각 등의 혼입율이 높고 취급에 문제가 있다. 최근에는 파쇄 및 선별프로세스의 개발이 진행되어 발효조에 들어가기 전에 퇴비가 되지 않는 것을 미리 선별하는 방식을 취하고 있다. 이것은 또 파쇄에 의해 중금속을 쓰레기 속으로 분산할 우려가 있는 건전지 등을 제거하는 데도 필요하다. 퇴비화의 계통도는 그림 4-22와 같다.

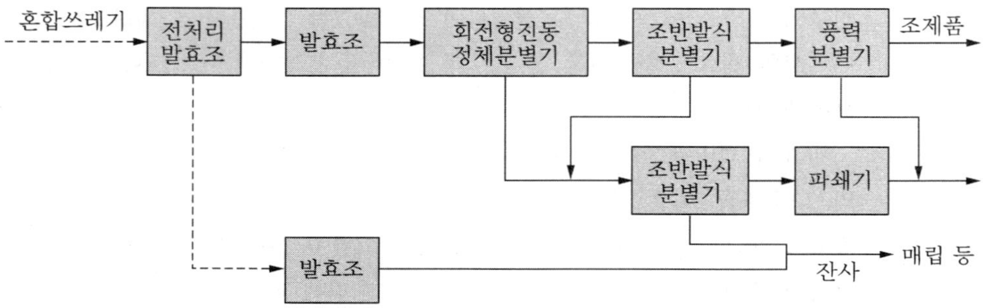

■ 그림 4-22 고속퇴비화 시스템의 공정흐름도

(1) 발효

전처리 시스템의 반습식 선택 분별장치로 입상 또는 세편상으로 파쇄된 음식물쓰레기통은 우선 발효조에 투입한다.

발효는 퇴비화 프로세스의 중심적 기능을 하는 것으로 일정 시간마다 기계적 교반과 동시에 유기물의 발효분해에 필요한 공기를 강제로 통기하여 호기성 분해를 촉진시킨다. 기계적 교반장치는 마치 자연퇴비를 만들 때 볏집 등을 공중으로 파 뒤집는 공정을 기계적으로 하는 방식을 채용하고 있다.

또한 본 프로세스에서는 전처리 시스템에서의 이물질의 전사에 대해서도 2차 공해 방지 대책으로서 고속 퇴비화 기술을 이용하여 잔사전용의 발효조에서 발효처리하여 매립 등의 처분을 쉽게 할 수 있도록 배려한다.

(2) 이물질 분별

투입원료는 발효조에서 호기성 발효분해되고 이때 퇴비화물 속에 혼입되어 있는 이물질을 분별제거하기 위해 반송 컨베이어 사이에 다음과 같은 분별기를 설치한다.

① 회전 진동형 채분별기
연속운전을 하여도 구멍이 잘 막히지 않고 조대물 기타의 이물질을 효율적으로 분별하여 체의 구멍크기에 따른 입도 이하로 선별한다.

② 반발식 분별기
물성에 의한 반발력의 차이를 이용하여 금속, 유리, 플라스틱류들을 분별 한다. 또한 풍력도 병용하여 보다 효율적인 분별을 한다.

③ 풍력분별기
반발식분별기와 마찬가지로 풍력에 의한 비거리의 차이를 이용하여 이물질을 제거한 정 제품을 만든다.

④ 조제품
회전 진동형 체분별기, 반발식 분별기, 풍력분별기로 분별 제거한 부분 중에는 퇴비화물가 많이 포함되어 있기 때문에 이러한 분별물을 다시 모아 조반발식 분별기로 선별하고 파쇄기로 입도조정한 조제품을 만든다. 이 공정을 통해 잔사의 발생량을 대단히 적게 할 수가 있다.

발효에 의해 발생하는 악취물질은 약액세정 활성탄흡착식 탈취장치에 의해 처리하면 효과적으로 탈취된다. 탈취실험결과의 일례를 표 4-37에 표시하였으며, 퇴비의 성분으로 표 4-38과 같다.

표 4-37 약액세정 활성탄식 탈취장치의 성능

악취물질명	악취물질농도(ppm)		악취방지법 규제값 (ppm)
	처리 전	처리 후	
황화수소 H_2S	0.012	0.002	0.02～0.2
메틸메르캅탄 CH_3SH	0.009	불검출	0.002～0.01
황화메틸 $(CH_3)_2S$	0.007	불검출	0.01～0.2
이황화메틸 $(CH_3)_2S_2$	불검출	불검출	0.009～0.1
트리메틸아민 $(CH_3)_3N$	0.56	0.019	0.005～0.07
암모니아 NH_3	3.2	0.9	1～5

주) 발효 개시 후 2일 경과의 발생가스를 대상으로 한다.

표 4-38 퇴비 중의 비료성분

비료성분	중량 백분율 (%) 건조기준
질소 N	1.6～2.3
인산 P_2O_5	0.8～1.2
칼륨 K_2O	0.7～3.6

4) 기타 퇴비화 프로세스

퇴비화의 수분조절재로 주로 사용되고 있는 톱밥 등과 같은 쓰레기를 과거에는 단순히 버려지는 폐기물로 여겨왔으나 톱밥의 품질에 따라 사용범위가 다르지만 축산농가, 버섯

재배, 연료화 등으로의 사용량이 증대함에 따라 가격이 폭등하여 더 이상 폐기물이 아닌 재료가 증가하고 있다. 따라서 퇴비화에 미치는 영향인자의 대체 재료로 폐기물을 이용하는 연구가 활발히 진행되고 있으며, 다음과 같은 폐기물이 이용되고 있다.

- 수분조절재 : 경량기포콘크리트 ALC파쇄본(Autoclaved Lightweight Concrete) 석탄회(Flyash), 톱밥(Sawdust), 왕겨(Rice husk)
- 탄소공급원 : 폐산성백토(Waste acid clay)
- 고속퇴비화 : 하수슬러지(Sewage sludge)

또한 퇴비의 수분조절재나 통기 확보를 위해 사용된 톱밥이나 스티로폼을 체로 쳐서 재사용하는 종자퇴비화법, 지렁이의 분변토를 퇴비로 사용하는 Vermi-composting방법이 개발되고 있다.

지렁이는 종류에 따라 사용용도가 다르지만 Vermi-composting은 물론 낚시 먹이, 화장품재료 등으로 유용하게 이용될 수 있다.

2001년 슬러지와 같은 유기성폐기물의 직매립이 금지되고, 2005년 음식물쓰레기도 직매립 금지에 포함시켰으며, 2012년부터는 유기성폐기물의 해양투기가 전면 금지되었다.

따라서 유기성폐기물은 날로 증가할 것으로 예측되며, 전 세계적으로 자원이 고갈되어 가고 있는 이때 퇴비로의 재활용은 현대를 살아가고 있는 우리의 환경의무일 것이다.

또한 지역과 오염정도에 따라 다르겠지만 토양의 산성화를 방지하기 위해 토양의 지지력을 확보하기 위해서는 매년 1,000 m^2당 1.5 ton의 퇴비가 필요하다고 한다.

유기성폐기물을 처리하는 방법으로는 매립, 소각, 퇴비화, 고형연료생산 및 혐기성 소화 등이 있는데 에너지 및 재료 회수라는 측면을 고려하여 효율적인 처리방안에 대한 연구가 활발히 진행되고 있다.

이러한 방법 이외에도 폐기물의 생물학적 전환에 의한 처리 가능한 방법으로 지렁이를 길러 이를 이용하는 방법과 Bio-brick과 같은 벽돌을 만드는 방법 등이 연구되고 있다.

(1) Vermicomposting 방법

하수슬러지, 음식물류폐기물, 축산분뇨, 분뇨 등 유기성폐기물의 처리 방법으로 과거에는 매립과 소각을 위주로 처리되어 왔으나 매립지의 확보 문제와 소각처리는 자원의 낭비로서 더 이상 매립과 소각처리 방법은 현실적인 처리방법이 아니다. 특히 자원이 고갈되어 가고 있는 전 세계적인 자원 환경에 비추어 볼 때 많은 국가에서 퇴비화가 가능한 유기성폐기물의 경우에는 가능한 한 매립이나 소각방법을 지양하고 퇴비화 방법을 정책화 하고 있다.

우리나라에서도 2001년 슬러지와 같은 유기성폐기물의 직매립이 금지되고, 2005년 음식물쓰레기도 직매립 금지에 포함시켰으며, 2012년부터는 유기성폐기물의 해양투기가 전면 금지될 예정으로 유기성폐기물의 퇴비화 등으로의 자원화 정책을 확립해 나가고 있다.

유기성폐기물의 퇴비화 방법 중 지렁이(oligochaete annelids)를 이용하는 방법이 있는데 이를 earthworm conversion 또는 vermicomposting이라고 한다.

earthworm conversion은 적절한 환경 하에서 지렁이가 유기성폐기물을 섭취하여 배설물을 생산하는 과정이며, 지렁이에 의해 생산된 배설물을 "분변토"라 부른다.

지렁이의 분변토는 소화효소와 분비물이 포함되어 흙의 성질이 좋아지고 N, P, K 등과 같은 토양에 필요한 영양성분이 많아 토양의 통기성, 보습성, 영양성을 좋게 하고, 지렁이의 내장에서 석회를 모았다가 배설하므로 화학비료 등의 과다 사용으로 인한 산성화된 토양을 중성화시켜 주어 토양을 비옥하게 해줄 수 있다.

이미 쿠바의 농업 혁명에서도 등장하고 있는 지렁이를 이용한 유기농법과 지렁이가 있는 토양은 시간이 갈수록 비옥해 지지만, 반대로 화학비료나 농약을 주로 사용하는 토양은 반드시 황폐해진다는 것을 우리는 이미 알고 있다.

지렁이를 이용한 퇴비화 처리법은 처리 방법이 간편하며, 시설과 운전비용이 적게 들고 vermicomposting 후 발생되는 부산물인 지렁이와 분변토의 재활용이 가능하다. 지렁이가 배설한 분변토는 토양개량제 등으로 사용될 수 있으며, 지렁이는 낚시 먹이, 화장품재료, 의약품 등으로 유용하게 이용될 수 있다.

그러나 유기성슬러지를 이용한 사업화를 위해서는 우선 "축사허가"를 받아야 하며, 또한 "폐기물재활용허가" 받아야 하는 복잡한 절차가 요구된다. 또한 분변토의 생산 및 판매를 위해서는 중금속 등의 농도가 비료기준에 적합하여야 하며, 쓰레기의 재활용사업에 대한 사회적인 문제, 유기성슬러지류의 특성상 반입과정 또는 전처리리 과정 중에 발생될 수 밖에 없는 악취발생은 사회적 · 환경적인 문제는 재활용사업화를 위해 해결해야 할 과제이다.

(2) Biobrick의 생산

하수슬러지 등을 이용하여 벽돌을 생산하는 방법은 폐기물의 재사용이라는 측면에서 좋은 방법 중의 하나이다. 연구결과에 의하면 건조된 점토에 용적비로 25～30%의 슬러지를 혼합하여 벽돌을 생산하는 경우 강도 등에 있어 충분한 품질을 얻을 수 있는 것으로 나타났다.

4.8.4 우리나라의 부산물비료

우리나라의 비료관리법상에서의 "부산물비료"란 농업 · 임업 · 축산업 · 수산업 · 제조업 또는 판매업을 영위하는 과정에서 나온 부산물(副産物), 사람의 분뇨(糞尿), 음식물류 폐기물, 토양미생물 제제(製劑, 토양효소 제제를 포함한다), 토양활성제 등을 이용하여 제조한 비료로서 농림축산식품부장관이 지정하는 것을 말한다.

비료관리법상 퇴비 원료는 사용 가능한 물질과 사용이 불가능한 물질로 구분되며, 시험분석 검토 후 사용 가능한 원료로 구분된다.

1. 비료관리법상에서 퇴비 원료로 사용 가능한 물질은 다음과 같다.
   ① 농림부산물인 짚류, 왕겨, 미강, 녹비, 농작물잔사, 낙엽, 수피, 톱밥, 목편, 부엽토, 야생초, 폐사료, 한약찌꺼기, 이탄, 토탄, 갈탄, 깻묵류 및 기타 유사 물질 포함(도료에 처리되었거나 합판공장의 MDF 등 화학물질에 처리된 폐목재는 제외)
   ② 수산부산물인 어분, 어묵찌꺼기, 해초찌꺼기, 게껍질, 해산물 도매 및 소매장 부산물포함(폐수처리오니 제외)
   ③ 인·축분뇨 등 동물의 분뇨(인분뇨처리잔사, 구비, 우분뇨, 돈분뇨, 계분, 기타 동물의 분뇨)
   ④ 음식물류 폐기물
   ⑤ 식료품제조업, 유통업 또는 판매업에서 발생하는 동·식물성 잔재물(도축, 고기가공 및 저장, 낙농업, 과실 및 야채, 통조림 및 저장가공, 동식물 유지류, 빵제품 및 국수, 설탕 및 과자, 배합사료, 조미료, 두부 및 기타) (폐수처리오니 제외)
   ⑥ 음료품 및 담배 제조업에서 발생하는 동·식물성 잔재물(주정, 소주, 인삼주, 증류주, 약주 및 탁주, 청주, 포도주, 맥주, 청량음료, 담배제조업 및 기타) (폐수처리오니 제외)로 되어 있다.
2. 사용이 불가능한 원료
   ① 산업용 화합물 제조업 및 기타 화학제품 제조업 부산물 및 폐수처리오니
   ② 고무제품 및 플라스틱 제조업 부산물 및 폐수처리오니
   ③ 제1차 금속제조업 부산물 및 폐수처리오니
   ④ 조립 금속 제품, 기계 및 장비 제조업 부산물 및 폐수처리오니
   ⑤ 석유 제조 및 정제업 부산물 및 폐수처리오니
   ⑥ 가죽 및 모피제품 제조업 부산물 및 폐수처리오니
   ⑦ 비금속 광물 제품 제조업 부산물 및 폐수처리오니
   ⑧ 육상 운수 및 자동차 부산물과 폐수처리오니
   ⑨ 수선업 및 세탁업 부산물과 폐수처리오니
   ⑩ 인쇄, 출판 및 사진처리업 부산물과 폐수처리오니
   ⑪ 전기업 부산물 및 폐수처리오니
   ⑫ 도시 및 공단지역 폐수처리오니

⑬ 기타사용 불가로 명시된 폐기물과 유사한 물질도 포함이라고 되어 있다.

3. 원료의 분석 및 검토 후 사용 가능한 원료
   ① 식료품제조 및 판매업(수산포함)에서 발생하는 폐수처리오니
   ② 음료품 및 담배제조업에서 발생하는 폐수처리오니
   ③ 종이 제조업에서 발생하는 부산물 및 폐수처리오니
   ④ 읍·면단위 농어촌지역 생활하수오니
   ⑤ 제약업에서 발생하는 부산물 및 폐수처리오니로 물리적 추출, 발효 단순 혼합, 무균조작으로 제조하는 과정에서 발생하는 경우에 한함.
   ⑥ 화장품 제조업에서 발생하는 부산물 및 폐수처리오니
   ⑦ 기타 비료 원료로 활용가치가 있는 물질로 되어 있는데 이를 퇴비의 원료로 사용하고자 하는 자는 폐수처리공정에 첨가되는 물질의 종류 특성과 오니 중 이화학적 성분, 재료의 토양 오염 및 분해성의 자료를 농업과학기술원장이 검토한 후 지정 고시토록 되어 있다.

합성 및 특수의약품을 제조하는 과정에서 발생하는 폐수처리오니는 제외토록 되어있다.

표 4-39는 우리나라 비료관리법에서의 "부산물비료" 규격 기준표이며, 표 4-40은 일본수피퇴비협회 통일품질기준표이다.

우리나라 비료관리법상 부산물비료는 사용하는 원료에 따라 ① 그린 1급 퇴비, ② 퇴비, ③ 부숙겨, ④ 부숙왕겨 및 톱밥으로 분류하고 있다.

또한 부산물비료 중 부숙을 시키는 제품으로 함유해야 할 최소한의 유기물함량을 비교해보면, 그린 1급 퇴비는 40%, 퇴비는 25%, 부숙겨는 25%, 부숙왕겨 및 톱밥은 30% 이상이다.

표 4-39 우리나라 비료관리법에서의 부산물비료 규격 기준(mg/kg 건조기준)

비소	카드뮴	납	6가크롬	구리	아연	OM	OM/N	NaCl	EC (dS/m)
50	5	150	300	500	900	25% 이상	50% 이하	1.0% 이하	200 이하

표 4-40 일본수피퇴비협회 통일품질기준

유기물함량 (OM)	C/N비	전질소	전인산	전카리	pH	CEL	수분	어린식물 테스트
70% 이상	35 이하	1.2% 이상	0.5% 이상	0.3% 이상	5.5～7.5	70 mL/100g 이상	60±5	이상 없어야 함

4.9 생물학적 처리기술

4.9.1 생활폐기물의 혐기성소화

도시폐기물의 처분방법으로 가장 많이 사용되는 매립은 매립지의 부족, 공중위생의 악화 및 지하수 오염 등의 문제점이 있다. 또한 사용할 수 있는 자원의 절대적인 부족으로 인하여 도시폐기물로부터 유용물질의 회수와 에너지 회수가 가능한 처리방법의 비중이 점차 증가하고 있다. 도시폐기물로부터 에너지 회수방법의 대표적인 것이 소각법이며, 최근에는 도시폐기물의 혐기성소화에서 발생하는 메탄가스를 이용한 에너지 회수방법이 활발히 연구되고 있다. 실제로 미국 내에서 이용하고 있는 에너지 회수방법 중 혐기성소화에 의한 방법은 약 4.9% 정도를 차지하고 있다, 우리나라 생활폐기물의 경우 연탄재를 제외하면 대부분 수분함량이 높고 생물학전 분해가 쉬운 주방폐기물이기 때문에 혐기성소화에 의한 처리가 가능할 것이다.

1) 전처리

(1) 선별 및 분쇄

도시폐기물은 음식, 종이, 목재, 섬유, 고무 가죽류 등 미생물 분해가 가능한 물질과 유리, 금속, 비닐 플라스틱, 재 등 미생물 분해가 잘 안 되는 물질로 구성되어 있다. 따라서 도시폐기물을 혐기성 소화에 의해 처리하려면 미생물 분해가 가능한 유기물질만을 선별하여야 한다. 또한 미생물 분해가 쉽게 이루어지게 하기 위함 뿐만 아니라 유기물질의 기계적 선별을 용이하게 하기 위한 분쇄처리가 필요하다.

폐기물의 선별방법으로는 건식과 습식이 있다. 건식방법에는 손으로 고르는 방법을 비롯하여, 스크린을 이용하는 방법, 공기 선별법, ballistic separation, stoners, fluidized bed separators, secators, dry magnetic separtors, electrostatic separators, optical sortor, eddy current separator 등이 있다.

습식방법에는 sink/float separation, wet classifier, jigs, tables, floatation 법 등이 있다. 혐기성 소화를 위한 도시폐기물의 선별방법은 위의 방법들을 단독 또는 복합적으로 적용한다.

그림 4-23은 미국의 RefCOM (refuse convertsion to methane) Demonstration Plant의 처리계통인데 6단계의 선별과정을 통해 폐기물내의 유기물질을 분리하는 과정을 보여주고 있으며, 제4장을 참고하기 바란다.

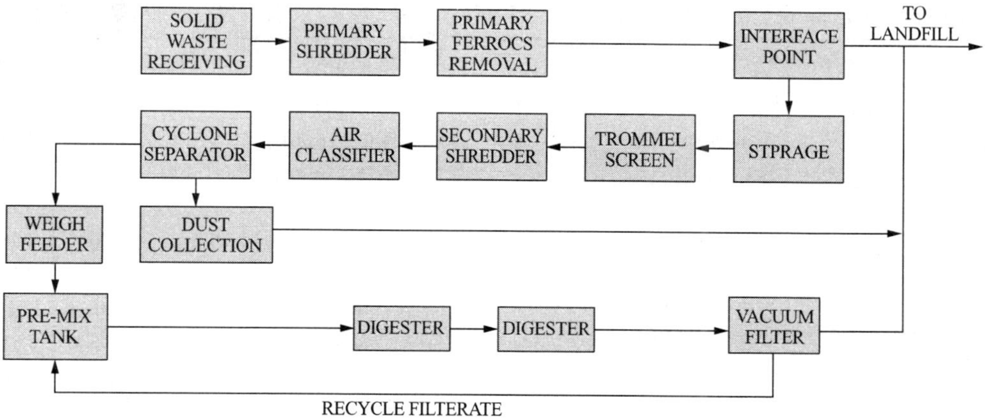

그림 4-23 RefCOM Demonstration Plant의 처리계통도

(2) 영양소

폐기물 내에는 혐기성소화에 필요한 영양소인 질소가 부족한 것으로 알려지고 있다. 폐기물의 혐기성소화에 필요한 질소의 양은 폐기물 1 kgVS당 약 8.8 g 정도이며, 부족한 질소는 별도로 공급하여 주기도 하지만 질소가 풍부한 하수슬러지나 하수와 혼합하여 보충하여 준다. 하수 슬러지나 하수와 혼합하는 경우에는 공정상의 취급과 혼합을 용이하게 해주는 장점이 있다.

2) 가스 생산량과 가스 구성

혐기성 조건 하에서 미생물은 유기물질을 분해하여 CH_4와 CO_2, 그리고 소량의 H_2S와 NH_3 등을 배출시키는데, 이때 CH_4가스는 연료로 사용할 수 있다. 즉, [유기물질 + 미생물 → 더 많은 미생물 + CO_2 + 유기산 + CH_4]와 같은 식으로 이를 표시할 수 있는데 여기서 불과 5~10%의 에너지가 미생물 형성에 소모되고 나머지 90~95%의 에너지가 CH_4 등으로 배출되므로 에너지 회수가 가능하다.

혐기성소화 시 발생하는 가스의 양 및 CH_4가스 함량은 유입되는 폐기물의 성상, 하수 및 슬러지의 혼합비, 수리학적 체류시간 및 유기물질 부하율, 소화조의 혼합정도, pH, 운전온도, 영양소와 독성물질의 유무 등에 의하여 좌우된다.

미국의 도시폐기물을 고온(60도)에서 혐기성 소화시킨 경우의 가스 생산량은 0.28~0.39 m^3/kgVS 주입, 가스 내의 CH_4 함량은 52~57%, VS 제거효율은 57% 정도로 나타났다. 표 4-41은 반응조 운전조건과 실험에 사용된 폐기물의 성상을 보여주고 있다.

표 4-41 반응조 운전조건과 폐기물의 성상(미국)

반응조세척	379 L
혼합방법	Paddle type mixing system
가스측정	Wet-test meter
시료주입	Semi-continuous type
HRT	10일, 7.5일
운전온도	60도
폐기물 성상	수분함량(%) : 2.67～6.3 VS (%) : 70.4～89.92 FS (%) : 10.08～29.6

표 4-42 혐기성 소화시료의 성상

구분	활성슬러지	고형폐기물
pH	6.0～7.2	6.5～7.5
COD (mg/L)	9,700～34,000	14,000～63,000
BOD (mg/L)	1,400～3,500	6,500～40,000
COD : BOD	6 : 1	2 : 1
TS (mg/L)	9,600～28,000	19,000～45,000
VS (mg/L)	69,00～20,200	17,600～42,000
T-N (mg/L)	430～1500	180～800
PO_4 (mg/L)	21.7～76.2	11.2～50.4
TVS : N : P	100 : 5 : 0.3	100 : 0.7 : 0.03

우리나라의 생활폐기물을 활성슬러지와 혼합시켜 중온(35도)에서 혐기성소화시킨 경우의 가스 생산량은 kgVS 주입당 0.18～0.27 m^3으로 미국의 결과보다는 약간 낮으며, CH_4 가스함량은 55～70% 정도로 높게 나타나 있다. 이는 미국과 한국의 폐기물 성상이 다르고 운전온도에 따른 영향으로 생각된다. 표 4-38은 실험에 사용된 폐기물과 활성슬러지의 성상을 보여주고 있다.

또한 상기의 실험결과에 의하면 고형폐기물을 혐기성소화공법으로 처리할 때 최적조건은 HRT 10일 이내, 시료의 부하율은 3.5 kgVS/m^3/d, 폐기물과 활성슬러지의 혼합비율은 TS기준으로 1 : 1 정도가 좋은 것으로 나타났다.

도시폐기물의 혐기성 분해 시 발생하는 최대 가스량 및 가스 구성비는 원소분석 결과에 의하여 이론적인 예측이 가능하다. 즉, 유기물질의 혐기성 분해과정을 화학방정식으로 표시하면 다음과 같다.

$$C_aH_bO_cN_d \rightarrow nC_wH_xO_yN_z + mCH_4 + sCO_2 + rH_2O + (d - nz)NH_3 \qquad (4.1)$$

여기서, $s = a - nw - m$

$r = c - ny - 2s$

$C_aH_bO_cN_d$와 $C_wH_xO_yN_z$의 항은 혐기성소화 공정의 유입과 유출시의 유기물질 조성을 나타낸다. 따라서 유기물질이 완전히 분해된다고 가정하면 식 (4.1)은,

$$C_aH_bO_cN_d + \left(\frac{4a - b - 2c + 3d}{4}\right)H_2O \rightarrow \left(\frac{4a + b - 2c - 3d}{8}\right)CH_4 + \left(\frac{4a - b + 2c + 3d}{8}\right)CO_2 + dNH_3 \qquad (4.2)$$

으로 표시할 수 있으므로 폐기물의 화학적 조성과 생물학적 분해가능물질 함량을 알면 가

표 4-43 생활폐기물 100kg내의 생물학적 분해 가능 물질의 화학적 조성

조성	총 폐기물 (kg)	생물학적 분해가능 물질(kg)	수분 함량 (%)	건조 중량 (%)	원소분석(%)				
					C	H	O	N	inerts
음식류	36.1	36.1	53.8	16.7	39.40	5.79	36.55	1.99	16.27
종가류	18.7	18.7	45.3	10.2	39.52	6.19	43.83	0.56	9.90
섬유류	2.3	2.3	36.4	1.5	53.30	6.86	28.52	8.27	3.05
비닐/플라스틱류	7.8	-	-	-	-	-	-	-	-
목재류	1.3	1.3	42.6	0.7	41.54	5.82	46.34	1.26	5.04
고무/가죽류	0.6	0.6	10.0	0.5	57.89	7.65	22.01	2.64	9.81
금속류	1.2	-	-	-	-	-	-	-	-
유리류	3.0	-	-	-	-	-	-	-	-
연탄재	26.4	-	-	-	-	-	-	-	-
기타	2.6	-	-	-	-	-	-	-	-
계	100	59.0	-	29.6	40.51	6.01	38.65	1.82	13.04

* 건조중량(29.6kg) = C (11.99kg) + H (1.78kg) + O (11.44kg) + N (0.54kg) + inerts (3.86kg)

스 조성을 이론적으로 산출할 수 있다. 우리나라 도시폐기물의 경우 위와 같은 방법에 의한 최대가스 생산량은 폐기물 kg당 약 0.15 m^3 정도이며, 가스 내의 CH_4함량은 약 53% 정도인 것으로 알려지고 있다. 표 4-43은 우리나라 생활폐기물 100 kg 내의 생물학적 분해가능물질의 화학적 조성을 보여주고 있다.

그러나 원소분석결과에 의한 가스 생산량의 예측은 원소분석 시 고가의 장비가 필요 할 뿐 아니라 소량의 시료를 이용하여 원소분석을 하기 때문에 폐기물의 불균일한 성질에 의해 정확성이 결여될 수 있다. 따라서 가연분 함량과 탄소 함량간의 관계를 이용하여 폐기물의 가연분 함량만을 축정하여 가스 생산량을 예측할 수도 있다. 우리나라 도시생활폐기물의 경우 가연분 함량의 약 57%가 탄소함량으로 나타나고 있으므로 도시폐기물의 혐기성 분해 시 가연분 함량에 의한 최대가스 생산량은 다음과 같은 식으로 제안된다.

$$V = 0.79(W)(P_{bd})(P_{vs})(273 + T)/273 \tag{4.3}$$

여기서 V : 매립 시 발생하는 가스량(m^3 Gas)

0.79 : (0.57 × 32/12 × 0.74 × 0.35/0.5)

W : 매립처리 하고자 하는 총 폐기물의 습윤중량(kg)

P_{bd} : 생물학적 분해가능 물질(음식류, 종이류, 섬유류, 목재류, 고무/가죽류)의 건조중량 함량

P_{vs} : 생물학적 분해가능 물질(음식류, 종이류, 섬유류, 목재류, 고무/가죽류)의 가연분 함량

T : 온도(도)

식 (4.3)에 의해 우리나라 도시폐기물의 혐기성 분해시 최대가스 생산량은 폐기물 kg당 약 0.2 m^3 정도로 계산된다.

폐기물을 주입하는 혐기성소화에 있어서 문제점은 주입되는 고형물질의 농도가 10%가량으로 하수 슬러지에 비해 무애 높아서 혼합시키기 곤란하여 소화조 용량의 대부분이 dead space가 되기 쉽다는 것이다. 또 다른 문제점은 반응속도가 느려서 규모가 큰 소화조가 요구된다는 것이다. 또한 CH_4가스를 회수한 후에 소화조로부터 배출되는 슬러지를 다시 폐기시켜야 한다는 문제가 남아 있으며, 이 슬러지는 탈수가 잘 되는 것으로 알려져 있다.

소화조를 운전할 때에 중요한 요소는 pH, 휘발성 유기산(volatile acid ; VA). 알칼리도 등이다. 일반적으로 pH는 6.5～7.0이어야 하며, VA의 농도는 이론적으로 10,000 mg/L까지도 좋으나 이러한 농도로 pH를 6.5～7.0 사이에서 운전시키기가 곤란하므로 일반하수 슬러지의 소화 시에는 그 한계농도를 2,000 mg/L로 잡고 있으며, 일반적으로 200～1,000 mg/L의 범위를 유지하고 있다. 알칼리도는 소화조의 pH를 유지하는데 매우 중요한 역할을 하는데, 알칼리도가 크면 VA가 크더라도 pH를 6.5～7.5 사이로 유지시킬 수가 있다.

4.9.2 알코올 생성

1) 도시폐기물로부터의 알코올 생성

폐기물 내에 많은 celluose는 일반적인 미생물에 의하여 분해되지 않기 때문에 이를 적절한 방법에 의하여 생물학적으로 분해가능한 단순 물질로 만들어 CH_4를 생산한다든가, 또는 미생물을 성장시켜 단백질을 회수한다든가, 또는 ethanol을 만드는 연구가 수행되고 있으나 아직까지 그 비용 때문에 실제에 적용되지 못하고 있는 것으로 알려져 있다.

폐기물 내의 cellulose부터 ethanol을 생성하는 과정은 가수분해를 통한 glucose의 생성단계와 glucose로부터 혐기성 미생물에 의해 ethanol을 생성하는 단계로 구분될 수 있다.

그림 4-24는 폐기물을 분쇄시킨 후, 부상선별한 cellulose물질에 황산을 사용하여 가수분해 시킨 후, ethyl alcohol을 만드는 porteous에 의한 방법을 나타내고 있는데, 40%가 종이류인 도시폐기물 0.1 ton의 ethyl alcohol (순도 95%)을 생산할 수 있다고 한다.

(1) 가수분해(Hydrolysis)

Cellulose는 약 3,000개의 glucose로 구성되어 있으며 경험적인 분자식은 $(C_6H_{10}O_5)_n$으로 표시된다. Cellulose는 물, alcohol, ether, chloroform 및 유기성 용매에 불용성이며 가

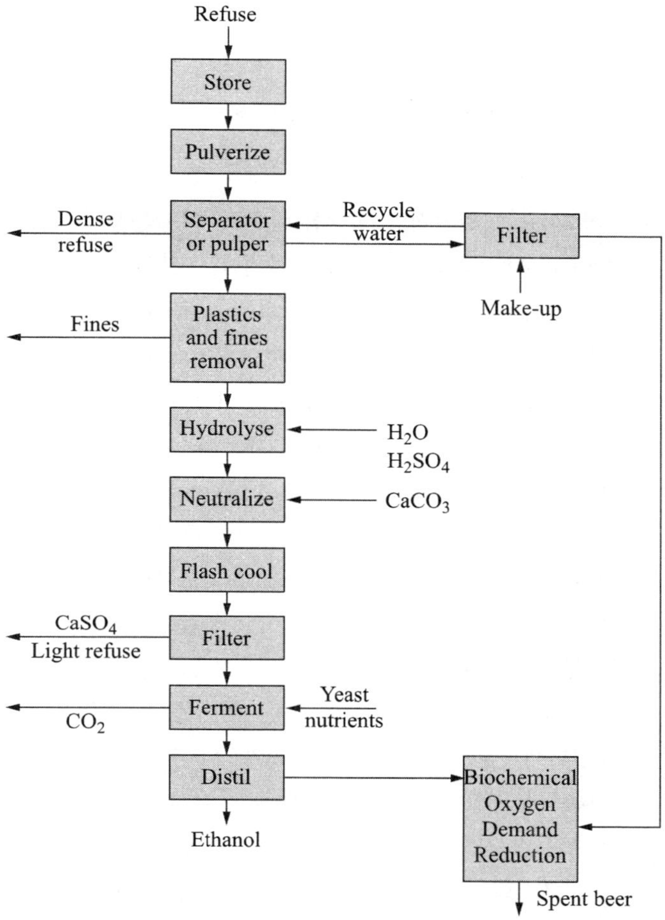

▮ 그림 4-24 폐기물로부터 가수분해를 통한 Ethanol 생산과정

수분해 되기 어렵기 때문에 cellulose를 가수분해하는 방법으로 물리화학적 방법이나 enzyme에 의한 방법을 사용하며 이러한 cellulose의 가수분해를 saccharification이라 한다.

① 물리 화학적 방법

Cellulose의 물리화학적 가수분해방법은 도시폐기물을 잘게 분쇄한 후에 0.2～10%의 산성용액에 넣고 180～230도로 가열하여 다음과 같은 과정으로 glucose를 얻는다.

$$(C_6H_{10}O_5)n + H_2O \xrightarrow{\text{acid}} nC_6H_{12}O_6 \tag{4.4}$$

산성가수분해에서 가수분해율은 입자크기, 액체/고형물비(L/s), 산의 농도, 온도 및 시간에 의해 좌우된다. L/S가 클수록 가수분해율은 증가하나 실제적으로 L/S비가 너무 크면 반응조의 크기가 커지기 때문에 비용이 증가한다. 따라서 L/S비는 10/1

정도가 적당하다. 산의 농도와 온도가 증가할수록 가수분해율은 증가하나 산의 회수가 불가능하므로 0.5% 정도의 농도가 적당하며, 온도를 약 200도까지 상승시키면 낮은 산의 농도와 L/S 하에서도 충분한 가수분해율을 유지할 수 있다.

② Enzyme에 의한 방법

Cellulose는 일반적인 미생물에 의해서는 분해되지 않으나 fungus의 일종인 trichoderma reesei (또는 viride)에 의해서는 분해가 가능하다.

이 분해는 미생물에 의해 생성되는 enzyme에 의한 것이므로 enzyme의 생산과정과 cellulose의 전처리과정이 필요하다. Enzyme의 생산과정은 미생물 성장과 enzyme합성 및 enzyme의 분리로 구분된다. Fungi는 29도의 온도와 5.0 정도의 pH, 적절한 포기와 혼합 하에서 성장하며, 세포의 성장 후에 순수한 cellulose를 주입함으로써 enzyme의 합성이 이루어진다. Enzyme의 분리방법은 ultrafiltration, $(NH_4)_2SO_4$에 의한 침전, acetone에 의한 침전법 등이 있는데, ultrafiltration은 가격이 비싸고 $(NH_4)_2SO_4$에 의한 침전은 $(NH_4)_2SO_4$로부터 glucose의 분리가 어렵기 때문에 acetone에 의한 침전법이 현재는 가장 좋은 방법이다. Cellulose의 전처리 과정은 입자의 분쇄, 열처리 및 화학적 처리가 포함된다. 열처리는 218도에서 25분 동안 실시하며 화학적 처리는 NaOH와 같은 염기를 주입한다.

가수분해과정은 생성된 enzyme와 전처리된 cellulose를 접촉하여 cellulose를 glucose로 분해한다. 이 과정은 50도의 온도, 주입 고형물 농도는 약 11.5%, 반응시간은 40시간 정도에서 이루어진다. 가수분해과정을 거친 처리수는 여과에 의해 가수분해 되지 않은 cellulose로부터 glucose를 분리한다.

(2) Ethanol의 생산

Ethanol은 cellulose의 가수분해에서 생성된 glucose를 saccharomyces cereviseae라는 혐기성 미생물에 의해 발효시켜 생산된다. 가수분해에 의해 생성된 glucose는 이론적으로 약 83%정도 ethanol로 전환이 가능한 것으로 알려져 있다. 전체 에너지 전환효율은 가수분해 과정에서는 47%, 폐기물로부터 ethanol을 생산하는 전과정에서는 37% 정도이며, 순에너지전환효율은 각각 34%와 27% 정도이다.

2) 하수슬러지로부터의 알코올 생성

하수처리과정으로부터 발생되는 슬러지는 유기성 물질이기 때문에 혐기성소화 등과 같은 공법을 이용하여 안정화시켜야 한다. 하수슬러지의 혐기성소화 공법은 고농도 유기물을 처리할 수 있고 슬러지가 적게 생산되며, 최종물질로 생산되는 CH_4가스를 연료로 사용할 수 있는 장점을 가지고 있다. 그러나 장기간의 체류시간, 운전상의 어려움, 산 형성 미생물과 메탄형성 미생물간의 균형성장의 유지 및 생성된 CH_4가스의 저장 등의 문제점이 해결되어야 할 것이다. 따라서 슬러지의 혐기성 소화과정 중 메탄형성과정을 억제하고 알코올 발효균은 zymomonas mobilis를 접종하여 산형성단계에서 ethanol을 생성하여 석유대체 연료로 사용하고자 하는 연구가 진행되고 있다.

우리나라의 경우 슬러지의 혐기성 발효에 의한 알코올 생성에 관한 연구결과를 보면 ethanol생성의 최적조건은 pH 3.5～4, 초기기질농도 29 g/L일 때이며, 이때의 최대 ethanol생성량은 5.4 g/L, 초기기질에 대한 기질감소율은 53.45%, 반응기질에 대한 ethanol생성수율은 30.32%로 나타나고 있다.

또한 ethanol생성수율을 높이기 위하여 슬러지 내의 섬유소를 가수분해로 당화시킨 후 생성된 당의 혐기성 발효를 통한 ethanol의 생성에 관한 연구결과에서는 회분발효 실험의 경우 100 kg의 슬러지 건조중량당 약 3 kg의 ethanol을 생성하였으며, 당화시료 100 g/L에서는 0.783 g/L/h의 ethanol이 생성되었다. 연속발효실험의 경우에는 유입 당화시료농도가 100 g/L인 경우 회분발효실험 ethanol생산성이 5～6배 증가하였으나 유입당화시료의 유속이 균체의 최대 비증식속도(0.1 h^{-1})보다 커지면 자유균체의 wash-out현상에 의하여 ethanol생산성이 감소하는 것으로 나타났다.

4.10 도시광산(Urban Mine)

도시에서 대량 폐기되는 가전제품에 존재하는 폐금속, 폐플라스틱 등 전자제품 속에 있는 희소자원을 회수하여 도시에서 전처리하거나 제련기술을 이용하여 유가금속을 채취하므로 " 도시광산(Urban mine)"이라고 한다.

새로운 광산의 개발이 어려워지고 원자재 가격이 폭등하면서 각광을 받기 시작하였으며, 예를 들면 금광석 1톤에서 금 5 g 정도 채취하지만, 환경부자료에 의하면 폐휴대 전화단말기 1톤에서 금 0.4 kg, 은 3.0 kg, 리튬 5.0 kg, 텅스텐 13 kg, 니켈 16 kg, 구리 100 kg 등의 금속을 회수할 수 있는 폐기물 자원화 분야이다.

4.10.1 도시광산의 특성

도시광산산업에서의 금속의 추출이란 사용이 종료된 제품 또는 폐기물 등을 수거해서 필요한 금속을 회수하여 재료로 다시 활용하는 재활용을 의미한다.

도시광산 산업은 고도의 정·제련기술을 요구하는 기술 집약형 산업으로써 기존 폐기물처리 또는 재활용 산업과는 확연히 구별되며, 일반적인 도시광산산업의 특징을 살펴보면 다음과 같다.

① 자원순환산업 : 폐전자제품 등에서 금속물질을 분리-파쇄-선별하는 단계부터 정·제련하는 단계로 이어지는 완전한 자원순환시스템을 구축하고 있다.
② 고부가가치산업 : 폐전자제품을 비롯한 폐자동차 등의 폐기물에는 금속자원 함량이 높으므로 고부가가치를 창출할 수 있다. 따라서 폐전기·전자제품을 얼마나 많이 확보하느냐가 중요하다.
③ 재제조산업의 종합 : 폐전기·전자제품에서 회수한 희소금속 물질을 비롯한 비철금속 등을 정·제련단계에서 고도의 기술력을 통해 최초제품의 원료로 재 제조하는 산업
④ 소비자의 소비행태에 기인하는 산업 : 소비자의 소비성향과 제품 제조사의 제품 혁신에 기인하며 제품제조 기업이 희소금속 물질 비중을 줄이려는 노력 여하에 따라 도시광산산업의 시장성과 수익성에 많은 영향을 끼친다.
⑤ 자원생산성산업 : 자연광산과 달리 도시광산 자원은 편재성이 높으며 자연자원이 부족한 한국은 편재성이 높은 도시광산 자원을 이용하면 자원 확보가 가능하다.
⑥ 친환경적 산업 : 버려지는 폐전기·전자제품 및 부산물 전량을 재활용함으로써 자원을 절약할 수 있고, 폐기물의 Zero-emmission으로 환경친화적인 산업이라 할 수 있다.
⑦ 공공재 특성 : 폐자원의 재활용은 환경오염을 방지하고 천연자원의 절약과 폐기물처리 비용을 절감시켜 준다. 또한 폐기물 처리과정에서 발생 가능한 2차 환경오염을 예방할 수 있다.

4.10.2 도시 광물의 종류

1) 전자부산물(E-Waste)

도시광산의 주요 대상 중 하나인 전자부산물(E-waste)이다. 전자부산물은 전기·전자제품에 사용되는 구성품으로서 수명을 다한 제품이나 생산 중 불량으로 인해 발생된다. 자원의 측면에서 보면, 폐전자기기, 특히 구성 부품 중에서 인쇄회로기판(PCB)에는 은(Ag) 등의 귀금속과 구리(Cu), 철(Fe), 알루미늄(Al) 등의 일반금속뿐만 아니라 백금족과 주석, 니켈 등의 희귀금속을 포함하고 있기에 경제 산업적으로 중요한 재활용 대상이다.

2) 전자부산물의 종류 및 회수현황

전자부산물의 종류로는 가전제품, 컴퓨터 산업제품, 전자소자·응용 제품, 전자 전담재

료 제품, 통신 장비 및 제품, 레이더 장비 및 제품 등으로 분류된다. 일반 가정에서 사용되는 부산물은 텔레비전, 컴퓨터, 휴대폰 등이 있으며, 의료 전자 장비 및 기구에는 광섬유·광섬유 케이블, 배터리, 마이크로 및 특별 모터 등과 같은 의료 및 산업분야에서 전방위적으로 널리 사용된 전자부산물이 발생되고 있다.

3) 전자부산물 종류의 회수

국내에선 전자제품관련 도시 광산자원 중 폐휴대폰이 연간 900만대(약 30만 톤) 정도가 발생되어 폐기되고 있다. 해마다 신제품이 출시되고, 기술의 혁신에 따른 기발한 제품들이

표 4-44 전자부산물의 종류

제품	세 부 내 역	
레이더 장비제품 및 제품	• 레이더 장비	
통신 장비 및 제품	• 통신 송신 장비 • 통신 단말 장치 • 이동통신 단말기	• 통신 스위치 장비 • 이동통신기기 • 통신 장비 수리기타 통신장비
방송 및 텔레비전 장비 산업 제품	• 방송 텔레비전 편성, 송출, 송신 장비 • 방송 텔레비전 수신 장비 • 응용 텔레비전 장비 및 기타 방송 장비	
컴퓨터 산업 제품	• 전자 컴퓨터 세트 전체 • 전자 컴퓨터 외부 장치 • 전자 컴퓨터 어플리케이션 제품	• 컴퓨터 네트워크 시설 산업 • 전자 컴퓨터 관련 제품 및 자재
가전제품	• 텔레비전 • 가전 음향기기	• 비디오, 비디오리코더, • 레이저 컴팩트디스크 플레이어
전자계측 장비 제품	• 전자계측 장비	
전자 산업 전담 장비 및 제품	• 전자 산업 전담 장비	• 전자 산업 금형 및 기어
전자소자 제품	• 전자소자 및 컴포넌트	• 전자 인쇄회로기판(PCB)
전자소자 제품	• 감지 소자 및 센서 • 진공 전자 장치 • 반도체 개별소자 장치 • 마이크로 및 특별 모터 • 광섬유, 광섬유 케이블	• 전자 장치 산업 • 광전자 장치 및 기타 전자 장치 • 집적회로(IC) • 전선 및 케이블 • 배터리
전자 응용 제품	• 전기 전자 제품 • 의료 전자 장비 및 기구	
전자 전담 재료 제품	• 전자소자 재료 • 반도체 재료	• 진공 전자 장치 재료 • 정보기술을 반영한 화학물질

* 자료 : 한국환경공단, 2010.

개발되어 기호에 맞게 출시되기 때문에 기존에 사용하던 전자제품들이 버려지는 것이다. 통계청에 따르면 해마다 9.9%씩 증가하는 추세이며, 약 3.3억대가 국내에 지하자원처럼 보관되어 있는 상태이다.

(1) 컴퓨터

① 철 : 금, 은, 구리, 알루미늄, 아연, 철, 니켈, 납, 팔라듐 등 다양한 금속이 함유되어 있으며, 컴퓨터내의 함량이 높은 금속은 철(5,571 g)이다. 컴퓨터 전체중량의 20.5%를 차지하는 철은 80%가 재자원화 된다.

② 알루미늄 : 약 3,850 g으로 컴퓨터 중량의 14.2%를 차지하는 알루미늄도 철과 같이 80%가 재자원화 되고 있다.

③ 금 : 자원화률이 가장 높은 금속이며, 컴퓨터 내의 금은 소량이지만 고가이기 때문에 99% 정도가 재자원화 되고 있다.

④ 은 외 기타 : 은 98%, 팔라듐 95%, 코발트 85% 등 고가의 금속이 주로 재자원화 되고 있다. 한편 게르마늄, 갈륨, 유로퓸, 티타늄, 안티몬, 비스무스, 크롬, 카드뮴, 니오븀 등의 희유금속은 함량도 적고 전혀 재자원화 되고 있지 않다.

(2) 폐전지

2000년 폐납축전지가 약 930만개, 산화은전지 2,000만개, 니켈카드뮴전지 2,200만개 정도로 추정된다. 폐망간전지 및 폐알칼리망간전지는 연간 15,000톤, 10억개 정도가 배출되고 있다. 일부 연구기관에서 폐망간전지 및 알칼리망간전지 리튬이온전지나 니켈수소전지 등 재자원화 연구가 추진되고 있다.

(3) 슬러지(Sludge)

산업 부산물인 슬러지도 유용한 도시 광산자원 중 하나이며, 산업체슬러지 일부는 재사용에 유용한 유・무기 물질 등의 자원으로서 가치가 있다. 특히 반도체 공정에서 발생한 슬러지에는 귀금속(precious metal)이 포함되어 있다. 대표적인 물질은 gold (Au), silver (Ag), palladium (Pd), platinum (Pt) 등은 산업체에서 꼭 필요한 자원이기 때문에 수요가 커져가는 반면 점점 고갈되고 있어 재활용(recycling)이 필수적인 자원들이다.

(4) 자동차

자동차 등록대수 대비 폐자동차 평균 발생비율 3.5%를 적용하여 예측한 폐자동차 발생대수는 2008년부터 2014년까지 7년 평균 709,099대 정도였으나, 매년 70～80만대 폐차량이 증가되어 2018년부터는 매년 약 100만대의 폐자동차가 발생되고 있다. 폐자동차에서

부품을 해체한 후 안전 유무를 판단하여 재사용 부품은 재활용되고 있으며, 그 외 부적합 부품들은 폐기처리 되고 있다.

국내 폐자동차 자원순환체계는 해체재활용 , 파쇄재활용, 파쇄잔재물재활용, 폐가스류 처리 등 4단계로 구성되어 있다.

2016년 3월을 기준으로 전국에 자동차 폐차업 521개 업체, 파쇄재활용업 13개 업체, 파쇄잔재물 재활용 15개 업체, 폐가스류 처리업 3개 업체 등 총 550개의 폐차재활용업체가 운영 중이다.

(5) 촉매

귀금속은 생산량이 적고 쉽게 산화되지 않기 때문에 장식품이나 금속으로서 가치가 높아 가격이 비싼 편이다. 현재 한국은 촉매의 99.9%를 해외수입에 의존하고 있다. 촉매는 크게 자동차 배기가스정화촉매와 석유화학공정촉매로 구분한다. 따라서 화학공업계에서는 귀금속을 효율적인 이용 활성도를 높이기 위하여 촉매를 개발하였다.

폐촉매의 주요 발생원은 석유정제산업, 석유화학공업, 유지가공, 식품 및 제약회사, 고분자중합, 자동차 촉매변환기, 무기화학, 환경산업 등 다양한 종류의 산업 분야이며, 폐촉매에는 귀금속으로서 유가성의 희유금속 및 여러 종류의 금속들을 포함하고 있어서 재활용 가치가 매우 높다.

세계적으로 자동차 촉매로 소비되고 있는 백금과 팔라듐 양의 10~20%의 자동차 폐촉매가 재자원화 되고 있으며, 전체량의 95% 이상이 미국과 일본에서 재자원화 처리되고 있다. 한국에서는 10여개 업체가 백금족 재자원화 사업을 추진 중에 있다.

4.10.3 도시광산 자원별 재자원화

1) 컴퓨터

폐컴퓨터의 인쇄회로 기판(PCBs)과 각종 전자스크랩으로부터 금, 은, 팔라듐 등의 귀금속과 기타의 유가금속을 회수하려면 추출하기 좋은 형태로 농축시켜 습식정련을 통해 회수가능하다. 우선 폐 컴퓨터의 인쇄회로기판 및 IC 등의 부품 등을 물리적 처리과정을 통해 분해 및 분리시키고, 귀금속을 분쇄물에 농축시킨 후 귀금속 회수에 최적화로 가공한다. 처리과정 중에는 습식과 건식공정이 있다.

① 습식 정련 : 건식정련보다 좋은 장점은 대규모의 설비가 없이 회수가 가능하나 회수율는 떨어지는 단점이 있다.

② 건식공정 : 폐 컴퓨터를 분해한 후 귀금속이 함유된 IC, 기판 등을 파쇄하여 표면적을 넓혀 반응성을 높인다. 분쇄된 원료를 탄산소다, 붕사와 같은 융제와 함께 고온

용광로에서 녹여 각각의 원소별 융해점을 통해 해당원소를 회수하는 방법이다. 이는 회수율은 높지만 대규모의 설비 와 에너지 소모가 큰 단점이 있다.

2) 전지

전지는 물질의 화학반응을 전기에너지로 바꾸는 장치이며, 이 반응이 비가역적인 것을 1차 전지, 가역적인 것을 2차 전지 또는 축전지라고 한다. 1차 전지에는 많은 종류가 있으며, 대표적인 것은 망간건전지이다.

망간 및 알칼리 망간전지의 재활용 기술은 유해 중금속인 수은의 분리, 회수가 주목적이며, 일본의 Clean Japan Center에 의해 일본 북해도의 광업소에 연간 6천 톤 처리규모의 재처리 시설이 건설되었다. 수거된 폐전지는 600～800℃에서 회전식 배소로에서 수은을 기화시키면서 응축기에서 응축시켜 회수한 후 재증류를 통하여 고순도 수은을 얻는다. 국내에서는 현재 상용화된 폐망간전지, 폐알칼리망간전지 재활용 기술은 전무한 상태이며 연구소 및 학계에서 상용화를 위한 연구가 진행되고 있다.

표 4-45 1차 전지의 종류

전지종류	구성			전압	용 도
	양극	전해질	음극		
망간건전지	MnO_2	NH_4Cl, $ZnCl_2$	Zn	1.5 V	라디오, 카세트, 전동완구, 회중전등, 전기면도기
알칼리 망간건전지	MnO_2	KOH, ZnO	Zn	1.5 V	녹음기, 카세트, 계산기, 휴대형 전자기기
수은전지	HgO	KOH, NaOH, ZnO	Zn	1.35	시계, 카메라, 계산기, 보청기, 라디오
은전지	Ag_2O		Zn	1.4 V	
리튬전지	$(CFX)_n$ MnO_2	$LiClO_4$	Li	2.7 V	시계, 계산기, 측정기기전원, 컴퓨터
공기아연전지	O_2	KOH	Zn	1.3 V	보청기, 손목시계, 계산기

표 4-46 휴대폰 1톤의 자원함량과 가치

유가물	금(Au)	은(Ag)	팔라듐(Pd)	코발트(Co)	로듐(Rh)
함량(kg/톤)	0.40	2	0.300	74.1(전지)	0.02
총 중량(kg)	2,920	14,600	2,190	540,930	146
kg당가치(원)	40,187,000	487,000	9,973,000	50,547	97,000,000
총가치(억원)	1,173	71	218	273	142

자료)한국생산기술연구원(2010)

3) 휴대폰

휴대폰은 금, 은 등의 귀금속을 포함하여 팔라듐, 마그네슘, 니켈, 인듐 등의 희유금속이 다량 함유되어 있는 고품질의 도시광산이다. 휴대폰 1톤당 약 금 400 g, 은 2,000 g, 팔라듐 300 g, 코발트 74,100 g, 로듐 20 g이 함유되어 있다. 이것을 현금으로 환산하면, 금이 1,173억 원, 은이 71억 원, 팔라듐이 218억 원, 코발트 273억 원, 로듐이 142억 원이 된다. 휴대폰 1대가 약 100 g으로 휴대폰 1톤은 약 1만대의 휴대폰에 상당하다. 이렇게 휴대폰 속에는 다양한 희유금속이 함유되어 있으나, 사용 후 휴대폰 함유 유가금속의 회수 체계가 확립되어 있지 않아 금속자원의 재자원화가 원활하지 않은 실정이다. 사용 후 휴대폰은 일반적으로 소비자, 이동통신사 대리점, 이동통신사 물류센터, 휴대폰 제조업체 재자원화 센터 순으로 수거된다. 수거된 휴대폰은 물질재활용 45%, 중고 휴대폰 수출 38.9%, 임대폰 등의 재사용 16.9% 등으로 최종 경로를 거친다.

최근 일본에서는 "자원유효이용촉진법" 개정을 통해 사용 후 휴대폰 회수 의무화를 검토 중이다. 우리나라 또한 사용 후 휴대폰의 자주적 수거를 촉구하기 위한 인센티브제도 등의 도입방안이나 효율적인 수거 정책을 수립해야 할 사안이다.

4) LCD

전기・전자제품은 여러 부품이 조립 및 결합되어 있어 특정 유가금속을 쉽게 회수하기는 어렵다. 회수공정이 총 16회 정도 사용되며, 최초의 폐 LCD 제품이 입고 후 부품해체기술을 통해 내부의 PCB를 분리하게 된다. 분리된 PCB를 3과정의 공정으로 나눠 유가금속을 회수하게 된다.

① 첫 번째 공정 : 파쇄가 가능한 PCB기판, 소각・열분해과정을 거쳐 유기물을 제거한 후산에 용해되는 방열판 등으로 나누게 된다.

② 두 번째 공정 : PCB기판을 물리적으로 파괴하여 반응성이 좋은 일정한 크기로 사용하기 위하여 파・분쇄・미분쇄 공정이다.

③ 세 번째 공정 : 순도를 높이기 위해 귀금속을 전침(electro deposition)시킨다. 전침된 귀금속을 다시 약품으로 용해한 후 재차 전기전해를 통해 흡착시켜 백금족, Au, Ag로 회수하게 된다.

5) 슬러지(Sludge)

현재 슬러지애서의 귀금속 회수과정은 용광로(blast furnace)에 natrium carbonate, borax, SiO_2 등의 용융에 필요한 융제와 슬러지를 혼합하여 고온의 열처리로 원소별로 해당하는 용융점에 도달하는 공정을 통해 각각의 원소를 분리하여 회수하고 있다. 이 방법은 많은 비용과 시약 등의 소모가 커 슬러지에 함유된 귀금속분석(정성 · 정량분석)을 통해 함량에 따른 회수(Au : 40 ppm, Ag : 500 ppm, Pd : 60 ppm, Pt : 60 ppm 이상) 및 폐기 과정을 결정하고 있다.

6) 그 외 반도체 및 기타

자동차촉매 외 전자제품 생산업체의 슬러지에는 Au, Pd, Pt, Rh, Ag 등의 고가의 귀금속이 함유되어 있고, 자동차 생산 업체는 알루미늄(aluminium)이 주로 포함되어 있다. 산업체의 업종에 따라 유 · 무기물질의 종류와 비율이 달라 정확한 정성적 · 정량분석법이 필요한 실정이다.

4.10.4 재자원화의 미래전망

희소금속을 둘러싼 국가 간 "자원전쟁"이 본격화되면서 이미 일본, 벨기에 등 도시광산 선진국들은 더 많은 폐자원을 확보하기 위해 전 세계 폐금속 수집 네트워크 확장에 집중하고 있다. 우리나라의 폐전자가전제품은 해마다 약 5,000만 톤 이상 발생하고 있으나, 도시광산을 통해 재활용되고 있는 폐기물은 불과 15%정도이며, 나머지는 모두 매립지나 폐품처리장에 방치되고 있다. 기후변화 등의 요인으로 친환경 트렌드가 각광받자 재활용을 근간으로 하는 도시광산은 환경친화적인 산업의 하나로 손색이 없으며, 지속적인 발전을 거듭해오고 있다. 최근 글로벌 경기침체로 금속가격이 하락하면서 최근 몇 년간 도시광산은 침체기를 맞고 있다.

2010년 838개였던 도시광산 업체수는 2014년 917개로 9.4% 증가하였으며, 수도권에 37%, 경상권 36% 분포하고 있다. 공정별로 보면 파쇄 · 분쇄 및 수집 관련 업체가 감소한 반면 추출 등 제련 · 정련 업체는 10% 이상 증가하였다.

일본에 버금가는 전자대국인 한국은 2016년 휴대폰을 제외한 폐전자제품이 약 860만대 이상 발생한 것으로 추정되며 해마다 9.9%씩 증가하고 있는 추세이다. 한국지질자원연구원에 따르면 이들 폐전자제품을 재활용해 금 3,574 kg, 팔라듐 1,572 kg, 은 20톤, 탄탈륨 4,000 kg을 추출할 수 있어 무려 2천억 원에 육박하는 경제적 가치를 창출할 수 있는 규모로 조사되었다.

2021년도 폐자원 재활용 산업의 시장규모를 2,672억 달러로 가정하고 연간 시장 성장률을 3%로 가정하여 2030년까지의 시장규모를 예측했을 때 표 4-47과 같으며, 현재가치의 혜택규모는 약 520백만 달러로 지속적인 증가를 예상할 수 있다.

정부에서는 도시광산업을 육성하기 위해 관련 제도 개선 및 기술개발 지원 등 다양한 지원방안을 추진하고 있다. 공장설립에 관한 법률 및 도시광산 기업이 원료로 사용하는 폐자원 수급이 용이하도록 수입관세를 인하하고 있으며, 조달청과 광물자원공사의 광물자원 비축 시 도시광산기업이 생산하는 희소금속을 우선 구입하도록 하고 있다.

표 4-47 폐금속자원 재활용 기술개발 사업의 세계시장 및 창출 수익가치분석

연도	2021	2022	2023	2024	2025	2026	2027	2028	2029	2030	합계
폐자원재활용 (억달러)	267	275	283	292	301	310	319	329	338	349	3,063
폐기물저감 · 재활용 (억달러)	40	41	43	44	45	46	48	49	51	52	459
시장 NPV (억달러)	21	21	20	20	19	19	18	18	17	17	190
현재가치 (백만달러)	58	56	55	545	52	51	50	49	48	47	520

자료) 산업통상자원부(2016)

연습문제

01 분리수거의 목적에 대하여 설명하시오.

02 쓰레기를 이용하여 자원화 할 수 있는 방법에 대하여 알아보자.

03 퇴비화할 수 있는 물질의 종류와 퇴비화 공정들에 대하여 설명하시오.

04 퇴비화시 악취가 발생되는 원인에 대하여 설명하시오.

05 폐기물연료인 SRF와 BIO-SRF를 비교 설명하고, 이용할 수 있는 쓰레기의 종류 및 사용 용도에 대하여 설명하시오.

06 RDF, RPF, WCF, TDF에 대하여 설명하시오.

07 물질의 성분 분리기술에 대하여 설명하시오.

08 물질의 회수를 위한 분별기술과 분별 장치의 종류에 대하여 설명하시오.

09 조성이 다음과 같은 쓰레기 1 ton으로부터 생성되는 퇴비의 양을 추산하시오.

성분	질 량			
	(a)	(b)	(c)	(d)
식품 폐기물	12	15	10	20
종가	40	45	40	50
판지	8	5	6	8
플라스틱	4	5	6	6
정원 쓰레기	15	10	15	6
나무	5	5	5	5
불활성물	16	15	18	5

10 도시광산(Urban mine)에 대하여 설명하고 미래의 전망에 대하여 논하시오.

5

사업장폐기물 처리

CHAPTER 5

사업장폐기물 처리

5.1 사업장폐기물의 종류 및 분류

1991년 전면 개정된 폐기물관리법에서는 일반폐기물과 특정폐기물로 분류되어, 특정폐기물이라 함은 사업활동에 수반하여 발생하는 슬러지, 폐유, 폐산, 폐유기용제 등 환경 및 국민보건에 유해한 물질로서 대통령령이 정하는 폐기물로 정의되었다.

그러나 1995년 폐기물관리법이 다시 개정되어 폐기물 분류는 유해성 기준에서 발생원 기준으로 바꾸어 생활폐기물과 사업장폐기물로 분류하였으며, 사업장폐기물이라 함은 대기환경사업장 기타 대통령령이 정하는 사업장에서 발생되는 폐기물로 정의하였다. 또한 1999년 개정된 폐기물관리법에서는 사업장폐기물 중 폐유, 폐산 등 주변 환경을 오염시킬 수 있거나 의료법에서 관리하던 적출물 등의 감염성폐기물, 폐페인트・폐락카, 유해화학물질 등 인체에 위해를 줄 수 있는 유해한 물질로서 대통령령이 정하는 폐기물을 다시 “지정폐기물”로 지정하였다.

2007년에는 폐기물관리법을 개정하여 의료기관에서 배출되는 “감염성폐기물”을 “의료폐기물”로 명칭을 변경하여 감염 우려가 있는 폐기물에 대하여 보다 철저한 관리를 할 수 있도록 규정하였다.

현행 폐기물관리법에서 사업장의 범위를 공업배치 및 설립에 관한 법률의 해당 규정에 폐기물을 1일 평균 300 kg 이상 배출하는 사업장, 일련의 공사・작업 등으로 인하여 폐기물을 5톤 이상 배출하는 사업장으로 정하고 있다.

또한 통계 작성상 “사업장일반폐기물”을 “사업장생활계폐기물”과 “사업장배출시설계폐기물”로 분류하여 생활폐기물과 사업장생활계폐기물을 합하여 “생활계폐기물”로 분류하여 통계처리하고 있다.

사업장 배출시설계폐기물 배출량은 표 5-1에서 보는 바와 같이 2021년 기준으로 8,490만톤/년, 지정폐기물 배출량은 598만톤/년, 의료폐기물은 22.6톤/년으로 매년 점진적인 증가 추세를 나타내고 있다. 이것은 1970년대부터 급속한 경제발전을 이룩하며 다량의 자원을 소비하였고 생활수준의 향상을 꾀하여 온 결과이며, 과거에는 생활수준이 높은 국가일수록 쓰레기 배출량이 많았기 때문에 쓰레기는 문명의 척도라고까지 일컬어져 왔다.

또한 사업장 배출시설계폐기물과 지정폐기물의 소각처리와 매립처리는 점차 감소하고 있는 반면에 재활용률은 점진적인 증가 추세를 나타내고 있다. 이와 같이 폐기물의 종류에 관계없이 재활용률이 증가한 것은 1992년 12월 "자원의 절약과 재활용촉진에 관한 법률"이 제정된 이후 우리나라 폐기물처리의 실정에 맞추어 필요에 따라 재활용 법률을 개정하였고 2003년 1월 생산자책임재활용제도(EPR, Extended Producer Responsibility)제도 시행하였다. 2005년에는 "친환경 촉진에 관한 법률"을 제정하였으며, 2008년 "전기·전자제품 및 자동차의 자원순환에 관한 법률" 제정 등 제4장에서 설명한 정부의 재활용 정책과 국민의 환경의식이 높아진 결과로 볼 수 있다.

반면 의료폐기물은 태반 등의 일부가 재활용되고 있지만 의료폐기물의 특성상 전염이나 감염의 우려가 발생할 수 있으므로 대체로 소각처리 되고 있으며, 2021년 기준 약 97.4%의 소각률을 보이고 있다.

"사업장배출시설계폐기물"은 표 5-2에서 보는 바와 같이 매년 지속적으로 증가하고 있으며, 2021년도 사업장배출시설계폐기물의 총 배출량은 8,490만 톤/일이며, 폐기물의 성상

표 5-1 사업장폐기물 종류별 처리 현황(만톤/년)

구분		2016	2017	2018	2019	2020	2021
사업장 배출시설계 폐기물 (%)	총발생량	5,918	6.018	6,122	7,396	8,087	8,490
	매립률	14.8	13.4	12.6	9.2	7.0	7.3
	소각률	6.0	6.0	5.8	4.0	4.3	3.8
	재활용률	79.1	80.6	81.6	82.6	84.3	84.4
	기타	0.1	0.0	0.0	4.2	4.4	4.6
지정 폐기물 (%)	총발생량	503	544	562	568	561	598
	매립률	21.1	21.8	20.2	18.2	17.6	14.7
	소각률	16.8	15.1	14.8	14.5	13.6	13.5
	재활용률	56.0	56.2	60.0	62.5	63.7	65.3
	기타	6.1	6.8	5.0	4.8	5.1	6.5
의료 폐기물 (%)	총발생량						22.6
	매립률						0.0
	소각률						97.4
	재활용률	통계상－0					0.01
	기타						2.59

표 5-2 사업장배출시설계 폐기물의 성상변화(만톤/년)

구분		2016	2017	2018	2019	2020	2021
총계		5,918	6,018	6,122	7,396	8,087	8,490
가연성	소계	1,420	1,465	1,484	1,725	2,031	2,189
	폐지, 폐목재	92	105	122	133	159	184
	폐합성고분자화합물	438	476	497	587	601	696
	유기성오니류	618	618	563	571	686	712
	기타	273	266	302	433	584	597
불연성	소계	4,487	4,553	4,638	5,671	6,056	6,301
	광재류	1,669	1,626	1,683	2,230	3,039	3,030
	연소재류	1,362	1,433	1,438	1,517	1,380	1,482
	폐금속류	88	94	76	96	116	158
	무기성오니류	548	699	691	909	858	840
	기타	731	701	750	919	663	791

* 가연성 기타 : 동식물성 폐잔재물, 폐식용유, 그 외 가연성 기타류
* 불연성 기타 : 폐주물사 모래류, 폐석재 · 폐콘크리트류, 폐석회 석고류, 폐촉매, 폐흡착재 · 흡수재, 유리 · 도자기편류, 그 외 불연성 기타류

은 가연성 25.8%, 불연성 74.2%이며, 가연성폐기물은 폐합성고분자화합물과 유기성오니류가 전체 가연성폐기물의 64.3%를 차지하고 있다. 반면 불연성폐기물은 광재류와 연소재류의 구성비가 각각 48.1%와 24.6%로 이들 두 종류가 72.7%로 불연성폐기물의 대부분을 차지하고 있다.

표에서 보는 바와 같이 "사업장배출시설계폐기물"은 물론 "지정폐기물"도 재활용률이 매년 지속적으로 증가하고 있으며, "자원의 절약과 재활용촉진에 관한 법률" 제정 이후 2003년 1월 생산자책임재활용제도(EPR, Extended Producer Responsibility)제도 시행, 2005년 "친환경 촉진에 관한 법률"을 제정, 2008년 "전기 · 전자제품 및 자동차의 자원순환에 관한 법률" 제정 등 정부의 재활용 정책과 국민의 환경의식이 높아진 결과로 볼 수 있다.

반면 의료폐기물은 태반 등의 일부가 재활용되고 있지만 의료폐기물의 특성상 전염이나 감염의 우려가 발생할 수 있으므로 대체로 소각처리 되고 있으며, 2021년 기준 약 97.3%의 소각률을 보이고 있다.

표 5-3은 지정폐기물을 특정시설에서 발생되는 폐기물, 부식성폐기물, 유해물질함유폐기물 등 폐기물의 특성별로 구분하였다.

특히 폐유기용제 중 디클로로메탄 등 할로겐족 15종(표 5-4)으로 하고 할로겐족 전에는 범위제한이 없었으나 페페인트·락카제조업, 도장시설, 재활용시설에서 발생하는 것과 페인트 제거용 유기용제와의 혼합물을 포함하며, 폐석면은 석면의 제조·가공 시 또는 공작물·건축물의 제거시 발생되는 것과 석면제조의 연마, 절단·가공공정에서 발생되는 부스러기 및 동 시설의 집진기에서 모아진 분진, 석면 제거작업에 사용된 비닐시트·방진마스크 작업복 등이 포함된다(표 5-5).

"석면안전관리법"은 2012년 11월 제정되어 활석, 질석, 사문석, 해포석 등이 석면함유 가능물지로 지정되어 관리되고 있으며, 다음 표는 석면함유 가능물질의 유통 시 석면허용 기준표이다.

표 5-3 지정폐기물의 종류 및 발생원

구분	종류	설명	발생원
1. 특정시설에서 발생되는 폐기물	가. 폐합성고분자 - 폐합성수지 - 폐합성고무 나. 오니류 - 폐수오니처리 - 공정오니 다. 폐농약	• 합성수지제조업의 제조공정에서 발생되는 것 • 수분함량 95% 미만이거나 공형물함량 5% 이상인 것으로 환경령이 정하는 물질을 함유 및 환경부장관이 고시한 시설에서 발생되는 것 • 농약의 제조·판매업소에서 발생되는 것	• 합성섬유, 합성고무, 합성고분자화합물 등 합성수지 제조시설 • 도금공정 및 산업폐수 처리 시설 • 농약제조공장 및 판매업, 담배제조업, 농업·축산업, 원예업 등
2. 부식성 폐기물	가. 폐산 나. 폐알칼리	• 액체상태폐기물로서 pH 2.0 이하인 것 • 액체상태폐기물로서 pH 12.5 이상인 것으로 수산화칼륨 및 수산화나트륨 포함	• 금속도금, 표면처리시설, 유기물합성 • 금속탈지시설, 염색, 전자
3. 유해물질함유 폐기물	가. 광재 나. 분진 다. 폐주물사 및 샌드블라스트 라. 폐내화물 및 재벌구이 전 유약 바른 도자기 조각 마. 소각재 바. 안정화 또는 고형화 처리물 사. 폐촉매 아. 폐흡착제 및 폐흡수제(광물유·동물유 및 식물유정제에 사용된 폐토사 포함)	환경부령이 정하는 물질을 함유한 것 • 납 또는 그 화합물, 구리 또는 그 화합물이 용출시험결과 3 mg/L 이상 함유 • 비소 또는 그 화합물, 6가크롬 화합물이 용출시험결과 1.5 mg/L 이상 함유 • 수은 또는 그화합물이 용출시험결과 0.005 mg/L 이상 함유 • 카드뮴 또는 그 화합물이 용출시험결과 0.3 mg/L 이상 함유 • 시안 화합물, 유기인화합물이 용출시험결과 1 mg/L 이상 함유 • 테트라클로로에틸렌이 용출시험결과 0.1 mg/L 이상 함유 • 트리클로로에틸렌이 용출시험결과 0.3 mg/L 이상 함유	• 비철금속의 정련·정제에 사용하는 배소로, 용해로 및 주조시설 등의 싸이크론, 전기집진기 등 • 철강 주조시설, 모래여과시설 • 유리조각, 도자기조각, 내화벽돌공장 • 발전시설, 소각시설 • 지정폐기물 고형화시설

구분	종류	설명	발생원
4. 폐유기용제	가. 할로겐족 나. 기타 폐유기용제	• 환경부령이 정하는 물질 또는 이를 함유한 물질에 한함 가. 목외의 유기용제를 말함	• 드라이클리닝, 금속표면세척 • 접착제제조, 자동차공장, 추출산업
5. 폐페인트 및 폐락카		• 페인트 및 락카와 유기용제가 혼합된 것으로서 페인트 및 락카제조업, 용적 5 m^3 이상 또는 동력 3마력 이상의 도장시설, 폐기물을 재활용하는 시설에서 발생되는 것과 페인트 보관용기에 잔존하는 패인트를 제거하기 위하여 유기용제와 혼합된 것 포함한	• 도료 및 안료제조 시설
6. 폐유		• 기름성분을 5 이상 함유한 것을 포함하며, PCB함유폐기물, 폐식용유, 폐흡착제 및 폐흡수제 제외	• 자동차정비업, 정유·정제시설, 금속가공
7. 폐석면	가. 석면의 제조·가공시 또는 공작물·건축물 제거시 발생되는 것 나. 스레트 등 공혀화된 석면 제품 등의 연마·절단·가공시설의 집진기에서 모아진 분진 다. 석면의 제거작업에 사용된 비닐시트·방진마스크·작업복 등	• 스레트 등 공형화되어 있어 비산 우려가 없는 것 제외	• 석면제조 및 가공, 발전소
8. PCB 함유 폐기물	가. 액체상태의 것 나. 액체상태 외의 것	• 2 mg/L 이상 함유한 것 • 용출액 0.003 mg/L 이상 함유한 것	• 전자회사
9. 폐유독물		• 유해화학물질관리법 제2조 제3호에 의한 유독물을 폐기하는 경우에 한함	• 유독물 사용, 판매, 제조소
10. 감염성 폐기물		• 환경부령이 정하는 의료기관이나 시험·검사기관 등에서 발생되는 것	• 병·의원, 연구소
11. 기타		• 주변 환경을 오염시킬 수 있는 유해한 물질로서 환경부장관이 정하여 고시하는 물질	

표 5-4 폐유기용제 중 할로겐족에 해당하는 물질

1. 디클로로메탄(Dichlormethane)
2. 트리클로로메탄(Trichloromethane)
3. 테트라클로로메탄(Tetrachloromethane)
4. 디클로로디플루오로메탄(Dichlorodifluoromethane
5. 트리클로로플루오로메탄(Trichorfluoromethane)
6. 디클로로에탄(Dichloroethane)
7. 트리클로로에탄(Trichloroethane)
8. 트리클로로트리플루오로에탄(Trichlorotrifluoroethane)
9. 트리클로로에틸렌(Trichloroethylene)
10. 테트라클로로에틸렌(Tetrachloroethylene)
11. 클로로벤젠(Chlorobenzene)
12. 디클로로벤젠(Dichlorobnzene)
13. 모노클로로페놀(Monochlorophenol)
14. 티클로로페놀(Dichlorophenol)
15. 트리클로로페놀(Trichlorophenol)

표 5-5 석면함유 가능물질의 유통 시 석면허용 기준

구 분		기준
가공・변형을 위해 유통되는 경우		1%
최종제품으로 원석 그대로 혹은 단순히 파쇄된 상태	분말제품, 인체 직접접촉용도의 제품, 주차장・운동장 등의 바닥골재	불검출
	조경석	표면의 석면 불검출
	기타 가공 및 변형된 상태	0.1%

지정폐기물의 배출량은 2009년부터 점진적으로 매년 증가 추세를 보이고 있으며, 2021년 총 배출량은 598톤/년이며, 표 5-6에서 보는 바와 같이 폐유와 폐유기용제가 전체 지정폐기물의 배출량의 43.6%를 차지하고 있다.

표 5-6 지정폐기물의 연도별 성상 변화(만톤/년)

구분	2016	2017	2018	2019	2020	2021
합계	503	544	562	568	561	598
폐산	22	22	24	24	20	22
폐알칼리	79	87	100	105	103	118
폐유	7	12	9	11	11	14
폐유기용제	103	107	113	117	119	127
폐합성고분자화합물	106	113	118	121	121	134
분진	2	2	2	2	2	2
오니류	62	67	58	54	52	54
의료폐기물	44	50	47	42	39	36
기타	79	85	90	92	95	91

의료폐기물의 종류는 "격리의료폐기물", "위해의료폐기물", "일반의료폐기물"로 분류되며, "격리의료폐기물"은 감염병의 예방 및 관리에 관한 법률"를 의료행위에서 발생한 일체의 폐기물을 말하며, "위해의료폐기물"은 조직물류폐기물, 병리계폐기물, 손상성폐기물, 생물・화학폐기물로 분류된다. "일반의료폐기물"은 일회용 기저귀, 생리대, 탈지면, 일회용 주사기, 붕대, 거즈, 등을 말한다.

의료폐기물에 해당하지 않은 폐기물은 다음과 같으며, 의료폐기물의 의료분야에 대한 전문적인 지식 없이 의료폐기물의 품목별 분리 기준을 인지하기에는 다소 무리가 있어 보인다. 따라서 필자는 환경부 폐자재관리과의 자료를 정리하였다.

- 혈액 등과 접촉되지 않은 수액병・앰플병・바이알병 및 석고붕대
- 가정에서 발생하는 주사바늘, 거즈, 솜 등
- 치아 치료 후 환자의 치아를 세척하는 과정에서 발생되는 세척수나 의료기기 등을 세척한 세척수
- 동물병원이 아닌 장소에서 발생되는 동물사체는 발생량에 따라 생활 또는 사업장일반폐기물로 분류(전염병 등에 의한 폐사동물은 "가축전염병예방법" 적용)
- 동물병원에서 발생되는 것이라도 미용을 위해 깍은 동물의 털, 손・발톱, 건강한 동물의 배설물 제거용으로 사용된 일회용기저귀, 패드, 휴지 등
- 피부 관리 후 단순히 얼굴에 올려놓는 물이 묻어 있는 거즈나 솜
- 신생아실에서 배출되는 아기 기저귀 중에서 의료행위 없이 배출되는 기저귀
- "의료기관 세탁물 관리규칙"에 의해 적정하게 세탁한 후 폐기한 환자복
- 포도당, 영양제 등이 담겨져 있던 바이알병, 앰플병, 수액팩, 링겔병

표 5-7은 2021년 기준 의료폐기물 업종별 발생량 현황표로서 종합병원의 배출량이 전체 의료폐기물의 절반을 상회하는 52.7%를 차지하고 있으며, 의료폐기물에 대한 정부의 적극적인 홍보 및 철저한 관리감독이 필요해 보인다.

표 5-7 의료폐기물 업종별 발생량(만톤/년)

구분	합계	종합병원	병원	의원	보건(지) 및 보건진료소	조산원
발생량	22	11	3	3	0	-
%	100	52.7	14,5	12.7	2.0	-
구분	동물병원	노인 요양시설	시험기관 및 연구소	장례식장	교도소	기타
발생량	0	1	1	0	0	3
%	0.3	3.3	2.6	0.1	0.0	11.7

또한 개정된 폐기물관리법에서는 다음과 같이 지정폐기물의 종류별 처리기준 및 방법을 규정하여 시행하도록 하고 있다.

1) 폐산 또는 폐알칼리의 경우

① 액상의 것은 다음에 해당하는 방법으로 처리하여야 한다. 다만, 처리 후 잔재물이 폐기물관리법 제2조 및 시행규칙 제2조의 별표 1에 규정된 물질을 함유한 경우에는 그 잔재물을 안정화처리하거나 시멘트・합성고분자화합물의 이용 또는 이와 유사한 방법으로 고형화처리한 후 관리형 매립시설에 매립하여야 한다.

㉠ 중화・산화・환원의 반응을 이용하여 처리한 후 응집・침점・여과・탈수의 방법에 의하여 처리하여야 한다.

㉡ 증발・농축의 방법에 의하여 처리하여야 한다.

㉢ 분리・증류・추출・여과의 방법에 의하여 정제처리 하여야 한다.

② 고상인 수산화나트륨은 ①의 방법으로 처리하거나 관리형 매리시설의 차수시설 및 침출수처리시설의 성능에 지장을 초래하지 아니하도록 하여 매립하여야 한다.

③ 폐산 또는 폐알칼리와 폐유・폐유기용제 등 다른 폐기물이 혼합되어 있는 액상의 것은 소각시설에 지장이 발생하지 아니하도록 중화들에 의하여 처리하여 소각(할로겐족 폐유기용제 등 고온소각대상 폐기물이 혼합되어 있는 경우에는 고온소각)한 후 매립하여야 한다.

2) 폐유

① 액상의 것은 다음에 해당하는 방법으로 처리하여야 한다.

㉠ 유슈분리 하여 분리된 유분은 소각하여야 하고, 유수분리 후 남은 물은 수질환경보전법 제2조 제6호의 규정에 의한 수질오염방지시설에 처리하여야 한다.

㉡ 증발・농축방법에 의하여 처리한 후 그 잔재물은 소각하거나 안정화처리하여야 한다.

㉢ 응집・침전방법에 의하여 처리한 후 그 잔재물은 소각하여야 한다.

㉣ 분리・증류・추출・여과・열분해의 방법에 의하여 정제처리하여야 한다.

㉤ 소각하거나 안정화처리하여야 한다.

② 고상의 것(타르핏칠를 제외한다)은 소각하거나 안정화처리하여야 한다.

③ 타르핏치류는 소각하거나 관리형 매립시설에 매립하여야 한다.

④ 폐유를 정제연료유로 재활요하는 경우에는 한국산업규격시험방법・폐기물공정시험방법 또는 대기오염공정시험방법에 의한 시험결과 다음의 1에 해당하는 기준에 적합하여야 한다.

㉠ 잔류탄소 : 무게비율로 25% 이하(열분해방법 또는 감압증류방법으로 재활요하는 경우에는 0.02% 이하)

㉡ 수분 및 침전물 : 부피비율로 0.5% 이하(열분해방법 또는 감압증류방법으로 재활용하는 경우에는 0.02% 이하)

㉢ 회분 : 무게비율로 0.55% 이하(열분해방법 또는 감압증류방법으로 재활용하는 경우에는 0.05% 이하)

㉣ 황분 : 무게비율로 0.55% 이하(열분해 방법 또는 감압증류방법으로 재활용하는 경우에는 0.2% 이하)

㉤ 카드뮴 및 그 화합물 : 1 mg/L

㉥ 납 및 그 화합물 : 30 mg/L 이하(열분해방법 또는 감압증류방법으로 재활용하는 경우에는 1 mg/L 이하)

㉦ 크롬 및 그 화합물 : 5 mg/L 이하(열분해방법 또는 감압증류방법으로 재활요하는 경우에는 1 mg/L 이하)

㉧ 비소 및 그 화합물 : 2 mg/L 이하(열분해방법 또는 감압증류방법으로 재활용하는 경우에는 1 mg/L 이하)

3) 폐유기용제의 경우

① 유수분리가 가능한 것은 유수분리방법으로 사전처리하여야 한다.

② 할로겐족으로 액상의 것은 다음에 해당하는 방법으로 처리하여야 한다.

㉠ 고온소각 하여야 한다.

㉡ 증발・농축방법에 의하여 처리한 후 그 잔재물은 고온소각 하여야 한다.

㉢ 분리・증류・추출・여과의 방법에 의하여 정제한 후 그 잔재물은 고온소각하여야 한다.

㉣ 중화・산화・환원・중합・축합의 반응을 이용하여 처리하여야 하며, 처리 후 발생되는 잔재물은 고온소각하거나, 응집・침전・여과・탈수의 방법으로 다시 처리한 후 그 잔재물은 고온소각하여야 한다.

③ 할로겐족으로 고상의 것은 고온소각하여야 한다.

④ 기타 폐유기용제로서 액상의 것은 다음에 해당하는 방법으로 처리하여야 한다.

㉠ 소각하여야 한다.

㉡ 증발・노축법에 의하여 처리한 후 그 잔재물은 소각하여야 한다.

㉢ 분리・증류・추출・여과의 방법에 의하여 정제한 후 그 잔재물을 소각하여야 한다.

㉣ 중화・산화・환원・중합・축합의 반응을 이용하여 처리하여야 하며, 처리 후 발

생되는 잔재물은 소각하거나, 응집・침전・여과・탈수의 방법으로 다시 처리한 후 그 잔재물을 소각하여야 한다.

⑤ 기타 폐유기용제로서 고상의 것은 소각하여야 한다.

4) 폐합성고분자화합물의 경우

① 폐합성수지 중 열경화성의 것은 소각하거나 최대직경 15 cm 이하의 크기로 파쇄. 절단 또는 용융한 후 관리형 매립시설에 매립하여야 한다.

② 폐합성수지 중 열경화성외의 것과 폐합성고무는 소각처리하여야 한다.

5) 폐페인트 및 폐락카의 경우

폐페인트 및 폐락카는 고온소각하거나 유기용제 등 재활용대상물질을 회수한 후 그 잔재물을 고온소각 하여야 한다.

6) 폐석면의 경우

고온용융처리하거나 고형화처리하여야 한다.

7) 안정화 처리 또는 시멘트・합성고분자화합물의 이용 기타 이와 유사한 방법으로 고형화처리하거나 관리형 매립시설에 매립하여야 한다.

8) 폐흡수제 및 폐흡착제의 경우

다음에 해당하는 방법으로 처리하여야 한다.

① 고온소각처리대상물질을 흡수하거나 흡착한 것은 고온소각하여야 한다.

② 일반소각처리대상물질을 흡수하거나 흡착한 것은 일반소각하여야 한다.

③ 안정화처리하거나 시멘트・합성고분자화합물을 이용하여 고형화처리하거나 이와 유사한 방법으로 고형화처리하여야 한다.

9) 분진의 경우

다음에 해당하는 방법으로 처리하여야 한다.

① 폴리에틸렌 기타 이와 유사한 재질의 포대에 담아 관리형 매립시설에 매립하여야 한다.

② 안정화처리 하여야 한다.

③ 시멘트・합성고분자화합물을 이용하여 고형화처리하거나 이와 유사한 방법으로 고형화처리하여야 한다.

10) 소각재의 경우

다음에 해당하는 방법으로 처리하여야 한다.

① 관리형 매립시설에 매립하여야 한다.

② 안정화처리 하여야 한다.

③ 시멘트·합성고분자화합물을 이용하여 고형화처리하거나 이와 유사한 방법으로 고형화처리하여야 한다.

11) 폐농약의 경우

액상의 것은 고온소각 또는 고온용융처리하고, 고상의 것은 고온소각 또는 고온용융처리하거나 차단형 매립시설에 매립하여야 한다.

12) 폴리클로로니네이티드비페닐 함유폐기물의 경우

고온소각 또는 고온용융처리하여야 한다.

13) 오니의 경우

다음 각호의 1에 해당하는 방법으로 처리하여야 한다.

① 소각하여야 한다.

② 시멘트·합성고분자화합물을 이용하여 고형화처리하거나 이와 유사한 방법으로 고형화처리하여야 한다.

③ 수분함량 85% 이하로 하여 안정화처리하여야 한다.

④ 수분함량 85% 이하로 하여 관리형 매립시설에 매립하여야 한다.

⑤ 폐수배출량 2,000 m^3 이상인 배출업소의 유기성오니는 바로 매립하여서는 아니되며, 소각하거나 시멘트·합성고분자화합물의 이용 기타 이와 유사한 방법으로 고형화처리하거나 생물학적 처리방법으로 처리하여 퇴비로 사용하거나 환경부장관이 정하여 고시하는 용도 및 방법에 따라 매립시설 복토용 또는 토지개량재 등으로 사용하여야 한다.

⑥ 1일 폐수배출량 700 m^3 이상 2,000 m^3 미만인 배출업소의 유기성오니도 ⑤와 같이 처리하여야 한다.

14) 안전화·고형화처리물의 경우

관리형 매립시설에 매립하여야 한다.

15) 폐유독물

다음의 1에 해당하는 방법으로 처리하여야 한다.

① 중화 · 가수분해 · 산화 · 환원에 의하여 처리하여야 한다.

② 고온소각 또는 고온용융처리하여야 한다.

③ 고형화처리하여야 한다.

16) 의료폐기물

① 의료폐기물배출자가 설치하는 처리시설별 설치능력은 다음과 같다.
   ㉮ 소각시설 : 시간당 처리능력 25 kg 이상의 시설
   ㉯ 멸균시설 : 시간당 처리능력 100 kg 이상의 시설

② 멸균시설을 설치한 감염성 폐기물배출자는 멸균여부의 검사를 위하여 그 검사인력 및 시설 · 장비를 갖추어야 한다.
   ㉮ 검사인력 : 임상병리사 또는 위생사 중 1인 이상
   ㉯ 시설 · 장비 : 검사실, 멸균여부를 확인할 수 있는 기구 및 장비

③ 감염성 폐기물은 멸균 또는 소각하되, 조직물류는 소각하여야 한다.

④ 감염성 폐기물은 소각시설 또는 멸균시설에 투입하기 전에 용기로부터 해체시켜서는 아니되며 용기에 담은 상태로 투입하여야 한다. 다만, 금속류로 제작된 용기는 그러하지 아니하다.

⑤ 감염성 폐기물은 소각하는 경우에는 연소실의 출구온도가 850℃ 이상인 소각시설에서 소각하여야 한다.

⑥ 소각한 후의 잔재물과 멸균처리 후의 잔재물(불연성 잔재물에 한한다)은 관리형 매립시설에 매립하여야 한다.

⑦ 멸균처리 후의 잔재물에 대한 검사결과 멸균이 되지 아니한 경우에는 다시 멸균처리하여야 한다.

5.2 용출 시험

유해성분의 농도에 의해 지정폐기물 여부를 판정하도록 되어 있는 광재, 분진, 소각잔재물, 고화처리물 등에 대한 시험은 폐기물공정시험방법에 의하고, 용출특성폐기물에 대한 용출시험시의 분석항목과 기준을 우리나라의 방법과 미국의 방법과는 다소 차이점이 있다

용출시험은 폐기물이 매립되었을 경우 폐기물에 함유되어 있는 유해물질이 강우나 지하수 등에 의해서 용출되어 매립지 외부로 유출되는 정도를 실험실에서 짧은 시간에 시험하는 방법이다. 따라서 용출시험은 매립 처분된 폐기물을 대상으로 시험하는 방법이라고 할 수 있다. 용출시험 대상 유해물질 및 항목별 기준은 표 5-8과 같으며, 이중 유해 유기용매인 트리클로로에틸렌과 테트라클로로에틸렌은 1991년의 폐기물관리법 개정에 따라 새로이 추가된 항목이다.

표 5-9에서 보는 바와 같이 우리나라의 용출시험법에서 시료액의 제조는 시료와 용매를 1 : 10의 비율로 혼합하여 혼합액이 500 mL 이상 되도록 해야 하므로 시료는 50 g 이상 그리고 용매는 증류수에 염산을 가하여 pH 5.8～6.3으로 조절된 것을 사용한다. 용출조작은 진폭이 4～5 cm인 수평왕복 진탕기를 사용하여 진탕횟수가 분당 약 200회로 6시간 연속으로 진탕한 후 여과액을 적당량 취하여 시험용액으로 한다. 여과가 곤란한 경우에는 진탕한 시료액을 원심분리기를 이용하여 분당 3,000회건 이상으로 20분 이상 원심분리한 후 산등액을 시험용액으로 사용한다.

그리고 미국 EPA에서 권장하고 있는 Extraction Procedure Toxicity Test (EP Tox)의 경우는 시료와 용매를 1 : 16의 비율로 혼합한다. 용매로는 0.5 N H_{AC}로 pH 5로 조절하여 사용한다. 또한 진탕기간 중에도 pH가 5로 유지될 수 있도록 아세트산을 계속 첨가하여 준다. 24시간 동안 분당 30회전의 속도로 교반하여 진탕한 후, 여과액을 적당량 취하여 시험용액으로 이용한다. 또한 Toxicity Characteristic Leaching Procedure (TCLP)에서는 시료와 용매를 1 : 20의 비율로 혼합한다. 용매로는 아세트산을 이용하며, 시료의 알칼리도

표 5-8 용출시험 시 분석항목 및 기준

항목	기준(mg/L)	항목	기준(mg/L)
납 또는 그화합물	3.0	6가크롬 화합물	1.5
구리 또는 그 화합물	3.0	시안화합물	1.0
비소 또는 그 화합물	1.54	유기인화합물	1.0
수은 또는 그 화합물	0.0058	테트라클로롤에틸렌	0.1
카드뮴 또는 그 화합물	0.3	트리클로롤에틸렌	0.3

표 5-9 각국의 용출시험 방법

구분	한국	미국		일본
		EP Tox Test	TCLP	
용출용매	HCl	0.5 H_{AC}	H_{AC}	HCl
	pH 5.8～56.3	pH 5.0	pH 3.0 또는 5.0	pH 5.8～56.3
폐기물 : 용매	1 : 10	1 : 16	1 : 20	1 : 10
시료입경	0.54～5 mm	< 9.5 mm	< 9.5 mm	0.5～5 mm
진탕방법	왕복진탕 200 rpm 진폭 4～5 cm	교반봉 사용	회전진탕 30 rpm	왕복진탕 200 rpm 진폭 4～5 cm
진탕시간	6 hr	24～28 hr	18 hr	6 hr
고액분리	여과, 5종 A여지 또는 원심분리기	가압여과 0.45 μm GFF	가압여과 0.6～0.8 μm GFF	여과 1 μm GFF 또는 원심분리기

및 완충능력(buffering capacity)에 따라 pH 5 및 pH 3의 3가지 용매를 이용한다. pH는 EP 세트와는 달리 용출시험 시작 시 한 번만 조절하여 준다. TCLP에서는 용액의 상층에 빈 공간이 생기지 않게 하기 위하여 Zero Headspace Extractor (ZHE)를 용출용기로 이용한다. 이는 휘발성 유기오염물질(VOC)도 측정할 수 있도록 하기 위함이다. 진탕은 18시간 동안 분당 30회전의 속도로 하며, 진탕 후 여과액을 적당량 취하여 시험용액으로 이용한다.

TCLP의 가장 큰 특징은 pH에 있어, EP Tox 비하여 좀 더 열악한 환경에서 실험함으로써 악조건(worst condition)에서의 용출가능성을 타진하며, 기존의 용출시험이 중금속 측정 위주로 되어 있는 반면, TCLP는 휘발성 유기오염물질을 동시에 측정할 수 있도록 설계되어 있는 것이다. 최근 미국에서도 기존에 이용하던 EP Tox에서 TCLP로 용출시험 방법이 바뀌고 있는 추세이다.

지정폐기물처리의 구체적 방법으로서 기본적인 3가지 원칙이 있다. 기본원칙의 첫째는 사업자 자신이 직접 처리하는 일과 또한 사업자에 대하여 폐기물의 재이용을 고려하여 처리해야 할 폐기물의 양을 가급적 줄일 것과 완성된 제품, 용기 등을 사용한 후에 폐기물이 된 경우에 있어서도 이러한 처리가 곤란하게 되지 않도록 해야 한다는 것이다. 처리의 기본원칙 두 번째로 지정폐기물 배출자는 허가를 받은 지정폐기물처리 전문업자에 처리를 위탁할 수 있다는 점이다. 그리고 세 번째로는 첫째, 둘째의 원칙의 예외로서 이것을 보완한 것으로서 지방 공공단체가 지정폐기물의 처리를 하는 경우 이것에 위탁할 수 있다는 것이다.

5.3 사업장폐기물 배출량의 조사 및 예측

사업장폐기물은 각 산업체의 생산공정에 따라 매우 다양하게 발생하기 때문에, 산업 공정별 지정폐기물의 배출 특성을 모두 다룬다는 것은 거의 불가능하므로, 각 산업공정별 지정폐기물의 배출 특성을 조사하는데 기초가 되는 조사방법, 산업체의 업종별분류, 산업공정별 지정폐기물 배출 및 배출량 예측방법에 대하여 설명한다.

산업공정에서의 폐기물 배출 개념은 그림 5-1과 같이 나타낼 수 있다.

그림 5-1에서 보는 바와 같이, 폐기물이 발생될 수 있는 단계는

① 원료저장, 가공 등의 원료투입 전 단계에서 배출되는 원료찌꺼기,
② 원료 투입 후 생산공정단계에서 배출되는 공정폐기물,
③ 폐수처리시설, 대기오염방지시설, 폐기물 소각시설 등으로부터 배출되는 2차 오염물로서의 폐기물 등 크게 3부분으로 분류할 수 있다.

여기서도 알 수 있듯이 산업체에서 배출되는 폐기물은 산업공정과 매우 밀접한 연관을 가지고 있기 때문에, 산업공정의 개선 등으로 폐기물의 발생을 최대한 감량화시키기 위한 노력이 계속되고 있다. 특히, 전 세계적으로 지정폐기물의 법적강화 규제와 자원으로서의 폐기물의 가치가 재인식되면서 청정기술(clean technology) 또는 저공해 및 무공해 기술의 개발이 선진국을 중심으로 확산되어가고 있는 추세이다.

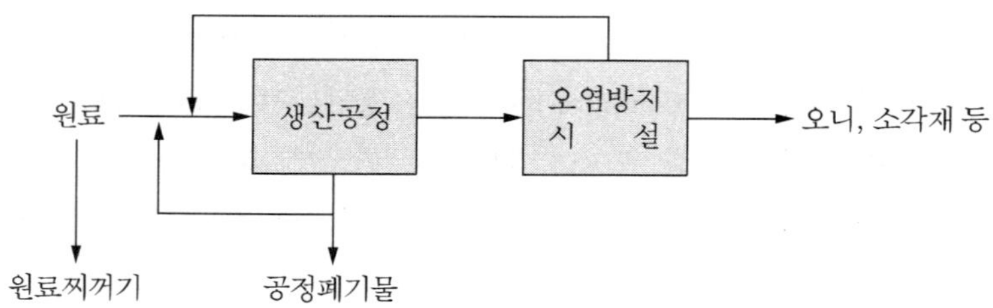

그림 5-1 산업공정에서의 폐기물 배출 개념도

5.3.1 산업체의 업종별 분류

전 산업을 모두 공정별로 나타내는 것이 불가능하기 때문에, 일반적으로 전 산업을 유사한 업종끼리 몇 개의 큰 군집으로 분류하는 방법을 주로 이용한다. 표 5-10에는 폐수배출시설의 구분에 이용되는 업종별 분류표를 나타내었다.

또한 폐기물관리법에서는 사업장폐기물의 발생을 억제하기 위해 폐기물의 감량지침준수의무대상업자를 선정하였으며, 사업장폐기물의 발생율 억제하기 위한 사업장폐기물배출

자의 업종 및 규모는 표 5-10과 같다. 표 5-11은 폐기물 발생억제지침 준수의무대상 배출자의 업종 및 규모이다.

표 5-10 산업제의 업종별 분류표

분류번호	업종	포 함 업 종
01	산업용 화학물 제조업	유기화학물, 산업용 무기 화학물, 산업용 가스합성 유기염료, 염색 및 유연제 엑스와 합성 유연제, 안료 및 착색제제, 비료, 살충제, 합성고무, 합성 또는 재생섬유제조, 기타 산업용 화학물
02	기타 화학제품 제조업	도료, 의약품, 비누, 세정제 및 화장품, 접착제 및 제라틴, 폭약, 성냥, 카본블랙, 광택제, 사진용 화학물, 잉크, 방향유제조, 기타 화학제품
03	고무제품 및 플라스틱 제조업	타이어 및 튜브, 타이어재생, 고무신제조, 산업용 고무제품, 위생용 고무제품, 경화고무 플라스틱제품 관련, 기타 고무 및 고분자 화학제품 관련제조
04	제1차 금속 제조업	제철, 제강, 철강압연, 철강관, 주철관, 주조, 단조, 표면처리강, 제1차 비철금속, 제1차 비철금속 압연, 비철금속주조업, 기타 제1차 금속관련
05	조립금속제품, 기계 및 장비제조업	날붙이, 수공구 및 철물, 금속제 가구 및 장치물, 구조금속제품, 금속포장용기, 금속제 주방용품, 금속제 위생용품, 난방용구, 나사제품, 철선제품, 금고, 도금, 기계, 전기 및 전자기계기구, 운수장비, 천문, 과학측정 및 제어장비, 사진광학용품, 시계제조업, 기타 조립금속, 기계 및 장비제조
06	석유 정제업	연료유, 윤활유, 그리스, 폐유재생업, 기타 석유 정제관련
07	가죽 및 모피제품 제조업	가죽, 모피가공, 가죽제품제조업, 기타
08	식료품 제조업	도살, 고기가공 및 저장, 낙농품, 과실 및 야채, 통조림 및 가공저장, 해산물, 통조림 및 가공저장, 동식물유지, 빵제품 및 국수제조, 설탕 및 설탕과자, 배합사료, 조미료, 두부제조업 기타
09	해산물 도매 및 소매장	해산물 도매 및 소매장(건어물 또는 가공품 제외), 기타
10	음료품 및 담배제조업	주정, 소주, 인삼주, 증류주, 약주 및 탁주, 청주 포도주, 맥주, 청량음료, 담배 제조업, 기타
11	섬유 제조업	방적 및 제사, 직물제품, 편직, 융단 및 돗자리끈 및 로프 직조, 섬유표백, 염색 및 정리업, 기타
12	종이 제조업	펄프, 종이, 판지, 세로판 제조업, 목재 등
13	비금속광물제품 제조업 (석유,석탄 제품제외)	도기, 자기 및 토기, 유리 및 유리제품, 시멘트, 석회 및 프라스틱, 구조점토제품, 암면석제품 제조업, 기타
14	육상운수 및 자동차 수선업	철도, 고속버스, 시회버스, 시내버스, 지하철, 택시 전세 및 관광버스, 도로화물 운수업, 주차장, 자동차수선, 자동차세차, 윤활유 교환업
15	세탁업	세탁업
16	석탄광업	무연탄 및 갈탄광업, 기타

17	금속광업	철광업, 비철금속 광업
18	비금속광업	토사석채취, 화학 및 비료원료용 광물 광업 기타
19	인쇄 및 출판업	인쇄 및 출판업, 기타
20	사진처리업	사진처리업, 영화제작업
21	사회서비스업	교육서비스, 학술연구기관 의료 및 보건서비스업
22	축산업	낙농업, 육우사육업, 양돈업, 마사육업, 경마장
23	전기업	전기업
24	기타	기타(금융업, 목욕탕, 숙박업 등 서비스업)

표 5-11 폐기물 발생억제지침 준수의무대상 배출자의 업종 및 규모

1. 업종 : 한국표준산업분류표의 중분류업종 중 다음 각목의 업종
   가. 섬유제품제조업
   나. 코크스, 석유정제품 및 핵연료 제조업
   다. 화합물 및 화학제품제조업
   라. 고무 및 플라스틱 제품 제조업
   마. 비금속 광물제품 제조업
   바. 제1차 금속산업
   사. 조립금속제품 제조업(기계 및 장비제외)
   아. 달리 분류되지 아니하는 기계 및 장비제조업
   자. 달리 분류되지 아니하는 전기기계 및 전기변환장치 제조업
   차. 영상, 음향 및 통신장비 제조업
   카. 의료, 정밀과학기기 및 시계제조업
   타. 자동차 및 트레일러 제조업
   파. 기타 운송장비제조업
   하. 전기가스업
2. 규모
   지정폐기물을 연간 200톤 이상 배출하는 자

5.3.2 산업공정별 사업장폐기물 배출공정도

산업체에서 배출되는 지정폐기물의 효율적인 관리를 위해서는 업종별, 주요생산품, 제조공정별 폐기물의 배출공정도를 조사하여 작성하는 것이 바람직하다. 이러한 배출공정도는 세부적으로 물질수지를 고려하여 작성하여야 한다.

현재 폐기물의 배출공정도를 작성하는 규격화된 양식은 정해져 있지 않은 상태이지만, 지금까지 여러 연구자들이 사용한 일반적인 양식은 다음의 그림 5-2와 같으며, 이에 따른 몇 가지 예를 그림 5-3과 그림 5-4에 나타내었다.

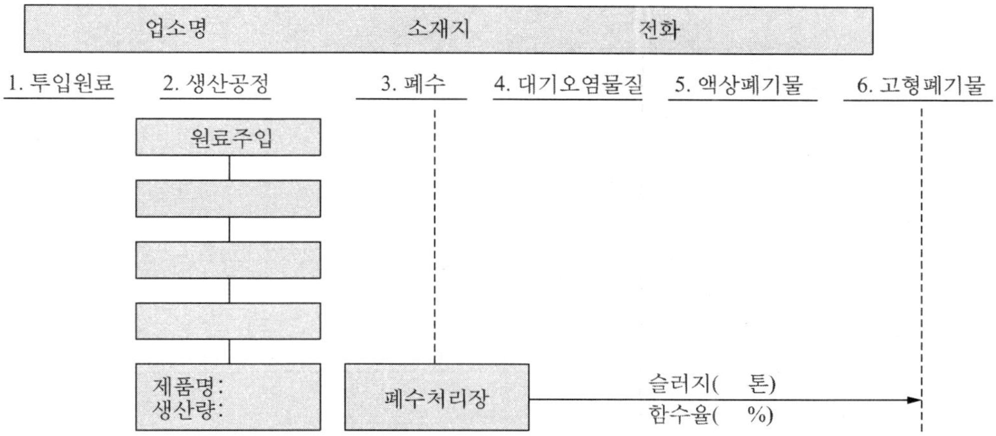

▮ 그림 5-2 산업공정별 폐기물 배출 공정도

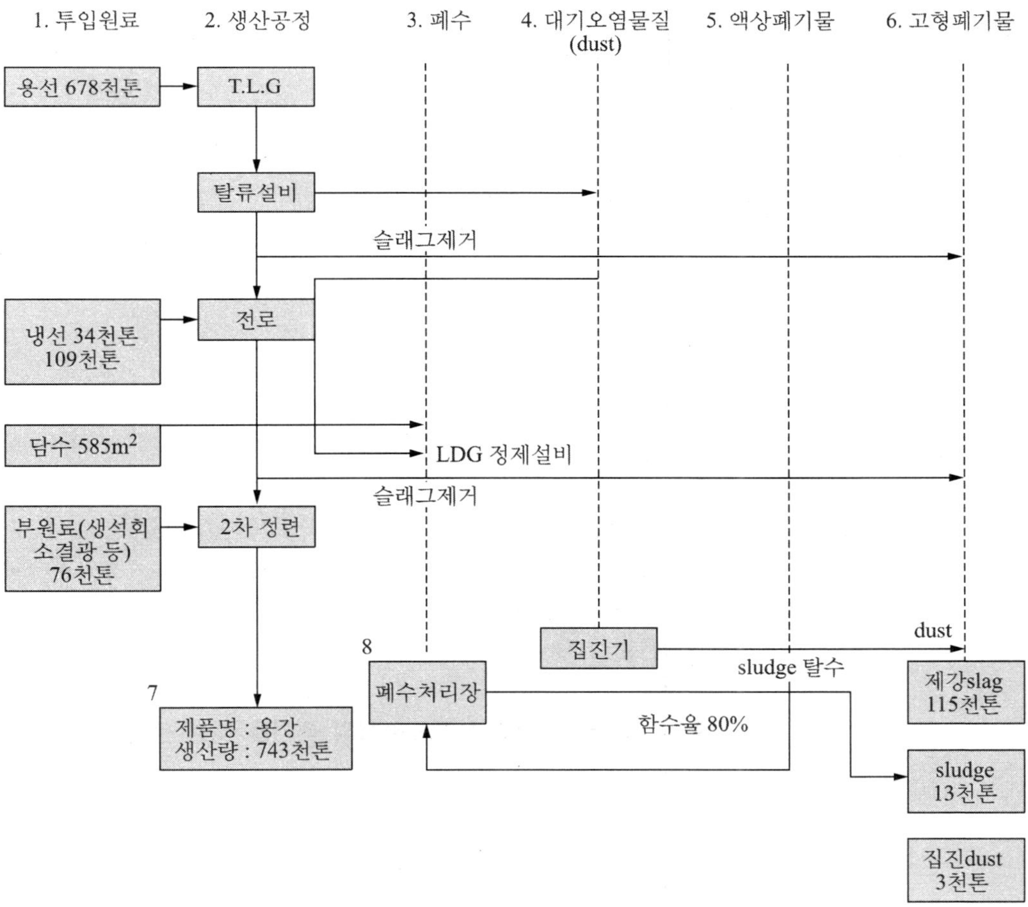

▮ 그림 5-3 제강공정의 폐기물 배출 공정도

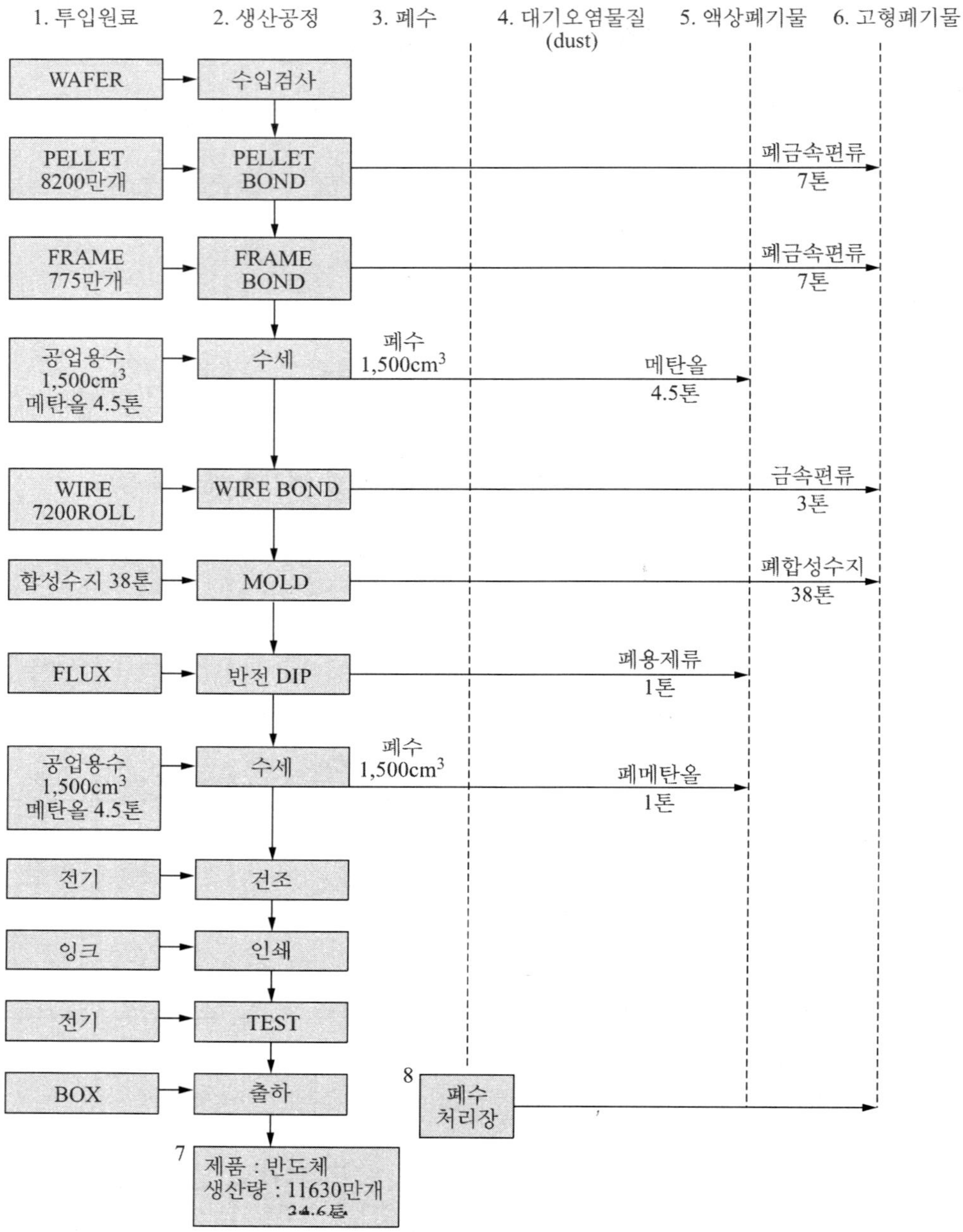

▌그림 5-4 반도체 제조공정의 폐기물 배출 공정도

5.3.3 사업장폐기물 배출량과 조사 · 예측

여러 가지 사업활동에서 배출되는 사업장폐기물의 배출량을 조사하여 예측하는 것은 시 군구 · 단위로 수집되는 생활 폐기물에 비하여 매우 곤란한 작업이다. 사업장폐기물의 본격적인 조사예측은 사업장폐기물량(W)의 추정을 위해 다음과 같은 가정을 설정한다.

① 어떤 산업에 채용된 기술은 한 가지에 한하며 또한 당분간 기술혁신은 없는 것으로 한다(생산계수 일정의 가정).

② 각 산업의 사업장폐기물량(W)은 생산액(O)에 비례한다(규모에 관한 수확일정의 가정).

전자를 투입계수일정의 가정이라고도 한다.

위의 두 가지 가정을 그래프로 나타내면 그림 5-5와 같이 된다. 어떤 산업 I의 사업장폐기물배출량(W)의 그래프는 원점 0을 통하는 직전 OP로 나타낸다.

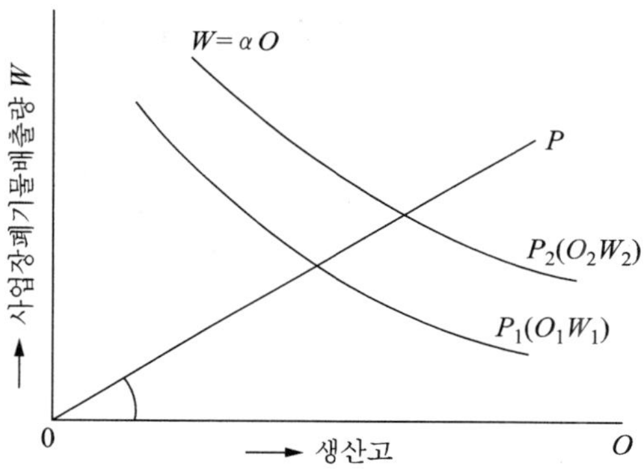

▌ 그림 5-5 사업장폐기물배출량과 생산고

우선 생산계수일정이라는 첫째의 가정은 당분간 $\angle P0O = \theta$가 일정하다는 것이다. 다시 말하면 직전 $0P$의 방향계수 $\tan\theta = \alpha$는 당분간 일정불변이라 가정하는 것이다. 즉,

$$\frac{W_1}{O_1} = \frac{W_2}{O_2} = \cdots = \alpha = \tan\theta$$

가 사업장폐기물 원단위이다.

다음에 사업장폐기물량 (W)이 생산고 (O)에 비례하여 배출된다는 제2의 가정은 특정폐기물 배출량함수 $W = f(O)$가 원점을 통하는 직전 $0P$이라는 점, 즉 $W = aO$인 것을 의미한다.

이 생산계수일정과 사업장폐기물량 · 생산고정비례, $W=aO$의 두 가지 가정은 사업장 폐기물 실태조사의 단독적 가정이 아니고 이미 W. 레온체프에 의해 개발된 산업 관련 분석에서는 이 두 가지 가정을 대전제로 투입산출분석을 하고 있다.

사업장폐기물 통계조사는 전체조사가 곤란하므로 무작위추출표본조사에 의한다. 따라서 각종의 모집단통계치는 적출이 아니고 표본치에서 추계하여야 한다. 추계는 전술의 가정에 의해 산업폐기물 원단위 a와 제품출하액 O로부터 추계공식에 의해 추계된다.

$$W=aO$$

사업장폐기물 원단위 a는 무작위 추출한 사업소에 조사표를 보내어 조사표에 기입되어 있는 연간 출하액 O(백만원/년)로 연간 폐기물량 W(kg/년)을 나누어 산출한다. 따라서 원단위 a는 출하액 백만원 당의 사업장폐기물 배출량(kg)으로서 정의된다. 산업소분액을 i, 산업중분액 I, 종업원규모 j, 사업장폐기물종류 w, 최소계산단위 소속사업소수 k, 신고폐기물량 x, 신고출하액 o라 하면

① 산업소분류별 · 종업원규모별 · 종류별원단위 $\alpha(i,j,k)$

$$\alpha(i,j,k) = {}_{\omega}\overline{x}_{ij} = \frac{\sum_{k=1}^{m} {}_{w}\overline{x}_{ijk}}{\sum_{k=1}^{m} o_{ijk}}$$

여기서, $w=1,\ 2,\ \cdots\ ,\ 27$

$j\ =1,\ 2,\ \cdots\ ,\ 5$

$i\ =1,\ 2,\ \cdots\ ,\ 9$

m : 유효회수표본수

② 산업소분류별 · 종류별원단위 $a(i,w)$

$$\alpha(i,j,w) = {}_{\omega}\overline{x}_{i} = \frac{\sum_{j=1}^{5} {}_{w}\overline{x}_{ij} o_{ij}}{\sum_{j=1}^{5} o_{ij}}$$

여기서, O_{ij} : 산업소분류 i의 종업원규모 j의 출하액

③ 산업중분류별 · 종업원규모별 · 종류별원단위 $\alpha(I,j,k)$

$$\alpha(I,j,w) = {}_{\omega}\overline{x}_{Ij} = \frac{\sum_{j=1}^{9} {}_{w}\overline{x}_{ij} o_{ij}}{\sum_{j=1}^{9} o_{ij}}$$

④ 산업중분류별 · 종류별원단위 $\alpha(I,w)$

$$\alpha(I,w) = {}_{\omega}\overline{x}_{I} = \frac{\sum_{j=1}^{5} {}_{w}\overline{x}_{Ij} o_{Ij}}{\sum_{j=1}^{5} o_{Ij}} = \frac{\sum_{j=1}^{5}\sum_{j=1}^{9} {}_{w}\overline{x}_{ij} o_{ij}}{\sum_{j=1}^{5}\sum_{j=1}^{9} o_{ij}}$$

이와 같은 4단계 계산법을 통해 원단위 $a(I,w)$를 구하면, 제조업 전산업의 특정폐기물 배출량(W)은

$$W = \sum_{I=18}^{39} W_I = \sum_{I=18}^{39}\sum_{w=1}^{27} \alpha(I,w) o_I$$

으로 구할 수 있다.

이상과 같은 사업장폐기물 배출량의 조사 · 추정방법은 각 지방 환경지청에서 담당하게 된다. 문제는 원단위 a가 변동하므로 적어도 수년에 한 번씩 조사를 반복해야 할 필요가 있다.

5.4 사업장폐기물의 관리

사업장폐기물의 관리체계의 기본 방침은 그림 5-6에 도시한 바와 같이 가장 먼저 재생 가능한 폐기물을 분류, 수집하여 적절한 방법을 통하여 재이용하며, 중금속 슬러지 형태의 지정폐기물은 고형화(solidification) 후, 안전매립(secured landfill)으로 처분한다.

또한 PCBs (polychlorinated biphenyls)나 유기인을 포함하는 지정폐기물은 적절한 운전 조건 및 대기오염방지시설을 갖춘 소각로에 의하여 처리하여야 하며, 폐유 역시 소각으로 처리한다. 폐산 · 폐알칼리는 물리화학적 처리를 통하여 처리한 후, 발생되는 슬러지는 고형화하여 안전매립으로 처분한다. 합성수지와 같은 고분자 화합물의 경우에는 일반 소각 방법을 처리했을 경우, 소각로에 손상을 주거나 유독가스의 발생으로 인한 대기오염문제를 발생시킬 수 있기 때문에, 열분해(pyrolysis) 등 적절한 열처리 방법으로 처리해야 한다.

그리고 폐기물처리에 도입된 예치금제도(deposit system)란 폐기물이 발생할 여지가 있는 제품이 생산될 때, 제품에 일정효율의 금액을 부과하여 국가에 예치한 후, 생산자가 다 이용된 제품을 다시 회수하면 이를 생산자에게 반환하고, 회수하지 못하였을 경우 예치한 금액을 이용하여 폐기물을 회수 · 처리하는데 이용하는 것이다. 다시 말해, 생산자에게 생산한 제품으로 인한 환경오염까지도 책임지도록 하는데 그 목적이 있는 제도하고 할 수

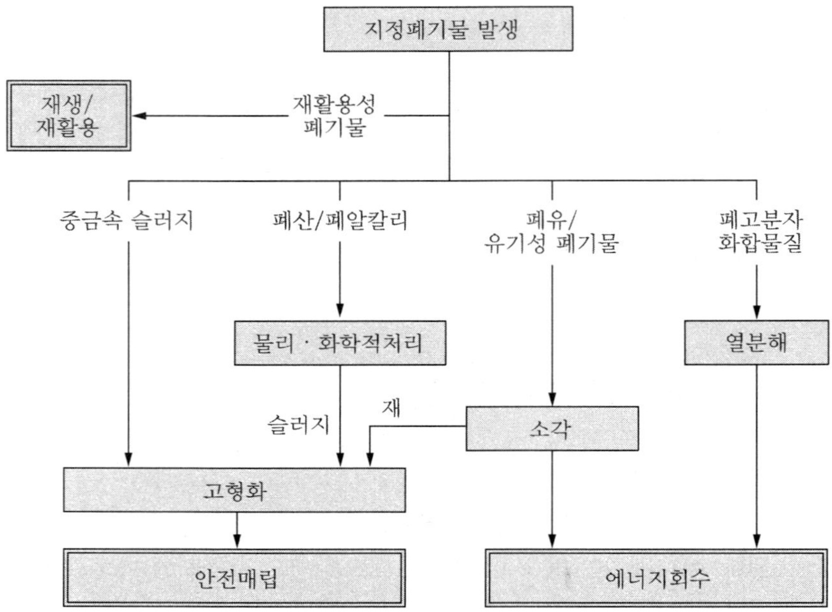

▮ 그림 5-6 지정폐기물의 관리체계

있다. 예치금 제도(deposit system)는 유럽에서 2차 세계대전 이전부터 사용된 제도이며, 그 후 일회용 병 외에는 실시되지 않다가 1970년대부터 다시 그 필요성이 인식되었다. 예치금 제도는 생산제품 부과제도(product charge system)와 유사하나, 제품이 다시 회수될 경우 환불하는데 그 차이가 있다. 그러므로 예치금 제도는 폐차 등과 같이 원형의 유지가 용이하고 확인하기 쉬운 물품에 주로 적용되어 왔다.

외국에서 시행된 예를 통하여, 예치금 제도의 효과를 요약 정리하면 다음과 같다.

① 폐기물 발생량의 감소
② 원자재 소모의 감소
③ 제품 생산 및 폐기물 처리 비용의 감소
④ 제품 생산에 따른 대기, 수질오염의 감소

우리나라의 "예치금제도" 실시는 1991년 개정된 폐기물 관리법 제32조 및 제33조에서 규정하였으나, 1992년 12월 폐기물 관리법의 개정으로 인하여 폐기물관련 신설법이 개정되면서, 별도의 법률인 "자원의 절약과 재활용촉진에 관한 법률" 제18조 및 제19조와 시행령(1993.6.24 제정) 제18조, 제21조 그리고 별표 1-2에서 조항을 규정하여 시행하였다.

그러나 생산자의 책임을 보다 강화하기 위해 2002년 "자원의 절약과 재활용 촉진에 관한 법률"을 전면 개정하면서 폐기물 "예치금제도"를 폐지하는 대신 2003년 1월 생산자책임재활용제도(EPR, Extended Producer Responsibility)제도를 시행하여 기존의 예치금 품목을 중심으로 2004년 필름류포장재, 형광등, 2005년 오디오, 이동전화단말기, 2006년 프린터, 복사기, 팩시밀리, 2007년 망간전지, 알칼리망간전지, 니켈수소전지를 추가하였다.

폐기물부담금은 현재 ① 유독물제품 용기 ② 부동액 ③ 껌 ④ 1회용 기저귀 ⑤ 담배 ⑥ 플라스틱제품(포장재 포함) 등 6개 품목에 대해서만 폐기물부담금을 부과하고 있다.

또한 2008년부터 "전기 · 전자제품 및 자동차의 자원순환에 관한 법률"이 시행되면서 전기 · 전자제품이 EPR품목에 해당되어 유해물질 사용규제 등 사전관리가 강화되었으며, 또한 2014년부터 "재활용목표관리제도"가 도입됨에 따라 제품군별 재활용의무량은 연도별 재활용목표량, 인구수, 의무이행 전년도 출고량 등을 기준으로 산정한다.

또한 EPR 대상품목에 대하여 생산자가 향후 5년간 달성해야 할 장기 재활용목표율을 고시하고 있다.

개정된 생산자책임재활용제도(EPR), 2016년 "자원순환기본법"을 개정하여 폐기물의 재활용을 촉진하기 위해 "폐기물처분부담금"제도를 2018년 1월부터 시행하고 있는 폐기물처분부담금제도, 2019년 재활용 의무율 등에 대한 내용은 제4장의 폐기물자원화의 장에서 자세히 설명하고 있다.

또한 2005년 7월 "친환경 촉진에 관한 법률"을 제정하여 공공기관에서는 친환경 상품의 구입을 의무화 하였다, 그러나 소비자의 경우에는 친환경 상품에 대한 인식이 부족하여 판매실적도 부진하였다. 따라서 정부에서는 2006년 9월 "친환경 촉진에 관한 법률"을개정하여 친환경 상품이 일반소비자들에게 원활히 유통될 수 있도록 대규모의 점포에서는 친환경 상품 판매소 설치를 의무화 하였다. 또한 2007년 "자원의 절약과 재활용촉진에 관한 법률"을 개정하여 현재 안전처리와 단순 재활용 중심이었던 폐기물관리정책을 폐기물 발생억제와 자원화 확대로 전환하였으며, 정부에서 재활용이 용이한 친환경적 제품의 사용 증대와 1회용품을 줄이고 포장폐기물의 감량화를 위해 "자원의 절약과 재활용촉진"에 관한 법률에 따라 1회용품 사용규제, 포장폐기물 사용억제 규제 제도를 시행하고 있다.

한편 1999년 8월 개정된 폐기물관리법 시행규칙 제14조에서는 사업장폐기물을 배출 · 운반 또는 처리할 경우 처리하는 자는 폐기물을 배출 · 운반 또는 처리할 때마다 폐기물의 인계 · 인수에 대한 인계서를 작성하도록 하고 있다.

이는 종전의 배출자신고제도, 즉 6매 전표에 의한 운반 · 처리 신고제도로는 처리경로의 투명성을 보장하는데 여러 가지 미흡한 점이 많아 이를 보완 · 개선하기 위한 것으로써, 폐기물 배출자는 최초 배출시 폐기물 처리계획서, 폐기물 수탁확인서 등으로 처리자를 사전 등록하도록 의무화하여 처리경로를 고정시키고 임의로 변경할 수 없게 되며, 폐기물을 위탁 처리할 경우에는 폐기물인계서(6매 전표) 또는 폐기물간이인계서(4매 전표)를 통하여 처리의 적법성을 입증하도록 되어 있었으며, 또한 연도 말에는 처리자로부터 관련자료를 받아 연말정산서를 작성하고, 폐기물간이인계서에 대한 목록형 대장을 작성하여 연간처리를 입증해야만 하였다.

그러나 2007년 폐기물관리법을 개정하여 사업장폐기물의 인계・인수 방법을 기존의 폐기물인계서・폐기물 간이인계서 작성 방식 대신에 전자정보프로그램에 입력하는 방식으로 변경하고, 바젤협약에 의하여 관리되는 유해폐기물 외의 폐기물에 대해서도 신고제를 도입하였다.

한편 산업폐기물 교환제도란 타업체간에 폐기물을 서로 교환하는 제도이다. 즉, 한 사업장에서 발생하는 폐기물이 다른 사업장에서는 원료로 사용될 수가 있으며, 이것을 이용한 것이 산업폐기물 교환제도이다. 일본, 미국, 유럽 등에서는 이미 산업폐기물 교환제도가 상당히 정착되어 있다. 대표적인 경우로 폐산, 폐알칼리의 교환을 들 수 있다. 즉, 폐산을 배출하는 산업체에서는 폐산의 중화처리를 위해서는 폐알칼리가 필요하며, 반대로 폐알칼리를 배출하는 업체에서는 폐알칼리의 처리를 위하여 폐산이 필요하게 된다. 만약 이 두 업체가 자기의 산업폐기물인 폐산과 폐알칼리를 서로 교환하게 되면 산업폐기물을 서로 유용하게 이용할 수 있게 된다.

그러나 이러한 산업폐기물의 교환을 위해서는 어떤 업체에서 어떠한 폐기물이 발생하고, 또한 어떤 업체에서 어떠한 폐기물을 필요로 하는지에 관한 충분한 정보가 있어야 하기 때문에, 산업폐기물 교환정보제도가 필요하다. 산업폐기물 교환정보제도는 업체간의 폐기물 교환을 촉진하기 위하여 재이용 가능한 폐기물에 대한 공급과 수요에 관한 정보를 이를 관장하는 기관에서 제공받아 서로 연결시켜 주기도 하고, 이에 대한 자료를 안내책자로 만들어 배포함으로서 사업자 스스로가 서로 연락을 하여 교환할 수 있도록 한다.

5.5 사업장폐기물처리 시스템

5.5.1 폐기물 배출원칙 처리 시스템

지정폐기물의 처리는 사업자의 책임 하에서 적절하게 이루어져야 한다. 이것은 대전제이며 자명한 이치이다. 배출자의 책임은 가정쓰레기에 대해서도 마찬가지일 것이다. 각 가정에서는 처리가 곤란하기 때문에 지방 공공단체에 위탁하여 세금의 형식으로 배출자의 책무를 다하고 있다. 주거지역과 공장지역이 혼재하고 과밀사회를 형성하고 있는 곳에서는 사업활동의 형태에 따라 여러 가지 산업폐기물 처리체계를 생각할 수 있다.

1) 사업자 자신에 의한 단독처리

가장 원칙적인 형태로서 구미의 대기업에서는 공장내에 폐기물 종합처리센터를 갖춘 곳이 많다. 예를 들면, 미국의 다우케미칼사에서는 각 제조부문의 180여 플랜트에서 배출되는 폐수, 쓰레기 및 폐유, 타르, 제품잔사 등을 집중처리센터 형식으로 자사 내에서 처리처분하고 있다. 또 독일의 화학공업회사 BASF에서는 각 제조부문에서 하오는 폐유, 폐화학물질, 셀룰로오스계 폐기물 등을 범용소각로에 의해 처리하며 그 처리 비용을 각 제조부문으로 청구하는 시스템을 취하고 있다.

일본에서도 자본 및 기술이 어느 정도 고도화되어 중간처리시설의 설치가 가능한 기업은 자사 내에 처리설비를 설치하여야 하며 가능한 한 배출물의 자원화, 순환을 꾀하여 폐기물이 적은 생산기술 개발에 노력하고 있다.

2) 복수의 사업자에 의한 공동처리

콤비네이트의 일환으로서 또는 지역적으로 모여 있는 기업군의 협동조합으로서 회수를 주체로 한 처리센터를 운영한다. 반월과 대구의 염색폐수 공동처리나 반월의 도금처리업자의 협업조합형성에 의한 폐산처리센터가 대표적인 예이다. 이 경우 (1)에 비해 투자액 부담의 절감, 한 개소에 집중하기 때문에 시설용지의 절약화와 시설의 집중관리에 의해 운전요원의 확보와 기술의 고도화 등의 효과가 있다. 또 2차적 오염원으로의 우려가 있는 시설의 산재방지라는 효과도 무시할 수 없다.

3) 허가업자에 의한 처리

이 경우 처리업자는 폐기물처리에 의해 기업적 이윤을 올리는 것이 목적으로 자본투자에 비하여 수익이 높은 수집, 운반에는 적극적이지만 용지 및 처리장등에 과다한 초기투자를 필요로 하는 중간 처리시설은 운영하기 곤란하게 된다. 독일에서는 폐유의 처리를 자사에서 하거나 폐유처리회사로 반입하도록 법적으로 규제되어 있으면 처리비에 대하여 주정부에서 보조금을 지급하는 시스템으로 되어 있으며 이 처리비는 기름의 판매대금 포함된다.

4) 공공단체에 의한 광역처리센터

지정폐기물의 처리를 배출자의 책임 하에서 한다고 하여도 국토가 좁은 나라에서는 배출자가 최종처분까지 완전히 처리하기란 대단히 곤란하다. 또 최종처분이 배출자에 의해 마음대로 되어서는 2차적인 환경오염원을 분산시키기 쉽고 감시가 불가능하게 될 우려가 있다.

우리나라에서도 폐기물처리 계획의 책정뿐만 아니라 매립처분지의 확보를 조속히 진행할 필요가 있다. 또 자본력, 기술력의 부족으로 중간처리시설의 설치운영이 곤란한 기업, 또는 주거지역과 혼재하여 처리시설의 설치용지를 확보하기 곤란한 기업을 위해 공공단체가 관여한 광역처리센터를 운영할 필요가 있다. 따라서 광역처리센터는

① 폐기물에 의한 환경오염의 감시
② 폐기물의 무해화 처리
③ 최종처분

의 기능을 갖추는 것이 바람직하다.

5.5.2 폐기물의 처리특성별 처리 시스템

사업장폐기물은 형태 및 종류가 다양하지만 처리가 쉬운 것을 분류하여 보면 표 5-12와 같다.

I, II는 직접 또는 파쇄처리만으로 최종처분이 가능한 것이며 III은 일반폐기물과 같이 소각처리가 가능하여 배가스 처리에 그다지 신경 쓰지 않아도 좋은 것이다. 이것 들은 비용을 징수하여 일반폐기물과 함께 처리하는 것이라 생각해도 좋다. I, II, III의 것은 비교적 간단한 처리에 의해 환경싸이클로 환원시킬 수 있는 것으로 생태계 폐기물이라 부르기도 한다. 이에 비해 IV그룹의 폐기물은 주로 제조업에서 배출되는 것으로 그대로는 쉽게 환경사이클로 돌려놓을 수 없으며 또한 환경사이클을 오염시킬 우려가 있으므로 무해화처리를 필요로 하는 것이다.

처리시스템으로는 여러 가지가 있지만 적절한 처리/처분 감시를 하지 않으면 중금속 등의 유해물질에 의한 중대한 환경오염의 우려가 크므로 가급적 분산하지 않는 형태의 처리/처분 시스템을 고려할 필요가 있을 것이다.

처리센터는 폐기물을 물질로서 또는 열로서 상호 이용함으로써 효과적인 무해화처리를 하는 시스템이라 할 수 있다. 만일 폐기물 처리를 위해 새로운 원료를 투입한다면 새로운 폐기물이 추가로 발생하게 된다. 처리를 종합적으로 하는 이유는 이 때문이며 폐기물처리

표 5-12 사업장폐기물의 생태계폐기물과 비생태계폐기물 분류

구분	내용
생태계 폐기물	I. 직접매립 등이 가능한 것 : 유리조각, 재 등 II. 파쇄 등의 기계적 처리로 : 건설폐재, 기와, 금속 조대쓰레기 등 분리 후 매립이 가능한 것
비생태계 폐기물	III. 쉽게 소각처리 가능한 것 : 종이조각, 나뭇조각, 섬유조각 등의 셀룰로오스계 IV. 무해화처리가 필요한 것 : ① 폐유, ② 슬러지, ③ 폐플라스틱계 ④ 폐산, 폐알칼리, ⑤ 타르 피치 등

기술을 시스템화할 필요성이 생기게 되는 것이다.

그러나 처리센터에서 모든 폐기물을 전부 처리하기란 불가능하다. 설치된 플랜트는 한정된 것이기 때문에 처리센터로 유입되는 폐기물은 배출자의 책임 하에서 어떤 조건까지는 전처리해야 한다. 또한 사업자는 처리시설 초기투자의 감가상각 및 처리비용을 부담함으로써 사업자 채임의 원칙을 지킬 수 있을 것이다.

5.5.3 처리 프로세스의 선택

환경사이클을 유지하기 위해 최종처분 전에 자연의 정화기능을 유지할 수 있는 정도까지 인위적으로 환원속도를 촉진하는 것이 중간처리이다. 이를 위해 물리적, 화학적, 생물학적 처리프로세스를 사용하는데 이것들은 정화의 속도 및 한계가 다르므로 처리기술 그 자체를 독립적으로 평가하기보다는 생산, 처분을 포함한 전체시스템 중에서의 위치를 인식 할 필요가 있다. 폐기물처리의 기본은

① 운반 및 처분공간의 확대이용을 위한 감량화
② 위생적 처리를 위한 안정화
③ 유해물질의 무해화

이다.

그러나 폐기물 처리는 기본적으로 폐기되기 전에 충분히 회수/재이용되는 것을 전제로 한다. 그럼에도 소유자가 현상태에서 폐기물을 부가가치가 없는 것으로 여겨 소유권을 방기한 것이다. 따라서 폐기물이 자원화/재이용되기 위해서는 그것에 부가가치를 부여할 수 있는 요인이 되어야 한다. 그 요인으로는

① 처리비용의 증대
② 대량수집이 가능한 경우
③ 자원 그 자체의 감소

를 생각할 수 있다. 따라서 처리할수록 자원화/재이용을 촉진하게 된다. 5.5.2절의 처리시스템 중 복수의 처리업자에 의한 공동처리는 폐산처리센터와 같이 자원화/재이용이 주요처리 방식이 된다. 5.5.2절의 I, II그룹 폐기물에서는 감량화를 위한 파쇄/압축의 조작이 사용되며 III그룹에서는 일반폐기물과 같이 소각처리가 중심이 된다. 또한 IV그룹의 폐기물 처리하기 위해 탈수, 분리, 건조, 소각, 중화, 용융 등의 조작을 이용한다. 이것들은 처리센터형식으로 처리하는 것이 가장 유효한 폐기물들이다.

5.5.4 처리조작의 선택

전술한 처리프로세스에 사용하고 있는 조작을 분류해 보면 표 5-13과 같은데 이러한 처리조작 중에는 이미 실용화 수준에 있는 것, 아직 개발단계에 있는 것도 있지만, 이들 조작 및 장치를 조합하여 가장 적당한 처리 프로세스 및 처리시스템을 설계할 필요가 있다.

표 5-13 폐기물, 폐수, 폐가스의 처리조작시스템

	폐기물	폐수	폐가스
물리적	1. 파쇄/압축 2. 분리/선별 (1) 중력 a. 공기 b. 물 c. 부선 d. dense media (2) 체분리 (3) 자기 (4) 정전기 (5) 광투과율 3. 탈수/건조 (1) 진공 (2) 원심력 (3) 가압	1. 분리 (1) 중력 (2) 원심 (3) 여과	1. 분리 (1) 중력 (2) 원심력 (3) 관성 (4) 확산 (5) 여과 (6) 정전기 (7) 고주파
물리 화학적	4. 열분해 5. 소각 6. 고형화 7. RDF (SRF, BIO-SRF)	2. 응집침전 3. 중화 4. 흡착 5. 이온교환 6. 투석 7. 역삼투 8. 오존 산화 9. 전해	2. 흡수 3. 흡착 4. 연소 5. 오존 산화
생물학적	8. 퇴비화(호기성발효) 9. 혐기성 발효 10.사료화	10. 활성 슬러지 11. 살수여상 12. 산화지	

폐기물처리시설의 종류는 다음과 같다.

1. 중간 처리시설
   가. 소각시설
      (1) 일반소각시설

(2) 고온소각시설

(3) 열분해시설(가스화시설을 포함한다)

(4) 고온용융시설

(5) 열처리조합시설 [(1)~(4) 중 2 이상의 시설이 조합된 시설을 말한다]

(6) 시멘트 소성로 및 용광로(폐기물을 처리하기 위한 투입설비 등을 갖춘 시설로서 법제30조의 2의 규정에 의한 검사기관으로부터 당해 폐기물처리시설과 동등하거나 그 이상의 성능이 있다고 인정을 받은 경우에 한한다)

나. 기계적 처리시설

(1) 압축시설(동력 10마력 이상인 시설에 한한다)

(2) 파쇄/분쇄시설(동력 20마력 이상인 시설에 한한다)

(3) 절단시설(동력 10마력 이상인 시설에 한한다)

(4) 융용시설(동력 10마력 이상인 시설에 한한다)

(5) 연로화시설

(6) 증발/농축시설

(7) 정제시설(분리/증류/추출/여과/열분해 등의 처리시설을 이용하여 폐기물을 처리하는 단위시설을 포함한다)

(8) 유수분리시설

(9) 탈수/건조시설

(10) 멸균시설

다. 화학적 처리시설

(1) 고형화/안정화시설

(2) 반응시설(중화/산화/환원/중합/축합/치환 등의 화학반응을 이용하여 폐기물을 처리 하는 단위시설을 포함한다)

(3) 응집/침전시설

라. 생물학적 처리시설

(1) 사료화/퇴비화/소멸화시설(1일 처리능력 100 kg 이상인 시설에 한하며, 건조에 의한 사료화/퇴비화시설을 포함한다)

(2) 호기성/혐기성 분해시설

마. 기타환경부장관이 폐기물을 안전하게 중간처리할 수 있다고 인정하여 고시하는 시설

2.최종처리시설

가. 매립시설

(1) 차단형 매립시설

(2) 관리형 매립시설

나. 기타환경부장관이 폐기물을 안전하게 최종처리할 수 있다고 인정하여 고시하는 시설

5.5.5 처리 프로세스의 조립방법

최근에는 각 사업소에서 배출하는 특정폐기물을 단지 처분이라는 관점에서 관리하기는 곤란한 실정이므로 책임을 가지고 최종적으로 처분하려면 전술한 여러 가지 방법을 적극 활용하지 않을 수 없다. 본 절에서는 그 중 기술적 처리의 프로세스(공정)가 필요한 경우, 어떻게 하는 것이 좋은가에 관해 고찰하기로 한다. 우선 기본적인 사항을 설명하고 이어서 몇 개의 특정폐기물에 대하여 각각 전형적인 고정흐름도를 살펴보기로 한다.

1) 처리 프로세스 설정의 기본방침

먼저 처리라는 것을 좀 더 상세히 고찰하리로 한다. 일반적으로 폐기물은 의도적으로 내다버리거나(특히 고체의 것), 또는 액상의 것은 그대로 방류할 수 있지만 어느 것이나 배출원은 지적된다. 지금까지는 이와 같은 방식으로 자연으로 또는 우리들의 생활환경으로 방출처분하고 있었다. 그러나 환경보호기준이 엄격해짐에 따라서 이 기준을 지키기 위해서는 배출과 최종처분사이에는 무엇인가 처리를 하지 않으면 안 되게 되었다. 이것이 폐기물처리의 가장 중요한 의의이다.

이를 간단히 정리하면 그림 5-7과 같이 나타낼 수 있다. 폐기물의 물질변화를 보면 배출된 그대로의 상태가 처리에 의해 달라진 상태나 물건으로 바뀌어 자연으로 환원된다. 한 예로서 폐플라스틱의 소각처리는 부피가 큰 고형물은 연소라는 화학변화를 통해 소량의

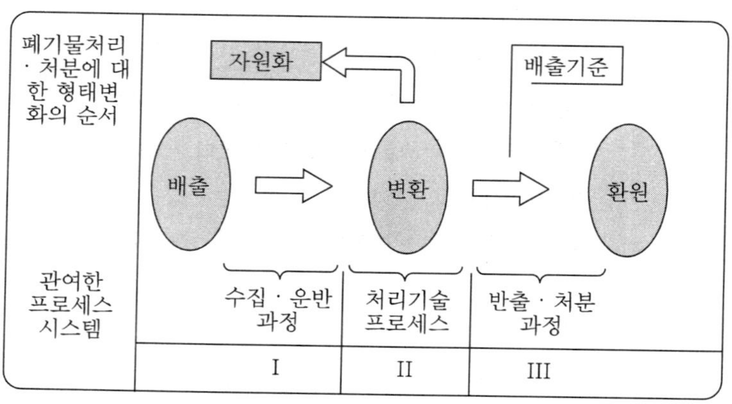

그림 5-7 폐기물처리 처분에 대한 기본변화

잔사와 많은 양의 가스로 방산한다. 즉 감량화, 안전화를 수행하는 동시에 위생화라는 점에서 발생하는 가스나 재가 유해한지 여부를 점검하고 만일 그렇다면 환경기준에 따라 폐가스처리 장치를 선택하거나 재의 무해화 조작을 한 후에 비로소 처분을 생각하여야 한다.

따라서 처리라는 것이 처분에 대하여 구체적으로 어떤 의미를 갖고 있는지 잘 이해해 둘 필요가 있다.

이와 같은 폐기물의 배출, 변환, 환원과정을 따라 그림 5-7에서와 같이 3가지 프로세스를 고려한다. 이때 각각의 프로세스에는 부수적인 비용이 필요하게 되며, 법률에서 정한 배출자의 책임이라는 것은 배출에서 환원, 즉 처분까지 드는 비용 모두를 배출자가 지불하는 것이 원칙이다. 이미 앞에서도 설명한 바와 같이 이렇게 해야만 환경오염을 방지할 수 있기 때문이다. 다시 말하면 폐기물은 대부분 인공도가 매우 높기 때문에 그대로 처분해서는 자연적인 정화가 불가능할 뿐만 아니라 점점 더 오염을 확대해 나갈 뿐이다.

그러면 상기의 3가지프로세스에 드는 비용을 최소화하기 위해 어떻게 하면 좋을까? 만일 폐기물이 사업장에서 만들어진 제품에 대한 부산물인 경우 처분까지의 비용은 제품원가로 부가될 것이다.

따라서 어떻게 이 비용을 적게 하는가는 제조공정의 효율화 못지않게 중요한 일이다. 이것에는 대체로 다음과 같은 3가지 방법이 있다.

① 배출에서 처분까지의 세 가지 프로세스에 드는 비용의 비율을 검토 하고 최대의 비용이 소요되는 프로세스에 대하여 제일 효과적인 가능성을 찾아낸다.

② 폐기물을 시장성이 있는 것으로 변환시키거나 또는 유가물을 분리 회수함으로써 이것에 의한 이익을 얻어 실질적인 비용을 최소화한다.

③ 원래 폐기물이 배출됨으로 이 비용이 들기 때문에 공장이나 사업소의 현재 공정을 재검토하여 폐기물을 전혀 내지 않게 하거나, 최소로 하고 또는 환경기준이하의 것으로 되도록 프로세스를 개선한다.

여기에는 ①의 경우, 폐기물을 그대로 먼 곳으로 운반하여 처리/처분하지 않는 한 처리프로세스가 가장 비용이 많이 드는 것이 보통이다.

따라서 가장 효율이 좋고 또한 경제적인 처리프로세스를 어떻게 구성할 수 있는가가 가장 중요하다. 본질에서는 주로 이 문제를 취급하고자 한다. ②의 방법은 일반적으로 자원화 및 재이용이라는 것으로 이것도 때로는 대단히 유용하다. ③의 방법은 공장 내 제어라는 방법인데 현재의 제조 프로세스를 전문적인 기술고문이나 프로세스 분석자(공정해석을 전문으로 하는 사람)에게 보이는 경우 의외의 사실을 발견하기도 한다. 예를 들면, 지금까지 대량의 용수로 유해물을 씻기 때문에 유해폐액의 처리가 곤란했던 문제점을 연구를 통해 소량의 물로 농축 제거할 수 있는 것이다.

이상의 설명과 같이 3가지 문제 해결방법은 결코 별개의 것이 아니라 오히려 상호 깊은 관련이 있으므로 하나의 방법만으로 곧 처리공정의 건설에 들어가는 것은 바람직하지 않다. 실제로 환경규제가 점차 엄격해지고 다른 객관정세도 경시할 수 없는 것이 되어가고 잇는 것을 생각하면, 여러 가지 방법을 검토 심사하여 나중에 후회를 남기지 않을 조치를 강구하는 것이 결국은 장기적으로 보아 비용이 싸고 사업에 이익이 된다.

한편 배출되어 처리/처분이 필요한 폐기물은 엄밀하게 그 양, 질 모두 천차만별이지만 그래도 몇 종류로 분류할 수가 있으며, 특정폐기물에 대해서는 구체적으로 [법률]로 정해져 있다. 따라서 각종 폐기물에 따라 고유의 처리 프로세스가 구성될 수 있으며 보통 이것을 계통흐름도로 나타낼 수 있다.

처리계통 흐름도에 대하여 설명하기 전에 일반적으로 폐기물 처리공정은 어떤 조작이나 장치들로 구성되어 있을까? 물질이 차례로 처분에 맞도록 처리된다고 하면 그 기본이 되는 장치나 조작은 어떤 정해진 순서대로 결합되어야 한다. 따라서 그 기분적인 원리를 잘 알고 처리공정을 설계하는 것이 중요하다.

폐기물처리에 이용해 온 처리조작들로는 파쇄, 혼합, 건조, 소각, 침강분리장치, 체, 탈수, 집진, 활성오니처리, 분별, 증발, 흡착, 막분리, 가스세정, 중화 등이 있다.

그러나 다른 이름으로 부르는 장치라도 잘 생각하면 같은 기본조작에 의하고 있다는 사실을 알 수 있다. 그리고 근본이 되는 조작은 그다지 많지 않으며 이것들을 단위조작이라 부른다. 그리고 각 단위조작은 물리적, 화학적 또는 생물학적인 원리에 의하고 있으며 자연히 그 장치의 설계도 이러한 원리에 따르게 된다. 예를 들면 연소, 소각, 건류, 열분해, 소성, 배소 장치 등은 분해/산화라는 화학반응이 원리이며 하나의 단위가 되는 조작이다. 다만, 공기를 다량으로 주입하느냐, 부족상태로 주입하느냐 또는 무기물질과 함께 태우는가가 다른 것이다. 더욱이 같은 소각이라 해도 장치의형상이나 방식에 따라 입형로, 횡형로 또는 유동상로라고 하는 여러 가지 특징이 있는 기술에 따라 세분할 수도 있다.

아무튼 폐기물에 대하여 우선 그 목적에 적합한 단위조작을 결정하는 것이 중요하다. 처리프로세스 전체에서 보면 이것을 주 처리조작이라고도 하며 이것에 대하여 이 조작을 쉽게 하기 위한 전처리조작과 주처리 후 배출 기준을 만족시키기 위한 후처리조작이 구성요소가 된다.

예를 들면, 어떤 플라스틱 성형공장에서 염화비닐계의 찌꺼기가 폐기물로 발생된다고 하자. 이것을 처리하기 위해 감량화를 고려하여 주처리 단위조작으로서 소각을 설정한다고 하면 전처리, 후처리로서 다음과 같은 조작을 생각할 수 있다. 즉, 연소를 효과적으로 하기 위해서는 충분히 공기와 닿도록 파쇄에 의해 표면적을 증대시킬 필요가 있다.

따라서 적어도 전처리조작으로서 파쇄를 고려할 수 있다. 플라스틱은 고발열량의 재료이기 때문에 로의 온도가 높아지고 더욱이 염산가스나 염소가스의 발생이 예상된다. 또한 공기공급량이나 로의 온도에 따라서는 매연이나 분진의 발생도 생각되며 배출기준에 맞는 집진장치, 나아가서는 가스흡수탑을 설치하지 않으면 도저히 안심하고 대기로 방출할 수 없게 된다. 이때의 집진기나 가스세정설비를 주처리조작의 장치라 한다.

그러나 이 전처리, 주처리, 후처리의 조작도 서로 깊은 관련이 있어서 단독으로 생각할 수는 없다. 이 예에서는 폐기물의 상태나 특성에서 보통의 소각로보다는 예열(건조) – 열분해(가스발생) – 가스의 2차 연소 – 고형잔사 소각 등의 부분으로 잘 구성된 하나의 소각장치가 바람직한 것이 분명하며, 그렇게 하면 전처리 조작에는 어떠한 파쇄기가 가장 적합한가도 알게 된다. 마찬가지로 이것에 의해 분진발생이 감소하게 되고 예상되는 집진기의 부하도 감소하는 것을 알게 될 것이다. 더욱 한 걸음 나아가서 처리비용의 저렴화를 위해 2차 연소부분에 보일러를 설치하여 발생증기를 공장의 가열용으로 이용하든가 지역난방에 이용하는 에너지의 자원화나, 열분해 발생가스 중에서 효율적으로 염산회수를 하는 것도 생각할 수 있다. 즉, 처리프로세스는

반입 → 전처리 → 주처리 → 후처리 → 방출

의 순으로 조작이나 장치가 복잡하게 구성되어 있다. 이러한 분할법은 폐기물을 한 종류만 취급할 때(지정폐기물 처리에는 이 경우가 많다)에는 각 단계의 처리조작에 대응하여 그 단위조작이 명확하다. 그러나 두 종류 이상의 것을 종합처리할 때에는 어떤 폐기물에 대해서는 전처리조작인 것이 다른 것에는 주처리인 경우도 있어서 반드시 각단위조작을 이 분류에 따라 사전에 나누어 둘 수는 없다. 또한 하수처리 등에서 1차, 2차, 3차 또는 고차처리라는 용어가 있는데 이것은 상기의 전처리, 주처리, 후처리와 같은 의미라 하겠다.

따라서 처리프로세스의 설정에 있어서는 우선 기본적인 형태에 따라 각각 최적의 단위조작을 맞추는 일부터 시작하여야 한다. 그 다음에 단위조작원리에 의한 각 형식, 장치 중에서 가장 효율이 좋은 것(복수의 것도 있다)을 설정하게 된다. 마지막 단계에서 각 장치간의 관련성에 유의하여 여러 가지 관점에서 충분한 검토를 할 필요가 있는 것은 말할 필요도 없다. 이 단계에서 어떤 장치가 프로세스의 요소로서 생략해도 좋은가를 알 수도 있다.

이와 같이 처리프로세스의 구성에는 상기의 기본적 방침 이외에 이렇다 할 특별한 것은 없다. 대부분의 경우 이 기본방침을 밟아서 몇 회이고 프로세스를 완성한 경험이 유용하다.이러한 의미에서 특수한 계리물 이외에는 경험에 의해 규격화된 프로세스를 도입할 수 있는 경우가 늘고 있다. 그러나 이것을 이용한다 해도 일반적으로 해당업소의 폐기물에 대하여 가장 적합한가 아닌가의 검토 해석을 충분히 할 필요가 있다.

앞의 그림 5-11에서 비용을 시스템 I, II, III으로 나누어 생각할 수 있으며 그중 II에 관

련되는 비율이 크다는 가정 하에서 처리프로세스에 대하여 생각해 왔다. 실제인공도가 높고 아무래도 자원으로서 recycle (순환)할 수 없는 폐기물은 대부분의 경우 처리 프로세스에 가장 많은 비용이 든다. 그러나 처리계획을 진행해 가는 중에 공장 내 제어에 의해 폐기물량은 당초보다 적게 할 수 있고, 계획 중인 처리방법에 의해 최종처분지로의 운반, 투기 등의 방법이 많아지거나 하여 II의 비용이 최대라는 사정이 바뀌는 일도 있다. 또한 처리계획에 의한 비용계산과 처리를 포기하고 업자에게 위탁하는 경우를 비교하여 최종 결단을 내리지 않을 수 없다.

그러나 이와 같은 제반의 경우를 고려하여도 지정폐기물을 취급할 때에 항상 알아두어야 할 특징이 있다. 지정폐기물은 일반폐기물(가정쓰레기)과 달리, 보통 배출원에서 종류가 적고 양이 많다. 더욱이 처리프로세스를 사업소 내의 배출원에 부가하는 것이라면 I의 비용뿐만 아니라 II 및 III의 프로세스에 드는 비용과 취급료라고 할 비용도 지불하여야 한다. 그 때문에 사업소 내에서 자가처리를 하는 경우에는 이 특징과 III의 비용을 적게 하기 위해 처분에 필요한 최종폐기물을 가급적 적게 하도록 계획하는 것이 요령이라 하겠다. 따라서 이와 같은 특정폐기물의 특징으로 인해 I, II, III으로 나눈 프로세스 중 II에 드는 비용이 일반적으로 높다는 것을 이해할 수 있을 것이다.

그리고 처리프로세스의 계획에 있어 비용계산을 할 때에 유의해야 할 사항을 설명하면 이미 언급한 바와 같이 지정폐기물은 다량으로 배출되는 경우가 많기 때문에 프로세스를 구성하여 처리계획을 수립하는 것이 의미를 갖는다고 하겠다. 그래서 일단 처리 프로세스가 결정되면 다음에는 그 처리규모가 문제로 된다. 배출원이 되는 공장은 사업계획에 의해 여러 가지의 조업 조건을 생각할 수 있다. 예를 들면, 폐기물량이 현재 하루 5 t 정도인데 장래 사업확장과 함께 배로 증가할 가능성이 있을 때 어떻게 비용계획을 수립하면 좋을까? 5 t/일의 폐기물에 대하여 같은 형의 처리프로세스를 두 개 만들 것인가, 처음부터 2배의 규모의 처리프로세스를 하나로 만들 것인가는 큰 문제이다. 일반적으로 규모를 확대함에 따른 비용의 증가는 다음과 같이 경험에 의한 0.7제곱의 법칙이 적용된다.

$$C_n = C_0\left(\frac{W_n}{W_0}\right)^{0.7}$$

즉 W_0 (t/일)의 용량을 처리하는데 C_0 (원/t)의 비용이 들었다면 같은 처리 프로세스를 사용하여 W_n (t/일)을 처리할 때의 비용은 위의 식에서 C_n (원/t) 정도가 된다. 0.7제곱의 법칙이라는 것은 처리량을 두 배로 늘려도 비용은 두 배가 되는 것이 아니라 기껏해야 1.62배 정도밖에 소요되지 않는 점, 즉 scale-merit가 좋게 된다는 것이다.

이상으로 기술적 측면 및 경제적 고찰을 통해, 처리하는 경우에 있어서 어떻게 그 기본적 방침을 설정해가면 좋은가를 설명하였다.

5.6 폐기물별 처리 프로세스의 기본적 흐름도

실제로 처리프로세스를 구성하기 위해서는 몇 개의 전형적인 계통흐름도가 표시되어 있는 것이 바람직하다. 여기에서는 6종류의 지정폐기물을 예로 들어 각각에 대해 선택의 기준이 될 2~3개의 흐름도를 들어 보기로 한다. 이러한 흐름도에는 앞 절에서 설명한 기본방침에 따라 폐기물이 전, 주, 후처리를 거쳐 환원, 즉 최종처분 되기까지의 과정을 나타내는 동시에 환경프로세스로서 공기나 물들의 용역(유틸리티)의 경로도 함께 표시하기로 한다.

각각의 폐기물에 대해서는 처리목적에 따라 폐기물의 성상가운데서 무엇을 처리조작의 기준으로 취하는가에 따라 복수개의 선택안이라 부를 프로세스를 생각할 수 있다. 그리고 이 성상은 원래 폐기물이 어떤 곳에서 배출되었는가에 따라 달라지므로 그 검토도 함께 해 보기로 한다.

계통흐름도에는 유량을 표시하지 않았는데 이것은 각 조작의 장치효율에 의해 달라지기 때문이다. 또한 공장 내의 반송기기, 예를 들면 펌프나 벨트컨베이어 등은 처리장치 그 자체가 아니므로 표시하지 않았다. 또한 전절에서 다룬 열이나 물질의 자원화 및 재이용의 가능성이 있는 것으로 분명히 회수되어야 할 유가물에 대해서는 기호로 나타냈으며 보일러의 설치 등에 대해서는 표시하지 않았다. 마찬가지로 흐름도 중의 장치나 단위조작에 대해서는 그 형식을 명시하지 않았다.

5.6.1 폐유 및 폐유기용제류

1) 배출원 및 성상

이 분류에 들어가는 것에는 여러 가지를 생각할 수 있으나 다음의 세 종류의 배출원에서 주로 발생한다.

① 자동차엔진유, 각종 동력기계유, 공작기계유 및 절삭유, 냉열압연기유 등의 폐윤활유류
② 플랜트 내 잡조기기류나 탱크 등의 세정작업에 사용되는 세정폐유류
③ 전기에 따른 탱크바닥 슬러지상 폐유, 필터케이크 원심분리기 등의 슬러지상 폐유(슬러지류)

처리프로세스에 유입할 때의 성상은 일반적으로 물을 포함한 혼합 폐유인 경우가 많다. 따라서 소각을 하거나, 회수유로서 분리하거나 간에 함수율이 우선 처리의 지표가 된다. 또 배출원에서 처음부터 이것들이 어느 정도 있는가에 따라 조금 다른 프로세스 흐름도를 채택할 수 있다.

2) 선택안

가장 초보적인 프로세스는 폐유의 특성 지표가 되는 함수율에 관계없이 그대로 프로세스로 유입시키는 것으로 그림 5-8과 같은 기본 흐름도를 들 수가 있다.

이하 계통흐름도를 나타내는 데에는 다음과 같은 기호를 사용하게 된다.

폐유가 배출원에서 함수율에 의해 대략 저, 중, 고함수율의 3종으로 분류되어 있을 때에는 그림 5-9와 같은 흐름도를 채택할 수 있다.

또한 함수율에서 단지 2분할밖에 되어 있지 않을 경우에는 다음의 흐름도(그림 5-10)를 생각할 수 있다.

이러한 그림 5-8, 5-9, 5-10은 폐유가 폐기물일 때의 기본처리 흐름도이며 일반적인 사업소인 경우 어디에 해당되는가를 검토하는 선택안이 된다. 어느 경우이든, 프로세스의 산물로는 회수유, 배가스, 배수, 매립용의 고형무기잔사물이 되어 최종처분으로 이어지게 된다.

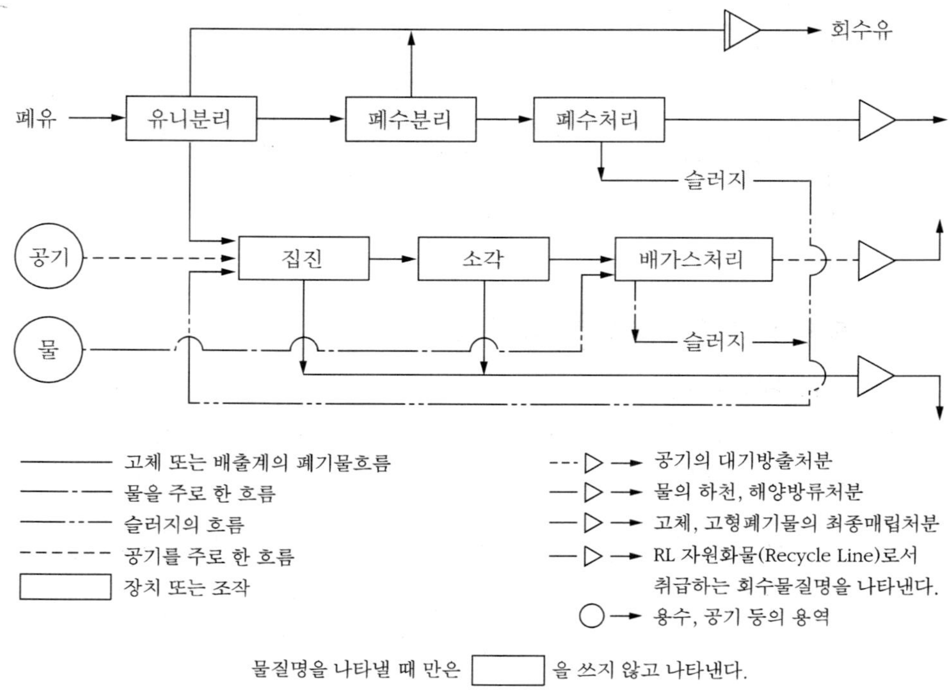

▌그림 5-8 기본흐름도(1)

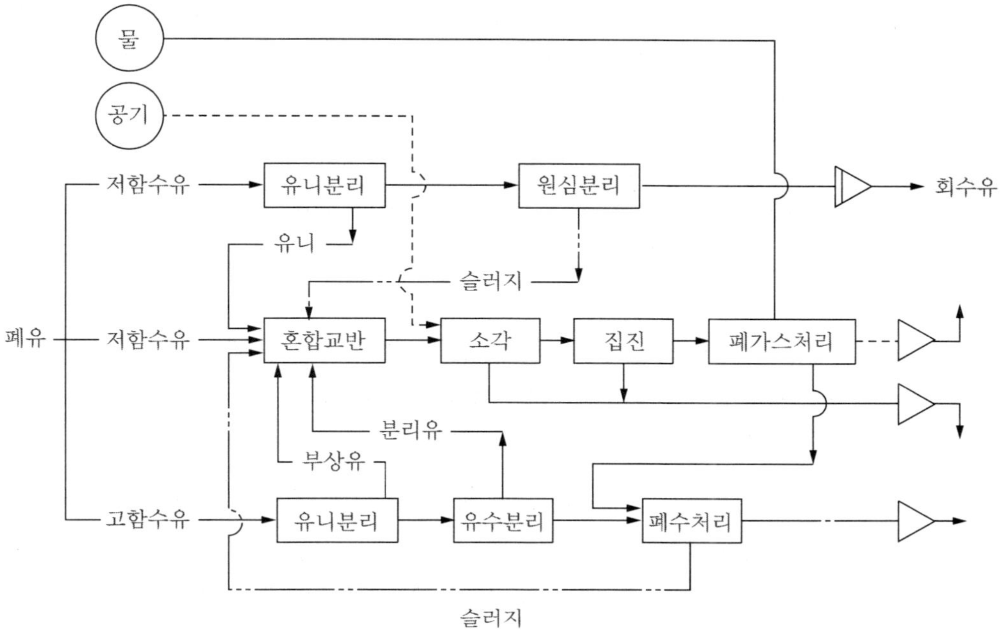

▮ 그림 5-9 기본흐름도(2)

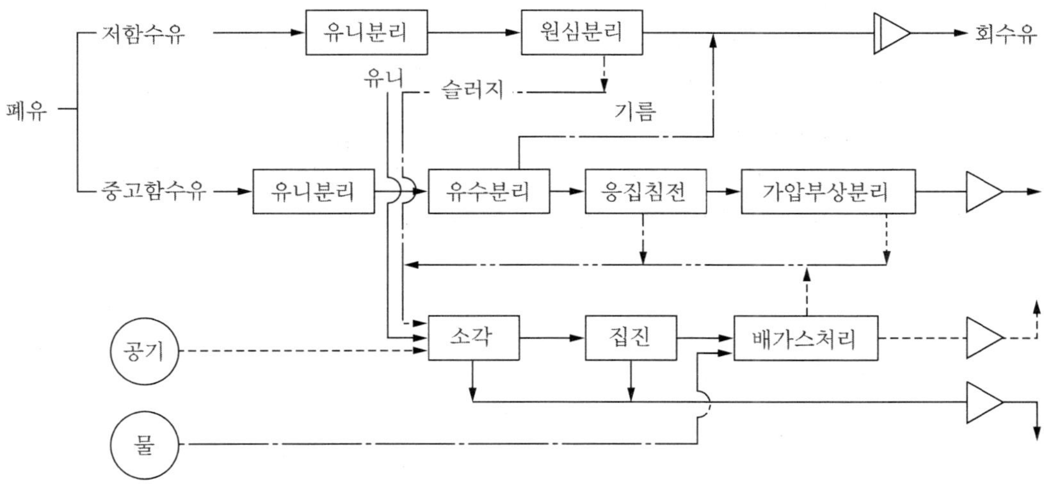

▮ 그림 5-10 기본흐름도(3)

5.6.2 슬러지류(오니류)

1) 배출원 및 성상

슬러지는 그 배출원이 매우 광범위하기 때문에 배출되는 종류도 대단히 많다고 하겠다.

따라서 특성도 다양하여 분류가 좀처럼 쉽지 않다. 그러나 대략적인 특성, 예를 들면 유기성, 무기성 또는 유해, 무해물의 포함 등으로 분류를 시도해 볼 수 있다. 다음에 그 조성에 따라 배출원을 조사해 보자.

① 유기성 무해슬러지 : 하수, 분뇨, 맥주 및 술찌꺼기 등의 식품폐수처리 잉여슬러지, 제약, 발효프로세스에서의 것, 제지폐수에서의 것 등
② 유기성 유해슬러지 : SP폐액, KP폐액, 피혁가공 폐수, 제약 프로세스 등에서의 것, 유기합성잔사 등
③ 무기성 유해슬러지 : 황산철폐액, 염화철폐액, 도금프로세스폐액, 무기약품잔사 등
④ 유기 및 무기혼합 슬러지 : 도료슬러지, 타르류 등
⑤ 기타의 슬러지류(상기구분 이외)

여기에서 말하는 조성물의 유기, 무기 또는 유해물질 함유의 유무 등의 특징에 의한 분류 외에 처리프로세스에 유효한 지표가 되는 특성으로서 입력 시 슬러지속의 함수율 또 그 발열량(특히 소각을 생각하고 있을 때) 등을 기준으로 분류할 수 있다. 이러한 복잡한 사정을 고려하면서 가장 단순한 구성프로세스로서 몇 개의 기본 선택안을 작성해 보자.

2) 선택안

가장 간단한 프로세스는 성상이나 종류가 광범위하고 여러 가지인 슬러지류를 일절 분류하지 않고 저부 모아서 하나로 입력한 것으로(그림 5-11), 그 주처리는 슬러지케이크의 소각이라 하겠다.

이 흐름도에는 표시되어 있지 않으나 전처리로서 열처리나 중화를 할 때에는 스팀, 산, 알칼리 또는 응집제 등이 필요한 것은 물론이다.

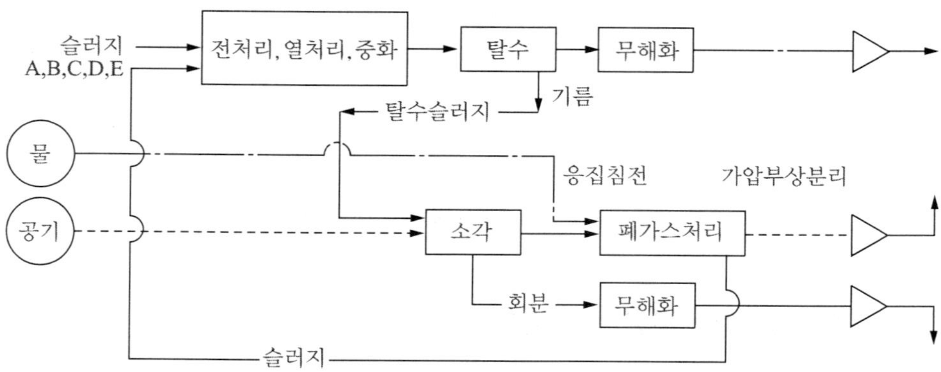

▌그림 5-11 기본흐름도(4)

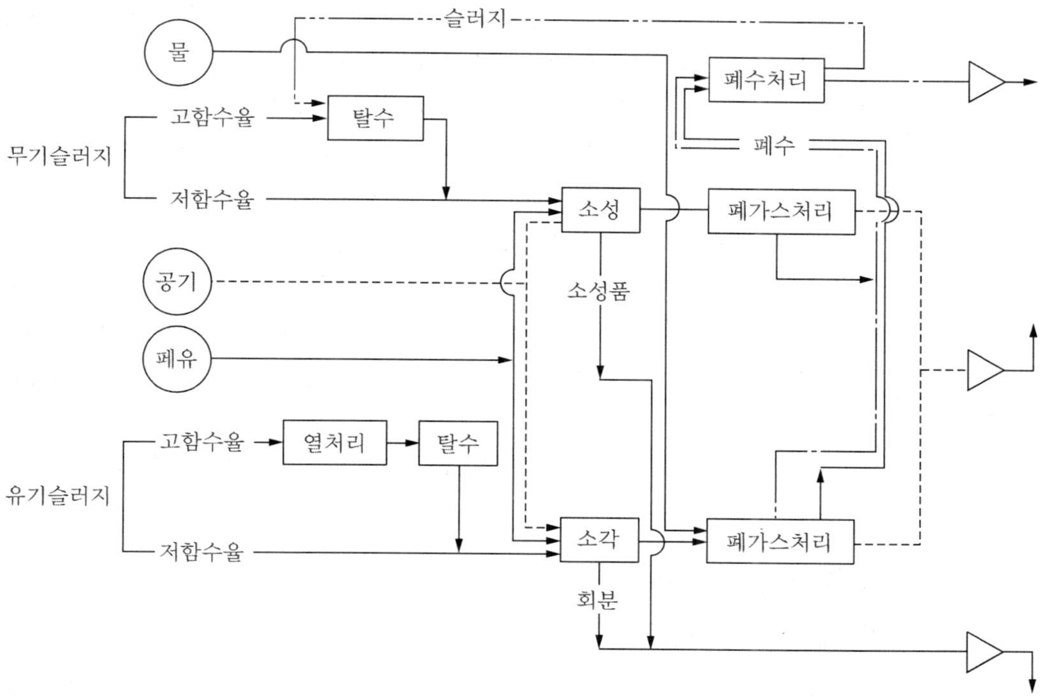

■ 그림 5-12 기본흐름도(5)

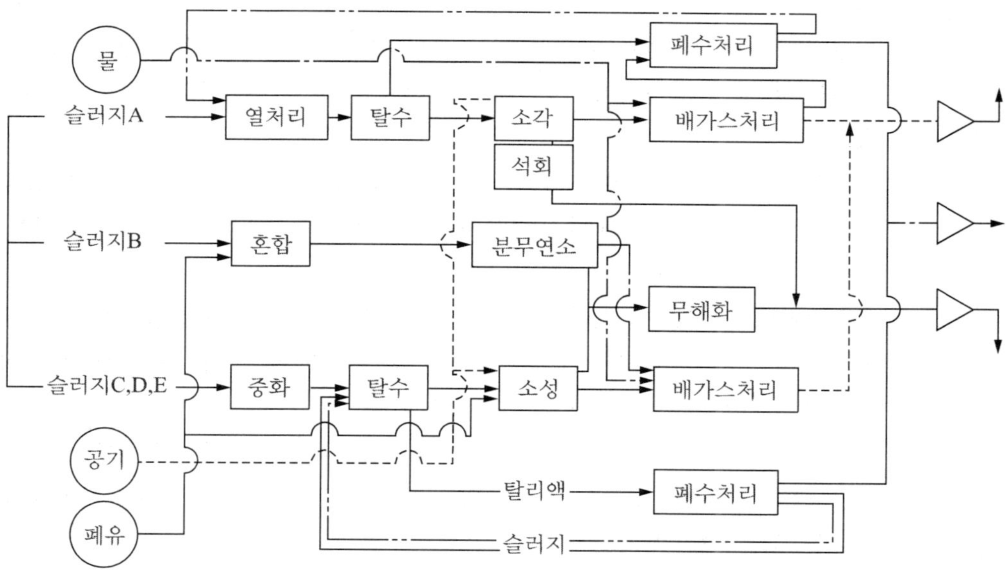

■ 그림 5-13 기본흐름도(6)

다음으로 처리플랜트로 유입되는 슬러지가 모두 무해화되어 있는 것, 즉 유해성분을 포함하는 것에 대해서는 무해화처리가 된 후에 운반되어 오는 것으로 하면 그림 5-12와 같은 흐름도를 생각할 수 있다. 단 조성별로 유기, 무기로 나누며 또한 각각 함수율의 고저 두 가지로 나누는 것으로 한다. 즉, 열처리 및 탈수로 얻어진 슬러지케이크는 저함수율의 슬러지와 함께 폐유를 사용하여 소각 또는 소성하는 것이다.

또한 당초의 분류별 입력을 생각한 프로세스에는 그림 5-12와 같은 것이다.

그리고 세 분류에 따라 흐름도를 구성할 수 있는데 대체로 이상에서 표시한 그림 5-11, 5-12, 5-13의 흐름도에 기본 선택안이 망라되어 있다. 여하튼 공통적인 것은 탈수, 소각(또는 소성)이 중심조작이며 이 때문에 물이나 공기 외에 폐유가 조연제로서 사용되는 것이 많다.

상기 이외에 소위 습식산화 방법으로서 짐프로법나 오포챠스법이 있다.

5.6.3 폐플라스틱류

1) 배출원 및 성상

여기에서는 고무 등의 고분자에 대해서는 취급하지 않는다. 폐플라스틱류를 극히 일반적인 성상으로 나누면, 열가소성 및 열경화성이 있다(표 5-14 참조).

그럼에도 처리의 관점에서 보면 성형 시에 첨가되는 가소제, 안료 등이 특히 분리나 무해화 처리의 필요성을 낳게 되어 위의 분류가 가장 적당하다고 말할 수는 없다. 특히 염화비닐계(예를 들면, PVC 등)와 같이 분해, 소각에 의해 염소가스나 염화수소가스를 발생하는 위험한 것도 있으며 이것들을 다른 플라스틱류로 나누어서 처리하여야 하는 경우도 많다.

폐플라스틱류의 배출원은 주로 플라스틱제조공장의 중합과정이나 각종 공장의 성형기에서의 불량품, 방출물, 또한 건축용재로서 사용하고 남은 조각, 유통계를 거친 후 대량으로 회수된 사용이 끝난 용기류 등을 생각할 수 있다.

일반적으로 다른 폐기물에 비하여 단일 배출원에서 동종동성질의 것이 비교적 많이 배출되는 것이 특징이라 할 수 있기 때문에, 특정폐기물로서 처리프로세스에 들어가기 전에 아주 잘 분별되어 있는 것으로 취급해야 한다.

처리를 할 때의 분류지표로서는 양이 많은 점, 유해가스 발생이 심한 점에서 우선 염화비닐계와 그 이외의 것으로 나누고, 더욱 세분할 때에는 염화비닐계와 이외의 것에 대하여 열가소성과 열경화성으로 나눌 수도 있다.

표 5-14 주요 플라스틱 성상

구 분	열가소성수지					
플라스틱 종 류	폴리에틸렌 (PE)	폴리프로필렌 (PP)	폴리스타이렌 (PS)	메타크릴 (PMMA)	폴리염화비닐 (PVC)	폴리염화비닐리덴 (PVDC)
분자구조	$[-CH_2-CH_2-]_n$	$[-CH_2-CH(CH_3)-]_n$	$[-CH_2-CH(C_6H_5)-]_n$	$[-CH_2-C(CH_3)(OCOCH_3)-]_n$	$[-CH_2-CH(Cl)-]_n$	$[-CH_2-CCl_2-]_n$
monomer 분자량(n)	28 (4,300～12,000)	42 (2,000～3,500)	104 (1,500~3,500)	100 (5,000~10,000)	62.5 (400～1,600)	97 (1,000～)
비중	0.91～0.965	0.902～0.906	1.04～1.10	1.16～1.20	1.3～1.4	1.7～1.8
제품용도	film, 식품포대, 각종 용기, 완구, 용품잡화, 전선피복	film, pipe, rope, 용기, 전기기구, 일용품잡화	투명성형품, 판, 잡화, 완구, 문구, TV부품, 스펀지, 용기	유기글라스, 장식품, 건재, 잡화, 재료기구, 도료	film, 레자, sheet, pipe, 스펀지판, 잡화, 완구, 전선피복	saram섬유, 식품, 약품포장대, 파이프, 전기절연재
내열온도 (℃)	90～120	121～160	50～70	60～110	60～70	225～275
내산성	○	○	○	○	○	○
내알칼리성	○	○	○	○	○	○
열분해온도 (℃)	290～360	220～250	330～400	170～300	190～300	225～275
열분해 생성물	CO, H_2O, 지방산, 저탄화수소, monomer	저탄화수소, monomer	벤젠, 톨루엔, 저탄화수소, monomer	monomer, 100%	HCl, 중금속 비산, 에탄, 프로판, 부탄, 에틸렌, 저탄화수소	-
착화온도 (℃)	350	389	495	450	454	530
발열량 (kcal/kg)	11,040	11,040	9,680	6,675	4,230	2,000
연소성	이연, 용융, 낙하하면서 흑염을 낸다.	이연, 용융, 낙하	이연, 연화하여 흑연을 낸다.	가연	난연, 연화 후 흑연, HCl성 강한 냄새	극난연, 연화, 눌러 붙는다.

(표 5-14 계속)

구 분	열경화성수지					
플라스틱 종류	초산비닐 (PVAC)	불포화폴리에스틸 (UP)	폴리우레탄 (PUR)	페놀 (PF)	요소 (UF)	멜라민 (MF)
분자구조	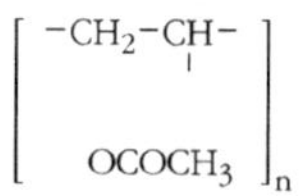	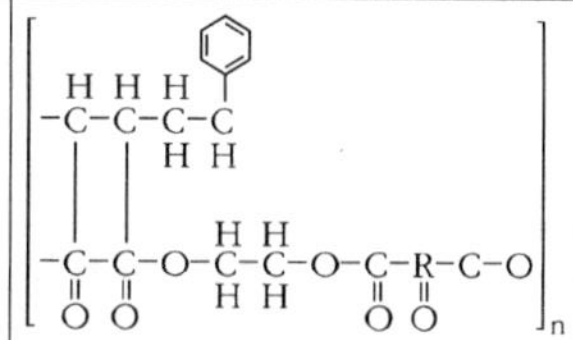	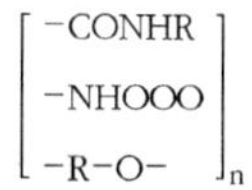	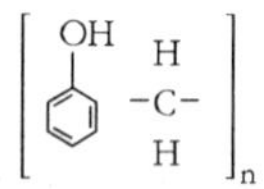	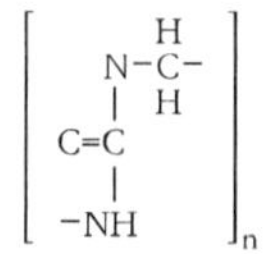	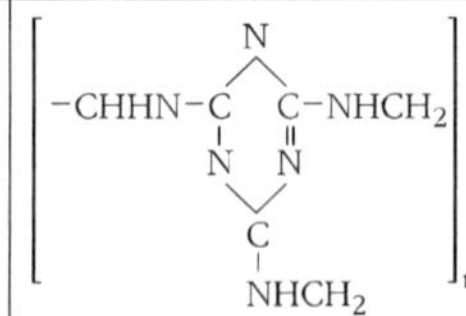
monomer 분자량(n)	86 (50～5,000)	- -	- -	106 -	71 -	165 -
비중	1.17～1.19	1.2	1.18～1.21	1.25～1.3	1.4～1.5	1.45～1.52
제품용도	접착제, 점결재, 수지가공, 도료	강화플라스틱, 차량, 선박, 건재, 욕조, 일용품잡화	스펀지, 접착제, 고무상탄성체, 섬유	전기절연재료, 기계부품, 식기, 도료, 적층품	식기, 보턴, 잡화, 적층품, 도료, 접착제	식기, 화장품, 기계부품, 전기절연재, 도료
내열온도 (℃)	35～38에서 연화	121～177	88～121	150	90	140
내산성	△	○	△	△	×	△
내알칼리성	△	×	△	×		○
열분해온도 (℃)	-	-	350	-	-	-
열분해 생성물	-	-	HCN, CO, 폴리에테르, 폴리에스테르	고온 : CO_2, 아세톤, 프로판올, 벤젠, 톨루엔 저온 : H_2, CO, 메탄	-	-
착화온도	-	-	(301)(foam)	-	-	-
발열량 (kcal/kg)	5,740	5,446	4,450	3,870	4,405	4,200
연소성	가연	가연, 연화 눌러 붙는다.	난연, 용융하여 타면서 흑연을 낸다.	난연, 흑연 약간	난연	난연

2) 선택안

가장 초보적인 안으로는 일정 분류를 하지 않고 모두 파쇄, 전량 소각하는 것으로, 그림 5-14와 같은 계통흐름도로 나타낼 수 있다. 여기에서 폐수처리에 의해 생긴 슬러지를 소각로로 회송하여 발열량이 높은 파쇄 플라스틱과 혼소하고 최종적으로는 교체의 형으로 무해화처리를 하여 매립하는 것에 주의해야 한다.

다음의 선택안으로서 염화비닐계와 그 이외로 분류하여 따로따로 처리하는 것이다.

다음에 염화비닐계 이외의 것을 다시 둘로 나누면 그림 5-15의 프로세스를 생각할 수 있다.

상기의 세 가지 선택안 중 그림 5-15, 그림 5-26에서는 염화비닐계의 것을 따로 취급하고, 염산 회수를 하고 있다. 또한 그림 5-16에서는 회수자원으로서 기름과 성형건재 등을 취급하는데에 주의하여 보자. 이 경우에는 그림 5-14 → 그림 5-16으로 처리프로세스의 시스템이 차차 고도의 것으로 된다. 일반적으로 고차의 처리를 하는 것이라면 그것에 따라 여러 가지의 고도처리장치도 필요하게 되므로 대상이 되는 폐기물의 성상 등을 잘 보고 가장 적합한 시스템을 사용하는 것이 바람직하다. 즉, 고차안이 반드시 가장 적당하다고는 할 수 없다. 대개의 폐플라스틱류에 대해서는 그림 5-16 정도의 기본선택안으로 충분하다고 판단된다.

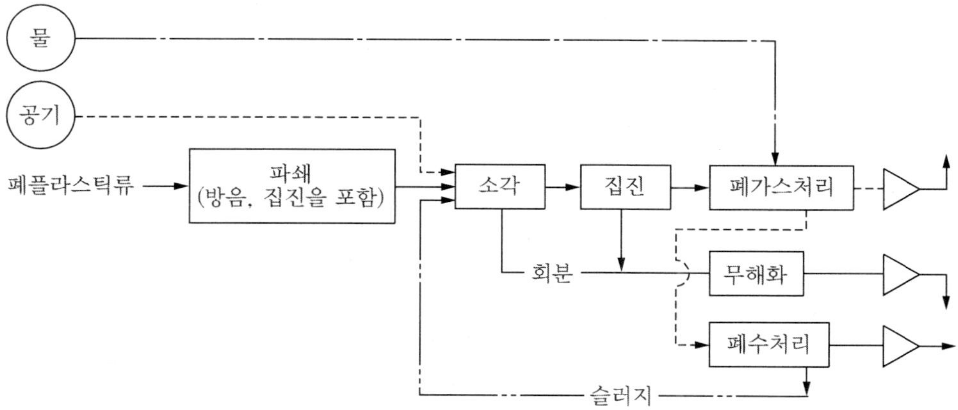

그림 5-14 주요 기본흐름도(7)

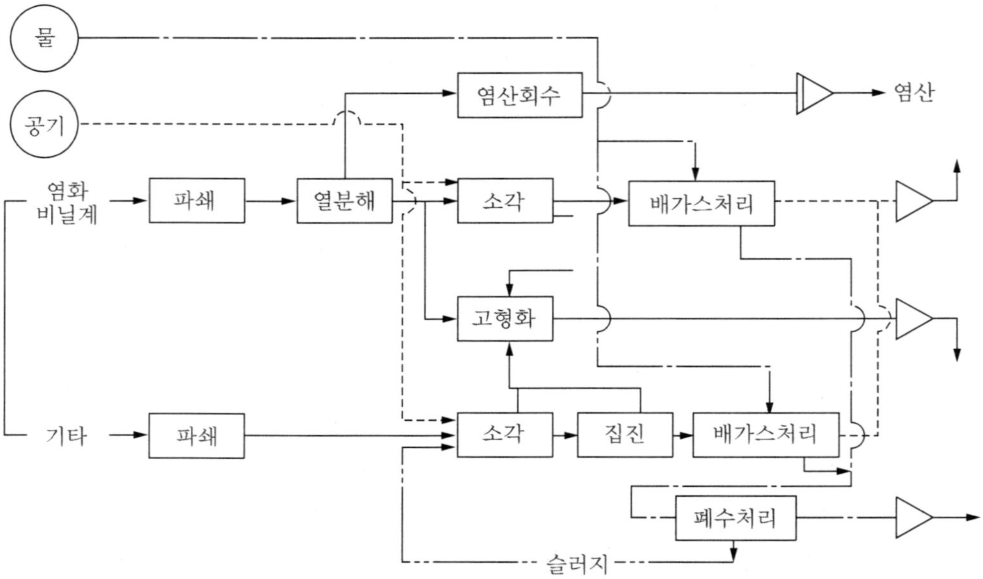

▌ 그림 5-15 주요 기본흐름도(8)

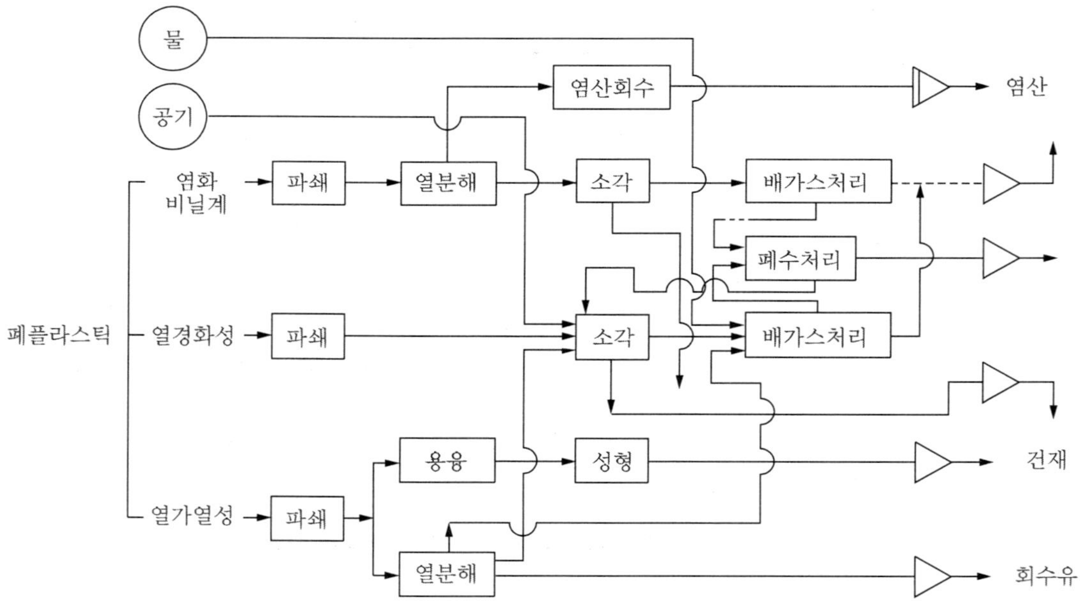

▌ 그림 5-16 주요 기본흐름도(9)

5.6.4 고무, 타르피치, 도료찌꺼기류

1) 배출원 및 성상

고무에는 천연 및 합성고무가 있으며 헌 타이어가 주요한 배출원이다. 타르피치는 석탄, 목탄건류, 석유산업 등에서 잔류물로 주로 배출되며, 또한 도료찌꺼기는 조선소, 건축공사 현장 등에서 주로 배출된다. 이것들을 모두 고탄소 화합물로서 연소될 때에는 우선 용융상이 되어 화격자가 막히거나 소각방식에 따라서는 매연이 심하여 배가스를 신중히 처리하지 않으면 안 된다. 이 경우 처리특성의 지표가 되는 것은 고무와 그 이외 것으로 분류하는 이외에는 생각하기 어려운 것 같다.

2) 선택안

그림 5-17과 같은 계통흐름도가 가장 간단하다고 생각된다.

이 프로세스의 배가스처리에서 세정액으로 포집된 황산화물이 폐수처리에서 산이 되므로 이것이 슬러지의 형태로 소각로로 되돌아가지 않도록 연구할 필요가 있다.

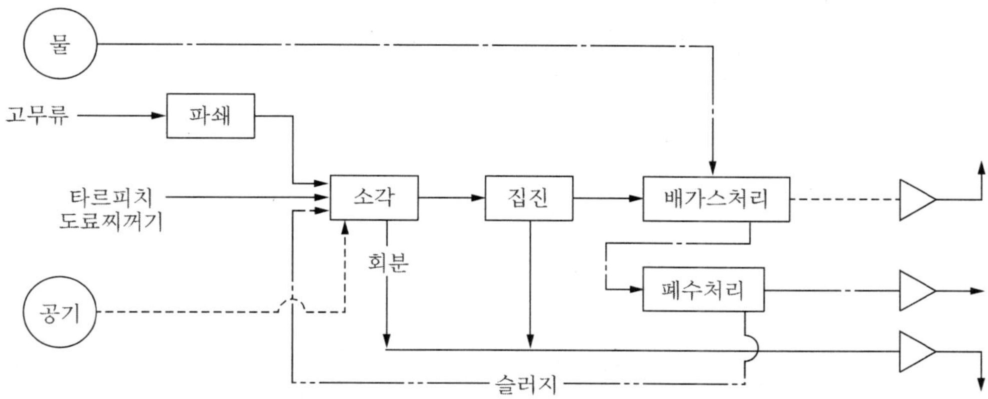

■ 그림 5-17 주요 기본흐름도(10)

5.6.5 황산피치, 폐산, 폐알칼리류

1) 배출원 및 성상

황산피치, 폐산 등은 주로 석유정제공장, 강재의 산세공장 등이 배출원으로 되어 있다. 또 폐알칼리는 주로 소오다폐액이라 하겠다. 폐산 및 폐알칼리 처리에 있어서 회수가 경제적으로 가능한가 아닌가를 특별히 검토할 필요는 없다. 따라서 특성의 지표로서 pH 및 농도를 정하게 된다.

2) 선택안

프로세스 중의 가장 간단한 것으로는 산이나 알칼리의 회수가 경제적으로 무의미한 경우를 들 수 있는데, 이와 같은 경우에는 단순한 중화조작이 중심이 되며 그 뒤에는 생성염이나 슬러지의 처리가 이어진다. 흐름도는 그림 5-18과 같다.

이 경우 황산피치와 다른 폐산, 폐알칼리와의 비율에 의해 소각시 조연제(예를 들면, 폐유)가 필요할 때와 그렇지 않을 때가 있다. 또 폐기물끼리 만의 중화는 완전하지 않을 경우가 있으므로 그 때에는 중화제로서 새로운 산 또는 알칼리가 필요하게 된다.

다음으로 황산피치는 그대로 중화, 소각처리하고 산, 알칼리류를 가급적 회수하려면 그림 5-19와 같은 흐름도를 선택안으로서 생각할 수 있다. 이 경우 폐산류를 폐황산, 폐염산, 폐혼합산으로 나누어 투입한다.

그림 5-18과 그림 5-19 모두 폐수처리에서는 pH 조정을 하여 방류하여야 한다.

또한 많은 경우에 소각 후 회분이 중금속류의 오염원이 되기 쉬우므로 무해화조작이 필요하게 되는 일도 있다.

산 또는 알칼리의 회수는 주로 증발조작(농축, 정석도 포함)으로 하며 장치로는 다중효용관식의 것을 사용하고 있다. 이 예로서 업자들의 협동조합방식으로 운영하고 있는 오오사까의 폐산처리센터의 프로세스를 들 수 있다. 어느 경우도 고액분리조작은 여과기 또는 원심분리기에 의해 이루어진다.

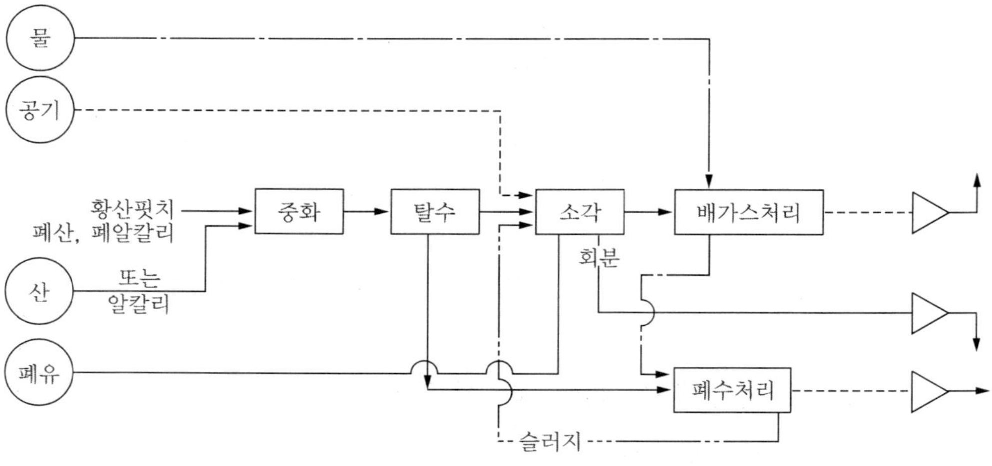

▮ 그림 5-18 주요 기본흐름도(11)

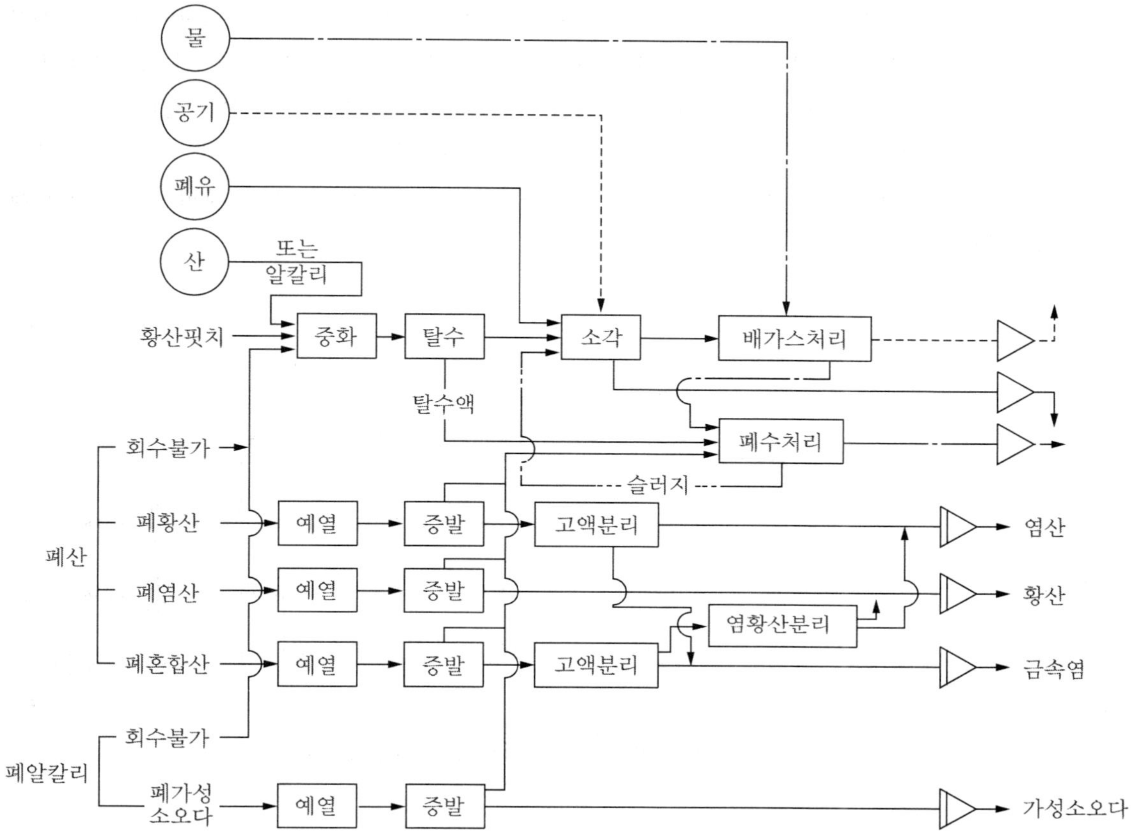

▌그림 5-19 주요 기본흐름도(12)

5.6.6 건축폐재, 조대쓰레기류

1) 배출원 및 성상

주요한 배출원은 건축·공사 현장에서의 것이고 조대쓰레기는 가정 전자제품, 헌가구 등을 생각할 수 있다. 일반적인 특성으로는 소위 협잡물이 많으며 비교적 소재에 가까운 것까지 여러 종류에 걸친다고 하겠다. 그러나 목재류가 중심이 되는 것과 금속 및 기타 무기소재가 중심이 되는 것으로 나눌 수 있다. 따라서 유기와 무기로 나누는 것이 처리지표가 된다. 이러한 특성으로 인해 처리프로세스는 주로 파쇄나 분급(선별) 등의 비교적 간단한 조작요소로 되어 있다.

2) 선택안

원래 폐기물이 소재에 가까운 상태이기 때문에 이것을 분별만 하면 회수가 가능한 경우가 많다고 하겠다. 기본 처리 프로세스는 재생회수소재의 경제성을 고려하여 너무 고차적인 것을 도입할 필요는 없으며 대부분의 경우 그림 5-20과 같은 계통흐름도로 충분하다.

여기에서 소각은 주로 목재소각의 연소이므로 폐가스처리를 할 필요는 없다. 또 무기물은 최종적으로 투기, 매립하고 대량으로 배출될 때에는 건축·공사 소재로서 또는 고체회석재로서 회수하는 것도 고려할 수 있다. 특히 여러 종류의 폐기물을 조합하여 처리할 때에는 이 방법이 유용할 것이다.

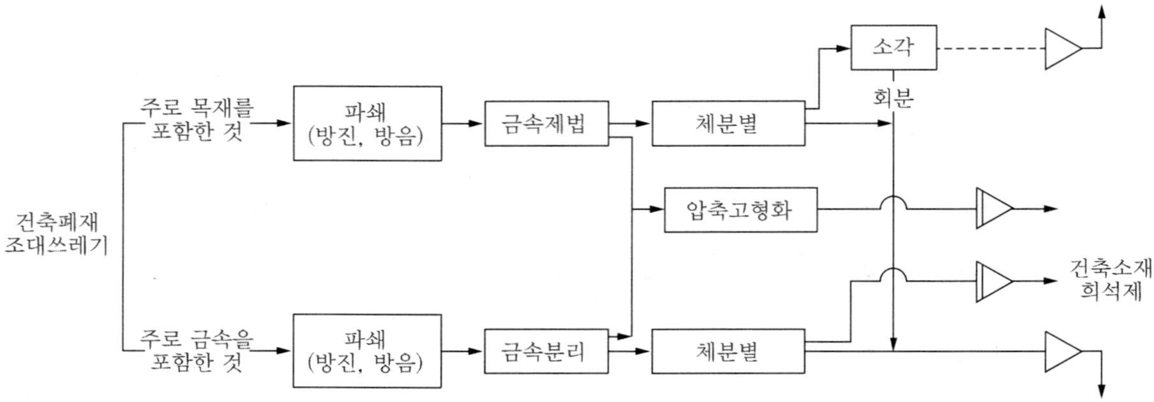

▌그림 5-20 주요 기본흐름도(13)

5.7 유해물질 처리

5.7.1 유해물질의 정의와 판정기준

유해화학물질관리법에서는 유해물질로서 다음의 물질이 지정되어 있다. 도표 중에서 약기할 때는 ( )의 기호로 표시한다.

① 수은 또는 그 화합물(Hg) ② 카드뮴 또는 그 화합물(Cd)
③ 납 또는 그 화합물(Pb) ④ 유기인화합물(org-p)
⑤ 6가크롬화합물(Cr^{6+}) ⑥ 비소 또는 그 화합물(As)
⑦ 시안화합물(CN) ⑧ PCB
⑨ 유기염소화합물(Trichloroethylene, Chloromehtane, Pcrchloroethylene, Chlorbenzene 등)
⑩ 기타 구리, 니켈, 염소, 불소, 페놀, 베릴륨 및 그 화합물들, 석면 다이옥신, 비페닐

일본에서는 특정시설에서 배출하는 폐기물 중 상기의 물질을 판정기준 이상 포함하는 폐기물을 유해한 폐기물로서 정의하여 무해화처리 또는 시멘트에 의한 고형화 처리를 의무화하고 있다.

표 5-15 유해물질에 관계되는 판정기준

구분		매립처분	해양투입처리		
유해물질		① 특정사업장에서의 배출슬러지, 소각재, 분진 ② ①의 슬러지를 소각하고 생간 소각재, 분진 ③ ②, ①의 슬러지, 소각재, 분진을 처분하기 위해 처리한 것 ④ 지정하수슬러지 및 그것을 처리한 것 ⑤ 광재 및 그것을 처리한 것 ⑥ 폐PCB, PCB슬러지오염물의 소각에 의해 생긴 소각재, 슬러지, 분진	① 특정사업장에서의 유기성슬러지 또는 무기성슬러지 ② 유기성의 지정하수슬러지 ③ PCB처리물(유기성슬러지, 수용성의 무기성슬러지)	④ 특정사업장에서의 무기성 슬러지(수용성은 제외) ⑤ 소각재, 분진 ⑥ PCB에 대해서는 특정사업장에서의 소각재, 분진, 무기성 슬러지(수용성은 제외) ⑦ 지정하수슬러지(소각재, 무기성 슬러지, 분진) ⑧ 광재 ⑨ Hg를 포함하는 슬러지를 배소한 것 ⑩ PCB처리물 : 소각재, 분진, 무기성 슬러지(수용성의 것은 제외)	11. 특정사업장에서의 폐산, 폐알칼리
수은	알킬수은화합물	검출되지 않는 것	검출되지 않는 것	검출되지 않는 것	검출되지 않는 것
	수은 또는 그 화합물	0.005 이상	2 이상	0.005 이상	0.05 이상
카드뮴 또는 그 화합물		0.3 이상	5 이상	0.1 이상	1 이상
납 또는 그 화합물		3 이상	50 이상	1 이상	10 이상
유기인 화합물		1 이상	5 이상	1 이상	1 이상
6가크롬 화합물		1.5 이상	25 이상	0.5 이상	5 이상
비소 또는 그 화합물		1.5 이상	25 이상	0.5 이상	5 이상
시안화합물		1 이상	5 이상	1 이상	1 이상
PCB		0.003 이상	0.15 이상	0.003 이상	0.03 이상
유기염소화합물		-	40 이상	-	8 이상
비고		물질을 용출시킨 검액 1 L 중의 물질의 농도이다(mg/L).	시료 1 kg의 물질의 함유농도이다(mg/kg).		검액 1 L에 대한 물질농도이다. (mg/L)

표 5-16 판정기준과 검정방법(슬러지 관련물질)

<table>
<tr><th colspan="2" rowspan="2">처분방법</th><th rowspan="2">대상</th><th colspan="5">검정방법</th></tr>
<tr><th>시료</th><th colspan="3">검액작성방법</th><th>농도의 계산</th></tr>
<tr><td rowspan="2">매립</td><td>해면 매립 이외</td><td>슬러지
연탄재
슬러지처리장</td><td rowspan="4">(소석 등의 이물제거) 0.5～5 mm로 조도조정</td><td>순수 pH 5.8～6 (염산으로 조정)</td><td>[시료(g)/용매(mL)]×100 = 10 W/V(%) 용매량 500 mL 이상</td><td rowspan="4">진동기(약 200 rpm, 진동폭 4～5 cm)를 사용하여 6시간 진탕시킨 후 유리섬유여과지(공경1u)로 걸러서 여액(여과가 곤란한 경우에는 3,000 rpm, 20분 원심분리한 후의 상등액)을 검액으로 함</td><td>(함수율≧85%의 경우)
$C_1 = \frac{A}{V} \times \frac{15}{100-P} \times 10^3$
(mg/L)</td></tr>
<tr><td>해면 매립</td><td>슬러지처리장
슬러지
연탄재</td><td rowspan="3">순수 pH 7.8～8.3 (가성소오다로 조정)</td><td rowspan="2">[시료(g)/용매(mL)]×100 = 3 W/V(%) 용매량 500 mL 이상</td><td rowspan="3">$C_1 = \frac{A}{V} \times 10^3$
(mg/L)</td></tr>
<tr><td colspan="2" rowspan="3">해양투입 처분</td><td>슬러지의 매연물</td></tr>
<tr><td>비수용성 무기성 슬러지</td><td>[시료(g)/용매(ml)]×100 = 10 W/V(%) 용매량 500 mL 이상
[고형분(g)/용매(mL)]×100 = 3 W/V(%) 용매량 500 mL 이상</td></tr>
<tr><td>유기성슬러지
수용성
무기성
슬러지</td><td>2 mm합성 체통과물</td><td colspan="3">시료 200 g 이상을 1 L 메스실린더에 넣고, 순수를 넣어 1 L로 한 후 흔들어서 균일한 농도가 되게 하여 검액으로 함. Cr^{6+}은 시료액을 유리섬유여지로 걸러서 여액을 검액으로 함.(여과가 곤란한 경우는 3000 rpm, 20분 원식분리 후의 상징액)</td><td>$C_2 = \frac{A}{V \times W} \times \frac{5}{100-P} \times 10^6$
(mg/kg)</td></tr>
</table>

표 5-15는 우리나라의 지정폐기물에 해당하는 일본의 유해폐기물의 처리 기준을 비교분석해 보기 위한 과거 일본에서의 유해폐기물 판정기준의 개요를 표시한 것이며, 판정 방법의 개요는 표 5-16에 표시하였다. 판정기준은 매립처분하는 경우 물론 용출시킨 검액에 대하여 분석하는 용출값으로 정하고 있으며, 해양투입처분하는 경우에는 유해물질의 함유농도로 정하고 있다. 판정기준에 의해 유해물질은 차단형 매립처분지에서 최종처분을 하든가 중간처리를 하여 관리형 매립처분지에서 최종처분을 한다.

해양투기는 과거 우리나라뿐만 아니라 모든 국가에서 육상처리보다 처리비용이 저렴하다는 이유로 해양투기가 성행하였으나 우리나라에서는 1996년 런던의정서에 의거하여 2001년부터 유기성슬러지는 물론 2005년부터 음식쓰레기의 직매립을 금지시켰으며, 2012년부터는 유기성폐기물의 해양투기가 전면 금지되어 현재는 해양투기가 거의 발생되지 않고 있다.

일본에서도 런던의정서에 의거 2007년 해양투기금지법이 발효되어 현재는 모든 폐기물의 해향투기가 일어나지 않는 것으로 보고되고 있다.

차단형, 관리형 매립처분에 대해서는 제9장의 최종처분장에서 상세히 설명하기로 한다.

5.7.2 처리 · 처분방식

전술과 같이 지정시설에서 배출하는 모든 유해물질은 어떠한 형태로든 무해화처리를 하며, 처리한 것에 대해서는 다시 판정시험을 하여 판정기준에 적합여부를 확인하고 있다. 유해물질의 판정, 중간처리, 최종처분을 도시하면 그림 5-21과 같이 된다.

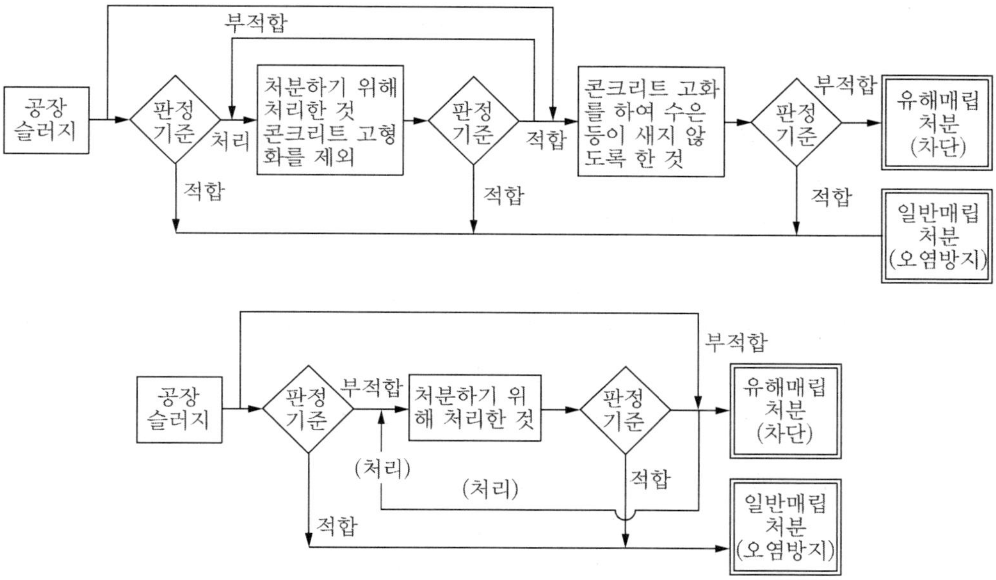

▮ **그림 5-21 유해물질처리 · 처분의 계통흐름도**

5.8 고형화

고형화(solidification)란 첨가제를 첨가함으로써 고형화 공정이 진행되는 동안 폐기물의 장력, 압축성, 투수성 등의 물리적 성질이 변하는 공정으로 정의되고 있으며, 안정화(stabilization)란 첨가제를 첨가함으로써 폐기물로부터 오염물질의 이동속도를 감소시키고 폐기물의 독성을 감소시키는 공정으로 폐기물의 화학적 안정화를 꾀하는 공정이다.

무해화 매립 프로세스에는 시멘트 및 소량의 첨가제를 가하여 지정폐기물과 혼연하여 유해물의 용출을 방지하는 안정화처리방식(stsbilization)과 시멘트 등을 혼합하여 고형화·성형화하는 고형화처리방식(solidification), 정련 등의 자원으로서 재이용하는 자원화방식(resource recovery) 있다.

일반적으로 고화처리란 폐기물을 고체형태로 고정시키는 물질과 혼합시킴으로써 고체구조 내에 폐기물을 물리적으로 고정시키고 화학적으로 안정화시키는 처리방법이다.

물리적으로 고립되고(physically isolated) 화학적으로 안정된(chemically stabilized)폐기물 성분은 자연계로의 유출률이 매우 느려지므로 환경오염 가능성이 그만큼 낮아지게 된다. 가장 큰 단점은 고화처리된 폐기물은 부피가 증가해 처분비용이나 운반비용이 증가한다는 점이다.

일반적으로 최종처분을 위한 고화처리의 목적은 다음과 같다.

① 폐기물을 다루기 용이하게 한다.
② 폐기물 표면적의 감소에 따른 폐기물성분의 손실을 줄임
③ 폐기물 내의 오염물질의 용해도감소
④ 폐기물의 독성 감소

고화처리는 적용폭이 넓지만 일반적으로 무기성폐기물에 가장 적합하다. 고화처리 방법 선택 시 유의해야 할 사항은 폐기물과 처리방법의 양립성, 공정의 비용, 부피의 증가, 전처리방법 및 처분방법 등이 포함되어야 한다.

대표적인 고화처리방법은 다음과 같이 분류하기도 한다.

① 시멘트기초법(cement-based processes)
② 석회기초법(lime-based processes)
③ 열가소성 플라스틱법(thermoplastic techniques)
④ 유기중합체법(organic polymer techniques)
⑤ 피막형성법(surface enacpsulation techniques)
⑥ 자가시멘트법(self-cementing techniques)
⑦ 유리화법(glassification techniques)

상기 7가지 방법은 화학적 방법과 물리적 방법으로 구별될 수 있다. 시멘트기초법, 석회기초법, 자가시멘트법 그리고 피막형성법 등은 폐기물성분과 고화재 사이의 화학적 반응의 주된 처리법으로 화학적 방법으로 분류될 수 있다. 열가소성 플라스틱법, 유기중합체법 및 유리화법은 고화재에 의하여 폐기물성분을 물리적으로 고립시키는 것이 주된 처리법이며 물리적 방법으로 분류될 수 있다. 또한 고화재가 유기성인가 무기성인가의 여부에 따라서 유기적방법과 무기적방법으로 구별되는데 무기적방법은 다음과 같다.

① 시멘트기초법 ② 석회기초법
③ 자가시멘트법 ④ 유리화법

또한 폐기물의 고화처리는 매립을 목적으로 하였으나 현재에는 매립지 부족현상과 매립시 발생되는 2차적인 환경오염 등의 문제로 인하여 고화처리기술을 이용한 자원화로서 매립재 및 복토재, 성토재, 노상·노반재, 시멘트 벽돌, 블록, 차수재 지반개량재 등의 유효이용에 관한 연구가 활발히 진행되고 있으며, 고화처리에 의한 유효이용 대상 폐기물은 주로 무기성 폐기물이었으나 최근에는 폐기물의 종류에 관계없이 유기물이 다량 함유된 하수슬러지 등의 유기성 폐기물에도 고화처리가 적용되고 있다.

특히 하수슬러지, 중금속이 함유된 폐수슬러지, 제지슬러지, 도금슬러지 등은 일본,미국 등과 같이 우리나라에서도 고화처리를 의무화시켜 나아가고 있으며, 이는 중금속이 함유된 슬러지류의 매립시 고화처리에 의한 압축성 및 투수성의 감소효과와 중금속 용출방지 효과를 목적으로 하고 있다.

폐기물의 고형화 처리 효과는 수분함량, 입도배합, 고화재 첨가량, 다짐정도, 시료의 물리·화학적 성질 등에 따라 변화한다. 따라서 이용목적에 따라 폐기물의 종류, 적정 고화재의 선정 및 첨가량 결정, 최적함수량, 다짐방법 등을 결정하여야 한다. 특히 고화처리에 의한 자원화를 목적으로 하는 경우에는 폐기물의 종류 및 이용목적에 따른 고화처리 최적조건을 알아내어 가장 효율적인 고화재 첨가량 범위 및 수분함량의 범위를 결정하여야 한다.

또한 폐기물의 고화처리시 자주 이용하는 고화처리 설계지표를 나타내면 다음과 같다.

① 혼합율(mixing ratio, MR)

$$\mathrm{MR} = \frac{M_s}{M_w} \tag{5.8}$$

여기서, M_s : 고화재(stabilizer)의 질량
M_w : 폐기물(waste)의 질량

② 고화처리된 폐기물의 질량(M_f)

$$M_f = M_w + M_s \tag{5.9}$$

③ 체적변화율(volume change factor, VCF)

$$\mathrm{VCF} = \frac{V_f}{V_i} \tag{5.10}$$

여기서, V_i : 고화처리 전의 폐기물 부피
V_f : 고화처리 후의 폐기물 부피

또한 고화처리된 폐기물의 밀도를 ρ_f, 고화처리 전의 폐기물 밀도를 ρ_t 라 하면 다음 식

과 같이 나타낼 수 있다.

$$VCF = \frac{V_f}{V_i} = \frac{M_f/\rho_f}{M_w/\rho_i} = \frac{M_f \cdot \rho_i}{M_w \cdot \rho_f} = \frac{(M_w + M_s) \cdot \rho_i}{M_w \cdot \rho_f}$$
$$= \frac{(1+MR) \cdot \rho_i}{\rho_f} \tag{5.11}$$

5.8.1 고화처리방법별 개요

1) 시멘트기초법

가장 흔히 사용되는 고화처리방법 중의 하나이며, 고화제로는 포틀렌드 시멘트를 이용하는데 이 방법은 고농도의 중금속 폐기물에 적합하다. 왜냐하면 시멘트 혼합물에 의해 대부분의 다원자가 중금속 이온들이 용해되지 않는 수산화물이나 탄산염으로 침전되기 때문이다. 이 공정에서도 첨가제를 혼합해주는데 이는 고형물의 물리적 특성을 개량하고 고형화된 슬러지로부터 빠져나오는 폐기물 성분의 유출을 줄이기 위해 첨가하는 것으로 대부분이 특허제품이다. 흔히 쓰이는 첨가제로는 액상규산소다(souble sodium silicate)와 양이온 치환능력이 높은 점토 등이다.

일반적인 보통 포틀란트 시멘트 화합물의 조성은 표 5-17과 같으며, 폐기물과 고화제에 의한 수화반응 생성물은 다음과 같다. 표 5-18은 중금속 고정능력표이며, 표 5-19는 유해 중금속 화합물의 안정화된 최종화합물이다.

① 규산 석회수화물($CaO\text{-}SiO_2\text{-}H_2O$: CSH계 반응생성물)

$2(3CaO \cdot SiO_2) + 6H_2O \rightarrow 3C_2O \cdot 2SiO_2 \cdot 3H_2O + 3Ca(OH)_2$

$2(2CaO \cdot SiO_2) + 4H_2O \rightarrow 3C_2O \cdot 2SiO_2 \cdot 3H_2O + Ca(OH)_2$

표 5-17 포틀랜드 시멘트의 화합물 조성

화학식	약자	이름	명칭	%
$3CaO \cdot SiO_2$	C_3S	Tricalcium silicate (규산 3석회)	Alite	50
$2CaO \cdot SiO_2$	C_2S	Dicalcium silicate (규산2석회)	Belite	25
$3CaO \cdot Al_2O_3$	C_3A	Tricalcium aluminate (알루민산 3석회)	Aluminate	10
$4CaO \cdot Al_2O_3 \cdot Fe_2O_3$	C_4AF	Tetracalcium aluminoferrite (알루민산 4석회)	Celite	10
$CaSO_4 \cdot 2H_2O$	CS	calcium sulfate(황산칼슘)	Gypsum	5

표 5-18 중금속 고정능력

유해중금속	초조강 cement		보통 portland cement	
	중금속 고정량	양생일수	중금속 고정량	양생일수
T-Hg	100	28	50	28
Cd	5000	3	3000	28
Pb	1000	3	500	28
Cr^{+6}	5000	7	300	28
As	50	28	30	28
CN^-	50	7	10	28

표 5-19 유해 중금속 화합물의 안정화된 최종화합물

중금속	pH	사용약제	반 응 식
Cr^{+6}	4 이하	$FeSO_4 \cdot 7H_2O$	$H_2Cr_2O_7 + 6FeSO_4 \cdot 7H_2O + 6H_2SO_4 = Cr_2(SO_4)_3 + 3Fe_2SO_4 + 14H_2O$
	4 이하		$2H_2Cr_2O_3 + 6NaHSO_3 + 3H_2SO_4 = 2Cr_2(SO_4)_3 + 3Na_2SO_4 + 8H_2O$
	4 이하		$H_2Cr_2O_7 + 3H_2SO_4 = Cr_2(SO_4)_2 + 4H_2O$
Cr^{+3}	7 전후	$Ca(OH)_2$	$Cr_2(SO_4)_3 + 3Ca(OH)_2 = 2Cr(OH)_3 + 3CaSO_4$
	7 전후	NaOH	$Cr_2(SO_4)_3 + 6NaOH_2 = 2Cr(OH)_3 + 3NaSO_4$
Cd	11~13	$Ca(OH)_2$	$CdSO_4 + Ca(OH)_2 = Cd(OH)_2 + CaSO_4$
	11~13	NaOH	$CdSO_4 + 2NaOH = Cd(OH)_2 + NaSO_4$
	9.5~10	Na_2CO_3	$CdSO_4 + Na_2CO_3 = CdCO_3 + NaSO_4$
Pb	9 전후	H_2S	$PbSO_4 + H_2S = PbS + H_2SO_4$
	9 전후	Na_2S	$PbSO_4 + Na_2S = PbS + Na_2SO_4$
	9 전후	Na_2CO_3	$PbSO_4 + Na_2CO_3 = PbCO_3 + Na_2SO_4$
Hg	9~10	H_2S	$HgCl_2 + H_2S = HgS + 2HCl$
	9~10	Na_2S	$HgCl_2 + Na_2S = HgS + 2NaCl$
Cu	7~11	$Ca(OH)_2$	$CuSO_4 + Ca(OH)_2 = Cu(OH)_2 + CaSO_4$
	7~11	NaOH	$CuSO_4 + 2NaOH = Cu(OH)_2 + Na_2SO_4$
Zn	9~10	$Ca(OH)_2$	$ZnSO_4 + Ca(OH)_2 = Zn(OH)_2 + CaSO_4$
	9~10	NaOH	$ZnSO_4 + 2NaOH = Zn(OH)_2 + Na_2SO_4$
As	7~9	$Ca(OH)_2$	$2Na_3AsO_4 + 3Ca(OH)_2 = Ca(AsO_4) + 6NaOH$
	7~9	$FeSO_4$	$2Na_3AsO_4 + 3FeSO_4 = Fe_3(AsO_4)_2 + 6NaOH$
	5~6	H_2S	$2H_3AsO_4 + 5H_2S = As_2S_5 + 8H_2O$
	5~6	Na_2S	$2H_3AsO_4 + 5Na_2S = As_2S_5 + 10NaOH$

② 알루민산 석회수화물($CaO-Al_2O_3-H_2O$: CAH계 반응생성물)

$2C_3A + 27H_2O \rightarrow C_4AH_{10} + C_2AH_8$

$C_4AH_{19} + C_2AH_8 \rightarrow 2(C_3AH_{16}) + 15H_2O$

$C_4AF + (8+n)H_2O \rightarrow C_2AH_8 + C_2FH_n$

$C_4AF + 3CaSO_4 + 32H_2O \rightarrow C_3(AF) \cdot 3CaSO_4 \cdot 32H_2O + Ca(OH)_2$

③ 가수 Gehlenite 수화물($CaO-SiO_2-Al_2O_3-H_2O$: C－S－A－H계 반응 생성물)

고로수쇄 Slag의 수화반응 과정과 fly ash의 pozzolanic reaction 과정에서 생성되며, $Ca(OH)_2$와 점토광물과의 반응에서도 CASH 생성물이 생성된다. 포졸란 반응과정에 있어 가수 gehlenite 수화물의 생성은 점토광물 중의 Si 및 Al성분의 반응성이 현저한 처리토 중에서 석회량이 상대적으로 적은 경우에 발생한다.

④ 알루민산 황산칼슘석회수화물($CaO-Al_2O_3-CaSO_4-H_2O$: C－A－CS－H계 반응생성물)

알루민산 황산칼슘 수화물은 고황산염형의 Ettringite 수화물과 저황산염형의 Monosulfate 수화물의 두 가지 형태로 분류된다. 석회 및 석고의 농도가 높은 경우에는 Ettringite가 생성되며, 액상 중의 SO_4^{-2} 농도가 낮은 경우에는 Monosulfate수화물이 생성된다.

또한 $MgSO_4$와 Na_2SO_4의 존재 하에서는 우선 $Ca(OH)_2$와 CSH계 수화물과 반응하여 석고를 생성한다. 이렇게 생성된 석고는 C_3A와 반응하여 Calcium Sulfoaluminate sulfate 공급이 충분할 때 생성되는 안정화된 수화물로 다시 Sulfate 이온이 공급되면 Monosulfate는 Ettringite로 되며, 석회와 비교해서 석고의 농도가 낮은 경우에는 결정형태가 판상인 Monosulfate수화물로 생성된다.

$Ca(OH)_2 + MgSO_4 + H_2O \rightarrow CaSO_4 \cdot 2H_2O + Mg(OH)_2$

$Ca(OH)_2 + Na_2SO_4 + H_2O \rightarrow CaSO_4 \cdot 2H_2O + Na_2(OH)_2$

$C_xS_yH_z + xMg_2SO_4 + (3x+0.5y-z)H_2O$

$\rightarrow xCaSO_4 \cdot 2H_2O + xMg(OH)_2 + 0.5y\ 2SiO_2 \cdot H_2O$

ⓐ Ettringite 수화물 : $C_3A + 3CaSO_4 + 32H_2O \rightarrow C_3A \cdot 3CaSO_4 \cdot 32H_2O$

ⓑ Monosulfate 수화물 : $C_3A + CaSO + 12H_2O \rightarrow C_3A \cdot CaSO_4 \cdot 12H_2O$

이러한 시멘트의 수화반응에 의한 수화물질의 생성은 응결(setting)단계를 거쳐 경화(hardening)한다. 즉, 그림 5-22에서 보는 바와 같이 시멘트에 적당량의 물을 넣고 혼합하여 서서히 응결반응이 일어나고 시멘트와 폐기물 및 물과의 사이에 일어나는 화학반응 및 물리적 상호적용에 의한 고화체의 파괴강도가 서서히 증가함으로써 경화반응이 일어나는 것이다.

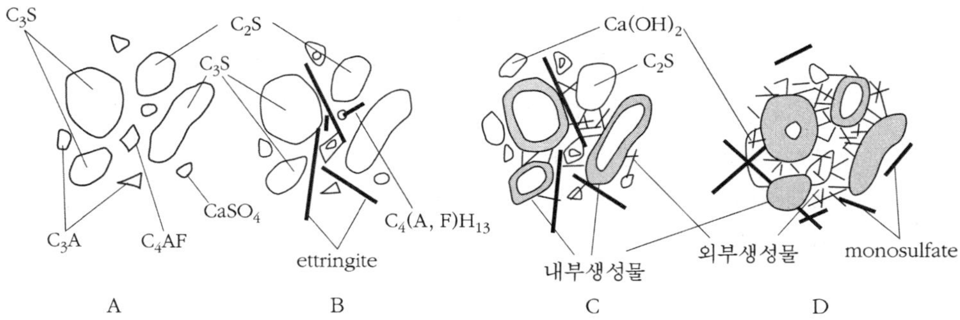

▌그림 5-22 수화반응과정

2) 석회기초법

콘크리트와 같은 고형물을 얻기 위하여 석회와 함께 미세한 포졸란(pozzolan)물질(규소를 다량 함유)을 폐기물과 섞는 방법이다. 이 처리에서 가장 일반적으로 쓰이는 포졸란 물질인 일종의 폐기물은 fly ash, slag, cement-kiln dust 등이 있다. 따라서 이 방법은 동시에 두 폐기물을 처리할 수 있는 처리공정이다. 석회를 기초로 하고 포졸란물질과 함께 섞어서 시멘트기초법과 같은 효과를 얻는 공정이므로 석회기초법이라고 하며, 또는 포졸란물질을 함께 섞어서 시멘트 기초법과 같은 효과를 얻는 공정이므로 포졸란법이라고도 한다. 즉, 석회기초법은 다음과 같이 간단히 표현할 수 있다.

폐기물 + 석회 + 포졸란 → 고형화

포졸란물질은 규소를 함유하는 미분상태의 물질을 말하며, 석회와 결합하여 불용성, 수밀성 화합물을 형성한다. 포졸란 물질을 시멘트와 혼합하여 사용하면 $Ca(OH)_2$가 소모되면서 수화된 공시체의 $CaO\text{-}SiO_2\text{-}H_2O$ 비율을 증가시키고 workability가 증가되어 수화열이 낮아지며, 초기강도는 저하되나 장기양생일수의 강도를 증진시킨다.

포조란은 조성이 다양하며 aluminate가 있는 경우에는 $CaO\text{-}Al_2O_3\text{-}H_2O$ 수화물을 생성시켜 경화하며, 대표적인 화학적 성분은 SiO_2, Al_2O_3, CaO, Fe_2O_3순으로 조성되어 있고 포졸란 활성에 기여하는 성분은 SiO_2와 Al_2O_3이다.

3) 열가소성 플라스틱법

방사능폐기물의 처분에 사용되기도 하는 방법이다. 고온(130～150℃)에서 열가소성 플라스틱과 건조된 폐기물을 혼합하여 냉각시킴으로써 고형화시키는 처리방법이다. 이와 같은 처리방법에는 paraffin, bitumen, polyethylene과 같은 열가소성 유기물질이 이용된다.

4) 유기중합체법

폐기물의 고형성분을 스폰지와 같은 유기중합체에 물리적으로 고립시키는 방법으로 핵 폐기물 처리에 많이 사용되어 왔다. 유기중합체법 중 가장 흔한 방법은 UF (urea-formaldehyde)방법이다. 중합된 물질은 폐기물과 화학적으로 결합하지 않고 중합 후에는 물이 남게 되므로 최종처분 전에 건조시켜야 한다. 또한 일반적으로 2차 용기에 담아 처분하는 것이 보통이다.

5) 피막형성법

일반적으로 폐기물을 건조시켜야 하며, 건조된 폐기물 1,2-polybutadiene과 같은 결합체(binder)와 섞은 후 이 혼합물을 약간의 고온에서 당분간 응고시킨다. 응고된 폐기물은 폴리에틸렌과 같은 플라스틱으로 피막이 형성되어 단단한 고체 덩어리가 된다.

6) 자가시멘트법

연소가스 탈황시 발생된 슬러지(flue gas desulfurization sludge, FGD sludge)처리에 많이 쓰인다. FGD슬러지는 많은 양의 $CaSO_4$와 $CaSO_3$를 포함한다. 이 기술은 이러한 폐기물이 스스로 고형화되는 성질을 이용하여 개발된 처리 기술이다. FGD슬러지의 실무(대개 10%)를 생석회화(calcination)한 후 여기에 소량의 첨가물을 넣어 수분량을 조절해주면 최종 생산되는 고화물은 운반하기 좋으며 투과성이 낮은 물체로 변한다.

7) 유리화법

폐기물에 규소를 혼합하여 이 혼합물을 유리화시키는 방법이다. 유리화법은 침출이 거의 일어나지 않기 때문에 2차 오염의 유발가능성 없이 처분해야 할 방사능 폐기문과 독성이 매우 강한 산업폐기문과 같은 물질에만 적용한다.
고화처리방법과 폐기물 성분의 양립성은 폐기물 고화처리 시 반드시 검토해야 할 주요한 사항이며 요약하면 다음과 같다.

① 유기용매/기름 – 일반적으로 부적합
② 산화제 – 유기공정에 부적합
③ 할로겐족 – 시멘트/석회기초법에서 침출 가능성 높음
④ 중금속, 방사능 물질 – 일반적으로 적합

현행 폐기물관리법산(법 제12조 및 시행규칙 제6조) 지정폐기물의 처리기준 및 방법에 의하면 고화체 내의 시멘트양은 150 kg/m^3 이상으로 규정되어 있으며, 과거 폐기물관리법상의 고화체의 압축강도 규정은 최소 10 kg/cm^2이었다. 그리고 시멘트 기초법의 장점은

① 원료가 풍부하고 값이 저렴하다.
② 시멘트 혼합과 처리기술이 잘 발달되어 있고 특별한 기술이 필요치 않으며 장치이용이 쉽다.
③ 폐기물의 건조나 탈수가 필요치 않다.
④ 다양한 폐기물을 처리할 수 있다.
⑤ 사용되는 시멘트의 양을 조절함으로써 폐기물 콘크리트의 강도를 높일 수 있다(용출특성에 따라 보도블록 등으로 사용할 수 있음).

반면 단점으로는

① 시멘트와 그 밖의 첨가제는 폐기문의 무게와 부피를 증가시킨다.
② 낮은 pH에서 폐기물 성분의 용출 가능성이 있다.

그리고 지정폐기물을 고화 처리한 후 적정처리 여부를 시험 또는 조사하는 항목으로는

① 물리적 시험(압축강도, 투수율, 내구성(wet/dry, freeze/thaw resistance) 및 밀도
② 화학적 시험(용출시험)

이 있다.

시멘트 기초법 이외의 고화처리에 대한 각 방법별 장단점은 표 5-20과 같다

표 5-20 고화처리 각 방법의 장단점

방법	장 점	단 점
석회기초법	(1) 이 물질은 기격이 매우 싸고 널리 이용가능하다. (2) 공정에 요구되는 운전이 간단하고 널리 이용된다. (3) 석회－포졸란 반응의 화학성은 간단하고 잘 알려져 있다. (4) 흔히 탈수가 필요하지 않다. (5) 두 가지 폐기물을 동시에 처리할 수 있다.	(1) 최종처문 물질의 양이 증가한다. (2) pH가 낮을 때 폐기물 성분이 용출가능성이 증가한다.
열가소성 플라스틱법	(1) 용출 손실율은 시멘트 기초법에 비해 상당히 낮다. (2) 대부분의 매트릭스 물질은 수용액의 침투에 저항성이 매우 크다. (3) 고화처리된 폐기물성분을 나중에 회수하여 재활용할 수 있다.	(1) 크고 복잡한 장치와 고도의 숙련된 기술이 필요하다. (2) 높은 온도에서 분해되는 물질에는 사용할 수 없다. (3) 폐기물은 건조시켜야한다. (4) 처리과정에서 화재의 위험성이 있다 (5) 에너지 요구량이 크다. (6) 혼합율(MR)이 비교적 높다.

유기중합체법	(1) 혼합율(MR)이 낮다. (2) 저온도 공정이다.	(1) 중합에 사용되는 어떤 촉매는 상당한 부식성이 있으며 특별한 혼합장치와 용기라이너가 필요하다. (2) 고형성분만이 처리가능하다. (3) 고화처리된 폐기물은 처분 시 2차 용기에 넣어 매립해야 한다.
피막형성법	(1) 낮은 혼합율(MR)을 가진다. (2) 침출성이 가장 낮다.	(1) 많은 에너지를 요구한다. (2) 값비싼 시설과 숙련된 기술을 요구한다. (3) 피막형성을 위한 수지 값이 비싸다. (4) 화재의 위험성이 있다.
자가시멘트법	(1) 혼합율(MR)이 낮다. (2) 중금속의 저지에 효율적이다. (3) 탈수 등 전처리가 필요 없다.	(1) 장치비가 크며 숙련된 기술을 요한다. (2) 보조 에너지가 필요하다. (3) 많은 황화물을 가지는 폐기물에만 적합하다.
유리화법	(1) 첨가제의 비용이 비교적 싸다. (2) 2차 오염 물질의 발생이 거의 없다.	(1) 에너지 집약적이다. (2) 특수 장치와 숙련된 인원이 필요하다.

5.8.2 안정화 방식

전술한 바와 같이 유해물질을 포함하는 고함수율(70～80%)의 슬러지와 보통시멘트 또는 고로시멘트에 혼연하여 적당한 기간 동안 양생하여 함수율을 낮추고 안정화한 후 매립 처분하는 방식이다. 최근에는 하수의 탕수슬러지에도 이 방식이 채용되며 소각회를 가한 2000t/24h의 특수시멘트에 의한 안정화, 고화처리 플랜트가 동경매립지에 건설되어 1978년 4월부터 운전되고 있다.

1) 처리프로세스 예 : 일본크린 오오사까센터

일본의 오오사까시는 시내 각 공장에서 배출하는 중금속을 함유하는 폐수처리 슬러지의 처리・처분을 위해 최대처리능력 40 t/일의 시멘트 고화처리시설을 공공시설로서 건설하였으며, 오오사까 산업폐기물처리회사에 이 시설의 운영관리를 위탁하여 1977년 5월부터 조업을 개시하고 있는데 처리대상물은 표 5-21과 같다. 또한 오오사까시 단독의 용출시험의 기준에 합격하여도 이러한 폐기물은 전량 고화처리를 의무화하고 있다.

기타 유해물질을 포함하는 슬러지 및 분진으로서 처리. 처분이 곤란한 것은 사전에 충분히 고화처리에 대한 적정시험을 실시하고 나서 반입을 결정한다.

혼연 고화프로세스는 다음의 순서로 운영된다.

① 포크리프트에 의해 폐기물을 텀블링리프트에 투입한다.

② 텀블링프트에서 슬러지혼합기로 폐기물을 투입한다.

③ 환원제 $FeSO_4$를 혼입한다.

④ 중금속 고정제(규산염계, 황화물계 등)를 혼입한다.

⑤ 시멘트를 혼입한다(시멘트의 첨가량은 약 30%, 첨가제를 넣는 경우에는 시멘트 15% + 첨가제이다).

⑥ 슬러지혼합기에 약 5～8분간 혼연한다.

⑦ 슬러지혼합기에 나온 혼화물을 양생장으로 옮긴다.

⑧ 일정기간(2～3주간) 양생한 후 매립처분한다.

표 5-21 고화처리대상물

업 종	폐기물
화학비료(인산계) 제조업	폐수처리 슬러지(인산여과제 등)
수은전해법에 의한 가성소오다, 가성칼리제조업	염수맷드
유해물질을 원료로 한 무기안료제조업	폐수처리 슬러지 폐활성탄
전기도금업	폐수처리 슬러지
도료제조업	폐도료 소각잔재
사진폐액중간처리업	중간처리 잔사
	폐수처리 슬러지

5.8.3 콘크리트 고형화 처리

그림 5-23에 도시한 바와 같이 프로세스의 계통 흐름도에는 ①, ②의 방법이 있는데 슬러지는 피트에서 비산하지 않도록 벨트컨베이어로 수송하여 평량한 후 혼연기(batchplant)에 투입한다. 고화제로서의 시멘트는 사이로에서 스크류컨베이어로 반송하고 평량한 후 혼연기에 투입하며 슬러지의 종류에 따라 첨가제(경화조제) 및 흡착조제를 혼입한다. 물을 가한 후 각종 슬러지의 성상에 따라 적합한 시간동안 회전시켜 섞은 혼합물은 가압 성형기에 투입하여 가압성형 후 탈형하여 28일 정도의 양생을 한 후(수중양생, 증기양생, 상온대기양생 등) 소정의 강도를 확인한 후 처분지로 반출한다. 고화설비의 예를 그림 5-24에 표시하였다.

(1) 반입슬러지는 함유 유해물질을 분석검사한 후 프로세스를 결정하는 것을 원칙으로 하며 혼엽조작에 들어가기 전에 반드시 재령 7일의 고화체 시료의 강도 및 유해물질의 용출을 실험하여 "특정기준"에 하벽 여부를 판정하여야 한다. 불합격한 것에 대해서는 프로세스를 재검토한 후 재시료 작성에 의한 수법에 의하지만 프로세스를 결정할 때에는 슬러지의 성상에 따라 ω/C (물 · 시멘트 비) 및 C/S (시멘트 · 슬러지비)의 적량을 판단하여야 한다. 고형화의 원칙은 유해문질을 시멘트에 의한 고화 처리

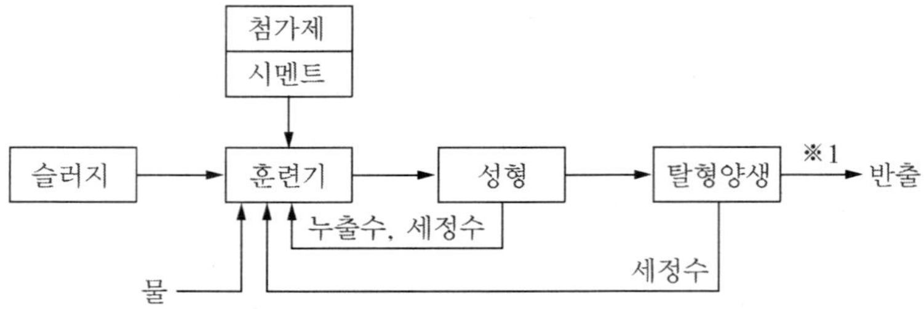

① [ω/C=0.9~1.2(1.0 전후) → 종래의 콘크리트 공법에 준한다.

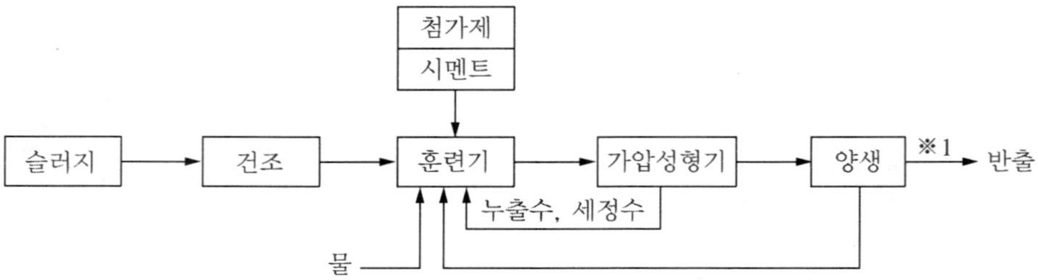

② [ω/C=0.4 → 기존의 블록 제조공정에 준한다.

주) ※ 1 양생＝수중양생, 증기양생, 대기양생
※ 2 건조온도는 100℃ 이하로 하고 증기의 처리시설을 설치한다.

▮ 그림 5-23 콘크리트 고형화 프로세스의 계통흐름도

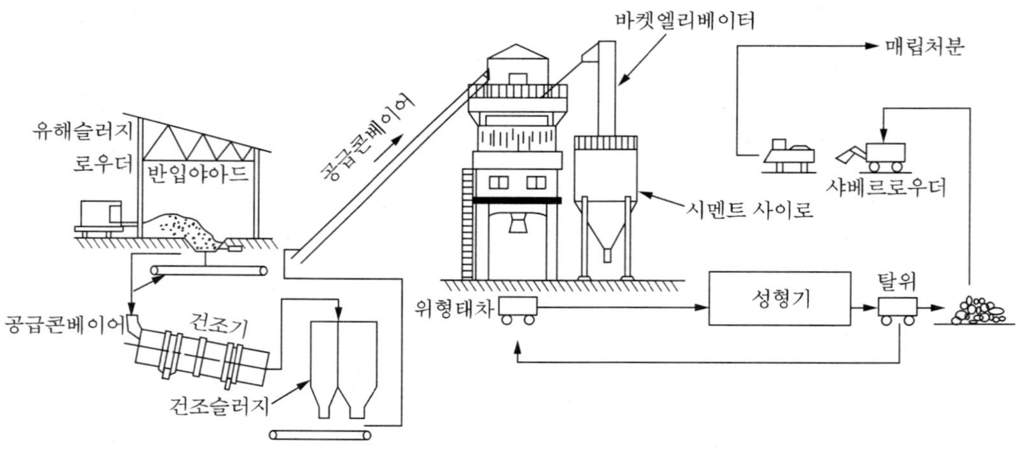

▮ 그림 5-24 유해슬러지 고화설비의 예

함으로써 물리적인 강고를 유지하여 누출을 막고 화학적인 용출을 막을 수가 있으며 또한 소정의 안전한 강도를 주는 주인자인 ω/C및 C/S를 신중하게 결정하여야 한다. 또 첨가제(경화조제)를 적량 혼입하고 콘크리트 피복보강재로서 골재, 철재 등을 삽입하는 것도 고려한다.

(2) 콘크리트 고형화 공정에서의 성형으로서는 프로세스 계통 흐름도에 표시한 것과 같이 ①, ②의 방법으로 하고 있다

① 종래의 콘크리트공법에 준하여 혼연혼합물은 형틀에 주입하여 성형을 한 후 소요일수의 경화 후 탈형 양생을 하는 방법이며 일반적으로 높은 ω/C가 되어 작업능(workability)에 문제가 있다

② 종래의 블록 제조 공정에 준한 혼연혼합물을 가압・성형한 후, 즉시 양생하여 경화 시키는 방법이며 일반적으로 낮은 ω/C가 되어 작업능에 비교적 문제가 없으나 반입된 고함수율의 슬러지(함수율 85% 정도)를 건조 공정에서 함수율 40% 정도까지 건조시켜야 한다. 그러나 어느 건조방법을 사용하여도 이 공정에서 발생하는 분진의 처리시설을 설치할 필요가 있다. 일본의 콘크리트 고형물의 기준은 표 5-22와 같으며, 우리나라의 경우 일본의 매립기준과 같이 일축압축강도 10 kg/cm^2 이상으로 규정하였으나 폐기물관리법 개정 이후 지정폐기물의 고화처리 시 1 m^{3}당 150 kg 이상의 보통포틀란드시멘트를 혼합하도록 규정하고 있다.

표 5-22 콘크리트 고형화 기준

처분법	기 준			
	결합제	강도	크기・형상	비고
매립	수경성시멘트콘크리트 고형화물 1 m^{3}당 150 kg 이상	1축압축강도 10 kg/cm^2 이상	체적(cm^2)/표면적(cm^2) > 1 최대치/최소치 < 2 최소치 > 5c m	
해면매립				
해양투입	수경성시멘트	1축압축강도 100 kg/cm^2 이상	최적(cm^3)/표면적(cm^2) > 1 최대치/최소치 > 3 최소치 > 30 cm	슬러지와 수경 시멘트가 균질하게 혼합되는 방법

5.9 자원화 · 처리각론

5.9.1 폐유

유류에는 광물유와 동식물 유지가 있으며, 그 특성을 살려서 여러 가지의 용도로 사용하고 있는데 일반적으로 광물유 폐유를 분류하면 표 5-23과 같다. 폐유의 발생량은 유분 환산으로 원유 사용량의 약 0.4%라 하는데 그 실태를 파악하기란 대단히 어렵다.

폐유는 귀중한 에너지원이므로 현재 윤활유계 폐유와 같이 재생이 가능한 것은 재생하고 또 연료로서 재이용하고 있으나 폐유는 일반적으로 수분이나 금속 기타 여러 가지 물질을 포함하고 있는 경우가 많으므로 분리된 폐수나 기름찌꺼기는 적절히 처리되어야 한다.

표 5-23 폐유의 종류

종류	유종
연료유 폐유	중유, 등유, 경유, 가솔린 등 탱크바닥 기름
윤활유계 폐유	자동차용 각종 엔진유, 모타유, 모터유, 기계유, 스핀들유, 콤프레셔유, 터어빈유, 기어유 등
세정유 폐유	휘발유, 등유, 경유 등
특수폐유	냉동기유, 전기절연유, 각종 공작기유(절삭유, 수압기유 등), 프래싱유, 크리이닝유 등
기타	그리이스, 타르피치 등

그림 5-25는 일본석유사업협동조합의 처리시스템 예로서, 가솔린스탠드 약 600대에서 배출되는 가솔린스탠드의 폐유(윤활유) 및 기름과 물이 분리된 슬러지 등의 석유계 폐기물을 적정하게 처리함으로써 지역 환경의 보전과 항만의 정화에 기여할 목적으로 1972년 1월에 설립되었으며 처리플랜트를 1974년 3월부터 가동하고 있다. 처리프로세스의 계통흐름도는 그림 5-25와 같으며, 폐유를 유수분리하여 기름을 회수하는 프로세스와 기름찌꺼기를 소각처리하기 위한 로타키킬른으로 구성된 프로세스의 두 가지로 되어있다. 처리능력은 폐유회수 프로세스가 550 kL/월, 기름찌꺼기 처리 프로세스가 100 t/월이다. 유수 분리된 폐수는 유수 분리, 응집 부상분리를 거친 후, 하수로 방류하며 또 유분함유슬러지의 소각 폐가스는 탈황, 탈진을 하고 백연을 제거한 후 대기로 방출하고 있다.

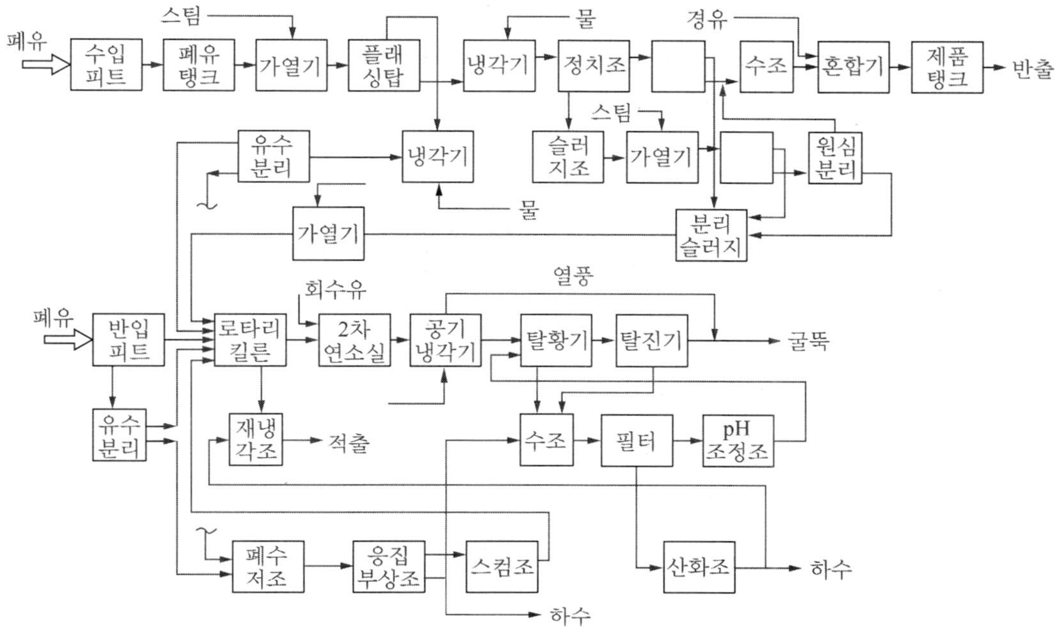

▌그림 5-25 일본석유사업협동조합의 폐유처리 계통흐름도

5.9.2 폐용제, 폐도료

폐용제의 종류나 특성은 용해해서 혼입되어 있는 물질의 종류에 따라 달라진다. 용제는 유기용제와 무기용제로 대별되는데, 유기용제는 일반적으로 비점이 낮고 휘발성이며 가연성 물질이 많고 다른 물질을 용해하는 특성이 있다. 또한 유기용제는 인체에 매우 유해하며 어떤 종류의 것은 금속이나 플라스틱 등을 침식하는 성질이 있다. 폐용제류는 주로 도료와 도장 공업에서 배출되며, 우지공업이나 고무공업, 플라스틱공업, 드라이클리닝, 금속세정, 석유공업, 그리고 필름, 접착제, 인쇄잉크, 의약품, 농약을 생산하는 공장 등 다양한 발생원에서 배출된다. 처리방법은 주로 자원의 절약과 공해 방지의 관점에서, 회수법이 중요시되고 있다. 회수법은 일반적으로 증류에 의해서 용제를 회수한 후, 잔사는 소각 처분한다. 폐용제를 다량으로 배출하는 업자에 의한 협동조합이 유효한 물질회수 및 처리를 하고 있는 시스템 예가 있어 소개한다.

그림 5-26은 일본 도료용제협업조합의 처리프로세스의 예로서 일본도료공업회의 폐용제 및 폐도료의 공동처리방침에 의해 1968년 설립, 1969년 용제의 증류, 정제장치 및 도료찌꺼기 등의 소각 장치를 설치하고 조업을 개시하였으며 1972년에는 그림 5-26(a)와 같은 용제의 주유정제에 의한 회수프로세스와 그림 5-26(b)와 같은 소각, 폐가스처리 프로세스로 구성되어 있다. 처리 대상물은 원칙적으로 조합원의 사업장에서 배출되는 폐용제, 폐

도료인데 처리능력의 범위 내에서 조합원 이외의 것도 일부 처리하고 있다. 예를 들면, 1973년도의 용제의 반입량은 1,055 t이고 폐용제의 재생량은 445 t이었다. 소각능력은 20 t/8h (10 t/8h 1기, 5 t/8h 2기)이다.

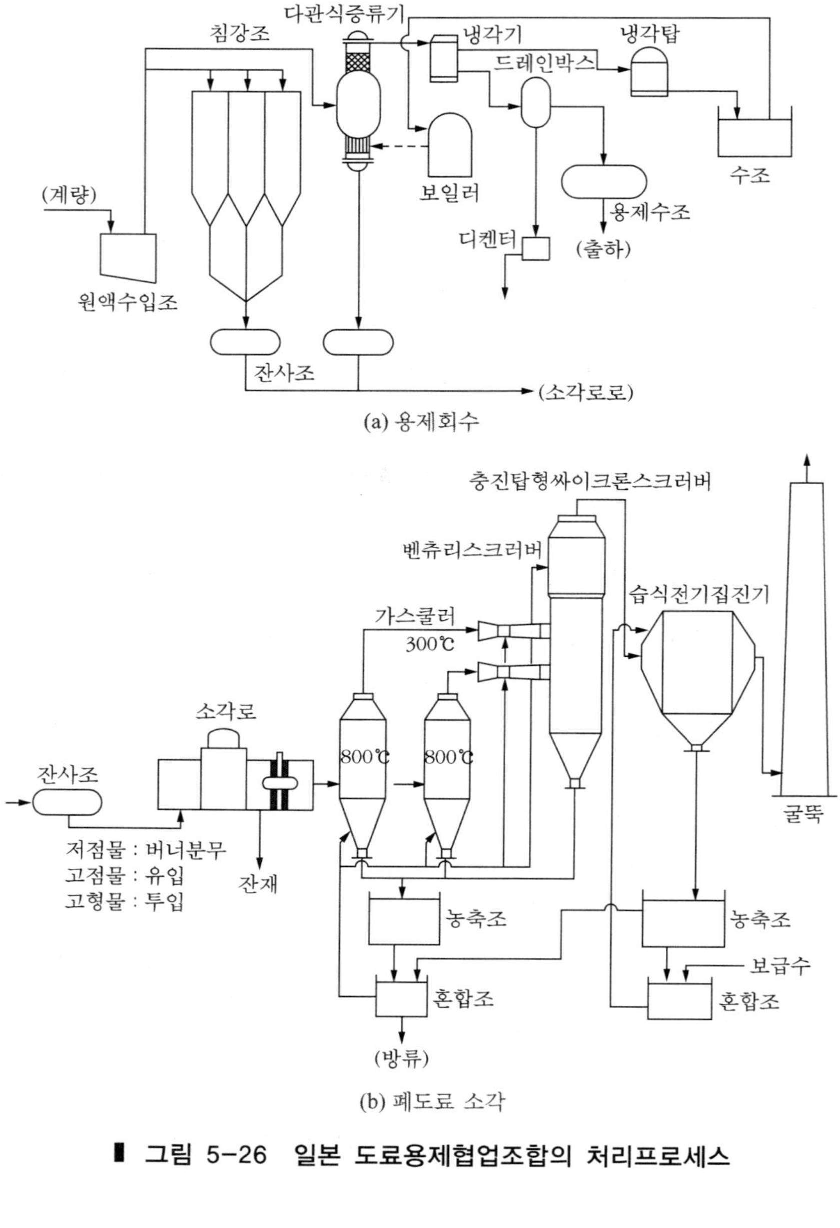

▌그림 5-26 일본 도료용제협업조합의 처리프로세스

5.9.3 폐산

폐산류는 여러 가지 용도로 나뉘어져 있고 더구나 수분을 포함하고 있는 경우가 많으며, 배출하는 공장에 따라 현저하게 다르다. 특히 강재의 산세는 종래 황산으로 많이 행하였으나, 황산산세의 경우는 물방울 발생이 많기 때문에 표면의 광택을 퇴색시켜 암색으로 되기 쉬운 결점이 있다. 그러나 산성속도가 빨라지는 등의 이점 때문에 근래 대부분 염산제로 대체되었고, 폐산의 처리회수법도 다양하게 행하여지고 있다.

1) 진공증류법

이 방법은 감압 하에서 폐염산을 가열 비등시켜 물과 함께 HCl을 방출시킨 후, 이것을 냉각 응축시켜 염산을 회수한다. 한편 농후 $FeCl_2$용액(약 35%)이 얻어지므로 여기에 Cl_2를 도입하여 $FeCl_3$액으로 하고, 에칭제로 이용한다. 이 법은 합성염산만의 고순도 염산이 회수되는 특징이 있으나, 유리된 HCl만 회수할 수 없고, 증류를 위해서 많은 열에너지를 필요로 하는 것이 문제이다.

2) 황산치환법

진공증류법이 유리된 HCl밖에 회수할 수 없는데 반하여 이 법은 폐염산에 황산을 첨가하여 복분해반응으로 $FeCl_2$를 $FeSO_4$로 전환하고, HCl을 유리시켜 폐산액 중의 모든 HCl을 회수하도록 한 것 이다. 본법은 후술하는 배소법과는 달리 상온보다 약간 높은 온도에서, 특히 완전 밀폐장치 내에서 습식으로 반응시킬 수 있다. 또한 역시 초고순도의 염산이 회수될 수 있으므로 이것은 배소법보다 우수한 것이 특징이다.

또한 본법은 다음과 같은 장점을 나타낸다.

① 장치가 간소하기 때문에 설비비가 저렴하다
② 운전조작이 간단하고 안전하게 되어 있어서 장치의 손상이 적다
③ 운전의 시동 정지가 극히 단시간에 가능하다
④ 폐염산 중에 황산이 혼입하는 경우에도 처리가 가능하다

3) 스프레이 배소법

폐염산 중에 함되는 염화제1철은 물의 존재로 고온 하에서 수중분해를 일으키기 쉬운 성질에서 착안한 것으로 다음 식과 같이 반응하여 염산을 재생한다.

$$2FeCl_{21}/2O_{22}H_2O \rightarrow Fe_2O_{34}HCl$$

본법은 영국의 우달더캄사의 노르닥 부서에서 개발한 기본기술에 기초를 두었고, 오스

트리아의 루트너사, 영국의 드라보사가 엔지니어링을 완성한 것이다. 폐산은 가압한 스프레이노즐에서 안개모양으로 분산시켜 약 800℃로 가열한 배소로 중에 공급되어, 그 중의 전수분과 HCl분을 증발시킨 후 HCl분을 물에 흡수시켜 약 18～20℃의 염산으로 회수하는 것으로, HCl의 회수율은 약 95%이다. 회수산 중에 Fe분이 0.3～0.5% 혼입되어 있으나, 산세에 재이용하는 데는 지장 없다. 또한 부산물로 나오는 Fe_2O_3은 순도는 좋지 않으나 제철원료 이외에 일부는 정제한 후 페라이트원료로 이용되고 있다.

4) 유동배소법

가 방법은 염화철의 열분해는 유동상으로 행하는 점이 노르닥법과의 차이이고, 산화철은 조작방법에 의하여 입상으로 얻어지므로 이후의 취급이 용이한 것이 장점이다. 이법에서는 원액공급용으로 고압펌프는 필요치 않으나, 유동상용의 고압 블로워를 필요로 한다. 분해 후의 공정의 공정은 노르닥법과 같고, 산회수율 및 회수산의 품위도 대략 동등한 상태이다.

5) 확산 투석법

이온교환막을 사용하여 2실로 칸막이가 된 실의 한쪽에 원 폐산을 밑에서 위로 보내고, 반대 측의 실에 청정수를 위에서 밑으로 보내줌으로써 농도차를 구동력으로 하여 원 폐산에서 물로 HCl을 이동시켜 회수하는 것이다.

본법은 설치장소가 적고 설비비도 비교적 저렴하나 농도차를 구동력으로 하는 관계로 HCl의 회수율이 낮고, 유리산의 80～90%의 회수가 한계이며, 나머지 HCl분은 $FeCl_2$와 함께 폐산 중에 함유된 채로 배출이 잘 되지 않아 중화 처리할 필요가 있다. 또 한 막의 수명이 짧아(약 3년) 미리 원폐액을 정밀여과하지 않으면 막이 막혀버릴 염려가 있는 등의 문제가 있다.

그림 5-27은 일본 폐산처리 프로세스의 예로서, 금속 표면처리설비를 갖춘 기업 약 40사를 조합원으로 각 기업에서 배출하는 폐산을 집중 처리하고 유효성분의 회수와 부산물을 재생 활용함으로써 저렴한 처리비용으로 처리목적을 달성할 수 있도록 운영되는 시스템이다.

처리프로세스는 그림 5-27(a)와 같은 폐 황산 회수 흐름도, 그림 5-27(b)에 표시한 폐염산회수 흐름도, 그리고 그림 5-27(c)의 폐수 중화처리 흐름도로 되어있다. 처리능력은 폐황산 1,300 t/월, 폐염산 330 t/월, 잡산 100 t/월, 공정폐수중화처리 2,760 t/월이다. 회수프로세스에 들어가는 폐황산은 4 wt% 이상 농도의 것, 폐염산은 25 Be' (Baume, 비중 1.21) 이상의 것으로 다른 산이 혼합되어 있지 않은 것이다. 회수프로세스에서는 부산물오서 황산철($FeSO_4 \cdot H_2O$) 및 염화제철2 ($FeCl_3$)이 얻어지며 이것들의 판매 값이 처리 비용을 크게 좌우한다.

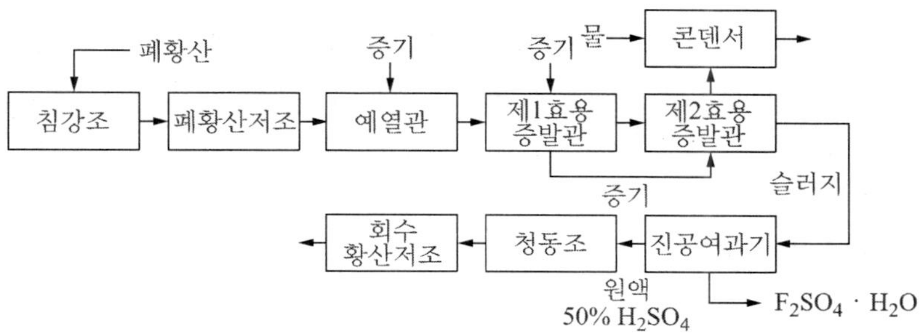

(a) 황산회수공정 흐름도

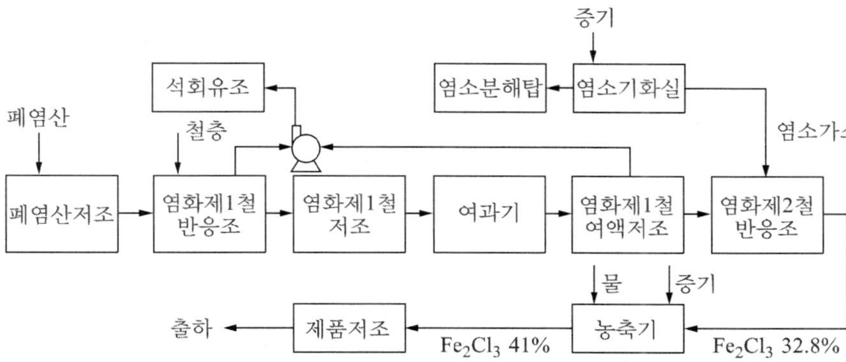

(b) 폐염산처리공정 흐름도

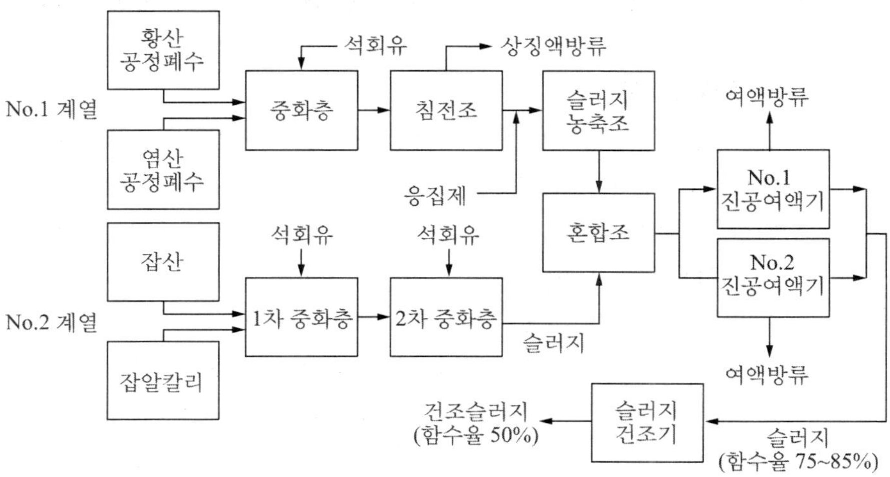

(c) 폐수중화처리공정 흐름도

▮ 그림 5-27 폐산처리센터의 처리프로세스

5.9.4 폐플라스틱

폐플라스틱은 배출하는 업종이나 배출의 형태에 따라 처리, 처분의 상황이 다르다. 수지 제조업이나 1차 가공업에서는 동일 종류의 폐플라스틱을 많은 양 배출하고 있기 때문에 펠렛화(pellet)하여 성형가공 원료로 재이용되는 비율이 높다. 제조업이나 농어업, 유통업 등에서 배출되는 것은 여러 종류의 것이 섞여 있기 때문에 봉, 갱 등의 토목용 자재나 어초 등으로 재생되고 있다. 한편 다른 쓰레기와 함께 배출되는 것은 소각 또는 매립 처분한다(그림 5-28).

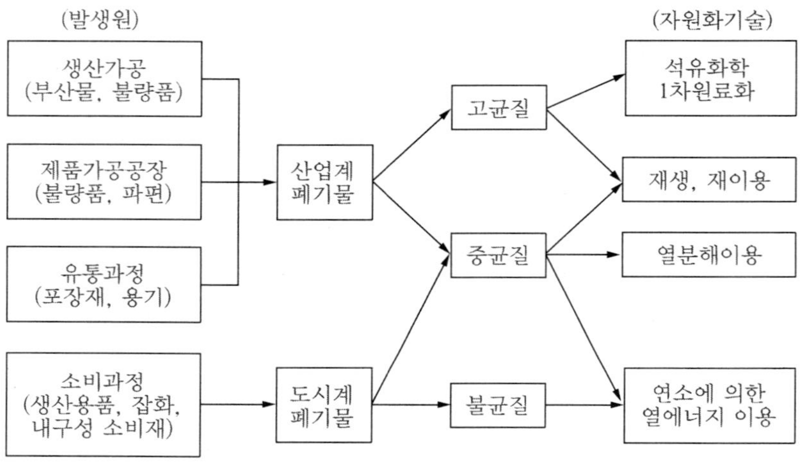

■ 그림 5-28 폐플라스틱 폐기물의 발생경로와 자원기술의 적용

1) 재생이용법

재생이용법은 재생품의 원료인 폐플라스틱의 이물질 혼입유무에 따라 단순재생과 복합재생으로 구분된다. 단순재생은 균질한 폐플라스틱을 원료로 하며 재생하는 것을 말하며 특히 플라스틱의 성형공정, 가공공정 등에서 발생하는 재질이 균일한 폐플라스틱을 원료로 재생 이용하는 것 등이 이에 속하며, 재생법도 비교적 단순하다. 복합재생은 산업 또는 도시계 폐기물 중 이물질을 함유하는 혼합 플라스틱 폐기물을 그대로 또는 다른 물질과 혼합해서 재생하는 것을 말하며 재생품은 건재, 공업용자재, 토목재료, 농업용 자재, 갱목, 각종 블록 등 다양하다. 종류가 균일한 폐플라스틱은 용이하게 재생될 수 있으나 혼합플라스틱은 각종 장치가 필요하게 되며 때로는 개량을 요하는 장치들도 많이 있다.

재생이용 기술로서 실용화 단계에 있거나 연구개발 중에 있는 것들을 소개하면 다음과 같다.

(1) 용융재생법

단일 또는 혼합플라스틱 폐기물을 용융점이상으로 가열(110～150℃)하여 용융시킨 후 냉각 또는 압축해서 재생품(고체제품)을 생산하는 것이다. 성형방법으로는 압출(사출)가공법과 압축가공법이 있다. 추출(사출)가공법은 반입된 플라스틱 폐기물에서 유리, 금속 등의 이물질을 보통 공기선별법으로 제거한 후 파쇄, 잔류금속류의 자석선별, 세정, 수세, 건조, 미분쇄 등의 조작을 거친 다음 접착력 있는 수지를 첨가하여 혼합균질화한 후 용융 추출제로 추출하여 절단, 수냉, 건조시켜 제품을 완성시킨다. 이 방법은 금속, 유지류, 종이류 등의 이물이 혼입되어도 처리가 가능하며 재생품으로는 농업자재, 토목자재, 어업자재 등이다.

다음은 압축가공법으로서 플라스틱 폐기물을 가열 용융시킨 후 냉각 형성하는 방법이다. 이것은 각종 플라스틱 폐기물이 대상이 되나 단일플라스틱(농업용 비닐 등)이거나 플라스틱 성상이 균질이고 함유율이 높은 경우에 유리하다. 폐플라스틱은 이물질이 함유된 상태 그래도 또는 충전재(모래, 규사, 점토, 유리 등)을 첨가하여 성형시키기도 하며 재생품으로는 지주용 말뚝, 토관, 집수관 및 판상제품 등의 건설용 자재 등이다.

재생품의 특성에 따라 충전제의 선택도 다르며 접착제를 사용하거나 발포가공을 하는 경우도 있다. 현재 우리나라에서는 농업용 폐비닐을 재생하여 토목용 자재를 생산하는 공장이 가동 중에 있다.

(2) 용해재생법

열가소성 플라스틱에 폐유 등과 같은 용제를 사용하여 용해시킨 후 접착제를 첨가하고 충전재로서 모래, 점토 등을 섞어 가압 형성하여 건재 등을 제조하는 것으로 용융제생법이 실용화하고 있는 것과는 달리 용해재생법은 일부 재생품이 도로포장에 사용되고는 있으나 아직 연구개발 단계에 있다.

(3) 파쇄 기타 이용법

파쇄이용법은 플라스틱 폐기물을 분쇄해서 토지개량재, 매립재료, 경량골재, asphalt골재, 연료 등으로 이용하는 방법이다.

발포 polystyren (PS)를 파쇄한 후 접착제를 사용하여 시멘트와 혼합한 후 블록이나 또는 건물이나 가설건물의 외벽이나 칸막이벽 등에 이용되고 있는 경량 board를 생산하여 일부에서는 사용 중에 있다. 그 밖에 바로 polystyren (PS)을 직경 1 cm 미만으로 분쇄한 후 토지개량재로 사용한 경우도 있으나 매립재료나 토지개량재로 사용할 경우에는 장기적 차원에서 토양오염에 대한 안전성이 입증되어야 할 것이다.

2) 분해이용법

고분자 물질인 플라스틱 폐기물을 가열하면 플라스틱 결합이 절단되어 저분자량을 갖는 화합물로 변환되며 이들을 유효하게 이용하는 방법이다.

분해생성물의 특성은 플라스틱의 종류, 분해온도에 따라서 다르며 일반적으로는 온도가 높을수록 저급 탄화수소의 비율이 증가한다. 분해생성물은 에너지원(연료)으로 이용하는 것이 바람직하며 화학원료로도 이용이 가능하나 이 경우에는 분해생성가스의 각 성분을 분리하거나 생성유를 분리하여 naphtha (저비점 탄화수소의 혼합물로 된 기름)로 하는 등의 조작이 필요하다.

열분해 특성을 보면 PE, PP, 등은 300℃ 전후에서 분해가 시작되어 400℃ 이하에서 쉽게 반응이 완료되며, 경질 PVC는 200℃ 이상에서 1차 급격한 감량을 보이고 있는데 이것은 PVC 중의 HCl이 탈리하는 현상을 나타내기 때문이며 다음 400℃ 부근에서 2차 열분해할 때는 가열온도에 따라 우선 처리가 어려운 HCl을 먼저 가스화하여 분리시키고 다음 온도를 높여 탄화수소를 가스화하게 된다.

플라스틱 폐기물의 열분해방법은 플라스틱에 종류, 열분해 온도, 열분해장치의 형식, 수증기나 촉매를 사용하는가 등에 따라 매우 다양하지만, 일반적으로 열분해온도를 기준으로 하여 500℃이하의 범위는 저온열분해, 500℃ 이상의 온도범위는 고온열분해라 부른다. 플라스틱 폐기물을 열분해할 때는 저온열분해법을 그대로 이용하는 경우와 저온열분해를 먼저 시행한 후 1차 분해성유를 고온에서 열분해하거나 수증기를 통해서 분해하는 수증기 개질법, 촉매를 사용하는 접촉해법 등이 이용된다. 몇 가지 예를 들면 다음과 같다.

(1) 감압분해증류

PE, PP, PS 등을 stainless제의 증류솥에서 감압 분해증류(500 mg/Hgabs, 400～450℃) 하여 휘발유, 등유 등을 얻을 수 있으며, 또 stainless제 용기에 고유황 중유과 PE를 넣고 가열하여 저황유를 얻을 수 있다.

(2) 수증기 개질법

플라스틱(PE, PP, APP, PS)을 400～450℃ 정도로 가열하여 얻어지는 1차 분해 생성유를 고온(550～840℃)에서 수증기로 개질하면 수소, 메탄, 일산화탄소의 양이 많아진다.

(3) PVC의 저온 열분해

PVC를 유동층로를 사용하여 온도 350～400℃로 열분해하면 HCl이 탈리되며 외관비중이 0.2～0.24인 흑색, 다공질의 열분해수지를 얻을 수 있다.

이 수지(탄화물)를 다시 유동층으로 공급하고, 공기가 차단된 생태에서 수증기로 유동화하면서 800～900℃로 가열하면 탄화수소가 탈리하여 활성탄이 된다.

(4) Poly 욕열분해

PVC, PE, PP, PS 등의 플라스틱 폐기물이 380～400℃의 온도로 용융하고 있는 PC, PP, PS 등의 열욕매체 중에 공급되면 먼저 분해온도가 낮은 PVC가 HCl을 탈리하여 가스화하고, PE, PP, PS는 용융된 후 점차 분해하여 HCl와 C_1～C_4의 기체 탄화수소, C_5～C_6의 액상 탄화수소와 $C_{7\sim30}$의 유지상 탄화수소로 각각 분리 회수된다.

플라스틱 폐기물을 열분해할 때 보통 문제점이 되는 것은 플라스틱 폐기물의 질적, 양적 변동이 있을 때 생성물의 변동이 있을 때 생성물의 변동도 크며 플라스틱의 열전도율이 낮아 열효율이 나쁘고 따라서 열분해 효율도 낮아지고 분해 시 플라스틱이 용융하여 일부는 탄화하여 전열면에 부착하는 경우 등을 들 수 있다.

3) 플라스틱의 소각

플라스틱 폐기물을 연소하여 에너지를 회수하는 방법은 도시폐기물 소각로에서의 에너지회수와 다를 바 없다. 문제는 플라스틱 폐기물이 소각로에서 야기하는 여러 문제점들을 잘 해결하면서 플라스틱이 함유하고 있는 높은 에너지를 어떻게 이용할 것인가이다.

플라스틱 폐기물은 보통 도시폐기물과 혼합된 상태에서 연소시키고 있다. 이때 플라스틱 함유량이 10% 이상이 되면 플라스틱 폐기물에 대한 문제점 때문에 야기되는 문제점을 들면 다음과 같다.

- 열가소성수지가 상당량 혼합되어 있으면 플라스틱은 용융점이 낮아 건조단계에서 용융, 탄화하여 통기공을 마거나 밑으로 적하하여 화격자나 구동장치, 재배출기의 구동제인 등의 고장을 일으킨다.
- 플라스틱의 소각시에는 보통 도시폐기물이 연소할 때 필요한 공기량의 약 10배가 필요하다. 따라서 일반적 도시폐기물 소각로에서 플라스틱 함유량이 높은 폐기물을 소각할 때는 공기공급이 부족하여 불완전 연소를 피할 수 없다. 이때에는 폐기물의 소각량을 감소시켜야 한다.
- 플라스틱의 발열량은 보통 도시폐기물의 발열량(1,000～2,000 kcal/kg)보다 약 6～8배 높다. 도시쓰레기에 함유된 플라스틱의 발열량은 대개 5,000～11,000 kcal/kg 정도이다.

  따라서 플라스틱 함유량이 높은 폐기물은 1,000～1,200 kcal/kg으로 설계된 도시폐기물 소각로에는 부적합하여 소각로의 고온부식, NO_2의 발생을 피할 수 없고, 소각로의 운전온도가 높아지거나 이상고온으로 인한 기기의 손상 등을 초래한다.

• PVC는 연소할 때 부식가스인 HCl을 발생시킨다. 따라서 공기예열기, 집진장치, blower, 배수처리설비, 굴뚝 등이 손상된다. 특히, 염소를 함유하는 플라스틱은 유해 중금속이 첨가된 경우가 많기 때문에 유해물질의 비산도 문제가 되며, 질소를 함유하는 플라스틱에서는 불완전 연소에 의하여 HCN도 발생된다.

위에 기술된 플라스틱의 소각에 대한 문제점들 때문에 종래의 도시폐기물 소각로로서는 플라스틱 폐기물을 다량 함유하는 경우에는 소각시킬 수가 없으며, 따라서 플라스틱폐기물의 전용소각로나 플라스틱 혼입율이 높은 폐기물을 대상으로 한 혼용소각로가 필요하다.

4) 용융고화처리 시스템

일본 미쯔비시중공업(주)과 WH플랜트(주)가 공동개발한 시험플랜트를 1947년 2월에서 5월까지 연속 운전시험을 통하여 개발한 기술로서, 도시폐기물 중 분별수집된 플라스틱폐기물(후네바시 시를 대상으로 분별수집하였는데 폐플라스틱량은 800 g/가구/week이고 주로 포장해의 비닐이 많다)을 용융고화하는 것으로 처리능력은 약 80 kg/hr이다.

본 플랜트의 운전방법은 먼저 분별수집된 플라스틱 폐기물을 이물질을 제거한 후 분쇄기로 10 mm 이하로 파쇄한 후 세정장치로 보낸다(그림 5-29 참조).

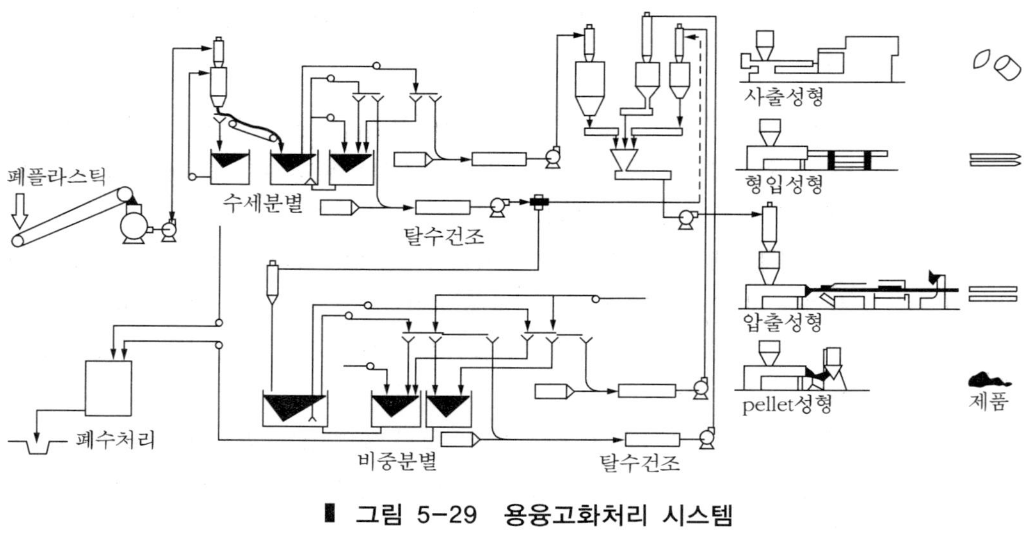

▮ 그림 5-29 용융고화처리 시스템

세정장치는 교반식의 특수세정장치로 플라스틱폐기물에 부착된 기름등을 제거하고 재생품의 악취도 방지한다. 다음에 파쇄된 플라스틱은 탈수되고 비중 분별조를 보내져 제1 비중 분별조에서 부상하는 것(폴리에틸렌, 폴리프로필렌 등)과 침적하는 것(플라스틸렌,

염화비닐, 열경화성 수지 등)으로 분별하고 제2비중 분별조에서 비중 1.05~1.20의 비중액을 이용하여 염화비닐과 열경화성수지로 분별한다. 각 계통에서 분별된 수지는 탈수장치와 기류거조장치에서 수분을 10% 정도까지 탈수한 후 정장탱크에 저장되고 용융공정을 거쳐 플라스틱이 재생된다.

세정장치에서 사용된 물은 BOD나 유분이 함유되어 있기 때문에 폐수처리장치를 설치했다. 이 장치의 운전에서, 폴리에틸렌과 폴리스틸렌의 열가소성수지는 용융된 후 300℃ 전후에서 가스가 방출되며 염화비닐은 200℃에서 열분해되어 염화수소 등의 가스가 방출되므로 용융온도는 200℃ 이하로 운전할 필요가 있다.

또 폴리에틸렌이나 폴리프로필렌 등은 용융상태에서 점성이 높기 때문에 추출기내에서 전단에 의한 발열현상이 발생하므로 이들 수지와 염화비닐을 혼합처리하는 경우 예상온도를 설정할 필요가 있다.

가 공정에서 고화된 제품의 물성은 재상된 파이프의 경우, 시판되는 경질염화비닐에 비해서 강도가 1/6~1/7 정도이나 상용제 등을 첨가하여 강도를 높힐 수 있다. 특히 물성과 제품의 형상에 영향을 주는 인자는 수분량과 혼합된 수지의 비율에 따라 크게 영향을 받는다. 대체로 수분량이 10% 이상이면 재생품의 표면이 고르지 못하고, 폴리에테르 등의 열경화성수지가 높은 비율로 함유되어 있으면 제품의 강도와 성형속도에 영향이 있어 강도저하나 균열이 생긴다.

5.9.5 폐타이어

폐타이어는 각국의 예를 보면 재생고무의 원료, 재생타이어로 재사용하는데 고무의 종류와 사용도에 따라서 재생이 곤란한 것이 있어, 재생용으로서 제한이 있어 처리·처분에 곤란을 겪고 있다.

근래에는 저온 파쇄 시스템에 의해 저온 재생하거나, 고온으로 가열하여 연화 재생하여 SBR과 같은 합성고무를 주체로 하는 소형타이어에 혼합사용하고 있는 방식을 이용한다. 연료이용면에서는 온수보일러용 연료로 온실 난방, 목욕탕급수, 기숙사 난방 등으로 사용하기도 하며, 최근에는 열분해 방식에 의해 가수를 발생하여 연료화하는 기술 개발을 추진하고 있는 형편이다.

1) 직접연소방식

직접연소방식은 장치가 간단하고, 더욱이 저가격이라는 것이 장점이나 타이어의 일부를 형성하는 부타디엔(butadiene) 및 스틸렌 등의 화학조성으로 연소실 내의 온도가 저하할 경우에 불완전연소에 의한 흑연을 발생하고, 연소실 내 온도상승으로 인하여 일시적인 산소 공급부족 때문에 흑연발생이 잘 되는 단점이 있다. 그 대책으로 타이어를 미립화하여 송입량을 정량화하는 방법도 도입하고 있으나 작업성, 연소량의 제한 등 문제가 많다.

2) 열분해방식

열분해방식에는 일단 타이어를 열분해하고, 가연성 가스를 발생시켜, 이를 연소하여 에너지원으로 사용한다. 그렇게 함으로써 흑연의 문제도 없고, 분해열에너지 공급량의 변화에 따라 폐타이어의 처리량을 변화시킬 수 있으며, 대량처리도 가능해지는 등 이점이 많다.

연습문제

01 지정폐기물이란 무엇이며 어떤 것들이 포함되어 있는가?

02 지정폐기물의 처리 방법에 대하여 설명하시오.

03 유해물질의 정의 및 판정기준에 대하여 설명하시오.

04 유해물질의 처리방법에 대하여 설명하시오.

05 고형화처리의 종류에 대하여 설명하시오.

06 중금속 용출시험방법에 대하여 설명하시오.

07 안정화 처리순서에 대하여 설명하시오.

08 폐고무의 처리방법에 대하여 설명하시오.

09 폐플라스틱의 처리방법에 대하여 설명하시오.

10 폐산의 처리방법에 대하여 설명하시오.

11 펄프폐액의 종류, 특징 및 처리방법에 대하여 설명하시오.

12 플라스틱 폐기물의 소각처리 시의 문제점에 대하여 설명하시오.

13 사업장 폐기물을 이용하여 자원화 할 수 있는 방법에 대하여 쓰시오.

6

하수슬러지

6.1 하수슬러지의 발생량 및 처리·처분
6.2 하수슬러지의 유효이용
6.3 슬러지처리 프로세스의 선택
6.4 슬러지처리·처분의 문제점
6.5 각종 슬러지처리 프로세스

CHAPTER 6

하수슬러지

"하수도법"의 목적은 하수도의 설치 및 관리의 기준 등을 정함으로써 하수와 분뇨를 적정하게 처리하여, 하수의 범람으로 인한 침수 피해를 예방하고 지역사회의 건전한 발전과 공중위생의 향상에 기여하며, 공공수역의 수질을 보전함을 목적으로 한다(개정 2018년 10월 16일).

'하수'와 '오수'는 동일한 물질임에도 「하수도법」과 「오수·분뇨 및 축산폐수의 처리에 관한 법률」로 이원화된 법률체계로 관리되어 왔으나 하수도의 보급률이 증가함에 따라 통합관리의 필요성이 제기되었다. 따라서 2007년 오수·분뇨 관련 규정을 「하수도법」으로 통합하였고 축산폐수는 「가축분뇨의 관리 및 이용에 관한 법률」로 분리되면서 「오수·분뇨 및 축산폐수의 처리에 관한 법률」은 폐지되었다. 다음은 하수도법에서 사용하는 용어의 정의이다.

1. "하수"라 함은 사람의 생활이나 경제활동으로 인하여 액체성 또는 고체성의 물질이 섞이어 오염된 물(이하 "오수"라 한다)과 건물·도로 그 밖의 시설물의 부지로부터 하수도로 유입되는 빗물·지하수를 말한다. 다만, 농작물의 경작으로 인한 것을 제외한다.
2. "분뇨"라 함은 수거식 화장실에서 수거되는 액체성 또는 고체성의 오염물질(개인하수처리시설의 청소과정에서 발생하는 찌꺼기를 포함한다)을 말한다.
3. "하수도"라 함은 하수와 분뇨를 유출 또는 처리하기 위하여 설치되는 하수관거·공공하수처리시설·분뇨처리시설·중수도·배수설비·개인하수처리시설 그 밖의 공작물·시설의 총체를 말한다.
4. "공공하수도"라 함은 지방자치단체가 설치 또는 관리하는 하수도를 말한다. 다만, 개인하수도를 제외한다.
5. "개인하수도"라 함은 건물·시설 등의 설치자 또는 소유자가 당해 건물·시설 등에서 발생하는 하수를 유출 또는 처리하기 위하여 설치하는 중수도·배수설비·개인하수처리시설과 그 부대시설을 말한다.

6. “하수관거”라 함은 하수를 공공하수처리시설로 이송하거나 하천・바다 그 밖의 공유수면으로 유출시키기 위하여 지방자치단체가 설치 또는 관리하는 관로와 그 부속시설을 말한다.
7. “합류식하수관거”라 함은 오수와 하수도로 유입되는 빗물・지하수가 함께 흐르도록 하기 위한 하수관거를 말한다.
8. “분류식하수관거”라 함은 오수와 하수도로 유입되는 빗물・지하수가 각각 구분되어 흐르도록 하기 위한 하수관거를 말한다.
9. “공공하수처리시설”이라 함은 하수를 처리하여 하천・바다 그 밖의 공유수면에 방류하기 위하여 지방자치단체가 설치 또는 관리하는 처리시설과 이를 보완하는 시설을 말한다.
10. “분뇨처리시설”이라 함은 분뇨를 침전・분해 등의 방법으로 처리하는 시설을 말한다.
11. “중수도”라 함은 건물・시설 등에서 발생하는 오수를 다시 처리하여 생활용수・공업용수 등으로 재이용하는 시설을 말한다.
12. “배수설비”라 함은 건물・시설 등에서 발생하는 하수를 공공하수도에 유입시키기 위하여 설치하는 배수관과 그 밖의 배수시설을 말한다.
13. “개인하수처리시설”이라 함은 건물・시설 등에서 발생하는 오수를 침전・분해 등의 방법으로 처리하는 시설을 말한다.
14. “배수구역”이라 함은 공공하수도에 의하여 하수를 유출시킬 수 있는 지역으로서 제15조의 규정에 따라 공고된 구역을 말한다.
15. “하수처리구역”이라 함은 하수를 공공하수처리시설에 유입하여 처리할 수 있는 지역으로서 제15조의 규정에 따라 공고된 구역을 말한다.

최근 우리나라는 급속한 하수도의 보급률이 증가함에 따라 심각한 슬러지 처리・처분 문제를 야기하고 있다. 슬러지의 부적절한 처리는 토양오염 및 수질오염 등 환경오염 문제를 일으킨다. 하수처리장의 경우 슬러지 처리 시설에 필요한 비용이 하수를 정화하는데 필요한 비용을 초과한다고 한다.

2001년부터 유기성슬러지는 물론 2005년부터 음식쓰레기의 직매립이 금지되었다. 따라서 육상처리보다 처리비용이 저렴한 해양배출이 급증하였으나 1996년 런던의정서에 의거 2012년부터는 유기성폐기물의 해양투기가 전면 금지되어 하수슬러지의 자원화에 대한 연구가 필요하게 되었다.

하수처리 시스템은 오염물질을 보다 저 확산상이 되도록 하는 분리조작으로 구성되어 있다. 즉, 침강이나 생물반응에 의한 흡착 등에 의해 액상 속의 오염물질이 분리되어서 하수가 정화된다.

따라서 슬러지는 하수 속의 오염물질이 분리 농축된 것이며 하수처리 시스템에서 슬러지의 처리 · 처분은 최종단계에서 가장 중요한 공정이라 말할 수 있는 것이다.

대기오염 등의 환경오염문제를 일으키면, 전체적으로는 오염문제를 다른 것으로 전환시키거나 오염의 질을 변화시키고 있을 뿐이므로 환경오염방지의 목적은 전혀 달성할 수 없게 된다.

따라서 슬러지의 처리 · 처분에 대한 연구나 실용화는 프로세스의 무공해화를 추구하면서 비용의 절감을 달성하고, 보다 합리적인 처리 · 처분프로세스의 확립을 목표로 하여야 한다.

6.1 하수슬러지의 발생량 및 처리 · 처분

우리나라에서의 하수슬러지 발생량은 표 6-1에서 보는 바와 같이 하수도 보급률의 신장에 따라 하수처리량이 증대하고 이것에 대응하여 슬러지발생량도 크게 증가해 간다는 것을 알 수가 있다. 2017년 전국에 설치된 전체 하수관로 연장은 149,030 km이고, 2020년 기준 총 하수처리 인구는 50,081,474명이며, 하수도 보급율은 94.5%로 매년 증가하고 있다.

표 6-1 하수도 보급현황

구분	총인구 (천명)	총하수처리인구 (천명)	공공하수처리인구 (천명)	폐수처리인구 (천명)	보급률 (%)
2012	51,881	47,538	47,202	335.8	91.6
2013	52,127	48,016	47,672	343.8	92.1
2014	52,419	48,507	48,152	355.7	92.5
2015	52,672	48,925	48,571	354.5	92.9
2016	52,858	49,275	48,944	331.6	93.2
2017	52,950	49,546	49,364	182.7	93.6
2018	53,073	49,837	49,635	198.3	93.9
2019	53,122	50,075	49,887	187.3	94.3
2020	53,975	50,081	49,893	188.7	94.5

자료) 환경부

표 6-2에서 보는 바와 같이 2020년 기준 하수처리량의 재이용량은 연간 1,144,705천톤으로 15.5%의 재이용율을 나타내고 있으며, 하수처리장 내 용수는 세척수, 냉각수, 청소수, 식수대, 희석용수, 장내중수도로 이용하고 있다. 장외용수로는 청소화장실용수, 세척살수용수, 조경용수, 집수용수, 하천유지용수, 농업용수, 지하수충전, 공업용수 등으로 재이용되고 있으며, 재이용율도 매년 증가하고 있다.

우리나라에서 발생하는 하수슬러지는 탈수케이크, 소각재, 소화슬러지, 고형화슬러지 등의 형태로 처리되고 있다.

표 6-2 하수처리수 재이용율(2020년)

개소수	연간하수처리량 (천톤/년)	재이용 현황			재이용율 (%)
		계	장내용수	장외용수	
671	7,375,622	1,144,705	513,892	630,813	15.5

참고로 표 6-3은 2009년도 438개소 하수처리장에서 발생된 하수슬러지 발생량 및 최종처분 처리방법별 현황표이며, 표 6-4는 2017년 하수슬러지 발생 및 최종처분 처리 현황표이다. 2020년 하수처리장은 4216개소로 증가했으며, 중수도시설 821개소, 빗물재활용시설 2,936개소이고, 총 하수슬러지처리량은 4,222,899톤으로 처리기준 함수율은 84.0%이다.

이 결과에서도 알 수 있듯이 대부분 처리비용이 낮은 해양배출(2007년 68.1%, 2009년 47.2%) 처분에 의존되고 있었다. 그러나 2012년부터 하수슬러지 등의 유기성폐기물의 해양투기가 전면 금지되고 "하수슬러지 관리 종합 대책"시행 등에 따라 하수슬러지 재활용률이 급속히 상승되고 있으며, 2013년 12월 "폐기물관법 시행규칙"을 개정하여 화력발전소에서 고형연료제품과 더불어 하수슬러지를 연료로 사용할 수 있게 하였다.

표 6-3 하수슬러지발생량 및 최종처분 방법별 비율(2009년)

발생량 (톤/년)	처리방법					이월량
	재활용	육상매립	소각	해양배출	기타	
3,027,829 (100%)	746,055 (24.6)	440.783 (14.6)	409,936 (13.5)	1,426,561 (47.2)	34,245 (1.2)	3,493 (0.1)

표 6-4 하수슬러지 발생 및 처리(2017년)

구분		2008	2012	2017	2017처리방법(%)		
하수 슬러지	재활용률(%)	18.9	33.7	56.8	소각	매립	건조
	발생량(톤/일)	7,718	9,930	11.432	19	15.3	6.1

표 6-4에서 보는 바와 같이 2018년도 671개 하수처리장에서 발생된 1일 하수슬러지발생량은 11,432톤으로 연료화, 비료화, 시멘트 원료 등으로 재활용하고 있으며, 특히 건설재료 등으로의 유효이용이 진행되고 있고 하수도 보급량의 증대와 더불어 재활용의 범위는 계속 증가될 것으로 예상된다.

전술한 바와 같이 과거에는 주로 하수슬러지를 해양투기 하였으나 정부의 폐자원에너지 정책으로 해양투기가 금지되었다. 표 6-4에서 보는 바와 같이 과거 2017년의 하수슬러지는 56.8%가 재활용되었으며, 소각처리 19.0%, 매립처리 15.3%, 건조 6.1%의 순으로 처리되었다.

하수슬러지는 본래 토양으로 환원해야 할 것이라는 생각에서 퇴비화, 비료화의 연구를 하고 있는데 장기적인 전망에서 보면 토양환원 등의 자원적 이용이 추진되어야 할 것이다. 이와 같은 농지이용에 있어서는 슬러지중의 중금속 문제 그리고 수요와 공급을 원활히 하기 위한 유통기구나 슬러지의 제품화 등의 문제 해결에 노력할 필요가 있다.

건설 재료 등으로 유효하게 이용하거나 또는 매립 처분하는데 있어서도 슬러지처리의 목적은 다른 폐기물의 경우와 마찬가지로 감량화・안정화・무해화가 원칙이다. 이 목적을 달성하기 위해 여러 가지의 기계장치 조합에 의한 슬러지처리・처분시스템이 구성되는데 여기에서 사용되는 단위조작은 기본적으로 표 6-5와 같이 정리할 수 있으며, 이 조합을 계통흐름도의 형대로 나타내며 그림 6-1과 같이 된다. 기본적인 흐름은 농축・탈수・건조・소각이며 어느 것이나 감량화에 도움이 된다. 슬러지의 안정화에서 문제가 되는 것은 슬러지 속의 유기물로 이 유기물을 비료 등으로 적극적으로 이용하든가 열적조작에 의해 분해・무기화할 필요가 있다. 최종처분 단계에서는 슬러지 탈수케이크나 소각잔사(재)의 유해성 판정이 필요하다.

표 6-5 슬러지의 처리목적과 단위조작

처리목적	단 위 조 작
농축	중력식, 부상식, 원심력식, 역삼투식, 증발식
소화	혐기성, 호기성
전처리 약품	석회, 철염, 황상반토, 고분자응집제
열	고온고압식, 저온가압식, 동결융해식
탈수	중력식, 진공식, 여과식, 원심력식, 가압식
건조	천일식, 회전로식, 다단로식, 기류식, 유동층식
소각	다단로, 회전로, 유동층로, 분류식소각로, AST법, 습식화법, 열분해연소로
처분	매립, 해양투기, 퇴비화, 토양개량재 등 자원화

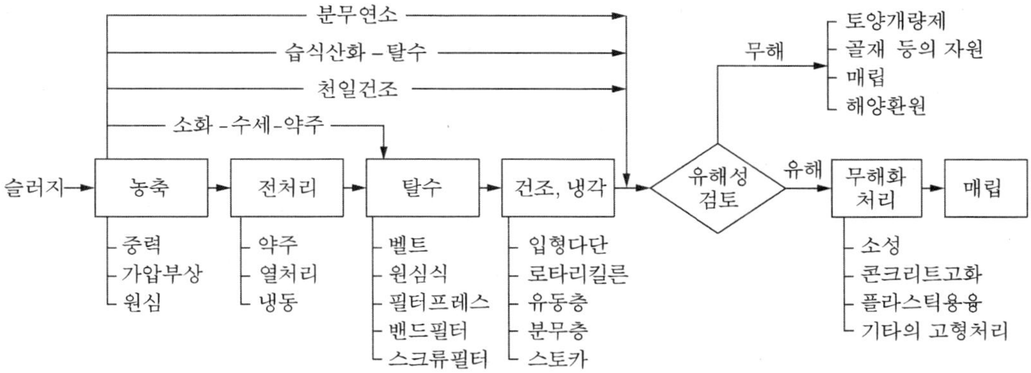

▌그림 6-1 슬러지처리의 기본흐름도

표 6-6은 공공하수처리시설의 방류수수질기준표이며, 표 6-7은 중수도의 수질기준표이다.

표 6-6 공공하수처리시설의 방류수수질기준

구분	생물화학적 산소요구량 (BOD)(mg/L)	화학적 산소요구량 (COD)(mg/L)	부유 물질 (SS)(mg/L)	총 질소 (T-N)(mg/L)	총 인 (T-P)(mg/L)	총 대장균 군수 (개/mL)
1일 하수처리용량 50 m^3 이상	10 이하	40 이하	10 이하	20 이하	2 이하	3,000 이하
1일 하수처리용량 50 m^3 미만	10 이하	40 이하	10 이하	40 이하	4 이하	

표 6-7 중수도의 수질기준

구분	수세식 화장실용수	살수용수	조경용수	세차 · 청소용수
대장균군수	불검출/100 mL	불검출/100 mL	불검출/100 mL	불검출/100 mL
잔류염소 (결합)	0.2 mg/L 이상일 것	0.2 mg/L 이상일 것	-	0.2 mg/L 이상일 것
외관	이용자가 불쾌감을 느끼지 아니할 것	이용자가 불쾌감을 느끼지 아니할 것	이용자가 불쾌감을 느끼지 아니할 것	이용자가 불쾌감을 느끼지 아니할 것
탁도	2 NTU를 넘지 아니할 것	2 NTU를 넘지 아니할 것	2 NTU를 넘지 아니할 것	2 NTU를 넘지 아니할 것
생물화학적 산소요구량(BOD)	10 mg/L를 넘지 아니할 것	10 mg/L를 넘지 아니할 것	10 mg/L를 넘지 아니할 것	10 mg/L를 넘지 아니할 것

냄새	불쾌한 냄새가 나지 아니할 것	불쾌한 냄새가 나지 아니할 것	불쾌한 냄새가 나지 아니할 것	불쾌한 냄새가 나지 아니할 것
pH	5.8～8.5	5.8～8.5	5.8～8.5	5.8～8.5
색도	20도를 넘지 아니할 것			20도를 넘지 아니할 것
화학적 산소요구량 (COD, Mn기준)	20 mg/L를 넘지 아니할 것	20 mg/L를 넘지 아니할 것	20 mg/L를 넘지 아니할 것	20 mg/L를 넘지 아니할 것

비고

1. 대장균군수, 잔류염소, 탁도, 냄새는 「환경분야 시험 · 검사 등에 관한 법률」 제6조 제1항 제6호에 해당하는 분야에 대한 환경오염공정시험기준에 따라 분석하여야 한다.
2. 생물화학적 산소요구량, pH, 색도, 화학적 산소요구량은 「환경분야 시험 · 검사 등에 관한 법률」 제6조 제1항에 따른 환경오염공정시험기준에 따라 분석하여야 한다.

6.2 하수슬러지의 유효이용

최근 급격한 경제발전, 도시화, 인구증가에 따른 하수도 보급량의 증가에 따라 하수슬러지량도 매년 증가하고 있다. 하수슬러지는 탈수, 소각, 소화, 고형화 등에 의해 다른 폐기물과 더불어 육지매립, 해면매립, 유효이용방법으로 처분되고 있지만 매립계획의 감소와 환경측면에 있어서의 규제 등으로 인하여 적당한 처분지를 확보하는 일이 어려워지고 있다.

따라서 하수슬러지 또는 다른 폐기물을 안정제에 의해 고화처리함으로써 슬러지의 감량화는 물론, 자원화문제로 원재료의 제품화와 건설재료 등에 이용함으로써 처분지의 확보문제 및 재이용에 의한 성자원화가 가능하다. 또한 고형화 처리된 하수슬러지는 유해물질 고정능력이 있으므로 성토재, 복토재, 토양개량재, 지반안정재 등으로 이용 시 제 2차적인 환경오염문제도 해결될 수 있다.

하수슬러지는 처리형태에 따라 생슬러지, 소화슬러지, 탈수슬러지, 콤포스트슬러지, 소각재, 용융슬래그로 분류되며 하수슬러지 중 건설재료로 이용 가능한 형태로는 소각회, 용융 슬래그, 경량골재 등을 들 수 있다.

현재 일본 등에서는 하수슬러지를 감량화에 의한 처분지의 수명연장 및 자원화하기 위해 하수슬러지 발생량의 대부분을 소각 처리하고 있다.

소각재는 탈수한 슬러지를 감량화하고 슬러지 중의 유기물을 제거할 목적으로 소각한 것이며 소각처리된 하수슬러지 소각재의 성분에 영향을 미치는 요인으로는 하수배제방법,

소각방법, 응집제 등이며 특히 슬러지 조절 프로세스로서, 이용하고 있는 응집제의 영향이 가장 크다.

하수슬러지 소각재는 석회계 소각재와 고분자계 소각재로 분류되며 석회계 소각재는 일반적으로 소각전의 탈수시에 응집제로서 염화제2철 10%, 응집조제로서 소석회 40%를 첨가한 것이다.

석회계 소각재는 Ca성분이 많이 함유되어 있으며, 흡수발열반응과 포졸란 반응에 의한 고결작용에 의해 성토재, 매립재, 토양개량재 등으로서 사용하는 경우에 효과적이다. 반면 고분자계 소각재는 입자가 미세하고 Si성분이 많이 함유되어 있으며 자경성이 거의 없는 저급 점토에 가까운 성분으로 되어 있으므로 타일, 블록, 암관의 원료, 투수성포장재 등으로 이용되고 있다.

용융슬래그는 탈수 슬러지 및 소각재를 1,300～1,500℃에서 용융시켜 가열하여 수분, 가연분을 증발분해시킨 후 가열을 계속하여 무기분이 녹아 용액으로 된 것을 냉각하여 고형화시킨 것으로 냉각방법에 따라 수세 슬래그, 공냉 슬래그, 결정화 슬래그로 분류된다.

하수슬러지의 용융처리의 특징은

① 중금속 등의 유해물질을 다량 함유한 슬러지의 안정화 처리
② 소각재에 의한 처분용량의 감소
③ 건설재료 등으로서의 유효이용 등이다.

용융슬래그는 천연골재와 같은 수준의 강도를 지니고 있어, 노반재, 콘크리트골재, 블록 등에 이용되고 있다.

또한 생산가공공장에서 발생되는 무기성슬러지는 대부분 유해물질을 함유한 경우가 많으며 특히 도금공장 등에서 배출되는 슬러지는 유해한 중금속 함유도가 높기 때문에 매립처분할 때에는 지하수를 오염시킬 수 있는 가능성이 높다. 또한 배출특성에 따라 슬러지의 종류와 성상은 다양하며 중금속뿐만 아니라 유독가스를 발생시킬 수 있으므로 슬러지의 취급에도 주의하여야 한다.

일반적으로 무기성슬러지는 금속류나 유기물질을 회수하고 유해물질을 제거한 후 매립처분되어 왔으나 최근에는 안정제 첨가에 의한 중금속 고정능력이 있는 고화법을 이용하여 유해 중금속 고정은 물론 건설재료 등에 유효 이용되고 있다. 또한 표 6-8은 하수슬러지 소각재의 유효이용 가능성에 대한 범위로서 필자는 물론 여러 학자들에 의해 하수슬러지 소각회의 다양한 종류의 건설재료로의 유효이용 가능성을 확인하였다.

표 6-8 하수슬러지 소각재의 유효이용 가능성

	성토재	지반 개량재	매립재	노상재	노반재		아스팔트
					상층	하층	
석회계 고분자계	○ △	○	○ △	○ △	○ △	○ △	○
	시멘트 원료	콘크리트 제품	용융슬래그	인공경량골재	타일	요업	하수도용 암관
석회계 고분자계	○ △	○ △	○ ○	△ ○	○ ○	○	△ ○

6.3 슬러지처리 프로세스의 선택

각 단위조작 및 장치의 조합에는 많은 슬러지 중에서 처리프로세스의 선택안(alter-native)을 생각할 수 있으므로 이 중에서 가장 경제적이고 합리적인 프로세스에 의한 처리조작에서의 배출물질, 즉 분리수, 고형물 및 배가스 등의 처리 처분까지를 포함한 전체시스템으로 조립해 갈 필요가 있다.

수처리 프로세스와 슬러지 처리프로세스의 구성을 간단히 표시하면 그림 6-2와 같이 나타내며 이러한 프로세스에서 최적의 구성을 선택한다는 것은 다음과 같이 생각할 수 있다.

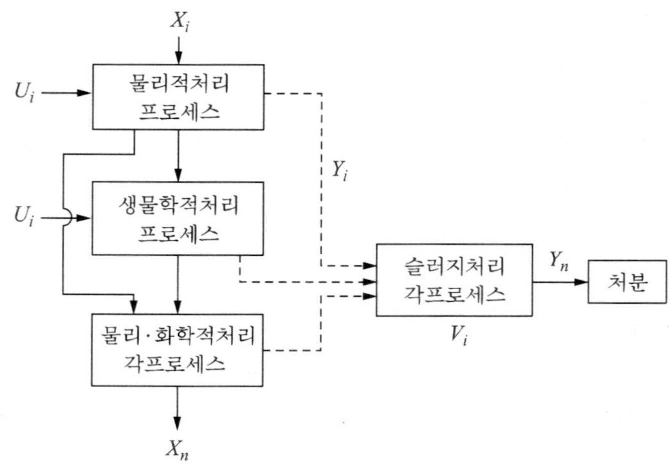

▮ 그림 6-2 수처리 프로세스와 슬러지처리 프로세스

그림 6-2와 같은 수처리 프로세스와 슬러지 처리프로세스 전체를 생각하면

수처리 프로세스 방정식 : $X_{i+1} = f_i(X_i \cdot U_i)$ (6.1)

슬러지처리 프로세스 방정식 : $Y_{i+1} = G_i(Y_i \cdot V_i)$ (6.2)

로 하고 목적함수인 다음 식 J를 최소로 한다.

$$J = \sum_{i=1}^{n}[J_i^c(U_i) + [J_i^o(U_i)] + \sum_{i=1}^{n}[J_i^c(V_i) + [J_i^o(V_i)] \rightarrow \min \tag{6.3}$$

여기서, X_i : 수처리 프로세스의 i 번째 조작의 상태변수(BOD, SS, N, P 등)

Y_i : 슬러지 처리 프로세스의 i 번째 조작의 상태변수(발열량, 함수율 등)

U_i : $V_i \cdot i$ 번째 조작의 설계, 조작변수(용량, 형상, 약품 등)

X_i : 방류기준(예를 들면, BOD = 10 ppm, SS = 10 ppm 등)

Y_i : 처리기준(예를 들면, 강열감량 15% 이하 등)

J_{ci} : 건설비

J_{oi} : 유지비

이와 같이 계산하면 바람직하나 각 단위조작에 대한 정보가 완전하다고는 할 수 없고 더구나 슬러지 처리라고 하는 사업에 대한 경제적 또는 사회적 배경의 복잡성으로 인해 프로세스의 최적화도 그다지 효과적이지만은 않다. 따라서 실험데이터와 경험적인 조건에 가장 적합한 것을 선택해 나가야 한다. 그렇지만 슬러지처리란 폐수처리라고 하는 환경보전의 대전제를 바탕으로 한 배출물 처리에서 발생하는 오탁물질의 처리, 처분을 목적으로 하는 것이기 때문에 슬러지처리 조작에 의해 2차의 유해물질을 발생시켜서는 안 되며, 함수슬러지의 분리수나 폐가스를 습식처리를 하는 경우의 폐수 등도 완전히 무해화 하는 소위 전체시스템으로서의 검토가 필요하다. 유감스럽게도 우리나라의 하수처리설비에서는 이러한 슬러지처리를 고려하지 않고 계획, 설치된 것도 많으며 슬러지처리를 추가하는 경우에는 기존시설에 대한 영향이 크게 나타나 플랜트 전체로서의 모순점이 나타나고 있다. 금후 슬러지처리 프로세스의 선택에 있어서는 시스템 그 자체의 검토까지 고려한 장기적인 문제점을 해결해 나간다는 관점에서 연구, 검토해야 한다.

6.4 슬러지처리 · 처분의 문제점

슬러지 처리조작은 슬러지물질의 안정화 · 무해화 · 감량화 또한 자원화를 추구하는 것으로 전술한 바와 같이 중화, 탈수, 건조, 소각, 열분해 등의 단위조작의 조합으로서 형성되는 것이기 때문에 계 외로 배출되는 것이 거의 없는 프로세스는 생각할 수 없다. 즉, 탈수조작에서의 분리수, 건조 및 소각조작에서의 악취, 폐가스나 소각잔사 등 여러 가지 배출물이 발생한다. 이에 따른 문제점을 모두 망라하는 것은 곤란하므로 여기에서는 재의 매립처분을 전제로 한 감량화 및 안정화의 수단으로서 널리 채택되고 있는 소각처리에서의 2차 오염문제에 대하여 생각해 본다.

슬러지 소각장치에서의 폐가스에는 분진 이외에 슬러지에 포함되어 있는 황분, 질소분 때문에 폐가스 속에 SO_x, NO_x가 또는 슬러지 속에 있는 중금속의 증발에 의해 중금속의 흄(fume)이 포함될 우려가 있으므로 폐가스에 의한 대기오염을 방지하기 위한 충분한 대책을 검토할 필요가 있다.

슬러지 소각 시 중금속의 거동을 알기 위해 전기로에 대한 상세한 연구, 2단 연소로의 파일롯트 플랜트(pilot plant)에 의한 슬러지 소각 때의 중금속의 추적과 SO_x, NO_x의 발생기구에 관한 연구, 나아가 동일 하수슬러지를 다른 형식의 유동로 · 다단로에 의해 다른 조작조건 하에서 소각한 경우 중금속 및 SO_x, NO_x의 거동에 관한 수많은 데이터의 해석을 통해 다음과 같은 흥미 있는 사실을 발견할 수 있었다.

① 하수슬러지속의 황분은 약 0.3～1.0%이며 1%를 넘는 것은 적은 것 같다. 이 황분이 전부 SO_2가 되고 공기비가 2일 경우 수백 ppm이 된다. 그러나 재 또는 슬러지 중의 석회에 흡착되므로 실제의 농도는 계산치보다 약간 적다.

표 6-9 슬러지소각에 의한 NO_x 배출농도

노형	제조원	NO_x (ppm)	NH_3 (ppm)	air Nm^3/kg · 건조슬러지
다단로	M	180	2.3	12.7
	N	171	17.0	5.7
	H	NO_2 2.0	60.0	5.5
유동상로	M	1,316	3.13	3.62
	N	1,246	0	3.35
	H	1,200	0	3.25
	F	NO_2 0	100	8.9
분류식로	K	196	207	8.9
유동상로	미국 실제예	0～30.6	-	8.0～27.0

② NO_x의 발생은 슬러지의 물성 그리고 로형식 및 조작조건에 따라 크게 변동하는데 표 6-4와 같이 공기비 M이 2.5 정도에서 수백 내지 1,200 ppm의 범위의 데이터가 나오고 있다. 일반적으로 ⓐ 유동층과 같이 격한 연소조건에서는 NO_x가 높다. ⓑ슬러지/공기비가 높을수록 NO_x농도가 낮다(희석효과는 보정). 표 6-9는 슬러지소각에 의한 NO_x 배출농도표이다.

③ 공기 중의 질소와 산소로부터 NO_x가 생성되는 것은 1,200℃ 이상 고온에서의 연소에 의하지 않으면 영향이 있는 농도는 되지 않는다. 따라서 폐가스 속의 NO_x는 주로 슬러지속의 질소분에 의한 것이라 생각이 된다. 질소분에 대해 연소 전후의 물질수지를 취하면 배가스 속에 N_2로서 약 90%, 나머지 10%를 NH_3나 NO_x로 배출하게 된다. 따라서 슬러지의 연소에 의한 NO_x의 발생구조를 바르게 이해할 필요가 있다. 연소에 의한 유기성 질소는 다음과 같이 변한다.

유기성 질소 → NH_3, HCN, NO_x, N_2

또 NO_x의 발생 및 환원에 관련된 반응으로는 다음과 같은 것을 생각할 수 있다.

㉠ 산화반응

$$N_2 + O_2 \rightarrow 2NO$$

$$2NO + O_2 \rightarrow 2NO_2$$

$$4NH_3 + 3O_2 \rightarrow 2N_2 + 6H_2O$$

$$4NH_3 + 5O_2 \rightarrow 4NO + 6H_2O$$

$$2HCN + \frac{5}{2}O_2 \rightarrow H_2O + 2CO_2 + N_2$$

$$2HCN + \frac{7}{2}O_2 \rightarrow H_2O + 2CO_2 + 2NO$$

㉡ 환원반응

$$4NH_3 + 6NO \rightarrow 5N_2 + 6H_2O$$

$$NO + CO \rightarrow \frac{1}{2}N_2 + CO_2$$

$$NO + C \rightarrow \frac{1}{2}N_2 + CO$$

따라서 슬러지 소각 중에는 NO_x의 발생과 환원이 복잡하게 반복되어 있다고 추정된다. 이러한 점에서 하수슬러지 소각 시 NO_x의 발생에 대한 탈질 프로세스를 생각하는 것보다 연소조건의 선정 또는 미분탄과 같은 환원제의 혼입으로 억제하는 것이 바람직하다.

④ 중금속의 거동은 금속 또는 금속화합물의 비점 및 승화점에 의해 이론적으로는 예상할 수 있다. 그러나 슬러지 속의 금속상태 및 소각과정에서의 분해 및 결합 등의 차

이로 인해 휘발하는 비율이 복잡하게 변화하므로 그 거동을 정확하게 예측하기는 곤란하다. 저비점인 카드뮴, 수은, 아연, 비소 등의 함유물을 소각처리하는 경우에는 폐가스 처리 대책을 철저하게 할 필요가 있다. 표 6-10에 표시한 조건의 소각로를 이용한 N사의 실험결과 일례를 표 6-11, 표 6-12에 나타내었다.

또한 슬러지 중에 크롬이 포함된 경우에는 안정한 3가 크롬이 연소에 의해 유해한 6가 크롬으로 변환되는데 그 거동에 관해서는 여러 가지 연구가 있다. 이러한 연구결과에 의하면 유기슬러지 속에 포함된 3가 크롬이 소각과정에서 6가 크롬으로 바뀌는 비율과 용출상황에 대해서는 다음과 같이 요약할 수 있다.

소각에 의한 6가 크롬의 발생비율은 T-Cr의 함유량에 관계없이 대략 T-Cr의 30～40%가 된다고 하며, 일례를 들면 표 6-13과 같다.

표 6-10 다단로, 유동상로, 분류식로의 비교

노형식	제조원	능력 (kg/h)	슬러지 투입량 (kg/h)	로온도 (℃)	슬러지당 공기량 (Nm^3/kg · 건조슬러지)	슬러지당 연료사용량 (kg/kg · 건조슬러지)
다단로	M	380	100	800～1,000	12.7	0.36 (등유)
	N	208	230	340～780	5.7	0.105 (등유)
	H	120	50	200～750	5.5	0.155 (등유)
유동상로	M	200	230	680～740	3.62	0.131 (등유)
	F	180	250	790～890	8.9	0.156 (중유)
	H	600	593	800	3.25	0.106 (등유)
	N	208	300	750～900	3.35	0.105 (중유)
분류식로	K	100	80	620～850	8.9	0.150 (중유)

표 6-11 다단로소각에 의한 중금속의 거동

	IN PUT			OUT PUT									
	케이크 (g/h)	스크러버 공급물 (g/h)	합계 (g/h)	재		스크러버배수		알칼리순환액		배가스		계 (%)	기타 (%)
				(g/h)	(%)	(g/h)	(%)	(g/h)	(%)	(g/h)	(%)		
Fe	1,147.6	0.87	1,148.47	1,200	104.5	20	1.74	25.2	2.19	-	-	108.43	-
Zn	97.13	-	97.13	32	32.95	-	-	-	-	-	-	32.95	-
Cu	287.07	0.03	247.1	197	79.72	1.97	0.80	0.0386	0.02	-	-	80.59	(19.41)
Cr	182.00	ND	182.00	127	69.78	0.394	0.22	0.0221	0.01	0.13	0.07	70.08	29.92
Ni	24.52	ND	24.52	192	78.30	1.18	4.81	0.0174	0.07	0.0405	0.17	83.35	16.65
Cd	1.89	ND	1.89	0.984	52.06	0.0756	4.00	0.0055	0.29	0.0155	0.82	57.17	42.83
Pb	11.32	0.008	11.328	4.92	43.43	1.18	10.42	0.0264	0.233	0.0486	0.43	54.51	45.49
Hg	0.18	ND	0.18	0.008	4.44	0.118	65.56	0	0	0.00324	1.8	71.80	28.20
As	0.23	ND	0.73	0.526	72.05	0.118	16.16	0.0255	3.49	0.0162	2.22	93.92	6.08

표 6-12 유동상로소각에 의한 중금속의 거동

	IN PUT			OUT PUT									
	케이크 (g/h)	스크러버 공급물 (g/h)	합계 (g/h)	재		스크러버배수		알칼리순환액		배가스		계 (%)	기타 (%)
				(g/h)	(%)	(g/h)	(%)	(g/h)	(%)	(g/h)	(%)		
Fe	1,570	2.57	1,572.57	978.4	62.2	20.03	1.27	14.65	0.93	-	-	64.40	-
Zn	55.47	-	55.47	45.22	81.52	-	-	-	-	-	-	81.52	-
Cu	322.5	0.006	322.506	177.6	55.1	3.14	0.97	2.85	0.88	-	-	56.95	(43.06)
Cr	243.811	ND	243.81	135.65	55.64	0.735	0.30	0.335	0.14	1.576	0.65	56.73	43.27
Ni	32.25	0.07	32.27	18.84	58.38	0.825	2.56	0.51	1.58	0.2713	0.84	63.36	36.64
Cd	2.58	ND	2.58	0.942	36.5	0.015	0.58	0.035	1.36	0	0	38.44	61.56
Pb	10.32	0.037	10.357	9.42	90.95	0.21	2.03	0.215	2.08	0.198	1.71	96.97	3.03
Hg	0.24	ND	0.24	0.01224	5.1	0.045	18.75	0.01	4.17	0.0293	12.2	40.22	59.78
As	1.00	ND	1.00	0.4767	47.67	0.015	1.5	0.04	4.0	0.0953	9.53	62.70	37.30

표 6-13 소각에 의한 6가 크롬의 발생비율

	T-Cr (%)	Cr^{6-} (%)	Cr^{6-}/T-Cr (%)
U처리장재	0.2	0.06	33
S처리장재	0.4	0.15	38
W처리장재	1.7～1.9	0.6	32～35

이와 같은 재에 대하여 용출시험을 하면 여러 가지 용출상태를 나타내는데 일반적으로 그림 6-3과 같은 거동을 나타낸다.

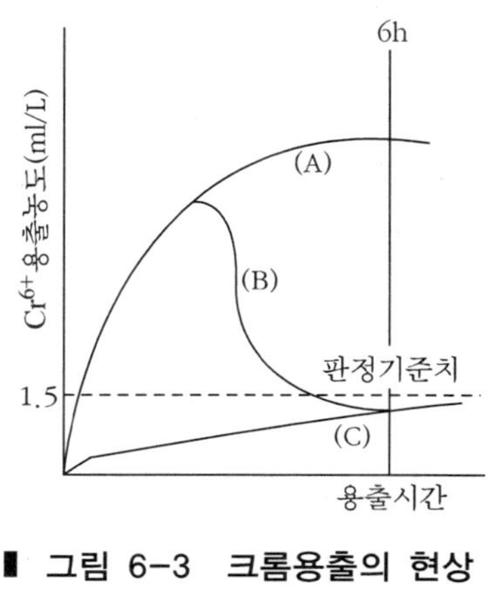

▮ 그림 6-3 크롬용출의 현상

1) A TYPE

단시간에 다량이 용출되고 그 후에는 서서히 용출되는 형태이다. 단, 용출량은 6시간 후라도 최대생성 6가 크롬의 10% 정도이며, 나머지의 6가 크롬이 불용성 상태인지 칼슘 등에 흡착되어 있는지는 불명하다. 그러나 용출시험법의 pH를 변화시키거나 다량의 Cl^-이온의 존재 등에서는 현저하게 다량의 6가 크롬이 용출하는 것을 고려해서 용출시험법(용출시간 · 용출시 pH 등)에서 이러한 점에 대한 검토가 필요하다.

2) B TYPE

초기의 단시간(2～3분간)에 다량의 6가 크롬이 용출하는데 시간이 경과함에 따라 6가 크롬이 불용화 되어 6시간 정도에서는 기준치에 미달하는 결과를 주는 형태이다. 불용화 원인은 칼슘에 6가 크롬이 흡착되는지 환원작용을 일으키는지는 불명확하지만 이러한 점에서 6가 크롬의 판정기준으로 6시간 값만을 채용하는 데에 문제점이 있다.

3) C TYPE

6가 크롬이 거의 용출되지 않는 형태인데 이 형태는 600～700℃의 일반소각보다 약간 저온으로 소성된 재에 많다. 이 사실은 몇 개의 실로에서 경험하고 있으며 6가 크롬 발생 억제를 위해서는 저온소성 처리가 유리하다는 근거를 제공해 주고 있다. 또한 700℃ 이상으로 소성한 재에 대해서도 C TYPE을 나타낸 것이 있었는데 이러한 검출빈도 및 원인은 불명확하다.

그림 6-4는 다단로에 의한 소성온도와 모든 크롬 용출농도와의 관계를 보여주고 있다. 여기에서는 600℃ 이하의 소각온도인 경우에서도 모든 크롬의 용출을 볼 수 있다. 여기에서는 600～700℃의 범위에서 용출이 최소가 된다는 결과를 나타내고 있다. 이것은 다음에 설명하는 Ca성분의 영향에 의한 것이라 생각된다. 즉, 3가 크롬의 6가 크롬으로의 전환은 칼슘의 공존 하에서 현저하게 촉진되어 $Cr(OH)_3 \cdot Ca(OH)_2$계를 공기 속에서 소성한 경우, 6가 크롬은 300℃를 경계로 서로 다른 두 개의 기구에 의해(mechanism) 생성된다는 결론을 내릴 수 있다.

$$\text{300℃ 이하} : 4Cr(OH)_3 + 4Ca(OH)_2 + O_2 \rightarrow 4CaCrO_4 + 10H_2O \qquad (6.4)$$

$$\text{300℃ 이상} : 2CrO_3 + 4CaO + 3O_2 \rightarrow 4CaCrO_4 \qquad (6.5)$$

이러한 반응을 더욱 상세히 해석하면 600～800℃에 걸쳐 상기 반응 대신에

$$12CaCrO_4 + 6CaO \rightarrow 18CaO \cdot 10CrO_3 \cdot 2CrO_3 \qquad (6.6)$$

의 반응이 일어나게 된다.

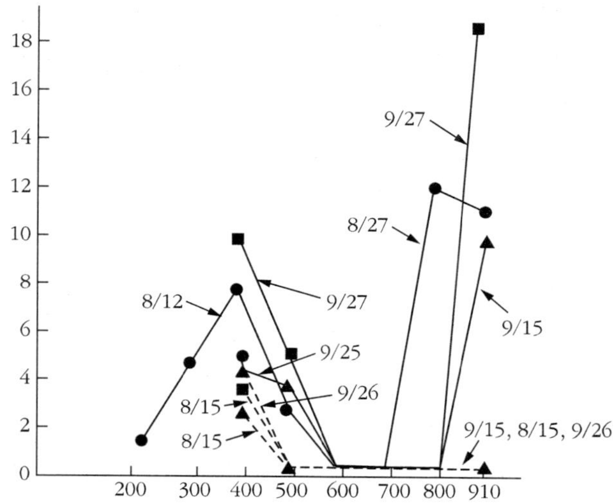

▮ 그림 6-4 하수슬러지의 소각온도와 전크롬 용출농도와의 관계

6가 크롬의 생성 기구가 분명하게 되면 그 대책도 합리적으로 생각하게 된다. 그 일례로서 CO기류 중에서 환원소성을 하면 6가 크롬의 생성은 억제할 수 있다는 것을 알 수 있으며 열분해 2차 연소에 의한 프로세스에 의해 6가 크롬의 생성을 거의 완전히 방지할 수 있다.

이상과 같이 슬러지 소각처리는 슬러지 속에 포함되어 있는 황분·질소분 또는 중금속량에 따라 배가스에 의한 대기오염, 소각재에서의 중금속 등의 2차 오염이 문제가 될 가능성이 있다. 따라서 슬러지 소각설비를 계획하는 경우 충분히 대상이 되는 슬러지의 특성을 파악하여 이러한 문제점에 관한 해결책을 강구하여야 한다.

이와 같은 문제점을 근거로 하여 최근에는 석회 대신에 고분자 응집제로 전환, 열분해처리, 미분탄 소각처리 등의 새로운 기술개발, 나아가서는 매립처분량의 감소와 잔사의 안정화를 목표로 한 용융처리기술의 연구가 진행되고 있다.

6.5 각종 슬러지처리 프로세스

6.5.1 농축

하수슬러지의 농축은 중력장에서 일어나는 자연침강현상을 이용하는 중력농축법이 주체이며 농축율의 변동이 비교적 큰데다가 뒤에 계속되는 탈수조작의 능력에 크게 영향을 미치는데도 불구하고 적극적인 개량이 시도되고 있지 않다. 그렇기 때문에 SS회수율이나 농축률의 향상을 목표로 하여 정상농축법이나 원심농축법도 연구하여 일부에서 실용화 하고 있다.

중력농축법에서는 슬러지를 8～20시간 정치해 둠으로써 고액분리하며 침강한 슬러지를 다시 압밀농축시켜 슬러지 농도를 올린다. 다른 방법에 비하여 초기투자비 및 유지관리비가 가장 적으며 슬러지량의 변동에 대해서 조정조로서 기능하기 때문에 운전조작이 쉽다. 그러나 슬러지의 성상에 따라서는 부상해 버리거나 전혀 농축되지 않게 되는 등의 문제를 일으키는 경우가 있으며 또 일정한 농도의 농축슬러지를 얻기도 곤란한 경우가 있다.

부상농축법에서는 슬러지 입자에 미세한 기포를 부착시키므로써 겉보기 밀도를 물의 밀도보다 작게 하여 슬러지를 부상시켜 고액분리한다. 부상조상층부에 형성된 농축슬러지는 스키머(slimmer) 등에 의해 조 밖으로 배출한다. 중력농축보다 농축성이 뛰어나나 운전조작이 복잡하다.

원심농축법에서는 나사형 디캔터식, 횡형원심농축기나 바스켓식, 입형 원심농축기를 사용한다. 어느 것이든 중력장에서 얻어지는 가속도 g에 비하여 큰원심력을 줌으로써 고액분리를 하는 것이다. 농축분리된 슬러지는 횡형농축기에서는 회전보울(bowl)보다 약간 늦은 회전속도를 가지는 회전나사(screw)에 의해 배출되며 입형 원심농축기에서는 스키밍관(skimming pipe)를 통하여 흡인배출된다. 전자에서는 1,000～3,000 g 정도, 후자에서는 400 g 정도의 원심력을 필요로 한다. 원심농축법은 기계적・강제적 농축법이기 때문에 계절적인 영향이나 슬러지농도의 영향을 받는 일이 적고 안정한 농축효과 이기 때문에 계절적인 영향이나 슬러지 농도의 영향을 받는 일이 적고 안정한 농축효과를 얻을 수가 있으나 기계동력이나 마모, 소음・진동 대책 등에 주의를 할 필요가 있다.

6.5.2 개량

슬러지의 개량은 슬러지의 안정화 및 탈수성의 향상을 위해 행하며 주요한 방법에는 생물학적 처리(혐기성・호기성소화), 약품처리, 열처리, 동결처리 등이 있다.

생물학적 처리, 즉 소화법의 제 1차적인 목적은 지방, 단백질, 탄수화물을 비롯한 유기화합물이나 병원균을 포함한 슬러지를 무해한 토양으로 변환시키는 점에 있으며 토양환원이 가능한 경우에는 매우 유용하다. 그러나 최종처리를 열적조작에 맡기는 경우에는 슬러지의 발열량 저하 등의 문제가 있으므로 반드시 유리하다고는 할 수 없다.

약품처리는 하수슬러지의 탈수 전처리법으로서 가장 일반화 되어 있는 방법이다. 무기약품으로 소석회와 염좌제2철이, 진공탈수기나 가압탈수기와의 조합으로 사용하는것이 일반적이다. 무기약품투여로 안정한 탈수가 가능하게 되나 슬러지고형분의 단위중량당 30～

50%의 첨가가 필요하며 슬러지량의 증대, 발열량의 저하가 문제가 된다. 또 전술과 같이 슬러지속에 크롬이 존재하는 경우에는 소각단계에서의 6가 크롬생성 이 문제가 된다.

최근 과산화수소와 철이온(황산제1철)의 첨가에 의한 탈수성 개선방법도 고안되어 실용화 하고 있다. 과산화 수소는 철이온의 존재 하에서 산화작용을 하므로 슬러지속 유기물의 일부가 산화되어 겔(gel)구조가 파괴되므로써 물의 분리가 촉진된다. 한편 제1철은 응집효과가 큰 제2철의 형태로 되어 슬러지입자를 응집하여 플럭이 형성된다. 과산화수소의 첨가량은 하수슬러지 1 m^3당 1~2 kg, 황산제1철은 고형분량당 10~15%가 가장 적당하다.

무기약품투여에 따른 증량 등의 문제를 극복하기 위하여 최근 고분자 응집제를 벨트프레스, 스크류프레스, 원심탈수 등과 조합하여 사용하고 있다. 고분자 응집제에는 무이온성, 음이온성, 양이온성이 있는데 하수슬러지에는 양이온성 응집제(고양이온가, 분자량 300~800만)가 유효하다고 한다.

열처리법은 슬러지를 증자 처리하여 무기약품으로 탈수하는 방법으로 반응형식에 의해 Porteous법, Von Roll법, Farrer법이라 불리는 것이 있는데 원리는 어느 것이나 같다고 한다. 종래의 혐기성 열처리법에서는 180~210 ℃의 높은 조작온도로 처리하기 때문에 슬러지속의 유기물의 가용화가 촉진되어 분리액의 수질강도가 높고 또한 분리액의 착색이나 프로세스에서의 취기가 문제가 되었다. 그러나 최근 슬러지 속에 공기를 불어 넣어 열처리하는 호기성 열처리법이 개발되어 조작온도를 145~165℃까지 낮출 수 있고 앞에서의 여러 가지 문제점을 완화할 수 있다. 열처리된 슬러지에 가압탈수기를 조합시킨 경우에는 함수량이 45~55%인 저함수율 케이크를 얻을 수 있으며 발열량도 높게 된다.

동결법은 슬러지 속에 있는 유리수의 결빙, 고형물의 농축, 세포막의 파괴에 의해 탈수성을 향상시키는 것으로 상수슬러지에는 유효하지만 하수슬러지의 경우에는 보조적으로 응집제를 필요로 하는 등 현 단계에서는 유효성에 의문이 있다.

6.5.3 탈수

슬러지류는 유기성슬러지, 무기성슬러지로 구분되고, 슬러지내의 수분은 결합수와 비결합수로 결합되어 있다.

슬러지류에 함유되어 있는 수분의 종류는 그림 6-5에서 볼 수 있는 바와 같이 Free water, Interstitial water, surface water, Boundary water가 있으며, 입자가 작을수록 물의 분리가 관란하다. 특히 Boundary water는 슬러지의 입자에 화학적으로 결합되어 있는 수분으로 기계적이 탈수 방법으로는 제거가 곤란하다.

슬러지의 기계적 탈수는 슬러지입자와 물 사이의 상대적인 운동을 진공, 가압, 원심력에 의해 일으키는 것이다.

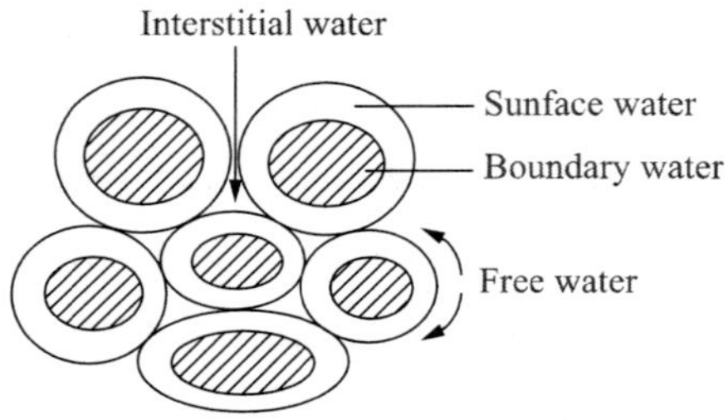

▌그림 6-5 슬러지 내의 수분의 종류

진공탈수기는 슬러지조에 드럼을 넣고 드럼표면에 여포를 바르고 드럼 내를 진공펌프에 의해 감압함으로써 여액을 추출하는 것이다. 올리버형, 양형, 스트링형, 코일형으로 시대와 함께 변천했는데 최근에는 벨트필터라고 부르는 여포주행형 드럼필터가 진공탈수기의 전형이 되었다.

가압탈수기(필터프레스)에는 단식, 복식이 있다. 단식 가압탈수기에서는 양면을 오목한 형태로 한여판만으로 여실을 구성하고 슬러지는 여판을 통하여 여과되며, 여액은 하부의 배출구를 통해 배출된다. 복식가압 탈수기에서는 여판과 여틀을 번갈아 배열하고 이 내면에 고정여포를 만들어 여실을 구성한다. 가압탈수기에서는 3 ~ 7 kg/cm^2의 압력을 걸어서 탈수하며 또한 여틀 안에 격판(diaphragm)을 설치하여 압착압력을 가하도록 한 것이 가압압착탈수기 이다. 이 기계의 탈수과정을 표시한 것이 그림 6-6이다. 우선 슬러리를 압입함으로써 가압탈수가 되며 이어 고압가압수를 격판에 송입함으로써 슬러지는 압착압력을 받아 압착탈수를 하게 된다. 이어서 케이크를 분리하고, 여포세정을 하여 1싸이클이 끝난다. 가압압착탈수기에는 그림 6-7과 같이 횡형과 입형이 있다.

가압탈수기는 슬러지공급방식이 간헐적이어서 회분식이지만 타이머에 의한 제어를 하여 자동화되어 있는 경우가 많다. 이와 같은 가압 압착 탈수기는 정수슬러지의 탈수에 많이 사용되고 있는데 최근 하수슬러지에도 채용되기 시작했다.

원심탈수기에는 스크린형과 디캔터형이 있는데 슬러지탈수에 사용하는 것은 디캔터형이다. 그림 6-8(a)와 같은 무공 회전통(bowl)을 고속으로 회전시켜 보울 대경측에 월류역을 만들어 두고 회전중심축에 설치한 원료주입구에 슬러지 슬러리와 고분자 응집제를 공급하면 슬러지는 원료공급관속에서 응집하여 플럭을 형성하고 분리역에 의해 규제된 액면을 형성한다. 슬러지중의 고형분은 원심력에 의해 침강·농축·압밀되어 보울내면에 부착되고 분리액은 액변 가까이에서 분리된다. 분리액은 월류역에서 오우버플로우되며 고형분은 보울 내벽에 축적된다. 보울의 소경측에 탈수고체의 배출구를 만들고 그림 6-8(b)와 같은 스크류컨베이어를 보울 내에 설치하여 이 스크류를 회전시키면 고체는 보울의 경사를 따라 이동하여 액면에서 나와 탈수되어 배출하게 된다.

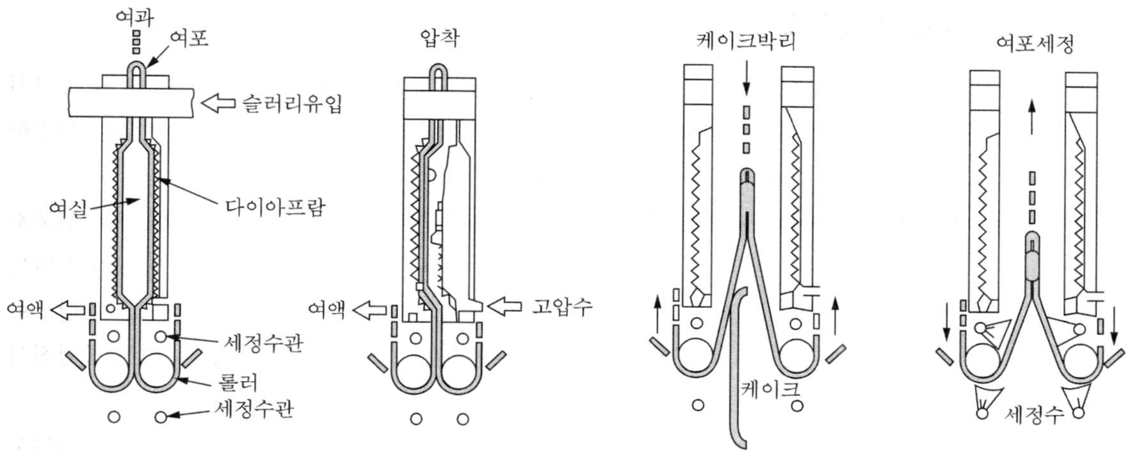

▮ 그림 6-6 가압 압착탈수기의 싸이클

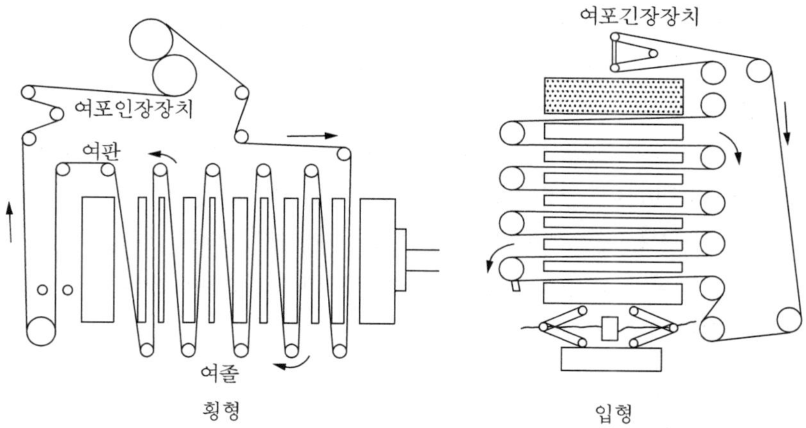

▮ 그림 6-7 횡형과 입형 가압 압착탈수기

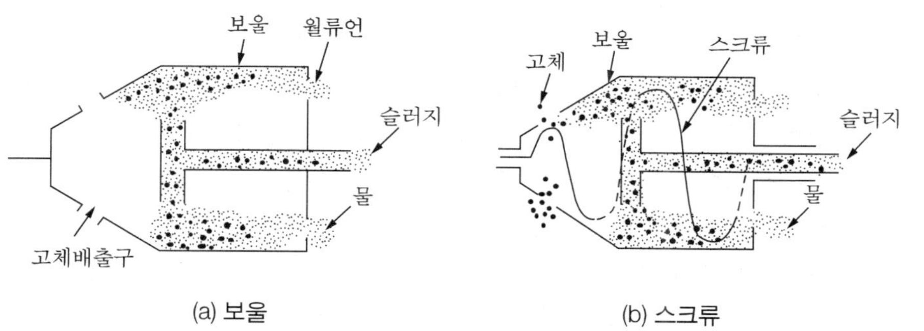

▮ 그림 6-8 원심탈수기의 원리

6.5.4 소각처리

전술한 바와 같이 슬러지, 특히 유해중금속을 포함하는 산업폐수처리 슬러지의 소각처리에는 2차 공해 방지를 위해 각별한 배려가 필요하지만, 일반 슬러지를 감량화 · 안정화하기 위한 처리 방법으로서는 소각법이 널리 채용되고 있다.

슬러지의 소각방법은 크게 나누면 슬러지의 수분을 가급적 제거하고 케이크로서 건조소각을 하는 방법(건조 · 소각법)과 슬러리 액체상 그대로 소각하는 방법(습식연소법)이 있는데 어느 것을 채용하는가는 처리해야 할 슬러지의 물성(특히 탈수성 · 점착성)을 바탕으로 전처리 설비와의 관련성 · 경제성 · 입지조건 · 유지관리비의 난이성 등을 고려한 종합적인 판단이 바람직하다.

습식연소법으로서는 수 % 농도의 것은 저온(250～300℃) 고압(70～140 kg/cm^2)에서 공기산화하는 습식산화법(Zimmermann Process)과 증발관에서 20～40%로 농축한 것을 고온(700℃ 이상) 저압(1～3 kg/cm^2) 하에서 증발 · 연소하는 분무화법(AST법) 등이 있다. 이러한 습식연소법은 보조연료가 적어서 좋고 또한 부지면적도 크지 않다는 이점이 있으나 설비의 운전관리에 고도의 기술이 필요한 결점이 있어서 현재 그다지 활용되고 있지 않다.

건조 · 소각법으로는 로타리킬른방식, 입형다단방식, 유동층방식, 기류건조 · 소각방식 등이 있으며 어느 것이나 침전조, 농축조, 탈수기 등의 전처리 설비가 필요하다.

여기에서는 슬러지처리조작으로서 현재 가장 널리 사용되고 있는 건조 · 소각법에 대하여 각 방식의 특징을 간단히 기술함으로써 소각설비의 계획을 수행하는데 참고자료로 제시하고자 한다.

1) 소각로

(1) 회전로(Rotary Kiln)

로타리킬른의 역사는 오래되었으며, 요업, 정련업, 화학공업 등의 각종 제조업에 널리 사용되며 내열식 · 외열식 · 용융식의 세 가지로 나눈다. 그중 슬러지의 소각에 사용하는 것은 대부분이 내열식이며 회전원통의 내면에 내화물을 내장한 간단한 구조이다. 따라서 기계적 요소도 적고 운전유지, 보수가 간단하여 장시간의 연속 운전이 가능하다. 그 반면 비금속재료를 내장하였기 때문에 단속운전, 예를 들면 주간만 운전하는 조업에는 적합하지 않다. 내면이 공통인 원통형로이기 때문에 처리물 성상의 변동(함수율, 발열량, 처리량, 형상 등의 변화)에 비교적 잘 견디며 점착성의 슬러지도 처리할 수 있는 특징으로 처리목적에 따라 소성온도, 체류시간을 적절히 선정할 수 있다.

처리물의 흐름과 고온가스의 흐름을 반대로 하는 향류식과 동일방향으로 하는 병류식이 있는데 자연하는 슬러지(휘발성 유분 등을 많이 포함한 함유폐백토 등)를 처리하는 경우에는 후자(병류식)를 채용한다. 일반적으로는 향류식을 많이 사용하는데 이것은 열효율이 좋고 처리물의 물성에 맞추어 소성대 온도를 쉽게 조절할 수가 있는 이점을 가지고 있기 때문이다. 소성온도의 조절은 소각재를 취급이 용이한 크링카 상태로 만들기 위해서도 중요하다. 표준적인 슬러지 소각 킬른으로서는 소각온도 700～1,000℃, 체류시간 1～1.5시간, 경사 0.01～0.03, 회전수 0.5～2 rpm이 일반적이며 하수슬러지, 제지폐수슬러지, 각종 공장 폐수처리슬러지 등에 많이 사용한다. 일반잡개(50～199 mm 정도로 파쇄시킨 것) 등 고열량 폐기물과 함께 슬러지를 혼소하는 경우에는 공급장치부의 내열성을 고려하여 병류식을 채용하는데 다른 소각방식과 같이 안정된 조업을 유지하기 위해서는 안정한 공급을 할 수 있는가가 핵심이 된다.

킬른내장 내화물의 선정에 있어서는 내열강도, 내마모성, 내탄성, 내부식성 등 내화물을 사용하는 영역의 조건을 고려하여 신중히 하여야 하며, 급열・급냉을 피하고 안정한 역속 조업을 하는가에 따라 내화물의 수명이 크게 좌우된다. 로타리킬른(향류식)의 일례를 그림 6-9에 나타내었다.

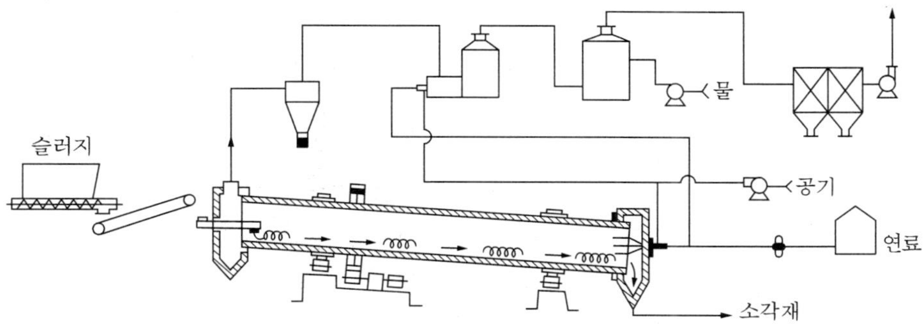

▌ 그림 6-9 로타리킬른 소각로

탈수케이크는 슈우트 또는 스크류피이더 등에 의해 소각로로 공급되며 킬른의 회전에 의해 경사방향으로 서서히 이동하면서 고옥가스에 의해 건조・연소되고 연소부 아래에서 소각재로 배출된다. 소각재는 수조 등에 의해 직접 물로 냉각하거나 쟈케트 부탁스크류로 냉각기 등의 기계에 의해 간접 냉각하여 처리한다.

킬른에서의 배가스는 먼지를 건식 싸이크론 등으로 제진한 후 일반적으로는 재연소로에서 탈취(악취성분인 유기물을 분해)하고 냉각・무해화하여 대기로 방출한다. 재연소로에 폐열보일러를 설치하여 유효한 열회수를 하는 것이 최근의 중요한 과제이다.

(2) 입형다단로

종래 황화광의 배소 등에 널리 보급되어 있던 헤레쇼프형로를 원형으로 하는 소각로이며 현재 하수슬러지의 소각로로서 많이 사용하고 있다. 그 대표적인 계통흐름도를 그림 6-10에 표시하였다. 슬러지의 탈수케이크는 공급장치에 의해 로정(爐頂)에서 공급하는데 탈수기와 가동시간의 차이에 의한 변동을 흡수하기 위해 저장탱크에 일단 저장하여 정량성을 유지하도록 하는 장치도 있다. 로상부의 건조대에 들어온 탈수케이크는 내소교반에 의해 주변에서 중앙으로 연속적으로 이동하여 중앙부에서 제2단으로 떨어지고 제2단에서는 외소날개로 중앙에서 바깥쪽으로 긁어 넓혀서 외주부 낙하구에서 다음 단으로 떨어진다. 이와 같이 처리물은 차례로 하단으로 이동하면서 건조・소각공정을 거쳐 최후는 2차 공기와의 열교환으로 냉각시킨 후 로저에서 긁어낸다. 따라서 슬러지와 가스흐름이 접촉하게 되어 각 단에서 효율적인 열교환을 하는 구조로 되어 있다. 또 슬러지는 교반날개에

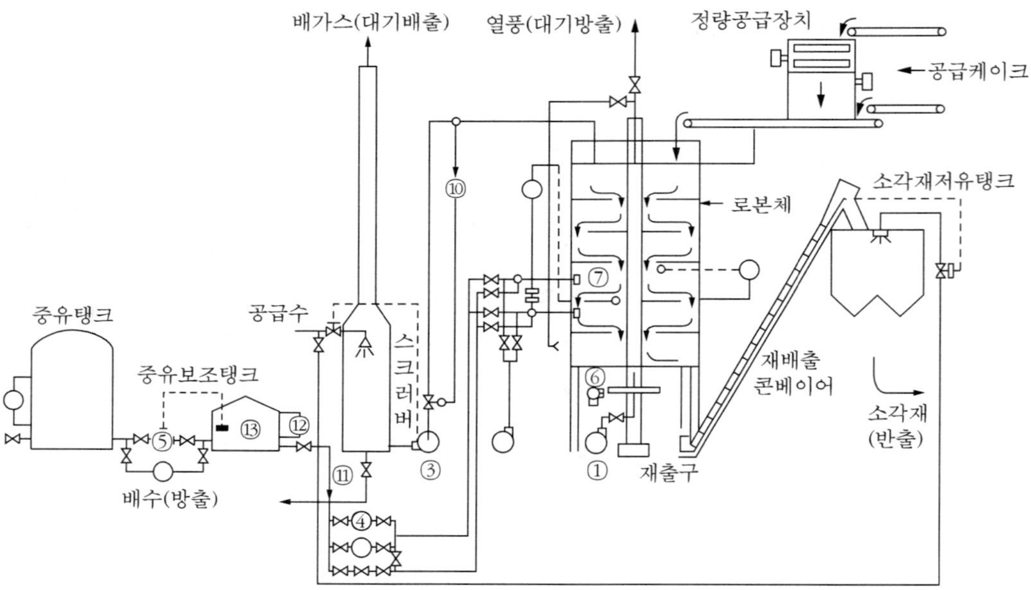

블로워류	① 샤프트냉각용 블로워 ② 기름버너용 블로워 ③ 연도가스팬
펌프류	④ 기름공급 펌프 ⑤ 기름이송 펌프
모터	⑥ 샤프트구동모터
버너	⑦ 소각로용 버너
계기	⑧ 온도기록계 ⑨ 온도기록조절계 ⑩ 연도가스압력기록조절계 ⑪ 기름유량지시계 ⑫ 기름레벨게이지 ⑬ 플로트스위치

▮ 그림 6-10 입형다단소각식에 의한 소각흐름도

의한 연속적인 교반과 그것에 따른 해쇄에 의한 표면적의 증대에 의해 신속한 건조 및 연소를 할 수 있으며 적당한 체류 시간을 줆으로써 거의 완전한 소각이 기대된다. 그러나 고온 하에서 용융하는 성질을 가진 슬러지 등에 대한 소성온도의 관리가 다소 곤란한 점, 로 내부에 회전축·교반날개 등의 기계적인 가동부분이 있으며 이러한 부품의 소모는 피할 수 없는 것이 로타리킬른형 로에 비하여 불리한 점이다.

각 단의 바닥벽돌은 환형상이며 중심에서 방사상으로 구축되어 내외주를 향하여 내림구배로 되어 있다. 바닥의 구배는 상면에서 1～4° 하면에서 5～10° 정도로 취하고 있다. 동벽 및 바닥의 벽돌재료에 대해서는 각 영역의 온도조건(건조지역, 연소지역) 및 그 온도변동에 의한 열 충격을 충분히 고려하고 처리물의 특성에 대응할 내마모성 내식성 등에 주의하여 선택할 필요가 있다. 다단로에서는 다량의 휘발성물질이나 유분이 포함되어 있는 슬러지를 처리하는 경우에, 일시적인 공기부족에 의한 불완전연소가 일어나 폭발성의 혼합물이 생성되어 위험한 상태가 될 우려가 있다. 때문에 이와 같은 슬러지처리는 비휘발성 슬러지와 혼합하여 이와 같은 문제가 생기지 않는 상태로 하거나 또는 다른 소각로를 채용하는 배려가 필요하다. 연소기구는 전술한 바와 같이 향류식 이어서 배가스온도가 낮게 되므로 악취대책으로서 2차 연소로를 설치할 필요가 있다. 또 서로 다른 슬러지의 혼소시에 악취가스 생성이 많은 슬러지만을 연소지역에 직접 공급하여 악취를 적극 감소시키는 방법도 취하고 있다. 배가스의 처리는 로타리킬른로와 거의 같은 방법을 취하고 있다. 그러나 로출구에서의 가스유속은 다른 형식의 로에 비하여 늦으므로 비산하는 먼지의 양이 적다는 이점을 가지고 있다.

(3) 유동층로

Winkler가스 발생로로서 공업화된 이래 각 분야에서 접촉분해, 흡수. 흡착, 건조, 소각, 건류 등의 조작에 많이 사용하고 있는 로이다. 전열, 피처리물의 해쇄, 혼합 등의 기능이 뛰어나므로 최근 슬러지의 소각로로서의 활용에도 주목되고 있다. 유동층로는 바닥에 가스 분산판을 부착한 입형원통으로 내부를 내화물로 내장한 것이며, 규사 등의 내열성분립체를 유동매체로 충전하고 가스반산판 하루에서 송입하는 가스에 의해 형성되는 유동층의 상부로 슬러지를 공급한다. 유동층 내에서 피소각물은 고온매체입자와 고온가스에 의해 건조되면서 가늘게 해쇄되어 고온가스와 분산·혼합하므로 신속히 연소된다. 그 상태를 알기 쉽게 나타내면 그림 6-11과 같이 된다.

그리고 유동층 소각로를 이용하는 슬러지소각장치의 계통흐름도의 일례를 그림 6-12에 표시하였다. 소각로 내 가스유속은 공동속도(Ua)로 하고 유동열매체의 유동화속도의 2～8배로 되어 있다. 이것은 Ua를 너무 크게 하면 유동매체의 튀어나오는 비산량이 크게 되고 반대로 너무 늦으면 유동매체와 슬러지의 혼합이 나빠져 미연상태로 남게 되는 문제를 피하기 위해서이다. 소각재와 유동매체의 일부는 배가스 속에 동반되어 배출된 후 싸이크론 등으로 포집되고, 유동매체는 다시 유동층으로 되돌리게 된다.

유동층 소각의 특징은 균일한 연소, 로상 부하가 크고 기계적 가동부가 적으므로 유지·관리가 용이하다는 등의 이점이 있지만, 소각로 본체에서의 압력 손실이 크고 로 내 가스유속이 다른 형식보다 크다는 등의 결점이 있다. 또 처리물의 선정도 중요하며 로타리킬른방식에 비하여 다소 적응 범위가 제한된다.

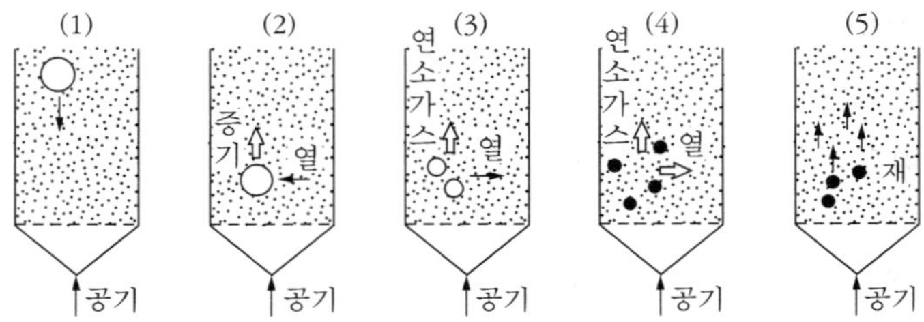

■ 그림 6-11 유동층소각로 내에서의 슬러지의 연소과정

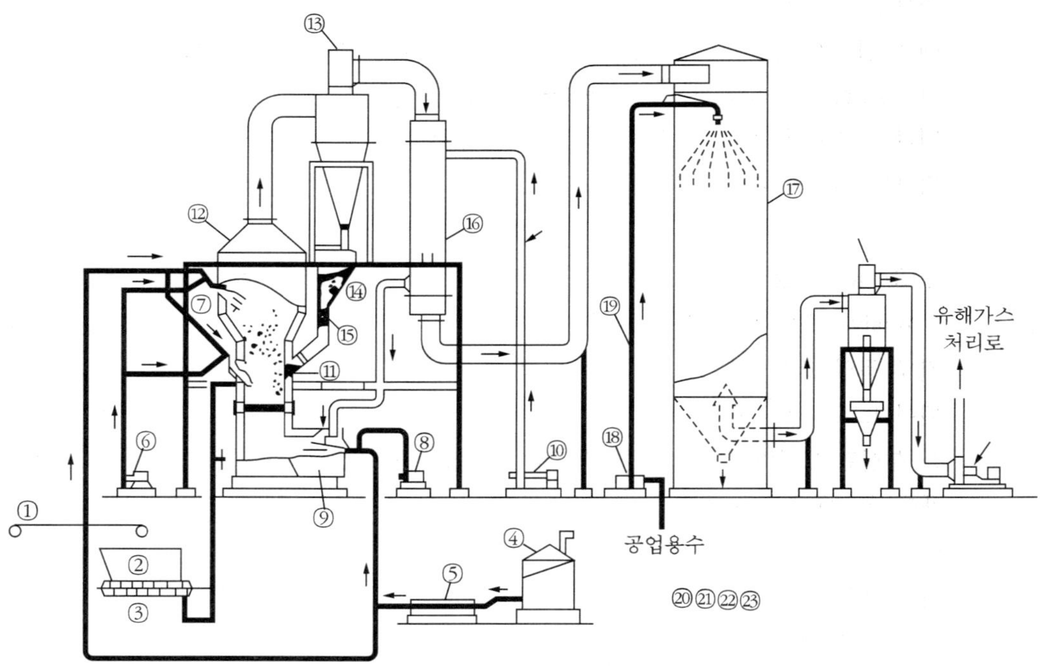

① 슬러지콘베이어 ② 슬러지호퍼 ③ 스크류콘베이어 ④ 보조탱크 ⑤ 오일유니트 ⑥ 블로워
⑦ 버너 ⑧ 블로워 ⑨ 보조열풍로 ⑩ 블로워 ⑪ 유동층소각장치 ⑫ 재연소각
⑬ 싸이크론 ⑭ 쿠션호퍼 ⑮ 로타리피이더 ⑯ 열교환기 ⑰ 냉각기 ⑱ 펌프
⑲ 배수관 ⑳ 스프레이노즐 ㉑ 싸이크론 ㉒ 배풍기 ㉓ 2차 공기용 배관

■ 그림 6-12 슬러지의 유동층소각 장치

유동소각로의 보다 유용한 활용방법으로서 하수잉여슬러지에 미분탄을 2～3% 첨가하여 탈수율을 올리고 또한 유동소각로의 매체로서 시멘트 크링커를 사용함으로써 SO, NO의 발생을 제어할 수 있는 프로세스에 대한 보고도 있다.

또한 로저에 다공판이 있는 곳의 단면적을 작게 하여 풍속을 매체의 침강속도보다 크게 하여 상부를 원추위에서 넓혀 큰 구경부에서 유동층(정확히는 분류층)을 형성시키는 분류층 소각로형식이 있는데 슬러지 소각장치로서의 특성은 유동로와 큰 차이가 없으므로 생략한다.

(4) 기류건조 소각로

화학공업 등에서 오래전부터 널리 사용해 온 기류건조장치(순간건조기 : flash dryer)와 소각로를 조합한 것이며 그 대표적인 계통흐름도가 그림 6-13에 나타나 있다.

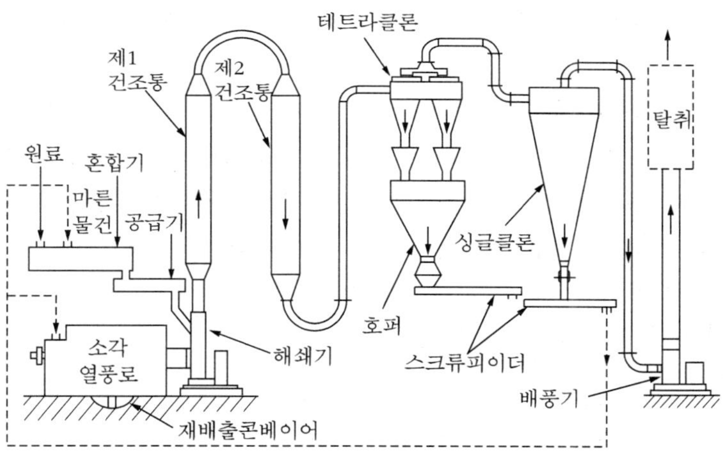

▮ 그림 6-13 기류건조 소각장치 흐름도

소각은 처리물의 건조에 필요한 열풍을 발생시키는 연소로에서 하도록 되어 있다.

탈수케이크(처리슬러지)는 사이클론으로 포집된 건조슬러지의 일부와 혼합하여 조작에 적합한 수분으로 조정한 후 안으로 공급한다. 일반적으로 슬러지는 흐름도에 있는 것 같이 해쇄기(disintegrator)에 의해 해쇄와 동시에 급속한 건조를 하고 이어서 해쇄건조관에서 소정의 수분까지 건조시켜 싸이클론 및 백필터 등에 의해 건조슬러지로서 회수된다. 건조물의 일부는 슬러지 수분조정을 위해 순환되고 나머지는 열풍발생로(슬러지소각로)에서 소각된다. 이 방식은 건조 조작에서의 열효율이 좋으므로 함수율이 높은 슬러지의 소각에서 소비하는 열량이 적어도 되므로 경제적이다. 또 장치의 설비면적도 다른 형식의 로에 비하여 작게 될 수 있다는 이점이 있으나 건조와 소각을 직렬로 별개의 장치로 처리한다는 점에서 처리물의 성상, 특성 및 양의 변동에 대하여 운전조건을 자동적으로 변환시킬 수 있는 범위가 좁다는 어려움이 있다. 소각방법의 비교는 제3장을 참조 바란다.

2) 소각프로세스에서의 고려사항

소각 처리의 주목적인 감량화, 무해화, 안정화를 어떻게 효율적으로 행하며 이와 동시에 2차 공해의 발생을 억제하기 위해 많은 처리방법에 대하여 연구, 검토를 하고 있는데 이 소각처리의 기본적 사항에 대한 계획에 있어 유의점을 간단히 설명한다.

생산설비와 달리 일반적으로 소각처리의 대상이 되는 폐기물, 슬러지의 종류가 많으며 그 물성(조성, 발열량, 형식, 열적성질 등)의 다양성 변동요인 등을 충분히 고려할 수 있는 적응성이 넓은 설계가 요구된다. 슬러지의 경우, 함수율 및 고형물의 발열량은 보조연료의 소비량 및 장치의 크기를 좌우하므로 설계할 때에는 특히 이러한 값을 정확히 파악할 필요가 있다. 장치적으로는 소각로 내로 처리물을 정량적으로 연속 공급하는 것이 매우 중요하기 때문에 슬러지처리에 있어서 수송장치의 설계에 세심한 주의를 하여야 한다.

(1) 함수율 및 발열량

스스로 가능할 정도까지 탈수한 것을 소각하는 것이 경제적으로 유리하다는 것은 말할 필요가 없으나 슬러지의 종류에 따라 각각 기계적 탈수의 경제성에 한계가 있으며 평균적으로는 총필요열량의 70% 정도가 수분의 증발에 필요하다.

일본에서의 하수처리슬러지 발열량(무수고형물 단위중량당의 저위발열량, H_L kcal/kgDS)의 평균적인 값은 다음과 같다.

- 1차 슬러지 2,000～3,500
- 잉여 슬러지 2,500～3,500
- 소화 슬러지 2,000～2,800
- 분뇨소화 슬러지 3,000～3,500

(2) 연소온도

과잉공기량을 가급적 적게 하여 이론연소온도에 가까운 상태에서 조업하는 것이 이상적인데 실제 로에서의 연소온도는 다음 식에서 계산되는 이론치의 70～80% 정도가 되며 일반적으로는 700～1,000℃에서 연소하고 있다.

$$t_{th} = t_o + H_T / (0.33\, G_T)$$

여기서, t_{th} : 이론연소온도(℃)

t_o : 대기온도(℃)
H_T : 총입열량(kcal)
G_T : 전연소가스량(NM^3)

(3) 열효율

슬러지 소각로의 열효율을 논하는 경우, 소각대에서의 피처리물의 분해열, 장치에서의 열손실, 배가스온도를 정하는 방법 등에 의해 여러 가지의 계산신이 제안되어 있다. 그런데 슬러지를 대상으로 한 경우, 연소공정에서 필요열량의 약 70%가 수분의 증발에 필요한 열량인 점을 고려할 때 다음 식에 의해 열효율을 정의하는 간편법을 취하고 있다.

$$\eta = wi/[1 - W/100)Q_c + fQ_f]$$

상기 식에서 로 내에서의 자연조건($f \leqq 0$)은 다음과 같이 한다.

$$W \leqq Q_c/[(i/\eta) - (1 - 0.01W)Q_c]$$

여기서, n : 열효율(%)
W : 공급케이크함수율(%)
Q_c : 케이크 고형분발열량(kcal/kg DS)
Q_f : 보조연료발열량(kcal/kg)
f : 보조연료공급량(kg/kg-케이크)

이러한 식에서 상기와 같은 정의에 의한 n의 값은 로의 형식에 따라 각각 어떤 범위의 값을 취하므로 슬러지의 발열량이 정해지면 당연히 함수량의 범위 또는 단위 슬러지 중량 처리당의 필요 보조연료량을 어느 정도 정확하게 추정할 수 있다. 상기식에 의한 열효율 n의 값은 로의 형식에 의해 대략 다음과 같은 고유의 값이 된다.

- 로타리킬른로 38～42%
- 기류건조, 소각장치 40～48%
- 유동소각로 40～48%
- 입형다단로 40～42%

(4) 열수지

소각설비의 운전관리를 하는데 있어서 열수지(Heat Balance)는 없어서는 안 되며, 동일 형식의 소각로에서도 운전, 조작조건에 따라 열관리의 중점을 어디에 두는가를 고려하여 가장 적당한 조업조건을 찾는 노력이 필요하다.

입형다단로에 의해 하수소화슬러지를 처리하는 경우의 열수지를 일례(표 6-8)로 들어 참고로 제공한다.

이상 소각처리의 기본적인 사항을 간단히 설명하였으며, 기타 슬러지의 전처리에서 사용하는 약품의 종류 등에 따라 발생원이 동일하여도 피소각성상(재의 용융점 등), 최적소각온도 등이 바뀌므로 소각설비계획에 있어서는 실제조업시의 슬러지의 거동을 충분히 파악해 둘 필요가 있다. 또한 보다 확실한 설계조건의 파악과 조업조건의 확립을 위해 사전에 파일롯트플랜트에 의한 실험을 하는 것이 대단히 의의가 있다.

① 계산기초

슬러지 종류 : 하수 소화슬러지
케이크 공급량 : 6,60 kg/h
케이크 함수량 : 75.8%
케이크 발열량 : 1,890 kcal/kg
케이크 고형분조성 : 가연분 37.3%, 회분 62.7%
연료 공급량 : 170 kg/h
연료고위발열량 : 10,300 kcal/kg
배가스 배출량 : 21,600 act · m^3/h
배가스 온도 : 200℃
배가스 압력 : 1 atm
배가스 정압비열 : 0.30 kcal/kg · ℃(25～200℃)
배가스 밀도 : 1.14 kg/Nm^3 (0.658 kg/act · m^3)
수분증발잠열 : 583 kcal/kg (25℃)
재배출량 : 920 kg/h
재배출온도 : 150℃
재비열 : 0.25 kcal/kg℃
벽면적 : 250 m^2
벽방열총괄전열계수 : 1.26 kcal/m^3 · h · ℃
벽 내외 평균온도차 : 40℃

3) 슬러지 소각용 로타리 킬른 설계 예

로타리 킬른에 의해 하수 슬러지를 소각하는 경우 킬른 설계방법을 예를 들어서 개략적으로 설명하기로 한다. 장치설계에서는 다음에 설명하는 화학공학적 검토보다도 기구적 또는 기계 역학적인 설계검토가 중요하다는 것은 말할 필요도 없으나(기계가 정상으로 운전된다고 하는 것은 장치 조업상의 절대조건이며 열효율이 좋은 설계가 되어 있어도 소각로가 운전되지 않아서는 전혀 무의미하게 된다). 장치설계에 관해서도 각각의 기계조사에서의 기술이 확립되어 있으므로 여기에서는 생략한다. 또한 다음에 설명하는 예는 어디까지나 개략계획을 위한 간편법이며, 여러 가지 가정을 두고 계산을 진행하는데 이러한 가정조건이 실제와 반드시 일치하지는 않는다. 따라서 본 계산은 어디까지나 검토의 기법을 설명하기 위한 것이다.

로타리 킬른에서 슬러지는 재료예열 · 항률건조 · 감률건조의 각 기간을 거쳐 무수물이 되며 이어 열분해, 고형분의 산화, 분해가스의 연소 등의 반응을 복잡하게 반복하면서 강열감량이 거의 없는 분체(소각잔사나 재)에 가까워진다. 엄밀히 하자면 이러한 반응 기구를 상세히 해석해야 하는데 실제로 특히 공업적으로는 이와 같은 검토가 곤란하므로 이와 같은 상세한 설계계산은 하고 있지 않다.

최근의 장치설계는 컴퓨터를 이용하여 보다 정밀한 계산도 가능해져 슬러지소각에 관한 계산도 결코 불가능한 명제라고는 생각하지 않는다. 그러나 처리 대상물 성상의 불균일성 등에서 오인 요인이 정도가 높은 계산에 의한 이점을 제한해 버려 장치로서 상당히 광범위한 적응도를 가지도록 하지 않을 수 없다는 것이 본 설비의 특징이라 하겠다.

(1) 설계 예

① 설계조건

- 처리물 하수탈수슬러지 2,000 kg/h
  - 수분 60% WB 1,200 kg/h
  - 고형물(DS) 800 kg/h
  - 재(DS의 50%) 400 kg/h (100% 연소 시)
  - 가연물(DS의 50%) 400 kg/h (100% 연소 시)
- 보조연료 C중유

  발열량 : 10,450 kcal/kg (계산치)

  단, 중유 중의 회분은 무시한다.
- 대기조건 기온 20℃

  습도 H = 0.015 kg/kg (건조공기)
- 조작조건(가정 : 실적경험치 또는 실험에 의해 확인하고 정한다)

  ㉠ 소각재 속의 가연물잔량 없음(완전 연소하는 것으로 한다)

  ㉡ 슬러지에 대한 연소 공기비 $m = 1.8$

  ㉢ 킬른에서의 비산분진 DS의 10% (미연 그대로 비산하는 것으로 한다)

  (주) 실제 장치에서는 회수분진을 킬른으로 되돌려 처리하는데 여기에서는 생략한다.

㉣ 보조연료(C중유)

조건 60℃로 가온하여 공급

공기비 $m = 1.3$

분무용 증기량 0.22 kg/kg Fuel

㉤ 소각재의 로출구온도 900℃

㉥ 킬른 출구가스온도 400℃

㉦ 킬른 출구가스비교 Cp = 0.2 kg/DG kg · ℃

- 계산

슬러지 소각필요공기량(이론공기량) : 식 (3.9)에서 L_{ov}를 구하고

$A_{os} = L_{ov} \times$ 공기밀도(1.2) = 2.57 kg Da/kg DS

슬러지 발열량(저위발열량)

$H_i = 8,100 \times C + 28,600\,(H - 0/8) + 2,500 \times S = 2,304$ kal/kg DS

C중유연소필요공기량(이론공기량)

$A_o \fallingdotseq 14$ kg DA/kg Fuel

여기에서 로타리킬른에서의 보조연료로서의 C중유량을 W_i의 함수로서 구하고 이어 열수지를 취하면 필요한 보조연료를 구할 수 있다.

- 물질수지에서 배가스량을 W_i의 함수로서 구하고 이어 열수지를 취하면 필요한 보조연료를 구할 수 있다.

② 물질수지

- 유입

슬러지 고형물 800 kg/h

물 12.00 kg/h

연소공기 슬러지의 연소에 필요한 건조공기량 : $1.8 \times 800 \times 0.9 \times 2.57 = 3.331$ kg/h

중유의 연소에 필요한 건조공기량 : $1.3 \times W_i \times 14 = 18.2\,W_i$ (kg/h)

슬러지용 연소공기 중 수분 : $3,331 \times 0.015 = 50$ kg/h

중유용 연소공기 중 수분 : $19.2 \times W_i \times 0.015 = 0.27\,W_i$ (kg/h)

보조연료 W_i (kg/h)

증기 $0.22\,W_i$

합계 $5.381 + 19.7\,W_i$

- 배출량

소각재 $800 \times 0.9 \times 0.5 = 360$ kg/h

비산분진 800 ×0.1 = 80 kg/h

슬러지 연소용 공기에서 50 kg/h

중유 연소용 공기에서 0.27 W_i (kg/h)

중유에서 W_i × 0.12 × 18/2 =1 .08 (kg/h)

증기 0.22 W_i (kg/h)

(수분소계 1.445 + 1.57 W_i)

배기(배가스) G_x (kg)는 유입 = 배출에서 G_x3,495 + 18.12 W_i

③ 열수지

- 입열량

슬러지수분혈열 1,200 × 1 × (20 − 0) = 24,000 kcal/h

슬러지고형현열 800 × 0.3 × (20 − 0) = 48,000 kal/h

슬러지발열량 800 × 0.9 × 2.304 = 1.658.880 kal/h

공기(엔탈피, i_{air} = 13.5 kcal/h)

슬러지용 공기현열 3,331 × 13.5 = 44,969 kcal/h

중유용 공기현열 18.2 × W_i × 13.5 = 44,969 kcal/h

중유현열(C_p = 0.46)

W_i × 0.46 × (60-0)27.6 W(kcal/h)

연소열 10,450 W_i (kcal/h)

증기(압력 3 kg/cm^2-g, I“ = 653.7 kcal/kg)

현열 0.22 × W_i × 653.7 = 144 W (kcal/h)

입열합계 θ_{in} = 1,732,649 + 10,867 W_i (kcal/h)

- 출열량

연소재 비열 0.3 kcal/kg · ℃

현열 800 × 0.9 × 0.5 × 0.3 × (900 − 0) = 97,200 kcal/h

분진현열 800 × 0.1 × 0.3 × (400 − 0) = 9,600 kcal/h

배가스(1461,271 + 2,962.6 W_i (kcal/h)

혼공기의 엔탈피 $I = 0.25t + H(595 + 0.46t)$에서

$H = (1,445 + 1.57 W_i)/(3,496 + 18.12 W_i)$

$\theta_g(3,496 + 18.12 W_i) \times [0.24 \times 400 + H \times (595 \times 0.46 \times 400)]$

장치의 열손실(입열량의 15%라고 가정)

$259,897 + 1,630.1 W_i$ (kcal/h)

출열합계 $\theta_{\mathrm{out}} = 1{,}827{,}968 + 4592.7\,W_i\,(\mathrm{kcal/h})$

여기에서 $\theta_{\mathrm{in}} = \theta_{\mathrm{out}}$로 하여 구하면 $W_i = 15\mathrm{kg/h}$

이상의 계산에 의해 필요한 보조연료를 구한 것인데 이결과에 의해 장치규모를 선정하고 그 구조에서 열손실을 보다 확실히 파악하고 또한 먼저 선전한 조건(배가스 온도 등)과의 가정을 시행오차로 되풀이하여 보정 계산하여 정확한 결과를 얻는다.

6.5.5 열분리처리

6.4절에서 설명한 바와 같이 슬러지의 소각 시에는 Cr^{3+}, Cr^{6+}으로의 산화 및 NO_x의 발생이 문제가 된다. 하수슬러지에 열분해－연소프로세스(환원 2단 연소 프로세스라고도 부르고 있다)를 적용하여 NO_x와 6가 크롬 문제를 동시에 해결하는 방안으로 제안되어 설계된 슬러지처리 플랜트는 기본적으로는 제3장 쓰레기 소각로의 연소가스의 NO_x 제어에서 설명한 바와 같다. 이는 하수슬러지에서의 연구결과를 쓰레기 소각로에도 같은 생각으로 적용해 본 것이다. 지금부터 하수슬러지의 열분해 프로세스에 대하여 개략적으로 설명하기로 한다.

1) 하수슬러지의 열분해 특성

일본에서는 하수슬러지 탈수케이크를 혐기성분위기 속에서 열분해하고 그 열분해 생성물의 질과 양에 대하여 특히 열적성질에 주목하여 실험적으로 연구하는 동시에 열분해 반응속도를 정식화하였다. 이것이 하수슬러지의 열분해 특성에 관한 최초의 연구로 생각하고 있으며, 최근 열분해에 관한 관심이 높아져 각 연구소에서 연구를 하게 되었다. 상세한 열분해기구와 데이터는 이러한 문헌을 참조하기로 하고 여기에서는 개략적으로 슬러지의 열분해 특성에 대하여 설명해본다.

우선 슬러지는 몇 도 정도에서 열분해를 일으키는 것일까?

이것에 대해서는 분명한 데이터가 없으나 석유화학공업의 잉여슬러지를 건조, 비료화하는 프로세스에 있어서 열풍온도가 150℃ 정도이면 슬러지의 분해냄새가 거의 없다. 따라서 슬러지의 건조는 열풍온도 150℃로 제어하면 악취의 발생이 매우 적고 슬러지의 비료효과가 없어지지 않는다고 보고하고 있다. 열풍온도에 의한 슬러지의 악취발생 상황은 표 6-14와 같다. 하수슬러지의 대해서는 패들건조기에 의한 수증기 간접가열건조를 했을 때의 건조 배가스의 세정수 분석결과에서 추정하면 160℃ 가열온도로 약간의 분해를 일으키고 있는 것이라 생각한다.

표 6-14 건조온도에 따른 슬러지의 악취발생

온도(℃)	경과시간(min)	냄새 상황	열분해
250～300	3～6	열분해를 일으켜서 매우 자극이 심한 냄새	유기물의 열분해가 강하다.
200～250	5～10	열분해를 일으켜서 매우 자극이 심한 냄새	유기물의 열분해가 일어난다.
180～220	10～20	약간의 열분해 냄새가 있다.	약간의 열분해가 일어난다.
170～190	25～40	분해 냄새는 거의 없다.	
140～170	장시간	분해 냄새는 나오지 않는다.	
140℃ 이하	꽤 긴 시간	분해 냄새는 나오지 않는다.	유기물은 상당히 안정하다.

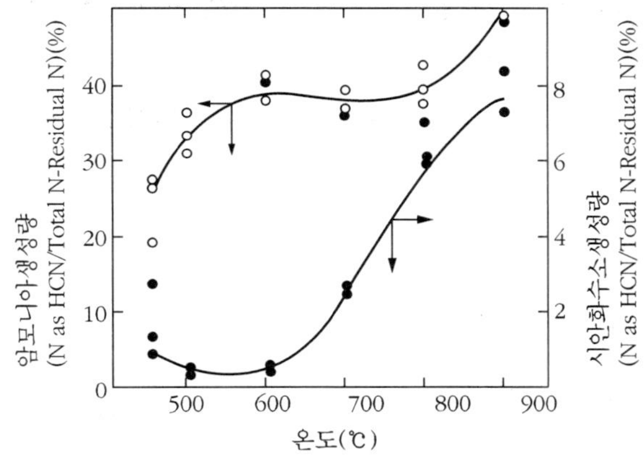

그림 6-14 열분해온도에 따른 암모니아 생성량과 시안화수소 생성량

그림 6-14는 전기로에 의해 하수슬러지를 열분해한 경우에 암모니아, 시안화수소 생성량을 측정한 것이다. 암모니아, 시안화수소 모두 250℃ 근처에서 확인되며 특히 500～900℃의 범위에서 암모니아의 생성량은 온도상승에 대하여 지수함수적으로 증대한다.

시안화수소는 600℃ 근처까지는 발생량이 적으나, 600℃ 이상이 되면 급격이 증대하고 있음을 알 수가 있다.

그림 6-15는 600℃, 700℃, 800℃의 열분해온도에 대한 탄화수소의 발생량을 나타낸 것이고 그림 6-15는 CO, CO_2의 발생량을 나타내고 있다. 그림 6-16에서 특징적인 것은 수증기의 송입에 의해 CO, CO_2의 발생량이 증대하고 있다. 그리고 그림 6-17은 열분해 잔사 중의 탄소, 수소, 질소의 잔류율을 나타낸 것인데 수증기의 송입에 따라 잔류율이 감소하는 것이 나타나고 있다. 그림 6-16, 그림 6-17의 결과는 열분해에 의해 생긴 탄소가 수증기와 수성가스반응을 일으키고 있는 것을 나타내고 있다.

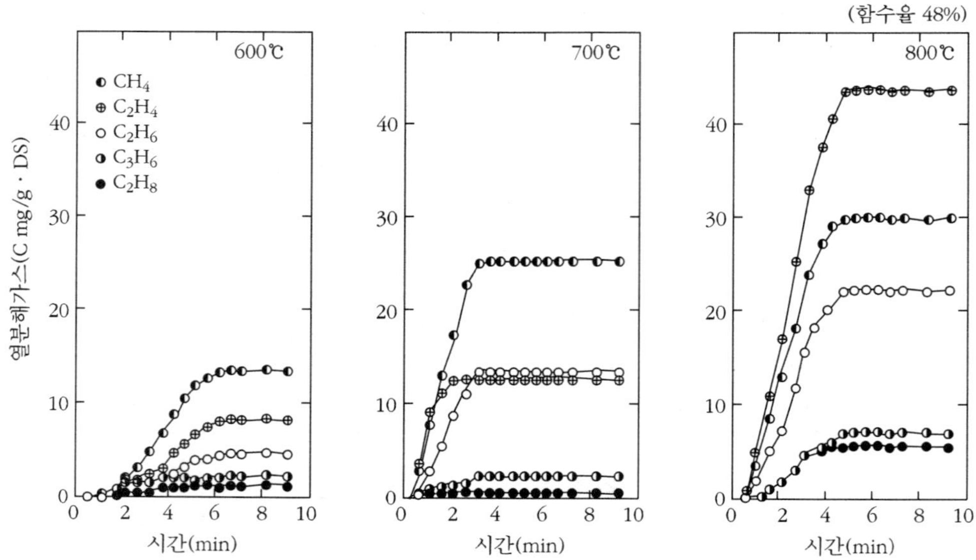

■ 그림 6-15 탄화수소의 생성량

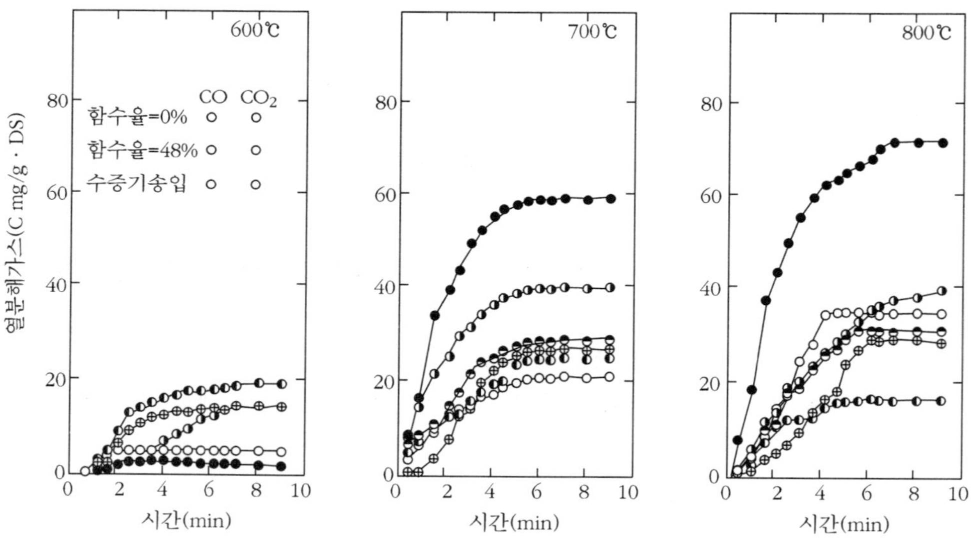

■ 그림 6-16 일산화탄소, 이산화탄소의 생성

전술한 슬러지의 열분해 특성에서 알 수 있듯이

① 슬러지를 공기비 0.6～0.8 정도로 부분 연소분해하면 슬러지중의 유기성 질소는 N_2, NH_3, HCN, NO_x로 분해하는데 열평형관계에서 생각하면 NH_3에서 NO_x의 변환은

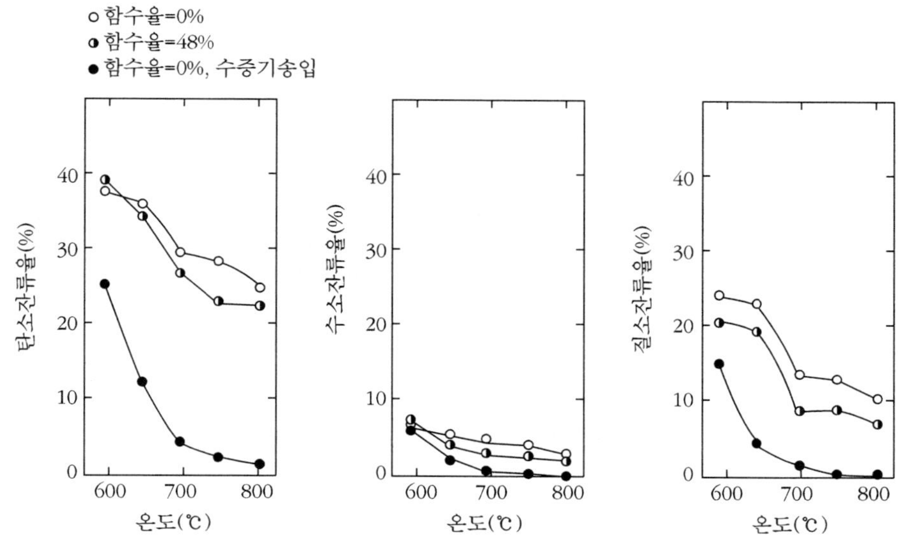

▮ 그림 6-17 열분해잔사의 탄소, 수소, 질소잔류율

없다. 더구나 환원성 분위기를 유지하고 있으므로 슬러지 속의 Cr^{3+}가 Cr^{6+}로 산화되는 일은 없다.

② 열분해에 의해 생긴 질소화합물과 탄화수소를 포함한 가열성 가스를 2차 연소실에서 연소시킬 때, 분해가스 중의 NH_3와 NO_x를 반응시키기 때문에 2차 연소실로 공기를 불어넣는 것은 NH_3에 의한 NO_x의 탈질반응이 진행된 단계에서 한다. 즉 2차 연소실로 공기를 불어넣는 것은 가급적 2차 연소실의 후부로 하는 편이 좋다.

이상의 조건을 만족시키는 프로세스시스템은 장치형식에 의하지 않고 NO_x 및 6가 크롬의 생성을 억제할 수 있을 것이다.

2) 열분해처리의 프로세스시스템의 구성

이상의 판단을 바탕으로 하수슬러지의 열분해 프로세스시스템을 일반적으로 표현하면 그림 6-18과 같이 된다. 즉, 연분해로와 2차 연소실에서 열회수를 위한 보일러에 의해 수증기를 발생하며 이 수증기를 수증기 가열건조와 미연 탄소의 수성가스반응에 사용한다. 이 프로세스시스템의 구성에서 열분해로에는 다단로, 유동층, 킬른 등 어떠한 형식을 사용해도 좋으나 중요한 것은 NO_x와 Cr^{6+}제어의 조작조건을 지키는 일이다.

일본에서는 열분해－연소 프로세스로서 다단로에 의한 하수슬러지의 건조프로세스를 실용화하기 위해 「건조연구회」를 만들어 1년간에 걸친 공동연구를 하여 소기의 성과를 얻었다. 그 개략을 참고로 제공하고자 한다.

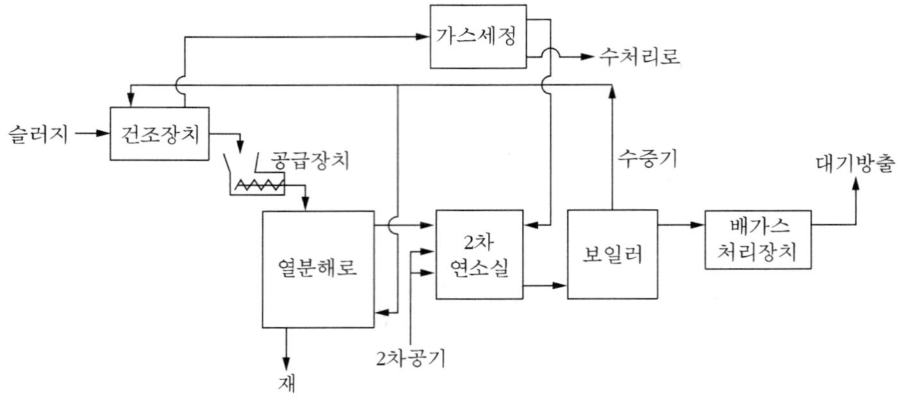

■ **그림 6-18 열분해처리 프로세스시스템의 구성**

「건조연구회」에서 채택한 2단 연소법의 프로세스시스템 흐름도는 그림 6-15와 같다. 슬러지는 패들식 건조기에 의해 약 30%의 함수율까지 건조되며 입형로에 투입되어 송입공기량을 억제한 상태에서 열분해(부분연소)된다. 부분연소에 의해 생성된 가스 및 건조기에서의 배가스는 2차 연소실에서 소각된다. 2차 연소실에 설치한 보일러에서 발생한 증기는 건조에 사용한다.

실험에 사용한 슬러지는 다음과 같은 조건의 A, H, I, G이다.

- A : 원수 ; 가정하수+공장폐수, 혼합슬러지 → 약품주입(소석회, 염화철), 탈수한 것
- H : 원수 ; 가정하수+공장폐수, 혼합슬러지 → 열처리, 탈수한 것
- I : 원수 ; 가정하수+공장폐수, 혼합슬러지 → 고분자응집제 주입, 탈수한 것
- G : 원수 ; 피혁폐수, 슬러지 → 약품주입(소석회, 염화 제2철), 탈수한 것

이러한 슬러지의 분석결과를 표 6-15에 제시하였으며 파일롯트플랜트에 의한 연구결과를 정리해보면 다음과 같다.

① 4연식 패들형 간접증기 건조기를 사용한 하수 생슬러지 및 소화 소석회 주입 슬러지 탈수케이크의 건조효율은 제1차 연구에서 사용한 2연식에 비하여 약 2배로 향상되어 총괄전열계수 U값은 140～190 kcal/m^2・h・℃이었다. 고분자응집제를 주입한 슬러지의 탈수케이크의 건조특성은 소석회주입 슬러지 탈수케이크의 그것과 거의 같은 정도이었다. 이것에 대하여 제1차 연구결과와 마찬가지로 열처리슬러지 및 피혁슬러지 탈수케이크의 건조효율은 위의 탈수케이크의 그것에 비하여 높아 1.5～2배의 U값을 나타내었다.

② 4단식 열분해로를 사용하여 각종 슬러지 건조케이크의 열분해실험을 하였던 바 6가크롬을 생성하는 일이 없이 열조작 처리를 할 수 있음을 알았다. 이런 경우 슬러지

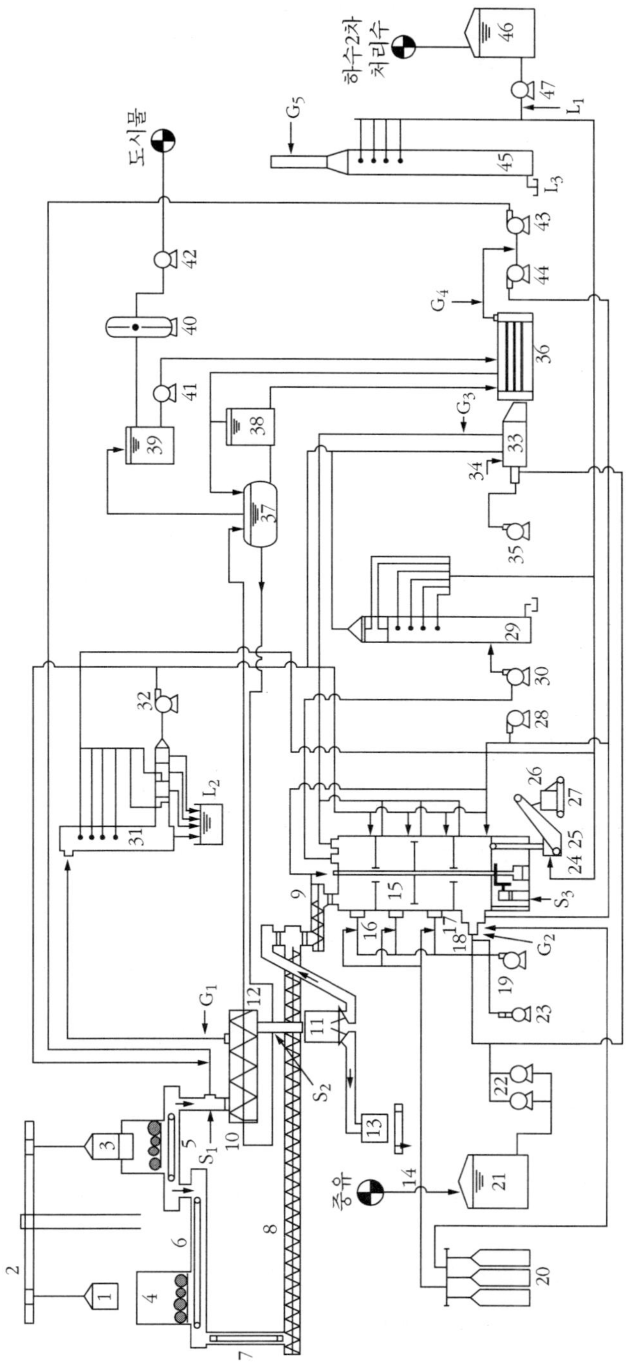

▌그림 6-19 실용화 연구실험장치 흐름도

표 6-15 시료탈수케이크의 분석결과

케이크의 종류	A	H	I	G
Run No.	803	816	819	823
케이크수분	75.8	74.0	55.3	76.3
Ig. Loss(%)	59.5	56.7	83.6	64.3
고위발열량(kcal/kg)	2,960	3,290	4,310	4,000
탄소(%)	28.4	27.5	42.2	33.7
수소(%)	4.1	4.6	6.3	5.3
질소(%)	3.1	3.5	0.9	5.4
황(%)	1.1	0.92	0.49	2.02
염소(%)	0.65	0.08	0.03	0.34
CaO (%)	15.0	1.19	0.74	13.2
SiO_2 (%)	14.0	15.2	9.03	8.1
Al_2O_3 (%)	4.8	4.49	1.76	2.7
수은(ppm)	0.56	-	-	-
비소(ppm)	5.4	5.8	0.1 이하	4.6
카드뮴(ppm)	11	7.0	1.2	0.29
납(ppm)	270	200	77	6.1
아연(ppm)	1,200	-	-	-
구리(ppm)	640	-	-	300
철(ppm)	32,600	-	-	-
전크롬(ppm)	330	1,600	43	1.47×10^4
6가크롬(ppm)	8.6	17	1.9	150
$\left(\frac{6가\ 크롬}{전크롬}\right) \times 100(\%)$	2.6	1.1	4.4	1.0

종류에 의한 열분해 상황에 대한 본질적인 차이는 없었으며 적정열분해조건은 다음과 같았다.

㉠ 케이크에 대한 공기비 : 0.6 전후

㉡ 열분해 온도 : 900℃

㉢ 로상부하량 : 25 kg DS/m^2 · h

㉣ 체류시간 : 60 min

③ 직접 열분해 프로세스의 실험을 하여 건조－열분해 프로세스와 같은 처리 효과를

얻었다는 것을 알았다.

④ 건조－열분해, 직접열분해 및 소각의 세 가지의 프로세스에 대하여 배가스 발생량 및 연료 소비량을 비교한 결과 어느 것이나 건조－열분해 프로세스가 가장 적고 소각프로세스가 가장 많았다.

⑤ 세 개의 프로세스에서의 배출물(잔사, 배가스 및 배수)의 분석결과를 비교하여 다음과 같은 지식을 얻었다.

㉠ 열분해잔사는 표 6-16과 같이 어느 것이나 6가 크롬 일부를 환원하고 있으며 수중에서 6가 크롬이 용출하는 일은 없다. 이에 비해 소각재 중에는 새로이 6가 크

표 6-16 건조－열분해프로세스의 잔사성상 분석결과

케이크의 종류	A	H	I	G
Run No.	803	816	819	823
Ig. Loss (%)	8.1	5.6	6.1	1.9
고위발열량(kcal/kg)	320	640	350	840
탄소(%)	3.0	8.0	3.3	5.1
수소(%)	0.18	0.2	0.2	0.7
질소(%)	< 0.5	0.4	0.2 이하	0.5
황(%)	1.5	1.01	1.18	2.8
염소(%)	1.26	0.15	0.10	0.76
CaO (%)	(25.2)	(2.75)	(4.5)	(37.0)
SiO_2 (%)	(23.5)	(35.1)	(55.1)	(22.7)
Al_2O_3 (%)	(8.1)	(10.4)	(10.7)	(7.6)
수은(ppm)	< 0.05	-	-	-
비소(ppm)	6.9	6.0	0.20	4.1
카드뮴(ppm)	3.4	1.95	00.12	0.13
납(ppm)	98	250	100	6.4
아연(ppm)	2,500	-	-	-
구리(ppm)	1,500	-	-	-
철(ppm)	75,200	-	-	-
전크롬(ppm)	590	4,100	230	5.6×10^4
6가 크롬(ppm)	5.9	3.1	1 이하	169
$\left(\frac{\text{6가 크롬}}{\text{전크롬}}\right) \times 100(\%)$	1.0	0.08	<0.4	0.03

롬이 생성됨으로 6가 크롬의 일부가 수중에 용출된다. 중금속류의 휘산 상황은 프로세스에 관계없이 온도에만 의존한다고 본다.

㉡ 건조－열분해 프로세스에서의 배가스조성은 표 6-17과 같으며 HCN 등의 유해물질은 재연소에 의해 제거할 수 있다. 단, 재연소에 의해 질소산화물이 생성됨으로 억제대책이 필요하다. 또 분진농도가 매우 높으므로 배가스 처리 프로세스에 설계상의 고려가 필요하다.

㉢ 건조－열분해 프로세스에서의 배수는 분진에 기인하는 SS, 무기이온 등이 높았다. 한편 직접 열분해 및 소각프로세스에서의 폐수는 재연소 전에 세정하면 시안 및 암모늄이온 농도가 높아지므로 경우에 따라서는 세정 전에 재연소할 필요가 있다.

표 6-17 건조－열분해프로세스의 배가스성상 분석결과

샘플링의 위치	열분해로 4단계 G2				열분해로 출구 G3				보일러출구(연소실출구) G4				G5
케이크의종류	A	H	I	G	A	H	I	G	A	H	I	G	A
Run No.	803	816	819	823	803	816	819	823	803	816	819	823	803
가스온도(℃)	-	-	-	-	760	77	890	750	215	214	150	240	49
가스유속(m/s)	-	-	-	-	13.8	21.5	20.5	16.9	16.1	19.1	1.43	2.06	1.4
수분(vol%)	-	-	-	-	24.6	24.8	29.5	26.6	20.8	20.3	31.4	22.1	10.3
건가스량(Nm^3/d)	-	-	-	-	200	304	246	237	330	384	295	480	280
분진(g/Nm^3)	-	-	-	-	8.4	1.90	10.4	5.6	3.1	0.41	2.6	2.6	0.34
HCN (ppm)	-	-	-	-	240	300	140	230	< 0.1	0.05	< 0.1	< 0.1	< 0.1
NH_3 (ppm)	-	-	-	-	2,080	1,100	1,450	2,800	1.0	0.73	0.91	1.2	0.5
NO_x (ppm)	170				54	130	130	46	210	310	250	91	190
SO_x (ppm)	130				130	540	220	950	230	560	230	1,300	130
HCl (ppm)	-	0.43	3.0	22	6.0	20	10	94	15.0	70	11	120	1.4
Cl_2 (ppm)	< 0.2	< 0.2	< 0.2	< 0.2	< 0.2	< 0.2	< 0.2	< 0.2	< 0.2	< 0.2	< 0.2	< 0.2	< 0.2
臭氣度(희석배율)	-	-	-	-	400	5,000	200	6,000	2	1	10	1,000	2
가스농도 (vo1%)	H_2	-	-	-	1.34	1.44	5.50	1.16	ND	ND	ND	ND	-
	CO	-	-	-	1.64	1.49	3.65	1.95	ND	ND	ND	ND	-
	CH_4	0	-	-	0.34	0.41	1.48	0.32	ND	ND	ND	ND	-
	C_2H_4	0	-	-	0.14	0.14	0.58	0.08	ND	ND	ND	ND	-
	C_2H_6	-	-	-	ND	ND	ND	ND	ND	ND	ND	ND	-
	O_2	-	-	-	0.17	0.30	0.15	0.27	1.2	2.2	1.5	1.5	-

3) 2차 연소실에서의 NO_x의 억제에 대하여

열분해 프로세스에서는 환원성분위기를 유지할 수 있으므로 Cr^{3+}화합물이 Cr^{6+}화합물로 산화되지 않는 것을 확인하였는데 열분해가스를 2차 연소실에서 연소할 때 보조연료에 의한 thermal NO_x가 가해지기 때문에 다시 NO_x 농도가 높아진다. 때문에 2차 연소실에서의 연소에 필요한 2차 공기의 주입을 연소실 후반에서 함으로써 열분해가스 속의 NH_3과 NO_x 탈질반응을 하게 하여 NO_x의 감소를 꾀할 필요가 있다. 2차 연소실을 그림 6-20과 같이 개조하고 재연소방법(2차 공기 주입위치)을 여러 가지로 바꾸어 실험한 결과는 6-18과 같으며, 분명히 연소용 공기의 주입위치가 NO_x 생성에 영향을 주고 있다.

이것은 연소용 공기의 주입위치가 뒤로 갈수록 NH_3, HCN 등의 Fuel-N (Run 7에서 NH_3 = 3,700 ppm, HCN = 430 ppm)이 N_2로 분해하고 나서 폐가스의 연소를 일으키기 때문이라 생각한다. 따라서 Run 3 (이 실험은 온도가 약간 낮고 실제 NO_x 농도는 좀 더 높다고 본다)과 같이 1단연소라도, 어느 정도 구조를 고려하면 NO_x 억제는 가능할 것이다. 즉, 1단 연소(Run 3)에서 최후 단의 연소라면 NH_3 및 HCN의 분해는 충분히 하고 있다.

다단연소에 있어서도 Run 4와 같이 Fuel-N의 분해가 불충분한 상태로 공기를 주입하는 연소방법에서는 NO_x 억제를 충분히 할 수 없으나 Fuel-N가 충분히 분해된다면 NO_x 억제의 효과는 있다. 그러나 단수에 대해서는 Run 7, 8, 10 및 11을 비교하면 2～3단의 결과가 좋고 Run 11과 같이 재연소실 전면에서 세밀하게 공기를 공급하는 방법은 도리어 바

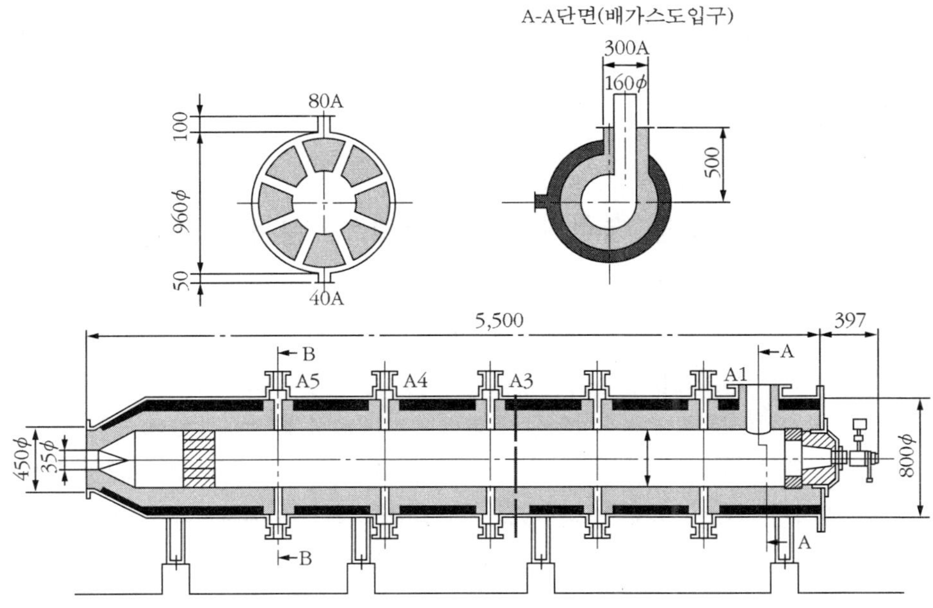

■ 그림 6-20 2차 연소실 상세도(단위 : mm)

표 6-18 열분해배가스의 재연소방법에 의한 NO_2의 거동

Run No.	1	2	3	4	5	6	7	8	9	10	11
보일러출구의 NO_2농도(ppm)											
모니터 값	250	230	90	140	110	100	55	50	110	55	75
화학분석에 의한 교정값	410	380	150	230	180	160	90	85	180	90	130
각 공기주입구로의 연소용공기분배율(%)											
A1	100			50	50	50	50	73	27	33	20
A2				50							20
A3		100			50					33	20
A4											20
A5			100			50	50	27	73	33	20
배기가스 중의 CO농도(%)											
재연소실입구	1.7～2.1										
보일러출구	0										
배가스 중의 O_2농도(%) 보일러출구	1.0～2.0	1.0～2.0	1.0～2.0	1.0～2.0	1.0～2.0	1.0～2.0	0.7～1.0	0.7～1.0	1.0～2.0	0.7～1.0	0.7～1.0

람직하지 못한 결과를 얻게 된다. 어쨌든 2차 연소실에서 열분해가스를 단번에 연소하는 것보다는 연소용 공기를 분할하여 불어 넣음으로써 어느 정도 NO_x가 억제되는 것은 분명하다.

6.5.6 새로운 슬러지처리 프로세스 - 열처리 · 열분해 프로세스

일련의 연구결과에 의해 열처리－탈수－열분해 프로세스를 이용한 새로운 하수슬러지 처리 플랜트가 일본에 건설되어 1979년 4월부터 운전에 들어갔다. 이 프로세스의 개요를 소개하기로 한다.

그림 6-21에 수처리장에서의 슬러지처리 프로세스의 기본 흐름도를, 그림 6-23에 전체의 계통흐름도를 나타냈으며 각 프로세스의 운전조건은 그림 6-22의 표시와 같이 호기성 열처리에 의해 조정된 슬러지를 가압탈수한 후 열분해처리하여 최종처분한다. 열분해 2차 연소가 된 연소가스는 알칼리 세정으로 SO_x를 제거하고 습식전기집진장치로 분진을 제거한 후 백연방지하여 대기로 방출한다. 열처리 탈리액은 무희석 활성슬러지법으로 장시간 포기처리한 후 하수처리 프로세스로 보낸다. 처리공정에서 발생하는 악취는 농도가 짙은

것은 열분해프로세스의 2차 연소실 내로 불어넣어 연소분해하며 저농도의 것은 오존을 포함하는 차아염소산용액으로 처리한다.

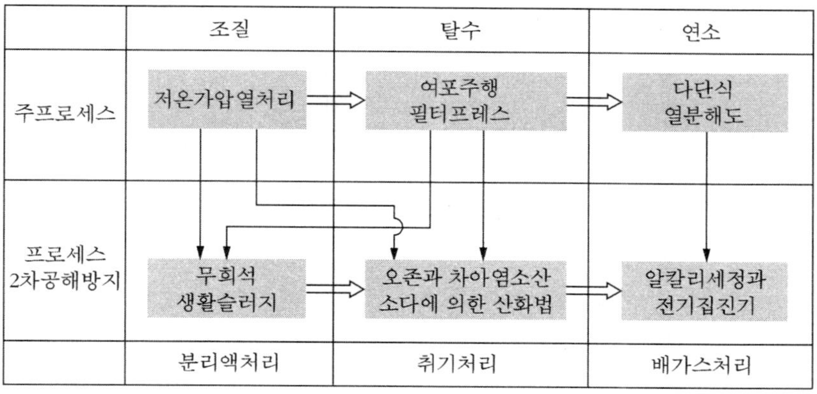

▌ 그림 6-21 기본프로세스

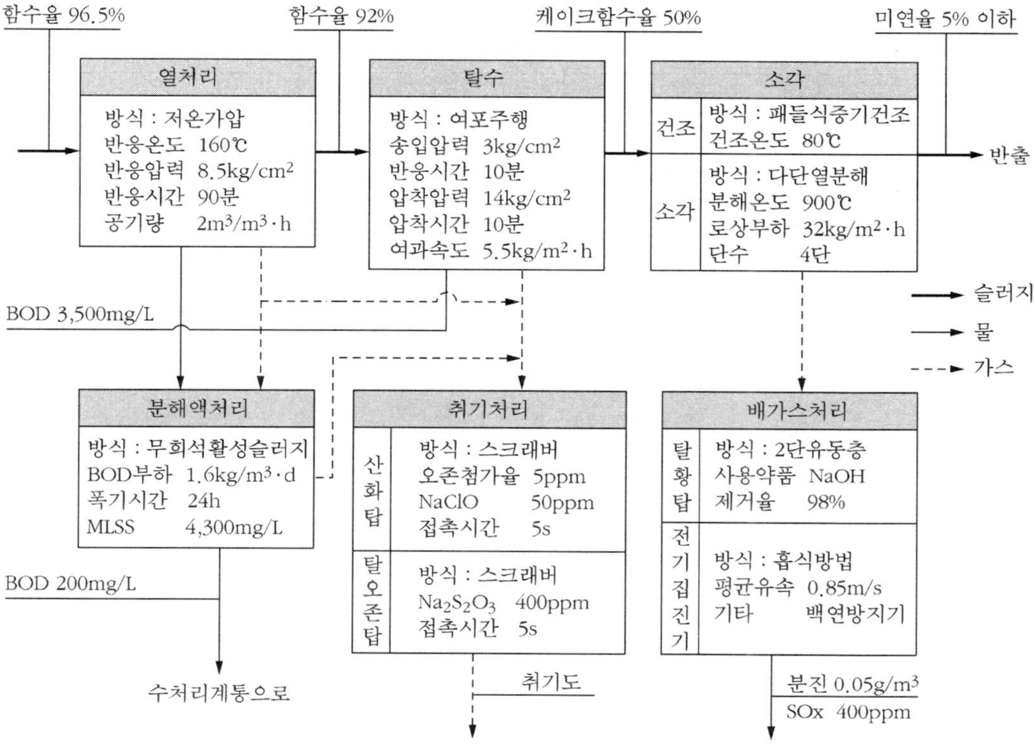

▌ 그림 6-22 각 프로세스의 운전조건

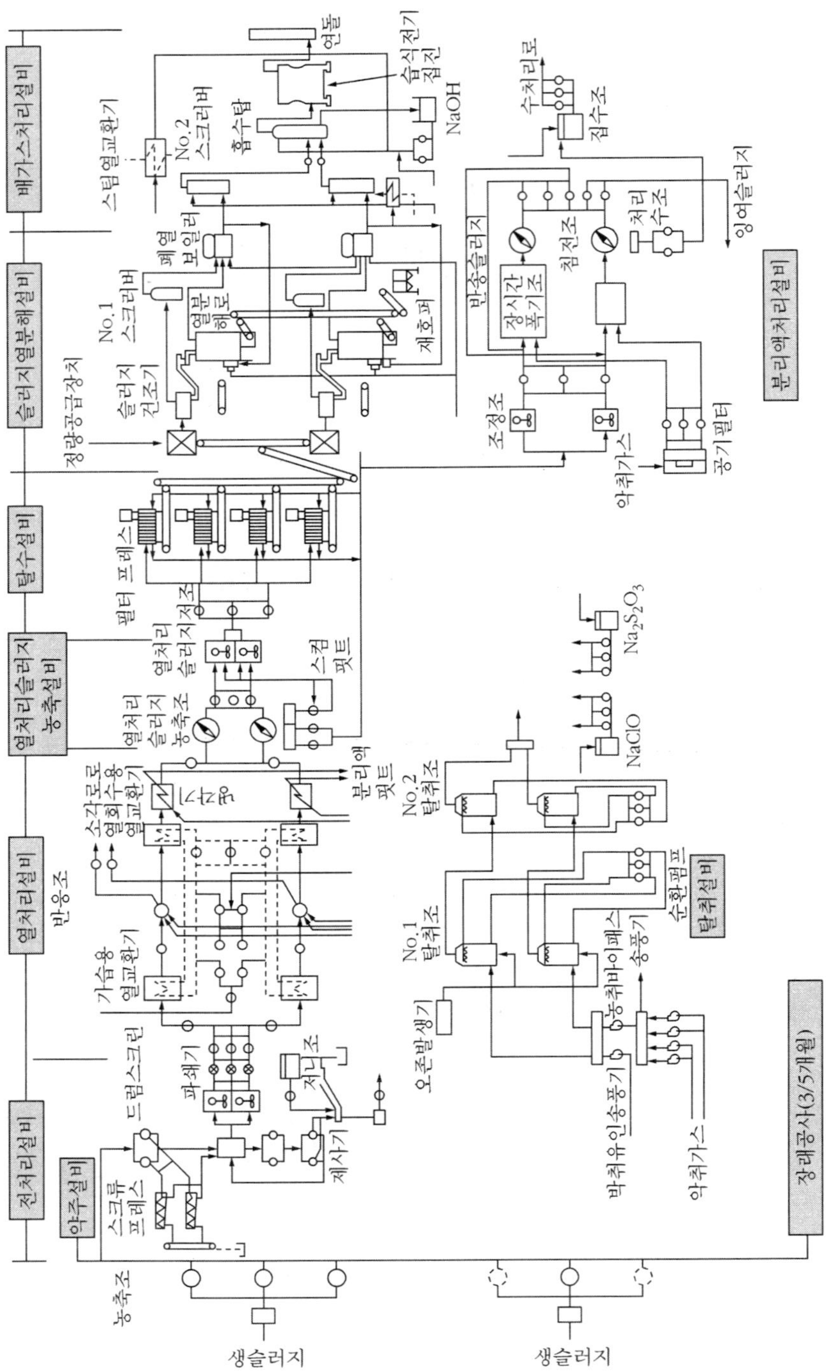
전처리설비
약주설비
열처리설비
열처리슬러지 농축설비
탈수설비
슬러지 열분해설비
배가스처리설비
분리액처리설비
탈취설비
장래공사(3/5개월)
생슬러지
생슬러지
농축조
스크류 프레스
드럼스크린
파쇄기
제사기
가습용 열교환기
반응조
소각로용 열회수용 열교환기
열처리 슬러지 농축조
열처리 슬러지 저조
스컴 피트
분리액 피트
필터 프레스
정량공급장치
슬러지 건조기
열분해로
재호퍼
No.1 스크러버
폐열 보일러
스팀열교환기
No.2 스크러버
흡수탑
습식전기 집진기
연돌
NaOH
조정조
장시간 폭기조
침전조
처리수조
집수조
수처리로
반송슬러지
잉여슬러지
악취가스
공기필터
오존발생기
No.1 탈취조
No.2 탈취조
순환펌프
NaClO
$Na_2S_2O_3$
악취가스

▌ 그림 6-23 전체 흐름도

6.5.7 새로운 슬러지처리 프로세스 - 미분탄혼입 · 소각 프로세스

하수슬러지를 소각할 때의 NO_x제어, 6가 크롬 화합물의 생성을 억제하는 프로세스로서 탈수조제와 미분탄을 혼입 탈수한 후 유동층에서 소각하는 프로세스가 제안되어 실용화실험을 거쳐 실제 플랜트건설에 들어갔다. 파일롯트플랜트의 흐름도는 그림 6-24에 표시한 것이며, 에너지의 관점에서도 주목되는 프로세스라 할 수 있다. 최적 조제 첨가율은 슬러지의 가연분이 56%인 경우, 미분탄 50~70% 고분자 응집제 0.9~1.2% 범위이고, 슬러지의 가연분이 44%인 경우는 미분탄 40~50%, 고분자 응집제 0.3~0.6%범위로서 NO_x는 탄소의 환원작용에 의해 96 ppm 이하로 억제되고 Cr^{6+}도 거의 검출되지 않았다고 보고되고 있다.

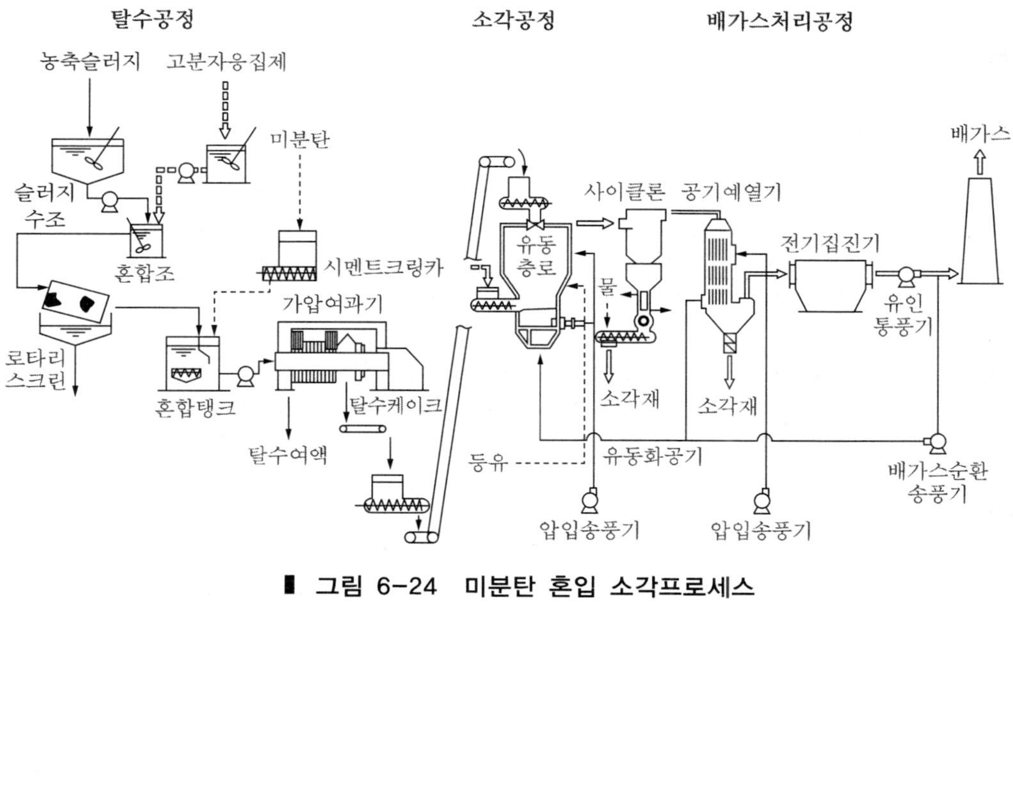

▌그림 6-24 미분탄 혼입 소각프로세스

연습문제

01 슬러지의 안정화에 대하여 설명하시오.

02 하수 슬러지를 처리하기 위한 공정에 대하여 설명하시오.

03 하수 슬러지의 탈수 원리 및 탈수기들의 종류에 대하여 알아보자.

04 슬러지의 소화 목적 및 공정에 대하여 설명하시오.

05 하수 슬러지의 열분해 특성에 대하여 설명하시오.

06 슬러지의 소각 원리 및 소각로 형태의 종류에 대하여 알아보자.

07 하수 슬러지의 소각 처리 시에 발생되는 NO_x의 제거 방법에 대하여 알아보자.

08 수분 28%와 유기물 성분 55.9%를 함유하는 쓰레기를 시간 당 10,000 kg 소각하는데 있어서 굴뚝으로부터 배출되는 배기가스가 가지고 나가는 현열량은 얼마인가? (단, 건조기준으로 유기물질의 연소열은 19.193 J/g로 가정한다. 그리고 물의 증발 잠열은 2,240 kJ/kg, 복사에 의한 열손실은 입력의 5%, 그리고 소각재 중에 10%의 유기물이 있다고 가정한다)

09 위의 예제의 자료를 그대로 사용하고, boiler에 공급되는 물의 온도는 100℃이고, 목표로 하는 스팀의 온도와 압력은 각각 300℃와 4×10^6 N/m^2 (4×10^3 kpa)이다. 지금 시간 당 20,000 kg의 스팀을 생산하고자 할 때 배연가스가 가지고 나가는 열량은 얼마인가?

10 저위발열량이 7,000 kcal/Nm^{3}인 연료의 이론연소온도는 몇 ℃인가? (단, 이론연소 가스량은 10 m^3/Nm^3, 연료 연소가스의 평균 정압비열은 0.35 kcal/Nm^3℃, 기준온도는 실온으로 한다. 공기는 예열되지 않으며 연소가스는 해리되지 않는 것으로 한다)

7

분뇨처리

CHAPTER 7

분뇨처리

7.1 분뇨처리 현황

우리들이 배출하는 분뇨는 전 장에서 설명한 것과 같이 일반폐기물로 관리하던 것을 1991년 폐기물관리법의 개정에 따라서 폐기물관리법에서 분리하여 별도로 "오수 · 분뇨 및 축산폐수의 처리에 관한 법"을 1991년 3월 제정하여 "분뇨"란 수세식 화장실 이외의 화장실에서 수거된 액체성 및 고체성물질과 오수정화시설 · 정화조의 청소에서 발생하는 슬러지를 말하며, 수세식 화장실에서 발생하는 것은 "오수"로 정의하였다.

그러나 '하수'와 '오수'는 동일한 물질임에도 「하수도법」과 「오수 · 분뇨 및 축산폐수의 처리에 관한 법률」로 이원화된 법률체계로 관리되어 왔으나 하수도의 보급률이 증가함에 따라 통합관리의 필요성이 제기되었다.

따라서 2007년 9월 오수 · 분뇨 관련 규정을 「하수도법」으로 통합하였고 축산폐수는 「가축분뇨의 관리 및 이용에 관한 법률」로 분리되면서 「오수 · 분뇨 및 축산폐수의 처리에 관한 법률」은 폐지되었으며, "분뇨"라 함은 수거식 화장실에서 수거되는 액체성 또는 고체성의 오염물질(개인하수처리시설의 청소과정에서 발생하는 찌꺼기를 포함한다)을 말한다고 정의하고 있다(2008년 3월 21일 법률 제8976호).

분뇨는 과거에 주로 농촌에서 퇴비 등에 이용해 왔었으나 위생 관념의 보급, 화학비료의 사용 등에 의해 분뇨의 수요가격감하여 농촌으로 환원되지 못한 분뇨의 위생적인 처리 시스템이 필요하게 되었다. 쓰레기처리에서 말한 바와 같이 과거에는 쓰레기와 혼합하여 퇴비화처리가 시도되었으나 마침내 독자적인 처리시스템을 개발하게 되었다. 또한 2012년부터는 분뇨, 하수슬러지 등의 유기성폐기물의 해양투기가 전면 금지됨에 따라서 분뇨의 퇴비, 고체연료 등으로의 자원화로 전환이 필요하게 되었다.

일본의 분뇨 처리 현황은 분뇨처리시설, 분뇨정화조, 해양투입, 하수도투입 및 자가처리에 의해 처리되고 있지만 우리나라의 경우, 분뇨를 포함한 생활오수의 처리는 하수관거를 통하여 공공하수처리시설로 유입 · 처리하는 공공하수처리체계인 "하수처리구역 내"와 발생원에 오수처리시설을 설치하여 개별 처리하는 개인하수처리체계인 "하수처리구역 외"로 구분하고 있으며, 분뇨처리형태는 다음과 같이 4종으로 구분할 수 있다.

① 하수종말처리장에서의 처리　　② 분뇨종말처리장에서의 처리
③ 정화조에서의 처리　　④ 오수정화시설에서의 처리

등으로 그 흐름도는 그림 7-1과 같다.

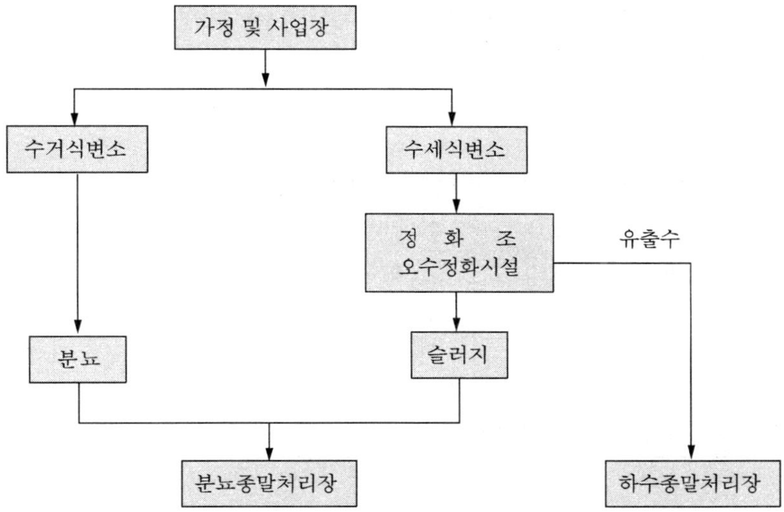

▮ 그림 7-1 분뇨처리 흐름도

분뇨처리과정을 보면 수세식 화장실이 설치된 가정·산업체 등에서 발생되는 분뇨는 각 가정과 산업체 내에 설치된 정화조 또는 오수정화시설에서 처리하고, 청소 과정에서 발생되는 오니는 이를 다시 수거하여 분뇨처리시설 등에서 최종처리하며, 수세식이 아닌 재래식화장실이 설치된 지역에서 발생되는 분뇨는 수거하여 분뇨처리시설 등에서 최종 처리한다.

2018년 기준 전국에 설치·가동되고 있는 분뇨처리시설은 189개소이며, 1일 수집·운반된 분뇨처리량은 41,369.5톤이며, 2020년 12월 기준 분뇨처리시설은 185개소이며, 1일 수집·운반된 분뇨처리량은 41,109.5 m^3으로 약간 감소하고 있다.

이중 총 분뇨슬러지 발생량은 표 7-1에서 보는 바와 같이 연간 1,861,154톤이다. 발생량 중 건조처리가 55.0%로 가장 높으며, 소각 30.9%, 탄화 9.5%, 퇴비화 등으로의 재활용률이 3.2%, 해양투기량은 거의 발생되지 않고 있다. 이것은 2012년 유기성슬러지의 등이 해양투기가 금지됨에 따라 처리비용이 낮아 해양투기률이 높았던 과거와는 다르게

(2007년 기준 해양투기률 24.8%) 2012년부터 감소하기 시작하여 현재는 표에서 보는 바와 같이 해양투기량은 발생하지 않고 있다. 따라서 이에 대응하여 퇴비화, 연료화, 가스화 등으로의 재활용률이 높아질 것으로 사료된다.

또한 장래 하수도의 보급에 따라 수거 분료량이 급격히 감소될 것으로 추산되나 하수처리장이 설치된다고 하여도 수거분뇨량의 급격한 감소는 이루어지지 않을 것이다. 그 이유는 하수처리장이 설치되어도 하수관과 각 가정의 수세식 화장실이 연결되기에는 장기간이 소요되기 때문이다. 따라서 수세식 등에 부설되는 정화조 슬러지는 결국 수거대상으로 분뇨처리시설에서 처리하게 된다. 그러므로 하수처리장의 확충에도 불구하고 얼마간은 분뇨처리시설의 역할이 계속될 것으로 전망된다. 표 7-2는 정화조 현황표이며, 표 7-3은 처리방식별 오수처리시설 현황표이다(2020년 기준).

표 7-1 분뇨슬러지의 발생량 및 처리현황(2020)

처리량 (톤/년)	처리방법					외부 위탁처리	수도권 광역처리
	매립	소각	고화	건조	탄화		
1,861,154	7,160	575,054	18,019	1,024,261	177,030	59,630	1,993,042
%	0.4	30.9	1.0	55.0	9.5		

표 7-2 처리방식별 정화조 현황(2020)

전국 총 시설 수	하수처리구역	처리방식(m^3/일)					
		부패탱크		살수여상	폭기방법	접촉폭기	기타
		자연유하	강제펌핑				
2,236,947	하수처리구역 내 1,671,680	1,671,680	1,117,201	17,608	64,192	21,569	118,996
	하수처리구역 외 565,267	386,642	4,281	6,474	3,929	106,307	57,634

표 7-3 오수처리시설 현황(2020)

총계	처리구역	합계	처리규모(m^3/일)						
			2 이하	3~10	11~20	21~50	51~100	101~500	500 이상
542,864	하수처리구역 내	66,860	19,199	19,588	7,743	9,559	5,305	4,329	1,137
	하수처리구역 외	476,004	179,379	213,117	45,180	29,836	4,696	3,320	476

주) 하수처리구역 내 : 분뇨를 포함한 생활오수의 처리를 하수관거를 통하여 공공하수처리시설로 유입・처리하는 공공하수처리체계

하수처리구역 외 : 발생원에서 오수처리시설을 설치하여 개별 처리하는 개인하수처리체계

고농도 오염물질인 분뇨를 처리하는 분뇨처리시설은 다른 환경기초시설보다 기계설비의 부식이 빠르며, 일정기간 내구연한이 지난 시설은 각종 기기 및 구조물 등의 노후로 자체 분뇨처리능력이 저하된다. 이에 따라 정상적인 가동을 위해서 10년 이상 된 분뇨처리시설을 효율이 좋은 최신 시설로 교체하고, 질소 · 인 처리시설이 설치되지 아니한 시설에 대하여 질소 · 인 처리시설을 보완하여 분뇨처리 능력을 제고하고 있다. 표 7-4는 분뇨처리시설의 방류수수질기준이며, 표 7-5는 개인하수처리시설의 방류수수질기준표이다. 표 7-6은 정화조의 생물화학적 산소요구량 제거율의 측정방법이다.

표 7-4 분뇨처리시설의 방류수수질기준

항목 / 구분	생물화학적 산소요구량 (mg/L)	화학적 산소요구량 (mg/L)	부유물질 (mg/L)	총대장균군수 (개수/mL)	기타 (mg/L)
분뇨처리시설	30 이하	50 이하	30 이하	3,000 이하	총질소 : 60 이하 총인 : 8 이하

표 7-5 개인하수처리시설의 방류수수질기준

구분	1일 처리용량	지역	항목	방류수수질기준
오수 처리 시설	$50\ m^3$ 미만	수변구역	생물화학적 산소요구량(mg/L)	10 이하
			부유물질(mg/L)	10 이하
		특정지역 및 기타지역	생물화학적 산소요구량(mg/L)	20 이하
			부유물질(mg/L)	20 이하
	$50\ m^3$ 이상	모든 지역	생물화학적 산소요구량(mg/L)	10 이하
			부유물질(mg/L)	10 이하
			총질소(mg/L)	20 이하
			총인(mg/L)	2 이하
			총대장균군수(개/mL)	3,000 이하
정화조	11인용 이상	수변구역 및 특정지역	생물화학적 산소요구량 제거율(%)	65 이상
			생물화학적 산소요구량(mg/L)	100 이하
		기타지역	생물화학적 산소요구량 제거율(%)	50 이상

토양침투처리방법에 따른 정화조의 방류수수질기준은 다음과 같다.
가. 1차 처리장치에 의한 부유물질 50퍼센트 이상 제거
나. 1차 처리장치를 거쳐 토양침투시킬 때의 방류수의 부유물질 250 mg/L 이하

골프장과 스키장에 설치된 오수처리시설은 방류수수질기준 항목 중 생물화학적 산소요구량은 10 mg/L 이하, 부유물질은 10 mg/L 이하로 한다. 다만, 숙박시설이 있는 골프장에 설치된 오수처리시설은 방류수수질기준 항목 중 생물화학적 산소요구량은 5 mg/L 이하, 부유물질은 5 mg/L 이하로 한다.

표 7-6 정화조의 생물화학적 산소요구량 제거율의 측정방법

1. 시료(試料)는 수세식 화장실에 유입되기 전의 세정수와 정화조의 소독실로 유입되기 전의 유출수를 채취하여야 한다.

2. 생물화학적 산소요구량 제거율(%) 산정방법 등

가. 생물화학적 산소요구량 제거율(%) 산정방법

$$\text{생물화학적 산소요구량 제거율(\%)} = \frac{\text{유입수의 생물화학적 산소요구량(mg/L)} - \text{유출수의 생물화학적 산소요구량(mg/L)}}{\text{유입수의 생물화학적 산소요구량(mg/L)}} \times 100$$

나. 유입수의 생물화학적 산소요구량(mg/L) 산정방법

$$\text{유입수의 생물화학적 산소요구량(mg/L)} = \frac{\text{생분뇨의 생물화학적 산소요구량(mg/L)}}{\text{희석배율}}$$

이 경우 생분뇨의 생물화학적 산소요구량은 20,000 mg/L로 한다.

다. 희석배율 산정방법

$$\text{희석배율} = \frac{\text{생분뇨의 염소이온농도}}{\text{유출수의 염소이온농도} - \text{세정수의 염소이온농도}}$$

이 경우 생분뇨의 염소이온농도는 5,500 mg/L로 한다.

표 7-7 축 종별 일일 분뇨 발생량

축종	한육우 (kg/두/일)	젖소 (kg/두/일)	돼지 (kg/두/일)	닭(kg/수/일)	
				산란계	육계
두수	3,395,186	409,709	11,078,032	178,528,360	
분	8	19.2	0.87	0.125	0,086
뇨	5.7	10.9	1.74	0	0
계	13.7	30,1	2.61	0.125	0,086
세척수	0	7.6	2.49	0	0

자료) 농사로, 환경부

또한 가축분뇨발생량은 2011년까지 매년 증가 추세를 보였으나 2012년 이후 사료값 인상, 수입육의 증대 등으로 인하여 발생량은 소강상태를 유지하고 있으며, 2018년 기준 1일 발생량은 171,280 m^3이다. 표 7-7은 가축 종별 일일 분뇨 발생량표이며, 표에서 보는 바와 같이 젖소 종류의 분 발생량이 가장 높으며, 뇨 발생량도 가장 높은 것을 알 수 있다. 표 7-8은 가축별 허가대상 및 신고대상 기준표이다.

표 7-8 가축별 허가대상 및 신고대상 기준

구분	허 가 대 상	신 고 대 상
돼지 사육시설	면적 1,000 m^2 이상. 다만 수질보전특별대책지역 등에서는 면적 500 m^2 이상으로 한다.	면적 50 m^2 이상 1,000 m^2 미만, 수질보전특별대책지역 등에서는 면적 50 m^2 이상 500 m^2 미만으로 한다.
소(젖소 제외) 사육시설	면적 900 m^2 이상. 다만 수질보전특별대책지역 등에서는 면적 450 m^2 이상으로 한다.	면적 100 m^2 이상 900 m^2 미만. 다만, 수질보전특별대책지역 등에서는 면적 100 m^2 이상 450 m^2 미만으로 한다.
젖소 사육시설	축사면적 900 m^2 이상 또는 운동장 면적 2,700 m^2 이상. 다만, 수질보전특별대책지역 등에서는 축사면적 450 m^2 이상 또는 운동장 면적 1,350 m^2 이상으로 한다.	축사면적 100 m^2 이상 900 m^2 미만 또는 운동장 면적 300 m^2 이상 2,700 m^2 미만. 다만, 수질보전특별대책지역에서는 축사면적 100 m^2 이상 450 m^2 미만 또는 운동장 면적 300 m^2 이상 1,350 m^2 미만으로 한다.
말 사육시설	면적 900 m^2 이상. 다만 수질보전특별대책지역 등에서는 면적 450 m^2 이상으로 한다.	면적 100 m^2 이상 900 m^2 미만. 다만, 수질보전특별대책지역 등에서는 면적 100 m^2 이상 450 m^2 미만으로 한다.
닭·오리·양 사육시설	-	면적 150 m^2 이상
사슴 사육시설	-	면적 500 m^2 이상
개 사육시설	-	면적 60 m^2 이상

자료) 통계연감

7.2 분뇨처리 프로세스

분뇨는 수세식 화장실을 통하여 공공하수도로 배제하여 하수종말처리장에서 위생적으로 처리하는 것이 바람직한데 하수도 보급율은 아직 높지 않으므로 대부분은 쓰레기처리와 마찬가지로 수거차로 수집한 분뇨를 시·군 단위의 처리시설에서 처리하고 있다.

수거식 분뇨처리 시스템 중 현재 실제로 운전되고 있는 처리 프로세스에는 다음과 같은 것이 있다.

① 혐기성 소화처리 프로세스

② 호기성처리 프로세스

- 호기성소화처리 프로세스
- 희석포기처리 프로세스
- 1단 활성슬러지처리 프로세스
- 2단 활성슬러지처리 프로세스

③ 물리화학처리 프로세스 각 처리 프로세스의 흐름도를 그림 7-2에 나타내었다.

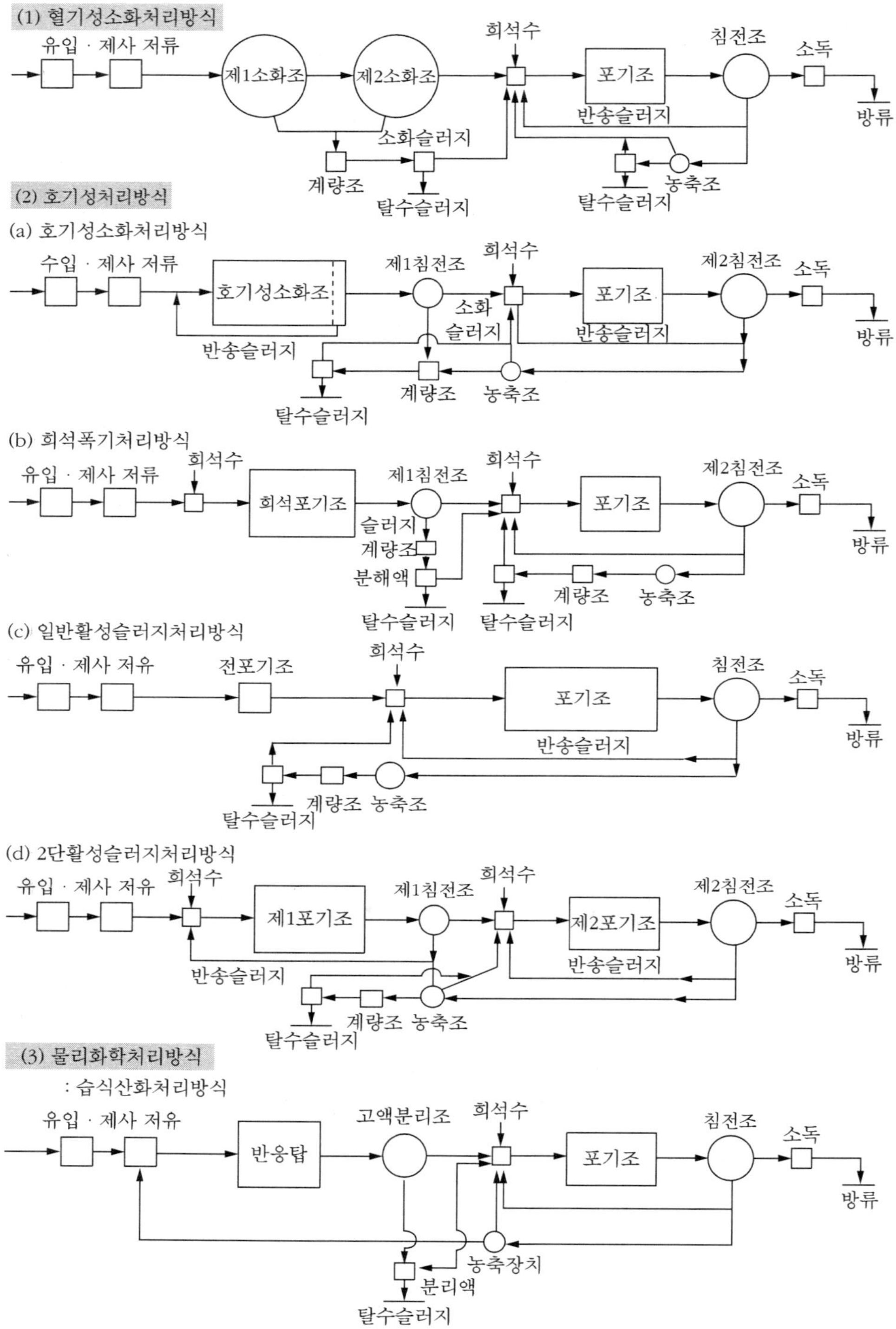

■ 그림 7-2 분뇨처리 프로세스

7.1.1 혐기성소화처리 프로세스

혐기성소화처리 프로세스 그림 7-2(1)와 같은 계통도로 나타낸다. 진공차로 퍼낸 분뇨는 투입구를 거쳐 협잡물을 스크린으로 제거한 후, 소화조에 보내며 30일 내외의 가온과 교반혼합의 소화기간 후 탈리액은 희석(20배)하여 살수여상 또는 활성슬러지법에 의한 호기성처리를 한 후, 최종 침전지를 거쳐, 염소멸균 후 방류시킨다. 소화조의 저부에 고인 소화슬러지는 정량씩 꺼내 탈수시킨 후, 소각처리하거나 직접 처분한다.

소화분해의 결과, 발생한 가스는 탈황 후 가스탱크에 저장하여 보일러로 연소시켜 소화조의 가온에 사용한다. 그림 7-3은 소화처리 원리이다.

수거식 분뇨의 조성은 도시에 따라 어느 정도의 차이가 있으나 일반적으로 다음과 같다.

배출량	1인 1일 약 0.8～0.9L			
조성	pH	7～9	총질량	5,000 mg/L
	BOD	13,500 mg/L	염소	5,500 mg/L
	COD	9,000 mg/L	인산	1,000 mg/L
	SS	21,000 mg/L	일반세균류	10^4～10^4개/mL
	증발잔유물(총고형물)	30,000 mg/L	대장균수	10^6～10^7개/mL

혐기성 소화조에서는 메탄발효가 진행되어 분뇨 중의 지질, 단백질, 탄화수소, 등의 복한 유기물이 최종적으로 메탄(CH_4)과 탄산가스(CO_2)로 분해된다.

발효온도로서는 중온발효라 부르는 37～38℃의 것과 고온발효라 부르는 53～54℃의 두 가지 영역이 있으며 소화온도와 소화일수의 관계는 그림 7-4와 같다.

메탄 발효는 pH7 부근이 가장 적당하며 온도, pH, 교반 등, 혐기성균의 활동에 적당한 조건이 유지되면 acid-former라 부르는 산생성균에 의해 유기물인 초산, 프로피온산, 낙산(butyric acid) 등의 저급지방산으로 분해되고 이어 methane-former라는 가스생성균에 의해 CH_4와 CO_2로까지 분해된다.

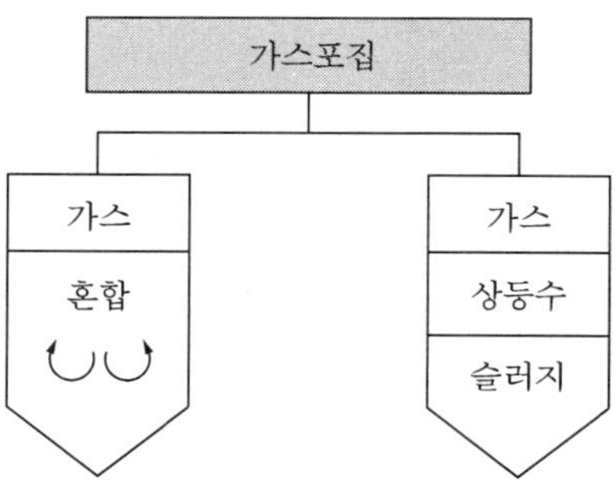

▮ 그림 7-3 소화처리 원리

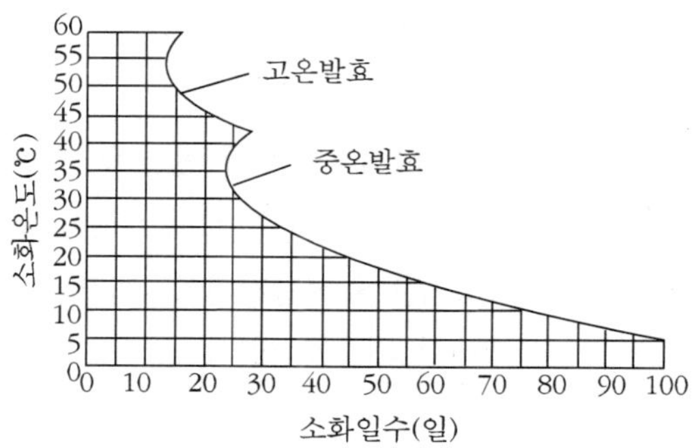

▮ 그림 7-4 소화온도와 소화일수의 관계

처리량은 소화발효온도가 고온발효대에서는 5～7 kg(유기물)/m^3(조용량)・일, 중온발효대에서는 2～3 kg/m^3・일이다.

처리한계량 이상의 부하를 걸면 발효조 내에 유기산이 축적되어 pH 저하를 초래하여 메탄균 등에 저해를 주게 되므로 가스발생량이 감소하고 마침내는 발효가 정지한다. 따라서 계획처리량 내의 부하, 온도, 기질농도, 소화슬러지량 등의 사이에 일정한 규형을 유지할 필요가 있다.

메탄발효에 의해 유기물 1 kg당 발생하는 가스량은 400～700 L이며 가스의 조성은 메탄이 50～60%, 나머지는 탄산가스이며, 1% 전후의 황화수소(H_2S)가 포함되어 있고, 발열량은 5,000～6,000 kcal/m^3이다. 메탄발효처리에서 기질 BOD의 80～90%가 제거된다. 수거분뇨, 탈리액 및 소화슬러지의 일반적 성상을 표 7-9에, 발생가스 조성의 예를 표 7-10에 표시하였다.

7.1.2 호기성처리 프로세스

이 프로세스는 호기성의 상태에서 분뇨중의 고형물의 성상을 분리하기 쉬운 형태로 변화시키는 동시에 생물화학적으로 유기물질을 분해 안정화시키는 것이다. 처리의 중심이 되는 활성슬러지법은 공통적이나 전처리, 1차 처리의 내용에 따라 앞에서 제시한 그림 7-2(2)의 (a)～(d)의 4가지 방식으로 나눌 수가 있다.

1) 호기성 소화 프로세스

유기물의 분해는 ① 호기성 미생물에 의한 생물학적 분해 가능물질의 직접산화, ② 미생물 세포질의 산화, 세포 내 호흡, 세포 내 대사에 의해 이루어진다. 호기성 소화의 방법에는 산기식의 포기조에 의한 방식과 충전제를 채운 살수탑에 의해 포기하는 살수 포기방식이 있다.

소화온도는 37℃까지의 범위에서는 높을수록 좋고, 소화일수는 소화온도 25～30℃에서 약 15일, 30～35℃에서 약 10일 정도가 적당하다.

2) 희석포기처리 프로세스

반입분뇨의 협잡물을 제거한 후 희석 조정, 포기하고 나서 침전조에서 고액분리를 하여 상징액을 활성슬러지처리법으로 처리하는 프로세스이며 희석조정은 전프로세스를 통하여 20배가 되도록 한다.

표 7-9 수거분뇨, 탈리액 및 소화슬러지의 일반적 성상

항목 \ 시료	수거분뇨	탈리액	소화오니
pH	7～ 9	7～8	-
BOD (ppm)	8,000～15,000	1,200～2,500	-
COD (ppm)	5,000～9,000	2,000～4,000	-
증발잔유량(ppm)	20,000～35,000	10,000～20,000	30,000～60,000
강열감량(ppm)	10,000～20,000	7,000～14,000	10,000～20,000
총-N (ppm)	3,500～6,000	2,500～5,000	-
암모니아성-N (ppm)	3,000～4,000	2,000～3,000	-
염소이온(ppm)	4,000～6,500	3,500～5,000	-
요소 소비량(ppm)	5,000～7,000	3,000～6,000	-
수분(%)	97～98	98～99	94～97
인산(%)	0.1～0.2	-	0.4～0.7
칼륨(%)	0.2～0.3	-	0.05～0.1
일반세균류	10^8～10^{10}/cc	10^4～10^5/cc	10^5～10^7/cc
대장균군(MPN)	10^6～10^7/cc	10^3～10^4/cc	10^4～10^5/cc
회충알수	40～100/cc	5～60/cc	200～500/cc
유충형성율	60～90	10～30	10～27

표 7-10 발생가스의 조성

구분	하수		분뇨
	A 처리장	B 처리장	C 처리장
메탄가스(%)	61.4	62.6	57.3
탄산가스(%)	37.3	35.2	35.6
H_2S (%)	0.01	0.01	1.1
질소(%)	1.3	2.1	5.95
발열량(kcal/m^3)	5,400	5,375	5,534

3) 1단 활성슬러지처리 프로세스

반입분뇨의 협잡물을 제거한 후 전 포기조에서 포기하여 호기성을 유지하고 희석조정(20배)을 하고 나서 활성슬러지법으로 처리를 하는 프로세스이다.

4) 2단 활성슬러지처리 프로세스

반입분뇨의 협잡물을 제거한 후 희석하여 활성슬러지처리한 후 다시 희석하여 2차 처리로 활성슬러지법으로 처리하는 프로세스이다.

7.1.3 물리 · 화학적 처리 프로세스

1) 습식산화처리방식

분뇨를 밀폐용기(반응탑) 안에서 230～250℃, 70 kg/cm^2 정도의 고온, 고압으로 유지하면서 공기를 불어 넣어 유기물질을 열분해, 산화분해시키는 프로세스이다. 습식산화를 하는 반응탑에서는 중크롬산칼륨법에 의한 COD로 40～60% 감소(산화도)가 있고 산화분리액의 BOD는 900 ppm 정도이므로 분리액은 희석 조정 후, 활성슬러지처리를 한다.

방류수의 수질은 20배 희석을 기초로 하여 일간 평균치로 BOD는 20 mg/L 이하, SS(부유물질) 70 mg/L 이하, 대장균수를 3,000마리/cm^3 이하가 되도록 하며 표 7-11에는 각종 처리방식의 기준을 나타내었다.

표 7-11 각종 처리방식에 의한 처리의 기준

항목 / 처리방식	1차 처리			2차 처리		
	BOD부하 (BODkg /m^3 · 일)	설비산기풍량 (Air m^3/ m^3 · h)	BOD(ppm) 제거율 (%)	BOD부하 (BODkg /m^3 · 일)	설비산기풍량 (Air m^3 /m^3 · h)	BOD (ppm) 제거율 (%)
혐기성처리방식	(35～37℃)	(30일 소화)	2,500	표준희석 0.4 저희석 0.6	1.2 2.0	80 80
호기성 처리 방식						
호기성소화처리	무가온 1.0 가온(30～35℃) 1.5	3.0 3.0	2,500 2,500	0.4 0.4	1.2 1.2	80 80
희석포기처리	4.0	2.5	50%	0.5	1.5	92
1단 활성오니처리	예비포기 4.0	3.0	30%	0.5	1.5	94
2단 활성오니처리	1.0	2.0	80%	0.4	1.2	80
물리화학적처리방식						
습식산화처리	(260℃ 이하)	(50～85 kg/cm^3)	9,000	1.2		94
화학처리	-	-	-	-	-	-

7.3 분뇨정화조

분뇨정화조는 수세식 변소에서 오수를 미생물의 작용에 의해 분해, 침전처리하고, 상등액을 멸균하여 방류하는 장치이며 주로 각 가정에 설치한다. 분뇨 정화조에는 수세식변소의 분뇨만을 처리하는 단독처리와 수세식변소에서의 분뇨와 주방이나 욕실 등에서의 잡배수를 함께 처리하는 병합처리가 있다. 처리방식으로서는 혐기성미생물을 이용하는 부패탱크 방식과 호기성 미생물을 이용하는 장시간 포기방식이 많다. 장시간 포기방식의 일례를 그림 7-5에 표시하였다.

일본의 경우 분뇨정화조의설치수는 해마다 증가하고 있으며 최근에는 그 중 약 77%가 20인조 이하의 가정용 소형정화조가 차지하고 있다. 50인조 이상의 대형분뇨정화조에는 기술관리자를 두어 유지 관리하고 500인조 이하는 보통 분뇨정화조 보수점검업자에게 위탁하여 그 업자가 유지관리기준에 따라 관리한다.

단독처리정화조에서는 1년 정도 사용하면 조 내에 슬러지가 차므로 이것을 제거하는 동시에 조 내를 청소할 필요가 있다. 이 청소는 시장・군수의 허가를 받은 분뇨정화조 청소업자가 청소기준에 따라 하며 정화조 슬러지는 분뇨종말처리시설로 반입하여 처리되고 있다.

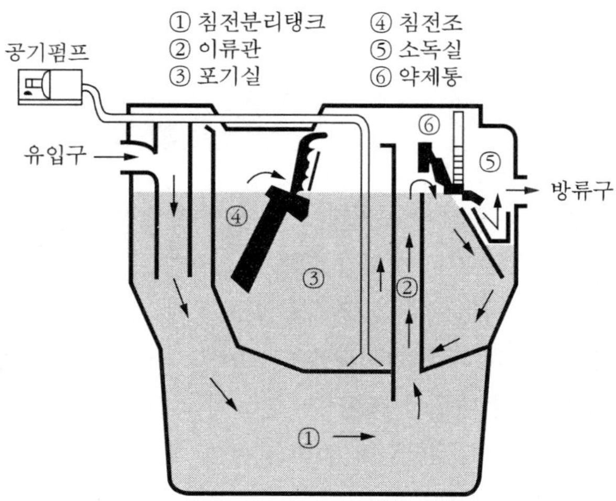

▮ 그림 7-5 분뇨정화조의 구조(장시간포기방식의 일례)

7.4 지역분뇨 처리시설

계획처리구역에서의 수세식 화장실의 분뇨와 가정잡배수를 오수관으로 보내어 같이 처리하는 시설을 말하며 처리규모는 보통 계획처리인구를 100명 이상 3만 명 미만으로 한다. 처리 프로세스는 그림 7-6과 같은 계통도로 되어 있으며 유입오수는 침사조에서 침전물의 제거, 스크린으로 협잡물을 제거한 후, 유량조절조로 유량조정을 하며 표준활성슬러지 처리방식으로 처리된다.

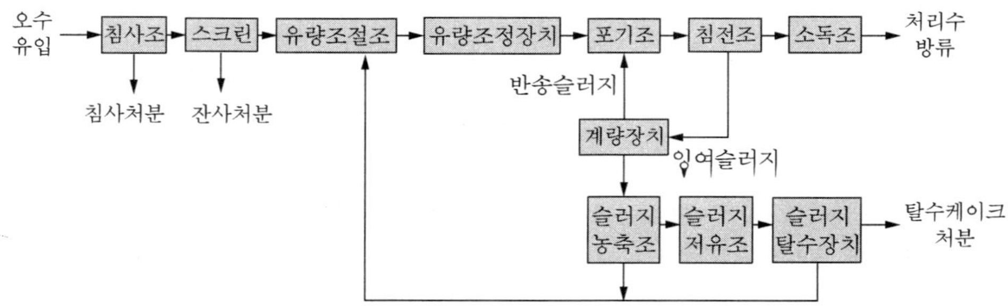

▮ 그림 7-6 지역 분뇨처리 시설에서의 처리프로세스

7.5 새로운 처리기술의 동향

오수·분뇨 및 축산폐수 처리에 관한 법에 의한 분뇨처리 프로세스는 처리수의 방류수질이 환경보전법의 기준 이하가 되도록 설계하는 것이 표준이며, 일본에서는 최근 신설 또는 증설 계획을 하는 경우 지역사회의 요청에 따라 표준설계 보다도 훨씬 엄격한 처리수질이 지방자치제의 의해 설정되어 있으며 그 외에도 질소 제거가 요구되는 일이 특징적인 것이라 하겠다. 이 때문에 표준적인 분뇨처리 프로세스에 질소제거 등의 고도 처리를 첨가한 프로세스가 연구 개발되어 이미 가동에 들어가고 있다.

이와 같은 요구에 대응하기 위한 고도처리시스템은 그림 7-7과 같고 또 이 시스템에 의한 처리목표 수질은 표 7-12와 같이 나타나고 있다.

표 7-12 분뇨처리의 고도화시스템에 있어서의 처리목표수질

시스템	시스템1				시스템2				시스템3				시스템4
구분	표준법	개량법			표준법	개량법			표준법	개량법			개량법
항목(ppm)		①	②	③		①	②	③		①	②	③	
BOD	30	30	25	20	10	10	10	10	10	10	10	10	10
SS	70	70	70	70	10	10	10	10	10	10	10	10	10
NH_4-N	150	10	10	10	150	10	10	10	150	10	10	10	3
T-N	200	200	70	50	200	70	50	50	200	70	50	50	10
COD	80	80	70	60	40	40	40	40	10	10	10	10	10
P	40	40	40	40	5	1	1	1	5	1	1	1	1
색도	200	200	200	200	60	60	60	60	30	30	30	30	30

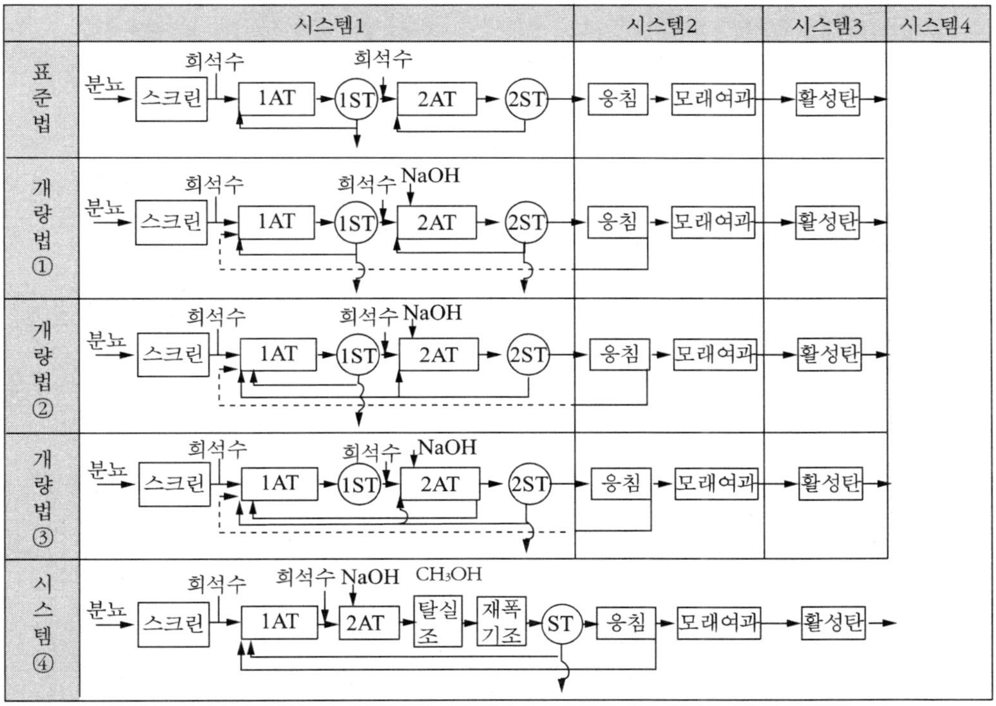

(주) 1AT : 제1포기조, 2AT : 제2포기조, 1ST : 제1침전조, 2ST : 제2침전조 생분뇨 분뇨수입조 교반블로워

▌그림 7-7 분뇨처리의 고도화시스템

7.4.1 탈질소 프로세스

오수 중의 질소제거 프로세스로서는 표 7-13에 표시한 것과 같은 각종 처리방식이 연구개발되어 있는데 총 질소(T-N)를 제거하는 경우에는 생물학적 탈질소법이 사용되는 경우가 많다.

표 7-13 각종 질소제거방법의 비교

제거대상	처리방법	기본처리도	기본원리	특징	연구과제
NH_4-N	1) 생물학적 처리 ① 질화방식	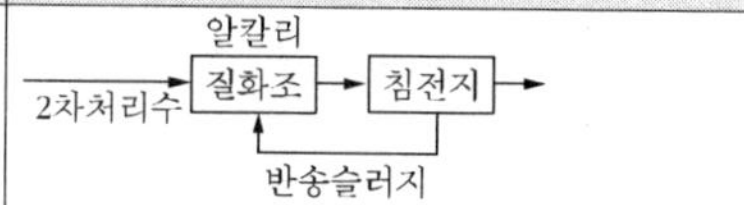	슬러지 중에서 자생하고 있는 자영양성의 호기성 질화균에 의하여 오수 중의 NH_4-N를 NO_4-N까지 산화함 세균 Nitrosomonas $2NH_4^+ + 3O_2 \rightarrow 2NO_2^- + 2H_2O + 4H^-$ $2NO_2^- \xrightarrow{\text{Nitrobacter}} 2NO_3^-$	• 유지관리가 용이하며 종래의 활성슬러지 처리공정에 조합하는 것이 가능 • 유기성 질소도 질화됨	• 넓은 시설면적이 필요 • 접촉산화의 경우 발생 슬러지로 산기관 등에서의 눈 막힘이 생길 수 있다.
	② 접촉산화방식	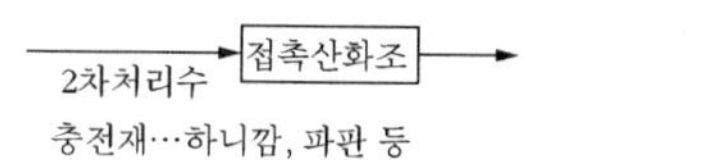			
	2) 암모니아 스트립핑법	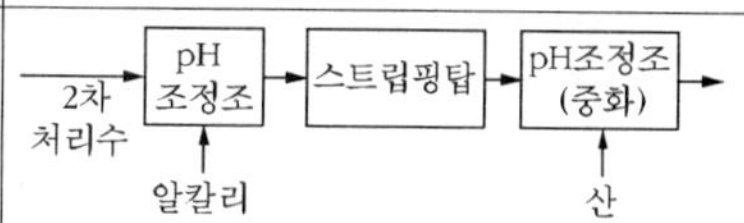	pH를 11~12로 함으로서 용해성 암모니아로 전환하고 공기와 접촉시키기 위하여 스트립핑을 수행함. $NH_4^+ \leftrightarrows NH_3 + H^+$	• 조작이 간다. • 알칼리로서 석회를 사용하는 경우에는 탈인도 가능	• NH_3가스가 대기 중으로 방출되므로 2차 공해의 문제가 생긴다.
	3) 불연속점 염소주입법	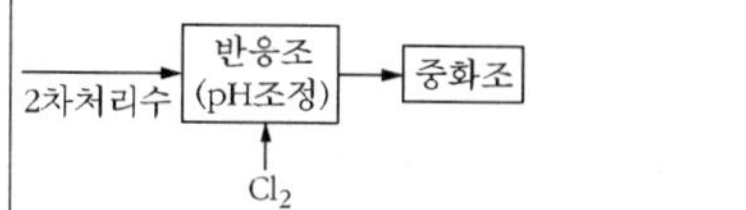	암모니아를 차아염소산과 반응시켜 클로로아민을 생성하고 다시 염소를 첨가하여 NO_2가스가 된다. $2NH_3 + 3HOCl \rightarrow NH_2Cl + NHCl_2 + 3H_2O$ $NH_2Cl + NHCl_2 + HOCl \rightarrow N_2O + HCl$	• 처리방법이 간단하고 제거율도 좋다. • 농도가 낮은 NH_4-N에 대해서는 처리성과 경제적인 면에서도 적당하다.	• 암모니아가 유해한 트리클로로아민으로 변환하지 않게 정확한 pH조정이 필요
	4) 이온교환법 ① 제올라이트법 ② 기타이온교환법	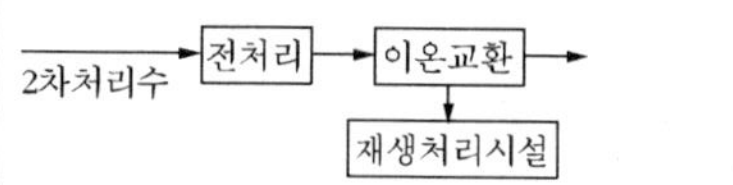	① 천연제올라이트(clinoptilolite)에 의해서 NH_4-N를 흡착제거한다. ② 양이온교환수지에 의해서 NH_4-N를 교환한다.	• 제거율이 높다. • 온도의 영향을 거의 받지 않는다. • 천연 제올라이트는 싼값으로 구입하기 쉽다.	• 강알칼리로 재생을 시키므로 제올라이트가 용해된다. • 재생 약품비가 많이 든다. • 다른 이온도 흡착된다.
T-N	1) 생물학적 탈질소법 기본처리도에는 3단 슬러지 방식 이외의 처리도를 예시	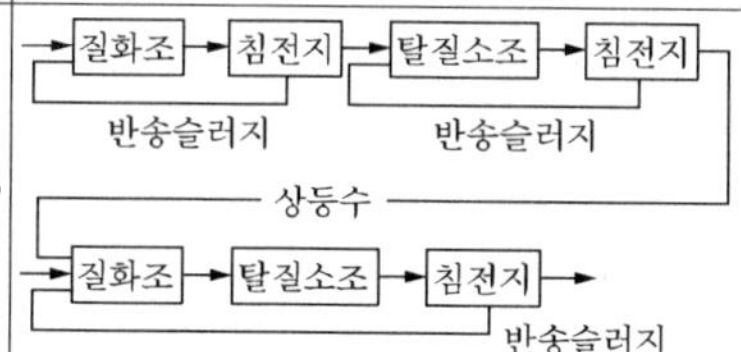	혐기적 상태에서 다른 영양세균의 작용에 의해서 NO_2-N, NO_3-N에 유기탄소원(수소공여체)투입으로 N_2가스에까지 환원시킨다. $2NO_2^- + 3(H_2) \rightarrow N_2 + 2OH^- + 2H_2O$ $2NO_3^- + 5(H_2) \rightarrow N_2 + 2OH^- + 4H_2O$	• N_2가스로 방출되므로 2차 공해의 염려가 없다. • 운전비가 싸다.	• 생물처리에 의하므로 온도의 영향을 받아 추운 곳에서는 부적합. • 유기탄소원이 필요.
	2) 이온교환법	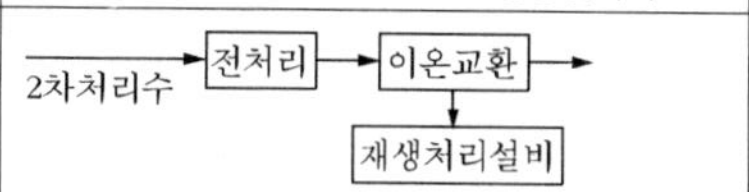	NO_2-N, NO_3-N이온 등의 음이온교환을 교환할 수 있는 수지를 사용.	• 제거율이 높다.	• 수지에 유기물 오염 • 재생액 처리대책이 필요 • 수지비가 많이 든다.
	3) 산화지법	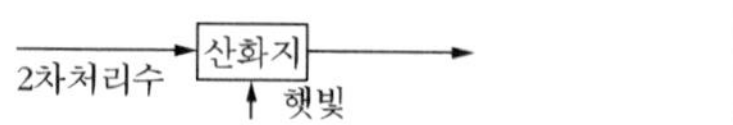	조류의 대사작용에 의하여 N, P 등의 영양원을 얻음.	• 처리비용이 적절한 값으로 관리가 용이.	• 넓은 면적 필요 • 저온 시에는 N, P의 제거가 곤란.

1) 오수 중의 질소의 형태

하수, 분뇨 등의 생활오수 중의 질소는 주로 다음과 같은 형태로 존재하고 있다.

① 유기성 질소

단 백 질(–CH–NH–CO–CH–)

아미노산(R–CH–COOH)
　　　　　　　|
　　　　　　NH_2

폴리펩타이드

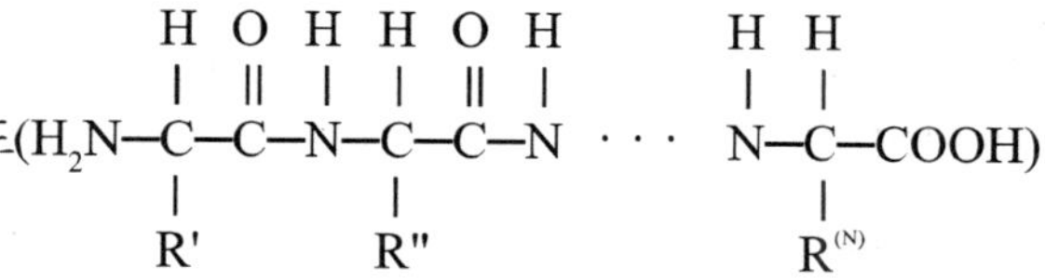

등

② 무기성 질소

암모니아성 질소(NH_4-N)

아질산성 질소(NO_2-N)

질산성 질소(NO_3-N)

따라서 보통 가정하수의 경우, 총 질소(T-N)는 유기성 질소와 무기성 질소의 합으로서 산출할 수가 있다.

③ 알브미노이드성 질소(Alb-N)

알브미노이드성 질소(경단백성 질소)란 알칼리성 과망간산칼륨용액에 의한 암모니아성 질소로 분해되는 단백질과 유사한 유기성 질소를 말하며, 유기성 질소 가운데에서 암모니아성 질소로 분해되기 쉬운 불안정한 질소화합물이다. 특히 분뇨 등에 의해 오염된 배수에서는 높은 값을 나타낸다. 한편 유기성 질소는 암모니아성 질소를 제거한 후 킬달(Kjeldahl)법에 의해 직접 정량할 수 있으나 종래에는 다음 식에 의해 산출되고 있다.

- 1식 : 총 질소를 환원법에 의해 정량한 경우

  유기성 질소(Nppm) = 총질소(Nppm) − [질산성 질소(Nppm) + 암모니아성 질소(Nppm)]

- 2식 : 킬달질소(TKN)에 의한 경우

  유기성 질소(Nppm) = TKN (Nppm) − 암모니아성 질소(Nppm)

2) 생물학적 탈질소법

생물학적 탈질소법은 자연계에서의 질소순환계를 인공적으로 효율 좋게 이용하는 방법이다. 즉, 활성슬러지 또는 살수여상 등의 슬러지에서 성장하는 호기성 소화균과 통성 혐기성 탈질소균의 생이작용을 합리적으로 조합시킴으로써 폐수 중의 질소화합물(암모니아성 및 요소성 질소 등)을 최종적으로 질소가스(N_2가스)로서 대기 중으로 환원하는 방법이다.

생물학적 탈질소법은 기본적으로는 질화공정과 탈질공정의 2단계 공정으로 구성된다.

질화공정(호기성 처리)은

$$NH_4^+ + 3/2O_2 \rightarrow \text{(nitrosomonas)} \rightarrow NO_2^- + H_2O + 2H^+ + 66.5\text{ kcal} \quad (7.1)$$
(nitrosococcus)

$$NO_2^- + 1/2O_2 \rightarrow \text{(nitrobacter)} \rightarrow NO_3^- + 17.5\text{ kcal} \quad (7.2)$$

결국 질화공정에서는

$$NH_4^+ + 2O_2 \rightarrow NO_3^- + H_2O + 2H^+ + 84\text{ kcal} \quad (7.3)$$

그리고 탈질공정은 혐기적 조건 하에서 혐기성 탈질균의 질산호흡 또는 아질산호흡을 이용하여 NO_3^--N, NO_2^--N을 N_2가스로까지 환원(還元) 탈질한다.

$$2NO_2^- + 6H(\text{유기물}) \rightarrow \text{(pseudomonas)} \rightarrow N_2 + 2H_2O + 2OH^- \quad (7.4)$$
(denitrificans)

$$2NO_3^- + 10H(\text{유기물}) \rightarrow \text{(pseudomonas)} \rightarrow N_2 + 4H_2O + 2OH^- \quad (7.5)$$
(denitrificans)

Nitrosomonas, Nitrobacter 등의 질화균은 증식하는데 유기물을 필요로 하지 않고 NH_4^+나 NO_2^-의 산화를 통해 얻은 에너지를 사용하여 CO_2을 환원하여 균체합성하는 독립영양균군이며 pseudomonas 등의 탈질균은 증식에 유기물을 필요로 하는 종속 영양세균으로 호기적 조건하에서는 산소호흡을 하고 혐기적 조건하에서는 NO_3^-가 존재하면 NO_3^-의 분자중의 산소를 사용하여 호흡(질산호흡)할 수 있는 통성 혐기성 세균이다.

탈질 시의 환원반응용 유기탄소원으로서는 초산, 펩톤, 메탄올, 에탄올, 글루코스 등을 사용하는데 다음과 같은 이유에서 메탄올을 주로 사용한다.

① 비교적 싸다.
② 탈질균으로의 친화성이 좋다.
③ 슬러지로의 전환율이 좋다.
④ 취급이 용이하다.

메탄올의 이론주입량은 다음 식으로 나타낸다.

$$Mq = 1.90\ NIII + 1.17\ NII + 0.67\ DO \tag{7.6}$$

여기서, Mq : 메탄올 주입량(mg/L)
NIII : 원수 중의 NO_3-N농도(mg/L)
NII : 원수 중의 NO_2-N농도(mg/L)
DO : 원수 중의 용존산소 농도(mg/L)

실제로 첨가된 메탄올은 NO_3-N, NO_2-N를 환원하는 에너지원으로서 사용될 뿐만 아니라 혐기성 조건하에서 질산호흡 또는 아질산호흡에 의해 탈질균이 증식하기 위해서도 소비된다. McCarty는 유기탄소원으로서 첨가된 메탄올 중에서 약 20～30%가 세포합성의 목적으로 소비되는 것을 실험적으로 확인하고 실제의 메탄올 소비량을 다음과 같이 표현하였다.

$$Mq = 1.90\ NIII + 1.17\ NII + 0.67\ DO \tag{7.7}$$

질화, 탈질 및 침전분리공정의 조합에 의해 여러 가지의 계통도가 설정될 수 있는데 지본적인 조합은 Wuhrmann 방식과 Bringmann 방식이 있다.

① Wuhrmann 방식(그림 7-8) : 이 방식은 탈질공정에서 유기탄소원을 가하지 않고 잔류 BOD의 내성호흡에 의한 방법으로 약품비의 절감, 잉여슬러지의 감소를 특징으로 한다. 그러나 탈질조의 용적이 크게 되고 질소 제거율이 저하한다.

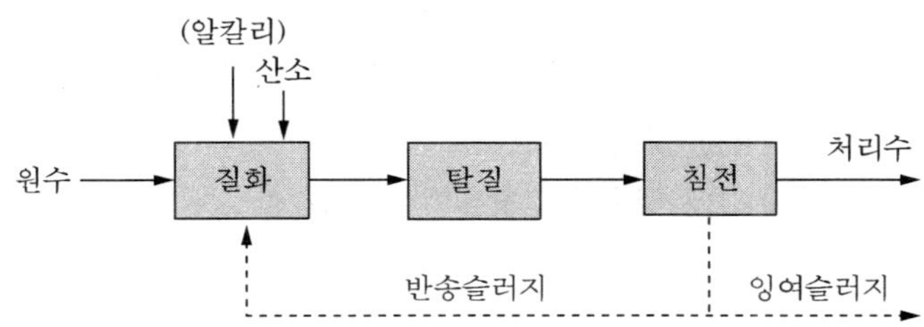

▌ 그림 7-8 Wuhrmann 방식의 흐름도

② Bringmann 방식(그림 7-9) : 이 방식은 탈질공정에서 유기탄소원을 첨가하는 것을 특색으로 하고 있다. 따라서 탈질조의 용적을 작게 하고 질소제거율을 높게 할 수 있다. 그러나 유기탄소원과 그것을 산화하는데 전력을 필로 한다. 또한 유기탄소원의 누출에 의한 BOD제거율의 저하를 일으킬 우려도 있다.

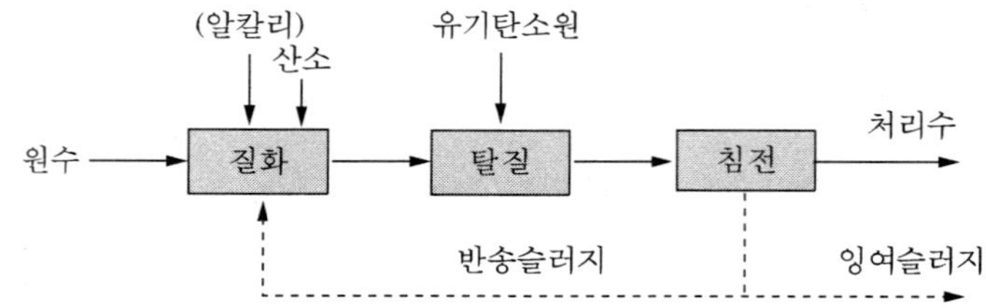

그림 7-9 Bringmann 방식의 흐름도

활성슬러지방식의 탈지법에 의해 질화공정을 설계하고 운전하는데 있어서 고려할 인자는 질소부하, 체류시간, pH 등이 있다.

생물학적인 질소제거 프로세스의 기본원리는 이상과 같으나 각종 변법이 제안되어 있다. 특히 분뇨의 2단활성슬러지 처리방식에서는 제2포기조에서 질화가 진행되고, 제1포기조에서 T-N의 제거가 행해진다. 따라서 현시점에서 가장 적당한 프로세스로서 그림 7-6의 시스템 4가 제시되어 있다. 즉, 이 프로세스 시스템에서는 전처리를 한 분뇨를 제1포기조에 도입하는데 이때 유입분뇨량의 3～5배의 희석수 및 제2포기조(질화조)혼합액, 최종침전슬러지를 제1포기조에 반송하여 생분뇨와 혼화포기처리를 하여 분뇨 중의 80% 이상의 BOD와 T-N의 제거를 꾀한다.

제1포기조 혼합액은 다시 제2포기조로 유입하여 여기에서 잔여의 NH_4-N을 완전질화하고 또한 BOD도 생물학적으로 분해한다. 따라서 제2포기조를 질화조라고도 부른다.

질화액은 제1포기조로 반송되는데 과잉의 질화액은 탈질조에 투입되어 메탄올의 첨가와 혐기적 조건에 의해 NO_2+NO_3-N을 N_2 가스로 환원한 후 재포기조에 투입한다. 여기서 잔류 메탄올은 생물학적으로 분해되고 또 탈질균은 여기에서 증식하여 활성화된다. 재포기조 혼합액은 침전지에서 고액분리되어 슬러지는 제1포기조로 반송되며 침전지 월류수는 고도처리공정을 거쳐 방류된다.

앞의 설명과 같이 생물학적 탈질법에 의한 질소제거는 다음 그림과 같은 과정을 거친다.

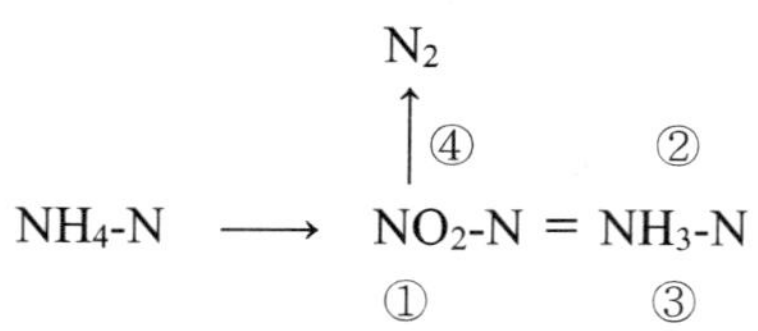

①은 nitrosomonas로 대표되는 아질산균에 의한 생물학적 산화반응

②는 nitrobacter로 대표되는 질산균에 의한 생물학적 산화반응

③은 질산염 환원세균에 의한 생물학적 환원반응

④는 아질산염 환원세균에 의한 생물학적 환원반응이다.

이 그림에서 로의 경로에는 두 가지가 있다는 것을 알 수 있다.

A경로 ① → ② → ③ → ④
B경로 ① → ④

호기, 혐기영역으로 나누어 총질소제거를 하기 위해서는 NH_4-N을 질화하는 것이 전제조건인데 질화가 100% 가까이 진행한 경우에는 ①의 반응에서 멈추지 않고 ②까지 진행해 버리는 것이 통례이다. 그리고 다음에 NH_3-N를 탈질하는 데에는 ④와 ③의 반응을 거쳐야 하므로 A경로의 생물학적 탈질반응을 하게 된다.

③ 및 ④의 반응을 하기 위해서는 각각 에너지가 필요한데 에너지원으로 메탄올을 예로 해서 보면 다음과 같다.

③의 반응 : $NH_3\text{-}N + 1/3CH_3OH \rightarrow NH_2\text{-}N + 1/3CO_2 + 2/3H_2O$
④의 반응 : $NH_2\text{-}N + 1/2CH_3OH \rightarrow 1/2N_2 + 1/2CO_2 + 1/2H_2O + OH^-$

B경로의 반응에서는 NH_3-N 1 mol에 대하여 1/2 mol의 CH_3OH이 소요되며, A 경로에서는 5/6 mol ($1/3CH_3OH + 1/2CH_3OH$)로 B경로에 비하여 약 1.5배의 유기탄소원이 필요하게 된다.

7.4.2 소각처리 프로세스

분뇨처리 프로세스는 고액분리하여 액은 활성슬러지처리 프로세스를 중심으로 한 수처리 프로세스로 처리하고 고체는 소각처리를 하는 것이 기본적이다. 그러나 앞의 설명과 같이 탈질프로세스, 활성탄처리 프로세스와 같은 고도처리 프로세스를 부가하는 것을 감안하면 10～40 kL/일의 소규모 처리시설에서는 고액혼합 후 전량 증발・건조・소각처리를 하는 쪽이 고도처리 프로세스보다 간편하며, 건설비도 싸고 유지비도 그다지 높지 않으며, 희석수가 불필요하다는 등의 이유에서 분뇨 소각프로세스를 사용하게 된다. 소각로로서는 rotary skin, 다단로, 유동로를 사용하고 있다. 그림 7-10은 유동소각프로세스의 계통도로서 유동층온도 460～500℃로 혼합 교반된 분뇨를 소각하고 연소가스 중의 악취성분은 2차 연소실에서 700～800℃로 산화분해된다. 고온가스는 열교환기에서 연소용 공기, 분뇨와 열교환시켜 가급적 열회수를 한다. 배가스 조성 및 연료 소비량의 일례를 표 7-14 및 표 7-15에 나타내었다.

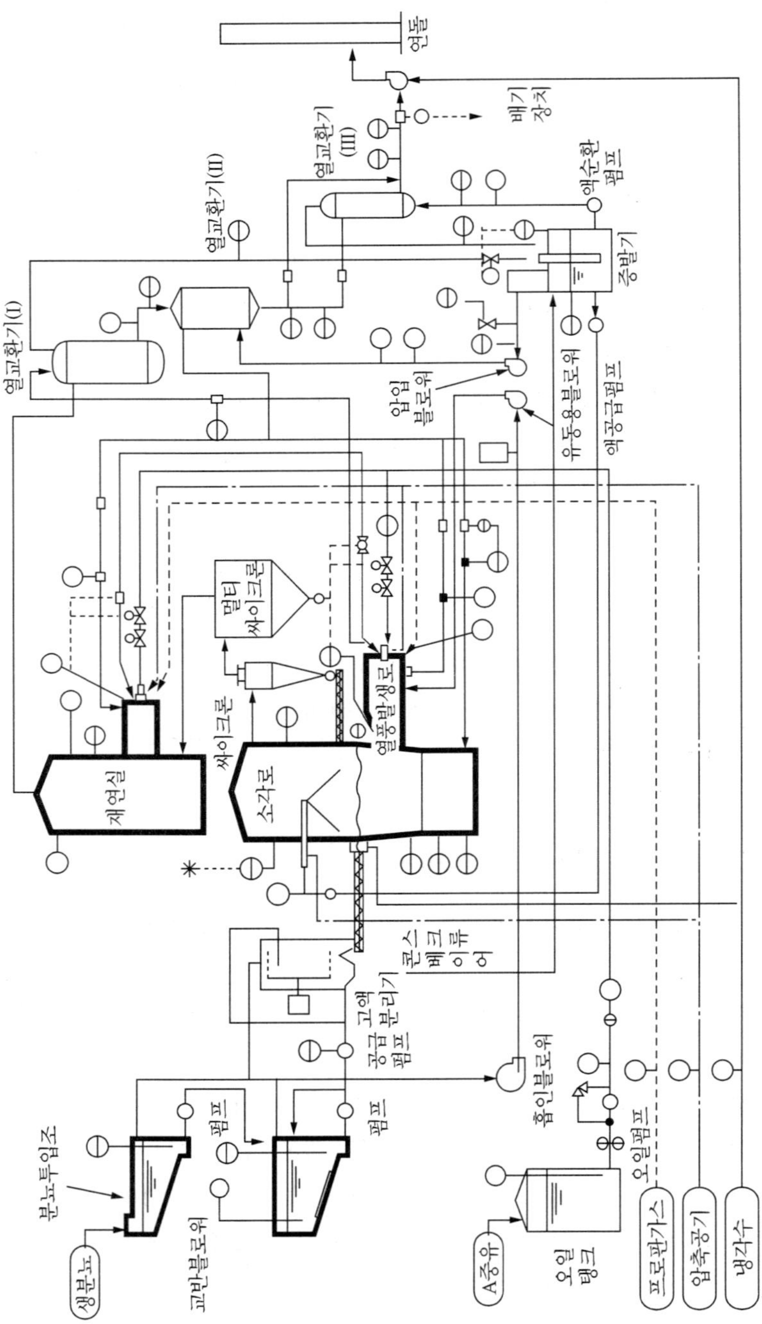

▮ 그림 7-10 분뇨 소각 프로세스 예(유동층)

표 7-14 분뇨 소각 프로세스 배가스 조성의 일례

산소 (%)	분진 (g/Nm^3)	황산화물 (ppm)	질소산화물 (ppm)	메르캅탄 (ppm)	암모니아 (ppm)	트리메틸아민 (ppm)
8	8.0	60	50		2	
8		70	40		0	
2.6	7.0	40	50	0	0	0
7.1	8.3	50	40	0	3	0
5.2	7.8	10	130	0	0	0
5.0	6.0	30	80	0	0	0

표 7-15 분뇨 소각 프로세스에 의한 연료 소비량의 일례

구분		연료단위(kg)/분뇨(kL)		연료(A중유) 사용량(kg/일)		
		투입 중	총합	투입 전	투입 중	합계
설계치		114	122	32	456	488
측정 결과	여름(7월)	112	120	23	458	481
	가을(9월)	112	121	29	441	470
	겨울(11월)	113	121	31	442	473
	평균	112	121	28	447	475

연습문제

01 우리나라 분뇨의 성질 및 특성에 대하여 설명하시오.

02 분뇨 처리 방법의 종류와 이들의 원리에 대하여 설명하시오.

03 분뇨 정화조의 구조와 처리 공정에 대하여 설명하시오.

04 폐수 중의 질소의 형태와 탈질소 방법에 대하여 설명하시오.

05 폐수 중의 인의 형태와 인의 제거 방법에 대하여 설명하시오.

06 분뇨의 소각처리 방법에 대하여 평가하시오.

07 분뇨의 호기성 산화처리 및 혐기성 소화처리 방식의 특징들에 대하여 설명하시오.

8

건설폐기물

CHAPTER 8
건설폐기물

8.1 건설폐기물의 종류 및 분류

경제성장과 생활환경의 개선에 따른 국토건설 및 도시개발과 재개발, 재건축의 활성화, 주거환경개선, 지하 공간 이용의 증대 등에 따라 건설공사가 급증하고 있다. 필연적인 결과로서 건설폐기물의 1일 발생량은 2000년 78,777톤, 2006년 168,985톤 2012년 186,629톤, 2018년 206,951톤으로 현재 우리나라 전체 쓰레기량의 48%를 차지하고 있는 많은 양이며, 매년 지속적으로 증가하고 있다.

표 8-1은 건설폐기물 및 처리현황표이다. 매립처리는 전체 건설폐기물 발생량 중 2000년 12.7%, 2006년 2.3%, 2012년 2.2%, 2018년 1.4%, 2021년 0.6%로 급격히 감소하고 있으며, 소각처리 또한 2000년 2.6%, 2006년 0.7%, 2012년 0.5%, 2018년 0.3%, 2021년 0.2%로 감소하고 있는 반면, 재활용율은 2000년 84.7%, 2006년 97.0%, 2012년 97.3%, 2018년 98.3%, 2021년 99.3%로 증가 추세를 보이고 있다. 이는 정부의 재활용 정책과 재활용에 대한에 대한 인식이 높아진 결과로 볼 수 있다.

표 8-1 건설폐기물 및 처리현황(단위 : 만톤/년)

구분		2016	2017	2018	2019	2020	2021
건설 폐기물 (%)	총발생량	7,280	7,164	7,554	8,070	8,644	8,381
	매립률	1.5	1.5	1.4	0.8	0.8	0.6
	소각률	0.4	0.4	0.3	0.3	0.2	0.2
	재활용률	98.1	98.1	98.3	98.9	99.0	99.3

자료) 환경부

건설폐기물은 토목·건축공사의 시공업체 관계자들 사이에 용어가 통일되지 않아 "건설폐재", "건축물 폐재류" 또는 "건설쓰레기" 등으로 불리고 있다. 현재 우리나라에서 수립·시행되고 있는 관련법규 및 지침상의 건설폐기물에 대한 용어정의를 살펴보면 구 폐기물관리법에서는 건설폐기물에 대한 구체적인 언급 없이 일반폐기물 및 산업폐기물의 분류체계에 근거해서 일반산업폐기물로 분류되었으며, 이후 다량배출 일반폐기물로 분류하였다. 1995년 개정된 "폐기물관리법"에서부터 토목·건설공사 등과 관련하여 배출되는 사업장폐기물로서 지정폐기물 및 생활폐기물을 제외한 폐기물을 건설폐기물로 분류하고 있다.

일본의 경우에는 그림 8-1에서 보는 바와 같이 구조물의 신축공사 및 해체공사에 따라 일반폐기물(신축공사 배출폐기물)과 산업폐기물(구조물 해체 시 발생폐기물)로 단순 구분하고 있다. 그러나 우리나라의 경우에는 구조물의 신축공사 및 해체공사에 관계없이 건설현장에서 배출되는 모든 폐기물을 건설폐기물로 분류하고 있다.

- 건설폐기물
  - 일반폐기물(신축공사 폐기물)
    - 폐목재 — 거푸집, 주택, 토목 등의 목재료
    - 종이류 — 포장재, 벽지, 골판지 등
    - 섬유류 — 로프, 폐걸레, 포장재 등
    - 소각물 — 현장내의 소각재(걸레, 골판지 등)
    - 기 타 — 현장 사무소, 숙소 등의 철거로 인한 각종 폐목재(침구, 일용잡화품, 설계 도면, 잡지)
  - 사업장폐기물(해체공사 폐기물)
    - 슬러지 — 폐벤토나이트 오수, 리버스 공법에 의한 진흙, 기타 진흙 굴착토
    - 폐 유 — 중기 등의 폐윤활유, 경유, 가솔린 등의 폐유, 방소 아스팔트의 잔재(특별관리 산업폐기물)
    - 폐플라스틱류 — 폐합성수지 및 폐건재, 폐발포스티로폴, 폐타이어, 폐시트류 등
    - 건설목재 — 목조가옥 해체재 등
    - 금속 쓰레기 — 철골철근 쓰레기, 금속가공 폐재, 거푸집에 사용된 금속 쓰레기, 빈깡통류 등
    - 유리·도기류 — 유리 쓰레기, 타일 위새도기 쓰레기, 내화벽돌 쓰레기
    - 건설폐재 — 시멘트 콘코리트 해체물, 아스팔트 콘크리트, 파쇄물, 벽돌 폐기물 등
    - 고무 쓰레기 — 폐타이어, 폐고무
    - 폐석면 — 특별관리 산업폐기물

▌그림 8-1 건설폐기물로 분류

서울시의 건축물 폐재류 처리지침에서는 공작물의 제거 및 건축・토목 등의 공사과정에서 발생하는 폐기물 중에서 순수토사를 제외한 콘크리트 파쇄물, 폐아스콘, 폐블록, 폐목재, 폐유리, 폐타일 등 각종 건설공사 폐기물을 건축물 폐재류로 정의하고 있다.

한편, "자원의 정약과 재활용촉진에 관한 법률"에서는 토사(토석 포함), 폐콘크리트, 폐아스팔트, 콘크리트를 지정부산물로 구분하고 있으며, 건설폐재 배출사업자 재활용지침에서는 이들 지정부산물을 건설폐재로 통칭하고 있다.

1999년 개정된 폐기물관리법에서는 "토목・건설공사 등과 관련하여 배출되는 폐기물로서 지정폐기물 및 생활폐기물과 성상이 다른 폐기물"로 정의하고 있다. 또한, 건설공사 및 구조물해체 공사시 배출되는 건설폐기물은 단일품목으로 배출되는 경우는 적으며 대부분 여러 종류의 폐기물이 혼재되어 배출되기 때문에 지정폐기물로의 분류도 상당히 곤란한 실정이었다.

과거 우리나라의 경우 건설폐기물의 발생 현황에 대한 정확한 통계조차 확보하지 못한 실정이었으나 1990년대 중반부터 "폐기물관리법"에 근거하여 시・도에서 보고하는 폐기물 통계를 토대로 매년 환경부에서 전국 폐기물의 발생 및 처리실태를 자료로 발간하고 있으며, 2005년 "건설폐기물의 재활용촉진에 관한 법률"에 의거하여

- 건설폐기물을 건설폐재류(폐콘크리트, 폐아스팔트콘크리트 등)
- 가연성건설폐기물류(폐목재, 폐합성수지 등)
- 비가연성건설폐기물류(건설오니 등)
- 건설폐토사
- 혼합건설폐기물

로 성상분류기준을 변경하여 관리하고 있다.

건설폐기물은 생활폐기물이나 제조업에서 발생하는 산업폐기물과는 달리 폐기물 발생 장소가 일정하지 않고 다양다종으로 혼재되어 다량으로 배출되고 있으며, 연도별 계절별 배출량의 변화가 심하다. 이렇게 배출되고 있는 많은 양의 건설잔토, 폐콘크리트, 폐아스팔트, 폐목재, 건설오니 등의 혼합된 건설 폐기물은 계획적인 대안 없이는 처리・처분이 곤란하다. 또한 지가의 상승, 토지의 유효 이용에 따른 면적의 감소, 지역이기주의 등으로 인하여 공사장에서 일부 재활용되는 것을 제외하고는 대부분 하천이나 농지, 호수, 산지 등에 무단 불법투기 및 매립지에서 다른 폐기물과 함께 매립 처리되는 경우가 발생되어 환경에 대한 인식이 고조되어 있는 현 시점에서 커다란 사회문제가 되어가고 있다.

그러나 건설폐기물은 대부분 심각한 환경오염과 유해성이 없는 무기성 폐기물로 발생상태 또는 비교적 적은 중간 처리 과정을 거쳐 재활용될 수 있는 특징을 갖고 있다. 정부에서는 관련법률 및 지침의 제정을 통하여 재활용을 활성화시켜 건설폐기물 문제의 해결을

시도하고 있다. 그러나 건설폐기물은 발생 및 이용현장이 불특정적이고 발생량에 대한 정확한 자료의 미비, 관련정보 및 제도의 미비, 재생골재의 수요처 확보 미비, 재생품 사용에 대한 사회적 인식부족 등으로 인하여 실효를 얻지 못하고 있었다.

한편 선진국에서는 일찍부터 건설폐기물의 재활용에 대한 기초연구는 물론 실용화를 위한 프로젝트를 수행하면서 관련규정의 제정 및 법제화, 강도증진을 위한 연구, 재생 콘크리트의 사용방안, 폐콘크리트 뿐만 아니라 폐벽돌의 재활용도 시범 사업화를 통하여 현장 타설 및 성능 판정 단계를 거치고 있는 실정이다. 그렇지만 국내에서는 재생 골재 콘크리트의 물성에 대한 기초 연구, 재생 골재를 도로 포장재료로 재활용하기 위한 연구가 진행되었으나 건설폐기물의 발생량, 또는 발생 특성에서부터 재생골재의 품질관리 지침에 이르기까지 건설폐기물의 재활용과 적절한 관리에 필요한 제반사항에 관한 연구가 미진한 상황이었다.

그러나 2005년 1월 “건설폐기물의 재활용촉진에 관한 법률”이 제정된 이후 급속하게 건설 폐기물의 재활용 촉진을 위한 다양한 분야의 연구가 활발히 진행되고 있으며, 재활용

표 8-2 건설폐기물 재활용 관련 제도

관계기관	법률 및 지침	주 요 내 용
국무총리실	공공기관의 폐기물 재활용 촉진을 위한 지침	폐기물의 재활용을 촉진하기 위한 공공기관의 의무를 규정
환경부	폐기물관리법	폐기물의 처리방법, 재활용 자재의 품질기준 등 규정
	자원의 절약과 재활용 촉진에 관한 법률	지정부산물(토사, 폐콘크리트, 폐아스콘 등)을 규정하고, 건설업체에 대하여 지정부산물에 대한 재활용 계획 수립과 재활용 의무를 부여
환경부, 국토해양부	건설폐기물의 재활용 촉진에 관한 법률	건설폐기물의 적정 처리 및 순환골재의 사용 활성화 기반 조성을 위한 근거 마련
	순환골재 의무사용 건설공사의 순환골재의무사용량 제정고시	순환골재의무사용건설공사의 용도별 의무사용량을 규정
국토해양부	건축법	건축폐자재의 사용 비율에 따라 용적률 등 건축기준의 완화를 규정
	건축폐자재의 활용기준	건축물에 건축폐자재 사용 비율 및 기준완화에 대한 세부 규정
	건설표준품셈	건설폐기물 발생원단위를 규정
	건설기술관리법	발주자 및 건설업체의 재활용 의무, 폐기물처리비 산정 기준을 규정
	건설폐기물의 재활용요령	건설폐기물의 처리 및 재활용에 대한 제도 현황 및 기준을 정리
	순환골재 품질기준	순환골재 재활용과 건설공사의 안전과 품질확보를 고려한 용도별 품질기준 규정
	순환골재 품질인증 및 관리에 관한 규칙	순환골재 품질인증의 기준, 관리방법, 절차에 관하여 필요한 사항을 규정

순환골재의 품질 확보를 위해 2007년 1월부터 "순환골재 품질 인증제도"를 실시하고 있다. 또한 정부에서는 건설폐기물의 재활용 및 적정처리를 위해 표에서 보는 바와 같이 국무총리실, 환경부, 국토해양부가 각각의 역할을 분담하여 관장하고 있다. 표 8-2는 건설폐기물 재활용 관련된 제도로서 폐기물의 종류, 재활용 품질과 사용 목적 등에 따라 환경부, 국무총리실, 국토해양부에서 관리하고 있다.

8.2 건설폐기물의 재활용

일반적인 건설폐기물의 처리 · 처분 계통은 그림 8-2와 같으며, 폐기물 배출을 억제 시키고 재활용을 촉진시키기 위해서는 발생되는 건설폐기물의 종류 및 양을 정확히 파악하고 폐기물의 분리, 수집, 운반, 중간처리, 최종처분의 전 단계에 걸쳐 재이용 및 재생이용을 위한 자원화 계획이 이루어져야 한다.

건설폐기물에 대한 재활용은 아시아의 경우 일본에서 재활용에 대한 연구가 가장 활발한 편이며 싱가포르, 사우디아라비아에서도 재활용에 대한 연구가 활발히 진행되고 있다. 유럽의 경우 1976년 RILEM (the International Union of Testing and Laboratories for Materials and Structures)에서 기술위원회 37-DRC를 구성하여 1978년 "콘크리트용 재생골재" 보고서 발간을 시작으로 1988년 "Demolition and Reuse of Concrete"에 관한 연구를 수행하였다. 또한 콘크리트 파괴 및 재활용에 관한 심포지엄을 개최하였고, 국제적인 재화용 지침 및 규정의 필요성을 인식하고 1989년 새로이 기술위원회 121-DRC를 구성하여 "Guidelines for Demolition and Reuse of Concrete and Masonry"에 관한 연구를 수행하였다.

우리나라에서도 환경과 자원고갈에 대비하여 건설폐기물의 재활용에 대한 기초연구는 물론 실용화를 위한 프로젝트가 수행되어 관련 규정의 제정 및 법제화, 강도증진을 위한 연구, 재생콘크리트의 사용방안, 재활용 콘크리트의 현장타설 및 성능판정 단계를 거치고 있다. 그러나 건설폐기물의 재활용에 대한 연구는 미비한 실정이며, 최근 건설폐재 배출사

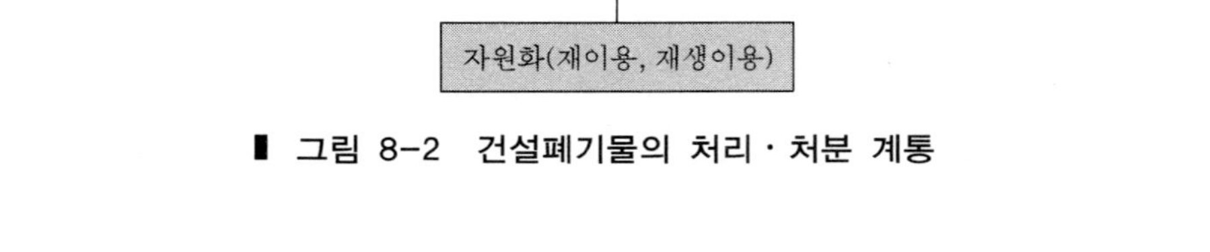

▮ 그림 8-2 건설폐기물의 처리 · 처분 계통

업장의 재활용지침이 고시되고 콘크리트, 아스팔트콘크리트, 토사 등 지정부산물의 재활용이 의무화되면서 건설폐기물의 재활용에 대한 연구가 정부, 학계, 건설업계를 중심으로 활발히 진행되고 있다.

정부가 입법한 "자원의 절약과 재활용촉진에 관한 법률" 제12에 의하면 토사, 폐콘크리트, 페아스팔트의 배출사업자는 환경부장관과 건설교통부장관이 대통령령으로 정하는 기본방침과 절차에 따라 건설폐재 배출업자 재활용 지침을 준수하도록 규정하고 있다.

건설폐재 재활용 관련 법규(자원의 절약과 재활용촉진에 관한 법률 및 건설폐재배출업자 재활용지침)의 주요 내용을 정리해 보면 다음과 같다.

① 지정부산물은 철강슬래그, 석탄재, 토사(토석포함), 콘크리트, 아스팔트콘크리트, 벽돌 및 건설폐목재를 말한다(시행령 5조).

② 건설폐재라 함은 건축, 토목공사 등 건설공사와 시설물철거 등에서 발생되는 토사·콘크리트·아스팔트콘크리트·벽돌 및 건축폐목재를 말한다. 토사라 함은 건축·토목공사 등 건설공사에 발생되어 당해 건설공사 현장에서 토량이용계획 등에 따라 사용하고 남은 것으로서 순수토사를 제외한 쓰레기, 폐자재 등이 섞인 흙·모래·자갈·토석 또는 이들이 혼합된 것을 말한다. 콘크리트라 함은 시멘트·모래 및 자갈에 물을 섞어 만든 것으로 건축·토목공사 등 건설공사에서 이미 사용된 후 발생되는 덩어리를 말하며, 철근이 함유된 것을 포함한다(지침 2조).

③ 환경부장관은 자원재활용 기본계획을 수립하고, 주무부장관 및 시·도지사는 자원재활용기본계획에 의한 연차별 시행계획을 수립하여 매년 2월말까지 환경부장관에게 통보, 기관별 당해년도 추진계획 수립, 전년도 자원재활용 추진실적 및 분석하여 시행하고 계획은 5년 마다 수립한다(법 7조, 시행령 7조).

④ 지정부산물 배출사업자는 건설폐재 배출사업자의 지침인 지정부산물의 용도별 재활용 방법, 지정부산물의 이용촉진에 관한 계획의 작성 및 실시, 지정부산물의 분리·파쇄 등에 관한 사항을 준수해야 한다. 중점관리대상은 연간 시공금액 150억 원 이상의 건설업자이고, 지정부산물 배출업자는 분리·파쇄·선별 및 재활용시설을 설치·운영하는 등 재활용 촉진방안을 수립, 시행하고 실적을 기록·유지한다(법 12조, 시행령 12조).

⑤ 주무부장관은 지정부산물 배출사업자에게 지침준수를 권고하거나 위반사항에 대한 개선 조치를 명령할 수 있다(법 13조.)

⑥ 지침적용은 중점관리대상 건설업체를 대상으로 하되, 중점관리대상 건설업체 이외의 건설폐재를 배출하는 사업자도 이 지침을 준수한다. 건설공사 발주자는 도급받은 건설업자(하도급업자 제외)로 하여금 지침의 준수 및 건설폐재의 재활용을 지도한다(지침 3조).

⑦ 중점관리대상건설업자는 건설폐재를 스스로 재활용하거나 타인에게 위탁하여 재활용한다. 또한 효율적인 재활용을 위해 중점관리대상건설업자 공동으로 재활용방안을 강구, 시행할 수 있다(지침 4조).

⑧ 다음의 건설폐재를 배출하는 건설공사에 대해 재활용 계획을 수립하여 시행하고 실적을 기록・보전한다.

- 토사 : 체적합계 1,000 m^3, 총중량 1,600 ton 이상
- 콘크리트와 벽돌 : 체적합계 500 m^3, 총중량 1,000 ton 이상
- 아스팔트콘크리트 : 체적합계 200 m^3, 총중량 400 ton 이상

재활용계획 수립 시 포함사항은 건설폐재 발생예상량, 건설폐재 재활용목표율, 건설폐재의 재활용방법 및 용도, 재활용계획을 건설공사 기본계획서에 포함하는 내용, 재활용계획 및 실적자료 제출 등이다.

우리나라의 총폐기물 발생량 중 건설폐기물이 약 50%를 차지하고 있는 많은 양이며, 재활용률 또한 전체 폐기물 중 가장 높은 폐기물은 건설폐기물로 2021년 재활용량이 8,322만톤/년, 재활용율이 99.3%이다.

표 8-3에서 보는 바와 같이 2021년 건설폐기물의 연간 배출량은 8,381만톤으로 성상은 건설폐재류가 83.3%, 혼합건설폐기물 11.4%, 건설폐토석 3.4%로 건설폐재류가 대부분을 차지하고 있다.

건설폐재류 중 폐콘크리트가 연간 배출량 5,449만톤으로 건설폐재류의 72.7%로 건설폐재류의 대부분을 차지하고 있으며, 다음으로 폐아스팔트 콘크리트가 18.3%를 차지하고 있다. 또한 가연성 건설폐기물은 폐합성수지가 가연성 건설폐기물 배출량의 60.0%를 차지하고 있다.

더욱이 환경부에서는 2005년 "건설폐기물의 재활용 촉진에 관한 법률"을 제정하여 건설폐기물을 친환경적으로 처리하고 폐자원의 고부가가치 제품을 생산할 수 있는 재활용제도의 기반을 마련하여 매립장, 소각장, 화장장 등의 환경기초시설공사는 물론이고 도로건설공사, 물류단지개발공사, 산업단지 및 택지 부지조성공사, 하수관거설치공사 등의 국가 기반공사에 건설폐기물의 순환골재를 지방자치단체의 조례로 정하여 사용할 수 있도록 의무화하였으며, 2007년 1월부터 순환골재의 신뢰성을 높여 순환골재의 품질이 보증될 수 있도록 "순환골재의 품질인증제도"를 실시하고 있다.

여기서 "순환골재"란 "건설폐기물의 재활용 촉진에 관한 법률" 제2조 제7호의 규정(건설폐기물을 물리적 또는 화학적 처리과정 등을 거쳐 같은 법 제35조의 규정에 의한 품질기준에 적합하게 한 것)에 적합한 골재를 말하며, 건축물의 기반 조성재, 도로 기층용, 혹은 콘크리트용 등으로 사용한다.

표 8-3 건설폐기물 연도별 성상(단위 : 만톤/년)

구분			2016	2017	2018	2019	2020	2021
총계			7,280	7,164	7,554	8,070	8,644	8,381
가연성	소계		82	95	97	91	102	89
	폐목재		29	29	29	31	42	35
	폐합성수지		52	66	67	59	59	53
	기타		0.4	0.4	1	1	1	1
불연성	소계		6,387	6,259	6,598	7,080	7,681	7,548
	건설 폐재료	폐콘크리트	4,675	4,499	4,783	5,030	5,394	4,449
		폐아스팔트 콘크리트	1,285	1,309	1,378	1,502	1,584	1,378
		건설폐토석	236	273	259	306	409	470
		기타	117	111	130	199	209	149
	건설오니류		70	67	46	41	84	100
	기타		3	2	2	1	1	2
혼합건설폐기물			808	806	858	897	860	743
기타			3	3	1	2	2	2

자료) 환경부

"순환토사"는 건설공사로 인해 발생되는 건설폐토석을 건설폐기물의 처리기준에 따라 적합하게 처리한 토사를 말한다.

"폐콘크리트 모암"이란 공사과정에서 발생한 폐콘크리트 덩어리로서 골재 생산공정을 거치기 전의 콘크리트 덩어리를 말한다.

"콘크리트용 골재"란 콘크리트 생산에 사용되는 굵은골재 또는 잔골재를 말하며, 콘크리트용 순환골재의 품질 기준은 다음과 같다(표 8-6 참조).

① 순환골재의 생산을 위하여 투입되는 폐콘크리트는 환경에 유해한 화학물질이나 악취를 발생시키는 물질, 콘크리트 품질에 나쁜 영향을 미치는 물질을 포함하지 않아야 하며, 콘크리트용 골재에서 규정하는 입도를 충족하여야 한다.

② 순환골재의 유기이물질 함유량은 KS F 2576 (순환골재의 이물질 함유량 시험방법)에 따라 시험하여 골재 속에 포함된 비닐, 플라스틱, 목재, 종이 등의 함유량이 총 골재 용적의 1.0% 이하이어야 한다.

③ 순환골재에 혼입된 아스팔트 콘크리트, 유리, 슬레이트, 자기류, 적벽돌 등의 무기이물질 함유량은 KS F 2576 (순환골재의 이물질 함유량 시험방법)에 따라 시험하여

무기이물질 함유량이 총 골재질량의 1.0% 이하이여야 한다.

또한 2016년부터는 건설폐기물을 100톤 이상 배출하는 공공공사는 건설공사와 건설폐기물처리용역을 분리발주 하도록 하여 도로공사, 환경기초시설공사 등에 의무적으로 순환골재 및 제품을 40% 이상 사용하도록 의무화하였으며, 2013년 국토교통부에서 "순환골재의 용도별 품질기준"을 개정하여 시행하고 있다.

또한 "자원순환기본법"이 2018년 시행됨에 따라 폐자원정보시스템을 "순환자원정보센터"로 개편하어 운영하고 있으며, 다음은 순환자원정보센터에서 관리 및 제공하고 있는 정보 현황이다.

- 순환이용 기술 개발 및 보급에 관 정보
- 순환자원의 인정에 관한 정보
- 품질표지의 인증에 관한 정보
- 순환자원, 재활용제품 및 폐기물의 수요. 공급 등 유통에 관한 정보
- 자원순환사업 및 자원순환시설에 관한 정보
- 그 밖에 폐기물과 순환자원의 이용을 촉진하기 위한 정보

그림 8-3은 건설폐기물의 순환골재로의 재활용을 위한 일반적인 흐름도이다.

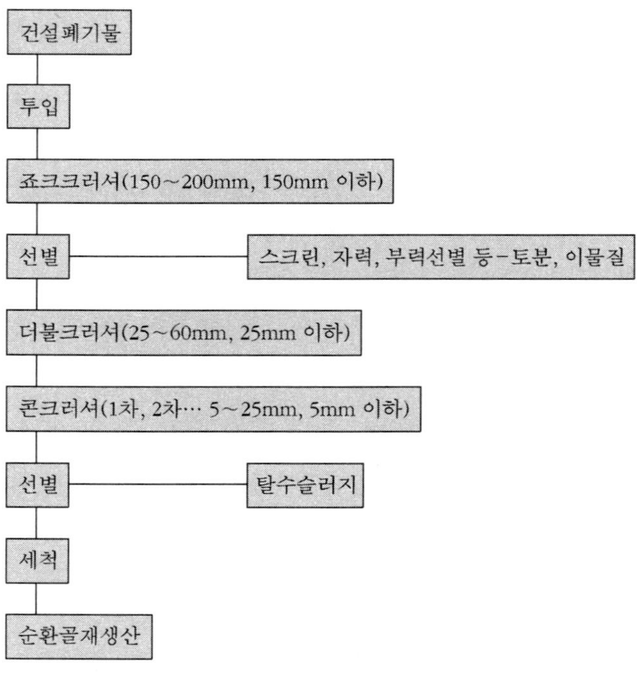

▮ 그림 8-3 건설폐기물의 순환골재생산 과정

건설폐기물의 순화골재로의 제조 시 문제점으로는

- 골재표면에 부착된 시멘트페이스트 및 이물질함유량으로 시멘트페이스트이나 유기. 무기이물질함유량 등이 많을 경우 흡수율이 높아져 강도가 저하된다.
- 순화골재로 제조 시 발생되는 중금속, 소음, 진동, 비산먼지, 오폐수 등 2차적인 환경오염 문제를 일으킬 수 있다.

는 것이다.

건설폐기물은 순환 굵은골재(5 ~ 25 mm), 순환 잔골재(5 mm 이하), 보조기층용 재생골재 등으로 주로 사용되며, 탈수슬러지는 복토재, 토양개량재 등으로 재활용되고 있다. 표 8-4에서 보는 바와 같이 건설폐기물의 총 생산량은 38,270 (천톤/년), 건설폐기물의 총 처리량 중 매립 1.4%, 소각 0.3%, 재활용률이 98.3%를 차지하고 있으며, 건설폐기물의 재활용 중 순환골재 생산량이 가장 높다(2018년).

표 8-4는 순환골재 생산 현황표이며, 표 8-5는 순환골재 종류별 기준표, 표 8-6은 순환모래 및 준설모래의 평가항목별 품질기준표, 표 8-7은 도로보조기층용 재생골재 기준표, 표 8-8은 도로보조기층용 재생골재 입도 및 조립율 기준표, 표 8-9는 비산먼지의 발생을 억제하기 위한 시설의 설치 및 필요한 조치에 관한 기준표이다.

표 8-4 순환골재 생산 현황

구분	성토 복토용	도로보조 기층용	되메우기 뒷채움용	콘크리트제 품제조용	콘크리트용	아스팔트콘 크리트용	노체용	기타	계
생산량 천톤/년 (%)	25,025 (65.4)	6,498 (17.0)	2,627 (6.9)	1,665 (4.4)	617 (1.6)	737 (1.9)	299 (0.8)	801 (2.1)	38,270 (100)

표 8-5 순환골재 종류별 기준

구분	잔골재		굵은골재		
	1종	1종	1종	2종	3종
밀도(g/cm^3)	2.2 이상		2.2 이상		
흡수율(%)	5 이하	10 이하	3 이하	5 이하	7 이하

표 8-6 순환모래 및 준설모래의 평가항목별 품질기준

평가항목		품질기준	
		순환모래	준설모래
입도		표준입도 만족	표준입도 만족
절대건조밀도(g/cm^3)		2.2 이상	2.5 이상
흡수율(%)		3.0 이하	3.0 이하
0.08 mm체 통과량(%)		7.0 이하	3.0 이하
점토덩어리량(%)		1.0 이하	0.5 이하
유기불순물 함유량		·	표준색보다 연함
이물질 함유량(%)	유기이물질	1.0 이하(V)	·
	무기이물질	1.0 이하(M)	

표 8-7 도로보조기층용 재생골재 기준

구분	마모율 (%)	소성지수 (%)	액성한계 (%)	모래당량 (%)	수정 CBR (%)	이물질함유량 (%)		소음진동 (dB)		비산먼지 TSP (μg/m^3)	미세먼지 PM-10 (μg/m^3)
						유기	무기	소음	진동		
기준치	50 이하	6 이하	25 이하	25 이하	30 이상	1.0 이하	5.0 이하	65 이하	60 이하	500 이하	100 이하

표 8-8 도로보조기층용 재생골재입도 및 조립율 기준

13 mm 이하	입도규정(mm)	15	10	5	2.5	1.2	0.6	0,3	0.15
	질량백분율(%)	100	100	90～100	80～100	50～90	25～65	10～35	2～15

25 mm 이하	입도규정(mm)	30	25	15	5	2.5
	질량백분율(%)	100	95～100	30～70	0～10	0～5

40 mm 이하	입도규정(mm)	50	40	20	5	2.5	0.4	0.08
	질량백분율(%)	100	80～100	55～100	30～70	20～55	5～30	2～10

표 8-9 비산먼지의 발생을 억제하기 위한 시설의 설치 및 조치에 관한 기준

배출공정	시설의 설치 및 조치에 관한 기준
야적	• 물질을 최대한 밀폐된 시설에 저장 또는 보관할 것 • 수송 및 작업차량 출입문을 설치할 것 • 보관저장시설은 가능한 한 3면이 막히고 지붕이 있는 구조로 할 것
싣기 및 내리기	• 최대한 밀폐된 저장 또는 보관시설 내에서만 분체상 물질을 싣거나 내릴 것 • 싣거나 내리는 장소 주위에 고정식 또는 이동식 물뿌림 시설을 설치할 것(반경 7 m 이상, 수압 5 kg/cm^2 이상)
수송	• 적재물이 흘러내리거나 흩날리지 아니하도록 덮개가 장치된 차량으로 수송할 것 • 다음 규격의 세륜시설을 설치할 것. 금속지지대에 설치된 롤러에 차바퀴를 닿게 한 후 전력 또는 차량의 동력을 이용하여 차바퀴를 회전시키는 방법 또는 이와 동등하거나 그 이상의 효과를 지닌 자동물뿌림 장치를 이용하여 차바퀴에 묻은 흙 등 을 제거할 수 있는 시설 • 공사장 출입구에 환경전담요원을 고정배치하여 출입차량의 세륜·세차를 통제하고 공사장 밖으로 토사가 유출되지 아니하도록 관리할 것 • 공사장 내 차량통행도로는 다른 공사에 우선하여 포장하도록 할 것

8.3 건설폐기물의 매립기준 및 방법

1999년 개정된 폐기물관리법에서의 사업장폐기 물중 건설폐기물의 매립기준 및 방법을 보면 다음과 같다.

① 매립되는 건설폐기물로 인하여 매립층 안에 공간이 생길 수 있는 건설폐재류, 열경화성 폐합성수지 등은 최대직경이 15 cm 이하의 크기로 파쇄·절단 또는 용융한 후 매립되어야 하며, 오니의 경우에는 탈수·건조 등에 의하여 수분함량 85% 이하로 사전처리를 한 후에 매립되어야 한다.

② 건설폐기물 중 침출수의 발생하는 주변 환경오염의 우려가 없다고 인정되는 건설폐재류(폐토사의 경우에는 용출시험결과 유해물질함유기준 이내인 경우 및 유기성분 등이 일반토양에 준하는 경우에 말한다) 만을 매립하는 경우에는 차수시설·집수시설·침출수유량조정조·침출수처리시설·가스소각시설 및 발전·연료화처리시설을 갖추지 아니한 매립시설에서 처리할 수 있다.

연습문제

01 건설폐기물의 분류방법에 대하여 설명하시오.

02 건설폐기물의 체계적인 관리방안과 재활용 방법에 대하여 논하시오.

03 건설폐기물의 매립기준에 대하여 설명하시오.

04 건설폐기물 중 특별관리지정폐기물에 대하여 설명하시오.

05 순환골재의 종류 및 품질기준에 대하여 설명하시오.

9

폐기물의 최종처분

CHAPTER 9

폐기물의 최종처분

폐기물은 여러 가지 시스템 및 프로세스에 의해 자원화를 추구하면서 처리하여 폐기물 처리의 3대 목표인 감량화, 무해화, 안정화 되지만 최종적으로 폐기물을 받아들이는 것은 자연계이다.

그러나 바다, 하천, 산간, 평지 등의 자연에 무계획적으로 폐기물을 버리는 것은 자연을 더럽히는 것은 물론이고 환경을 오염시키므로 폐기물은 일정한 기준에 따라 계획적으로 처분해야 하는데 이 행위를 최종처분이라 한다. 최종처분의 하나는 매립처분이고 그밖에 해양투입처분이 있다. 매립처분에 대해서는 폐기물관리법에 의해 구조기준이 정해지며, 해양투입처분에 대해서도 투입기준 및 투입해역이 정해진다.

2001년부터 유기성슬러지는 물론 2005년부터 음식쓰레기의 직매립이 금지되었다. 따라서 육상처리보다 처리비용이 저렴한 해양배출이 급증하였으나 1996년 런던의정서에 의거 2012년부터는 유기성폐기물의 해양투기가 전면 금지되었다. 따라서 유기성폐기물의 해양투기가 금지된 2012년 이후에는 유기성쓰레기의 종류에 관계없이 점차 해양투기가 발생되지 않고 있다.

2021년 기준 매립시설은 지방자치단체처리 210개소, 자가처리업체처리 30개소, 최종처분업체처리 56개소 총 296개소이다. 총매립지용량은 667,174천 m^3으로 2021년도 매립량은 10,286천톤이며, 잔여매립가능량은 223,595천 m^3이다.

표 9-1 일반폐기물 매립시설 현황

구분	매립지수	총매립지용량 1,000 m^3	잔여매립가능량 1,000 m^3	2021년 매립량 (천톤/년)
총 계	276	667,174	223,595	10,286
공공처리시설	210	444,226	162,719	5,409
자가처리시설	30	134,871	39,438	1,301
최종처분업체	56	88,077	21,438	3,576

우리나라는 국토가 협소하고 지가상승 및 님비현상 등의 사회적인 문제로 인하여 새로운 매립지를 확보하기도 어려운 것이 사실이다. 적절한 매립지가 확보되었다 하더라도 새로운 매립지의 조성 및 관리에 막대한 재원과 시간이 필요하다.

따라서 기존의 매립지를 최적조건으로 관리하여 매립지의 수명을 연장할 수 있는 대책이 필요하며, 폐기물의 감량화를 위해서는 소각, 열분해, 고체연료 등의 친환경적인 에너지 회수시설의 설치 및 자원화 정책이 반드시 필요하다.

표 9-2는 매립지 폐기물의 분석항목 및 기준표이며, 지정폐기물의 중금속 용출시험 항목과 기준을 참조 바란다.

표 9-2 검사대상 매립지폐기물 분석항목 및 기준

분석항목	반입기준(ppm)	분석항목	반입기준(ppm)
Pb 또는 그 화합물	3	유기인화합물	1.0
Cu 〃	3	CN화합물	1.0
Cd 〃	0.3	트리클로로에틸렌	0.3
Cr^{+6} 〃	1.5	테트라클로로에틸렌	0.1
As 〃	1.5	기름성분	5% 이하
Hg 〃	0.05	함수율	85% 이하(슬러지류)

9.1 생활계폐기물

1999년 개정된 폐기물관리법에서는 생활계폐기물 매립기준 및 방법에 대하여 다음과 같이 규정하고 있다.

① 매립되는 생활폐기물로 인하여 매립층 안에 공간이 생길 수 있는 폐가구류, 건설폐기물, 폐가전제품, 열경화성 폐합성수지인 생활폐기물은 매립 시 공간이 최소화 되도록 해체・압축・파쇄・절단 또는 용융한 후 매립되어야 하며, 오니의 경우에는 탈수・건조 등에 의하여 수분함량 85% 이하로 사전처리를 한 후에 매립여야 한다.

② 폐타이어, 폐가구류 및 폐가전제품의 해체・압축・절단 등의 중간처리과정에서 발생된 가연성 잔재물을 바로 매립하여서는 아니되며, 소각하여야 한다.

③ 생활폐기물은 매립시 발생되는 침출수 및 가스의 유출로 인한 주변 환경의 오염을 방지하기 위하여 차수시설, 집수시설, 유량조정조, 침출수처리시설을 갖추고, 가스소각시설 또는 발전 연료화 처리시설을 갖춘 매립시설에서 처리하여야 한다.

④ 침출수 또는 가스발생이 없거나 침출수 또는 가스발생으로 주변 환경오염의 우려가 없다고 인정되는 연탄재, 유리, 도자기조각 등의 폐기물은 차수시설, 집수시설, 침출수유량 조정조, 침출수처리시설, 가스소각 및 발전, 연료화처리시설을 갖추지 아니한 매립시설에서 처리할 수 있다.

9.1.1 매립처분

전술의 기준에 있는 것처럼 폐기물의 매립 위치에 따라 육지에서 할 수 있는 육상매립처분과 수역에서 할 수 있는 해면매립처분이 있다. 보통 육상매립처분이 대부분이며 평지의 이용이 곤란한 상황에서는 산간매립이 많다. 이것에 비하여 해면매립은 도시의 입지조건에서 대도시를 중심으로 해안을 매립하는 해면매립이 주체가 된다.

매립처분에 대해서「매립처분 목적은 생활환경이 보전상 지장이 생기지 않는 방법으로 폐기물을 적절히 저류하여 자연계의 대사기능을 이용하여 안정화, 무해화하는 것이다.」이 목적을 달성하기 위해서는 매립처분의 실시방법이 중요하며 이것은 지역의 특성, 청소 사업체의 사정에 의해 결정되는 것이며 그 결정에 있어 쓰레기의 종류, 최종 처분장의 위치, 지역의 기후 등이 중요한 인자가 된다. 매립처분계획의 입안에 있어서는 지역의 실정을 고려한 합리적인 쓰레기처리 전체 계획을 설정하고 매립하는 폐기물의 종류 및 양을 결정할 필요가 있으며 매립처분계획은 이것에 바탕을 두고 또 수집·운반계획, 중간처리계획과 유기적 관련을 가지고 책정하여야 한다.

최종처분장의 계획, 설계는 환경보전상 중요한 것인데도 불구하고 폐기물 처리 시스템으로서는 중간처리에 비하여 설계방법의 확립이 늦어지고 있다.

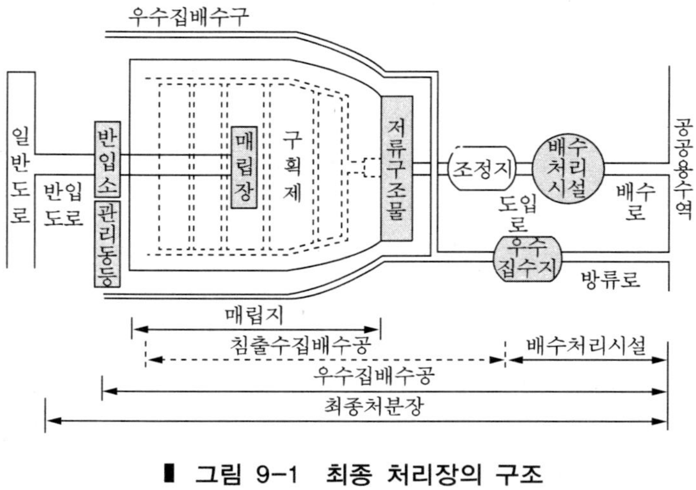

▮ 그림 9-1 최종 처리장의 구조

최종처분장이 그 기능을 발휘하기 위해서는 ① 저류구조, ② 차단구조, ③ 처리시설의 3가지 부속시스템을 갖추고 있을 필요가 있으며, 일반적으로 그림 9-1과 같은 시스템이 된다.

9.1.2 육상매립

매립방법에 따라 단순매립, 위생매립, 안전매립으로 나눌 수 있는데, 단순매립(open dumping)은 비위생적인 매립형태이고, 위생매립(sanitary landfill)은 일반폐기물 처분에 가장 효과적인 방법이며 또한 안전매립(secure landfill)은 유해폐기물의 최종처분방법으로 환경오염을 최소화하기 위하여 유해폐기물을 자연계와 완전 차단하는 방법이다.

매립지로부터의 환경오염은 근본적으로 폐기물의 특성이 주위환경의 질과 크게 다르기 때문에 발생한다. 즉, 환경오명의 주된 원인은 폐기물성분의 방출에 기인하는 것이다. 매립지를 부적절하게 설치 운영하면 폐기물성분의 방출에 의하여 다음과 같은 주변의 환경오염을 일으킬 수 있다.

① 침출수에 의한 지하수오염
② 강수유출에 의한 지표수오염
③ 병원균매개체 서식－파리, 모기, 쥐, 새
④ 종이들의 흩날림
⑤ 악취, 먼지, 매립지, 분해가스, 유해가스 등
⑥ 화재

표 9-3 위생매립의 장단점

장점	단점
• 부지확보가 가능할 경우 가장 경제적인 방법이다. • 다른 방법에 비해 초기투자비용이 낮다. • 추가적인 처리과정이 요구되는 소각이나 퇴비화와는 달리 위생매립은 최종처분 방법이다. • 거의 모든 종류의 폐기물 처분이 가능하다. • 처분대상 폐기물의 증가에 따른 추가 인원 및 장비가 크지 않다. • 주위 부지는 공원, 운동장, 골프장 등으로 이용될 수 있다.	• 인구밀집지역에서는 경제적 수송거리 내에서 부지확보가 어렵다. • 적절한 위생매립기준이 매일 지켜지지 않으면 불법투기와 차이가 없다. • 주거지역 내 위생매립지는 주민의 큰 반발을 일으킬 수 있다. • 매립완료된 매립지는 침하되고 일정기간의 유지관리가 요구된다. • 폐쇄된 매립지에서의 건축을 위해서는 침하에 대비한 특수 설계와 시공이 요구된다. • 폭발성가스인 메탄과 가스가 폐기물분해 시 생성되어 유해하거나 폐를 끼칠 수 있으며 폐쇄 후 매립지 이용에 장애가 될 수 있다.

폐기물로부터의 성분방출 이외에 매립지 운영에 따른 환경영향으로는 다음과 같은 악영향을 생각할 수 있다.

① 전망　　　　② 소음
③ 교통체증　　④ 매립지바닥 및 사면붕괴
⑤ 홍수범람

앞에서 본 바와 같이 매립지의 설치운영으로 인한 주변의 환경오염은 운영단계와 사후관리에 걸쳐 매우 다양한데 가장 장기간에 걸쳐 우려되는 악영향은 지하수오염이며 지하수오염을 최소화하는 것이 매립기술의 가장 핵심이 되는 부분이다.

그러므로 매립지구조를 고려하여 환경오염을 최소화하기 위한 시설물을 몇 부분으로 나누어보면 다음과 같다.

① 차수설비　　　　② 침출수 집배수설비
③ 덮개설비　　　　④ 우수집배수설비
⑤ 발생가스 대책설비　⑥ 지하수 검사공 등 사후관리 설비

그리고 폐기물매립지 입지 선정 시 검토하여야 할 사항을 표 9-4에 나타내었다.

표 9-4 폐기물 매립지 입지 선정기준 항목

대항목	소항목	대항목	소항목
1. 지형 (Toprgraphy)	(1) 충분한 부지확보 가능성 (2) 복토재의 조달 용이도 (3) 집수면적 (4) 토공량 (5) 우수배제 용이도	4. 생태 (Ecology)	(1) 수립상태 (2) 특정동식물 서식 (3) 생태계 보전지역
2. 수문지질 (Hydrogeology)	(1) 지하수위 (2) 상수원보호구역 (3) 홍수범람지역 (4) 정수장, 취수장 (5) 지하수 용도 (6) 바닥층 토양특성(연약지반) (7) 습지 (8) 우수배제 양호성 (9) 단층지역	5. 토지이용 (Land use)	(1) 매립지주변의 주민거주현황 (2) 매립 후 부지사용 (3) 매립지주변의 토지이용현황 (4) 지역계획과의 연관성
3. 위치 (Location)	(1) 시각적 은폐 (2) 경관 (3) 교통 (4) 폐기물 운반거리	6. 기타 (Others)	(1) 주변도로 여건 (2) 사후관리 용이도 (3) 풍향, 풍속 (4) 침출수처리를 위한 인근 폐수처리장 유무 (5) 수집운반효율

1) 매립공법

일반폐기물의 육상매립방식으로는 단순투입방식, 샌드위치공법(Sandwich Method), 셀공법(Cell Method), 압축매립공법(Baling Method) 등이 있으며, 그림 9-2(a)와 같이 단순투입방식은 소규모의 매립일지라도 이 매립공법으로는 고밀도매립을 기대할 수 없으며 쓰레기의 흩날림, 악취의 발산, 해충의 발생 등을 방지하는 것도 곤란하다. 따라서 소규모 매립이라도 단순투입방식을 해서는 안 되며, 그림 9-2(b), (c)와 같은 샌드위치공법이나 셀공법을 채용해야 한다고 생각한다.

① 샌드위치공법(Sandwich Method)은 그림 9-2(b)에서 보는 바와 같이 한층이 일일분의 폐기물이며, 좁은 산간지 매립지에 적당하다. 또한 매립지 면적이 넓어 한층의 폐기물층을 확보하지 못할 경우 셀 공법으로 전환될 수 있으며, 일주일간 폐기물 반입이 없어 작업이 중단될 경우나 매립층 마다 일일복토를 해야 한다.

② 셀 공법(Cell Method)은 하나의 셀이 일일분의 폐기물량이며, 하나의 셀 층마다 일일복토해야 하고 한 층이 되면 중간복토 한다. 한 층의 높이는 2～4 m, 폭은 30～45 m, 경사는 20～40%, 최대경사 50% 이하가 적당하다.

③ 압축매립공법(Baling Method)은 매립 전 압축 포장하여 하나의 더미(Bale)로 만들어 매립하는 공법이다.

어느 공법으로 매립하든 폐기물을 가급적 고밀도로 굳혀 매립하는 것은 매립지의 수명을 연장하고 매립완료 후의 침하를 가급적 작게 하는 것이 중요하기 때문에 폐기물을 쌓는다면 매일 복토하는 것을 원칙으로 계획하는 것이 중요하다. 일반적으로 일반폐기물의 매립 방법에는 지역법, 경사법, 도랑법과 계곡 매립법 등이 있는데 이들에 대한 내용은 다음과 같다.

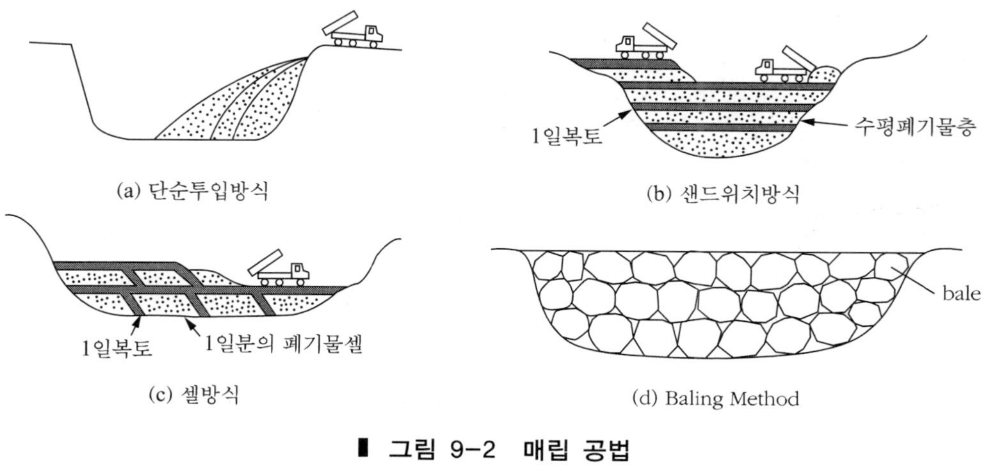

(a) 단순투입방식 (b) 샌드위치방식 (c) 셀방식 (d) Baling Method

▌그림 9-2 매립 공법

2) 매립방법

(1) 지역법(Area method)

지역법은 매립의 가장 보편적 형태로, 해당지역이 trench굴착을 하기에 적당하지 않을 때 시행할 수 있는 방법이다. 먼저 폐기물을 쏟은 후 좁고 길게 한열로 펴서 매립층의 높이가 2~3 m 정도로 될 때까지 다진다. 그러나 다짐장비의 종류에 따라서는 다짐층의 높이가 그 이상이 될 수도 있다. 하루의 매립이 끝나면 15~30 cm로 복토를 하고 복토재는 대체로 인근 지역에서 조달한다. 매립에 앞서 먼저 제방을 쌓은 뒤 입지조건과 규모에 따라 매립지의 길이를 정한다[그림 9-3(a)].

(2) 경사법(Slope method)

경사법은 지역법의 일종으로 복토의 일부를 매립지바닥에서 얻을 수 있을 때 이용한다. 이 방법은 매립지바닥을 적당히 굴착하여 복토를 확보한 후 폐기물을 굴착한 곳에 쏟은 뒤 지역법과 동일하게 다진다. 그리고 그 위에 이미 굴착하여 놓은 흙으로 복토를 한다. 모자라는 복토는 인근지역에서 조달한다[그림 9-3(b)].

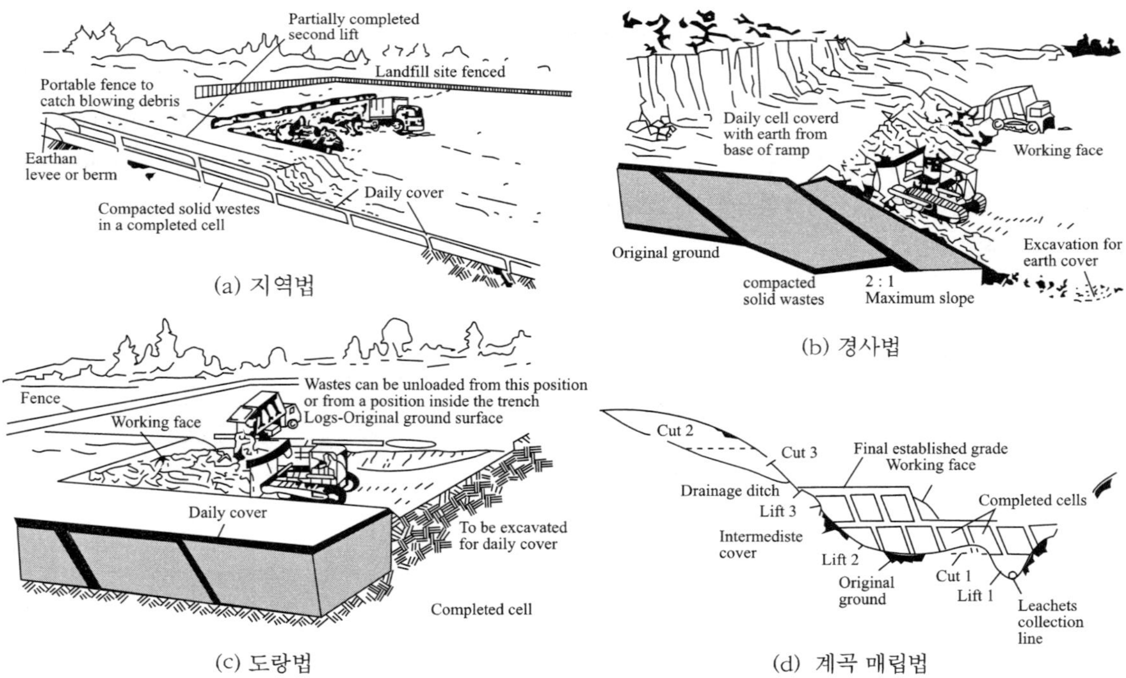

▮ 그림 9-3 일반폐기물의 매립 방법

(3) 도랑법(Trench method)

도랑법은 매립지 바닥층이 두껍고 또한 복토를 적합한 지역에 이용하는 방법으로 거의 단층매립만 가능하다. 도랑의 크기는 경우에 따라서 차이가 있을 수 있으며 대개 30~60 m, 1~2 m 깊이, 5~8 m 넓이의 규모가 적당하다. 복토는 인접도랑을 파면서 얻을 수 있다[그림 9-3(c)].

(4) 계곡매립법(Depression method)

지역법의 일종으로 계곡, 협곡, 건조한 토취장, 채석장과 같은 자연적 저지대나 인공적 저지대가 존재하는 지역에서 이용 가능한 방법이다. 계곡매립에서 폐기물을 쌓고 압축하는 기술은 그 지역의 지형, 복토의 특성, 수문과 지질 그리고 매립지로의 진입에 따라 달라진다.

계곡이 어느 정도 평면일 경우 첫 층의 매립은 보통 도랑법을 사용하고 그 위로부터는 지역법을 시행한다. 계곡의 가장 고지대부터 매립을 시작하여 아래로 내려오는 것이 우수 통제가 용이하다. 계곡의 한 단면을 고려할 경우에는 계곡의 바닥에서 매립을 시작하여 좌우 경사면으로 올라가며 매립하는 것이 다짐에 용이하다. 토취장과 채석장은 계곡과 마찬가지로 다중 매립이 가능하고 지역법과 유사한 방법으로 배립할 수 있다[그림 9-3(d)]. 그리고 매립구조별로 분류하면 그림 9-4와 같이

① 단순투기에 의한 혐기성 매립
② 복토를 가한 혐기적 위생매립
③ 집수관을 저부에 매설하는 개량형 혐기적 위생매립
④ 펌프피트와 집수장치를 조합한 통기집수장치를 가진 준호기성 매립
⑤ 강제적으로 공기를 보내는 호기성 매립

의 다섯 종류로 분류한다. 이 중 앞으로는 ④의 준호기성 매립이 건설비도 비교적 적고 위생적이므로 많이 활용될 전망이다.

9.1.3 해안매립

일반적으로 해안매립의 경우 매립면적이 넓어 매립량이 비교적 많으며, 육상매립과는 달리 수중에서 쓰레기를 매립하기 때문에 육상에서의 매립과 같이 수중 속으로 쓰레기를 고르게 낙하시키고 압축 및 다짐 등의 마무리 작업이 곤란하며, 평탄하게 압축하는 작업도 불가능하여 확실한 복토작업도 곤란하다. 근본적으로 해안매립은 육지매립과는 다른 매립공법이 요구된다. 그러나 육지화된 해안매립은 결국 육지매립과 같은 방법으로 매립하는

것이 일반적이다.

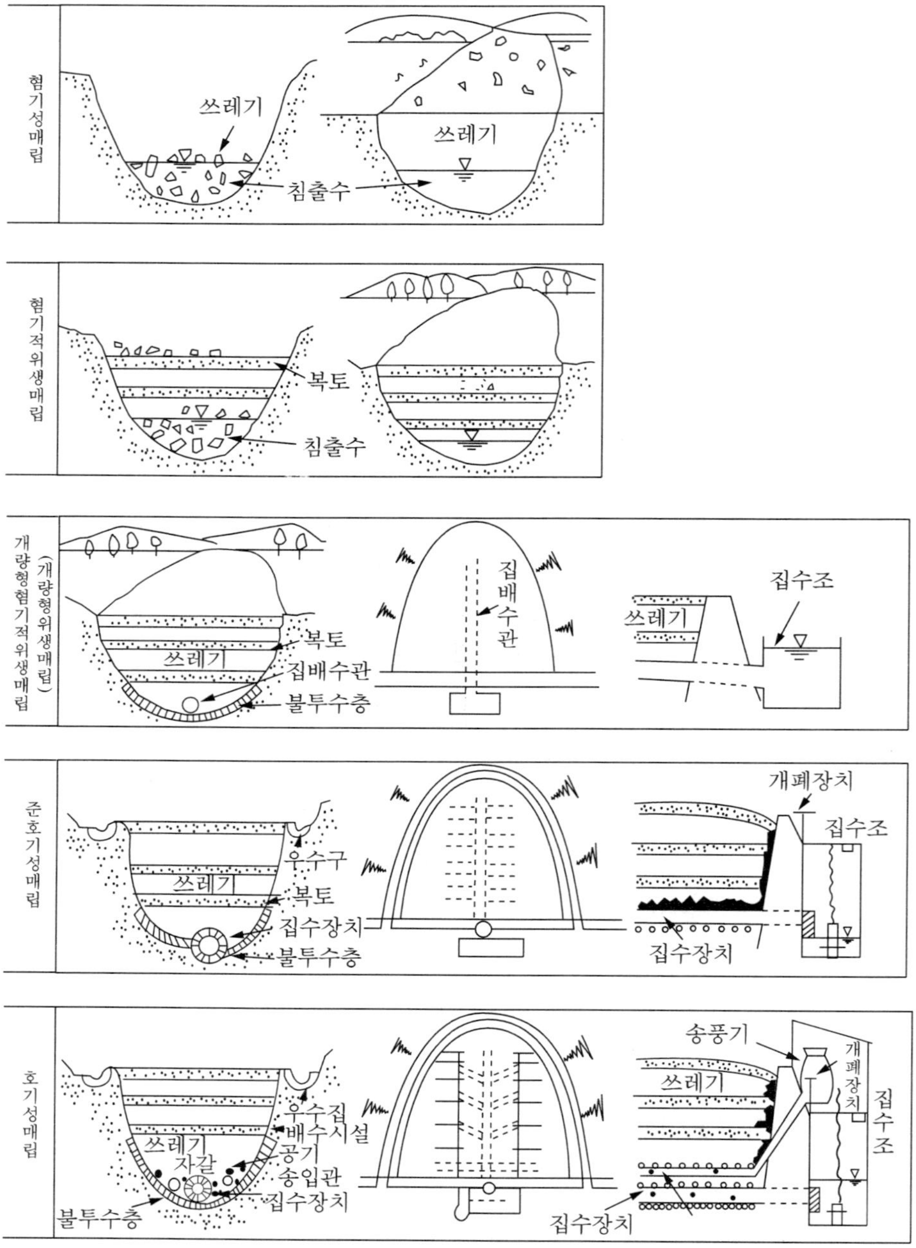

▌ 그림 9-4 매립 구조의 종류

1) 내수배제 또는 수중투기 공법

외주호안이나 중간제방 등의 저류구조물 등에 의해 차단된 매립지 내의 해수 등을 그대로 놓아둔 채 쓰레기를 투기하거나 또는 매립 전에 내수를 일부 배제하거나 내수를 완전히 배제하여 매립하는 공법이다. 내수배제를 하지 않을 경우 내수배제에 따른 호안이나 중간제방 등에 수압의 영향이 적어 구조상 유리한 반면 쓰레기 투입에 따라 오염수를 처리해야 해야 함은 물론 부유하는 쓰레기의 처리 및 화재시의 대책 등 관리상의 문제가 있다. 따라서 부유하지 않는 쓰레기를 선택하여 매립하는 것이 중요하며, 내수배제를 하지 않을 경우 중간 제방 등을 이용한 구역매립방법이 구조상 바람직 할 수 있다. 반면 내수배제 방법은 외주호안 등에 미치는 수압 상승에 의해 과대한 구조가 되기 쉬우며, 내수를 완전히 배제하면 결국 육상매립과 유사한 형태의 매립형식이 된다. 또한 어떤 방식이든 외주호안이나 중간제방 등의 저류구조물의 종류, 지반상태, 작업성 등에 따른 경제성, 환경성, 방재적 측면의 종합적인 검토 및 대책이 필요하다.

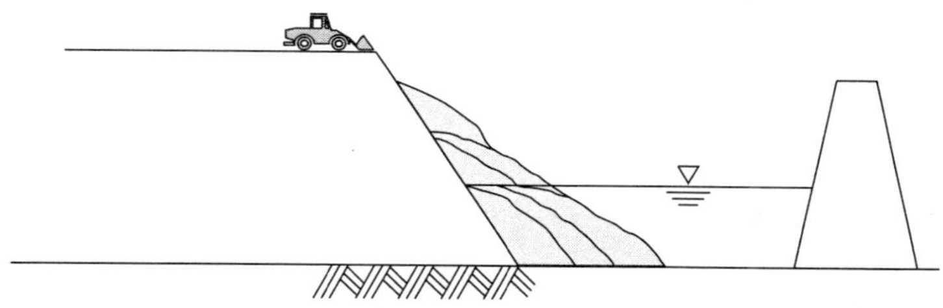

▌그림 9-5 내수배제 또는 수중투기 공법

2) 순차투입공법

주로 수심이 깊어 매립공사의 안전성 및 방재, 건설비 등의 상승으로 인하여 내수 배제가 곤란한 경우 호안측으로부터 순차적으로 쓰레기를 투입시켜 매립하는 방식으로 육지화하는 공법이다. 또한 바닥층이 연약지반인 경우 매립 쓰레기의 하중에 의해 연약층이 유동되거나 부분적으로 퇴적층 두꺼워질 수 있다. 또한 수중부에 쓰레기를 고르게 포설하고 압

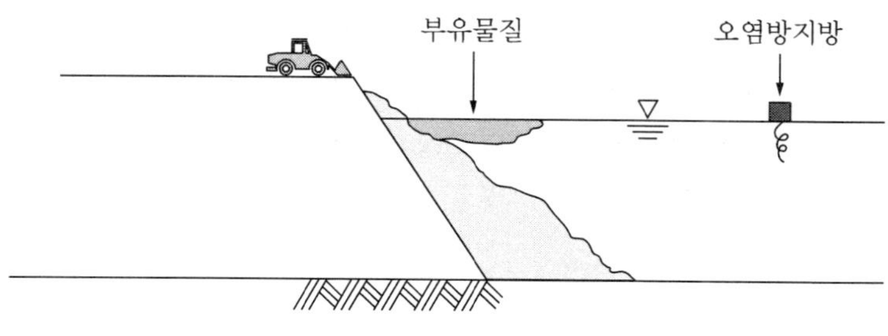

▌그림 9-6 순차투입공법

축 및 다짐 등의 마무리 작업이 어렵고 완벽한 복토 작업도 곤란하며, 비중이 낮은 부유물은 수면으로 확산되어 수면부와 육지부의 경계 구분이 어려워 작업시 매립장비의 매몰사고 등의 안전사고가 발생할 수 있다.

3) 박층 뿌리 공법

적재된 바지선의 쓰레기를 수중에서 박층으로 균등하게 자유낙하 시켜 침전시켜 매립지반을 조기 안정화 시킬 수 있는 공법이지만 매립 효율성은 낮을 수 있다.

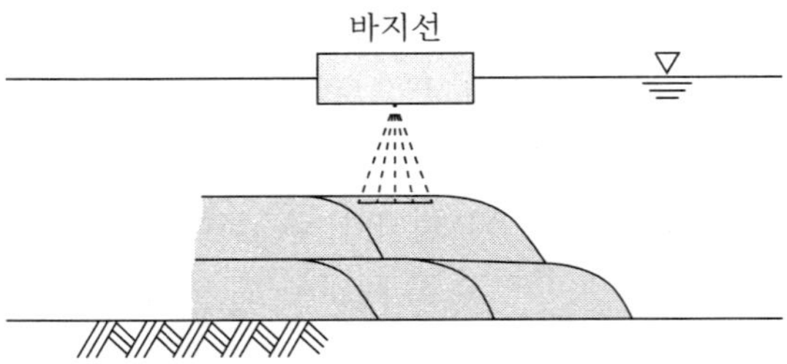

▮ 그림 9-7 박층 뿌리 공법

9.1.4 복토

매립지의 복토 기능은 쓰레기의 비산방지, 악취의 발생 및 확산 방지, 해충 및 야생동물 번식방지, 유해가스의 이동방지 및 화재발생 방지, 우수의 침투・이동방지 및 침출수 집배수기능 향상, 매립지 압축효과에 따른 침하의 최소화, 매립지 위생 및 경관향상, 주변환경 보호대책과 식생물의 성장을 위한 기반조성 등의 기능을 고려하여 적당한 토양을 선택하여 복토하여야 한다.

폐기물관리법에서는 복토재를 흙・점토 또는 이와 유사한 물질로 정의하고 있으며, 일반적인 토양은 입경의 차이에 따라 표 9-5와 같이 구분되며, 그림 9-8에서 보는 바와 같이 모래(2.0～0.05 mm), 실트(0.05～0.005 mm), 점토(0.005 mm 이하)의 3성분으로 나누어 각각의 성분 함유율에 대응하는 점을 삼각좌표에서 정하여 분류한다.

또한 체분석시험 결과에 의한 입도분포곡선으로부터 입도조성을 판별할 수 있다. 입도조성이 양호한 양입도(well grading), 입도조성이 나쁜 빈입도(poor grading), 균등계수(uniformity coefficient), 곡율계수(grading coefficient)로 나타내며, 여기서 “유효입경”이란 입도곡선에서 통과중량 백분율 10%에 대응하는 입경 D_{10}을 말하며, 투수성에 영향을 미친다.

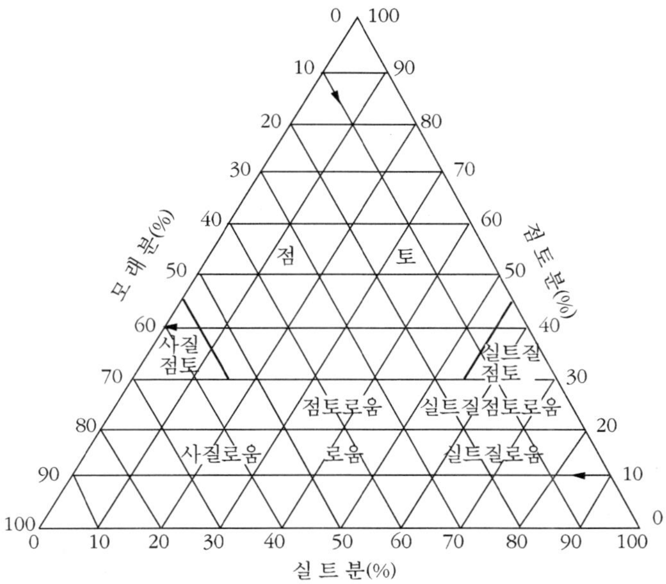

▮ 그림 9-8 삼각좌표에 따른 토양의 분류

표 9-5 입경에 따른 토양입자의 구분

<table>
<tr><th>규격</th><th colspan="9">입경(mm)</th></tr>
<tr><td rowspan="2">KS F
2302-64</td><td rowspan="2">colloid</td><td rowspan="2">clay</td><td rowspan="2">silt</td><td colspan="3">sand</td></tr>
<tr><td>find</td><td>medium</td><td>coarse</td></tr>
<tr><td></td><td colspan="6">0.001 0.005 0.05 0.25 2.0</td></tr>
<tr><td rowspan="2">ASTMD-422-39
JIS A 1204-50</td><td rowspan="2">colloid</td><td rowspan="2">clay</td><td rowspan="2">silt</td><td colspan="2">sand</td><td rowspan="2">gravel</td></tr>
<tr><td>fine</td><td>coarse</td></tr>
<tr><td></td><td colspan="6">0.001 0.005 0.05 0.25 2.0</td></tr>
<tr><td rowspan="2">ASTMD-422-61
(개전안-61)</td><td rowspan="2">colloid</td><td rowspan="2">clay</td><td rowspan="2">silt</td><td colspan="3">sand</td><td rowspan="2">gravel</td></tr>
<tr><td>find</td><td>medium</td><td>coarse</td></tr>
<tr><td></td><td colspan="7">0.001 0.005 0.74 0.42 2.0 4.76%</td></tr>
<tr><td rowspan="2">JIS A-1204
(개정안-60)</td><td rowspan="2">colloid</td><td rowspan="2">clay</td><td rowspan="2">silt</td><td colspan="2">sand</td><td rowspan="2">gravel</td></tr>
<tr><td>fine</td><td>coarse</td></tr>
<tr><td></td><td colspan="6">0.001 0.005 0.74 0.42 2.0</td></tr>
<tr><td rowspan="6">MIT-31
DIN-4022-55
BS-1377-61</td><td rowspan="2">clay</td><td colspan="3">silt</td><td colspan="3">sand</td><td rowspan="2">gravel</td></tr>
<tr><td>fine</td><td>medium</td><td>coarse</td><td>fine</td><td>medium</td><td>coarse</td></tr>
<tr><td rowspan="2">clay</td><td colspan="3">silt</td><td colspan="3">sand</td><td>gravel</td></tr>
<tr><td>fine</td><td>medium</td><td>coarse</td><td>fine</td><td>medium</td><td>coarse</td><td>fine</td></tr>
<tr><td rowspan="2">clay</td><td colspan="3">silt</td><td colspan="3">sand</td><td rowspan="2">gravel</td></tr>
<tr><td>fine</td><td>medium</td><td>coarse</td><td>fine</td><td>medium</td><td>coarse</td></tr>
<tr><td></td><td colspan="8">0.002 0.006 0.02 0.06 0.2 0.6 3.0</td></tr>
</table>

균등계수(Cu)는 통과중량 백분율 60%에 대응하는 입경 D_{60}과 유효입경 D_{10}과의 비로 다음 식과 같이 나타내며, 일반적으로 $Cu < 4$ 이하이면 빈입도이며, $Cu > 10$ 이상이면 양입도를 의미한다.

$$Cu = \frac{D_{60}}{D_{10}} \tag{9.1}$$

곡율계수(Cg)는 다음식과 같이 나타내며, $1 < Cg < 3$이면 입도가 좋은 조건을 나타낸다.

$$Cg = \frac{D_{30}^2}{D_{10} \times D_{60}} \tag{9.2}$$

통일분류법에서는 균등계수의 조건과 곡율계수의 조건을 동시에 만족하여야만 입도분포가 양호한 것으로 되어 있다.

복토의 종류는 일일복토, 중간복토, 최종복토로 구분되며, 이전의 폐기물관리법의 기준과 일반적으로 적용되는 복토재의 조건을 보면 다음과 같다.

1) 일일복토

매일 작업종료 후 흙·점토 또는 이와 유사한 물질을 사용하여 15 cm 이상 일일복토 하여야 하며, 쓰레기 압축작업 및 분해, 침출수·가스가 잘 통과되도록 투수성·통기성이 좋은 사질계 토양으로 복토하는 것이 바람직하다.

2) 중간복토

매립이 완료되기 전 또는 매립작업이 7일 이상 중단될 때 30 cm 이상의 중간복토를 하여야 하며, 매립지 가스의 이동과 우수의 침투를 방자하기 위해서는 투수성·통기성이 좋지 않은 점성계 토양이 바람직하며, 작업 및 운반차량의 도로로 사용할 경우에는 슬래그나 자갈이 섞인 토양이 요구된다.

3) 최종복토

폐기물의 매립이 완료되면 그 최상층에 최종복토를 하고 다짐을 하여야 한다. 최종복토는 매립 후 토지이용계획에 따른 토지의 조건, 토질, 두께, 모양 등과 관계가 있으며, 또한 지표면은 오랜 기간 동안 기상조건에 영향을 받기 때문에 이에 대해 고려해야 한다.

폐기물관리법에서는 최종복토층의 두께를 50 cm 이상으로 규정하고 있으나. 식재의 종류에 따라서 1.5~2.0 m 정도의 복토를 하여 가스에 의해 뿌리가 상하지 않도록 배려할 필요가 있다. 또한, 식재할 경우 긴뿌리 식물은 차수막을 파괴할 위험이 있으므로 피하는 것이 바람직하며, 강우의 침식에 대한 저항력이 크고 투수성이 작으며, 식생에 필요한 부식질을 적당히 함유하고 있는 loam계의 토양이 바람직하다.

1999년 개정된 "폐기물관리법"에서는 다음과 같이 매립시설의 복토 기준을 정하고 있다.

매립작업 종료 후 투수성이 낮은 양질의 흙을 사용하여 15 cm 이상의 두께(화학복토재 등 인공복토재를 사용하는 경우에는 환경부장관이 정하여 고시하는 두께)로 다져 일일복토를 하여야 하며, 매립작업이 7일 이상 중단되는 때는 노출된 매립층의 표면부분에 30 cm 이상의 두께로 다져 구배가 2% 이상이 되도록 중간복토를 하여야 한다. 다만, 지정폐기물로 분류되지 아니하는 폐기물 중 복토의 필요성이 없다고 인정되는 소각재 · 도자기조각 · 광재류 · 폐석고 · 폐석회나 폐각류 등 악취의 발생이나 흩날릴 우려가 없는 폐기물만 매립하는 경우와 빗물의 침투를 방지하고 폐기물이 외부로 흩날리거나 악취가 발산되는 것을 막을 수 있는 시설을 설치하여 주변지역에 영향을 줄 우려가 없다고 인정되는 매립시설의 경우에는 일일복토 및 중간복토를 하지 아니할 수 있다.

화학복토재 등 인공복토재는 폐기물공정시험방법에 의한 용출시험 등을 실시하여 유해성이 없다고 판단한 후 사용하여야 한다.

음식물류, 지정폐기물로 분류되지 아니하는 유기성 오니 또는 동식물성 잔재물 등 부패성폐기물로서 부패성물질의 함량이 40% 이상인 폐기물만 매립하는 때에는 폐기물의 높이가 매 3 m가 되기 전에 복토를 하여야 한다.

오니 중 유기성의 것 등 부패성 지정폐기물로서 부패성물질의 함량이 40% 이상인 지정폐기물만을 매립하는 경우에는 당해 폐기물의 높이가 50 cm 이상인 때에는 50 cm마다 30 cm 이상의 두께로 복토를 하여야 한다. 다만, 매일 작업종료직전에 매립되는 폐기물이 부패성 폐기물인 경우에는 당해 폐기물의 높이에 해당하는 두께로 복토를 하여야 한다.

매립시설의 사용이 종료된 때에는 최종복토층을 구배가 2% 이상이 되도록 설치하여야 한다. 이 경우 최종복토층은 하부로부터 다음과 같은 가스배제층(유기성 폐기물을 매립하여 가스가 발생되는 경우에 한한다) · 차단층 · 배수층 및 식생대층을 차례대로 설치하여야 한다.

가. 가스배제층 : 두께 30 cm 이상 설치

나. 차단층 : 점토 · 점토광물혼합토 등으로 두께 45 cm 이상 투수계수가 1초당 1백만분의 1 cm (10^{-6} cm/sec 이하)가 되도록 설치하거나 정토 · 점토광물혼합토 등으로 두께 30 cm 이상 투수계수가 1초당 1백만분의 1 cm 이하가 되도록 설치한 후 그 위에 1.5 mm 이상인 합성고분자차수막 설치

다. 배수층 : 모래 등으로 두께 30 cm 이상 설치

라. 식생대층 : 두께 60 cm 이상 설치

9.1.5 매립지의 구조

1) 저류구조물

구조형식은 옹벽, 성토 또는 흙댐(earth fill 댐), 콘크리트댐의 세 종류로 크게 나눈다.

옹벽의 경우는 높이에 제한이 있어서 제일 높이가 높은 옹벽인 경우에 12 m 정도이다. 이것에 비하여 콘크리트댐에서는 그 이상의 높이도 가능하며 폐기물용의 댐으로서는 20 m정도의 것을 만들고 있다. 매립층 내부에 침출수를 저류하는 기간이 긴 경우에는 옹벽으로서가 아니라 댐으로 설계할 필요가 있다. 성토 또는 흙댐은 매립이 진행됨에 따라 그것에 맞추어 공기를 나누어 단계적으로 쌓아 올려가는 경우도 있다. 어느 경우도 매립지에서는 침출수는 결코 저류구조물의 첨단을 월류하지 않도록 주의를 해야 한다.

그림 9-9는 일반적으로 이용되고 있는 저류구조물의 예이다.

2) 차수구조

차수의 구조는 다음의 세 가지 기능이 필요하다.

① 차수공에 의해 매립지 내의 침출수와 주변의 지하수를 차단할 것. 예로서는 흙 lining공법, sheet공법, 콘크리트 lining 공법, 강판, 콘크리트벽, 성토벽이 있다. 지반의 투수성이 높고 아무래도 인공적인 차수재를 사용하여 침출수의 지하 침투를 방지하지 않으면 안 될 경우에는 차수재를 사용하여 침출수의 지하 침투를 방지하지 않으면 안 될 경우에는 현장 접착에 의해 규격화한 두께 2.0 mm 이상의 고밀도 폴리에틸렌라이너를 사용하는 경우가 많다.

② 매립지 주위에 배수공에 의해 우수나 지하수가 매립지 내에 유입하는 것을 방지할 것. 예로서 U자형측구, 소굴배수로 등이 있다.

③ 매립지 내의 배수공에 의해 침출수를 집수하고 이것을 처리한 후 매립지 밖으로 배수할 것. 예로서 유공관, 침출수처리시설 등이 있다.

그리고 매립지 차수설비는 크게 나누어 다음과 같이 두 가지가 있다.

① 매립지 바닥 토양층의 자정작용에 의존하는 매립형태(dispersal landfills or nutural attenuation landfills)

② 점토나 합성차수막에 의존하는 매립형태(containment landfills)

첫 번째 매립형태는 매립지 바닥과 지하수가 불포화층을 통과하는 사이에 침출수 내의 오염물질 제거능력에 기초한 것으로 침출수가 불포화층을 통과하는 사이에 침출수 내의 오염물질들이 흡착, 침전되고 분해되는 현상을 이용한 것이다. 그러나 불포화층의 오염물질 제거능력을 예측하는 데는 많은 어려움이 따르며 결과적으로 지하수의 오염가능성 또

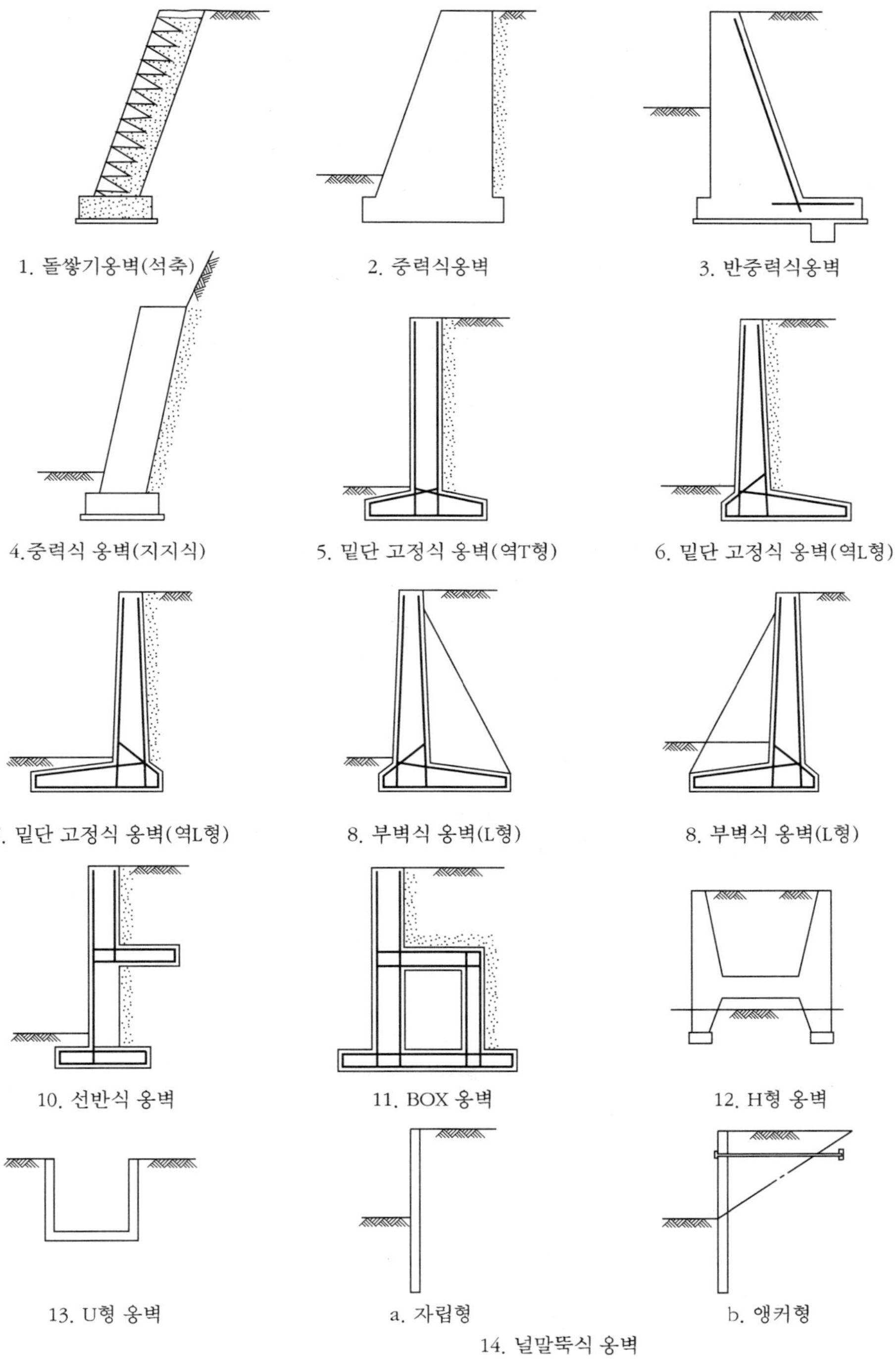
1. 돌쌓기옹벽(석축)
2. 중력식옹벽
3. 반중력식옹벽
4.중력식 옹벽(지지식)
5. 밑단 고정식 옹벽(역T형)
6. 밑단 고정식 옹벽(역L형)
7. 밑단 고정식 옹벽(역L형)
8. 부벽식 옹벽(L형)
8. 부벽식 옹벽(L형)
10. 선반식 옹벽
11. BOX 옹벽
12. H형 옹벽
13. U형 옹벽
a. 자립형
b. 앵커형
14. 널말뚝식 옹벽

■ 그림 9-9 저류구조물

한 두 번째 방법에 비하여 높다는 단점이 있어서, 소규모 매립지의 경우에 국한하여 사용하는 것이 바람직하다.

매립형태는 점토나 합성 차수막에 의하여 발생되는 침출수를 지하로 유입시키지 않고 가능한 한 거의 완전히 차단한다는 것을 전제 조건하에 설계되는 매립형태로서, 시행이 용이하여 recipe-book method (approach)라고도 불린다.

매립지에서의 차수설비에 쓰이는 재료는 크게 나누어 아래와 같다.

① 점토(clay soil)

② 합성차수막(flexible membrane liner, FML)

③ 토양과 아스팔트, 시멘트, 벤토나이트 등의 혼합물(soil mixture)

그림 9-10은 여러 차수설비의 종류 및 단면을 보여주고 있다. 그림 9-10에 예시된 모든 차수층 또는 차수막 바로 위에는 침출수 집수층이 있는데 이에 대하여는 다음에 구체적으로 논하기로 한다.

그림 9-10(a)와 9-10(b)는 단일차수층으로서 정지작업이 끝난 지반위에 점토나 합성차수막을 설치한 것으로써 이는 가장 간단한 차수설비의 형태이다. 합성차수막과 바로 그 아래 점토층을 두어 각 차수막의 취약점을 보완한 구조를 특히 composite liner (복합차수층)이라고 한다[그림 9-10(c)]. 복합차수층의 장점은 합성차수막에 구멍이 생길 경우 지하로 유출되는 침출수량이 단일합성차수막에 비하여 현격하게 낮다는 사실이다.

하나의 합성차수막과 하나의 복합차수층으로 이루어진 구조(침출수 집수층이 각각의 차수층 위에 설치되어 있는 경우)를 흔히 double liner (이중차수층)라고 불린다[그림 9-7(d)]. Double composite liner [이중복합차수층, 그림 9-10(e)]는 복합차수층이 이중으로 있는 경우이다. 이와 같은 다중차수설비의 경우 재료비나 공사비 등 비용이 많이 소요됨은 물론 공사 또는 장기간 소요되는 것이 보통이다.

최근 미국의 Resource Conservation and Recovery Act (RCRA) 규정에 의하면 유해폐기물 매립지의 경우 이중차수층(double liner)으로 설계하도록 되어 있으며 일반폐기물 매립지의 경우 복합차수층을 이용하도록 하고 있다. 각 차수층의 최소두께는 합성차수막의 경우 0.75 mm이고 점토층의 경우에는 유해폐기물 매립지의 경우 90 cm이고 일반 폐기물 매립지의 경우 60 cm이다. 여기서 강조되어야 할 사항은 제안되고 있는 두께는 최소두께이며 실제 설계시에는 지형여건이나 시공의 용의성 등을 고려하여야 한다.

그리고 점토는 자연산인 관계로 재료의 구입이 상대적으로 용이하지 못하고 투수율 또한 상대적으로 높으며 균등질의 불투수층 시공이 용이하지 못한 단점이 있는 반면에 침출수내 오염물질의 흡착능력이 뛰어나다는 큰 장점이 있다. 반면에 합성차수막은 매우 낮은 투수성이 있는 반면 시공 시 구멍이나 찢어짐 등 하자가 생기면 일단 발생된 침출수는 거

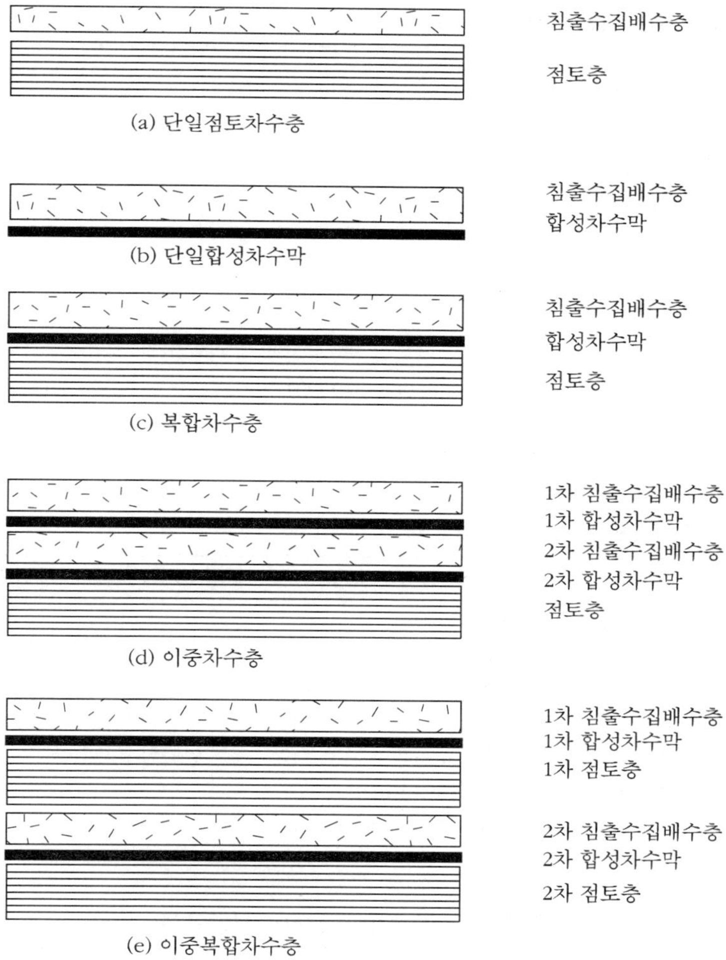

그림 9-10 대표적인 차수설비의 종류 및 단면

의 무방비 상태로 지하수로 유입될 수 있다는 결정적인 단점이 있다. 한 통계에 의하면 시공된 합성차수막에서 1 hectare 당 평균 2~5개 정도의 결함부분이 발견되고 있다.

매립지의 합성차수막으로 흔히 쓰이는 것들은 표 9-6과 같다.

국내에서 사용되고 있는 차수재의 종류를 크게 대별하면 표면차수재(Bottom)와 연직차수재(Vertical Barrier)로 나눌 수 있으며 다음과 같다.

표면차수방법은 매립지 지반의 투수계수가 큰 경우 사용되는 방법으로 점토나 벤토나이트 또는 고화토를 사용하기도 한다. HDPE sheet 등 고밀도합성수지 차수재를 사용하는 경우에는 반드시 점토나 벤토나이트 등으로 일정한 두께로 투수계수 10^{-7} cm/sec 이하가 되도록 혼합차수재를 사용하도록 하고 있다.

표 9-6 매립지에 흔히 쓰이는 합성차수막의 종류

polymer	thermoplastic	vulcanized
High-density Polyethylene (HDPE)	yes	no
Low-density Polyethylene (LDPE)	yes	no
Chlorinated Polyethylene (CPE)	yes	yes
Chlorosulfonated Polyethylene (CSPE)	yes	yes
Polyvinyl Chlorid (PVC)	yes	no
Butyl Rubber (BR)	no	yes
Ethylene Propylene Dine Monomer (EPDM)	no	yes
Neoprene (NP)	no	yes

표 9-7 표면 및 연직차수재

표면차수재	연직차수재
점토차수재(Clay Liner) 합성수지차수막(Polymeric Liner) 합성수지점토차수막(Geosynthetic Clay Liner) 혼합토차수재(Admixed Liner) 스프레이차수재(Sprayed Liner) 토질안정차수재(Soil Stabilized Liner) 화학적흡수차수재(Chemical Adsorptive Liner)	지수코아(Core) 시트파일(Sheet Pile) 슬러리월(Slurry Wall) 소일믹스월(Soil Mixed Wall) 연직합성차수막

표 9-8 우리나라와 미국의 점토 차수재 시방규정

시험항목	한국	미국
최대입경		25～50 mm
0.05 mm 이하 점토성분	20% 이상	20% 이상
소성지수	10% 이상	10% 이상, 30% 미만
자갈함유량		10% 미만
투수계수	10^{-7} cm/sec 이하	10^{-7} cm/sec 이하

연직차수방법은 지중에 암반 및 점성토로 구성된 불투수층이 수평으로 넓게 분포하는 경우 수직 또는 경사로 사용하여 침출수 및 지하수 침투 경로를 연장하고 불투수지반까지 연장된 차수막에 의해 매립지 내부와 외부의 물 이동을 억제시키는 방법이다.

표면차수방법에서 침출수가 유출되는 경우 연직차수방법으로 침출수의 이동을 차단할 수 있다. 표 9-7은 표면 및 연직차수재의 종류이며, 표 9-8은 우리나라와 미국의 점토 차수재의 시방규정치이다.

3) 침출수처리시설

매립처분지에서는 준호기성 매립이라도 매립 쓰레기의 부패 분해가 있으며 여기에 강우가 있으면 오수의 침출을 초래하게 된다. 보통 매립지에서 대부분의 침출수는 강수에 의해 외부로부터 유입된 물이 대부분이며 폐기물의 분해로 생성된 액체도 포함된다. 따라서 매립처분지에서의 침출수에 의한 지하수나 하천수의 오염을 일으키지 않도록 처리하기 위한 시설은 반드시 있어야 한다.

매립지에서의 침출수량은 강우량과 침수면적에 의해 결정된다. 계획처리수량의 산출법은 다음과 같이 간단히 산정할 수 있다.

강우량에 의한 유수량의 비율은 유입율이라 하며, 다음 식으로 정의된다.

$$C = 1 - \frac{E}{r} - \frac{\Delta g}{r} \tag{9.3}$$

여기서, r : 강우량
Δg : 지하수의 수분변화량
E : 증발량
C : 유출률

장기간에 대하여 보면 Δg는 무시할 수 있으므로 유출률은 강수량과 증발량에 의해 정한다고 해도 좋다. 매립처분지에서의 침출수량은 이 유출률을 사용하여 다음 식으로 산정한다.

$$Q = CIA \times 10^{-3} \tag{9.4}$$

여기서, Q : 평균 침출수 발생량(m^3/일)
I : 평균 강우량(mm/일)
A : 집수면적(m^2)

유출률 c는 매립처분지의 복토 및 마무리 면의 구배, 폐기물의 종류, 매립 계속 시와 완료 후 등에 따라 다르며 $c = 0.3 \sim 0.8$의 범위에 있다 처리시설을 계획하는데 있어서 $c = 0.1$로 하면 안전하지만 매립시험의 데이터에 의하면 $0.3 \sim 0.4$의 것이 많으므로 통상 $c = 0.5$로 놓으면 적당하다.

매립 처분지에서의 침출수처리는 비교적 최근에 시도하고 있으며 매립처분지의 지역적

배경의 차이에 의해 여러 가지 방식이 채용되고 있는데 이들은 그림 9-11～그림 9-18에 나타내었다. 매립침출수의 수질에 대해서는 표 9-9와 같은 예가 보고되어 있으나 침출수의 특성은 폐기물의 종류와 분해특성에 따라 크게 달라지므로 항목별 평균값은 나타내기는 매우 어렵다.

또한 침출수 집배수구 내에 집배수관을 매설하는 경우 덮개 filter 재료로는 투수성이 크고, 입도배합이 좋은 well grading의 천연자갈 또는 입도조정한 자갈, 쇄석 등을 사용하여야 한다.

표 9-9 매립방법별 침출수 수질

항목		매립 계속 시 수질	매립종료 6개월 후 수질	매립종료 1년 후 수질	매립종료 2년 후 수질
혐기성 매립	BOD	40,000～50,000 ppm	40,000～50,000 ppm	30,000～40,000 ppm	10,000～20,000 ppm
	COD	40,000～50,000 ppm	40,000～50,000 ppm	30,000～40,000 ppm	10,000～20,000 ppm
	NH_4-N	800～1,000 ppm	1,000 ppm 전후	800 ppm 전후	600 ppm 전후
	pH	*6.0 전후	6.0 전후	6.0 전후	6.0 전후
	투시도	0.9～1.0	1～2	2～3	2～3
혐기적 위생 매립	BOD	40,000～50,000 ppm	7,000～8,000 ppm	300 ppm	200～300 ppm
	COD*	40,000～50,000 ppm	10,000～20,000 ppm	1,000～2,000 ppm	1,000～2,000 ppm
	NH_4-N	800～1,000 ppm	800 ppm	500～600 ppm	500～600 ppm
	pH	6.0 전후	7.0 전후	7.0～7.5	7.0～7.5
	투시도	0.9～1.0	1～2	1.5～2.0	1～2
준 호기성	BOD	40,000～50,000 ppm	5,000～6,000 ppm	200 ppm 전후	
	COD*	40,000～50,000 ppm	10,000 ppm	1,000～2,000 ppm	
	NH_4-N	800～1,000 ppm	500 ppm	100～200 ppm	
	pH	6.0 전후	8.0 전후	7.5 전후	
	투시도	0.9～1.0	1～2	3～4	
호기성 매립	BOD	40,000～50,000 ppm	200～300 ppm	50 ppm 전후	10 ppm 전후
	COD*	40,000～50,000 ppm	2,000 ppm 전후	1,000 ppm 전후	500 ppm 전후
	NH_4-N	800～1,000 ppm	50 ppm 전후	10 ppm 전후	1～2 ppm
	pH	6.0 전후	8.5 전후	7～8	8.5 전후
	투시도	0.9～1.0	6～7	2～3	2～5

* $K_2Cr_2O_7$ 법에 의한 분석

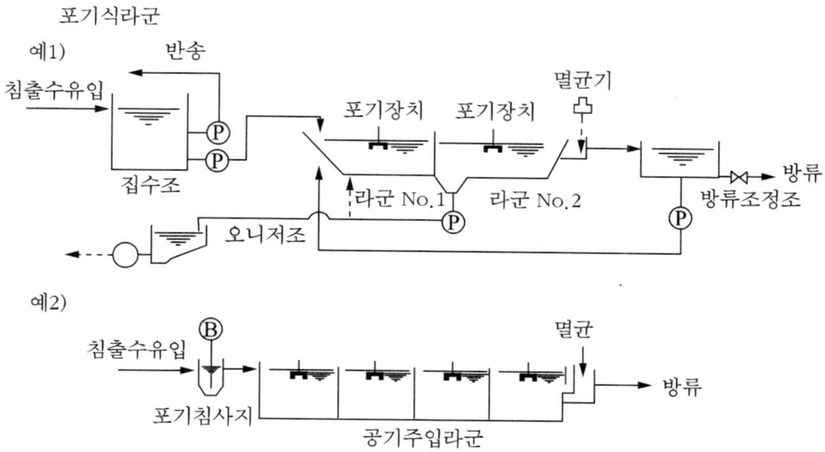

▮ 그림 9-11 라군

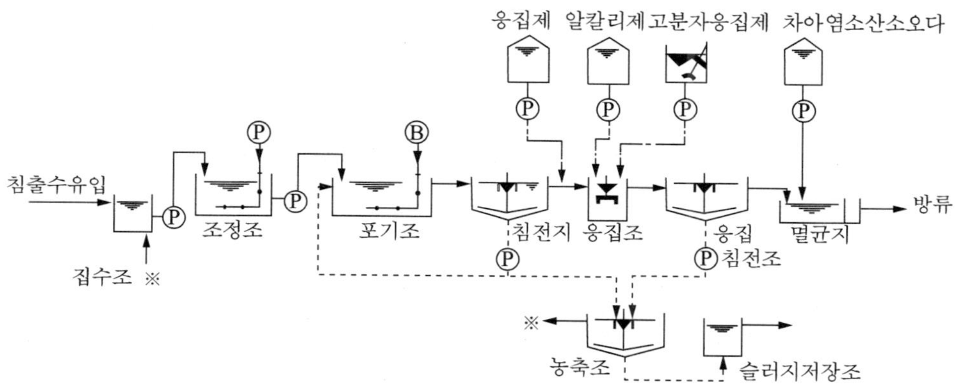

▮ 그림 9-12 활성슬러지+응집침전

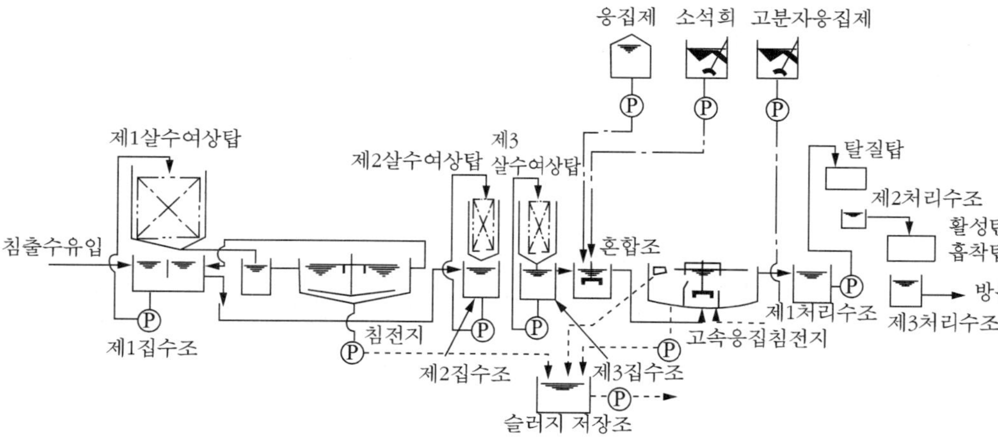

▮ 그림 9-13 살수여상+응집침전

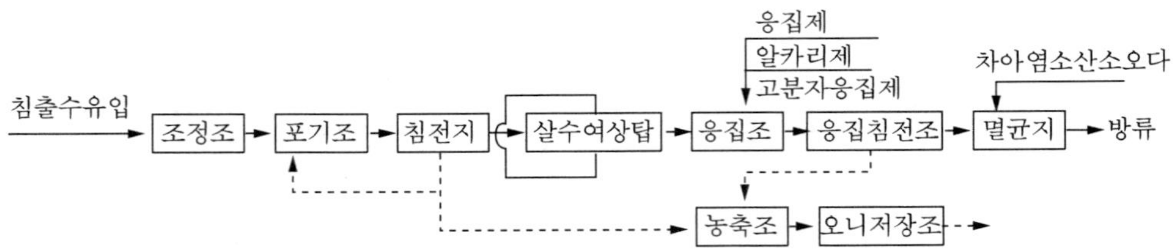

그림 9-14 활성슬러지+살수여과+응집침전

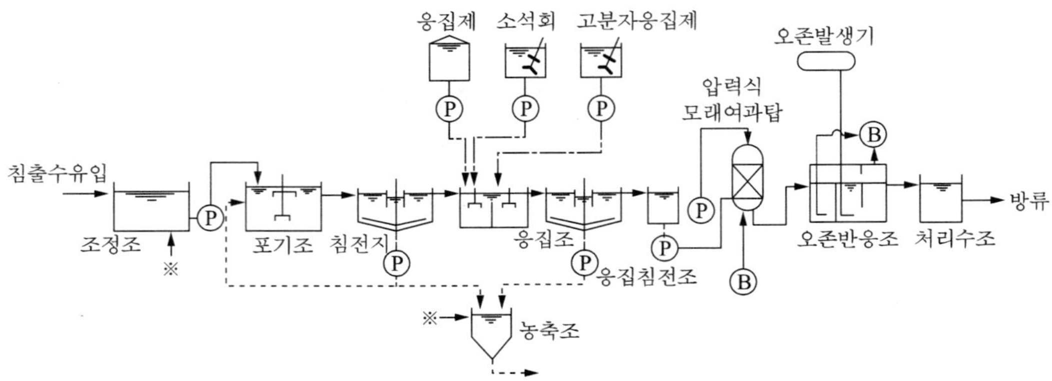

그림 9-15 활성슬러지+응집침전+모래여과+오존산화

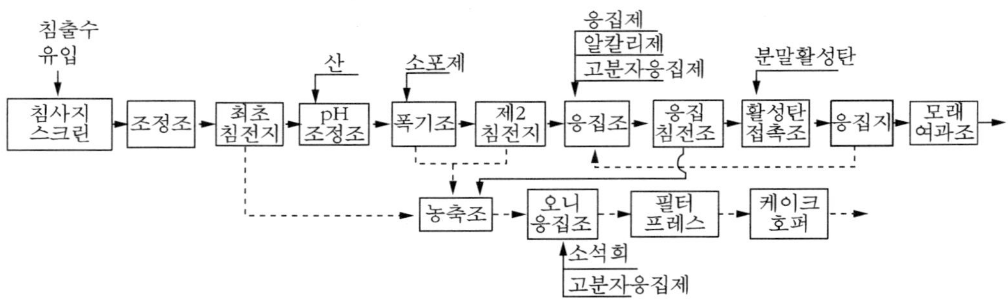

그림 9-16 활성슬러지+응집침전+활성탄흡착+모래여과

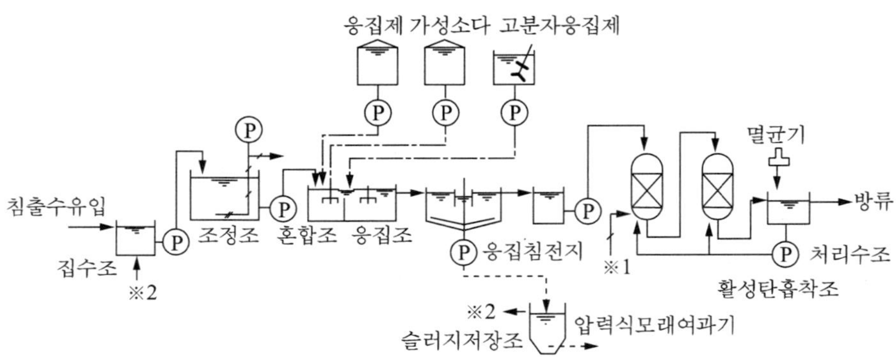

그림 9-17 활성슬러지+모래여과+활성탄흡착

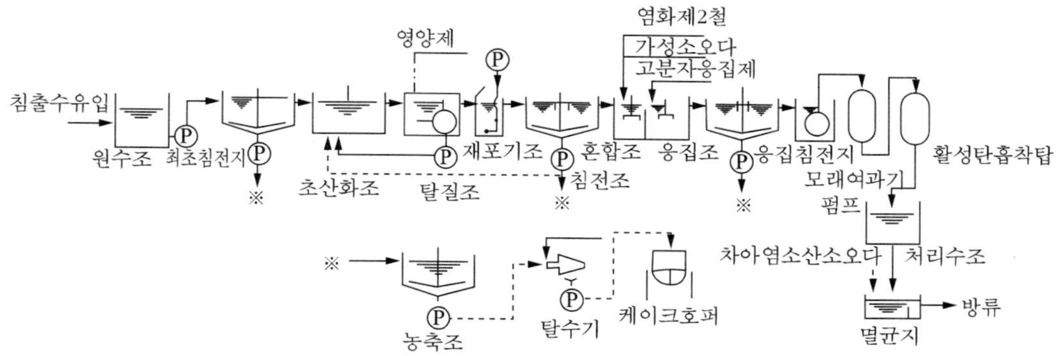

▮ 그림 9-18 탈질소 + 응집침전 + 모래여과 + 활성탄흡착

유공관을 매설할 경우에는 토관, 흄관, 콜게이트관 등이 사용되고 내경 15 ~ 30 cm, 구멍의 직경 10 mm를 표준으로 하고 있으며, 관의 저부 1/3 주장에는 구멍을 두지 않는다. 특히 집배수 기능은 filter 재료의 충분한 투수성 확보와 주변토양에 의해 좌우되며, 일반적으로 사용되는 filter 재료의 범위는 다음과 같다.

① 충분한 투수성을 갖기 위한 경우에는 D_{15} (필터재료) / D_{15} (주변토양)비 값이 5 이상
② 주변토양의 미립자에 의해 막히지 않기 위한 경우에는 D_{15} (필터재료) / D_{85} (주변토양)비 값이 5 이하
③ 유공관의 경우에는 D_{85} (필터재료) / D (관경)비 값이 2 이상

4) 매립지의 침하와 구조적 특성

매립완료된 매립지의 활용계획을 결정하기 이전에 매립지의 침하와 구조적 특성을 고려하여야 한다. 매립지의 침하는 초기다짐, 폐기물의 특성, 분해정도와 압밀의 효과 등에 영향을 받는다. 초기다짐정도가 매립지의 침하에 미치는 영향을 그래프로 나타내면 그림 9-19와 같으며, 여러 연구를 통하여 최종침하의 90%가 초기 5년 내에 일어난다고 알려져 있다.

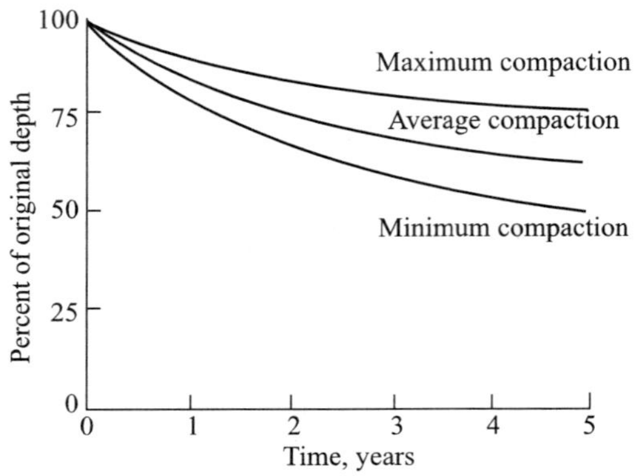

▮ 그림 9-19 폐기물의 다짐정도에 따른 매립지의 침하

9.1.6 매립지 내의 분해가스 발생과 처리

1) 폐기물의 분해 메커니즘

고형 폐기물을 위생 매립한 곳에서는 다음과 같은 생물학적, 물리적 및 화학적 반응이 일어난다.

① 미생물적 반응 : 유기물질들의 호기성 또는 혐기성 생물학적 분해, 가스 및 액체 생성
② 폐기물의 화학적 산화
③ 매립물 내에서 가스의 이동 및 방출
④ 압력 차로 인한 액체의 이동
⑤ 물에 의한 유기 및 무기물질의 용해 및 침출과 매립물을 통한 침출액의 이동
⑥ 농도 구배 및 삼투압에 의한 용존물질의 이동
⑦ 물질의 압밀에 의해 공극사이로 물질이 침투함으로 인한 불균일한 매립층 침강

매립 후의 폐기물의 분해와 안정화는 폐기물의 성분, 압축정도, 수분함량, 방해물질의 존재여부와 온도 등에 영향을 받는다. 항목 ①의 경우 박테리아에 의한 분해는 처음에 호기성 조건에서 일어나는데 이는 매립물 안에 공기가 다소 갇혀 있기 때문이다. 그러나 갇힌 공기 중의 산소는 곧(며칠 안에) 고갈되고 혐기성 조건에서 장기적 분해가 일어나는데 폐기물의 생물학적인 혐기성분해는 보다 복잡하여 온도, 산소, 수분, 폐기물의 성분, pH 등에 좌우된다.

매립물 안에서 생성되는 매립가스(LFG : landfill gas)는 공기, 암모니아, 이산화탄소, 일산화탄소, 수소, 황화수소, 메탄, 질소, 산소 등으로 이루어진다(그림 9-20 참조). 이산화탄소와 메탄은 유기성 고형폐기물 성분의 혐기성 분해에서 주로 생기는 가스이다.

일반적으로 폐기물 내의 유기물질은 다음의 3가지로 분류할 수 있는데

① 섬유질(cellulose)과 그 화합물을 포함하는 유기물
② 탄수화물, 지방, 단백질 등 분해가 용이한 유기물
③ 플라스틱, 고무, 가죽류

섬유질은 종이, 목재, 자연섬유류 등으로 분해속도가 비교적 느리고, 탄수화물, 지방, 단백질 등은 분해속도가 매우 빠른 편이다. 유기물질의 분해율은 물질의 특성과 수분의 함량에 크게 의존하는데, 특히 매립지 내로 수분의 공급이 이루어지지 않으면 유기물의 분해가 잘 이루어지지 않음을 볼 수 있으므로, 이는 매립지 내의 분해가스 발생에 수분함량이 큰 영향을 줌을 의미한다.

그림 9-20에서 보는 바와 같이 일반적으로 매립 폐기물의 분해는 4단계로 이루어진다고 생각된다.

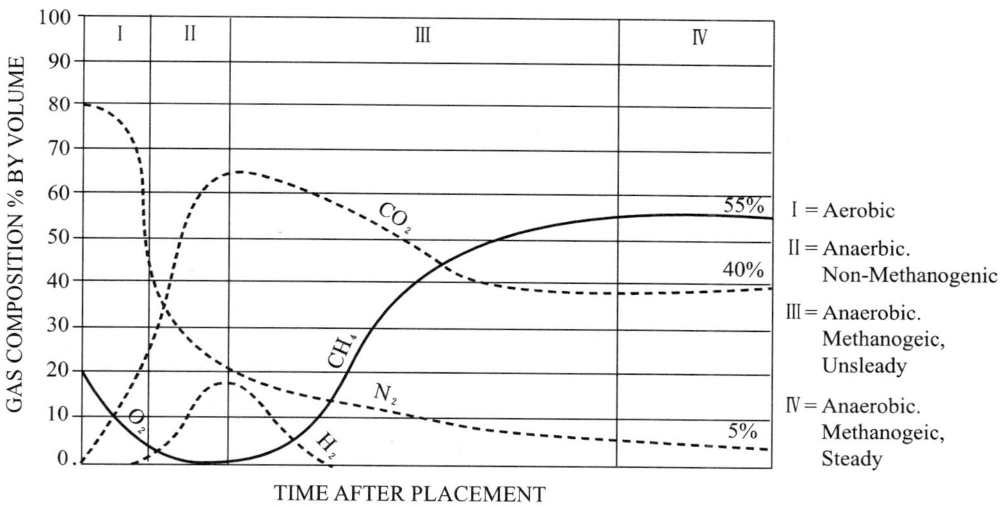

▮ 그림 9-20 매립 후 시간경과에 따른 LFG의 조성변화

첫 단계인 매립초기에는 폐기물과 혼합되어 매립된 공기가 호기성 상태를 만들어 주며, 호기성 미생물은 급속히 산소를 소비하여 CO_2, 물과 유기물을 만들고 열을 발생시킨다. 매립지가 혐기성 상태가 되면 두 번째 단계인 혐기성 미생물에 의해 복잡한 유기화합물을 효소작용에 의하여 가수분해하고 발효시켜서 지방산, 알코올, 암모니아, 수소, CO_2 등을 생성하게 된다(액화, liquefaction).

이 단계의 미생물은 bacillus, clostridium, enterobacteria와 같은 혐기성 발효 박테리아이다. 수소가 생성되기 시작할 때 CO_2의 생성량이 최대가 된다. 쓰레기 속의 수소농도가 최대가 되면 메탄생성 박테리아가 우성미생물이 되는 세 번째 단계가 시작된다. 메탄생성

박테리아는 혐기성 미생물로 이들의 활동으로 메탄과 CO_2가 생성된다(가스화, gasification).

사실상 메탄이 생성되는 단계에서 다음 두 가지의 복잡한 미생물학적 과정이 일어나게 된다.

① 생성된 유기산과 알코올류는 아세테이트, 수소, CO_2 등으로 변하게 된다.

② CO_2를 줄이고 메탄을 생성하는 미생물과 카르복실레이트 아세테이트를 메탄과 CO_2로 분해하는 미생물 등 두 가지 종류의 메탄 생성박테리아가 1과정의 생성물을 분해하여 메탄을 생성시킨다.

메탄의 비율이 높아지게 되면 동시에 CO_2와 H_2의 비율이 낮아지게 되며, 온도가 약 55℃까지 증가한다.

이 세 번째 단계는 매립 후 180～500일이 경과하는 동안 일어나게 된다. 매립지 가스생성의 네 번째 단계는 매립 후 1～2년이 경과한 후에 일어나게 된다. 이 마지막 단계에서 가스생성량과 구성비는 일정 상태를 유지하며 정상상태로 되며 메탄의 조성이 50～70%, CO_2의 조성은 30～50%로 된다. 매립지 내에서는 그림 9-15의 III, IV단계의 분해 공정에 의한 메탄화 단계에서 acid former가 공존하면서 쓰레기를 분해시킴으로써 CH_4와 CO_2가 동시에 생성된다.

매립지에서의 고형 폐기물의 혐기성 분해 특징을 단계적으로 나타내면 그림 9-21과 같다.

총괄적 혐기성 전화는 다음 식으로 나타낼 수 있다.

$$C_aH_bO_cN_d \rightarrow nC_wH_xO_yN_z + mCH_4 + sCO_2 + rH_2O + (d-nz)NH_3 \qquad (9.5)$$

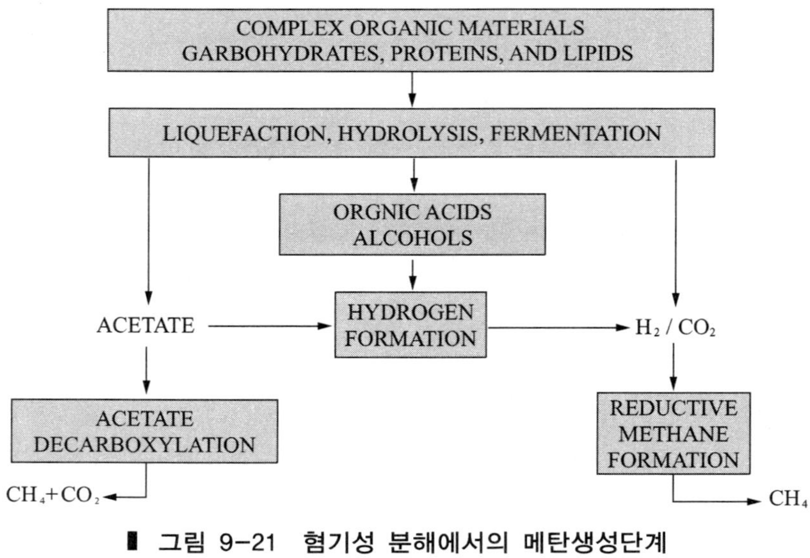

■ 그림 9-21 혐기성 분해에서의 메탄생성단계

여기서, $s = a - nw - m$

$r = c - ny - 2s$

이 식에서 $C_aH_bO_cN_d$와 $nC_wH_xO_yN_z$는 이 과정의 초기 및 말기에 존재하는 물질의 조성을 분자 기준으로 나타낸 것이다. 폐기물이 완전히 안정화된다면, 이에 해당하는 식은 다음과 같다고 가정한다.

$$C_aH_bO_cN_d + \left(\frac{4a-b-2c+3d}{4}\right)H_2O \tag{9.6}$$
$$\rightarrow \left(\frac{4a+b-2c-3d}{8}\right)CH_4 + \left(\frac{4a-b+2c+3d}{8}\right)CO_2 + dNH_3$$

관리하지 않는 매립물의 분해속도를 가스 생성에 의하여 측정하면 처음 2년 동안에 정상에 도달하였다가 점차 느려지는데, 대개의 경우 25년 이상 계속된다. 표 9-10은 수도권매립지의 가스 성상표이다.

표 9-10 수도권매립지의 가스 성상표

매립지	CH_4	O_2	CO_2	N_2
제1매립지	37.5	1.5	21.2	39.8
제2매립지	46.4	0.6	36.8	6.2
제3매립지	50.4	0.1	41.8	7.7

자료) 수도권매립지관리공사(2022년)

2) 분해가스의 발생

혐기성 분해 중에 방출되는 전체 가스 부피는 여러 가지 방법으로 추산할 수 있으며, 폐기물 중의 유기물(플라스틱, 고무, 가죽 제외)을 일반식 $C_aH_bO_cN_d$로 나타낼 수 있다.

완전히 이산화탄소와 메탄으로 전환된다고 가정하면, 가스의 전체 부피는 위 식으로 추산할 수도 있다. 그러나 보통 매립지에서 분해가스를 총발생량을 예측하기 위해서는 매립지의 면적과 평균 깊이, 분해 가능한 폐기물의 조성, 매립 폐기물 층의 총 무게, 수분함량 및 분해로 발생되는 총 가스량은 문헌에 따라 매우 큰 차이가 있으나 최근의 연구 결과들을 종합하여 보면 이론량으로 400～500 L/kg (실제량 : 100～250 L/kg) 정도이며, 가스 발생속도도 대개 10～20 L/kg/yr 정도인 것으로 추정된다(우리나라의 연구결과는 약 18 L/kg/yr이다).

그리고 분해가스의 조성은 매립된 폐기물의 종류에 달려 있으나 주요 성분은 메탄과 탄산가스로서 메탄이 약 50～70%, 탄산가스가 30～50%로 주종을 이루고 소량의 NH_3,

N_2S, N_2 등이 존재한다. 메탄가스는 공기 중에서 5%에서 15% 사이로 존재하면 폭발할 가능성이 높은 가스로 흔히 5%를 최저폭발한계(low explosive linit, LEL)로 본다. 미국의 경우 매립지 주변 가스검사에서 메탄 분율이 LEL의 25%를 초과하게 되면 매립가스환기 시설을 설치하도록 되어 있다.

3) 분해가스의 이동 및 추출

매립층 내에서의 가스이동은 대류(convection)와 확산(diffusion)에 의해 일어난다. 대류는 시스템 내의 가스의 전압(total pressure)이 일정하지 않을 때 발상하며 가스는 전압이 높은 지점에서 낮은 지점으로 흐르게 된다. 확산에 의한 가스흐름은 시스템 내에서의 가스 농도가 일정하지 않을 때 발생한다. 즉, 가스의 분압(partial pressure)이 서로 다를 때 일어나며 농도(분압)가 높은 곳에서 낮은 곳으로 흐르게 된다.

확산이 매립지 내에서의 메탄가스 이동에 관여하는 중요인자임에는 틀림없으나 매립지 내의 압력이 고압상태이거나, blower 등에 의해서 매립지 내의 압력구배가 증가될 경우에는 그 비중이 작아지게 된다. 따라서 인위적, 강제적 압력구배가 생기는 경우에는 대류에 의한 흐름이 매립지 내의 LFG 이동특성을 결정하는 주요 메커니즘이 된다.

가스는 모래, 침적토는 물론 진흙 속에서도 공극만 있으면 흐를 수 있다. 가스의 흐름은 공극의 크기가 작아질수록 감소하므로 공극률이 큰 자갈 등에서는 증가하게 되고 공극률이 작은 진흙 속에서는 감소하게 된다. Darcy's law에서는 공기층을 통한 물의 이동현상을 해석하는데 널리 이용되고 있지만 추출관(extraction well)을 향한 가스의 이동특성을 파악하는 데에도 그 식을 적용할 수 있다.

매립층의 투과도(permeability)는 적당한 장치와 적절한 기술을 갖춘 실험실적 측정방법을 통해 정확한 결과치가 투수계수(permeability coefficient)로 나타낼 수 있다. 이론적으로 이러한 투수계수는 Darcy's law에 의해 정의될 수 있다.

Well을 향한 방사선상의 흐름(Vr)에서, Darcy's low는 다음과 같이 나타낸다.

$$Vr = -\frac{K}{\mu}\frac{dp}{dr}\ [\mathrm{m/sec}] \tag{9.7}$$

Q를 부피유속(volumetric flow fate), h와 r을 각각 well의 깊이와 반경이라고 하면,

$$Vr = \frac{Q}{2\pi rh} \tag{9.8}$$

식(9.5)와 식(9.6)으로부터,

$$\frac{Q}{2\pi rh} = -\frac{R}{\mu}\frac{dp}{dr} \tag{9.9}$$

방사선상의 흐름은 다음과 같은 조건에 의해 계산될 수 있다.

$r = Rw$ (radius of well) : $dp = \Delta p$
$r = Re$ (radius of influence) : $dp = 0$

K에 대하여 정리하면

$$K = Q\mu \ln \frac{Re}{Rw} / [2\pi h(\Delta p)] \tag{9.10}$$

매립층을 통한 이상기체의 흐름에서 유량, Δp 및 영향반경과 같은 운전변수로부터 이론적인 상관관계를 유추할 수 있다. 가스의 생성속도와 추출속도가 같다(정상상태)는 가정하에 다음과 같은 식을 제시할 수 있다.

$$Q = \pi(Re^2 - Rw^2)FgDh \times \frac{1}{(365)(24)(60)} \text{ [m}^3\text{/min]} \tag{9.11}$$

여기서, Re : 영향반경, m
Rw : 추출관의 반지름, m
Fg : 가스생성속도, m^3/yr · kg
D : 쓰레기의 밀도, kg/m^3
h : 추출관의 길이, m

식(9.11)을 정리하면

$$\frac{Q}{C_1} = 5.97 \times 10^{-6}(Re^2 - Rw^2)Fg \tag{9.12}$$

여기서, $C_1 = hD$

식(9.12)는 부피유속(Q)을 영향반경(Re)과 가스의 생성속도(Fg)의 항으로 나타낸 것이다. 매립층 내에서의 가스의 강제추출은 $(Pw - Pe)$라는 ΔP를 발생하므로 반경 r과 깊이 h에서의 물질수지로부터 Q값을 계산할 수 있다.

$$-\frac{\Delta P}{C_2} = 6 \times 10^3 \times Fg\left[Re^2 \ln \frac{Re}{Rw} - \frac{1}{2}(Re - Rw)^2\right] \tag{9.13}$$

여기서, $C_2 = \frac{\mu D}{K}$

식(9.12)와 식(9.13)은 부피유속(Q)과 압력강하(ΔP)를 상수 C_1과 C_2, 생성속도 및 영향반경의 함수로 표시한 것이다.

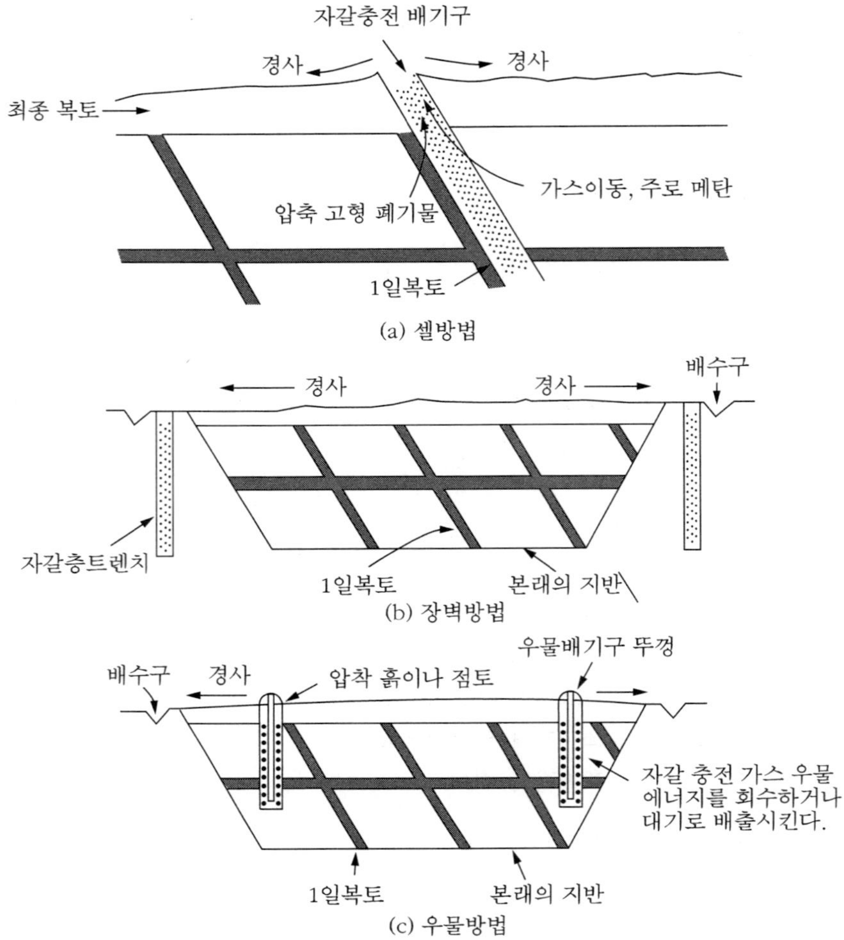

▮ 그림 9-22 전형적인 자연환기에 의한 매립가스 추출

매립지에서의 가스 이동은 배기구와 장벽의 설치, 가스 회수에 의하여 조절할 수 있으며, 매립물에서 발생하는 가스의 측면 이동(lateral movement)은 주변 토양보다 투과성이 큰 물질로 만든 배기구(vent)를 설치하여 조절할 수 있다(passive system), 그림 9-22에 보인 것처럼 가스 배기구를 자갈로 만들며 셀 배기구의 간격은 폐기물 셀의 폭에 따라 달라지지만 대개 18～60 m 정도로 한다. 자갈층 두께는 불균일 침강이 일어나더라도 계속하여 균일하게 유지될 정도여야 한다(0.30～0.45 m). 장벽이나 우물 배기구(Well vent)도 가스의 측면 이동 조절에 사용할 수 있다. 우물 배기구는 대개 자갈 웅덩이안의 지반면 아래 묻은 측면 표면 배기구와 함께 사용한다. 가스의 하향 이동은 매립물 바닥의 자갈층에 구명 뚫린 파이프를 설치하여 조절할 수 있다.

가스를 측면으로 방출시킬 수 없다면 가스 우물(gas well)을 설치하고, 펌프로 가스를 대기 중에 방출할 필요가 있다(active system).

Active system은 LFG 이동을 제어하는데 효과적이고 적용대상의 범위가 넓으나 복잡하고 운전유지비가 많이 든다는 단점이 있지만, 가스의 흐름을 통제, 조절하는 데에는 적합하다. 예를 들면, active system은 passive system으로 제어하기에는 너무 넓고 깊이가 깊은 매립지나, 주거단지와 인접해 있는 경우에 적용하여야 한다. 즉, active system은 passive system으로는 가스의 적절한 제어가 불가능한 경우에 사용된다. active system에 의한 전형적인 가스추출관의 예가 그림 9-23에 예시되어 있다.

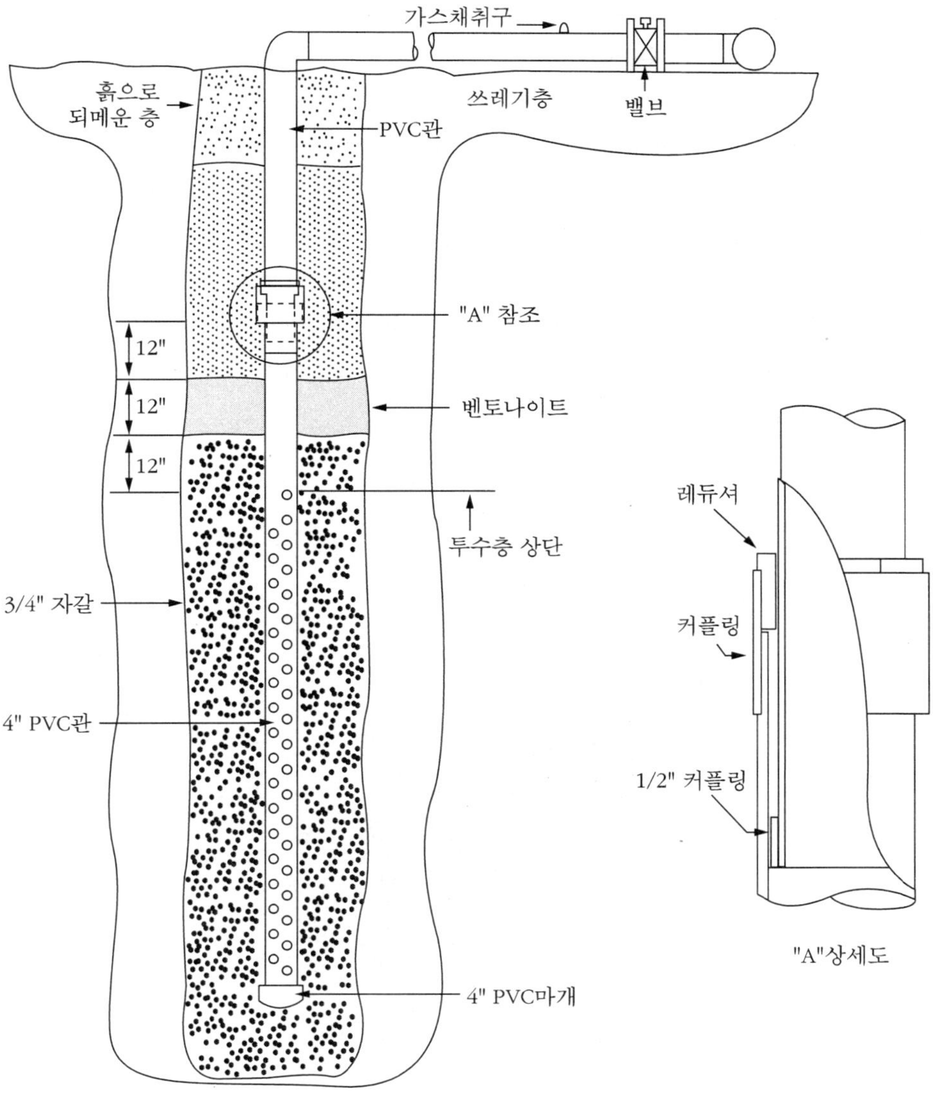

■ 그림 9-23 강제환기법에서의 가스추출관

가스 추출관의 설치간격과 배치 등은 경험에 의해 이루어지는 것이 일반적이며, 가스 추출관의 영향 반경은 쓰레기 매립깊이의 약 1.5배 정도이다. 가스 추출관의 길이는 매립된 쓰레기의 깊이에 따라 정해지는데 일반적으로 쓰레기 매립깊이의 80% 정도가 적당하다. 쓰레기 매립깊이를 정확히 파악할 수 없는 경우에는 쓰레기층의 바닥에서 위쪽으로 90 cm 정도의 bentonite sealing을 해주어야 한다. 만약 쓰레기층과의 경계면까지 되메우기를 해 주는 것이 좋다. 수평형 trench는 30～45 m 간격으로 상부에 교차되게 설치한다. 가스추출헤더 설계에 있어 중요한 것은 가스추출에 필요한 진공압과 가스부피에 따른 적정한 크기를 정해야 하는 것이다. 또한 꼭 고려해야 할 설계요소로는 헤더의 경사각도, condensate trap의 배치와 단열 공사 등이 있다.

매립지에서 매립물로 부터의 분해가스는 회수우물을 설치하여 조절 이용할 수 있는데 (그림 9-24), 일반적인 LFG회수 시스템에서는 다공관으로 이루어진 수직형 추출관 (vertical extraction well)을 매립지 내에 설치하는 방법을 채택하고 있다. 추출관은 메탄생성 박테리아에 치명적인 해를 가져오는 공기의 유입을 막기 위한 완전한 sealing이 되어야 하며 자갈이나 모래와 같이 투과성이 좋은 재료로 그 주위를 채워주어야 한다.

일반적으로 사용되는 수직형 추출관의 굴착 직경은 보통 0.3～0.9 m이다. 추출관의 주변 거리에 따른 압력 구배(pressure gradient)가 생기도록 하기 위해서는 진공을 걸어야 하며 모든 추출관의 입구에는 가스의 유량을 조절하기 위해 butterfly 밸브나 bell 또는 gate 밸브를 설치한다.

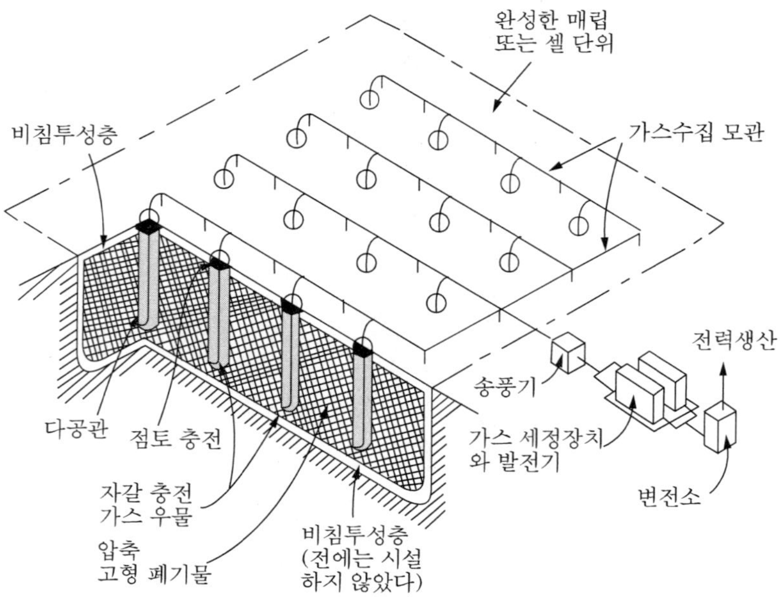

■ 그림 9-24 매립물에서 가스회수에 사용되는 우물시스템

가스를 추출하기 위해서는 blower가 필요하며 추출관의 깊이는 쓰레기층 깊이의 50~100% 정도이나 80% 정도가 적당하다. 따라서 매립지가 매우 깊은 경우에는 비용이 많이 들어가는 단점이 있으므로 침출수나 지하수면 이하로 추출관을 설치하지 않도록 주의하여야 한다. 추출관의 하부에는 가스의 흡입로인 perforated hole을 만들어주어야 하며 그것의 적용길이는 매립층의 깊이와 복토층의 상태에 따라 달라진다. 복토가 비교적 잘 되어있고 매립깊이가 얕은 경우에는 쓰레기와 접촉되는 모든 부분의 추출관에 perforated hole을 만들어 주어도 무방하지만 가스의 양이 적고 매립 깊이가 얕은 경우에는 추출관의 길이의 1/4 정도까지만 perforated hole을 만들어야 한다.

최근에는 이중 추출관(double-completion well)이 많이 사용되고 있다. 이 중 추출관은 한 개의 굴착공에 두 개의 추출관을 깊이별로 설치하는 방식이다. 즉, 하나의 추출관은 쓰레기층 하부까지 묻고 중간 지점에 60 cm 정도의 beltonite seal까지만 관을 묻고 표면으로부터 7~8 m가 되는 지점에서부터 하부로 perforated hole을 뚫은 것이다. 길이가 긴 추출관에서는 가스 추출을 최대로 하기위해 더 높은 진공을 걸어야 하며 짧은 추출관에서는 복토층을 통한 공기의 유입을 막기 위해 압력의 진공을 걸어주어야 한다. 이 중 추출관의

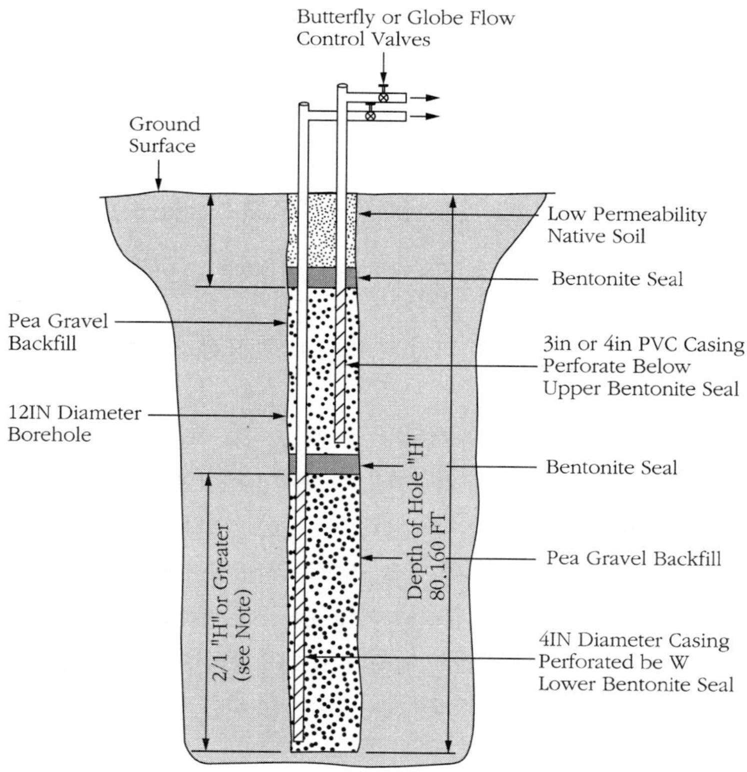

▮ 그림 9-25 이중 추출관의 단면도

단면도가 그림 9-25에 나타나 있다.

한편 추출관은 blower에 연결되어 매립가스는 흡입압력에 의해 가스처리 시설로 보내진다. 설계 시 가장 중요한 것은 헤더 파이프의 크기, 경사도, 응축기의 설치장소 등이다. 또한 가스의 유량, 속도, 마찰계수 등에 대한 인자도 고려해야 한다. 헤더 파이프의 경사도는 일반적인 경우 다음과 같다.

- 가스와 응축수(condensate)의 흐름 방향이 똑같을 때 : 1%
- 가스와 응축수(condensate)의 흐름 방향이 반대일 때 : 3%

수직형 추출관을 설치한 active system에 의한 LFG 추출 시스템의 기본 공정도를 정리하면 그림 9-26과 같다.

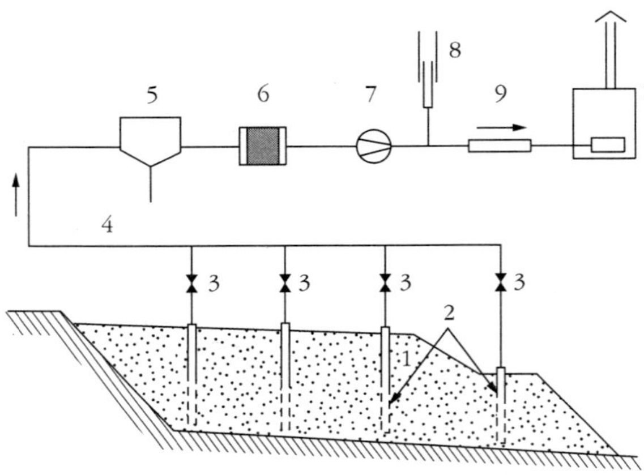

1. 쓰레기층 2.가스추출관 3.블록밸브 4.헤더파이프 5.응축수 분리기
6. 역화방지기 7. 송풍기 8. 안전장치 9.가스통로 10.플레어스택

▮ 그림 9-26 LFG 포집 시스템의 공정도

그리고 매립가스를 회수하고자 할 때는 점토 및 기타 라이너가 쓰인다(표 9-11 참조). 가스 회수 시스템 중에는 침출액을 수집하여 매립물 상부로 순환시켜서 배수 웅덩이에 위치한 다공질 관을 통하여 다시 주입하는 곳도 있다. 일반적으로 가스 발생속도가 많은 것은 침출액 순환 시스템이나 물을 가하는 시스템이다.

또한 악취는 주로 음식물류폐기물, 분뇨, 하수슬러지 등 유기성폐기물의 분해과정과 매립지의 쓰레기 분해과정에서 발생되며, 하수슬러지 등의 재활용을 위한 전처리 과정에서 특히 심하게 나타난다. 표 9-12는 악취물질 허용기준표이다,

표 9-11 가스 및 침출액 이동 조절에 사용되는 매립물의 차수재

밀 폐 제		비 고
분류	대표적 종류	
압착토양		점토나 가는 해감이 다소 들어 있어야 한다.
압착점토	벤토나이트, 일나이트, 카올리나이트	매립물의 밀폐제로 가장 많이 쓰인다. 층 두께는 6~48 in., 층은 연속적이어야 하며, 말라서 금이 가게 해서는 안 된다.
무기화합물	탄산나트륨, 규산염 또는 피로인산염	지역 토양 특성에 따라 용도가 다르다.
합성화합물	고분자, 고무 라텍스	실험단계, 아직 용도가 확립되어 있지 않다.
합성막 라이너	폴리염화비닐, 부틸 고무, hypalon, 폴리에틸렌, 나일론 강화라이너	고가 가스를 회수하고자 할 때 적당하다.
아스팔트	변성 아스팔트, 아스팔트 피복 폴리프로필렌, 아스팔트 콘크리트	층을 충분히 두껍게 하여, 상이한 침강 조건에서도 연속성을 유지하도록 하여야 한다.
기타	gunite 콘크리트, 토양 시멘트, 플라스틱 토양 시멘트	

자료) 서울특별시

표 9-12 악취물질허용기준(ppm, 이하)

	구분	배출허용기준		엄격한배출허용기준범위
		공업지역	기타 지역	공업지역
1	암모니아	2	1	1~2
2	메틸머캅탄	0.04	0.02	0.02~0.04
3	황화수소	0.06	0.02	0.02~0.06
4	다이메틸설파이드	0.05	0.01	0.01~0.05
5	다이메틸다이설파이드	0.03	0.009	0.009~0.03
6	트라이메틸아민	0.02	0.005	0.005~0.02
7	아세트알데하이드	0.1	0.05	0.05~0.1
8	스타이렌	0.8	0.4	0.4~0.8
9	프로피온알데하이드	0.1	0.05	0.05~0.1
10	뷰틸알데하이드	0.1	0.029	0.029~0.1
11	n-발레르알데하이드	0.02	0.009	0.009~0.02
12	i-발레르알데하이드	0.006	0.003	0.003~0.006
13	톨루엔	30	10	10~30
14	자일렌	2	1	1~2
15	메틸에틸케톤	35	13	13~35
16	메틸이소부틸케톤	3	1	1~3
17	뷰틸아세테이트	4	1	1~4
18	프로피온산	0.07	0.03	0.03~0.07
19	n-뷰틸산	0.002	0.001	0.001~0.002
20	n-발레르산	0.002	0.0009	0.0009~0.002
21	i- 발레르산	0.004	0.001	0.001~0.004
22	i- 뷰틸알코올	4.0	0.9	0.9~4.0

자료) 수도권매립지

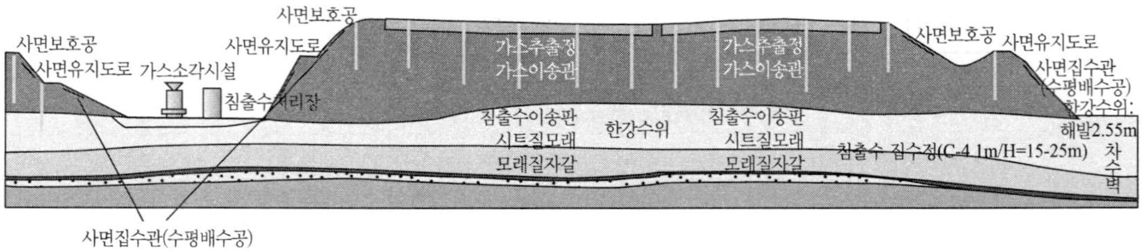

▮ 그림 9-27 난지도매립지의 가스추출도

9.1.7 준호기성 매립시설

일반적인 매립장은 준호기성으로 대표적인 일본 후쿠오까시의 준호기성 매립장의 구조에 대하여 설명하고자 한다. 옹벽은 쓰레기의 유출 방지와 더불어 호우 시 등의 최악의 경우에 증가하는 침출수를 일시 저류할 수 있는 구조이다. 이 매립장은 옹벽에 의해 외부와 차단하고 그 전면에 펌프정을 설치하였으며, 매립장 내의 하부에는 침출수 집수관을 시설하여 침출수를 집수관으로 자연 유하한 후 그림 9-28에서 보는 바와 같이 침출수 처리장으로 압송시킨다.

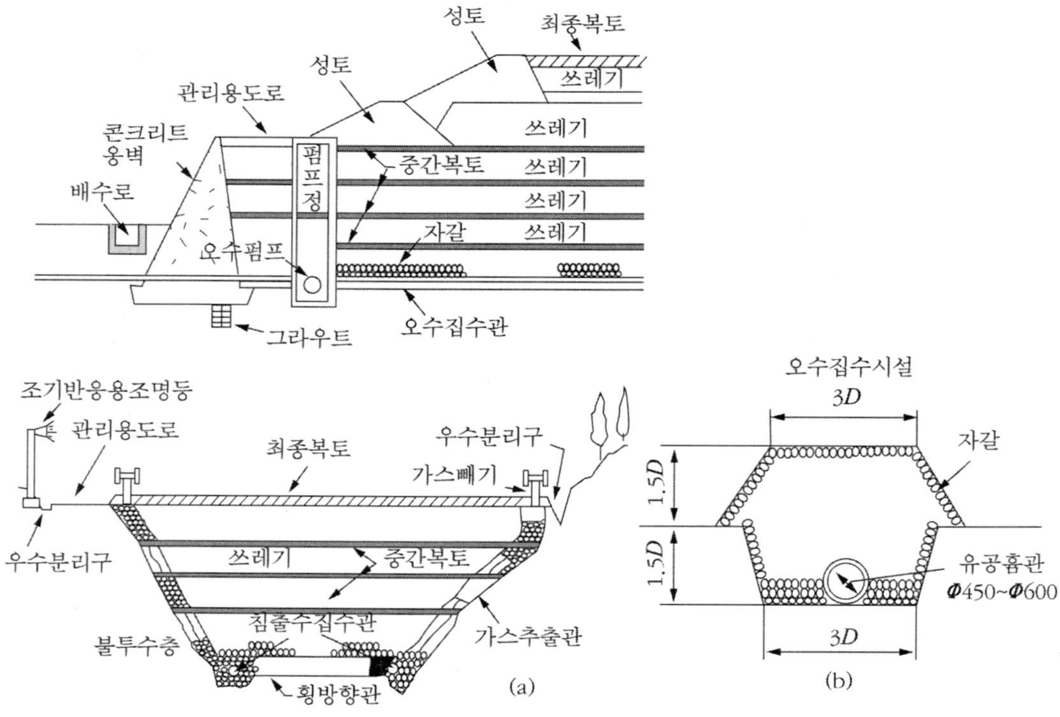

▮ 그림 9-28 매립 구조

옹벽의 높이를 결정하는 방법은

① 매립 총면적에 의한 2년 확률누적강우량에 의한 유입량을 산출하고 유입량과 처리량의 차로 저류량이 가장 위험하게 되는 일수를 구한다.

② 이 일수에서 각 블록의 유입량을 산출하고 쓰레기의 부수율을 7%로 하여 쓰레기층 내의 전 보수량을 구하며, 이것을 저류할 수 있도록 옹벽의 높이를 결정한다.

옹벽의 구조는 중력식 콘크리트옹벽으로 하고 시공에 있어서는 누수방지에 중점을 두고 콘크리트 이음매에는 지수판을 설치하였으며, 기초지반에는 차수효과를 올리기 위해 옹벽 아래 6 m 정도 커튼 그라우트(curtain grout)를 하였다.

매립장 내의 침출수를 계 외로 배수하고 지하 침투를 가급적 적게 하는 동시에 호기성 영역을 확대시키기 위해 펌프정과 침출수 집수장치를 설치하였으며, 침출수 집수장치는 유공관(ϕ 450~600)과 자갈로 구성되면 매립장 내의 하부 전역에 사다리 모양으로 시설하였다.

침출수는 그림 9-29와 같이 생물학처리와 물리·화학처리를 병용하여 일차 처리한 후 7 km 하류에 있는 하수처리장으로 압송하여 하수와 함께 처리한 후 해양배출 한다.

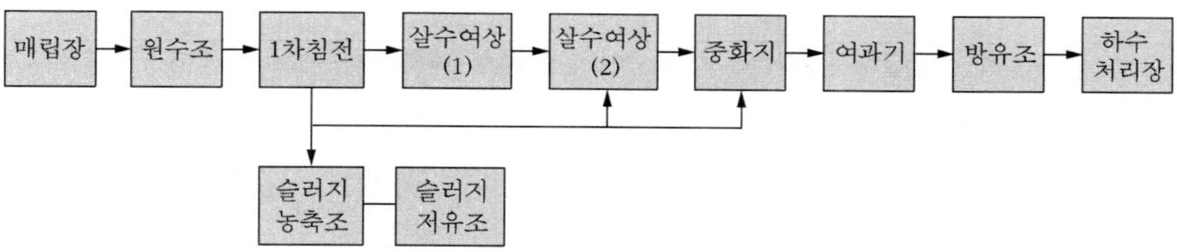

▌ 그림 9-29 침출수처리프로세스

우리나라의 대표적인 준호기성 위생매립장은 수도권매립지이며, 1992년부터 수도권의 쓰레기를 매립하기 위한 환경기초시설로 Cell 매립방식으로 복토를 하고 있다. 폐기물 매립층을 총 8단으로 40 m (1단을 5 m로 기준)까지 매립할 수 있도록 계획되어 있으며, 부지면적이 1,600만 m^2로 4개소의 거대한 매립장을 운영하고 있다. 현재 표에서 보는 바와 같이 제1, 2매립장은 매립기간이 종료되었으며, 제3매립장이 서울시 전 지역, 인천시 9개 시·군, 경기도 30개 시의 쓰레기가 매립되고 있다.

또한 2019년 기준 수도권매립지의 반입 쓰레기 성상표를 보는 바와 같이(표 9-14), 생활계폐기물과 건설폐기물이 전체 반입량의 42.5%를 차지하고 있는 것을 볼 때 생산단계부터 소비과정의 전 과정에 이르는 자원의 절약과 쓰레기의 재활용 문제에 대한 검토가 필요해 보인다.

표 9-13 수도권매립지 현황

구분	계	제1매립장	제2매립장	제3매립장	제4매립장	기타 시설
부지면적(만m^2)	1,600	409	378	103	593	117
매립면적(만m^2)		251	262	83		
매립용량(만톤)	22,800	6,425만 ton	8,018만 ton	1,819	6,538	
매립기간		1992.02 ~2000.10	2000.10 ~2018.10	2018.09 ~		

자료) 수도권매립지관리공사

표 9-14 수도권매립지 반입 쓰레기 성상(2019년)

총계	폐기물	생활계 폐기물	사업장 생활계	배출시 시설계	건설 폐기물	연탄재	탈리액	음폐수
3,368	반입량 (천톤)	858	44.9	1.4	664	19	232.2	166.8

9.1.8 수면매립처분

수면매립처분장의 예로 오오사까시 북항 매립장을 예로 설명하고자 한다. 북항매립장은 일반폐기물뿐만 아니라 특정폐기물도 받고 있던 매립장으로 특정폐기물의 공공기관에 의한 매립장 중의 하나이며, 환경보전을 위해 다음과 같이 공해대책과 환경오염대책을 강구하였다.

1) 공해대책

① 오수대책

쓰레기・슬러지 등에 포함된 유기물이 처분지 주변 해역을 오염시킬 우려가 있기 때문에 처분지의 호안벽 내에 표면포기기를 9기 설치하고 오수를 포기 처분함.

② 악취대책

생쓰레기를 매립하면 유기물의 분해에 의해 악취가 생긴다. 그 대책으로 쓰레기와 토사와의 층상매립을 실시하고 매립층 내를 호기성으로 유지하여 호기성 미생물에 의한 유기물의 분해를 촉진시키는 동시에 발생가스(악취가스)의 연소나 방취제의 살포를 실시함.

③ 가스대책

매립처분함으로써 발생하는 가스에는 인화성인 것이 있으며 가끔 자연발화 원인이 됨으로 가스추출장치를 설시하여 유도시킴(그림 9-30 참조).

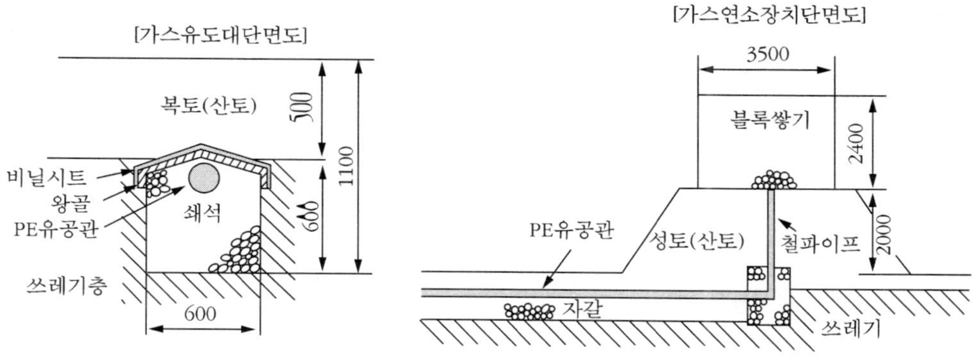

■ 그림 9-30 가스처리시설(오오사카시 북항 매립장, mm)

④ 쥐, 해충구제

매립처분지는 생쓰레기를 직접 매립하기 때문에 쥐, 파리 등의 온상이 되기 쉽다. 그 대책으로서 쓰레기를 완전히 복토하는 동시에 살충제를 살포함으로써 방지하고 있다. 매립 며칠 후의 쓰레기 내 온도는 복토에 의한 유지에 의해 60～80℃로 상승하여 대부분의 쥐, 해충, 병원균은 사멸시킴.

⑤ 비산방지대책

비산쓰레기에 대해서는 항상 해면 청소선에 의해 수집되고 태풍 등의 악천우인 경우에는 쓰레기가 유출되지 않도록 호안에 해면에서 7 m의 담장을 설치하여 쓰레기의 유출 방지

2) 환경오염대책

① 표 9-15에 표시한 감시체제에 의해 폐기물의 반입에 대한 점검 및 2차 공해의 감시

② 매립지 내 및 주변해역에서의 환경오염 감시체제

③ 처분지 내외의 수질 등 측정지점은 수질 측정점 21지점, 저질 측정점 6지점, 장기적 인측면에서 해안 1,000 m지점에 1점을 측정지점으로 함.

매립지 주변해역 등의 수질 및 저질의 측정항목은 표 9-16과 같다.

④ 매립지 주변의 산화지에서의 수질검사의 결과 이상치(방류관에서의 배수기준치의 대략 3배 이상)가 인정된 경우에는 해당 이상치에 관계되는 유해물질 함유의 우려가 있는 폐기물의 반입을 일시 정지하는 동시에 측정빈도를 높여 발생원을 추적조사하여 가능한 응급 대책을 실시함.

표 9-15 배출사업자에서 중계기까지의 수입감시의 방법

<table>
<tr><th rowspan="2">감시 대상</th><th rowspan="2">감시 주체</th><th colspan="2">감시항목 및 감시내용</th><th rowspan="2">비고</th></tr>
<tr><th>항목</th><th>내용</th></tr>
<tr><td>배출사업자</td><td>오오사까시
환경보건국</td><td>분별보관
무해와 처리
폐기물의 분석결과</td><td>보관시설의 검사(1회/년)
처리상황의 검사(1회/년)
㉠ 검사채취
㉡ 분석항목
(유해물질) Hg, Cd, Pb, Cr^{-6}, O-P, As, CN, PCB
(기타) 함수율(슬러지먼지류), 강열감량, 유분, 발색도, 발포도, 환원성 물질함유의 유무
㉢ 검사기관(財) : 산업공해방지센터
㉣ 분석결과의 보존 및 시에 보고</td><td>검체분석의 빈도
(특정공장)
50 t/월까지 1회/년
51～150 t/월2회/년
151～500 t/월 3회/년
500 t/월 이상 4회/년
(주) 성질에 따라 증감하는 일이 있다.</td></tr>
<tr><td>수집 · 운반업자</td><td>환경보건국</td><td>수집, 운반에 따라
2차 공해방지</td><td>설비, 기재 특허가 조건의 검사
(1회/년)</td><td></td></tr>
<tr><td></td><td>환경보건국</td><td>선적에 따른
2차 공해방지</td><td>㉠ 폐기물의 비산방지
㉡ 소음, 진동, 악취, 먼지 등 공해방지 조치</td><td></td></tr>
<tr><td>오오사까산업
폐기물
처리공사
(중계기지)</td><td>오오사까산업
폐기물
처리공사</td><td>폐기물의 수입점검
(폐기물의 양, 질)</td><td>㉠ 외관(종류)
㉡ 혼재의 유해
㉢ 계약내용과의 차이의 유무
(견본과 비교)
㉣ 발취검사의 실시</td><td>수질점검 코드에 의한 점검의 신속, 정확화를 꾀한다.
계약내용과 차이가 있는 경우에는 반입정지 등의 조치를 취한다.</td></tr>
</table>

표 9-16 매립지 주변해역 등의 수질 및 저질의 측정항목

<table>
<tr><th colspan="3">측 정 항 목</th><th>비고</th></tr>
<tr><td rowspan="2">수질</td><td>일반항목</td><td>수온, 기온, 색조, 취기, 투시도, pH, 용존산소, COD, BOD, SS, 염소이온</td><td rowspan="3">1. 총수은의 분석치가 기준을 넘는 경우에는 알킬수은의 측정을 한다.
2. 킬달질소, 총인, 대장균군수에 대해서는 필요에 따라 한다.
3. 분석 상호점검은 일반항목, 수분, 강열감량, 킬달질소, 총인, COD, BOD 및 건강항목에 대하여 한다.</td></tr>
<tr><td>건강항목</td><td>카드뮴, 시안, 납, 비소, 총수은, 동, 니켈, 아연, 망간, 총크롬, 철</td></tr>
<tr><td colspan="2">저질</td><td>온도, pH, 수분, 강열감량, COD, 카드뮴, 시안, 납, 총수은, 비소, 망간, 니켈, 아연, 동, 총크롬, 철</td></tr>
</table>

3) 호안의 구조

호안의 건설은 저질이 연약한 층이기 때문에 샌드드레인 공법 등에 의한 지반 개량공사를 시공하고 있다(그림 9-31 참조). 호안구조는 반드시 완전한 수밀구조를 목표로 하는 것은 아니지만 호안의 첨단폭은 20 m로 하고 쇠 찌꺼기나 모래로 충분히 튼튼히 하는 동시에 이음 부분에서의 누수를 방지하도록 한 공법으로 주로 건설공기나 시공비 등의 경제적 관점에서 채용된 것인데 수개월부터 1～2년 내에 모래층이 굳어짐으로써 지수효과를 기대한 것이다.

한편 우리나라의 경우, 서울 난지도의 쓰레기 매립장이 폐쇄됨에 따라 수도권의 쓰레기 광역해안매립계획을 수립하여 김포지구(30년 사용 예상)와 영종지구(120년 사용예상)에 반영구적인 수도권 쓰레기를 위생매립 처분할 계획이다(그림 9-32 참조).

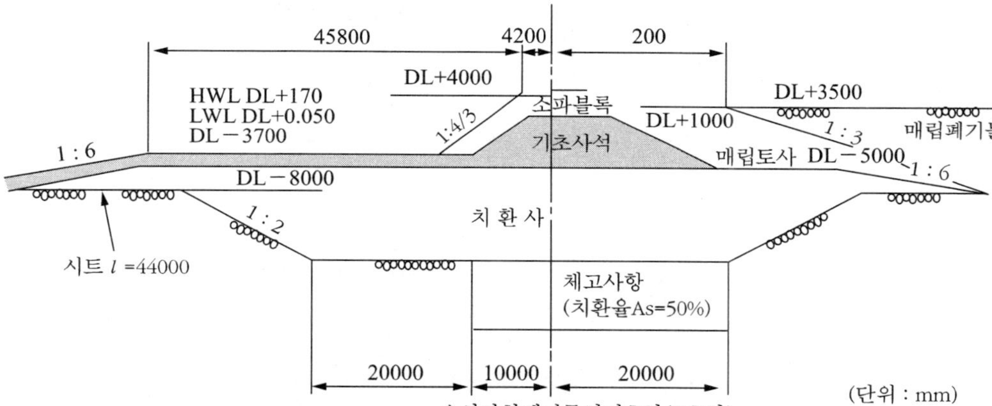

오사카항폐기물처리호안(B호안)

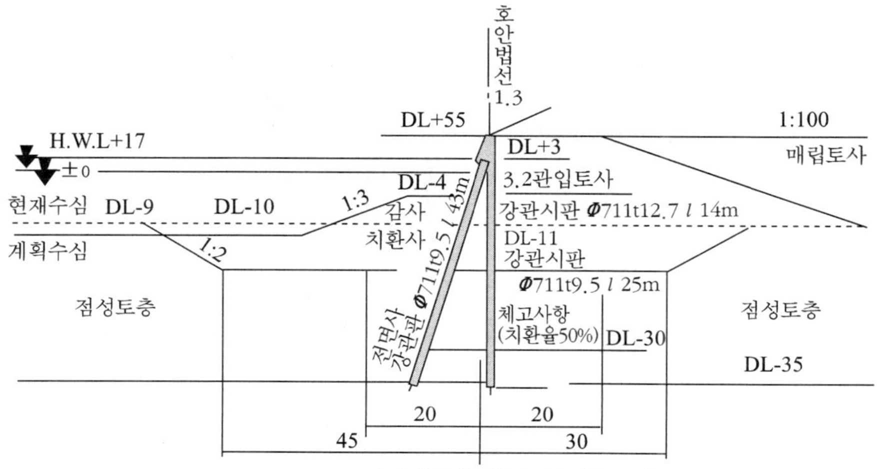

오사카항폐기물매립호안(C호안)

▮ 그림 9-31 호안구조

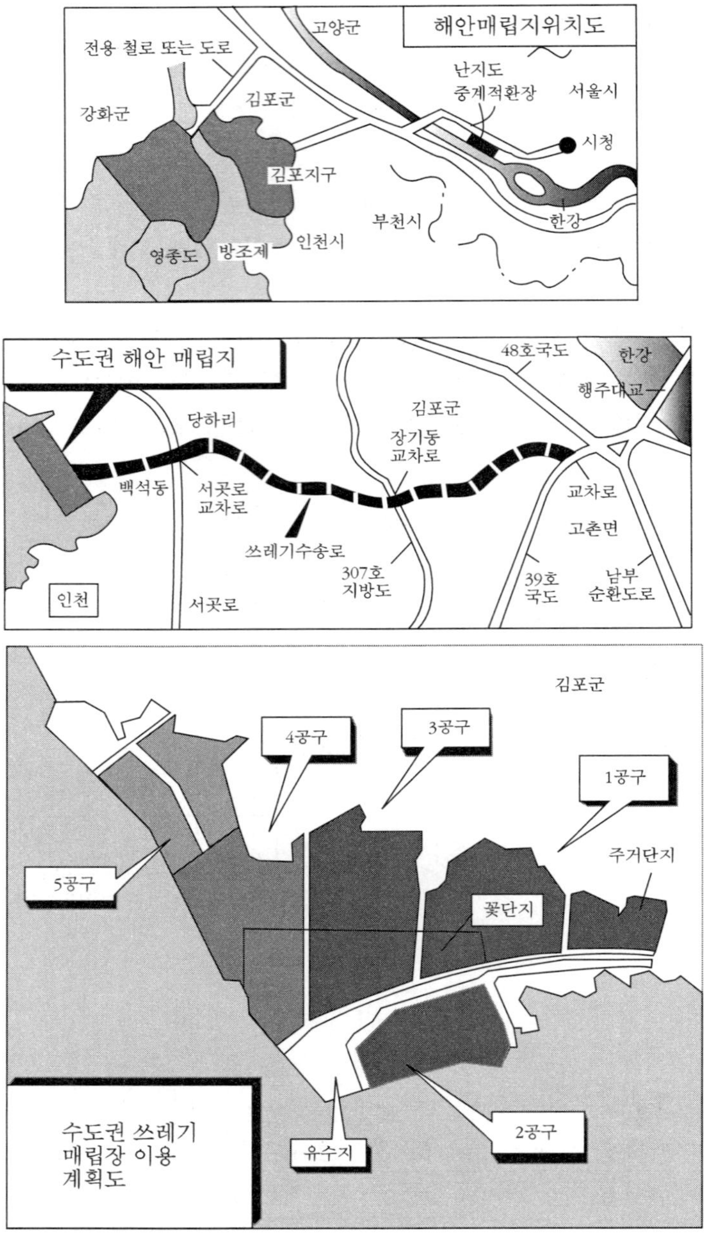

▌그림 9-32 수도권쓰레기의 광역해안매립계획

9.2 사업장폐기물

사업장폐기물은 무해성, 유해성의 구분에 의해 사업장일반폐기물과 지정폐기물로 구분된다. 또한 사업장일반폐기물은 사업장생활계폐기물과 사업장배출시설계폐기물로 구분되어 사업장 생활계폐기물은 생활폐기물로 관리하며, 사업장배출시설계폐기물과 지정폐기물의 매립기준 및 방법을 보면 다음과 같다.

9.2.1 사업장배출시설계폐기물의 매립기준 및 방법

1) 사업장배출시설계폐기물의 매립기준 및 방법

① 물을 이용하는 폐석고・폐석회・연소재(폐기물의 소각처리과정에서 발생하는 소각재를 제외한다. 이하 같다)・분진・폐주물사・폐사 등의 폐기물을 운반한 후 침전처리 하는 경우에는 가스소각시설, 발전・연료화처리 시설을 갖추지 아니한 매립시설에서 처리할 수 있으며, 침출수 또는 가스의 발생으로 주변 환경오염의 우려가 없다고 인정되는 연탄재・유리・연소재・도자기조각・광재류, 수산가공잔재, 패각류 또는 비금속광물제조업의 분쇄・세척・가공공정에서 발생하는 무기성오니 등의 폐기물은 차수시설, 집수시설, 침출수 유량 조정조, 침출수 처리시설, 가스소각시설 및 발전・연료화처리시설을 갖추지 아니한 매립시설에서 처리할 수 있다.

② 소각재・광재・폐금속류・폐토사・폐석고・폐석회・가연성이 아닌 폐촉매・폐흡착제・폐흡수제는 매립해야 한다.

③ 폐고무・열경화성 폐합성수지, 불연성 폐가전제품 및 폐가구류는 최대직경 15 cm 이하의 크기로 파쇄・절단 또는 용융・압축・해체한 후 매립해야 한다.

④ 분진은 폴리에틸렌 기타 이와 유사한 재질의 포대에 담아 매립시설에 매립해야 한다.

⑤ 수질환경보전법・하수도법에 의한 종말처리시설과 1일 폐수배출량 2,000 m^3 이상인 배출업소의 유기성 오니는 바로 매립하여서는 아니되며, 소각・퇴비화 처리 후 잔재물만 매립해야 한다.

⑥ 축산폐수처리시설・분뇨처리시설 및 1일 폐수배출량 700 m^3 이상 2,000 m^3 미만인 배출업소의 유기성 오니를 바로 매립하여서는 아니되며, 소각・퇴비화 처리 후 잔재물만 매립해야 한다.

2) 지정폐기물의 매립기준 및 방법

지정폐기물을 매립하는 경우에는 매립시설에서 발생되는 침출수 및 가스로 인한 주변의 환경오염을 방지하기 위하여 집수시설・차수시설・침출수처리시설 및 가스처리시설 등을 갖춘 매립시설에서 처리하여야 한다.

9.2.2 사업장배출시설계폐기물의 매립처분장

지정폐기물로 분류되었을 때의 매립처분장은 차단형, 관리형, 안정형, 침전지형으로 구분되어 폐기물의 성질 및 특성에 맞추어 매립처분되었으나 폐기물관리법 개정에 의해 안정형, 침전지형은 폐지되고 다음과 같이 차단형 매립시설, 관리형 매립시설만 관리되고 있다.

1) 차단형 매립시설

① 바닥 및 외벽은 KS F2405 (콘크리트의 압축강도 시험방법)에 의하여 측정한 압 축강도가 210 kg/cm^2 이상인 철근콘크리트로서 두께가 15 cm 이상 또는 이와 동등한 차단효력을 가진 구조물로 설치하되 방수처리 하여야 한다.

② 내부막이 1개 구획의 면적은 매립가능면적 50 m^2 이하 또는 매립가능용적 250 m^3 이하가 되도록 하고, 내부막의 두께는 10 cm 이상으로 하되 압축강도 210 kg/cm^2 이상의 콘크리트로 설치하여야 한다.

③ 매립시설주변에 떨어진 빗물의 유입을 방지할 수 있는 시설과 빗물을 차단할 수 있는 덮개를 설치하여야 한다.

2) 관리형 매립시설

① 침출수가 매립시설에서 유출되는 것을 방지하기 위하여 매립시설의 바닥 및 측면은 물의 성상, 매립높이, 지형조건 등을 고려하여 점토·점토광물 혼합토 등 점토류 라이너, 에틸렌 또는 이에 준하는 재질의 토목합성수지라이너를 사용하여 다음의 방법에 따라 차수시설을 설치하여야 하며, 고밀도폴리에틸렌 또는 이에 주하는 재질의 토목합성수지라이너를 사용하는 경우에는 폐기물의 하중 등에 대한 안정성을 검토하여 항복인장강도의 안전율이 2.0 이상이 되도록 설계·시공하여야 한다. 다만, 다른 방법에 의하여 동등 이상의 차수효과를 가지는 경우에는 그러하지 아니한다.

㉠ 고밀도폴리에틸렌 또는 이에 준하는 재질의 토목합성수지라이너를 사용하는 경우 두께 2.0 mm (지정폐기물을 매립하는 경우에는 2.5 mm) 이상의 것을 1겹 이상 포설하여야 하고, 토목합성수지라이너 하부에는 점토·점토광물혼합토 등 점토류를 다져 투수계수가 1초당 1천만분의 1 cm 이하이고 두께가 50 cm 이상(지정폐기물을 매립하는 경우에는 1 m 이상)인 라이너를 설치하여야 한다. 다만, 매립시설 측면의 경사가 급하여 토목합성수 지라이너 하부에 점토류 라이너를 설

치하는 것이 불가능한 경우에는 토목합성수지라이너 하부에 동등 이상의 차수효과를 가지는 토목합성수지라이너 등으로 포설할 수 있다. 고밀도 폴리에틸렌라이너 중 매끄러운 고밀도 폴리에틸렌라이너를 사용하는 경우에는 별도로 정한 기준에 적합한 것을 사용하여야 한다.

㉡ 점토·점토광물혼합토 등 점토류를 사용하는 경우 투수계수가 1초당 1천만분의 1 cm 이하이고 두께가 1 m 이상(지정폐기물을 매립하는 경우 1.5 m 이상)인 라이너를 설치하여야 한다.

㉢ 기타 차수재료를 사용하는 경우 ㉠ 또는 ㉡와 동등한 차수효과를 가지도록 차수시설을 설치하여야 한다.

② 매립시설 바닥의 토목합성수지라이너 위에는 지오컴포지트(지오네트에 지오텍스 타일을 붙인 것을 말한다. 이하 같다), 지오텍스타일 등을 설치한 후 그 위에 침출수 집배수층(투수계수가 1초당 1백분의 1 cm 이상이고 두께가 30 cm 이상이어야 한다), 집배수관로, 집수정 및 이송관로 등 침출수집배수시설을 설치하고, 매립시설 측면의 토목합성수지 라이너 위에는 매립하중 하에서 투과능계수가 1초당 3만분의 1 m^2 이상인 지오컴포지트, 지오네트 또는 지오텍스타일 등 토목합성수지배수층을 설치하여야 하며, 점토류 라이너로 차수시설을 설치하는 경우 측면의 점토류 라이너 위에는 투수계수가 1초당 1백분의 1 cm 이상이고 두께가 30 cm 이상인 모래 등을 포설하여야 한다. 이 경우 집배수관로의 주변에는 집배수관로가 막히지 아니하도록 충분한 투수계수를 갖는 자갈 등을 설치하여야 하며 침출수집배수시설의 바닥구배는 2% 이상이 되도록 하여야 한다.

③ 매립시설 바닥 및 측면의 라이너 밑에는 주변에서 집수된 빗물과 또는 지하수를 배제할 수 있는 시설을 설치하여야 한다. 다만, 빗물이 유입되지 아니하거나 지하수가 발생되지 아니하는 지역에 매립시설을 설치하거나 빗물 또는 지하수배제시설을 설치할 필요가 없는 구조로 매립시설을 설치하는 경우에는 그러하지 아니하다.

④ 침출수량 등의 변동에 대응하기 위하여 침출수유량조정조를 설치하여야 하며, 침출수유량조정조는 최근 10년간 1일 강우량이 10 mm 이상인 강우일수 중 최다빈도의 1일 강우량의 7배 이상에 해당하는 침출수를 저장할 수 있는 규모로 설치하되, 유량조정조 내부를 방수처리하고 유량조정조 유입구에는 유량계를 설치하여야 한다.

⑤ 침출수를 침출수배출허용기준 이하로 처리할 수 있는 시설을 설치하여야 하며, 침출수처리시설 배출구에는 유량계를 설치하여야 한다. 다만, 다른 매립시설의 침출수처리시설 및 수질환경보전법 제11조의 규정에 의한 수질오렴방지시설(자가수질오염방지시설에 한한다)에서 처리하는 오염물질을 당해 시설에 이송·처리하거나 수질환경보전법 제43조의 규정에 의한 폐수처리업자에게 위탁처리하는 경우 또는 인근에

수질환경보전법 제25조 및 하수도법 제2조의 규정에 의한 종말처리시설, 오수・분뇨 및 축산폐수의 처리에 관한 법률 제2조의 규정에 의한 분뇨처리시설이 위치하여 종말처리시설 및 분뇨처리시설에서 처리하는 오렴물질을 당해 시설에 이송・처리하는 경우에는 침출수처리시설의 일부 또는 전부를 갖추지 아니할 수 있다. 이 경우 인근에 종말처리시설이 위치한 경우에는 침출수를 종말처리시설로 이송・처리하는 것을 원칙으로 한다.

⑥ 유기성 폐기물을 매립하여 가스가 발생되는 경우에는 매립시설에서 발생되는 가스를 모아 소각하는 등 처리시설을 설치하거나 발전・연료화처리시설 등의 활용시설을 설치하여야한다.

⑦ 폐기물의 반입과정에서 차수시설 등의 손상을 방지할 수 있는 구조로 내부진입도로를 설치하여야 한다. 다만, 물 등을 이용하여 폐기물을 운반하는 경우에는 그러하지 아니하다.

폐기물관리법상의 부유물질량 등의 배출허용기준과 매립시설 침출수의 배출허용기준표를 보면 표 9-17과 표 9-18과 같다.

한편 유해폐기물을 매립하는 경우는 유해성분의 침출을 억제하기 위하여 고화처리, 탈수 등의 전처리를 통해 수분량을 최소화하고 유해 중금속 폐기물을 경우는 고화처리 후 매립한다. 매립 시에도 여러 종류의 폐기물을 섞지 않고 각각 분리하여 cell 별로 매립하며, 매립된 폐기물은 양 및 질 등에 대하여 철저한 기록을 남기고 침출수에 의한 오염을 막기 위해 이중차수설비와 침출수 수집배수설비 등 강화된 지하수 오염 방지설비 및 덮개설비를 갖추어야 한다.

그밖에 토지경작법(land farming)은 토양 표면에서 일어나는 생물학적, 화학적, 물리적 과정을 이용하여 생분해성 산업폐기물을 처리하는 방법으로, 처분하고자 하는 폐기물을 준비가 된 토지 위에 살포하거나, 토양 표면 밑으로 주입한다. 유기 폐기물을 토양에 첨가하면 다음과 같은 과정이 함께 일어나게 된다.

① 생물학적 및 화학적 분해
② 초기 폐기물 및 분해 생성물로부터 수용성 성분의 침출
③ 초기 폐기물 및 분해 생성물로부터 특정 성분의 기화

토지 경작의 평가에서 고려하여야 할 인자는

① 폐기물의 조성
② 초기토양 미생물군의 양립성(compatibility)
③ 산소, 온도, pH, 무기영양물 등에 포함된 환경 요건
④ 폐기물 내의 수분 함유량

표 9-17 매립시설 침출수의 생물화학적 산소요구량 · 화학적 산소요구량 · 부유물질량의 배출 허용기준

항목 지역구분	생물화학적 산소요구량 (mg/L)	화학적 산소요구량(mg/L) 과망간산칼륨법에 의한 경우: 1일 침출수배출량 2,000 m^3 이상	화학적 산소요구량(mg/L) 과망간산칼륨법에 의한 경우: 1일 침출수배출량 2,000 m^3 미만	화학적 산소요구량(mg/L) 중크롬산칼륨법에 의한 경우	부유물질량 (mg/L)
청정지역	30	50	50	400 (90%)	30
가지역	50	80	100	600 (85%)	50
나지역	70	100	150	800 (80%)	70

자료) 수도권매립지관리공사

비고) 1. 화학적산소요구량의 배출허용기준은 2001년 6월 30일까지는 과망간산칼륨법에 의한 경우와 중크롬산칼륨 법에 의한 경우 중 하나를 선택적으로 적용할 수 있으며, 2001년 7월 1일 부터는 중크롬산칼륨법에 의한 배출 허용 기준으로 적용한다.

2. 중크롬산칼륨법에 의한 경우 ( )안에 수치는 처리효율을 표시한 것이며, 침출수원수의 화학적 산소요구량 이 4,000 mg/L을 초과하는 경우에는 ( )안에 표기된 처리효율 이상이 되도록 처리하여야 한다.

3. 청정지역 · 가지역 · 나지역의 구분은 수질 환경보전법시행규칙 별표 5 제1호 가목에 의하여 환경부장관이 고시 하는 지역 구분에 따른다.

표 9-18 매립시설 침출수의 페놀류 등 오염물질의 배출허용 기준

항목 지역구분	수소이온농도	노말핵산추출물질함유량: 광유류 (mg/L)	노말핵산추출물질함유량: 동식물유지류 (mg/L)	페놀류 함유량 (mg/L)	시안 함유량 (mg/L)	크롬 함유량 (mg/L)	용해성 철함유량 (mg/L)	아연 함유량 (mg/L)	구리 함유량 (mg/L)	카드륨 함유량 (mg/L)	수은 함유람 (mg/L)	유기인 함유량 (mg/L)
청정지역	5.8~8.0	1 이하	5 이하	1 이하	0.2 이하	0.5 이하	2 이하	1 이하	0.5 이하	0.02 이하	불검출 이하	0.2 이하
가지역	5.8~8.0	5 이하	30 이하	3 이하	1 이하	2 이하	10 이하	5 이하	3 이하	0.1 이하	0.05 이하	1 이하
나지역	5.8~8.0	5 이하	30 이하	3 이하	1 이하	2 이하	10 이하	5 이하	3 이하	0.1 이하	0.05 이하	1 이하

항목 지역구분	비소 함유량 (mg/L)	납 함유량 (mg/L)	6가크롬 함유량 (mg/L)	용해성 망간 함유량 (mg/L)	불소 함유량 (mg/L)	PCB 함유량 (mg/L)	대장균 군수 (개/mL)	색도 (도)	암모니아성 질소 (mg/L)	무기성 질소 (mg/L)	총인 (mg/L)	트리클로로 에틸렌 (mg/L)	테트라클로로 에틸렌 (mg/L)
청정지역	0.1 이하	0.2 이하	0.1 이하	2 이하	3 이하	불검출	100 이하	200 이하	50 이하 (95%)	150 이하 (85%)	4 이하	0.06 이하	0.02 이하
가지역	0.5 이하	1 이하	0.5 이하	10 이하	15 이하	0.005 이하	3000 이하	300 이하	100 이하 (90%)	200 이하 (80%)	8 이하	0.3 이하	0.1 이하
나지역	0.5 이하	1 이하	0.5 이하	10 이하	15 이하	0.005 이하	3000 이하	300 이하	100 이하 (90%)	300 이하 (70%)	8 이하	0.3 이하	0.1 이하

자료) 수도권매립지관리공사

비고) 1. 노말 핵산 추출물질 함유량란의 광유류와 동식물유지류는 두 항목을 동시에 배출할 경우에는 광유류에 규정된 기준을 적용한다.

2. 청정지역 · 가지역 · 나지역의 구분은 수질환경보전법시행규칙 별표 5 제1호 가목에 의하여 환경부장관이 고시하는 구분에 따른다.

3. 무기성 질소는 암모니아성질소 · 아질산성질소 · 질산성질소의 합으로 한다.

등을 들 수 있다.

토지경작은 생분해성 유기성분이 들어 있고 생물 전화가 일어나는 동안 과다하게 침출되지 않는 폐기물에 적절한데, 예로 석유 폐기물과 기름이 들어 있는 슬러지는 토지경작에 의한 처분에 아주 적절한 것이다.

그리고 액상 고형 폐기물의 처분을 위한 심정 주입법(deep-well injection)은, 침투성 암석층[대표적으로는 석회석이나 돌로마이트(dolomite)] 또는 지하 동혈(cavern)로 땅속 깊이 폐기물을 주입하는 방법이다. 폐기물 주입용 심정의 설치에서는, 유정 및 가스정의 시추 및 완성에서 사용되는 방법을 그대로 따른다. 잠재적 용수 대수층(aquifer)을 격리하여 보호하기 위해서는, 이러한 대수층의 상당히 아래에 표면 케이싱(casing)을 설치하고 우물 표면을 발라야 한다(그림 9-33). 시추 유체(drilling fluid)는 폐기물 처리에 사용하고자 하는 층을 투과하지 않도록 한다. 층의 막힘을 방지하기 위하여, 시추 유체는 상용성 용액으로 대치한다. 또한, 경우에 따라서는 폐기물 주입을 시작하기 전에 층을 산 처리할 필요가 있다.

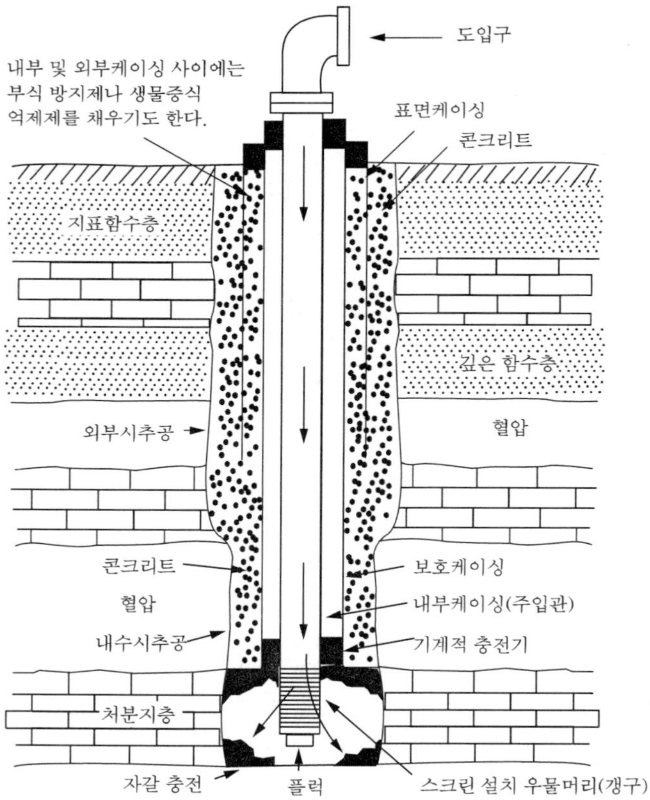

■ 그림 9-33 액상 고형폐기물 주입용 우물

9.2.3 해양투입처분

일본에서는 특정폐기물을 해양투입처분하는 경우 「해양 오염 및 해상재해방지에 관한 법률 시행령」에 의해 해양 투입처분의 투입해역을 정하고 있다(그림 9-34 참조).

또 투입처분법에 대해서는 다음과 같이 「집중형배출방법」과 「확산형배출방법」이 정해져 있다.

① 집중형 투입처분 : 상기의 각 조건을 만족시키는 동시에 폐기물이 가급적 빨리 침강하고 또한 퇴적하는 투입처분을 말한다.
   ㉠ 비중 1.2 이상의 상태로 하여 배출한다.
   ㉡ 분말 그대로 배출하지 않는다.
   ㉢ 선박의 항해 중에 배출하지 않는다.
   상기의 각 조건을 만족시키는 동시에 폐기물이 가급적 빨리 침강하고 또한 퇴적하는 투입처분을 말한다.

② 확산형 투입처분 : 상기의 각 조건을 만족시키는 동시에 폐기물이 가급적 빨리 확산하는 투입처분을 말한다.
   ㉠ 해면 아래에 배출한다.
   ㉡ 선박의 항해 중에 배출한다.
   상기의 각 조건을 만족시키는 동시에 폐기물이 가급적 빨리 확산하는 투입처분을 말한다.

과거 우리나라에서는 1988년부터 해양오염방지법에 의거하여 해양환경으로 배출되었을 경우에 쉽게 분해·확산되는 무독성의 수용성 유기성 폐기물을 주 대상으로 하여, 일정해역에 배출할 수 있게 하는 폐기물해양배출제도를 운영하고 있었다. 이 법에 따르면, 폐기물의 특성상 비교적 무해하고 그 발생량이 과다하여 육지에서의 대량처리가 곤란하며 처리비용이 과다하게 소요되는 폐기물은 적정 처리방법에 따라 지정된 해역에 배출하도록 허용하고 있다.

해양투입이 허용되는 폐기물의 종류로는 분뇨 및 정화조 오니, 하수 및 정수오니, 수산물가공 잔재물, 폐수배출시설 중 음·식료품제조시설 및 해산물판매장에서 발생되는 폐수, 수질오염방지시설 중 생물학적 처리시설에서 발생되는 유기성 오니, 폐산·폐알칼리(pH 2.0 이하, 12.5 이상), 준설토사 및 패각류 등이 있다.

이 중에서 폐산 및 폐알칼리는 1996년 7월에 개정된 폐기물해양배출 관련 런던덤핑협약에 따라 1999년부터 연차적으로 해양배출을 축소(1998년 기준 90%. 2000년 75%, 2001년 50% 이내)시키고 있다.

그러나 2002년 1월부터 폐산 및 폐알칼리의 해양투입을 전면 금지시켰으며, 1996년 런던의정서에 의거 2012년부터는 유기성폐기물의 해양투기가 전면 금지되었다.

따라서 표 9-19에서 보는 바와 같이 모든 해역에서 해양배출량이 현저히 감소하고 있는 것을 볼 수 있다. 과거에는 분뇨, 유기성폐수 등의 액상류와 하수처리오니 등의 오니류의 해양배출 발생량이 다량 배출 되었으나 표 9-20에서 보는바와 같이 해양투기가 전면 금지된 2012년 이후로 유기성폐기물의 해양배출량이 급격히 감소되고 있는 것을 볼 수 있다. 특히 동해정에서는 2012년도부터 2018년도까지 해양배출량이 거의 배출되고 있지 않는 것을 볼 수 있다.

표 9-19 연도별 폐기물 해양배출 현황(천m^3/년)

구분	2011	2012	2013	2014	2015	2016	2017	2018	2019	2020
합계	3,972	2,288	1,160	491	259	35	28	27	59	116
서해병	1,342	1,041	580	211	98	13	7	-	2	-
동해병	2,350	1,247	579	280	161	22	21	27	30	25
동해정	280	-	1	-	-	-	-	-	27	91

표 9-20 배출해역별 해양 배출량(천m^3/년)

구분	2009	2010	2011	2012	2013	2014	2015	2016	2017	2018
합계	4,785	4,478	3,972	2,288	1,160	491	259	35	28	27
서해병	1,286	1,363	1,342	1,041	580	211	98	13	7	-
동해병	2,864	2,669	2,350	1,247	579	280	161	22	21	27
동해정	635	446	289	-	1	-	-	-	-	-

자료) 환경백서
서해병해역 : 군산서방 – 약 200 km
동해병해역 : 포항동방 – 약 125 km
동해정해역 : 울산남동방 – 약 63 km

표 9-21 해양쓰레기 종류별 수거량(톤)(1,000톤/년)

종류	2015	2017	2019	2021
합계	69,129	82,175	108,644	120,735
부유쓰레기	4,330	4,460	7,713	6,067
침적쓰레기	16,252	29,662	25,799	18,944
해안쓰레기	48,547	48,053	75,132	95,725

자료 : 해양수산부

표 9-22 폐기물 종류별 해양배출량(1,000 m³/년)

종류	2011	2012	2013	2014	2015	2016	2017	2018	2019	2020
합계	3,972	2,288	1,160	491	259	35	28	27	59	116
액상류	2,231	1,458	253	107	55					
오니류	1,734	824	900	352	156					
무기물										
기타	7	6	7	32	49	35	28	27	32	116

자료) 해양수산부

현재 지정된 폐기물 투입해역은 서해병해역이 군산서방 200 km 해상, 수심 80 m 내외로서면적은 약 3,080 km^2, 동해병해역은 포항동방 약 125 km 해상, 수심 1,000 m 내외로 면적 약 3,688 km^2, 동해정해역은 부산동방 약 90 km 해상, 수심 150 m 내외, 면적 약 1,818 km^{2}이다.

표 9-22에서 보는 바와 같이 무기성류의 해양배출량은 2010년까지 매년 증가하다가 2011년 이후부터는 배출되고 있지 않고 있다. 이는 정부의 해양배출 축소 정책과 국제협약 등에 기인한 효과로 볼 수 있다.

과거 2007년도 해양배출된 폐기물은 서해에 190여만 톤, 동해에 550여만 톤으로 총 740여만 톤이 해양투기 되었으며, 종류별로는 분뇨가 32%로 가장 많은 양이었다. 그 다음은 유기성폐수가 28%, 하수처리오니 21%, 폐수처리오니 15% 순으로 확산형 투입처분 방식으로 지정해역에 도착하면 폐기물 배출관을 열고 일정 속도로 항해하면서 배출시킨다.

그러나 유기성폐기물의 해양투기가 금지된 2012년 이후에는 유기성쓰레기의 종류에 관계없 점차 해양투기 되지 않고 있으며, 표 9-22에서 보는 바와 같이 2016년부터 거의 모든 쓰레기가 해양투기 되지 않고 있다.

또한 해양수산부에서는 2개월에 1번씩 정기적으로 해안가 쓰레기의 양과 종류, 각국에서 흘러 들어온 쓰레기의 유입 변화 등을 조사하고 있으며, 2014년 말부터 조사의 신뢰성을 높이기 위해 조사 지점을 20개소에서 40개소로 확대하여 조사・분석하고 있다.

해안가 쓰레기량은 전반적으로 감소 추세를 보이고 있으며, 과거 2017년도 기준 해안가 쓰레기 종류의 대부분은 플라스틱(약 58%)과 스티로폼(약 12%)이었다.

따라서 환경부와 해양수산부는 2018년 7월부터 매월 셋째 주 금요일을 '연안정화의 날'로 지정하여 쓰레기 없는 바다를 만들기 위해 노력하고 있다. 표 9-23은 해양생태계 보호 기준표이며, 표 9-24는 우리나라의 환경보전해역 및 특별관리해역 지정 현황표이다.

표 9-23 해양생태계 보호기준(ppm)

구 분	Cu	Pb	Zn	Cd	Cr^{+6}	Hg	Ni
단기기준	3.0	7.6	34.0	19.0	200	1.8	11.0
장기기준	1.2	1.6	11.0	2.2	2.8	1.0	1.8

표 9-24 우리나라의 환경보전해역 및 특별관리해역 지정 현황(2020)

명칭	면적(km^2)		구역의 위치
	육역	해역	
가막만	101.13	154.17	전라남도 – 여수시
득량만	234.51	315.74	전라남도 – 고흥군, 보성군, 장흥군
완도・도암만	431.59	338.48	전라남도 – 장흥군, 해남군, 완도면, 강진군
함평만	165.87	140.73	전라남도 – 영광군, 부안군, 함평군

자료) 해양수산부

9.2.4 매립처분 및 해양투입처분의 개별기준

앞서 말한 것과 같이 과거 일본에서의 산업폐기물 매립처분은 산업폐기물의 종류 및 처리법에 따라 적합한 형태의 처분장에 처분하게 되며, 해양투입처분은 산업폐기물의 종류 및 처리법에 의해 투입해역과 투입처분법을 정하고 있다. 따라서 우리나라 "지정폐기물"의 최종처분은 이러한 법적기준에 따라야 할 필요가 있는데 기준은 혼잡하고 복잡하다. 따라서 매립에 관심이 많은 학도를 위해 과거 일본폐기물 대책협회가 정리한 특정폐기물의 개별기준을 표 9-25, 표 9-26에 정리해 두었다.

표 9-25 무해한 폐기물의 매립처분 및 해양투입처분의 개별의 기준

폐기물의 종류	매립처분	해양투입처분
탄찌꺼기	중간처리불필요 [관리형처분장]	중간처리 불필요(단, 강열감량 15% 이하의 것에 한함) [B해역, 집중형 배출방법]
슬러지	I. 육상매립처분 ① 소각설비를 사용하여 소각한 것(유기성 슬러지에 대해서는 강열감량 15% 이하로 할 것) → 탄찌꺼기 ② 함수율 85% 이하로 할 것. 이 경우, 유기성슬러지이면 대략 3 m (유기성슬러지 40% 이상일 때는 50 cm) 이하의 두께에 대하여 50 cm의 복토를 할 것(콘크리트고형화를 한 경우 또는 소규모매립처분 및 지중에 있는 공간을 이용하여 매립처분을 하는 경우에는 적용을 제외) II. 수면매립처분 Ⓐ 무기성슬러지 중간처리 불필요 [관리형 처분장] Ⓑ 유기성슬러지 소각설비를 사용하여 소각할것(강열감량 15% 이하로 할 것) → 탄찌꺼기	Ⓐ 유분을 포함하는 슬러지(기준에 적합하지 않는 것에 한함) 또는 폐놀수지의 제조업에서 생기는 폐놀류를 포함하는 슬러지 [해양투입처분금지] Ⓑ 배수용액의 무기성의 슬러지 중간처리 불필요 [B해역, 집중형 배출방법] Ⓒ 수용성의 무기성의 슬러지 중간처리 불필요 [C해역, 확산형 배출방법] Ⓓ 유기성의 슬러지 ① 중간처리 불필요 [C해역, 확산형 배출방법] ② 강열감량 15% 이하로 할 것 → 탄찌꺼기
폐유	Ⓐ 폐유일반(타르 피치류 이외의 것) 소각설비를 사용하여 소각할 것 → 탄찌꺼기 Ⓑ 타르 피치류 중간처리 불필요 [관리형 처분장]	[해양투입처분금지]
폐산 폐알칼리	[매립처분금지]	Ⓐ 유분을 포함한 것(기분에 적합하지 않는 것에 한함) 또는 폐놀수지의 제조업에서 생기는 폐놀류로 포함하는 것 [해양투입처분금지] Ⓑ Ⓐ 이외의 것이며 pH 5.0 이상 9.0 이하로 한 것 [C해역, 확산형 배출방법]

폐기물의 종류	매립처분	해양투입처분
폐플라스틱	① 소각설비를 사용하여 소각할 것 → 탄찌꺼기 ② 파쇄, 절단 용융설비에 의한 용융등의 중간처리에 의해 중공의 상태가 아니고 또한 최대경 대략 15 cm 이하로 할 것 안정형 처분장	강열감량 15% 이하로 소각할 것 → 탄찌꺼기
종이조각 나뭇조각 섬유조각	중간처리불필요 안정형 처분장	강열감량 15% 이하로 소각할 것 → 탄찌꺼기
동식물성잔사	① 강열감량 15% 이하로 소각할 것 → 탄찌꺼기 ② 대략 3 m (강열감량 15% 이상의 것이 40% 이상일 때는 50 cm) 이하의 층두께에 대하여 대략 50 cm의 복토를 할 것(콘크리트 고형화를 한 경우 또는 소규모 매립처분 또는 지중의 공간을 이용하여 매립처분을 하는 것은 적용 제외) 안정형 처분장	① 강열감량 15% 이하로 소각할 것 → 탄찌꺼기 ② 마쇄, 유분을 제거한 것(기준에 적합한 것에 한한다) C해역, 확산형 배출방지
고무조각	① 소각설비를 사용하여 소각할 것 → 탄찌꺼기 ② 파쇄, 절단 등의 중간처리에 의해 최대경 대략 15 cm 이하로 할 것 안정형 처분장	강열감량 15% 이하로 소각할 것 → 탄찌꺼기
금속조각	중간처리 불필요	중간처리 불필요
유리 및 도자기조각	안정형 처분장	B해역, 집중형 배출방법
광용	중간처리 불필요 관리형 처분장	중간처리 불필요
건설폐재	중간처리 불필요 안정형 처분장	B해역, 집중형 배출방법
동물분뇨	동식물성 잔사의 처리처분기준과 같음	부유성 협잡물을 제거할 것 C해역, 확산형 배출방법
동물사체	동식물성 잔사의 처리처분기분과 같음 관리형 처분장	강열감량 15% 이하로 소각할 것 → 탄찌꺼기
매진	대기 중에 비산하지 않도록 필요한 조치를 강구할 것 관리형 처분장	중간처리 불필요 B해역, 집중형 배출방법

표 9-26 유해한 산업폐기물의 매립처분 및 해양투입처분의 개별의 기준

폐기물의 종류	매립처분	해양투입처분
탄찌꺼기	I. Hg를 포함한 것 Ⓐ 기준에 적합하게 할 것(고형화처리를 제외) (적) → 관리형 처분장 (부적) → 매립처분금지 Ⓑ Ⓐ에서 부적합한 경우는 고형화에 의해 기준에 적합하게 할 것	Hg, Cd, Cr^{6+}, As를 포함한 것 Ⓐ 기준에 적합하게 할 것(고형화처리를 제외) (적) → 해양투입처분가 B해역, 집중형 배출방법 (부적) → 해양투입처분금지
매진	(적) → 관리형 처분장 (부적) → 차단형 처분장 II. Cd, Pb, Cr^{6+}, As를 포함한 것 기준에 적합하게 할 것 (적) → 관리형 처분장 (부적) → 차단형 처분장	Ⓑ Ⓐ에서 부적합한 경우는 고형화에 의해 기준에 적합하게 할 것 해양투입처분가 A해역, 집중형 배출방법
슬러지	I. Hg 또는 CN를 포함하는 것 Ⓐ 기준에 적합하게 할 것(고형화처리를 제외) (적) → 관리형 처분장 (부적) → 매립처분금지	I. PCB처리물 해양투입처분금지 II. 상기 이외의 것 Ⓐ 기준에 적합하게 할 것 (적) → 해양투입처분가
PCB오염물	① PCB를 제외할 것 ② 소각설비를 사용하여 소각하고, 탄찌꺼기 등 소각에 의해 생긴 것은 기준에 적합하게 할 것 ③ PCB오염물의 재질, PCB의 대입상태 등에 의해 ① 또는 ②에 의한 것이 곤란하다고 인정되는 경우에는 법에서 따로 정하는 방법으로 처리할 것 상기 ①, ②, ③ 중의 임의의 처리를 하여 기준에 적합하게 할 것(기준에 적합한 것) (폐플라스틱) → 안정형 처분장 (금속조각) → 안정형 처분장 (종이조각) → 관리형 처분장 (탄찌꺼기) → 관리형 처분장	해양투입처분금지 좌기의 ①의 처리를 한 금속조각, ②의 처리를 하여 기준에 적합한 탄찌꺼기 해양투입처분가 B해역, 집중형 배출방법

연습문제

01 폐기물의 처분 방법에 대하여 설명하시오.

02 폐기물의 매립 처분 방법 및 매립지의 구조에 대하여 설명하시오.

03 특정폐기물의 최종 처분방법에 대하여 설명하시오.

04 특정폐기물 매립구조의 종류 및 규정에 대하여 설명하시오.

05 매립지에서 쓰레기의 분해가스 성상 및 분해 방정식에 대하여 설명하시오.

06 매립지에서 쓰레기의 성상에 따른 분해 특성에 대하여 설명하시오.

07 매립지에서 발생되는 분해가스의 발생량 예측 및 회수 이용 방법에 대하여 알아보자.

08 혐기성 조건에서 화학 조성이 다음과 같은 쓰레기에서 발생할 수 있는 최대 가스량을 추산하시오.

성분	수분(%)		성분	수분(%)	
	범위	대표값		범위	대표값
식품 폐기물	50～80	70	나무	15～40	20
종이	4～10	6	기타 유기물	10～60	25
판지	4～8	5	유리	1～4	2
플라스틱	1～4	2	양철 깡통	2～4	3
천	6～15	10	비철 금속	2～4	2
고무	1～4	2	철 금속	2～6	3
가죽	8～12	10	먼지, 재, 벽돌, 기타	6～12	8
정원 쓰레기	30～80	60	도시 고형폐기물	15～40	20

09 화학식이 $C_{50}H1_{00}O_{40}N$인 쓰레기 1 ton을 혐기성 소화에서 예상되는 매탄가스의 이론적 부피를 추산하시오.

10 매립지 내에서의 침출수 처리 방법에 대하여 설명하시오.

11 쓰레기의 조성 및 겉보기 밀도가 다음과 같을 때, 만일 종이류를 제거한다면 매립용지는 어느 정도 감소하겠는가? 단, 매립지의 압축 밀도는 800 lb/ft^3로 가정한다.

조성	중량분율	겉보기 밀도(lb/ft^3)
종이류	50	3.81
정원 쓰레기	25	4.45
유리	25	18.45

12 쓰레기의 조성 및 겉보기 밀도가 다음과 같다고 가정한다.

조성	중량분율	겉보기 밀도(lb/ft^3)
주방 쓰레기	10	23.04
종이류	40	3.81
정원 쓰레기	20	4.45
유리	10	18.45
함석판	10	2.36
쇠(깡통)	10	6.36

① 위 쓰레기의 평균 밀도를 구하시오.

② 다음 물질들이 자원 회수로 제거된다면 이때의 평균 밀도를 구하시오.
회수율 : 종이류 50%, 함석판 80%, 유리 60%, 쇠(깡통) 95%

③ 매립지의 처음 사용 예정기간이 10년이라 했을 때 위의 물질들이 회수되면 매립지의 수명은 얼마가 되겠는가?

10

토양오염

CHAPTER 10 토양오염

10.1 토양오염의 정의

토양이란 식물이 뿌리를 내리고 자라게 하는 지구나 달의 표면에 퇴적되어있는 물질을 말한다.

토양은 암석의 풍화물과 각종 유기물질이 혼합되어 기후나 생물 등의 작용을 받아 변화하게 되며, 적정한 공기와 수분을 함유한 양분은 식물을 생육시킨다.

토질역학에서 배운 바와 같이 토양은 고체상, 액체상, 기체상으로 구성되며, 이것을 토양의 3상 분류라고 한다.

고체상은 암석이 비와 바람 등의 자연현상에 의해 풍화됨으로서 생성된 무기물과 동식물체 등으로 인한 유기물로 구성되며, 대표적으로 자갈(Gravel), 모래(Sand), 실트질(Silt), 및 점토(Clay)로 구분되며, 제9장의 매립지의 최종처분을 참조 바란다.

여기서, 토양의 함수량(water content, moisture content), 공극율(porosity), 공극비(void ratio), 포화도(saturation)는 다음 식으로 구할 수 있다.

$$\text{함수량}\ w\,(\%) = \frac{W_w}{W} \times 100 \tag{10.1}$$

$$\text{함수비}\ w'\,(\%) = \frac{W_w}{W_s} \times 100 \tag{10.2}$$

$$\text{공극율}\ n = \frac{V_v}{V} \tag{10.3}$$

$$\text{공극비}\ e = \frac{V_v}{V_s} \tag{10.4}$$

$$\text{포화도}\ s\,(\%) = \frac{V_w}{V_v} \times 100 \tag{10.5}$$

↑	W_a, V_v	↑
W	W_w, V_w	V
↓	W_s, V_s	↓

그림 10-1 토양의 3상 분류

여기서, W : 토양의 무게
V : 토양의 체적

토양오염의 원인은 인간의 생활이나 사업활동에 수반되어 발생되는 오염물질, 유해화학물질, 농축산오염물질 및 폐기물 등에 기인되며, 특히 오염도가 높은 지정폐기물과 수질 및 대기오염물질 등에 의해 토양이 오염될 수 있다. 토양 속의 유기물과 무기물은 토양 내에서 생물학적, 물리화학적 반응에 의해 자연적으로 분해되고 정화되지만 토양의 "자연분해정화능력"의 한계를 벗어나면 토양오염이 발생되는 것이다.

또한 분해되기 어려운 각종 중금속류는 토양 내에 장기간 축적되어 동・식물의 생육과 생장에 좋지 않은 영향을 미치며, 잡아먹고 먹히는 "foodchain"의 법칙에 의거하여 인간과 동물에 좋지 않은 영향을 줄 수 있다. "토양환경보전법" 제2조 제2호에서는 "사업활동이나 그 밖의 사람의 활동에 의하여 토양이 오염되는 것으로서 사람의 건강・재산이나 환경에 피해를 주는 상태를 말한다"라고 정의하고 있다.

토양보전을 위한 "토양환경보전법"은 1995년 제정되었으며, 2011년 개정된 법에 의해 "토양환경보전법"의 목적은 "토양오염으로 인한 국민건강 및 환경상의 위해(危害)를 예방하고, 오염된 토양을 정화하는 등 토양을 적정하게 관리・보전함으로써 토양생태계를 보전하고, 자원으로서의 토양가치를 높이며, 모든 국민이 건강하고 쾌적한 삶을 누릴 수 있게 한다"라고 정의하고 있다.

2014년 3월 개정된 용어의 뜻은 다음 각호와 같다(시행일 2015년 3월 25일).

1. "토양오염"이란 사업활동이나 그 밖의 사람의 활동에 의하여 토양이 오염되는 것으로서 사람의 건강・재산이나 환경에 피해를 주는 상태를 말한다.
2. "토양오염물질"이란 토양오염의 원인이 되는 물질로서 환경부령으로 정하는 것을 말한다.
3. "토양오염관리대상시설"이란 토양오염물질의 생산・운반・저장・취급・가공 또는 처리 등으로 토양을 오염시킬 우려가 있는 시설・장치・건물・구축물(構築物) 및 그 밖에 환경부령으로 정하는 것을 말한다.
4. "특정토양오염관리대상시설"이란 토양을 현저하게 오염시킬 우려가 있는 토양오염관

리 대상시설로서 환경부령으로 정하는 것을 말한다.

5. “토양정화”란 생물학적 또는 물리적 · 화학적 처리 등의 방법으로 토양 중의 오염물질을 감소 · 제거하거나 토양 중의 오염물질에 의한 위해를 완화하는 것을 말한다.
6. “토양정밀조사”란 제4조의2에 따른 우려기준을 넘거나 넘을 가능성이 크다고 판단되는 지역에 대하여 오염물질의 종류, 오염의 정도 및 범위 등을 환경부령으로 정하는 바에 따라 조사하는 것을 말한다.
7. “토양정화업”이란 토양정화를 수행하는 업(業)을 말한다.

또한 방사성물질에 의한 토양오염 및 그 방지와 오염된 농지를 “농지법” 제21조에 따른 토양의 개량사업으로 정화하는 경우에는 적용하지 않는다.

10.2 토양오염의 관리

환경부장관은 토양보전을 위하여 10년마다 토양보전에 관한 기본계획을 수립 · 시행하여야 하며, 기본계획에는 다음 각호의 사항을 포함하도록 되어 있다.

1. 토양보전에 관한 시책방향
2. 토양오염의 현황, 진행상황 및 장래예측
3. 토양오염의 방지에 관한 사항
4. 토양정화 및 정화된 토양의 이용에 관한 사항
5. 토양정화와 관련된 기술의 개발 및 관련 산업의 육성에 관한 사항
6. 토양정화를 위한 기술인력의 교육 및 양성에 관한 사항

2017년 11월 개정된 “토양환경보전법”에서 그 밖에 토양보전에 필요한 사항은 특별시장 · 광역시장 · 특별자치시장 · 도지사 · 특별자치도지사(이하 “시 · 도지사”라 한다)는 기본계획에 따라 관할구역의 지역 토양보전계획을 수립 · 변경하여 환경부장관의 승인을 받아 시행하여야 한다고 명시되어 있으며, 기본계획 및 지역계획의 수립방법, 수립절차와 그 밖에 필요한 사항은 대통령령으로 정한다

또한 환경부령으로 “토양오염의 우려기준”으로 사람의 건강 · 재산이나 동물 · 식물의 생육에 지장을 줄 우려가 있는 토양오염의 기준을 정하도록 하였다.

“토양오염물질”이란 토양오염의 원인이 되는 물질로서 환경부령으로 정하는 것을 말하며(토양환경보전법 제2조 제3호), 환경부령으로 정하는 토양오염물질은 현재 22가지 항목

으로 다음과 같으며, "토양오염우려기준" 및 "토양오염대책기준"의 적합여부는 "토양오염 공정시험방법"의 규정에 의하여 시험 판정한다(표 10-5).

1. 카드뮴 및 그 화합물
2. 구리 및 그 화합물
3. 비소 및 그 화합물
4. 수은 및 그 화합물
5. 납 및 그 화합물
6. 6가크롬화합물
7. 아연 및 그 화합물
8. 니켈 및 그 화합물
9. 불소화합물
10. 유기인화합물
11. 폴리클로리네이티드비페닐(PCBs)
12. 시안화합물
13. 페놀류((Phenol, C_6H_5OH)
14. 벤젠(Benzene, C_6H_6)
15. 톨루엔(Toluene, Methyl benzene, $C_6H_5CH_3$)
16. 에틸벤젠(Ethylbenzene, $C_6H_5CH_2CH_3$)
17. 크실렌[Xylene, $C_6H_4(CH_3)_2$]
18. 석유계총탄화수소(TPH)
19. 트리클로로에틸렌(TCE, $CCl_2=CHCl$)
20. 테트라클로로에틸렌(PCE, $CCl_2=CCl_2$)
21. 벤조(a)피렌(Benzo[a]pyrene, $C_{20}H_{12}$)
22. 기타 환경부장관이 고시하는 물질

1,000개소의 토지용도별 측정망 수는 표 10-1과 같으며, 임야 22.2%, 답 16.7%, 대지 14.1%, 학교용지 13.7% 순으로 높았으며, 오염도가 높을 것으로 생각되는 공장용지는 3.6%에 불과하였다.

또한 환경부에서는 매년 환경부령으로 정하고 있는 토양오염물질 22가지 항목에 대한 오염도를 측정하여 전국 토양에 대한 오염 추세를 파악하고 있다.

표 10-2는 2020년 전국 평균 토양오염도 측정 결과표이며, 전체 1,000개 지점에서 토양오염 우려기준 이내였으며, 불소가 우려기준의 약 50%로 가장 높게 나타났다.

또한 시・군・구의 장은 산업단지, 공장지역 등 토양오염의 우려가 있는 지역을 대상으로 매년 2,000지점 이상의 토양오염 실태조사를 실시하고 있다. 표 10-3은 토양오염 우려기준초과 건수 표이다. 전국 2,526개 지역의 토양오염 실태를 조사한 결과 46개 지점에서 토양우려 기준을 초과하였으며, 부산지역의 발견율이 10.2%로 가장 높았다. 표 10-4는 오염우려 지역별 현황표이다. 교통관련 시설지역이 20.9%로 가장 높은 오염 우려지역으로 나타났으며, 어린이 놀이시설지역이 19.7%, 산업단지 및 공장지역이 19.0% 순으로 높다.

표 10-1 토지 용도별 토양측정망 현황(2020)

계	임야	답	전	과수원	목장용지	잡종지	대지	공장용지
1,000 개소(%)	222(22.2)	167(16.7)	93(9.3)	6(0.6)	4(0.4)	13(1.3)	141(14.1)	36(3.6)
	학교용지	공원	체육용지	유원지	도로용지	철도용지	하천부지	종교부지
	137(13.7)	23(2.3)	40(4.0)	9(0.9)	35(3.5)	9(0.9)	21(2.1)	44(4.4)

자료) 환경백서

표 10-2 전국 평균 토양오염도 측정 결과

구분	Cd	Cu	As	Hg	Pb	Cr^{6+}	Zn	N	F	유기인	PCB
2017 평균	0.190	21.430	5.671	0.033	24.722	0.108	91.730	13.694	199.455	0.000	0.000
우려기준	4	150	25	4	200	5	300	100	400	10	1

구분	CN	페놀	유류					TCE	PCE	벤조피렌
			벤젠	톨루엔	에틸벤젠	크실렌	TPH			
2017 평균	0.001	0.000	0.000	0.000	0.000	0.000	70.723	0.000	0.000	0.029
우려기준	2	4	1	20	50	15	500	8	4	0.7

* TPH (Total Petroleum Hydrocarbon), TCE (Trichloroethylene), PCE (Tetrachloroethylene)

표 10-3 토양오염 우려 기준초과 건수

구분	서울	부산	인천	광주	경기	강원	충북	전남	경북	계
초과지역	13	12	1	1	11	4	1	1	2	46
토양오염발견율(%)	4.1	10.2	1.1	1.1	3.7	1.9	0.7	0.6	0.8	1.8

표 10-4 토양오염 우려 지역별 현황

계	산업단지 및 공장지역	공장 폐수유입지역	원광석,고철 등보관 사용지역	금속 제련소지역	폐기물처리, 재활용 관련지역	교통관련 시설지역	철도관련 시설지역 등	산지 등 복구공유수면매립지역
2.526	481	42	191	8	319	527	79	29
100(%)	19.0	1.7	7.6	0.3	12.6	20.9	3.1	0.6
	토양오염정화, 정화토양 사용지역	지하수 오염지역	사고민원 등 발생지역	산업단지 주변 등 주거지역	어린이 놀이시설 지역	사격장 관련시설	토양오염우려기준강화 변경지역	토지개발 지역
	29	30	107	113	497	16	3	70
	1.1	1.2	4.2	4.5	19.7	0.6	0.1	2.8

표 10-5 토양오염 우려기준 및 대책기준(mg/kg)

물질	1지역		2지역		3지역	
	우려기준	대책기준	우려기준	대책기준	우려기준	대책기준
카드뮴	4	12	10	30	60	180
구리	150	450	500	1,500	2,000	6,000
비소	25	75	50	150	200	6,00
수은	4	12	10	30	20	60
납	200	600	400	1,200	700	2,100
6가크롬	5	15	15	45	40	120
아연	300	900	600	1,800	2,000	5,000
니켈	100	300	200	600	500	1,500
불소	400	800	400	800	800	2,000
유기인화합물	10	-	10	-	30	-
폴리클로리네이티드비페닐	1	3	4	12	12	36
시안	2	5	2	5	120	300
페놀	400	800	400	800	800	2,000
벤젠	1	3	1	3	3	9
톨루엔	20	60	20	60	60	180
에틸벤젠	50	150	50	150	340	1,020
크실렌	15	45	15	45	45	135
석유계총탄화수소(TPH)	500	2,000	800	2,400	2,000	6,000
트리클로로에틸렌(TCE)	8	24	8	24	40	120
테트라클로로에틸렌(PCE)	4	12	4	12	25	75
벤조(a)피렌	0.7	2	2	6	7	21

자료 : 토양환경보전법 시행규칙, [별표 3]토양오염우려기준, [별표 7] 토양오염대책기준

표 10-5는 "토양오염보전법"상의 토양오염 우려기준 및 대책기준표이며, 1, 2, 3지역과 기준에 대한 내용은 다음과 같다.

1. "1지역"은 「공간정보의 구축 및 관리 등에 관한 법률」에 따른 지목이 전 · 답 · 과수원 · 목장용지 · 광천지 · 대(「공간정보의 구축 및 관리 등에 관한 법률 시행령」제58조제8호 가목 중 주거의 용도로 사용되는 부지만 해당한다) 학교용지 · 구거(溝渠) · 양어장 · 공원 · 사적지 · 묘지인 지역과 어린이놀이시설 안전관리법」 제2조 제2호에 따른 어린이 놀이시설(실외에 설치된 경우에만 적용한다) 부지
2. "2지역"은 「공간정보의 구축 및 관리 등에 관한 법률」에 따른 지목이 임야 · 염전 · 대(1지역 에 해당하는 부지 외의 모든 대를 말한다) · 창고용지 · 하천 · 유지 · 수도용지 · 체육용지 · 유원지 · 종교용지 및 잡종지(「공간정보의 구축 및 관리 등에 관한 법률 시행령」 제58조 제28호 가목 또는 다목에 해당하는 부지만 해당한다)인 지역

3. “3지역”은 「공간정보의 구축 및 관리 등에 관한 법률」에 따른 지목이 공장용지 · 주차장 · 주 유소용지 · 도로 · 철도용지 · 제방 · 잡종지(2지역에 해당하는 부지 외의 모든 잡종지를 말한다) 인 지역과 “국방 · 군사시설 사업에 관한 법률“ 제2조 제1호 가목부터 마목까지에서 규정한 국방 · 군사시설 부지
4. 「공익사업을 위한 토지 등의 취득 및 보상에 관한 법률」 제48조에 따라 취득한 토지를 반환하거나 주한미군공여구역주변지역 등 지원 특별법」 제12조에 따라 반환공여구역의 토양 오염 등을 제거하는 경우에는 해당 토지의 반환 후 용도에 따른 지역기준을 적용한다.
5. 벤조(a)피렌 항목은 유독물의 제조 및 저장시설과 폐 받침목을 사용한 지역(예 : 철도용지, 공원, 공장용지 및 하천 등)에만 적용한다.
6. 법 제11조 제3항, 제14조 제1항, 제15조 제1항 및 같은 조 제3항 각 호에 따른 토양정밀조사의 실시나 오염토양의 정화 등을 명하는 경우 토양오염우려기준은 조치명령 당시의 지목을 기준으로 한다. 다만, 정밀조사 기간 또는 정화 기간이 완료되기 전에 지목이 변경된 경우에는 변경된 지목을, 다음 각 목의 어느 하나에 해당하여 지목변경이 예정된 경우에는 변경 예정 지목을 기준으로 한다.
   가. 「국토의 계획 및 이용에 관한 법률」등 관계 법령에 따라 개발행위 허가 또는 실시계획 인가 등을 받고 토지의 형질변경 등의 공사가 착공된 경우
   나. 건축물의 용도변경을 위하여 “건축법”에 따라 용도변경 허가를 받았거나 신고한 후 공사가 착공된 경우
   다. 다른 법령에 따라 지목변경 사유에 해당하는 공사가 착공된 경우

표 10-6은 골프장 농약사용량 및 잔류량 표이며, 골프장 수와 농약용량은 매년 증가하는 것으로 나타났으며, 환경부에서는 특정토양오염 관리대상 시설을 관리하고 있다. 관리대상 업소 수는 21,400개소로 저장시설 종류별로는 석유류가 21,400개소로 전체 특정토양오염 관리대상 시설수의 97.9%를 차지하고 있다. 그 외에 클린주유소 설치, 전국 2,428개의 폐광산 관리, 토양오염 평가기반구축, 골프장의 농약사용량 및 잔류량검사 등의 농약사용 관리를 시행하고 있다.

표 10-6 골프장 농약사용량 및 잔류량

연도	2015	2016	2017	2018	2019	2020
골프장수	507	522	526	528	539	541
총사용량(톤)	155	172	154	170	186	202
ha당 사용량(kg)	5.45	5.97	5.3	5.79	5.93	6.85
잔류농약검출골프장(품목)수	316 (16)	440 (17)	424 (19)	441(15)	443(18)	487(10)

또한 환경부에서는 2012년부터 토양오염 및 지하수 오염원 조사대상시설 27종을 선정하여 지속적으로 관리 감독하고 있으며, 27종의 조사대상시설은 다음과 같다.

1. 특정토양오염관리대상시설
2. 폐기물처리(보관)시설
3. 비료저장시설
4. 위험관리시설(2만리터 미만)
5. 토양오염방지 조치명령지역
6. 폐광산지역
7. 송유관시설
8. 폐수배출(처리)시설
9. 목재가공처리업
10. 금속제련소
11. 화력발전소 및 전력관련시설
12. 폐수배출(처리)시설
13. 원광석보관소
14. 하수(분뇨)처리시설
15. 공장형세탁업
16. 오염토양 반입정화시설
17. 유해화학물시설
18. 제철공장
19. 사격장
20. 가축매몰지
21. 산업단지
22. 교통관련시설
23. 골프장
24. 석유법 관련시설
25. 철도관련시설
26. 농약저장시설
27. 토양오염물질 위해성 평가지역

연습문제

01 토양오염의 정의에 대하여 쓰시오.

02 토양의 3상 분류에 대하여 설명하시오.

03 토양오염의 처리 방법에 대하여 설명하시오.

04 토양오염 기본계획시 검토사항에 대하여 설명하시오.

05 토양오염을 감소시키는 방법에 대하여 쓰시오.

11

방사성폐기물

CHAPTER 11

방사성폐기물

방사성폐기물이란 방사성물질 또는 그에 의하여 오염된 물질로서 폐기의 대상이 되는 물질 및 방사능에 오염되었거나 오염될 가능성이 있는 구역에서 발생되는 물질로서 폐기의 대상이 되는 물질이며, 방사능의 세기가 낮고 반감기가 짧은 저준위 방사성 폐기물로부터 반감기가 길고 세기가 높은 고준위 방사성폐기물이 있다.

전 세계적으로 원자력 이용에 따라 저준위 및 중준위 방사성폐기물은 연간 20,000 m^3이 되고, 고준위 방사성폐기물은 약 10,000 m^3 정도가 발생된다. 이와 같은 양은 원자력발전소의 증가, 원자력시설의 노후화로 인한 폐기, 방사성 동위원소 이용 등이 증대 할수록 증가한다.

표 11-1은 주요국가의 원자력 발전 점유율 및 원전기수 비교표이다. 표에서 보는 바와 같이 2019년 기준 원자력 발전 점유율은 프랑스가 71.6%로 가장 높으며, 원전의 기수는 미국이 96개소로 가장 많다.

표 11-1 주요국가의 원자력 발전 점유율 및 원전기수 비교(2020)

국가	프랑스	한국	미국	일본
원자력 발전 점유율(%)	71.6	27.1	20.1	3.6
원전기수	58	24	96	33

고준위 방사성폐기물(10 rem 이상 : roentgen equivalent to man)로는

① 사용이 끝난 핵연료에서 분리된 핵분열생성물의 농축폐액
② 연료 피복관의 폐재가 주가 되는 것
③ Pu, Am, Cm 등의 초우라늄 원소를 많이 포함하는 폐기물

등이 있다.

③의 폐기물도 처분의 조건을 ①, ② 이상으로 엄격하게 할 필요가 있으므로 이 범주에 넣는다. ①의 고준위 농축폐액은 주로 퓨렉스(Purex) 법이라 부르는 용매추출법에 의한 핵

연료 재처리 공정의 제1추출 공정에서 생성한다. ②의 폐재는 질산에 용해되지 않는 Zr합금 피복제를 압축한 것이며 ③의 초우라늄 원소 함유폐기물은 재처리공정 외에 Pu계 연료의 가공공정에서도 발생한다. 저준위 폐기물로서는 이것들 이외의 방사성폐기물이 해당되고 수백 년 격리하면 비방사는 양이 1,000분의 1 이하로 감소되어 장해도가 천연의 방사성 광물 정도까지 내려가는 것으로 되어 있다.

저준위 방사성폐기물(10 rem 이하)은

① 우라늄의 채굴제련
② 우라늄 연료의 전환, 압축을 포함한 제조가공
③ 원자로 운전
④ 사용이 끝난 핵연료의 재처리
⑤ 플루토늄의 재순환
⑥ 원자력시설의 폐쇄・해체
⑦ 방사성 동이원소를 이용하는 산업체, 병원, 연구기관

등에서 발생된다.

우리나라의 중・저준위 방사성폐기물 저장량은 2019년 말 기준 발전시설과 비발전시설을 합하여 200 L 드럼통으로 총 136,452개이며, 원자력연구원 등에서 식품생명공학적 이용, 농학적 이용, 의학적 이용, 산업적 이용, 과학적 이용 등으로 연구가 진행되고 있다.

표 11-2는 우리나라의 중・저준위 방사성폐기물 저장 현황표이며, 표 11-3은 중・저준위 방사성폐기물 저장 용량이다.

표 11-2 중・저준위 방사성폐기물 저장현황(2020년 기준 200 L 드럼)

구분	발전시설					
계	고리	새울	한빛	한울	월성	
90,704	42,575	210	20,854	15,912	11,153	
구분	비발전시설					
계	원자력연료(주)	한국원자력환경공단	핵연료물질사용기관	원자력연구원 제1, 2 저장고	원자력연구원 가연성 폐기물 처리시설	원자력연구원 연구로 1, 2호기
45,748	8,893	6,419	8,692	9,612	11,491	641

표 11-3 중·저준위 방사성폐기물 저장용량

구분	부지		저장용량	
			200 L 환산드럼	비율(%)
발전시설	고리		61,592	30.3
	새울		378	0.2
	한빛		26,412	13.0
	한울		24,091	11.9
	월성		23,603	11.6
	발전시설 소계		136,076	67.0
비발전시설	한국원자력연구원	제1, 2저장고	16,018	7.9
		가연성폐기물 처리시설	19,605	9.6
		연구로 1, 2호기	1,450	0.7
	한국원자력 원료(주)		11,800	5.8
	한국원자력환경공단	방사성동위원소 폐기물 관리시설	9,750	4.8
		중·저준위 방사성폐기물 처분시설	8,496	4.2
	비발전시설 소계		67,119	33
합계			203,195	100

자료) 한전원자력안전기술원

11.1 방사성폐기물의 관리와 규제

현재의 방사성 폐기물관리의 개념은 그림 11-1과 같다. 발생단계에는 발생량을 적게 하려는 발생원 대책도 포함되어 있으며, 처리단계에는 감용농축과 고화포장의 두 가지가 있다. 주로 감용농축 과정에서 발생하는 기체 및 액체는 자연계로 방출하여 감용농축하고 고화포장된 것은 격리된다. 격리는 인간생태계, 자연생태계에서의 격리를 의미하며 격리의 수단으로서 저장과 처분이 있다.

방사성 폐기물의 처리·처분에 대한 법적규제에서 방사성 폐기물은 「핵원료 물질 및 핵원료 물질에 의해 오염되어 있어 처리 또는 계속적인 감시가 필요한 기체, 액체, 고체상태의 물질로서 폐기하려는 것」이라 정의한다. 또한 핵연료주기를 형성하는 핵연료의 가공,

실용발전로의 운전, 사용이 끝난 연료의 재처리 사업소 및 이것들에 관한 연구개발활동을 하는 자에 대해서는 방사성 폐기물의 폐기에 있어서 필요한 조치를 강구하는 것을 의무화한다. 그리고 이러한 조치에 대해서는 사업소의 구분에 따라 법령으로 정하도록 되어 있다. 또한 방사성폐기물의 폐기 기준은 사업소에서 폐기를 하는 경우(사업소 내 폐기)와 사업소 밖에서 폐기하는 경우(사업소 외 폐기)의 각각에 대하여 설정되어 있다.

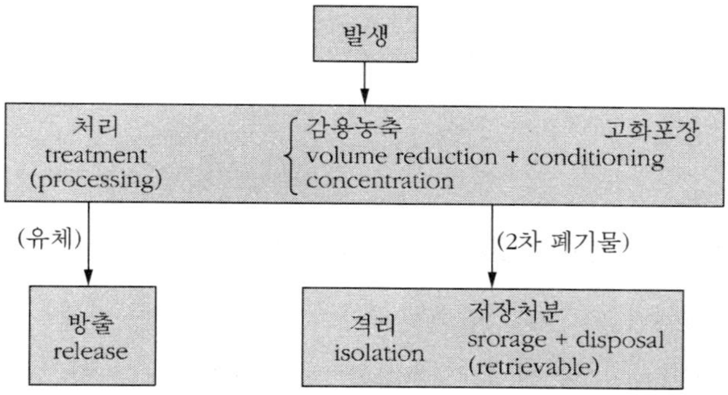

▮ 그림 11-1 방사성 폐기물 관리의 개념

11.2 방사성폐기물의 처리

11.2.1 방사성폐기물의 특징 및 처리목적

방사성핵종은 각 핵종마다 고유한 반감기를 가지고 있으며 인공적으로 파괴하거나 녹이거나 해서 방사능을 제거할 수 없다. 특히 의료용 방사성핵종의 특징은 다음과 같다.

① 핵종이 약 19종으로 한정되어 있다.
② 반감기가 비교적 짧다.
③ 가연물은 대부분 소각이 가능하다.
④ 독성이 약하다.
⑤ 주로 감마선을 방출한다.
⑥ 경우에 따라 병원균이 감염될 우려가 있다.

그리고 방사선폐기물의 목적은 방사성 물질의 환경으로의 방출에 의한 환경오염 및 주민의 방사선피폭을 최대한 저감시키고 장기간에 걸쳐 물리화학적 및 방사선적 안정화와 수송 및 최종처분에 적합한 형태로 전환하여 인간 환경으로부터 격리 저장하는 것이다.

11.2.2 방사성폐기물의 처리 원칙

방사성폐기물의 처리원칙은 다음과 같다.

① 농축 및 저장 : 중・저준위 폐기물처리에 많이 사용되는 방법으로 폐기물 중 비방사성 부분을 제외한다.
② 희석 및 분산 : 저준위 폐액처리에 많이 사용되는 방법으로 주로 희석을 통하여 방출허 용치 이하까지 준위를 낮추어 방출한다.
③ 지연 및 붕괴 : 반감기가 짧은 방사성핵종을 함유한 폐기물을 적당한 시간 동안 저장하여 방사능을 감소시킨 후 방출한다.

11.2.3 방사성폐기물의 처리 공정

방사성폐기물은 물리적 형태에 따라 기체, 액체, 고체 상태의 폐기물로 나눌 수 있다. 어느 것이나 방사능의 세기가 약한 것들이지만, 보다 안전한 관리를 위해 처분에 앞서 형태에 따라 알맞게 처리해야 한다.

냉각재의 탈기, 체적제어탱크의 배기, 방사성폐액 저장탱크의 배기 등에서 발생되는 기체 방사성폐기물은 일단 밀폐된 탱크(decay tank)에 저장하였다가 방사능이 기준치 이하로 떨어지면 고성능 필터(HEPA filter)와 활성탄 흡착기를 거쳐 대기로 방출한다. 배기구에는 고감도 방사성 측정장치가 있어서 혹시라도 방사성물질이 새어나갈 경우에는 경보가 울리면서 배기구가 자동으로 폐쇄된다. 이러한 기체폐기물 처리과정에서 폐필터, 폐활성탄 등의 고체폐기물이 발생되며 이들은 고체폐기물 처리계통으로 이송 후 처리된다. 액체 방

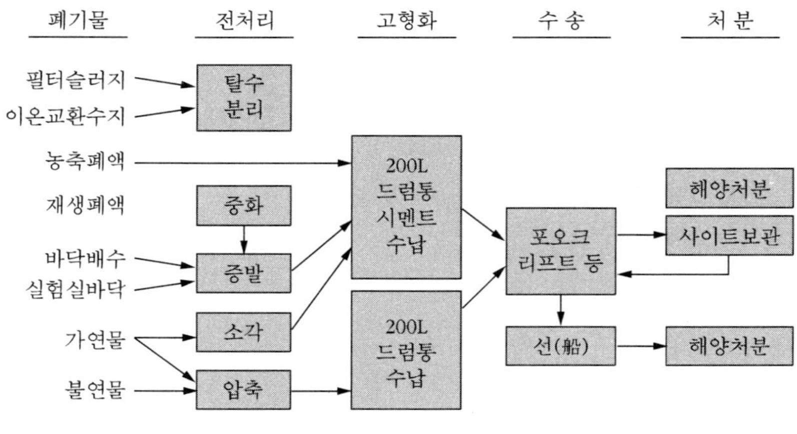

■ 그림 11-2 저준위 폐기물 처리

사성 폐기물은 원자로 냉각재배수, 기지배수 및 누설, 제염 및 세탁실 등에서 발생되는데 이 폐액은 폐액 수집탱크로 수집하여 여과기, 이온교환수지탑, 증발기를 이용하여 깨끗한 물과 찌꺼지로 분류한 후 깨끗한 물은 재사용하거나 고서능의 방사성 측정장치가 달린 배수구를 통해 내보내고 찌꺼기는 시멘트를 이용하여 안정된 고체화로 만든 후 철제드럼에 넣어 밀봉한다. 고체폐기물은 원자력발전소에 근무하는 운전원이나 보수요원들이 사용했던 작업복, 장갑, 덧신 등의 오염된 작업용품류나 발전소 보수를 위해 교체한 기기부품 및 공구류, 폐수지, 폐필터, 농축폐액 등으로서 이러한 폐기물은 압축하여 부피를 적게 하여 200 L 드럼통에 고화하거나 격납시킨다.

11.2.4 방사성폐기물의 고화처리

고화처리는 방사성 폐액의 처리에 의해 생성되는 증발농축 폐액 및 응집침전 슬러지는 수송, 보관에 적합한 고화체로 만들어져 고화제와 더불어 용기에 충진, 고화 포장하는 것을 말하며, 고화처리 단원을 참조 바란다.

1) 시멘트 고화

2차 폐기물 중의 수분을 시멘트 고화반응에 필요한 물로써 이용함과 더불어 공형물과 용존 염분을 시멘트 matrix에 분산 고화시키는 방법이다.

① Out-drum mixing

폐기물, 수분, 시멘트를 가하여 혼합시킨 다음에 용기에 충진시키는 방법이며, 용기에 충분히 충진시킬 수 있고 균일하게 혼합시킬 수 있다.

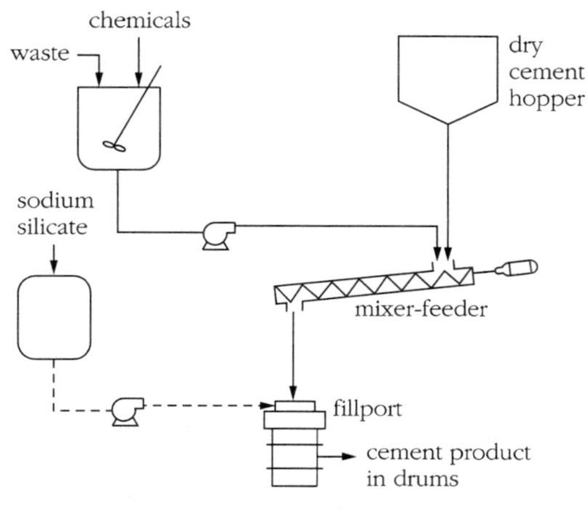

▮ 그림 11-3 Out-drum mixing

② In-drum mixing

Drum 중에 폐기물, 수분, 시멘트를 가하여 이 용기 중에 교반기를 넣어 회전(200~300 rpm) 혼합하는 방법이며, 혼합용기가 최종 처분용기이고 세정작업이 용이하지만 폐기물의 종류 및 배합에 있어 균일하게 한다는 것은 대단히 어렵고 용기 상부에 공간이 생길 우려가 있다.

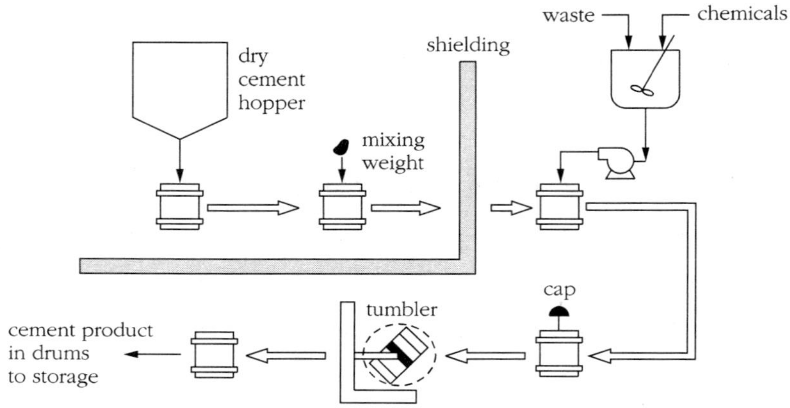

▌그림 11-4 In-drum mixing

③ 진공주입법(Injection)

드럼에 시멘트와 혼합재료(vermiculite 등의 흡수재)를 충진시켜 이 용기 내를 파이프를 통해 진공 펌프로 감압시키면서 폐액을 주입하는 방법이며, 세정이 전혀 필요 없고 보수가 용이하지만 균일하고 강도가 높은 고화체를 얻기 어렵다(해양 투기에는 부적합).

④ 시멘트 고화의 특성

- 타 고화법에 비해 취급 및 유지관리가 용이
- 동일 공정에서 각종 폐기물을 고화 가능
- 시멘트 고화 조건(농축폐액 또는 슬러지의 경우)
  - 물 · 시멘트 비 = 0.3~0.6 (ω/c)
  - 고형물질 · 시멘트 비 = 0.03~0.15 (ss/c)

2) 아스팔트 고화

증발법의 농축액과 화학처리법의 슬러지에 함유되어 있는 염분, 고형분을 아스팔트 매체 중에 미세입자로서 균일하게 분산, 고화시키는 것으로 아스팔트의 공형분향량은 40~50% 범위에 가능하다(교반가능한 유동온도가 약 160℃ 이상인 아스팔트에 100℃ 정도로

비등시킨 수분이 공존하는 고형물을 공급, 분산시키는 방법이다)

① 고화장치

- Thermal processor
- Screw extruder
- Thin film evaporator

② 장점

- 시멘트 고화에 비해 방사성 물질의 용출율이 낮고 감용비가 크다(해양 투기된 고화체 중의 방사성 물질의 용출분율에 있어서 시멘트 고화체는 수십 년까지 20～70%를 점유하나 아스팔트 고화체는 0.2～0.4% 정도이다).
- 고화체의 체적을 시멘트 고화체보다 1/4 이하로 줄일 수 있다.

③ 단점

- 해양 투기 시 슬러지와 같은 비중이 낮은 폐기물을 고화시킬 경우 고화체의 비중이 1.2에 달하지 않는 경우가 있어 적당한 재료를 첨가하여 비중을 증가시킬 필요가 있다.
- 질산염을 함유한 2차 폐기물의 경우 아스팔트의 가연성이 촉진되는 현상이 있다.
- 고온 조작과 같은 비교적 복잡한 기계장치를 사용하기 때문에 작업이 복잡하여 시설비가 많이 소용된다.

3) 플라스틱 고화(고분자 물질을 사용하는 방법)

① Vinylester-styrene법

고화처리할 폐기물과 고화재를 먼저 혼합한 후 촉매를 첨가하면 중합반응이 개시되어 가열 없이 상온에서 거의 한 시간 이내 반응이 완료되며 결과적으로 폐기물의 단단한 고분자 물질 속에 분산된 상태로 처리된다.

② AZTEC법

폐기물과 비닐 톨루엔을 혼합증발기 내에서 혼합과 더불어 공비 증류 반응을 일으켜 폐액이나 고체 폐기물 속에 함유된 수분을 제거하는 공정이며, 비닐 톨루엔으로 피폭된 폐기물의 드럼으로 이동 포장함과 동시에 중합개시제 및 폴리에스터 고분자 물질 을 주입하여 중합과 동시에 고화처리한다.

4) 유리화(Vitrification)

사용 후 핵연료의 재처리과정에서 발생된 고준위 폐액의 고화처리 공정으로 증발가스 또는 탈질산 및 유리화의 3단계로 구성된다. 재처리 과정에서 얻어지는 폐액 중 대분의 원소는 질산화물로 용해되어 있기 때문에 2단계 공정을 탈질산 공정이라 하여 제1～2단 계에서 얻어지는 고화체는 가소물이라 하는데 이 가소반응은 500～800℃에서 종료된다. 제3단계 공정에서는 제2단계에서 얻어진 분말상의 가소물은 첨가제와 혼합하여 900～1,000℃에서 유리(주로 borosilicate glass)와 함께 용융시켜 고화체를 제조한다.

5) 폴리머(polymer) 고화공정

Polyester / Epoxy, Urea-Formaldehydr, Polyethylene, Styrene-Diphenyl Benzene 등 여러 종류의 고분자 물질을 이용한 고화공정이 있는데 고화매체에 따라 상온 혹은 60℃에서 서서히 monomer를 중합시키거나 적정 용융온도 하에서 폐액과 혼합, 증발 고화시키는 공정이다.

6) 합성암

폐기물의 암석 구성 물질을 혼합하여 고온, 고압 하에서 합성암을 제조한다.

11.3 방사성폐기물의 처분

방사성폐기물을 처분하는 방식은 크게 천층매몰과 심층처분으로 나눌 수 있다. 천층매몰이란 말 그대로 땅을 얕게 파서 처분하는 방식이며 심층처분은 땅속 깊은 곳 또는 산속이나 해저에 동굴을 파서 처분하는 방식이다.

프랑스의 라망쉬 처분장(운영년도 1969년)과 로브 처분장(1992년), 영국의 드릭 처분장(1959년), 미국의 비티(1962년), 반웰(1965년)과 리치랜드(1971년) 처분장은 모두 지표면에 폐기물을 보관하는 형식인 천층매몰 방식을 취하고 있다. 1992년 말부터 처분을 시작한 일본도 천층매몰 방식이다.

스웨덴의 포스마크 처분장(1988년)은 세계 유일의 해저동굴 처분장이며, 앗세(Asse)라는 곳에 있는 오래된 암염광산을 이용하여 저준위 폐기물을 시험적으로 처분한 바 있는 독일은 콘라드(Konrad)에 있는 폐철광과 고어레벤(Gorleben)에 있는 암염층에 심층 처분장을 건설하고 있다. 산이 많은 스위스도 산속에 동굴을 파서 폐기물을 처분하는 동굴처분 방식으로 건설할 계획을 갖고 있다. 이렇게 동굴이나 폐광산을 이용하여 폐기물을 처분하는 방식을 동굴처분방식이라 한다. 어떤 처분방식을 택하느냐 하는 것은 그 나라의 자연조건과 인문사회적 특성을 고려하여 정책적으로 결정한다.

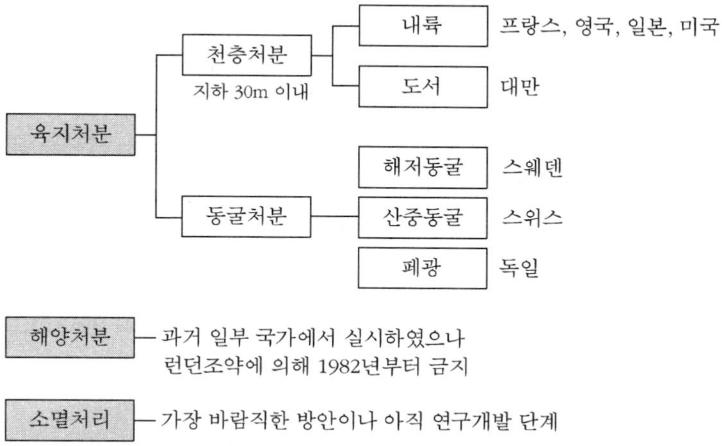

그림 11-5 방사선폐기물 처분방식

11.3.1 중 · 저준위 폐기물 처분

1) 천층매몰(Shallow land burial)

지표면에 trench를 파고 이곳에 폐기물을 넣은 후 그 위를 파낸 흙 또는 파낸 흙과 점토를 혼합하여 약 1 m의 두께로 덮는 방식이다.

트렌치는 길이/폭의 비가 2～20의 범위로 측면벽은 수직인 형태와 경사진 형태의 2종류가 있으며 경사각은 최대 45도까지 가능하다. 트렌치의 크기와 형태는 토지 이용면, 배수상태, 시설운영 및 폐쇄계획, 폐기물의 특성에 좌우되며, 현재 미국의 경우 트렌치의 크기는 1.5～30 m, 길이 15～275 m, 깊이 3～8 m이다.

천층매몰 방식은 처분장 건설이 간단하고 폐기물 처분작업이 간단하다. 반면 지하수와 지표수 접촉이 용이하여 처분된 폐기물로부터 방사성핵종의 유출 가능성이 있다. 또한 처분시설이 지표면에 근접되어 있어 인간의 우발적 침입에 의한 폐기물과의 접촉이 용이하므로 이를 방지하기 위한 제도적 통제가 필요하다(제도적 통제기간은 국가에 따라 다르나 통상적으로 100～300년이다).

2) 공학적 시설 내 처분(Engineered facility disposal)

기존 부지의 자연적 특성에 공학적 시설을 보강하여 방사성폐기물을 처분하는 것으로 폐기물을 그 유해기간 중 지상 또는 지하에 설치된 인공구조물(콘크리트 트렌치) 내에 넣어 처분한다. 이 방법의 특성은 공학적 구조물이 생태계로부터 격리시키는 능력이 우수하고, 우발적인 침입에 대한 방벽을 제공하며 폐기물의 포장이 손상되었을 때 방사성핵종의 이동을 막아준다.

① 지상 구조물 처분

- 지상 monolith 방식 : 지상 콘크리트 구조물 내에 폐기물을 넣고 빈 공간을 콘크리트와 암석으로 채워 콘크리트 monolith를 만든 후 흙으로 덮고 다시 그 위를 암석과 석회로 덮거나 얕은 뿌리의 식물을 심어 침식을 방지하는 처분방식이다.
- 노출 구조물 처분 방식 : 폐기물의 영구 처분을 위한 것이라기보다는 처분방식이 결정될 때까지 폐기물을 장기 보관하기 위한 성격을 가지며, 지상에 설치된 콘크리트 건물 내에 폐기물을 저장하는 방식이다.
- 지상구조물 처분방식은 처분에 사용되는 장비가 간단하고, 대규모 굴착 작업이 필요 없어 기술적으로 용이하다. 또한 필요시 폐기물의 회수가 쉬운 반면 작업자의 방사 선 피폭이 크고 구조물의 침식 우려가 있다.

② 지하 구조물 처분

- 처분된 폐기물로부터의 방사선 차폐효과가 우수
- 처분 작업이 용이
- 구조물 침식의 위험이 없다.
- 굴착 작업이 필요

3) 동굴처분(Rock cavity disposal)

천연동굴, 광산 또는 방사성폐기물 처분용으로 건설된 동굴저장소 등에 폐기물을 처분하는 방식이다. 지하에 위치한 다수의 방 또는 터널 및 이를 연결하는 통로로 구성되며, 처분장은 폐기물의 부피 또는 처분방식에 따라 단일 또는 다수의 층으로 구성되며, 처분시설내의 갱도는 적절한 방식으로 환기시킨다.

이 처분방식의 장단점은 자연적 혹은 인위적 사고로부터 폐기물의 격리 및 방호효과가 크며, 처분부지는 운영기간 종료 후 폐기물이 매몰된 깊이까지 천공 혹은 굴착하지 않은

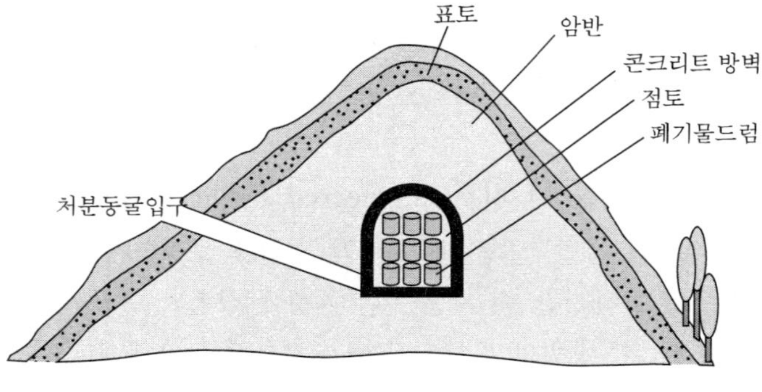

▮ 그림 11-6 방사성폐기물 동굴처분 개념

용도에는 사용가능하며, 흡착방벽 또는 기타 공학적 방법의 설치가 용이한 반면에 천층매몰에 비해 초기 소요비용이 높다. 또한 자연동굴 이용 시에는 동굴의 크기와 기하학적 모형추정에 상당한 불확실성이 있고, 폐광을 이용할 때에는 채광 시 행해진 발파, 굴착 등에 의한 균열의 존재 및 누수 가능성이 있다.

4) 해양투기(Ocean dumping)

해양의 막대한 희석 및 분산 능력을 이용하여 방사성폐기물을 처분한 뒤 방사성물질이 유출되더라도 생태계에 영향을 주지 않는다는 확신에 근거를 둔 처분개념이고, 해양에는 천연방사능이 Ra-226 10^9 Ci를 포함하여 총 5×10^{11} Ci나 존재하므로 처분된 폐기물로부터 방사성핵종의 누출로 인한 전체 방사능 증가량은 무시 가능하나 안정성을 고려하여 해양투기 대상 폐기물은 저준위 폐기물에만 국한시킨다.

국제원자력기구(IAEA)에서 권고한 해양투기 규정은 내륙에 인접하거나 내해로 연결된 해역은 투기 대상지역에서 제외되며 평균수심 4,000 m의 위도 50°S와 50°N 사이에 투기 및 단일투기해역의 면적은 104 km^2 이내로 할 것 등이다.

현재 우리나라는 동굴처분방식으로 2019년 기준 5,040개(200 L 기준)를 처분하고 있다.

표 11-4 한국의 중·저준위 방사성폐기물 관리 현황(2019.12 기준)

시설명	처분장	처분용량(m^3)	처분방식	운영년도	비고
중·저준위방사성 폐기물 처분시설 (한국원자력환경공단)	경북 경주시	100,000드럼 (200 L기준)	• 동굴처분시설 (사일로 6기) • 지상지원시설	2014.12	
가연성폐기물 처리시설 (한국원자력연구원)	대전시 유성구	40,000(kg/년)	소각시설	2011.8	
방사성동위원소 폐기물관리시설 (한국원자력환경공단)	대전시 유성구	9,750 (200 L기준)	저장시설	1994.1	

표 11-5 한국의 연도별 중·저준위 방사성폐기물 처분 현황(200L기준, 2019.12)

시설명	처분방식	2015	2016	2017	2018
중·저준위방사성 폐기물 처분시설 (한국원자력환경공단)	동굴처분시설	3,008	3,912	5,538	5,040

표 11-6 각국의 중 · 저준위 방사성폐기물 처분장 현황

구분	처분장	처분용량(m^3)	처분방식	운영년도	비고
미국	Barnwell	880,000	단순천층처분	1971～	
	Richland	1,700,000	단순천층처분	1965～	
	Clive	5,387,000	단순천층처분	1991～	
	WCS	861,650	공학적 방벽천층처분	2011～	
프랑스	La Manche	527,000	천층처분	1968～ 1994	
	L'Aube	1,000,000 (5백만 드럼)	공학적 방벽천층처분	1992～	
	Morvilliers	750,000	공학적 방벽천층처분	2003～	
일본	Rokkasho	1단계 : 40,000 (20만 드럼)	공학적 방벽천층처분	1992～	
		1단계 : 40,000 (20만 드럼)	공학적 방벽천층처분	2000～	
스웨덴	SFR	63,000	해저동굴처분	1988～	
스페인	El Carbril	100,000	공학적 방벽천층처분	1993～	
영국	Drigg	800,000	단순트렌치	1959～	
		800,000	공학적 방벽천층처분	1988～	
핀란드	Olkiluto	64,000, 91,000	동굴처분	1992～	
	Loviisa	8,740	동굴처분	1998～	

자료) 한전원자력안전기술원

11.3.2 고준위 폐기물 처분

고준위 방사성폐기물은 수십만 년에서 수백만 년 동안 안전하게 인간환경 및 생태계로부터 격리되도록 처분되어야 한다.

1) 지층처분

지하 500～1,000 m에 위치한 모암(host rock) 내에 방사성폐기물 처분장을 건설하고 이곳에 폐기물을 처분하는 방식이다.

① 암염(미국, 독일에서 연구 중)
다공질성이 낮아 물이 침투하지 못하며, 가소성이 있어 지하 압력 하에서 균열이나 절리의 발생을 막고 인공적으로 균열이 형성되면 원상으로 메워진다. 높은 유연성에도 불구하고 암염의 압축강도는 200～300 kgf/cm^2 콘크리트와 동일하므로 장기간 안정하고 높은 열전도도(약 12×10^{-3} cal/cm · sec · ℃)를 가져 폐기물의 붕괴열을

신속히 분산시키며 채굴 비용이 낮아 처분장 건설에 적합하다. 처분장의 깊이는 300 ~1,500 m 정도이다.

② 점토층(벨기에, 이탈리아에서 연구 중)
흡착성이 좋아 처분된 폐기물로부터 핵종이 유출된 경우 핵종의 이동을 지연시켜 준다. 유연성이 있고 비록 다량의 물을 함유(70~80%)하는 경우도 물의 이동성이 극히 작아 부동성으로 볼 수 있다. 열전도도가 낮고(암염의 1/3~1/4) 붕괴열에 의해 점토의 유연성이 영향을 받으며 때로는 흡착능력까지 변할 수 있고 지나친 가소성으로 채굴이 어렵다.

③ 경암층(미국, 영국, 스웨덴 및 캐나다에서 조사 중)
경암층은 화강암, 변성암 등으로 분류될 수 있으나 가장 흔한 화강암은 압축강도가 1,500~2,000 kgf/cm^2 매우 높고, 유연성이 없으며 보통은 약간의 지하수를 함유하나 때로는 상당한 깊이까지 지하수가 존재하지 않은 경우도 있다. 또 균열 부분에서 풍화작용에 의해 양호한 흡착능력을 가진 광물이 형성되기도 한다.

2) 심해저 퇴적층처분

이 처분방법은 과거 1974년 지층처분의 대안으로 미국에서 연구가 시작된 방법으로 폐기물을 생태계에서 격리시키는 능력이 우수하고 폐기물과 인간의 접촉가능성을 배제시켜 준다. 처분된 폐기물로부터 방사성핵종이 누출되어도 해수의 희석 능력이 높으므로 인체에 대한 방사선 장해가 방지된다. 표 11-7은 방사선 피폭량에 따라 나타나는 현상이다.

최근에는 표 11-8과 같이 모든 방사선 단위를 전 세계적으로 통일하기 위해 국제단위를 사용하도록 권장하고 있어 국제단위로 바뀌어 가고 있다.

표 11-7 방사선 피폭량에 따른 인체 현상

방사선 피폭량(rem)	신체적 증상
0~25	무증상
25~100	혈액변화, 회복
100~200	피로, 권태감, 식욕부진, 홍반, 탈모
200~400	탈모, 식욕부진, 구토, 설사
600~1000	심한 내출혈, 사망
1000~	신경마비, 혼수, 사망

표 11-8 방사선의 국제단위

구분		국제단위(SI단위)	종래 단위
방사능 단위		베크렐(Bq)	큐리 (Ci) 1 Ci = 3.7×10^{10} dps
방사선량 단위	조사단위	쿨롱/킬로그램(C/kg)	렌트겐 (R) 1 R = 2.58×10^{-4} C/kg
	흡수선량	그레이(Gy)	라드 (rad) 1 rad = 0.01 Gy
	선량당량	시버트(Sv)	렘 (rem) 1 rem = 0.01

연습문제

01 방사성 폐기물의 정의에 대하여 쓰시오.

02 방사성 폐기물의 발생과 특성 및 분류에 대하여 설명하시오.

03 방사성 폐기물의 처리 방법에 대하여 설명하시오.

04 방사성 폐기물의 고화 처리 방법에 대하여 설명하시오.

05 방사성 오염 물질로부터 방사성 피폭을 감소시키는 방법에 대하여 쓰시오.

Appendix

[부록] 단위 등의 환산

1) 미량성분의 표시

- PPM (parts per million) : 100만분의 1 또는 10^{-6}
  대기오염물질에서는 1 m^3 속에 존재하는 물질의 mL수를 나타내고 수질오염물질에서는 폐수 1,000 g 속에 존재하는 물질의 mg수를 나타낸다. mg/L는 폐수 1 L의 중량이 1,000 g (1 kg)과 같은 경우에는 수치적으로 ppm과 같게 된다.
- pphm (parts per hundred million) : ppm의 100분의 1, $1/10^8$ 또는 10^{-8}, 1 pphm = 0.01 ppm
- ppb (parts per billion) : ppm의 1,000분의 1, $1/10^9$ 또는 10^{-9}, 1 ppb = 0.001 ppm
- ppt (parts per trillion) : 100만분의 3, 1조분의 1 또는 10^{-12}

2) 수치의 환산

- ppm (C) ⇄ mg/Nm^3 (W)의 환산

$$C\,(\mathrm{ppm}) = W(\mathrm{mg/Nm^3}) \times \frac{22.4}{\mathrm{M}}$$

$$W(\mathrm{mg/Nm^3}) = C\,(\mathrm{ppm}) \times \frac{22.4}{\mathrm{M}}(\mathrm{mg/Nm^3})$$

여기서, C : 표준상태에 있어서의 용량비(mL/Nm^3 = ppm)
W : 표준상태에 있어서의 함유중량(mg/Nm^3)
M : 가스의 mg 분자량(mg)
22.4 : 1 mg 분자가 표준상태로 차지하는 부피(mL)
Nm^3 : 0℃, 1기압의 표준상태에서의 m^3 (Normal cubicmeter)

예	대기오염유해물질 Cl_2의 배출기준 3.0 mg/Nm^3를 ppm으로 환산 염소의 분자량 33.5 × 2 = 71 $C = 30 \times \frac{22.9}{71} = 9.5\,\mathrm{ppm}$

3) 英式 단위와 미터법 단위의 환산(미터법에서의 환산)

Temperature C = 5/9(F − 32), F = (9/5)C + 32

Length	1 milimetre (mm) 1 centimetre (cm) 1 metre (m)	 = 10 mm = 1,000 mm	= 0.0394 in = 0.3937 in = 1.0936 yards
Surface or area	1 sq cm (cm^2) 1 sq metre (m^2) 1 hectare (ha) 1 sq km (km^2)	= 100 mm^2 = 10,000 cm^2 = 10,000 m^2 = 100 hectares	= 0.1550 sq in = 1.1960 sq yds = 2.4711 acres = 0.3861 sq mile
Capacity	1 cu cm (cm^3) 1 cu decimetre (dm^3) 1 cu metre (m^3) 1 litre (L) 1 litre (L) 1 hectolitre (hL) 1 hectolitre (hL)	 = 10,000 cm^3 = 10,000 dm^3 = 1 dm^3 = 100 literes 	= 0.0610 cu in = 0.0353 cu ft = 1.3079 cu yds = 0.2642 US gal = 0.220 Imp gal = 2.8378 US bus = 2.7497 Imp bus
Weight	1 milligramme (mg) 1 gramme (g) 1 kilogramme (kg) 1 tonne (t) 1 tonne (t)	 = 1,000 mg = 1,000 g = 1,000 kg 	= 0.0154 grain = 0.0353 oz = 2.2046 lb = 1.1023 short tons = 0.9842 long tons
	(英式 단위에서의 환산)		
Length	1 inch 1 foot 1 yard 1 mile	 = 12 inches = 3 feet = 1,760 yards	= 2.5400 cm = 0.3048 m = 0.9144 m = 1.6093 km
Surface or area	1 sq inch 1 sq yard 1 acre 1 sq mile	 = 9 sq feet = 4,940 sq yard = 640 acres	= 6.4516c m^2 = 0.8361 m^2 = 4046.86 m^2 = 259.0 hectares
Capacity	1 cu inch 1 cu yard	 = 2 cu feet	= 16.387 cm^3 = 0.7646 m^3
Us dry measures	1 pint	= 0.9686 Imp pt	= 0.5506 litres
Us liquid measures	1 pint 1 gallon	= 0.8327 Imp pt = 8 pints	= 0.4732 litres
Imperial measures	1 pint 1 gallon	= 2.0321 US = 8 pints	= 3.7853 litres = 4.5461 litres
Weight Avoirdupois	1 ounce 1 pound 1 short cwt 1 long cwt 1 short ton 1 long ton	= 437.5 grains = 16 ounces = 100 pounds = 112 pounds = 2,000 pounds = 2,240 pounds	= 28.350 g = 0.4536 kg = 45.359 kg = 50.802 kg = 0.9072 tonnes = 1.0161 tonnes

예	점성계수 μ에 대하여 英式단위(lb/ft · s)와 미터단위와 사이의 환산계수를 구하라. $1(\text{lb}) = 453.6(\text{g}), \quad 1(\text{ft}) = 30.48(\text{cm})$ $1\left(\frac{\text{lb}}{\text{ft} \cdot \text{s}}\right) = 1\frac{[453.6(\text{g})]}{[30.48(\text{cm})][\text{cm}]} = 14.88\left(\frac{\text{g}}{\text{cm} \cdot \text{s}}\right)$

4) 식의 환산

(1) 점도

poise = g/cm · s (C.G.S)	centipoise (C.P)	kg/m · s	kg/m · h	lb/ft · s	lb/ft · h
1	100	0.1	360	0.06720	241.9
0.01	1	0.001	3.6	6.720×10^{-4}	2.419
10	1000	1	3600	0.6720	2419
0.002778	0.2778	2.778×10^{-4}	1	1.867×10^{-4}	0.6720
14.88	1488	1.488	5357	1	3600
0.004134	0.4134	4.134×10^{-4}	1.488	2.778×10^{-4}	1

(2) 일량, 에너지 및 열량

joule = 10 erg	kg · m	lb · ft	KW · h	PS · h	HP · h	l · atm	kal	BTU
1	0.1020	0.7376	2.778×10^{-7}	3.77×10^{-7}	3.725×10^{-7}	0.009869	2.390×10^{-4}	9.486×10^{-4}
9.807	1	7.233	2.724×10^{-6}	3.704×10^{-6}	3.653×10^{-6}	0.09678	0.002344	0.009302
1.356	0.1383	1	3.766×10^{-6}	5.122×10^{-7}	5.051×10^{-7}	0.0138	3.241×10^{-4}	0.001286
3.6×10^{6}	3.671×10^{5}	2.655×10^{6}	1	1.360	1.341	3.553×10^{4}	860.5	3415
2.647×10^{6}	2.702×10^{5}	1.952×10^{6}	0.7353	1	0.9861	2.612×10^{4}	632.7	2511
2.685×10^{6}	2.738×10^{5}	1.980×10^{6}	0.7457	1.014	1	2.649×10^{4}	641.7	2547
101.3	10.33	74.73	2.815×10^{-5}	3.827×10^{-5}	3.774×10^{-5}	1	0.02422	0.009612
4183	426.6	3086	0.001162	0.001580	0.001558	41.29	1	3.968
1054	107.5	777.5	2.928×10^{-4}	3.982×10^{-4}	3.927×10^{-4}	10.40	0.2520	1

(3) 압력

bar (mega-dyne/cm^2)	kg/cm^2	lb/in^2	atm	수은주(0℃)		수은주(15℃)	
				m	in	m	in
1	1.020	14.50	0.9869	0.7500	25.53	10.21	401.8
0.9807	1	14.22	0.9678	0.7355	28.96	10.01	394.0
0.06895	0.07031	1	0.06804	0.05171	2.036	0.7037	27.70
1.013	1.033	14.70	1	0.76	29.92	10.34	407.2
1.333	1.360	19.34	1.316	1	39.37	13.61	535.7
0.03386	0.03453	0.4912	0.03342	0.02540	1	0.3456	13.61
0.09798	0.09991	1.421	0.09670	0.07349	2.893	1	39.37
0.002489	0.002538	0.03610	0.001867	0.007349	0.07349	0.02540	1

1 megadyne = 10^5 dyne

(4) 일율(동력)

KW	kg·m/s	lb·ft/s	PS	HP(마력)	kcal/h	STU/h
1	102.0	736.6	1.360	1.341	860.4	3415
0.009807	1	7.233	0.01333	0.01315	8.438	33.49
0.001356	0.1383	1	0.00184	0.00182	1.167	4.630
0.7355	75	542.3	1	0.9863	632.9	2512
0.7457	76.04	550	1.014	1	641.9	2547
0.001162	0.1184	0.8569	0.001582	0.001559	1	3.967
0.0002929	0.02989	0.2160	3.988×10^{-4}	3.929×10^{-4}	0.2521	1

1KW-1000joule/sHP = horse power,PS = Pferdestärke = metric horse power

(5) 열전도도

kcal/m·h·℃	cal/cm·s·℃	BTU/ft·h·℉	BTU/in·h·℉
1	0.002778	0.6720	0.05600
360	1	241.9	20.16
1.488	0.004136	1	0.08333
17.86	0.04960	12	1

(6) 전열계수

kcal/m·h·℃	cal/cm·s·℃	BTU/ft·h·℉
1	2.788×10^{-5}	0.2048
3.6×10^4	1	7374
4.882	1.3562×10^{-4}	1

예	원관 내를 난류로 흐르고 있는 물로 또는 물에서 열이 관벽으로 전할 때의 경막 전열계수는 영국식 단위계를 사용할 때는 다음 식으로 나타낸다. $h=(160+1.57T)u^{0.8}/d^{0.2}$ (A) 영국식 / 미터법 여기서, h : 전열계수(Btu/ft^2·h·°F) / h'(kcal/m^2·h·℃) T : 물의 평균온도(°F) / T'(℃) u : 물의 평균유속(ft/s) / u'(m/s) d : 관의 내경(in) / d'(cm) 위 식을 미터법 단위로 환산하시오.
풀이	$h'\left(\frac{\text{kcal}}{\text{h}\cdot\text{m}^2\cdot℃}\right)=h'\frac{(3.969\text{Btu})}{(3.281\text{ft})^2(\text{h})(1.8°\text{F})}$ $=0.2045h'\left(\frac{\text{Btu}}{\text{ft}^2\cdot\text{h}\cdot°\text{F}}\right)=h\left(\frac{\text{Btu}}{\text{ft}^2\cdot\text{h}\cdot°\text{F}}\right)$ $\therefore h=0.2045h'$ $T'(℃)=(32+1.8T')(°\text{F})=T(°\text{F})\quad\therefore T=32+1.8T'$ $u'\left(\frac{m}{s}\right)=u'\frac{(3.281\text{ft})}{(s)}=3.281u'\left(\frac{\text{ft}}{\text{s}}\right)=u\left(\frac{\text{ft}}{\text{s}}\right)\quad\therefore u=3.281u'$ $d'(\text{cm})=d'(0.3937\text{in})=0.3937d'(\text{in})=d(\text{in})\quad\therefore d=0.3937d'$ 이상의 관계를 식 (A)에 대입하면 $0.2045h'=[160+1.57(3.2+1.8T')]\frac{(3.281u')^{0.8}}{(0.3937d')^{0.2}}$ $\therefore h'(3{,}240+43T')(u')^{0.8}/(d')^{0.2}$ (B)

(7) 그리스문자 명칭

대문자	소문자	명칭	대문자	소문자	명칭
A	α	alpha	N	ν	nu
B	β	beta	Ξ	ξ	xi
Γ	γ	gamma	O	o	omicron
Δ	δ	delta	Π	π	pi
E	ε	epsilon	P	ρ	rho
Z	ζ	zeta	Σ	σ	sigma
H	η	eta	T	τ	tau
Θ	θ	theta	Υ	υ	upsilon
I	ι	iota	Φ	φ	phi
K	κ	kappa	X	χ	chi
Λ	λ	lambda	Ψ	ψ	psi
M	μ	mu	Ω	ω	omega

(8) 접두어 명칭

배수 및 분수	기호	명칭	배수 및 분수	기호	명칭
10^{24}	Y	yotta	10^{-1}	d	deci
10^{21}	Z	zetta	10^{-2}	c	centi
10^{18}	E	exa	10^{-3}	m	milli
10^{15}	P	peta	10^{-6}	μ	micro
10^{12}	T	tera	10^{-}	n	nano
10^{9}	G	giga	10^{-12}	p	pico
10^{6}	M	mega	10^{-15}	f	femto
10^{3}	k	kilo	10^{-18}	a	atto
10^{2}	h	hecto	10^{-21}	z	zepto
10^{1}	da	deca	10^{-24}	y	yocto

Index

개정판 폐기물처리 정가 28,000원

발 행 2023년 9월 10일 2판 1쇄
저 자 김인배 · 안진선 · 이현주
발행인 정우용
발행처 도서출판 동화기술
경기도 파주시 광인사길 201(문발동, 파주출판도시)
Tel (031)955-4211~6 donghwapub@nate.com
Fax (031)955-4217 www.donghwapub.co.kr
(등록) 1977년 12월 19일/9-16호

Printed in Korea
ISBN 978-89-425-9555-6
